中 外 物 理 学 精 品 书 系

本 书 出 版 得 到 “ 国 家 出 版 基 金 ” 资 助

中外物理学精品书系

前沿系列 · 60

# 钙钛矿太阳能电池

（第二版）

肖立新 邹德春 吴朝新 陈志坚
刘志伟 王树峰 曲 波 孙伟海
卞祖强 秦 善 李福山 丁雄傑
袁 方 赵自然 肖新宇 王 铎
张泽昊 王 睢 李 瑜 吴存存
黎祥东 顾飞丹 齐 昕 谢兮兮
孙术仁 杨开宇 刘 洋 编著
（排名不分先后）

**图书在版编目 (CIP) 数据**

钙钛矿太阳能电池 / 肖立新等编著 . — 2 版 . —北京 : 北京大学出版社 , 2020. 8
( 中外物理学精品书系 )
ISBN 978-7-301-31419-7

Ⅰ. ①钙… Ⅱ. ①肖… Ⅲ. ①钙钛矿型结构 – 太阳能电池 Ⅳ. ① TM914. 4

中国版本图书馆 CIP 数据核字 (2020) 第 113938 号

**书　　名** 钙钛矿太阳能电池 ( 第二版 )
GAITAIKUANG TAIYANGNENG DIANCHI ( DI–ER BAN )
**著作责任者** 肖立新　邹德春　等 编著
**责 任 编 辑** 刘　啸
**标 准 书 号** ISBN 978-7-301-31419-7
**出 版 发 行** 北京大学出版社
**地　　址** 北京市海淀区成府路 205 号　100871
**网　　址** http: //www. pup. cn　新浪微博 : @ 北京大学出版社
**电　　话** 邮购部 010–62752015　发行部 010–62750672　编辑部 010–62752021
**电 子 信 箱** zpup@pup. cn
**印 刷 者** 北京中科印刷有限公司
**经 销 者** 新华书店
730 毫米 ×980 毫米　16 开本　30. 5 印张　581 千字
2016 年 10 月第 1 版
2020 年 8 月第 2 版　2024 年 5 月第 3 次印刷
**定　　价** 150. 00 元

---

# “中外物理学精品书系”
## （二期）
## 编　委　会

# 序　言

物理学是研究物质、能量以及它们之间相互作用的科学。她不仅是化学、生命、材料、信息、能源和环境等相关学科的基础，同时还与许多新兴学科和交叉学科的前沿紧密相关。在科技发展日新月异和国际竞争日趋激烈的今天，物理学不再囿于基础科学和技术应用研究的范畴，而是在国家发展与人类进步的历史进程中发挥着越来越关键的作用。

我们欣喜地看到，改革开放四十年来，随着中国政治、经济、科技、教育等各项事业的蓬勃发展，我国物理学取得了跨越式的进步，成长出一批具有国际影响力的学者，做出了很多为世界所瞩目的研究成果。今日的中国物理，正在经历一个历史上少有的黄金时代。

在我国物理学科快速发展的背景下，近年来物理学相关书籍也呈现百花齐放的良好态势，在知识传承、学术交流、人才培养等方面发挥着无可替代的作用。然而从另一方面看，尽管国内各出版社相继推出了一些质量很高的物理教材和图书，但系统总结物理学各门类知识和发展，深入浅出地介绍其与现代科学技术之间的渊源，并针对不同层次的读者提供有价值的学习和研究参考，仍是我国科学传播与出版领域面临的一个富有挑战性的课题。

为积极推动我国物理学研究、加快相关学科的建设与发展，特别是集中展现近年来中国物理学者的研究水平和成果，北京大学出版社在国家出版基金的支持下于2009年推出了“中外物理学精品书系”，并于2018年启动了书系的二期项目，试图对以上难题进行大胆的探索。书系编委会集结了数十位来自内地和香港顶尖高校及科研院所的知名学者。他们都是目前各领域十分活跃的知名专家，从而确保了整套丛书的权威性和前瞻性。

这套书系内容丰富、涵盖面广、可读性强，其中既有对我国物理学发展的梳理和总结,也有对国际物理学前沿的全面展示。可以说,“中外物理学精品书系”力图完整呈现近现代世界和中国物理科学发展的全貌,是一套目前国内为数不多的兼具学术价值和阅读乐趣的经典物理丛书。

“中外物理学精品书系”的另一个突出特点是,在把西方物理的精华要义“请进来”的同时,也将我国近现代物理的优秀成果“送出去”。物理学在世界范围内的重要性不言而喻。引进和翻译世界物理的经典著作和前沿动态,可以满足当前国内物理教学和科研工作的迫切需求。与此同时,我国的物理学研究数十年来取得了长足发展,一大批具有较高学术价值的著作相继问世。这套丛书首次成规模地将中国物理学者的优秀论著以英文版的形式直接推向国际相关研究的主流领域,使世界对中国物理学的过去和现状有更多、更深入的了解,不仅充分展示出中国物理学研究和积累的“硬实力”,也向世界主动传播我国科技文化领域不断创新发展的“软实力”,对全面提升中国科学教育领域的国际形象起到一定的促进作用。

习近平总书记在2018年两院院士大会开幕会上的讲话强调,“中国要强盛、要复兴,就一定要大力发展科学技术,努力成为世界主要科学中心和创新高地”。中国未来的发展在于创新,而基础研究正是一切创新的根本和源泉。我相信,在第一期的基础上,第二期“中外物理学精品书系”会努力做得更好,不仅可以使所有热爱和研究物理学的人们从中获取思想的启迪、智力的挑战和阅读的乐趣,也将进一步推动其他相关基础科学更好更快地发展,为我国的科技创新和社会进步做出应有的贡献。

“中外物理学精品书系”编委会主任
中国科学院院士,北京大学教授
**王恩哥**
2018年7月于燕园

# 内容简介

本书第一版内容包括无机钙钛矿的晶体结构和晶体化学，杂化钙钛矿材料的结构与物性及钙钛矿的成膜方法与形貌控制，杂化钙钛矿太阳能电池的电子传输体系、空穴传输体系、界面修饰及柔性器件，杂化钙钛矿太阳能电池的结构优化以及电池稳定性的影响因素，还包括材料的光电转换微观机制，材料中离子变化对效率及结构稳定性的影响规律，器件的界面与器件物理等. 此外，第一版还介绍了杂化钙钛矿材料在其他光电器件，如 OLED 及有机激光器等中的应用.

自 2016 年本书第一版出版以来，钙钛矿领域发展依然迅速，光电转换效率、大面积效率、稳定性等都获得了明显提升，而且还更广泛地发展到了其他光电器件领域. 因此，本书第二版较第一版增加了钙钛矿半透明电池及叠层电池、钙钛矿电池的大面积制备及其产业化、非铅钙钛矿材料、钙钛矿量子点、钙钛矿探测器（光及 X 射线）、钙钛矿忆阻器等内容.

本书是物理、化学、材料、光电子专业的高年级本科生、研究生，以及从事光电领域研究与开发的产学研人员的一本非常有价值的参考书.

# 序：一个有重要意义的机会

谢谢肖立新等同事，让我有机会先读了他们编著的这本书. 最近几年，利用杂化的有机金属卤化物钙钛矿材料(为简单起见，以后简写为 HOP 材料)，例如甲胺碘铅($CH_3NH_3PbI_3$)研制的太阳能电池成为科学界一个非常热门的课题. 北京大学一批同事积极参与了这方面的研究开发工作，也取得了不少成果. 这本书就是他们为有兴趣于这个领域的广大读者编写的，比较全面地反映了这个领域的各个方面. 我自己没有在有关研究中做过什么具体工作，在这里是作为一个"先读者"和大家交流一下这样一个新出现的科技领域带给我们的兴奋和期望.

半导体光生伏特效应(或简称光伏效应)是光照在半导体中产生电动势的效应，其实可以分作两类：一类是发生在半导体体内的，一类是发生在半导体界面的. 通常人们把前者叫作 Dember 效应，说光伏效应时指的是后者. 利用光伏效应制成太阳能电池有很久的历史了. 20 世纪 60 年代，著名物理学家 Shockley 从光伏物理过程的细致平衡分析出发，提出了半导体光伏太阳能电池的效率极限的理论. 现在的硅太阳能电池，效率接近 25%，已相当接近 Shockley 理论计算的极限了. 这和集成电路一样，是对硅的物理和材料工艺技术研究的一个成功范例. 但是硅是非直接禁带半导体(硅的价带顶和导带底的简约波矢不在 Brillouin 区同一点)，提炼以及加工硅材料和器件的能耗很大，环境代价也较大，这使得人们希望能有更好的太阳能电池问世. 利用 HOP 材料的太阳能电池最近几年取得了惊人的成功，创造了实现这个愿望的一个新机会.

在利用 HOP 材料的太阳能电池中，HOP 材料是吸收体，结合电子传输体(简写为 ETS)和空穴传输体(HTS)构成了 nip 电池结构. 作为吸收体的 HOP 材料，例如 $CH_3NH_3PbI_3$，现在已经证明是一个标准的直接禁带半导体(它的价带顶和导带底的简约波矢在 Brillouin 区边上同一点，但是不在原点)，带宽近于 1.5 eV，对太阳光谱中可见和近红外的部分都有相当强的吸收系数. 它的电子和空穴都有相当高的迁移率、相当长的扩散长度. 它的激子是典型的 Wannier-Mott 激子，电离能不高，而且有较好的输运性. 从各种角度看，这样的材料用作太阳能电池的吸收体都是相当理想的. 更何况已经证明，这类

HOP材料还是铁电体.铁电半导体材料内部的光伏效应研究得还不够,它应该可以产生突破Shockley理论的条件.2014年公布的数据说,利用甲胺碘铅的太阳能电池效率已近于20%了.我们可不可以期望利用HOP材料的太阳能电池会获得相当于或超过硅太阳能电池的结果呢?

现在这类利用HOP材料的nip电池结构中的ETS与HTS和传统的半导体太阳能电池的界面有很大不同.例如常用$TiO_2$作ETS,众所周知,$TiO_2$和$CH_3NH_3PbI_3$的界面就有许多通常的半导体异质结界面没有的复杂性,至于其他更复杂一些的ETS和HTS结构就更缺乏了解了.所以,人们都觉得,现在的利用HOP材料的电池,其界面构造与最优化的构造还离得非常远,其实我们连一个对问题相对正确的考虑原则都还没有呢!人们在已经发表的实验报告中看到的利用HOP材料的电池结构中一系列特性上的"迟滞"(hysteresis)现象就是一个突出表现.可是这些问题也正是当代纳米科学技术中的其他研究同样遇到过的.所以,可以得到比硅电池更高效率,寿命也较长,耗能和环境代价低得多的利用HOP材料的电池的期望是有一定根据的,而且,在探索这个问题中得到的知识可能会对其他学科领域起重要作用.

让人们更兴奋的是,这两年各方面的报告说明,HOP材料还可能是一种非常好的光电子器件的材料.它们产生受激发射的阈值相当低,而且发光性能也相当好.我们知道,像$CH_3NH_3PbI_3$这类材料,是很大的一类可以写作$(R\text{-}NH_3)_nMX_m$的HOP材料(其中R是一个有机分子团,M是一个2价金属,X是卤素原子)的一个$n=1$,$m=3$的例子.科学界在对光电子学的探索中,从20世纪80年代起,就尝试做有机-无机的超晶格,而现在我们面对的是可以叫作原子尺度上的有机-无机超晶格材料.根据现有的结果,从光电子学应用的角度看HOP材料也是很让人乐观的.

读者们可以仔细看看这本书中收集的各方面情况.作为一个"先读者",我只是表达了对这样一个新的研究领域的兴奋和期望.半导体科学技术发展的历史是随着它开拓的重大应用来描述的.有一种说法:以集成电路作为标志,把硅叫作第一代半导体;以光通信为标志,把GaAs一类半导体合金叫作第二代半导体;以半导体照明为标志,把GaN一类半导体合金叫作第三代半导体.我个人不是特别赞成这种叫法,但是如果仿效这样的叫法,我们能不能期望,将来人们以半导体太阳能电池为重大应用标志,而把HOP材料叫作第四代半导体呢?我希望阅读这本书,能够帮助读者在与HOP材料有关的基础科学和应用科学研究开发上做出贡献.

中国科学院院士 甘子钊

北京大学物理系

2016年3月18日

# 目　　录

# 第一章　钙钛矿晶体结构和晶体化学

秦善

## §1.1　引　　言

钙钛矿(perovskite)是一个矿物名称，化学组成为 $CaTiO_3$. 它最早在1839年由Rose发现于俄罗斯乌拉尔山的矽卡岩中，并以俄罗斯地质学家Perovski的名字命名[1]. 这是一个神奇的矿物，发现时只是默默无闻的副矿物，在其发现后的第一个90年中研究论文不超过100篇，而今却成为了自然界约6000种矿物中人们最熟悉的矿物之一. 根据SciFinder的统计，仅2013年就有3476种出版物涉及钙钛矿及相关化合物.

狭义的钙钛矿是指矿物 $CaTiO_3$ 本身，而广义的钙钛矿则指具有钙钛矿结构类型的 $ABX_3$ 型化合物. 其中A(A = $Na^+$，$K^+$，$Ca^{2+}$，$Sr^{2+}$，$Pb^{2+}$，$Ba^{2+}$，$Re^{n+}$等)为大半径的阳离子，B(B = $Ti^{4+}$，$Nb^{5+}$，$Mn^{4+}$，$Fe^{3+}$，$Ta^{5+}$，$Th^{4+}$，$Zr^{4+}$等)为小半径的阳离子，X为阴离子(X = $O^{2-}$，$F^-$，$Cl^-$，$Br^-$，$I^-$等). 钙钛矿结构最重要的特征就是半径大小相差悬殊的离子可以稳定共存于同一结构中. 由于在A，B和X位可容纳的元素种类和数量非常广泛，因此，具有钙钛矿型结构的化合物种类十分庞大. 另一方面，由于理想钙钛矿的晶体结构对称性比较高，基于理想钙钛矿的结构畸变也非常常见，故钙钛矿可有多种结构畸变类型. 因此，在众多领域内都可见钙钛矿的身影，钙钛矿型化合物在地球科学、物理学、材料科学等领域都得到了极其广泛的应用. 钙钛矿最早是作为一个矿物被发现的，表1.1列出了自钙钛矿发现近200年来关于钙钛矿的大事件.

**表1.1　钙钛矿历史大事件**[2]

| 时间 | 事件 | 研究者 |
|---|---|---|
| 1839 | 俄罗斯乌拉尔山矽卡岩中发现钙钛矿 $CaTiO_3$ 并被命名 | Rose(普鲁士) |
| 1851 | 人工合成钙钛矿 $CaTiO_3$ | Ebelmen(法国) |

(续表)

| 时间 | 事件 | 研究者 |
| --- | --- | --- |
| 1876 | 在火山岩(黄长岩)中发现钙钛矿 | Boricky(波西米亚) |
| 1877 | 在火成的碳酸岩中发现钙钛矿中存在广泛的元素替代现象 | Knop(德国) |
| 1898 | 人工合成钙钛矿结构化合物 $NaNbO_3$ | Holmquist(瑞典) |
| 1912 | 确认 $CaTiO_3$ 结构对称性为斜方晶系 | Boggild(丹麦) |
| 1922 | 出现第一个关于 $CaTiO_3$ 颜料的工业专利 | Goldschmidt(挪威) |
| 1925 | 首次描述钙钛矿的晶体结构 | Barth(挪威) |
| 1940s | 发现高介电常数的铁电陶瓷——钙钛矿结构的 $CaTiO_3$ | Vul 等(苏联),Hippel(美国),Megaw 等(英国) |
| 1949 | 以 $Ca_2Nb_2Bi_2O_9$ 为代表的层状钙钛矿(Aurivillius 相)被发现 | Aurivillius(瑞典) |
| 1950 | 发现钙钛矿 $La_{1-x}(Ca,Sr,Ba)_xMnO_3$ 的铁磁和磁阻现象 | Jonker 和 Santen(瑞士) |
| 1955 | 开发出压电材料钙钛矿 PZT($PbZr_xTi_{1-x}O_3$) | Jaffe(美国) |
| 1958 | 发现弛豫介电材料 $PbMg_{1/3}Nb_{2/3}O_3$ | Smolenskiy 和 Agranovskaya(苏联) |
| 1958 | 以 $Sr_3Ti_2O_7$ 为代表的衍生层状钙钛矿(Ruddlesden-Popper 相)被发现 | Ruddlesden 和 Popper(英国) |
| 1970 | 在碳质球粒陨石中发现钙钛矿 | Frost 和 Symes(英国) |
| 1972 | 提出描述钙钛矿结构变化的八面体扭转理论 | Glazer(英国) |
| 1974 | 高压下合成硅酸盐钙钛矿 $MgSiO_3$ | 刘玲根(澳大利亚) |
| 1975 | 发现钙钛矿($BaPb_{1-x}Bi_xO_3$)的超导现象 | Sleight 等(美国) |
| 1978 | 合成含钙钛矿的陶瓷 SYNROC 用于核废料防护 | Ringwood(澳大利亚) |
| 1981 | 发现有质子传导现象的阴离子亏损型钙钛矿($SrCe_{1-x}REE_xO_{3-\alpha}$) | Iwahara 等(日本) |
| 1986 | 在钙钛矿结构的铜氧化物陶瓷中发现高温超导现象 | Bednorz 和 Muller(瑞士) |

（续表）

| 时间 | 事件 | 研究者 |
| --- | --- | --- |
| 1994 | 开发出含有机-无机盐型钙钛矿用于薄膜晶体管 | Mitzi 等(美国) |
| 2006 | 开发出钙钛矿敏化太阳能电池 $CH_3NH_3PbBr_3$ | Kojima 和 Miyasaka 等(日本) |
| 2014 | 陨石中发现天然产物的$(Mg,Fe)SiO_3$ 钙钛矿，命名为 bridgmanite，是地球中含量最多的矿物 | Tschauner 等(美国) |

## §1.2　钙钛矿家族

典型钙钛矿具有 $ABX_3$ 型的化学组成．从钙钛矿的化学组成角度，考虑到 A 位、B 位以及 X 位的种类、数量、有序无序替代等因素，我们可以将 $ABX_3$ 型钙钛矿型化合物划分为多种类型：原型($ABX_3$)，有序型(A 位有序、B 位有序、AB 双位有序等)，阴离子亏损型($A_2B_2X_5$)，富阴离子型($A_4B_4X_{14}$)等. 图 1.1 给出了这种钙钛矿分类的基本架构．也有一些不能归属在这种分类体系里面的钙钛矿. 我们下面分别叙述．

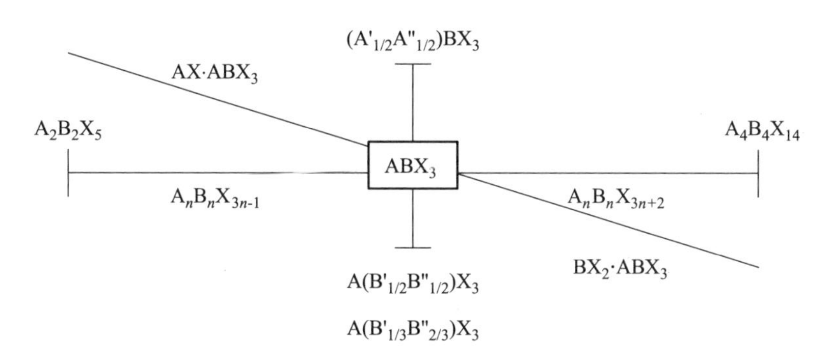


图 1.1　$ABX_3$ 型钙钛矿及其分类

(1) 原型.

原型的典型例子如 $CaTiO_3$，$SrTiO_3$ 等，满足理想化学式 $ABX_3$. 其晶体结构不一定是理想的立方结构，也可有轻微的畸变，如 $KNbO_3$，$KCuO_3$，$LaAlO_3$，$RbMnF_3$ 等．如果有类质同象替代发生，则会形成结构畸变的固溶体，如$Pb(Ti,Zr)O_3$，$(Ba,Sr)TiO_3$，$(Ba,K)BiO_3$，$(Rb,K)NiF_3$ 等.

(2) 有序型.

与 $ABX_3$ 原型类似，有序型满足 A，B，X 的化学计量比，但在 A 位和(或)B 位存在离子的有序分布，可用一个通式$(A'_{1-x}A''_x)(B'_{1-y}B''_y)X_3$ 表示. 具体的例子如 A 位有序型 $Na_{1/2}La_{1/2}TiO_3$，B 位有序型 $Ba_4(NaSb_3)O_{12}$，AB 双位有序型 $BaLaZnRuO_6$ 等.

(3) 阴离子亏损型.

该类型用通式 $A_nB_nX_{3n-1}$ 表达，此处 $n=2\sim\infty$，且 A/B= 常数. 如 $Sr_2Fe_2O_5(n=2)$，$Sr_3Fe_2TiO_8(n=3)$，$Sr_4Fe_2Ti_2O_{11}(n=4)$等.

(4) 富阴离子型.

该类型用通式 $A_nB_nX_{3n+2}$ 表达，此处 $n=4\sim\infty$，且 A/B=常数. 实例如 $Sr_4Ta_4O_{14}(n=4)$，$Sr_5Ta_4TiO_{17}(n=5)$，$Sr_6Ta_4Ti_2O_{20}(n=6)$等.

(5) Ruddlesden-Popper 型.

此类化合物的特点是同 $ABX_3$ 相比，规律地多出来 AX 或 $BX_2$，且 A/B 不是常数. 如 $AX\cdot nABX_3$，$BX_2\cdot nABX_3$ 等. 前者的例子如 $Ca_2MnO_4$(相当于 $CaO\cdot CaMnO_3$)，$Ca_3Mn_2O_7$(相当于 $CaO\cdot 2CaMnO_3$)，$Ca_4Mn_3O_{10}$(相当于 $CaO\cdot 3CaMnO_3$). 这三种化合物用一通式 $Ca_{1+x}Mn_xO_{1+3x}(x=1, 2, 3)$表达即可.

# §1.3 钙钛矿的晶体结构

## 1.3.1 理想钙钛矿及其结构特点

理想钙钛矿的通式为 $ABX_3$，具有等轴晶系结构，空间群为 $Pm3m$ (No. 221)，单胞中的原子坐标参数为：A(0 0 0)，B(0.5 0.5 0.5)，X(0.5 0.5 0). $ABX_3$ 结构可以近似看作密堆积的结果，堆积层垂直于立方体的体对角线[111]. 在立方最紧密堆积排列中，A 和 X 不加区分，共同按照立方最紧密堆积排列，较小的阳离子 B 占据八面体空隙，且不与阳离子 A 相邻(见图 1.2). 所以，在钙钛矿晶体中，可看成 A 和 X 共同按立方最紧密堆积结构排列，B 原子充填八面体空隙.

从配位多面体角度，理想钙钛矿 $ABX_3$ 的晶体结构可视为$[BX_6]$八面体在三维空间共角顶连接组成的网格状框架，A 位离子的配位数为 12，形成配位的$[AX_{12}]$立方八面体，而 X 阴离子的配位数是 2，有 2 个 B 离子与之相邻(图 1.2(b)). 这种理想结构称为钙钛矿的原型. 而相对理想结构而发生畸变的结构则为异型. 钙钛矿的原型结构经畸变可以形成众多的异型结构.

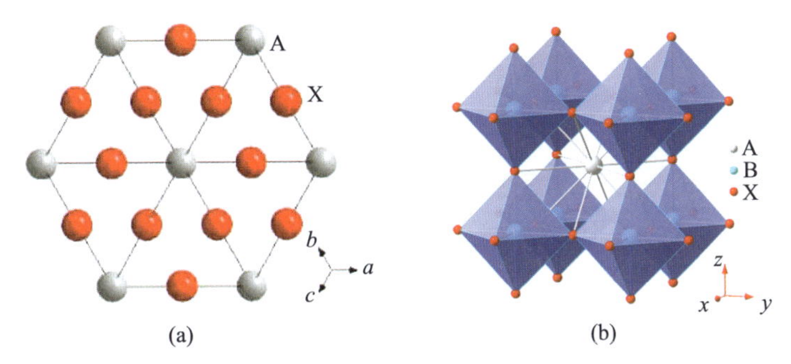


图 1.2 理想钙钛矿 $ABX_3$ 的晶体结构.(a) 理想钙钛矿结构垂直[111]方向的投影，A 和 X 离子沿此[111]方向做立方密堆积；(b) $[BX_6]$八面体共角顶连接形成三维架状，12 次配位 A 离子位于结构孔洞中

### 1.3.2 理想钙钛矿的结构相变

在外界温度和(或)压力条件改变以及类质同象(或掺杂)的影响下，理想 $ABX_3$ 钙钛矿型结构($Pm3m$)会发生一系列畸变而产生晶体结构的相变，即从理想的等轴晶系经多种方式转变为四方、斜方晶系等低对称结构. 基于对不同化学组成钙钛矿化合物的实验研究，钙钛矿的结构相变至少可以通过 4 种截然不同的过程完成：

(1) $[BX_6]$八面体的相对扭转(tilting)畸变；

(2) 八面体中心 B 阳离子的相对位移；

(3) $[BX_6]$八面体的畸变；

(4) A 位阳离子的相对位移.

其中又以(1)和(2)最为普遍，且在某些情况下，(1)和(2)两种情形也可能同时发生.

最常见的低对称钙钛矿大多是四方或斜方晶系变体，如 $I4/mcm$，$Pbnm$ 等，具有此种结构的钙钛矿占钙钛矿总数的 50% 以上. 与理想结构相比，$Pbnm$ 结构可视为理想结构中的$[BX_6]$八面体发生了扭转或 X 离子发生了微小的规律位移. 这样的晶体结构相变一般不伴随原子排列方式的变化和体积的跃迁，只涉及晶格畸变和对称程度的降低，因此钙铁矿的晶体结构相变非常接近晶体的二级相变.

从经验和理论分析角度，钙钛矿的异型结构与原型(空间群 $Pm3m$)应存在衍生关系. 由于结构的对称性可用空间群表示，异型结构与原型结构之间的确存在一定的衍生关系，符合群论的运算. 图 1.3 是基于群论建立起来的原型和异型之间的关系，实际上就是子群-母群关系.

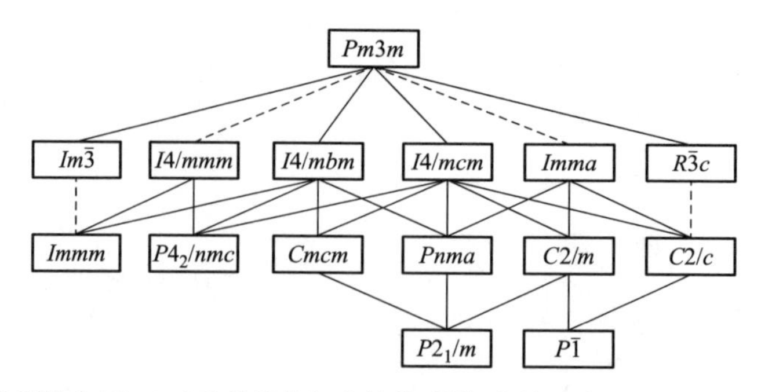


图 1.3 理想钙钛矿($Pm3m$)及其结构相变的关系[3]. 实线对应二级相变，虚线对应一级相变

## 1.3.3 钙钛矿结构对称性原理

20 世纪初至今，随着对钙钛矿认识的深入，众多学者对钙钛矿的晶体结构理论做了积极探索和发展，逐渐从定性描述转为定量描述，形成了一些观点和理论，并为钙钛矿结构的描述以及原型与异型结构之间的相转变分析提供了依据．其中一些重要的成果有容忍因子(tolerance factor)[4]、八面体扭转[5−10]、体积参数法(global parameterization method，GPM)[11−12]等，下面做简介．

### 1.3.3.1 容忍因子

对理想钙钛矿结构 $Pm3m$ 而言，A 位阳离子与阴离子大小相当，那么 X—A—X 键的长度就等于$(2R_X+2R_A)$或$\sqrt{2}$倍立方晶胞边长，立方晶胞边长等于$(2R_X+2R_B)$．在理想情况下，基于密堆积而导出的几何关系为$(R_X+R_A)=\sqrt{2}(R_X+R_B)$[4]．在实际的钙钛矿结构化合物中，A，B，X 离子种类和半径大小不同，为了定量地描述钙钛矿的结构稳定性，人们引入一个参数“容忍因子”$t$ 来定量评估这一关系，即

$$t=(R_A+R_X)/\sqrt{2}(R_B+R_X).$$

若在 A 位和(或)B 位存在多个离子时，则可取其平均半径．例如当 B 位同时存在三价和五价阳离子时，

$$t=(R_A+R_X)/\sqrt{2}[(R_B^{3+}+R_B^{5+})/2+R_X].$$

利用上述关系式判断钙钛矿结构稳定性，需要注意以下几点：

(1) 一般而言，当 $t$ 接近 1.0 的时候，化合物具有等轴晶系 $Pm3m$ 结构．如对 $SrTiO_3$，根据上式计算(注意：此处 $Sr^{2+}$ 呈 12 配位，$R_{Sr}=0.144$ nm；$Ti^{4+}$ 呈 6 配位，$R_{Ti}=0.0605$ nm；$O^{2-}$ 呈 2 配位，$R_O=0.135$ nm)，就有

$t=1.009$，为 $Pm3m$ 结构．

(2) 如果 $t$ 偏离 1.0 较多，通常会形成其他低对称的结构，但不能仅由其获得会形成何种结构的信息．例如，常温常压下的 $CaTiO_3$(12 配位的 $Ca^{2+}$ 离子半径 $R_{Ca}=0.134$ nm，$R_{Ti}=0.0605$ nm，$R_O=0.135$ nm)，其 $t=0.973$，空间群为 $Pbnm$ [13].

(3) 研究和经验表明，结构稳定的钙钛矿型化合物的容忍因子一般介于 0.78～1.05 之间 [14].

(4) 需要说明的是，利用容忍因子并不能判断化合物在高温和高压等条件下的结构变化．例如，前述的 $SrTiO_3$ 为等轴的 $Pm3m$ 结构，但在低温(低于 110 K) 条件下，其结构则相变为 $I4/mcm$；$CaTiO_3$ 在加温至 1580 K 左右时，结构也从 $Pbnm$ 相变为 $I4/mcm$ [15]. 另外，一些 $ABX_3$ 型的化合物也不都是钙钛矿结构，如 $MgTiO_3$($t=0.747$)和 $FeTiO_3$($t=0.723$)在低压下会形成钛铁矿结构．又如 $MgSiO_3$，通常属于链状硅酸盐矿物，其中的 $Si^{4+}$ 4 配位形成[$SiO_4$]四面体．这是因为除了离子大小之外，还有一些因素，比如共价程度、金属-金属相互作用、Jahn-Teller 效应和孤对效应等，都在结构形成过程中起重要的作用．

#### 1.3.3.2　八面体扭转理论

多数低对称的钙钛矿结构可以通过理想结构中 [$BX_6$]八面体的相对扭转畸变来描述，称为“八面体扭转体系”. 这种扭转模式有 3 个基本的假设：

(1) [$BX_6$]八面体是刚性的；

(2) 相对扭转不破坏八面体的共角连接；

(3) A 位阳离子的位移并不改变畸变相的对称性．

Glazer 在 1972 年提出八面体扭转理论并建立了 23 个扭转体系和标准符号[5]，稍后又进行了局部修正和补充[6]．几乎同时，Aleksandrov (1976, 1978)也进行了类似的研究工作．他从群论角度探讨了八面体扭转，并采用不同的符号体系来表达[7−8]．之后，Woodward 在 1997 年对八面体的扭转方向和扭转量进行了计算机模拟，并用大量实例进行了检验，肯定并修正了这一理论[9−10].

八面体扭转的 Glazer 符号由三个字母及其上标符号组成．三个字母($a$，$b$，$c$)按顺序分别对应理想钙钛矿结构中的 $x$，$y$ 和 $z$ 轴方向的扭转量(用角度表示)；上标符号(+、−、0)则表示相邻八面体层之间的相对扭转方向，其中“+”表示同向(in-phase)扭转，“−”表示反向(out-of-phase 或 anti-phase)扭转，“0”表示没有发生扭转．例如，理想 $Pm3m$ 结构，其 Glazer 符号为 $a^0a^0a^0$，即表示没有八面体扭转．$I4/mcm$ 结构可以视为只是在 $z$ 方向发生了反向扭转，符号表达为 $a^0a^0c^-$(见图 1.4(a))．同理，$a^0a^0c^+$则表示只在 $z$ 方向发生了同向扭转，在 $x$ 轴和 $y$ 轴方向则没有发生扭转(见图 1.4(b)).

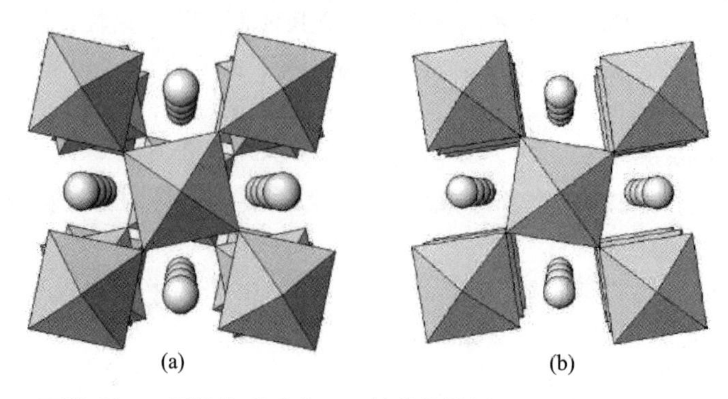


图 1.4 两种 Glazer 扭转体系垂直于 $z$ 轴的投影图. (a) $a^0a^0c^-$；(b) $a^0a^0c^+$

此外，理想钙钛矿结构($Pm3m$)通过八面体扭转而畸变为低对称结构可由两个独立的扭转角 $\theta$ 和 $\varphi$ 来表征(见图 1.5)，其中 $\theta$ 和 $\varphi$ 相对于[$BX_6$]八面体的二次轴[110]和四次轴[001]方向．$\theta$ 和 $\varphi$ 的扭转会导致轴长的减小，它们与晶胞参数($a$，$b$，$c$)之间的关系可以表达为

$$\theta = \cos^{-1}(a/b),$$

$$\varphi = \cos^{-1}(\sqrt{2} \cdot a/c).$$

实际上，上述的畸变也可以用一个独立的相对于[$BX_6$]八面体的三次轴[111]方向的扭转角 $\Phi$ 来表达[16](见图 1.5)：

$$\Phi = \cos^{-1}(\sqrt{2} \cdot a^2/bc).$$

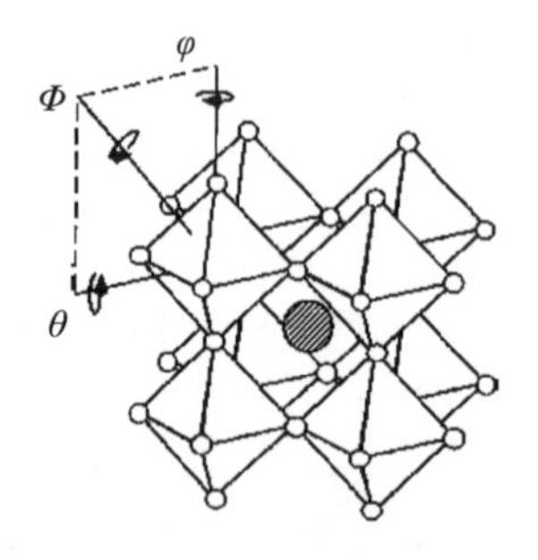


图 1.5 理想钙钛矿结构的体扭转角 $\theta$，$\varphi$ 和 $\Phi$ 的示意图

八面体扭转理论为新型钙钛矿结构材料的预测和模拟以及相关结构的分析从理论上提供了一个可能的途径．例如，对于空间群为 $I4/mmm$ 的 $ABX_3$ 型化合物，目前尚未发现实际的钙钛矿实例，但是从理论上分析，这类化合物具有 $a^0b^+b^+$ 扭转，且 A 阳离子占据 3 个 Wyckoff 位置，即 $2a$，$2b$ 和 $4c$.

占据 $2a$ 位置的 A 离子具有 4 个短的和 8 个长的 A—X 键(此位置为四边形配位)，$2b$ 位置有 8 个短的和 4 个长的 A—X 键，而 $4c$ 位置具有 4 个短的、4 个中等的和 4 个长的 A—X 键．Lufaso(2002)设计了具有此种结构的化合物 $(PdCdCa_2)Ti_4O_{12}$，并通过计算证明，相对于其他扭转体系，$a^0b^+b^+$ 扭转为一稳定的结构[17]．

#### 1.3.3.3　体积参数法

体积参数法的主要思想是将钙钛矿的结构参数(晶胞参数、原子坐标等)表达为单胞体积($V$)和多面体体积比($V_A/V_B$)的函数，其中 $V_A$ 指 $[AX_{12}]$ 立方八面体的体积，$V_B$ 指 $[BX_6]$ 八面体的体积(图 1.6)，$V=Z(V_A+V_B)$，$Z$ 为单位晶胞内的分子数．Thomas(1996，1998)在对大量四方和斜方晶系的钙钛矿型化合物进行研究的基础上，建立了钙钛矿结构中多面体体积及其比率与结构参数之间的半经验性关系[11－12]，其后 Magyari-Kope 等利用电子结构计算方法，对 GPM 参数进行了修正[18]．利用 GPM 参数可模拟一个设想成分的晶体结构参数，或者与其他方法结合，预测在温度和压力条件改变时结构的变化．

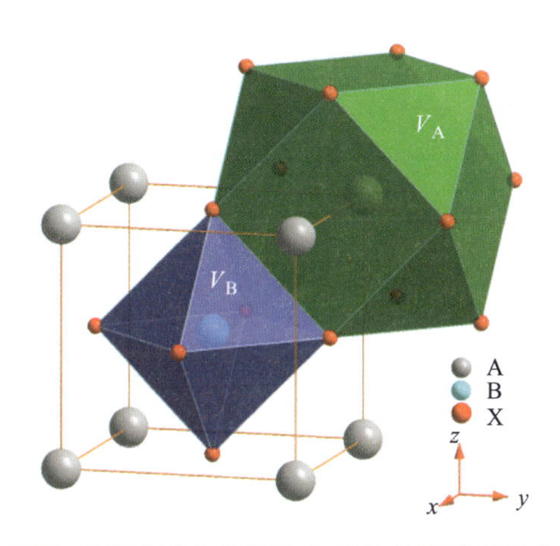


图 1.6　$ABX_3$ 型钙钛矿中阳离子 A 和 B 的配位多面体 $V_A$ 和 $V_B$

对于理想立方结构($Pm3m$)钙钛矿，$V_A/V_B=5$. 随着 $V_A/V_B$ 值的减小，结构发生扭曲．一般来说，$4.0<V_A/V_B<4.7$ 对应斜方晶系结构．以斜方晶系 $Pbnm$ 结构 $ABX_3$ 钙钛矿为例．$Pbnm$ 结构有 10 个未知参数，除了轴长 $a$，$b$，$c$ 外，还有 7 个原子坐标参数，包括 Wyckoff 符号 $4c$ 位置的阳离子 A 以及 $4c$ 和 $8d$ 位置的阴离子 X，这 10 个独立的变量可用来描述 $Pbnm$ 结构偏离 $Pm3m$ 的程度．这 10 个变量全部可以用 $V$ 以及 $V_A/V_B$ 进行表达，也就是说，$Pbnm$ 结构的单胞参数、原子坐标等结构参数也可表达为 $V$ 及 $V_A/V_B$ 的函数．

#### 1.3.3.4 SPuDS 软件

这里介绍一个基于八面体扭转理论和键价方法来预测钙钛矿晶体结构的软件 SPuDS [17]. 该软件首先假设[$BX_6$]八面体为刚性，同时所有的 X—B—X 键角都为 90°. 这样钙钛矿结构就只有两个变量：一是八面体的大小，二是八面体扭转的程度. 每一个阴阳离子的相互作用，都可以用键价 $S_{ij}$ 表示：

$$S_{ij} = e^{[(R_{ij}-d_{ij})/B]}.$$

式中 $B$ 是一个经验值，一般为 0.37，$d_{ij}$ 为阴阳离子间的距离，$R_{ij}$ 也是一个经验值，可参考相关文献获得. 那么每个原子总价态则为

$$V_{i(\mathrm{calc})} = \sum_j S_{ij}.$$

对 B 阳离子只考虑周围的 6 个 X 阴离子，A 阳离子只考虑周围的 12 个 X 阴离子，而 X 阴离子则考虑周围最近邻的 6 个阳离子. 在结构优化过程中，主要考虑真实原子价态 $V_{i(\mathrm{ox})}$ 与计算原子价态的差异值

$$d_i = V_{i(\mathrm{ox})} - V_{i(\mathrm{calc})}.$$

对于整个晶体结构来说，则要引入一个结构不稳定衡量参数

$$GII = \left[\sum_{i=1}^{N}(d_i^2)/N\right]^{1/2}.$$

对于一个没有任何限制的结构优化来说，$GII$ 一般小于 0.1，对于有限制的优化一般不会超过 0.2，而 $GII$ 大于 0.2 的结构一般都是不稳定或者不对的. 因此，根据这个原则，SPuDS 在优化结构过程中，每步都将增加八面体的扭转角以及 A—X 和 B—X 键的长度，计算出 $d_{ij}$ 和 $GII$. 这样一步一步循环，直到获得最小的 $GII$.

SPuDS 软件提供了友好的图形界面(见图 1.7)，使用者只要输入钙钛矿的成分，该软件即可预算出对应的晶体结构、晶胞参数、键长、键角、容忍因子和 $GII$ 等信息. 已有大量实例来检验该软件预测的可信度[17].

上面介绍的容忍因子、八面体扭转以及 GPM 参数，均从几何角度描述 $ABX_3$ 型钙钛矿结构稳定性及其结构畸变. 容忍因子方法是把钙钛矿视为典型的离子化合物，从离子半径大小及其匹配程度的角度描述了钙钛矿型结构的稳定性. 八面体扭转理论则把[$BX_6$]八面体视为刚性的，以八面体相对于晶体轴的相对扭转而成的结构来解释钙钛矿结构偏离理想结构的程度. 体积参数法则通过理论分析和大量实验数据为基础的拟合，建立起了多面体体积与结构参数之间的经验性关系，为我们提供了一个更加简便的确定钙钛矿结构稳定性的方法. 此方法不仅可以分析钙钛矿的结构稳定性及其畸变程度，而且同量子力学等计算方法结合，还可以模拟在高温、高压下结构的变化. 它们为我们研究钙钛矿型化合物的结构及其变化，以及新型钙钛矿材料的合成提

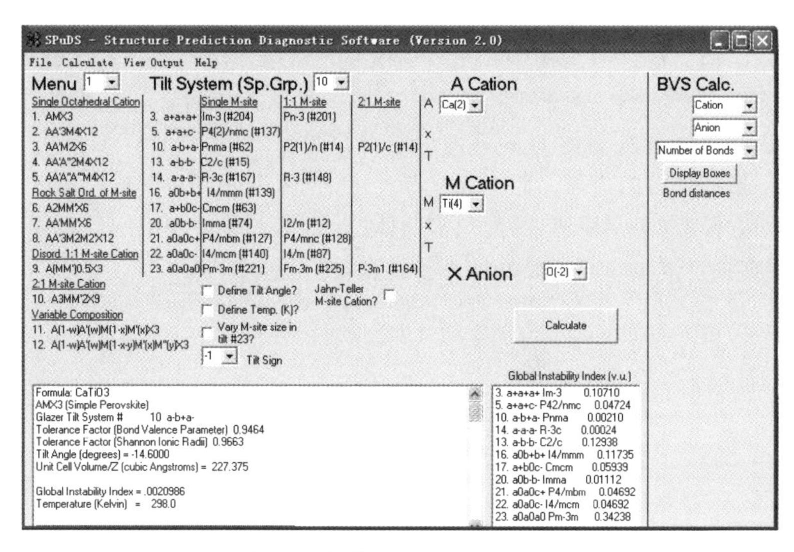


图 1.7　软件 SPuDS 的图形界面

供了有力的方法．

# §1.4　钙钛矿结构化合物及其应用

广义的 $ABX_3$ 型钙钛矿化合物具有铁电、压电、高温超导、巨磁阻、催化等特性，是功能材料研究领域最受关注的无机固体结构类型，在材料领域获得了广泛的应用．人们将钙钛矿型化合物的晶体结构与物理、化学特性相联系，从而取得了固体化学研究领域中许多突破性的进展．此外，钙钛矿型结构的 $MgSiO_3$ 是下地幔最主要的矿物相，也是地球上分布最广的矿物，在地球科学中有重要的作用．这一切都归功于人们发现和认识了钙钛矿 $CaTiO_3$ 这一神奇的矿物．下面对钙钛矿结构的材料及其应用做简单的介绍．

## 1.4.1　钇钡铜氧晶体结构与高温超导材料

钇钡铜氧（YBCO），又称钇钡铜氧化物，是著名的高温超导体，临界温度在 90 K 以上，属于第二代高温超导材料．它的化学式为 $YBa_2Cu_3O_{7-\delta}$（$0\leqslant\delta\leqslant1$），其中随 $\delta$ 取值不同，YBCO 的晶体结构有所不同．$\delta=0$ 时为其理想组分 $YBa_2Cu_3O_7$，斜方晶系，空间群为 *Pmmm*，晶格常数 $a=0.382$ nm，$b=0.388$ nm，$c=1.163$ nm. $\delta\geqslant0.5$ 时，其结构向四方相结构转变，将逐渐丧失超导性．钇钡铜氧晶体结构中的氧原子含量会随环境的温度等变化而变化，可能影响其结构，进而影响其超导特性．

斜方 *Pmmm* 相的 $YBa_2Cu_3O_7$ 属于畸变的钙钛矿结构，或者缺位型的层状钙钛矿结构．在这一结构中，Y 与近邻的 8 个氧相连形成配位六面体，其排列方式接近密堆积．两个 Ba 离子只占据一种结构位置，与近邻的 10 个氧离子形成截角立方八面体．Cu 有两种结构位置(Cu1 和 Cu2)：Cu1 与 4 个近邻氧离子形成平面四边形，而 Cu2 的两个 $Cu^{2+}$ 离子分别与其近邻的 5 个氧离子形成四方锥形(金字塔形)的配位多面体(见图 1.8)．结构中的导电层主要与 Cu-O 层有关，这也与其超导特性直接关联．

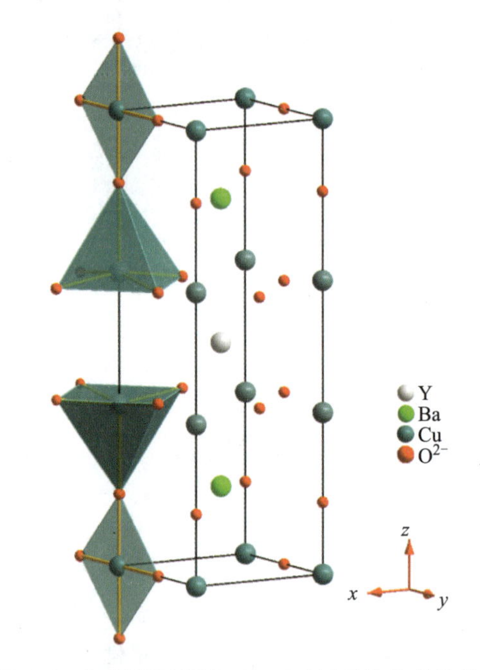


图 1.8　钇钡铜氧($YBa_2Cu_3O_7$)超导体的晶体结构

## 1.4.2　稀土锰氧化物的结构及庞磁电阻效应

稀土锰氧化物一般具有钙钛矿型结构，其化学式为 $R_{1-x}M_xMnO_3$，其中 R 为三价的稀土元素(如 $La^{3+}$，$Pr^{3+}$ 等)，M 是二价的碱土金属元素(如 $Sr^{2+}$，$Ca^{2+}$ 等)．以 $La_{1-x}Ca_xMnO_3$ 为例，当 $x=0$ 或 1 时，系统低温磁化强度 $M$(温度 $T<100$ K) 很小，表明其基态是反铁磁态．当 $0<x<1$ 时，$M$ 增大，在 $x\approx0.3$ 处达到最大值，基态变为铁磁金属相，并随温度变化及顺磁-铁磁相变，在 Curie 温度附近电阻率出现一个峰值，表现出绝缘体-金属相变．外加磁场能显著降低 Curie 温度附近系统的电阻率，使之表现出庞磁电阻效应．

由于 $x$ 的不同，三价 $La^{3+}$ 和 $Ca^{2+}$ 之间的替代会产生四价的锰离子 $Mn^{4+}$ 来维持系统的电荷平衡，掺杂后 $Mn^{4+}$ 离子和 $Mn^{3+}$ 离子的比例为 $x$. 相对于理想钙钛矿结构，$La_{1-x}Ca_xMnO_3$ 通常畸变为斜方或菱面体型结构．造成这种畸变的原因有两个：一是 B 位 Mn 离子的 Jahn-Teller 效应引起[$MnO_6$]八面体畸变，即 Jahn-Teller 畸变导致 Mn 的 3d 电子分裂为 $e_g(z^2, x^2-y^2)$ 和 $t_{2g}(xy, xz, yz)$ 两个能级(见图 1.9). 这是一种电子-声子相互作用．另一个原因是 A，B 位离子半径相差过大而引起的相邻层间的不匹配，是一种应力作用．

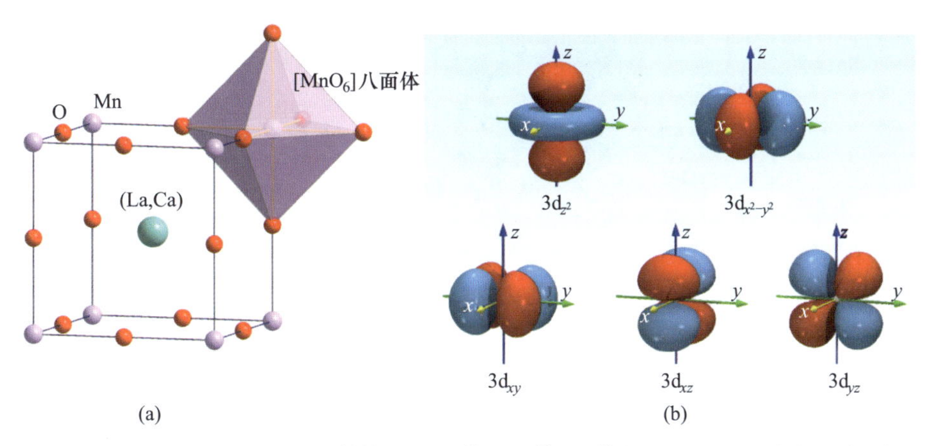


图 1.9 理想 $La_{1-x}Ca_xMnO_3$ 结构(a)以及[$MnO_6$]八面体的 Jahn-Teller 畸变导致的能级分裂(b)

## 1.4.3 $MgSiO_3$ 钙钛矿及其在下地幔的状态

众所周知，在地表环境下，$MgSiO_3$ 为单链硅酸盐，矿物名称为顽火辉石，空间群为 *Pbca*，此时 Si 的配位数为 4，呈[$SiO_4$]四面体配位．这不是钙钛矿型的结构，而是一种硅酸盐结构(见图 1.10(a)).

但在下地幔的高压环境下(压力可达约 130 GPa)，$MgSiO_3$ 被压缩，会变为低对称的钙钛矿型结构，此时 Si 的配位数为 6，配位多面体为[$SiO_6$]八面体，与理想钙钛矿相比，其对称性降低为 *Pbnm*(见图 1.10(b)). 此物相早先已在实验室合成出来，被称为"$MgSiO_3$ 钙钛矿"或者"硅酸盐钙钛矿"，被认为是构成下地幔的最主要物相．直到 2014 年人们才在陨石中发现了天然的 $MgSiO_3$ 钙钛矿物相[19]，这就符合了国际矿物协会新矿物命名的条件，于是它正式被命名为 bridgmanite(布里奇曼石). 它只在下地幔高温高压环境下稳定．由于稳定存在的范围很宽广(在地球 660～2900 km 深处)，布里奇曼石约占据了地球38%的体积，故它也理所当然地成为了地球上含量最多的矿物.

在更深的接近核幔边界部分，存在一厚度为200～300 km的D″层. 探测发现，经过D″层时，物质的密度上升78%，P波速度下降41%，S波完全被阻断，黏滞度下降了20～24个数量级. 这种异常以前一直未能得到很好的解释. 直到2005年，所谓后钙钛矿相(图1.10(c))的发现才很好地解释了这一现象. 这是因为后钙钛矿相结构具有明显的弹性各向异性，且在更高压力下稳定.

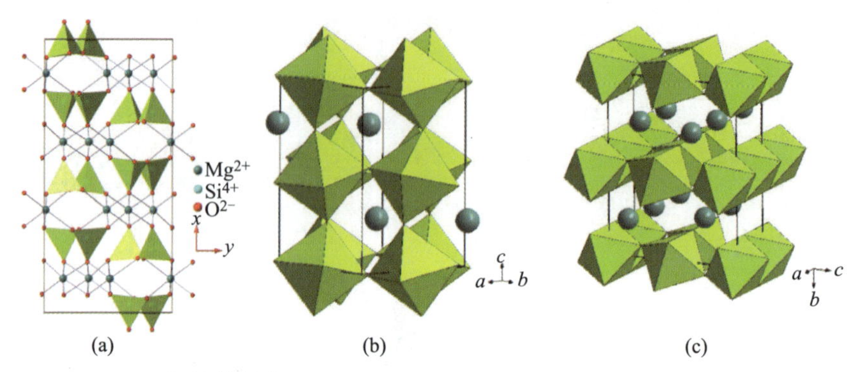


图1.10 $MgSiO_3$的晶体结构. (a) 顽火辉石 *Pbca*; (b) 钙钛矿 *Pbnm*; (c) 后钙钛矿 *Cmcm*

## 1.4.4 $BaTiO_3$钙钛矿的铁电性

铁电性是指晶体在一定温度范围内具有自发极化性质，且其自发极化方向可以因外电场方向的反向而反向. 具有铁电性的晶体称为铁电体. $BaTiO_3$是最早发现的一种钙钛矿型结构的铁电体材料. 这种钙钛矿型结构的铁电体具有很高的介电常数，可以用来制造小体积大容量的陶瓷电容器等.

$BaTiO_3$是离子性化合物，其熔点为1618℃，从高温到低温经历了若干次顺电-铁电和铁电-铁电相变. 在$BaTiO_3$熔点以下，至1460℃，结晶出来的$BaTiO_3$属于非铁电的六方晶系晶体，空间群为$P6_3/mmc$. 此物相不具有铁电性(见图1.11(a)).

但在1460～120℃之间，$BaTiO_3$则为立方钙钛矿型结构. 这是典型的钙钛矿原型结构，空间群为$Pm3m$，即$Ti^{4+}$(钛离子)居于$O^{2-}$(氧离子)构成的[$TiO_6$]八面体中央，而$Ba^{2+}$(钡离子)则处于8个[$TiO_6$]八面体围成的空隙中，配位数为12(图1.11(b)). 此时$BaTiO_3$的结构对称性最高，因此无偶极矩产生，晶体为顺电相，既无铁电性也无压电性.

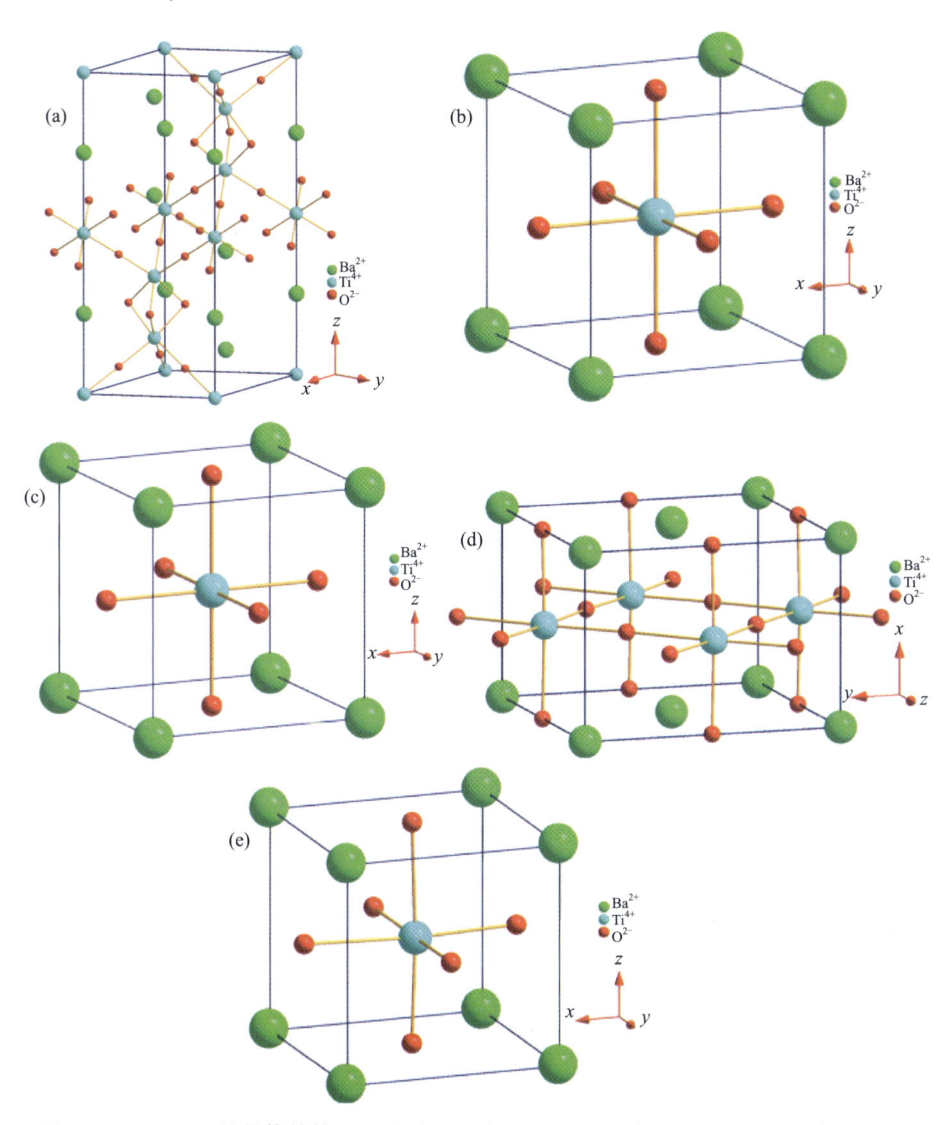


图 1.11 $BaTiO_3$ 的晶体结构.(a) 六方 $P6_3/mmc$；(b) 立方 $Pm3m$；(c) 四方 $P4mm$；(d) 正交 $Amm2$；(e) 三方 $R3m$

随着温度的下降，立方对称的钙钛矿 $BaTiO_3$ 对称性下降．当温度下降到 120℃左右时，$BaTiO_3$ 发生了相变，由立方对称的 $Pm3m$，转变为四方晶系的 $P4mm$(图 1.11(c))，后者具有显著的铁电性．这显然是一个典型的顺电-铁电相变，其自发极化强度沿 $z$ 轴(四次轴)即[001]方向分布．这个 $Pm3m\rightarrow$

$P4mm$ 的顺电-铁电相变，属于位移式或二级相变，结构变化较小，可视为沿单胞的一轴($z$ 轴)拉长，而沿另两轴缩短．

继续降温至室温以下，在 −90～5℃ 温区内，$BaTiO_3$ 转变成正交晶系晶体，空间群为 $Amm2$，晶体结构见图 1.11(d)．此时晶体仍具有铁电性，其自发极化强度沿原立方晶胞的面对角线[011]方向，即沿 $Amm2$ 结构的二次轴方向．这是一个铁电-铁电的相转变，其结构变化也不大，同样属于位移式或二级相变．

当温度继续下降到 −90℃ 以下时，$BaTiO_3$ 晶体由正交晶系的 $Amm2$ 转变为三方晶系的 $R3m$(图 1.11(e))，此时晶体仍具有铁电性．显然，这同样是一个铁电-铁电相变，只是其自发极化强度方向与原立方晶胞的体对角线[111]方向，或 $R3m$ 结构中的三次轴方向平行．这个相变前后的结构变化也不大，属于位移式或二级相变．

综上所述，在整个温区(低于 1618℃)，随温度降低 $BaTiO_3$ 共有五种晶体结构，即六方 $P6_3/mmc$ ($a=b=5.735$ Å，$c=14.05$ Å)，立方 $Pm3m$ ($a=3.996$ Å)，四方 $P4mm$ ($a=b=3.995$ Å，$c=4.034$ Å)，正交 $Amm2$ ($a=3.990$ Å，$b=5.669$ Å，$c=5.682$ Å)，三方 $R3m$ ($a=b=c=4.001$ Å，$\alpha=\beta=\gamma=89.9°$)．其中 $Pm3m \to P4mm$ 相变为顺电-铁电相变，相变的 Curie 温度为 120℃，高于此温度 $BaTiO_3$ 呈现顺电性，在 120℃ 以下呈现铁电性．随着温度的继续降低，$BaTiO_3$ 晶体又分别经历了 $P4mm \to Amm2$ 和 $Amm2 \to R3m$ 两次铁电-铁电相变．从晶体结构角度，上述的顺电和铁电相变前后的结构差别不大，但对称性却显著不同，这可从晶胞参数的差异上面体现出来．

## 参 考 文 献

[1] Rose G. Beschreibung einiger neuer Mineralien vom Ural. Pogendorff Annalen der Physik und Chemie，1839，48：551.

[2] Chakhmouradian A R and Woodward P M. Celebrating 175 years of perovskite research：a tribute to Roger H. Mitchell. Physics and Chemistry of Minerals，2014，41：387.

[3] Howard C J and Stokes H T. Group-theoretical analysis of octahedral tilting in perovskites. Acta Crystallographica B，1998，54：782.

[4] Goldschmidt V M. Geochemische verteilungsgesetze der elemente VII. Skrifter Norske Videnskaps Akademi Klasse 1. Matematisk，Naturvidenskapelig，1926，K1：2.

[5] Glazer A M. The classification of tilted octahedra in perovskites. Acta Crystallographica B，1972，28：3384.

[6] Glazer A M. Simple ways of determining perovskite structures. Acta Crystallographica

A, 1975, 31: 756.

[7] Aleksandrov K S. The sequences of structural phase transitions in perovskites. Ferroelectrics, 1976, 14: 801.

[8] Aleksandrov K S. Mechanisms of the ferroelectric and structural phase transitions, structural distortions in perovskites. Ferroelectrics, 1978, 20: 61.

[9] Woodward P M. Octahedral tilting in perovskites. I. Geometrical considerations. Acta Crystallographica B, 1997, 53: 32.

[10] Woodward P M. Octahedral tilting in perovskites. II. Structure stabilizing forces. Acta Crystallographica B, 1997, 53: 44.

[11] Thomas N W. The compositional dependence of octahedral tilting in orthorhombic and tetragonal perovskites. Acta Crystallographica B, 1996, 52: 16.

[12] Thomas N W. New global parameterization of perovskite structures. Acta Crystallographica B, 1998, 54: 585.

[13] Sasaki S, Prewitt C T, Bass J D, and Schulze W A. Orthorhombic perovskite $CaTiO_3$ and $CdTiO_3$: structure and space group. Acta Crystallographica C, 1987, 43: 1668.

[14] Randall C A, Bhalla A S, Shrout T R, and Cross L E. Classification and consequences of complex lead perovskite ferroelectrics with regard to B-site cation order. Journal of Material Research, 1990, 5: 829.

[15] Redfern S A T. High-temperature structural phase transitions in perovskite ($CaTiO_3$). Journal of Physics-Condensed Matter, 1996, 8(43): 8267.

[16] Zhao Y, Weidner D J, Parise J B, and Cox D E. Critical phenomena and phase transition of perovskite-data for $NaMgF_3$ perovskite: (II). Physics of the Earth and Planetary Interiors, 1993, 76: 17.

[17] Lufaso M W and Woodward P M. Prediction of the crystal structures of perovskites using the software program SPuDS. Acta Crystallographica B, 2001, 57: 725.

[18] Magyari-Kope B, Vitos L, Johansson B, and Kollar J. Parametrization of perovskite structures: an ab initio study. Acta Crystallographica B, 2001, 57: 491.

[19] Tschauner O, Ma C, Beckett J R, Prescher C, Prakapenka V B, and Rossman G R. Discovery of bridgmanite, the most abundant mineral in Earth, in a shocked meteorite. Science, 2014, 346: 1100.

# 第二章　钙钛矿光伏材料及其制备

刘志伟、赵自然

能源是人类文明发展的重要推动力. 自人类文明伊始，新能源就不断被发掘利用，并逐步取代旧能源，促成了人类社会的革新. 19 世纪末，煤炭的使用极大推动了工业发展，加速了近代化进程，人类进入了“煤炭时代”. 20 世纪 60 年代，随着石油、天然气的勘探和开采，煤炭被逐渐替代，在世界能源消耗结构中的比重逐渐降低，人类自此进入了“石油时代”. 随着能源需求的不断增长，化石能源有限的储量使人类面临能源危机. 与此同时，化石能源燃烧所产生的环境问题也日益凸显，开发可再生、环境友好的新能源势在必行. 水能、风能、太阳能、生物质能、地热能、潮汐能等可再生能源的研究与开发应运而生. 其中太阳能被视为一种取之不尽、用之不竭的能源，每年到达地表的太阳能相当于 130 万亿吨煤的燃烧所释放的能量. 同时，太阳能也是一种清洁能源，获得便利且可免费使用，有利于维持社会的可持续发展.

目前，太阳能在发电领域的主要利用方式是太阳能光伏发电（solar photovoltaics)和聚光太阳能热发电(concentrated solar power). 太阳能光伏发电是通过太阳能电池(solar cell)中半导体的光生伏特效应(photovoltaic effect，简称光伏效应)将光能直接转换为电能，而聚光太阳能热发电则是使用反射镜或透镜令太阳光集中，从而将太阳能换化为热能，再通过热机做功驱动发电机进行发电. 根据国际可再生能源机构（International Renewable Energy Agency，IRENA)2018 年的报告预测，到 2050 年，可再生能源提供的发电量将占全球总发电量的 85%，其中太阳能光伏发电和聚光太阳能热发电提供的发电量将分别占 22%和 4%[1]. 可见，太阳能的开发利用将影响到未来的能源供应和人类的长远利益，而太阳能电池又是利用太阳能进行发电的主要方式.

经过几十年的研究，太阳能电池已取得了很高的光电转换效率，且逐渐向大规模商业化发展，但仍存在着原料成本较高、生产过程能耗大且会造成环境污染等问题. 开发高效率、低成本、环境友好的新型太阳能电池已经成为近年来科学界的一大热点.

# §2.1 钙钛矿太阳能电池概述

## 2.1.1 太阳能电池的研究背景与发展历程

太阳能电池是一种利用光伏效应将光能转化为电能的器件. 1839 年法国实验物理学家 Becquerel 首次在溶液中发现了光伏效应[2]. 此后 Hertz 于 1887 年观察到了物质的光电效应，即当接收到足够能量的电磁辐射后，某些物质内部的电子被激发出来的现象[3]. 1905 年，Einstein 给出了光电效应的理论解释，并因该成果获得了 1921 年的诺贝尔奖. 1954 年，美国 Bell 实验室制作了单晶硅太阳能电池，光电转换效率达到了 6%[4]. 近年来，随着人们对新能源领域的不断探索，太阳能电池的种类也得到了进一步的拓展. 图 2.1 是美国国家可再生能源实验室(NREL)给出的目前太阳能电池的发展历程，涵盖了各种太阳能电池经认证后的最高效率[5].

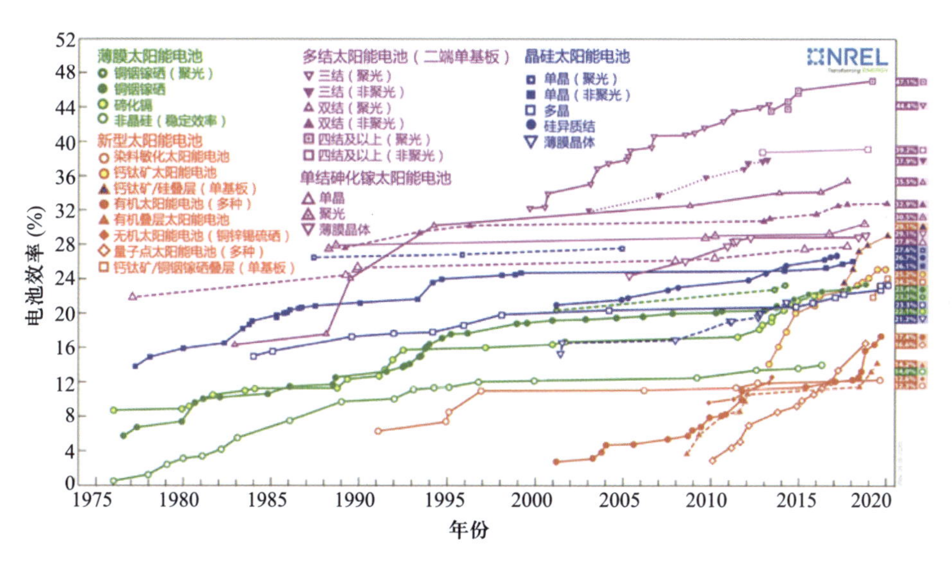


图 2.1 各类太阳能电池的效率发展历程[5]

太阳能电池按照材料来说，大致可以分为以下几类：

(1) 第一代硅基太阳能电池，主要是指以单晶硅[6,7]、多晶硅[8,9]及非晶硅[10-12]为吸光层的太阳能电池. 这类电池技术成熟，光电转换效率相对较高，目前已经实现商业化应用. 随着材料提炼加工工艺的不断改进，目前其实验室效率可达 25%以上[13]，而制备成本与最初相比也大大降低.

(2) 第二代多元化合物薄膜太阳能电池，主要包括砷化镓(GaAs)[14]、磷化铟(InP)[15,16]、铜铟镓硒(CIGS)[17,18]、碲化镉(CdTe)[19]太阳能电池. 这类电池的光电转换效率较高、器件性能稳定、吸光层较薄，可以大幅减少原材料消耗，是目前业界看好的薄膜型太阳能电池，有望拓宽太阳能电池的使用范围. 但这类电池使用的材料中部分元素具有毒性或储量稀少，限制了大面积的推广使用.

(3) 第三代新型太阳能电池，主要包括钙钛矿太阳能电池(perovskite solar cell)、染料敏化太阳能电池、有机太阳能电池、量子点太阳能电池等. 随着生产技术的不断进步，人们对太阳能电池的需求也日益迫切，要求太阳能电池的制备工艺更加简单、材料更加环保、效率更高、使用寿命更长. 目前新一代太阳能电池大多还处在实验室研发阶段，真正推向市场还有很长的路要走. 近十年来，新兴的杂化钙钛矿太阳能电池受到了世界瞩目. 在如此短的时间内，其光电转换效率就增加到了 25.2%(截至 2019 年 8 月)[5]，这种发展速度在其他类型的太阳能电池中还不曾出现. 这类电池基于杂化钙钛矿光伏材料，原料成本低且生产工艺简单，如果能解决其稳定性问题，则可进入商业化生产阶段. 因此，钙钛矿太阳能电池有望成为太阳能电池领域里的“规则改变者”(game changer).

目前，许多国家都在新能源领域，特别是光伏发电领域投入了巨大的人力物力，可以说太阳能电池的发展迎来了黄金时期. 但是这也对广大科研工作者提出了更高的挑战，即开发出成本更低、效率更高、寿命更长的新型太阳能电池，实现大面积推广应用，使之进入人们的日常生活.

### 2.1.2 钙钛矿太阳能电池的发展历程

钙钛矿太阳能电池是一类以金属卤化物钙钛矿材料(metal halide perovskite)作为吸光层的太阳能电池. 2009 年，人们首次利用钙钛矿材料 $CH_3NH_3PbI_3$，$CH_3NH_3PbBr_3$ 作为染料敏化太阳能电池的敏化剂实现了约 4%的光伏效率[20]. 此后，人们将此材料制备成 2～3 nm 的纳米晶引入染料敏化太阳能电池中，实现了 6%以上的光电转换效率，其中钙钛矿材料以量子点的形式沉积在 $TiO_2$ 表面[21]. 但是，以上两种电池都采用了液态电解液，而钙钛矿材料会在电解液中逐渐溶解，因此电池的寿命很短，效率也得不到很大提升. 2012 年，以 $CH_3NH_3PbI_3$ 与 $CH_3NH_3PbI_{3-x}Cl_x$ 为代表的钙钛矿材料在全固态钙钛矿太阳能电池中分别实现了 9.7%[22] 与 10.9%[23] 的光电转换效率，首次将此类电池的效率提高至 10%，从而引起了人们的广泛关注. 仅仅一年后，钙钛矿太阳能电池的效率就已经突破 15%[24,25]. 随着对于钙钛矿太阳能电池研究的不断深入，截至 2013 年底，其效率最高已经达到 16.2%[26]，

并被 *Science* 杂志评为该年度十大科技进展之一[27]. 目前，钙钛矿太阳能电池最高的认证效率已经达到 25.2%[5]，而相关文献数量也犹如井喷(见图 2.2).

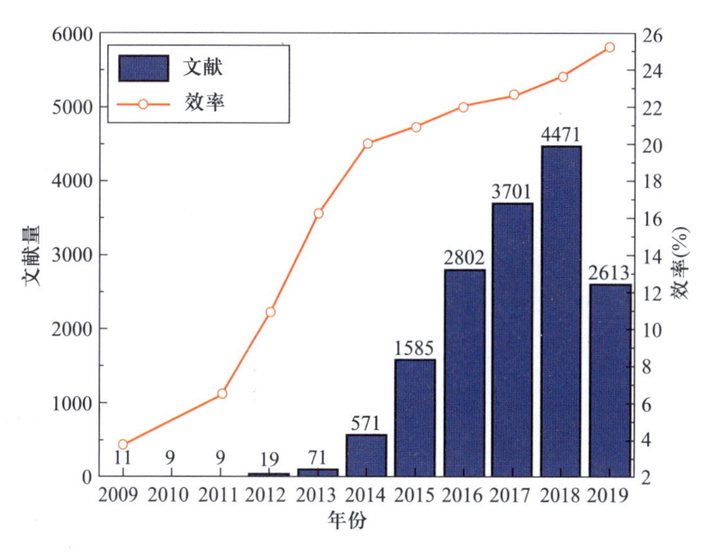


图 2.2 钙钛矿太阳能电池的效率及相关文献量(截至 2019 年 8 月)

钙钛矿太阳能电池的大规模应用仍受到一些限制：(1) 稳定性有待提高. 除了钙钛矿材料自身容易发生降解外，器件中其他功能层较差的稳定性[28]和不同功能层之间发生的离子扩散和化学反应[29-31]等也会引起器件效率的衰减. (2) 现有高性能的钙钛矿太阳能电池均基于铅基钙钛矿材料，而铅元素具有人体和环境毒性[32]，使发展基于无铅钙钛矿材料的器件成为新的课题. (3) 目前大面积器件的效率还较低[33]. 不过，现在已经有很多研究致力于克服这些缺点. 通过钙钛矿材料和其他功能层的组分调控设计、新的成膜方法的开发、太阳能电池器件结构的优化，及器件内部微观动力学过程的阐明，钙钛矿太阳能电池的研究和应用将取得长足进步.

### 2.1.3 钙钛矿太阳能电池的工作原理与参数表征

钙钛矿太阳能电池一般由钙钛矿光活性层、缓冲层和电极构成，其工作原理如图 2.3 所示[34]. 首先，太阳光从透明电极一侧入射，钙钛矿光活性层吸收光子并产生激子，即一对电子与空穴由静电 Coulomb 作用相互吸引而形成的束缚态. 由于钙钛矿材料的激子束缚能较小，所以在电池工作条件下，光活性层中产生的大多数激子均会分离成自由电荷(如图中过程 1). 接下来，自由的电子和空穴在钙钛矿材料中传输，并注入缓冲层(如图中过程 2 和 3). 缓冲层主要指电子传输层(ETL)以及空穴传输层(HTL). 电子传输层可以有效提取电子并阻挡空穴，而空穴传输层则相反. 缓冲层提取的载流子进一步被相应的电极所收集. 除此之外，钙钛矿电池中还存在载流子的复合过程(图中虚线箭头)，主要分为钙钛矿材料内部发生的复合以及界面上发生的复合.

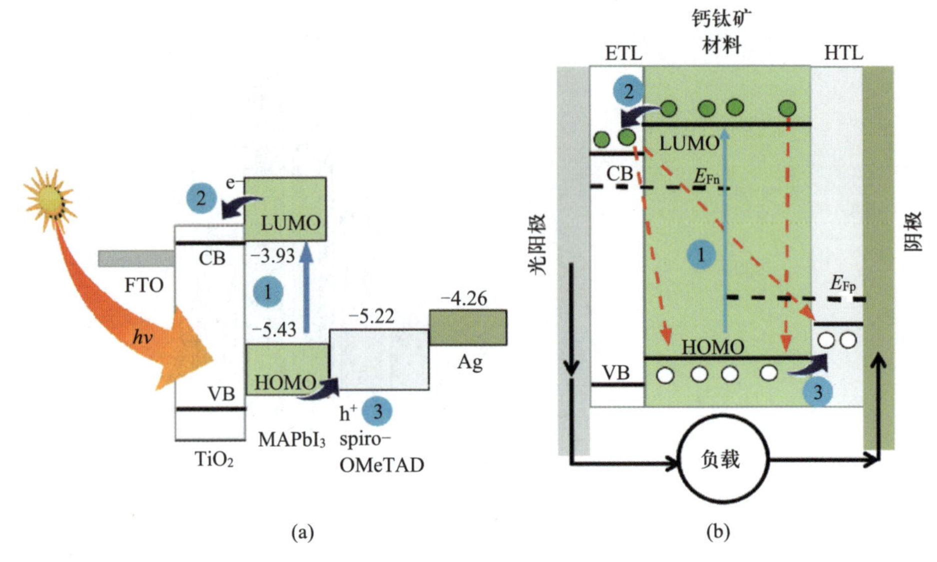


图 2.3 钙钛矿太阳能电池的工作原理示意图[34]

钙钛矿材料内部发生的复合过程根据其动力学特征主要可以分为三种：单分子复合、双分子复合和 Auger 复合[35]，载流子密度的衰减速率可表示为

$$\frac{\mathrm{d}n}{\mathrm{d}t}=-k_1n-k_2n^2-k_3n^3,$$

其中 $n$ 为光生载流子浓度，$k_1$，$k_2$ 和 $k_3$ 分别为单分子复合、双分子复合和 Auger 复合的速率常数. 单分子复合是钙钛矿材料中最主要的复合形式，通常为陷阱辅助的复合[36,37]，即材料中的陷阱中心俘获自由载流子，并通过晶体振动等方式释放能量，多为非辐射复合. 虽然钙钛矿材料中的缺陷能级大多位于导带底(conduction band minimum，CBM)或价带顶(valence band maximum，VBM)附近[15,38]，但也有一些能级较深的缺陷成为俘获载流子的陷阱态，其能级深度、密度、分布和俘获截面等均会对单分子复合速率产生影响[39]. 因此，通过改善钙钛矿制备方法来降低陷阱态的影响，可以减少单分子复合发生. 双分子复合则是发生在自由电子和空穴之间的复合过程，其释放能量的形式为辐射跃迁，所以是一种辐射复合[40]. 一般来说，双分子复合速率远小于单分子复合速率，其速率常数不依赖于钙钛矿材料的制备方法[39]. Auger 复合则是指电子-空穴复合所释放的能量被另一个电子吸收的过程，一

般在标准光照条件下的钙钛矿太阳能电池中影响很小，可以忽略[35].

界面上发生的复合则主要包括钙钛矿晶界上的复合以及钙钛矿层与缓冲层界面上的复合[41]. 有些情况下，钙钛矿层覆盖度较差，则电子传输层和空穴传输层之间可能产生接触而发生复合. 在钙钛矿层的表面、晶界处和钙钛矿层与缓冲层界面上存在较多缺陷[42]，这些缺陷可能会作为陷阱中心诱导载流子复合，从而对器件性能产生负面影响. 因此，制备高质量的钙钛矿薄膜、钝化表面和晶界上的缺陷以及选择更好的缓冲层是提升器件性能的重要手段.

钙钛矿太阳能电池的性能通常是由在一定光照条件下的电流密度-电压($J$-$V$)曲线表征的，它是通过对电池施以连续变化的外加偏压，并记录不同偏压下的电流密度得到的. 典型的电流密度-电压曲线图如图 2.4 所示. 无光照时测得的电流密度-电压曲线称为暗电流曲线，它反映了太阳能电池作为二极管的整流特性. 在光照条件下，太阳能电池中产生与外加偏压方向相反的光生电流(即图 2.4 中的 $J_L$)，此时得到的曲线为太阳能电池在光场中的电流密度-电压曲线. 在太阳能电池性能测试中最常用的光照条件是 AM 1.5 G(air mass 1.5 global)模拟太阳光，即穿过 1.5 个大气质量(对应太阳高度角为 48.2°)且考虑了空气散射后的太阳辐射光谱，相应的辐照度为 100 mW·cm$^{-2}$. $J$-$V$ 曲线上衡量电池优劣的性能参数主要有四项：短路电流密度($J_{SC}$)、开路电压($V_{OC}$)、填充因子(FF)以及光电转换效率(PCE).

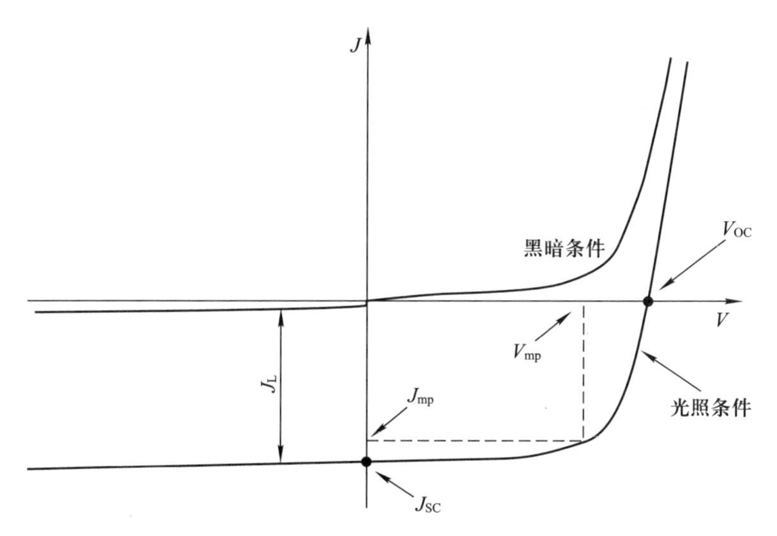


图 2.4 太阳能电池的电流密度-电压曲线以及性能参数

(1) 短路电流密度($J_{SC}$).

光照条件下,在无外加偏压,即器件处于短路状态时,通过电池的电流密度便称为短路电流密度.影响电池的短路电流密度的因素主要有钙钛矿材料的带隙(吸光波长范围)、钙钛矿层厚度(吸光程度)以及材料本身的电荷传输性质.

(2) 开路电压($V_{OC}$).

光照条件下,当通过器件的电流为零,即器件处于开路状态时,电池两端的电压就是开路电压.开路电压主要由钙钛矿材料的带隙决定,此外缓冲层和钙钛矿层之间的势垒大小和器件中的载流子复合情况也会影响器件的开路电压.

(3) 填充因子(FF).

如图 2.4 所示,在第四象限内的 $J$-$V$ 曲线上任取一点,该处电压与电流密度之积为单位面积的输出功率.其中存在一点使得该乘积为最大值,该最大值即电池单位面积的最大输出功率($P_{max}$).而填充因子是指电池单位面积的最大输出功率与开路电压和短路电流密度乘积之比

$$\mathrm{FF}=\frac{J_{mp}V_{mp}}{J_{SC}V_{OC}}.$$

填充因子主要受到太阳能电池中串联电阻($V_{OC}$点处的曲线斜率倒数)和并联电阻($J_{SC}$点处的曲线斜率倒数)的影响,串联电阻减小或并联电阻增加,则填充因子升高.

(4) 光电转换效率(PCE).

光电转换效率是器件单位面积最大输出功率 $P_{max}$ 与入射光辐照度 $P_{in}$ 之比,是衡量太阳能电池性能优劣最直观的参数:

$$\mathrm{PCE}=\frac{P_{max}}{P_{in}}=\frac{J_{mp}V_{mp}}{P_{in}}=\frac{J_{SC}V_{OC}\mathrm{FF}}{P_{in}}.$$

在钙钛矿太阳能电池中,电流密度-电压曲线经常会随着测试条件(扫描方向和扫描速度)的变化而发生变化,正向扫描和反向扫描得到的效率有一定差别,且较快的扫描速度会导致测试效率偏高,这种现象称为迟滞效应(hysteresis),它给确认钙钛矿太阳能电池的真实效率带来困难.目前越来越多的研究者开始采用最大功率点追踪(maximum power point tracking,简称MPPT)的方法,以更准确地反映钙钛矿太阳能电池的光电转换效率[43].

另外一个表征电池性能的重要参数是入射光子-载流子转换效率(incident photon-to-charge carrier efficiency,简称 IPCE),定义为入射光照射在器件上产生的电子数与入射光子数的比值,其计算公式如下:

$$\mathrm{IPCE}=\frac{N_e}{N_p}\times 100\%=\frac{J\,(\mathrm{mA/cm^2})}{P_{in}(\mathrm{mW/cm^2})}\times\frac{1240}{\lambda(\mathrm{nm})}\times 100\%,$$

其中 $N_e$ 为收集的电子数，$N_p$ 为入射的光子数，$\lambda$ 为入射光的波长. IPCE 的值反映了太阳能电池器件对不同波长光的利用率及其电荷传输性能. 通过不同波长下的 IPCE 还可积分得到器件的短路电流密度

$$J_{SC}=-q\int_{\lambda 1}^{\lambda 2}\mathrm{IPCE}(\lambda)\Phi_{\mathrm{ph},\lambda}\,\mathrm{d}\lambda,$$

其中 $q$ 为基本电荷，$\Phi_{\mathrm{ph},\lambda}$ 为波长 $\lambda$ 对应的光子通量. 积分得到的短路电流密度可作为评判电流密度-电压曲线扫描所测得的短路电流密度可靠程度的判据，两者越接近，说明电流密度-电压曲线扫描所测得的短路电流密度越可靠.

表 2.1 列出了目前几种典型太阳能电池的经过认证的最高效率和相应的其他器件参数，供读者对比[13].

**表 2.1　几种典型太阳能电池的器件参数**(截至 2018 年 10 月)[13]

| 太阳能电池 | PCE(%) | 面积/$cm^2$ | $V_{OC}$/V | $J_{SC}$/($mA/cm^2$) | FF(%) |
|---|---|---|---|---|---|
| 单晶硅 | 26.7 | 79.0 | 0.738 | 42.65 | 84.9 |
| 多晶硅 | 22.3 | 3.923 | 0.6742 | 41.08 | 80.5 |
| CIGS | 22.9 | 1.041 | 0.744 | 38.77 | 79.5 |
| CdTe | 21.0 | 1.0623 | 0.8759 | 30.25 | 79.4 |
| 钙钛矿 | 20.9 | 0.991 | 1.125 | 24.92 | 74.5 |

### 2.1.4　钙钛矿太阳能电池的器件结构

钙钛矿太阳能电池的常见器件结构可根据不同方法进行分类. 按照光的入射方向可分为 nip 结构和 pin 结构(其中 n 指 n 型半导体，i 指钙钛矿层，p 指 p 型半导体)，而根据有无介孔传输层可分为介孔结构和平面异质结结构.

(1) nip 结构.

在 nip 结构中，光是从 n 侧(即电子传输层)入射太阳能电池的(见图 2.5(a)，(b)). 这类结构最初从染料敏化电池承袭和发展而来，往往也称为正式结构或常规结构(regular structure). 包含介孔 $TiO_2$ 层(mesoporous $TiO_2$ layer)的 nip 型结构也称为介孔结构，各功能层依次为：透明电极(一般为氟掺杂氧化锡，即 FTO)、致密 $TiO_2$ 层、介孔 $TiO_2$ 层、钙钛矿层、空穴传输层以及金属电极(见图 2.5(a)). 致密 $TiO_2$ 层的作用主要是收集传输电子和阻挡空穴. 介孔 $TiO_2$ 层起到支撑框架的作用，可以限制钙钛矿晶体的生长，使钙钛矿薄膜形貌具有较高的重复性，同时也起到传输电子的作用. 钙钛矿颗粒作为吸光层吸附在介孔 $TiO_2$ 层骨架上. 空穴传输层则起传输空穴的作用，常

见的有四[$N$,$N$-二(4-甲氧基苯基)氨基]-9,9′-螺二芴(spiro-OMeTAD)和聚[双(4-苯基)(2,4,6-三甲基苯基)胺](PTAA).

随着对钙钛矿材料性质的深入了解，人们发现这类材料的激子束缚能小，光照产生的激子不仅可在界面层拆分，也可以在钙钛矿层拆分，形成自由电子和空穴. 同时这类材料具有双极性载流子传输性能[44,45]，且电子-空穴扩散长度可达微米级，这意味着可以省略介孔 $TiO_2$ 层，从而简化电池制备工艺. Snaith 等使用绝缘的介孔 $Al_2O_3$ 层替代介孔 $TiO_2$ 层，仍取得了 10.9%的光电转换效率[23]，表明电子可直接由致密 $TiO_2$ 层提取. 在此工作的基础上，具有平面异质结结构的 nip 型器件不断被报道(见图 2.5(b)). Snaith 等首次制备了具有平面结构的钙钛矿太阳能电池，其中钙钛矿层直接沉积在致密 $TiO_2$ 层上[46]. Kelly 等以低温制备的致密 ZnO 层替代致密 $TiO_2$ 层，取得了 15.7%的器件效率[47]. 杨阳课题组则以钇掺杂的致密 $TiO_2$ 层作为电子传输层，并采用乙氧基化聚乙烯亚胺修饰的氧化铟锡(ITO)电极，取得了 19.3%的高效率[48].

得益于钙钛矿材料优异的电荷传输性能，这种平面结构的钙钛矿太阳能电池中钙钛矿层厚度可以达到 400 nm，既保证了对光的充分吸收，又可实现载流子的有效传输. 平面异质结结构的钙钛矿电池的开路电压要比介孔结构的高，且制备工艺相对简单，因此最近关于平面结构钙钛矿电池的文献报道越来越多. 在平面结构里，器件的光电性能的好坏很大程度取决于钙钛矿薄膜质量的高低. 由于平面结构的电池中没有使用介孔层，钙钛矿薄膜的形貌较难控制，导致器件性能的重复性较差. 同时 nip 型平面结构器件的迟滞效应较为显著.

(2) pin 结构.

在 pin 结构中，光是从 p 侧(即空穴传输层)入射钙钛矿太阳能电池的(见图 2.5(c)，(f))，这类结构也常被称为反式结构(inverted structure). 绝大多数 pin 型器件都是平面异质结结构的，其各功能层依次为：透明电极(一般为氧化铟锡，即 ITO)、空穴传输层、钙钛矿层、电子传输层以及金属电极(见图 2.5(c)). 这种结构为空穴传输层的选择和优化提供了较大的空间，常用的有以聚(3,4-亚乙二氧基噻吩)-聚(苯乙烯磺酸)(PEDOT:PSS)为代表的有机空穴传输材料和以 $NiO_x$，$CuO_x$，CuSCN 等为代表的无机空穴传输材料. 而电子传输层则常常使用富勒烯及其衍生物. 虽然性能略输 nip 型器件，但 pin 型器件免去了高温沉积 $TiO_2$ 层的步骤[22,48]，同时与正式平面结构器件相比，迟滞效应几乎可忽略[49−51]，这是它的突出优点.

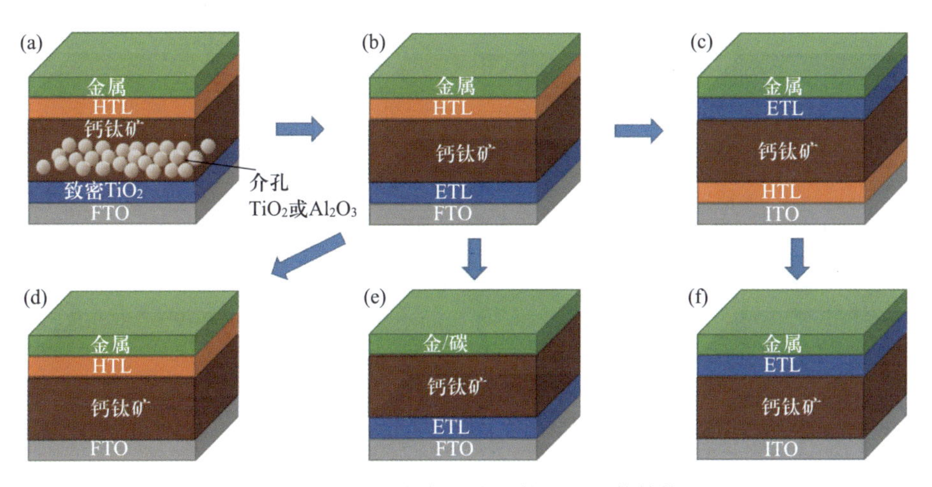


图 2.5　常见的钙钛矿太阳能电池器件结构

(3) 无电子/空穴传输层结构.

由于钙钛矿的双极性载流子传输性能，在常见的器件结构基础上，还可进一步省略电子传输层(见图 2.5(d))或空穴传输层(见图 2.5(e)，(f))，从而进一步简化器件结构. 目前，无电子传输层的器件均由 nip 型器件简化而来，免去了高温制备 $TiO_2$ 层的烦琐，最高效率已经超过 15%[52,53]. 然而也有研究表明，无电子传输层的器件具有严重的迟滞效应，且无法获取有效的持续功率输出，即电子传输层对于在钙钛矿太阳能电池中建立内建电场是不可或缺的[54]，因此无电子传输层器件的可行性还需进一步探索.

无空穴传输层的器件避免了常用有机空穴传输材料的使用，有利于降低器件成本，提高器件稳定性. 具有这种结构的器件效率已经从最初的 5.5%[55] 提高到 19.9%[56]. 特别是由 nip 型器件简化而来的无空穴传输层的器件，往往采用碳电极作为正极，避免了蒸镀金属电极的高成本和烦琐，可与多种基于溶液法的器件制备工艺兼容，现在已得到较为广泛的应用.

## § 2.2　钙钛矿光伏材料

### 2.2.1　三维结构钙钛矿材料

钙钛矿材料是一类与钛酸钙具有相似晶体结构的材料. 经典的钙钛矿材料的结构通式为 $ABX_3$，其中 A，B 为阳离子，X 为阴离子. 在钙钛矿材料的晶体结构中，B 离子与 X 离子配位形成 $[BX_6]$ 八面体，B 离子位于八面体的中心，而 X 离子位于八面体的六个顶点，A 离子则填充在八面体之间的空隙中心(见图 2.6). 相邻的八面体通过共顶点形成扩展的空间三维网络结构，所以这类经典钙钛矿材料也叫作三维结构钙钛矿材料. 对于钙钛矿材料而言，容忍因子 $t$ 是考量其是否能维持稳定的 $ABX_3$ 结构的重要参数，其计算公式为

$$t=\frac{R_A+R_X}{\sqrt{2}(R_B+R_X)},$$

其中 $R_A$，$R_B$ 和 $R_X$ 分别为 A，B 和 X 离子的半径. 一般而言，钙钛矿的 $t$ 介于 0.813 到 1.107 之间[57]. 当 $t=1$ 时，晶体为完美的立方晶型($\alpha$ 相). $t$ 与 1 的差距越大，则晶格畸变越大，晶体逐渐变为四方($\beta$ 相)乃至正交($\gamma$ 相)晶型. 钙钛矿材料在不同温度、电场和压力等外界条件下还会发生晶型之间的转变. 一般随着温度降低晶型会向低对称性的晶型转变[58,59]，如 $CH_3NH_3PbI_3$ 在室温下是四方结构，而在低温下则会转变为正交结构.

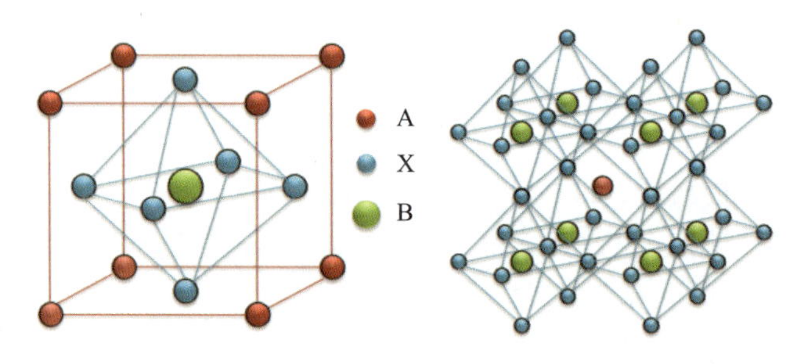

图 2.6　三维结构钙钛矿 $ABX_3$ 的晶体结构

钙钛矿材料应用于光伏领域的历史可以追溯到六十多年前. 在 1956 年，人们首次发现钙钛矿材料 $BaTiO_3$ 可产生光电流[60]. 后来人们相继在 $LiNbO_3$ 等钙钛矿材料中发现了光伏效应[61,62]，这种光伏效应主要与空间电荷在晶体表面形成的内建电场，也就是铁电效应有关. 但是这些早期的研究所获得的光电转换效率很低，通常远低于 1%.

此后，金属卤化物钙钛矿开始受到人们的重视. 1978 年，Weber 首次将甲胺离子引入晶体结构中，形成了具有三维结构的有机-无机杂化金属卤化物钙钛矿材料(organic-inorganic metal halide perovskite)[63]. 1980 年，$KPbI_3$ 等全无机金属卤化物钙钛矿材料(all-inorganic metal halide perovskite)首次作为光伏材料被报道，它的吸收带与太阳光谱相匹配(直接带隙约 1.4～2.2 eV)，但是并未制备成太阳能电池[64,65]. 典型的 $ABX_3$ 型金属卤化物钙钛矿材料中，A 一般是有机胺离子或碱金属离子(如 $CH_3NH_3^+$，$NH=CHNH_3^+$，$Cs^+$)；B 是二价金属离子(如 $Pb^{2+}$，$Sn^{2+}$)；X 则是卤素离子($I^-$，$Br^-$，$Cl^-$). 在有机-

无机杂化金属卤化物钙钛矿材料中，有机与无机组分的杂化不同于传统的杂化材料，是在分子尺度上的复合，而且在宏观上还是均相的，所以能够整合有机材料和无机材料各自性能上的优势. 正八面体无机单元堆叠而成的三维网络结构可以作为有效的载流子传输通道，而有机单元则可以改善材料的溶解性和成膜性，从而使其可以通过溶液法制备成膜. 此外，全无机的金属卤化物钙钛矿材料和有机-无机杂化钙钛矿材料的光电性质相近，且具有更高的热稳定性，因而也受到研究者的重视.

金属卤化物钙钛矿材料具有许多突出的性质，使其在光伏器件中表现优异.

(1) 吸光系数高. 由于这类材料是直接带隙半导体，一般其吸光系数在 $10^4 \sim 10^5\ cm^{-1}$ 的数量级[66]. 这使得只要几百纳米厚的钙钛矿材料便可以吸收其吸光范围内绝大部分的入射光(相比之下，硅基太阳能电池和 CIGS 太阳能电池的吸光层厚度一般分别在百微米和微米量级). 此外，通过改变其化学组成，可调控其带隙，从而改变其吸光窗口. 例如 $CH_3NH_3PbI_3$ ($MAPbI_3$)的带隙约为 1.55 eV，将甲胺阳离子替换为较大的甲脒阳离子($NH{=}CHNH_3^+$，FA)后带隙减小至 1.48 eV，而 A 离子为铯离子时带隙增大至 1.73 eV[67]. 用更小半径的卤素离子替代 $MAPbI_3$ 中的碘离子，则会使带隙增大[68-70].

(2) 激子束缚能较小. 虽然不同测试方法和不同材料测得的结果略有差异，但总体上都在一个数量级内(约 16～80 meV)[66,71-73]，与室温下的 $k_B T \approx 26$ meV 相近，且远远小于一般有机半导体材料的激子束缚能(0.2～1.0 eV)[74]. 而器件测试结果也表明，即使是在高达 80 meV 的激子束缚能情况下，在处于太阳能电池工作条件下的钙钛矿材料中，激子仍能有效拆分为自由电子和空穴[71,72].

(3) 载流子迁移率较高. 载流子迁移率的测定值受材料制备方法和测定方法的影响较大. 例如对于 $MAPbI_3$ 而言，采用理论计算得到空穴迁移率为 $\mu_p = 800 \sim 1500\ cm^2 \cdot V^{-1} \cdot s^{-1}$，电子迁移率为 $\mu_e = 800 \sim 1500\ cm^2 \cdot V^{-1} \cdot s^{-1}$[75]，利用 Hall 效应测得的 $MAPbI_3$ 单晶的 $\mu_p = 105\ cm^2 \cdot V^{-1} \cdot s^{-1}$[76]，$\mu_e = 66\ cm^2 \cdot V^{-1} \cdot s^{-1}$[59]，而采用光生载流子飞行时间方法测得的 $MAPbI_3$ 薄膜的 $\mu_p$ 和 $\mu_e$ 则在 $0.06 \sim 1.4\ cm^2 \cdot V^{-1} \cdot s^{-1}$ 范围内[77]，但仍然远远高于有机半导体材料的载流子迁移率(通常仅有约 $10^{-3}\ cm^2 \cdot V^{-1} \cdot s^{-1}$). 总体上看，大多数文献报道的 $MAPbI_3$ 薄膜的载流子迁移率平均在几到几十 $cm^2 \cdot V^{-1} \cdot s^{-1}$ 的范围内[59,73,76,78-80].

(4) 载流子扩散长度($L_D$)较长. 这类材料在单晶中的 $L_D$ 往往能达到百微米以上[76,81]，而在薄膜中的 $L_D$ 在 $10^2 \sim 10^3$ nm 级别[44,45,67,82,83]，接近或超过了一般太阳能电池中钙钛矿层的厚度，意味着载流子传输过程中复合损失较小，能够有效到达电子或空穴传输层.

然而，钙钛矿材料也存在一些缺点，主要体现在其稳定性方面. 钙钛矿材料较易受到热、光照、水、氧气等外界因素的影响，发生相变乃至降解，而且这些因素往往协同作用. 例如 $MAPbI_3$ 由于所含的甲胺阳离子的挥发性，在85℃即开始降解[84,85]. 同时，$MAPbI_3$ 还可与水形成亚稳的水合相而加快其分解[86,87]. 在光照，特别是具有较高能量的紫外线照射下，$MAPbI_3$ 内光生电子会被氧气分子捕获生成超氧根离子($O_2^-$)而破坏钙钛矿材料[88-90]. 又如，另一种常见的钙钛矿材料($NH=CHNH_3$)$PbI_3$($FAPbI_3$)相较于 $MAPbI_3$ 更耐光耐热[67,91]，但由于甲脒阳离子半径较大(2.53 Å)，在室温下其准立方相结构并不稳定，容易在水汽的影响下转变为无光伏活性的六方相结构[59,92]. 除了稳定性较差，目前最常用钙钛矿材料中的铅离子的毒性也有可能限制其大规模的应用.

### 2.2.2 二维结构钙钛矿材料

经典的钙钛矿材料有着 $ABX_3$ 的结构通式，其中由于 A 位的有机阳离子大小较为合适，使得[$BX_6$]八面体能够相互连接形成三维网状结构. 随着有机阳离子的分子链长度逐渐增大，使得容忍因子远离 1，此时[$BX_6$]八面体的连接方式发生改变，可能以平面状、直线状乃至分立状结构存在，形成具有二维、一维或零维结构的钙钛矿材料. 随着钙钛矿材料结构维度的降低，载流子的传输性能受到限制，同时材料的带隙也会增大，其作为太阳能电池的吸光材料的可行性也会降低. 因此，我们在此处仅介绍在光伏器件吸光层中应用的二维结构钙钛矿材料.

二维钙钛矿材料的结构可以看作是通过这种方式得到的：将三维钙钛矿材料中共顶点的[$BX_6$]八面体层沿着＜100＞，＜110＞或＜111＞方向切开，并在每一个切面中插入两层相互交错分布的大的单胺阳离子(或是插入一层大的双胺阳离子)(见图 2.7)[93]. 沿＜100＞方向切开得到的二维钙钛矿材料在光伏器件中是最常见的，它们通常具有$(RNH_3)_2(A)_{n-1}B_nX_{3n+1}$或$(H_3NRNH_3)(A)_{n-1}B_nX_{3n+1}$的结构通式，其中 $RNH_3^+$ 和 $H_3NRNH_3^{2+}$ 分别指大的单胺阳离子和双胺阳离子，$[(A)_{n-1}B_nX_{3n+1}]^{2-}$是被这些大的阳离子隔开的、具有电荷传输性质的(准)二维结构层，$n$ 则代表这些二维结构层内[$BX_6$]八面体的层数[94].

二维钙钛矿材料是通过分子自组装形成的，这个过程中分子间相互作用力，如 van der Waals 力、氢键、配位键等均发挥作用. 当层间阳离子为单胺阳离子 $RNH_3^+$ 时，两个单胺阳离子上的质子氢分别与两侧无机层表面的卤素离子形成氢键，两层烷基链的尾部向外部空间扩展并通过 van der Waals 力结合，形成有机层. 这类钙钛矿也称作二维 Ruddlesden-Popper 钙钛矿. 当层间

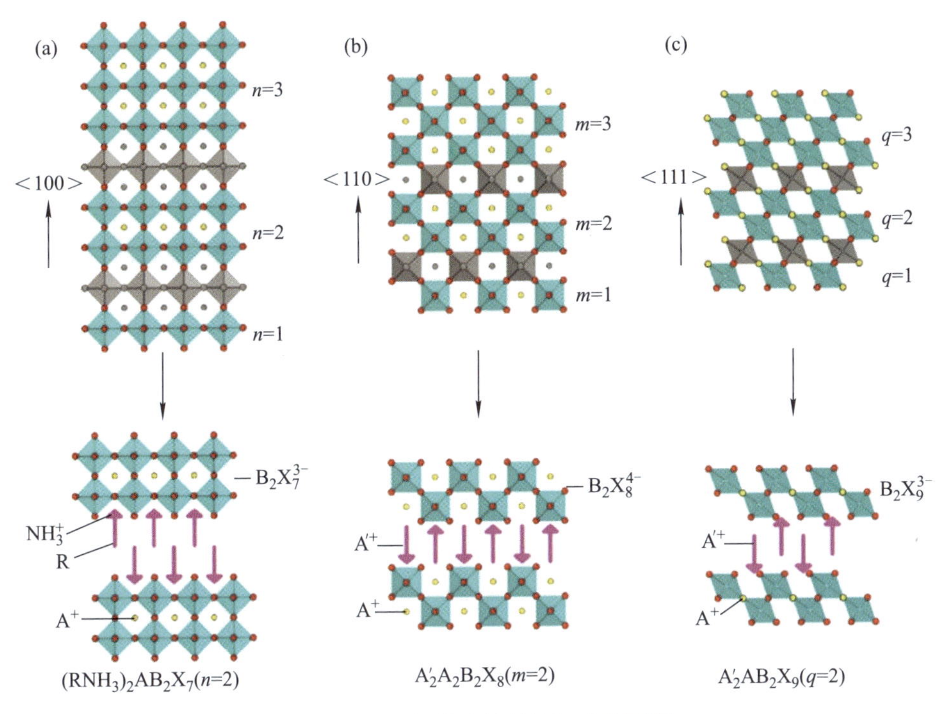


图 2.7　二维钙钛矿材料结构示意图[93]

阳离子为双胺阳离子 $NH_3RNH_3^{2+}$ 时，双胺阳离子两端的质子氢分别与两侧无机层形成氢键，有机层不依赖 van der Waals 力形成. 这类钙钛矿也称作二维 Dion-Jacobson 钙钛矿. 二维钙钛矿材料中大的有机阳离子含有疏水的脂肪基或芳香基，有利于阻挡水分子进入钙钛矿晶格内造成降解. 但它们也带来一些不利的性质. 首先，这些在层间插入的有机阳离子的绝缘性形成了多量子阱结构，使得二维钙钛矿材料的激子束缚能增加[95,96]，也不利于载流子在层间的传输. 其次，由于$[(A)_{n-1}B_nX_{3n+1}]^{2-}$结构层间相互作用较弱，二维钙钛矿材料的带隙相较于三维钙钛矿材料更大，不利于长波长光的吸收.

在二维钙钛矿材料中，$n$ 的取值对其结构和性质都有很大的影响. 当 $n=1$ 时，每层$[BX_4]^{2-}$二维结构层均被大的有机阳离子隔开，此时的钙钛矿材料为纯二维钙钛矿材料. 当 $n$ 大于 1 时，$n$ 层$[BX_6]$八面体共顶点连接，且小的阳离子填充在八面体层间的间隙中将其黏结起来，而大的有机阳离子将这些$[(A)_{n-1}B_nX_{3n+1}]^{2-}$准二维结构层间隔开来. 随着 $n$ 的逐渐增大，这些材料的结构和性质会逐渐趋近三维钙钛矿材料（$n=\infty$ 的情况）. 例如，在 $(C_4H_9NH_3)_2(CH_3NH_3)_{n-1}Sn_nI_{3n+1}$体系中，随着 $n$ 的增大，这类化合物发生了从半导体到金属导体的转变. 当 $n=1$ 时，材料为宽带隙的半导体，在室温

下的电阻率大约为 $10^5$ Ω·cm. 随着 $n$ 的增大，材料的电阻率迅速下降. 当 $n \geq 3$ 时，材料开始呈现出导体特性，在导电性能上从半导体向导体转变. 当 $n=\infty$ 时，也就是三维网络结构的 $CH_3NH_3SnI_3$ 性质将会变成一种低载流子密度的 p 型金属[97]. 又如，$(C_4H_9NH_3)_2MA_{n-1}Pb_nI_{3n+1}$ 的带隙从 $n=1$ 时的 2.24 eV 降低到 $n=\infty$ 时的 1.52 eV[98]. 当 $n$ 过小时，相应材料并不适合作为光伏器件中的吸光层，而 $n=40$ 时，其带隙为 1.57 eV，已经很接近 $n=\infty$ 时的带隙. 综上所述，适当选取 $n$ 值，方能权衡二维钙钛矿材料中大的有机阳离子带来的优势和劣势.

## §2.3 钙钛矿材料的组分调控

钙钛矿材料在器件中起着吸收入射光、产生和传导光生电子和空穴的作用，其光电特性对电池的光伏特性起着关键作用. 作为吸光材料，在可见光区与近红外区具有较宽较强的吸收带是实现太阳能电池高效率的必备条件. 如果带隙过低，虽然能够吸收更多波长范围的入射光，但是器件的开路电压会由此而降低. 综合来看，带隙在 1.34 eV 左右的材料最适合用作太阳能电池的吸光层[99]. 钙钛矿材料的激子束缚能、载流子迁移率、陷阱态密度和分布等涉及电荷产生、传输和复合的性质也对器件的表现有着重要的作用. 此外，钙钛矿材料自身的稳定性对于器件整体的稳定性也起到决定性的作用. 在钙钛矿材料中，通过构成组分的调控和优化，可在一定程度上改善上述性能，从而提高器件的效率和稳定性.

### 2.3.1 A 离子的调控

一般来讲，在钙钛矿材料中，A 离子主要起到维持晶格电荷平衡的作用，不会对材料的能带结构产生重要影响. 但它的大小会引起晶格的膨胀或收缩，改变金属-卤素键长，进而对带隙产生影响[100-102]. 如图 2.8 所示，通过控制几种不同 A 离子在钙钛矿材料中的比例，可以得到一系列具有不同吸收带隙的钙钛矿材料.

目前，在钙钛矿太阳能电池中最常用的 A 离子有甲胺阳离子($CH_3NH_3^+$ 或 $MA^+$)、甲脒阳离子($NH=CHNH_3^+$ 或 $FA^+$)和铯离子($Cs^+$)等. $FAPbI_3$ 相较于 $MAPbI_3$(带隙 1.55 eV)具有较好的光热稳定性，带隙也较小(1.43 eV)，更接近吸光层的最佳带隙 1.34 eV，因此基于 $FAPbI_3$ 钙钛矿电池的短路电流比同类型的 $MAPbI_3$ 钙钛矿电池高，但开路电压却更低. 另外，由于 $FAPbI_3$ 在室温下容易生成无光伏活性的六方相，所以总体上基于 $FAPbI_3$ 的器件的效率还是不如基于 $MAPbI_3$ 的器件的效率[67,91,105]. 因此，有一些工作

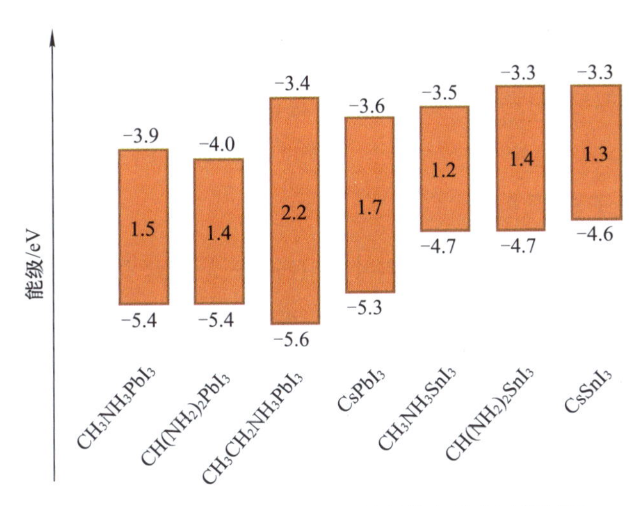


图 2.8　A 离子调控对钙钛矿材料能级的影响[103,104]

尝试将 $FAPbI_3$ 中的一部分阳离子替换为甲胺阳离子(离子半径 2.17 Å)来稳定其准立方相结构，并取得了器件效率的提升[106,107]. 目前采用这种钙钛矿材料的太阳能电池效率已高达 22.6%[108].

全无机钙钛矿 $CsPbI_3$ 由于不含有机组分，相较于有机-无机杂化钙钛矿材料具有更高的热稳定性. 然而其带隙达 1.73 eV，不能很好地覆盖可见吸收光谱，且由于铯离子的半径较小(1.67 Å)，在室温下 $CsPbI_3$ 也容易由正交相结构转换为无光伏活性的六方相结构. 目前基于 $CsPbI_3$ 的器件多采用一些添加剂来维持其正交相结构，其最高效率已超过 17%[109].

除了 A 离子全部为有机或无机离子的钙钛矿材料之外，A 离子为有机与无机离子混杂的钙钛矿材料也得到了广泛应用. 目前，许多效率接近或超过 20%的器件均采用这类钙钛矿材料. 这种有机与无机 A 离子的混杂，不仅可以通过调控材料的容忍因子来提高其相稳定性，同时相较于 A 离子全部为有机离子的钙钛矿材料，器件的稳定性也有很大的提高. 例如，Saliba 等[110]将 $Cs_x(MA_{0.17}FA_{0.83})_{1-x}Pb(I_{0.83}Br_{0.17})_3$ 用于光伏器件，取得了 21.2%的稳定效率，且在室温下氮气气氛中长达 250 h 的最大功率点追踪后维持了 18%的效率. 他们发现掺入少量的铯离子足以提高材料的热稳定性，并且可以避免非光伏活性相的生成，同时几乎不影响材料带隙大小. 此外，铷离子(1.52 Å)和钾离子(1.38 Å)也可作为无机离子掺入 A 位. 这两种离子半径过小，本身并不能形成钙钛矿结构，但少量这两种离子的掺入也能够提高器件的效率和稳定性. 例如，Saliba 等[111]在以 Cs，FA，MA 为混合阳离子的钙钛矿中掺入 5%的铷离子，取得了 21.6%的稳定效率和 1.24 V 的开路电压，且在 85℃氮气氛围中长达500 h的最大功率点追踪后维持了初始效率的95%. 黄福志等[112]制备的$K_xCs_{0.05}(FA_{0.85}MA_{0.15})_{0.95}Pb(I_{0.85}Br_{0.15})_3$薄膜具有高结晶度和微米级的晶粒尺寸，相应器件效率超过20%，且在大气氛围下储存1000 h仍无效率衰减.

### 2.3.2 B离子的调控

目前最广泛使用的钙钛矿材料中的B离子为铅离子，但是铅元素具有较强的人体和环境毒性[32,113,114]，使得其未来的商业化受到限制. 因此，人们希望采用无毒或低毒的元素部分或完全替代铅元素，目前较常见的有锡、锗[115]、铋[116−119]、锑[120−123]、铜[124−126]等.

锡基钙钛矿材料在无铅钙钛矿材料中是研究最为广泛的一类，也是目前光伏性能最佳的一类. 锡元素与铅元素在元素周期表中同属于第14族，其二价离子具有相近的半径($Sn^{2+}$为1.35 Å，$Pb^{2+}$为1.49 Å). 以$Sn^{2+}$取代$Pb^{2+}$，钙钛矿结构中的金属-卤素的键长减小，而带隙则随之降低. 一般而言，用于太阳能电池的$APbI_3$类钙钛矿的光学带隙在1.4～1.6 eV左右，而$ASnI_3$类钙钛矿的光学带隙一般在1.2～1.4 eV之间[127,128]，可以有效将材料的吸收光谱拓展到近红外区域，其光伏器件的理论最高效率接近Shockley-Queisser极限预测的33.7%[99,129]. 锡基钙钛矿材料还具有比铅基钙钛矿更高的载流子迁移率，如$MASnI_3$，$MASn_{0.5}Pb_{0.5}I_3$和$MAPbI_3$的电子迁移率分别为2320 $cm^2·V^{-1}·s^{-1}$，270 $cm^2·V^{-1}·s^{-1}$和66 $cm^2·V^{-1}·s^{-1}$[59]. 常见的用于太阳能电池的锡基钙钛矿材料有$MASnI_3$，$FASnI_3$和$CsSnI_3$等，但目前文献报道的最高器件效率只有约10%[130]，整体效率仍远远低于基于铅基钙钛矿的器件. 这主要是如下原因造成的：(1) $Sn^{2+}$易氧化成$Sn^{4+}$并生成$V_{Sn}$缺陷，导致这类材料具有重p型掺杂的特点(多晶薄膜中背景空穴浓度可高达$10^{19}$ $cm^{-3}$[131−133])，薄膜中载流子扩散长度较小，载流子复合严重[132,133]，使得器件的开路电压和效率偏低. (2) 合成锡基钙钛矿材料结晶速率较快，增加了薄膜形貌调控的难度[134]. (3) 锡基钙钛矿材料价带顶和导带底能级较浅，与目前常用的电荷传输材料的相应能级不甚匹配，可能会造成界面上电荷传输的势垒和开路电压的损失.

目前提高锡基钙钛矿太阳能电池器件性能的方法大致可归为如下几类：(1) 添加氟化亚锡($SnF_2$)等锡补偿剂，改善锡基钙钛矿薄膜的成膜性和稳定性，并提高器件的效率、稳定性和重现性[135−138]. (2) 添加还原剂(如肼[139]、次磷酸[140]、抗坏血酸[141]等)还原$Sn^{4+}$，降低陷阱态密度. (3) 改进薄膜制备方法以改善其形貌，如使用二甲基亚砜(DMSO)作为溶剂减缓结晶速率[136]，在旋涂过程中加入反溶剂使钙钛矿均匀析出[138]，或用气相沉积法制备锡基钙钛矿薄膜[142]. (4) 使用二维结构的锡基钙钛矿材料，提高其对水汽的耐受性，同时通过对二维钙钛矿晶粒取向的控制可以改变材料的载流子传输性能[143−145]. 目前越来越多的锡基钙钛矿太阳能电池开始采用这类二维材料.

用锡部分取代铅的钙钛矿材料也得到了广泛研究. 铅-锡混合钙钛矿材料最为突出的性质是其非线性变化的带隙，即随着锡含量的升高，材料的带隙先减后增，铅-锡混合钙钛矿材料的带隙甚至小于纯锡钙钛矿材料[146]. 例如，任广禹课题组测得的 $MAPb_{0.75}Sn_{0.25}I_3$，$MAPb_{0.5}Sn_{0.5}I_3$ 和 $MAPb_{0.25}Sn_{0.75}I_3$ 的带隙分别为 1.38，1.30 和 1.27 eV，其中后两种材料的带隙均比 $MASnI_3$ (1.37 eV)与 $MAPbI_3$(1.61 eV)的带隙小(见图 2.9)[128]，吸收光波长范围进一步向近红外区域拓展. 这些带隙较小的铅-锡混合钙钛矿材料可运用于叠层太阳能电池(tandem solar cell)的顶电池(top cell)中. 例如，鄢炎发课题组以带隙分别为 1.75 eV 和 1.25 eV 的 $FA_{0.8}Cs_{0.2}Pb(I_{0.7}Br_{0.3})_3$ 和 $(FASnI_3)_{0.6}(MAPbI_3)_{0.4}$ 作为底电池(bottom cell)和顶电池的吸光层，制备了半透明的叠层结构器件，取得了 23.1%的高光电转换效率[147].

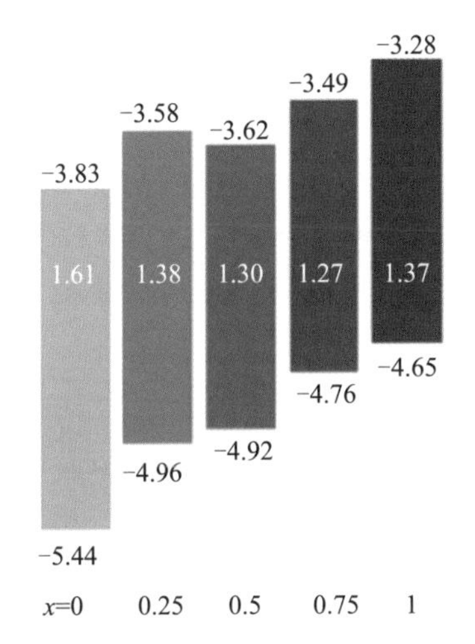


图 2.9　铅-锡混合钙钛矿材料 $MAPb_{1-x}Sn_xI_3$ 的能级(单位：eV)[128]

与铅、锡同属第 14 族的锗元素，其二价离子也可用作钙钛矿材料的 B 离子. 与 $Sn^{2+}$ 相似，$Ge^{2+}$ 也极易发生氧化，因而现在基于全锗钙钛矿材料的器件效率仍很低[115]. 然而，最近又有研究指出，锡-锗混合的钙钛矿材料在空气中具有非常好的稳定性，且其器件效率可达到约 7%[148,149]，表明基于此类材料的器件很有希望成为非铅钙钛矿太阳能电池中的翘楚. 有关非铅钙钛矿材料的详细介绍，请见第十一章.

### 2.3.3 X离子的调控

在钙钛矿材料中，当X卤素离子的半径增大时，其晶格常数变大，而X离子与B离子间的作用力降低，使得长波区域的光吸收得以提高. 通过控制卤素离子在钙钛矿材料中的比例可以实现对钙钛矿材料吸收的连续性调控. 例如，在 $MAPb(I_{1-x}Br_x)_3$ 体系中，Seok等通过调节碘与溴的相对含量，得到了一系列带隙连续变化的钙钛矿材料(图2.10)[101]. 此外，他们发现用溴离子部分取代 $MAPbI_3$ 中的碘离子可以提高钙钛矿结构的容忍因子，使得其准立方相结构更稳定. 同时，溴含量较高的器件也有更高的稳定性. 当器件在35%的相对湿度下储存20天时(其中一天相对湿度提高至55%)，溴含量较高的器件($x$=0.20，0.29)的效率无明显下降，而溴含量较低的器件($x$=0，0.06)的效率则在相对湿度达到55%后开始迅速衰减. 另外，在多元A离子钙钛矿材料或全无机钙钛矿材料中，目前也常用溴部分取代碘，用来增强材料的结构稳定性. 特别是在 $CsPbI_{3-x}Br_x$ 体系中，溴含量的提高可以稳定这些材料的钙钛矿相结构，降低它们转变为非钙钛矿相的趋势[150]，同时提高器件整体的稳定性. 例如，刘生忠课题组以 $PbI_2$-DMSO 和 $PbBr_2$-DMSO 加合物为前驱体制备了具有大晶粒尺寸、低陷阱态密度的 $CsPbI_2Br$ 薄膜，相应器件的效率达到14.78%，且在空气中存储500 h仍保留了初始效率的97%[151]. 虽然 $CsPbI_{3-x}Br_x$ 材料的带隙较大(1.73～2.3 eV)，但是这些材料仍可以用在叠层太阳能电池中作为顶电池的吸光材料[152]. 碘-溴混合卤素钙钛矿材料的一个突出问题是光诱导的相分离现象，即在光照下发生卤离子迁移而生成富碘相和富溴相，这使得此类材料的带隙具有不稳定性，且限制了器件的开路电压[153-156]. 这种相分离现象的机理和解决方法仍需要进一步探索.

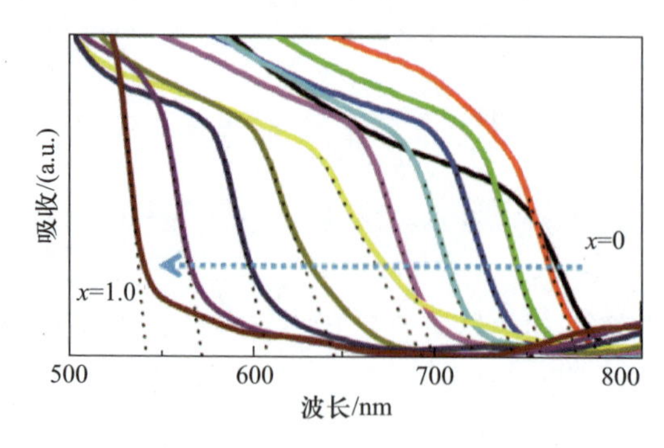


图2.10 卤族元素掺杂比例对钙钛矿材料 $MAPb(I_{1-x}Br_x)_3$ 性质的影响[101]

氯离子也常常用于取代钙钛矿材料中的碘离子，但是由于其离子半径

(1.81 Å)与碘离子(2.20 Å)差别较大，故只能以较小的比例掺入全碘钙钛矿材料的晶格中[157,158]，对带隙的影响很小. 同时，氯离子的掺入可以大幅提高钙钛矿材料的载流子传输性能. 例如，相较于 $MAPbI_3$ 薄膜，$MAPbI_{3-x}Cl_x$ 薄膜的载流子迁移率从 8 $cm^2 \cdot V^{-1} \cdot s^{-1}$ 提高到 11.6 $cm^2 \cdot V^{-1} \cdot s^{-1}$[78]，而载流子扩散长度从约 100 nm 提高到约 1 μm[82]. 此外，氯离子的掺入可引起钙钛矿晶格的收缩，从而对某些钙钛矿材料(如 $CsPbI_3$[158,159]，$FAPbI_3$[160])的钙钛矿相结构起到稳定作用.

类卤素离子也可用于部分取代钙钛矿材料中的碘离子. 例如，硫氰酸根离子($SCN^-$)可以在不显著影响材料带隙的情况下大幅提高钙钛矿材料对水汽的耐受性[161]. 严锋课题组制备了基于 $MAPbI_{3-x}(SCN)_x$ 的太阳能电池，取得了 13.5%的平均效率，且器件在相对湿度超过 70%的空气中储存 500 h 后仍保持初始效率的 86.7%[162]. 理论计算表明，硫氰酸根离子与铅离子之间较强的离子键及硫氰酸根离子与甲胺阳离子之间的氢键使得钙钛矿材料在空气中的稳定性得以提高.

## §2.4 钙钛矿材料的成膜方法

钙钛矿太阳能电池的光电转换效率提高的关键在于薄膜形貌的优化. 薄膜的许多光电特性，例如光吸收、载流子扩散长度、电荷的传输和复合都会受到形貌的直接影响. 这种影响在平面结构的钙钛矿太阳能电池中尤为突出，只有钙钛矿薄膜对基底有较高的覆盖率，才能获得性能较好的器件[2]. 这是因为，不完全的覆盖不仅会降低器件的光吸收，更会导致空穴传输层与电子传输层的直接接触，进而产生严重的电荷复合. 这些因素都会导致开路电压、短路电流和填充因子的共同降低，从而影响电池的光电转换效率. 因此，许多成膜方法被开发用于高质量钙钛矿薄膜的制备.

按照薄膜是否从溶剂中制备而来，可以将成膜方法分为溶液沉积法和气相沉积法. 溶液沉积法是指将制备钙钛矿材料的原料组分溶解在溶剂里，再通过一定的方法将其沉积在基底上，并去除溶剂得到钙钛矿薄膜. 而气相沉积法则是在真空下通过加热束源使制备钙钛矿材料的原料升华并沉积在基底上，得到钙钛矿薄膜. 按照金属卤化物和有机胺盐(或卤化铯)是同时还是分步沉积，又可将成膜方法分为一步法和两步法. 图 2.11 展示了一些常见的钙钛矿薄膜沉积方法，下面将进行简要介绍.

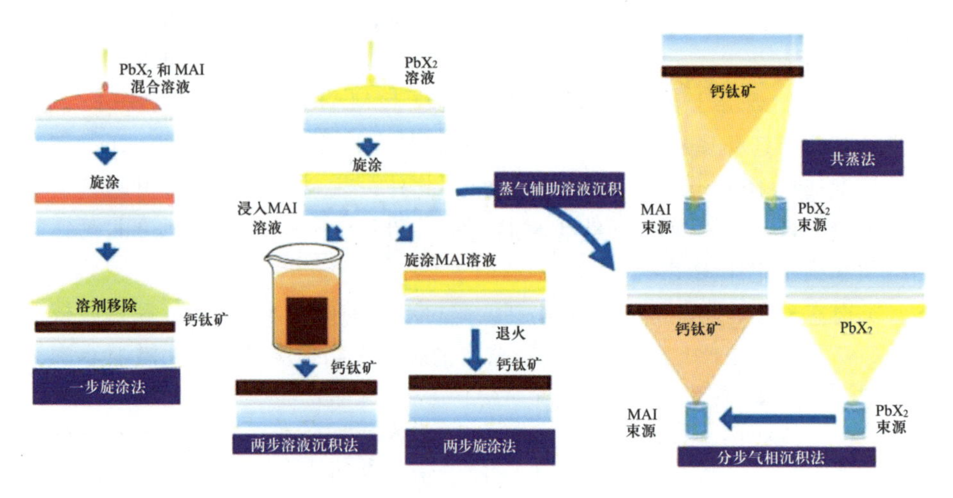


图 2.11 钙钛矿薄膜的制备工艺[163]

## 2.4.1 一步溶液沉积法

一步溶液沉积法是指将金属卤化物与有机铵盐(或卤化铯)按一定比例溶解于适当的极性溶剂中配制成前驱液，再将前驱液沉积在基底上形成钙钛矿薄膜的方法. 常用的溶剂包括 *N*,*N*-二甲基甲酰胺(DMF)、二甲基亚砜(DMSO)、γ-丁内脂(GBL)、*N*-甲基吡咯烷酮(NMP)，或是这些溶剂的组合.

最早的钙钛矿太阳能电池研究主要集中在 $MAPbI_3$ 这种材料上，采用一步旋涂法制备十分简易，即将 $PbI_2$ 与 MAI 混合溶解于合适的溶剂(如 γ-丁内酯，DMF)中形成前驱液，然后通过旋涂法沉积形成薄膜[20−23,164]. 郭宗枋课题组首次在有机 PEDOT:PSS 基底上利用一步旋涂法制备了钙钛矿薄膜，他们对比了采用 GBL 和 DMF 作为溶剂制备的钙钛矿薄膜的形貌[165]，发现使用这两种溶剂制备的钙钛矿薄膜致密性均比较差(图 2.12). 由于钙钛矿材料结晶

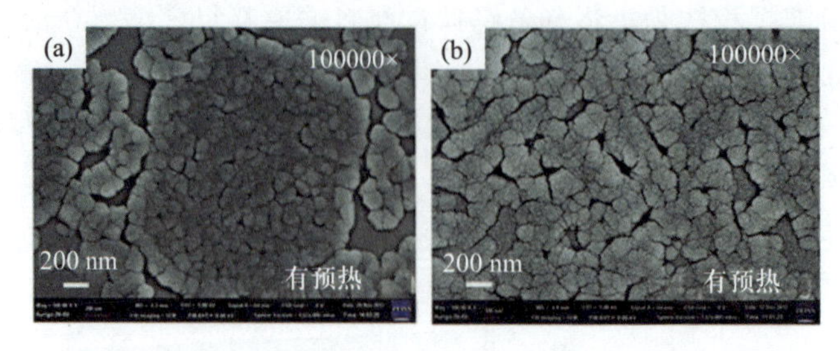


图 2.12 一步旋涂法中使用不同溶剂制备的钙钛矿薄膜的扫描电子显微镜(SEM)照片：(a) GBL；(b) DMF[165]

性能非常优越，而 GBL 和 DMF 这类高沸点溶剂挥发性又较差，因而这种简易的方法得到的钙钛矿薄膜中很容易发生团聚. 为了改善钙钛矿薄膜形貌，研究者们在传统的一步旋涂法基础上提出了一系列的改进措施，大概可分为如下几类.

(1) 改变原料成分和配比，如引入氯元素制备含氯钙钛矿[166-168]、优化前驱体比例配置[169]、改变铅源[170,171]等. 例如，Tidhar 等系统研究了在前驱液中引入氯元素对钙钛矿形貌的影响，结果显示含氯钙钛矿比纯碘钙钛矿具有更好的成膜性(见图 2.13(a)，(b))[167]. 而 Williams 等研究发现，掺氯量也会对钙钛矿形貌产生影响(见图 2.13(c)，(d))[168]. Snaith 等采用 $PbAc_2$ 作为铅源，避免了薄膜中的团聚现象，制得致密且平整的钙钛矿薄膜(见图 2.13(e)，(f)，(g))[170].

(2) 在前驱液里加入添加剂来调控结晶过程[172-176]. 例如，Heo 等通过在前驱液中添加氢碘酸(HI)，提高 $MAPbI_3$ 在溶液中的溶解度，抑制 $MAPbI_3$ 分解产生 $PbI_2$，从而获得了无针孔的致密薄膜(图 2.13(h))[176]. 任广禹课题组采用二碘辛烷(DIO)作为添加剂，利用其能够与铅离子暂时螯合的性质来降低钙钛矿的结晶速率，再通过退火释放出碘离子，可形成更均匀而连续的钙钛矿薄膜(图 2.13(i))[172]. Im 等将 HBr 和 $H_2O$ 加入 DMF 中来增加 $MAPbBr_3$ 的溶解度，提高了钙钛矿开始结晶的初始浓度，从而获得了覆盖率更高的钙钛矿薄膜，相应的钙钛矿电池获得了 10.4%的效率以及高达 1.51 V 的开路电压[173].

(3) 通过改变溶剂组分来调控结晶过程[26,136,177]. 钙钛矿材料与溶剂之间的相互作用往往会对晶体的成核与生长产生很大影响. 例如，Shan 等比较了采用 *N*,*N*-二甲基乙酰胺(DMAc)和 DMF 作为溶剂制备钙钛矿薄膜的转变过程，他们发现 DMF 可以与甲胺碘一起进入碘化铅层状的晶体结构中，形成的中间相使得室温下不易产生钙钛矿的沉淀，以此调控了晶体生长的速度和成核的均一性. 通过这样的调控，他们获得了高填充因子的平面结构器件，对应的光电转换效率为 13.8%[177]. Seok 等以 DMSO 与 GBL 混合作为溶剂，在旋涂过程中可产生一个固态的中间相，使得晶体生长时不会发生剧烈的聚集，从而得到高质量的薄膜[26]. Kanatzidis 等在制备 $MASnI_3$ 薄膜时发现，与 DMF 或 NMP 等其他前驱液溶剂不同，DMSO 可与 $SnI_2$ 形成 $SnI_2 \cdot 3DMSO$ 中间体，从而有效减缓锡基钙钛矿的结晶速率，提高薄膜质量[136].

(4) 在旋涂过程中或旋涂后引入不良溶剂或反溶剂(antisolvent)[26,178-180]. 由于反溶剂能够使薄膜中钙钛矿材料的过饱和度迅速升高，成核速率大于晶体生长速率，因而可以形成致密的多晶薄膜. 在旋涂过程中某个恰当时刻加入反溶剂，促使钙钛矿材料快速结晶的方法称为快速结晶法. 这种方法不仅操作简便，而且提高了薄膜形貌的重复性. Seok 等首次报道了这种方法. 他们采用甲苯作为反溶剂，制备了非常平整致密的薄膜(见图 2.13(j))[26]. 任广禹课题组采用氯苯以及二氯苯作为反溶剂，降低了薄膜形貌对退火温度的依赖性[179]. Spiccia 等也系统研究了各种不良溶剂的效果，采用氯苯作为反溶剂取得了最佳效果(见图 2.13(k))[178]. 而另一种方法则是在旋涂之后将钙钛矿薄膜浸入反溶剂中，将薄膜中残余的溶剂萃取出来，因而称为溶剂萃取法. 这种

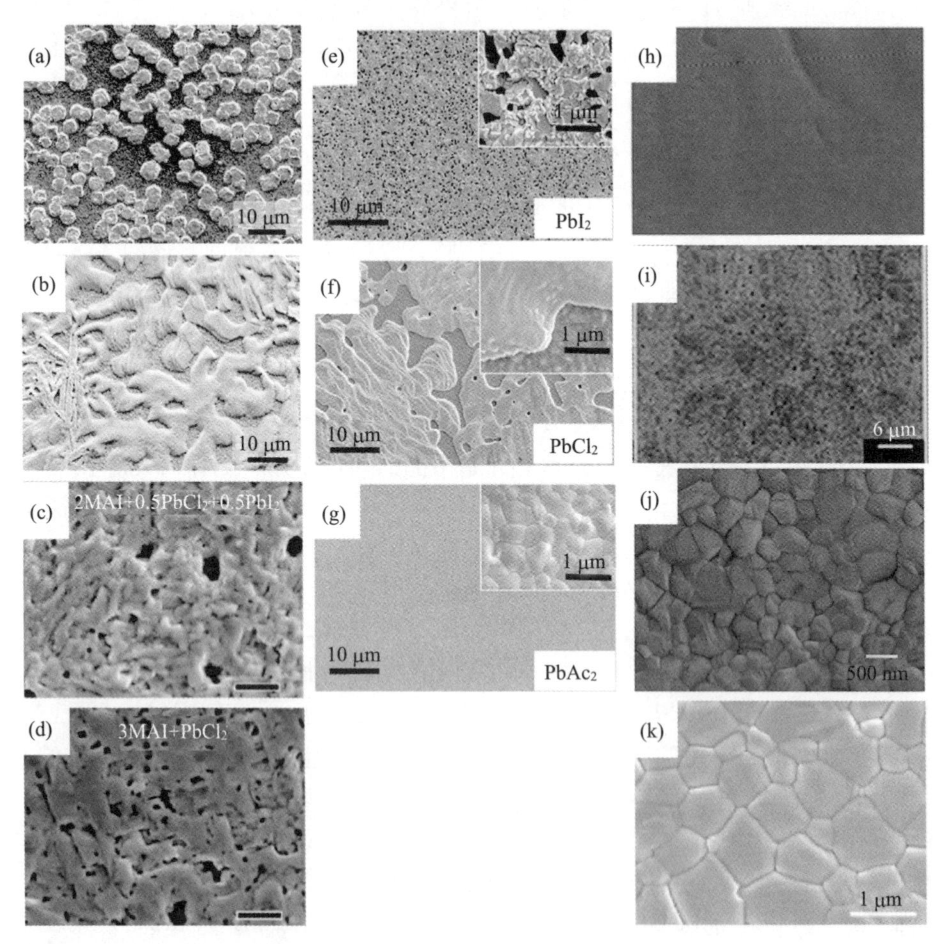


图 2.13 改进后的一步旋涂法获得的钙钛矿薄膜的 SEM 照片. 掺氯对钙钛矿形貌的影响[167]：(a) 未掺氯，(b) 掺氯. 氯含量对钙钛矿形貌的影响[168]：(c) 2MAI + 0.5 $PbCl_2$ + 0.5 $PbI_2$，(d) 3 MAI + $PbCl_2$. 铅源对钙钛矿形貌的影响[170]：(e) $PbI_2$，(f) $PbCl_2$，(g) $PbAc_2$. 添加剂对钙钛矿形貌的改善：(h) HI[176]，(i) DIO[172]. 采用反溶剂的快速结晶法对钙钛矿形貌的改善：(j) 甲苯[26]，(k) 氯苯[178]

方法首次由 Padture 等报道. 他们使用 NMP 作为溶剂, 乙醚作为反溶剂, 在基于 $MAPbI_3$ 的器件中取得了 15.2%的高效率[180]. 这种方法相较于快速结晶法, 避免了控制加入反溶剂时把握恰当时机的不便和不均匀性, 且能在室温下进行, 进一步提高了薄膜形貌的重复性, 而且可以和非旋涂方法兼容, 但更加费时.

(5) 优化旋涂和退火条件. Mohite 等开发了一种热涂布技术, 即将热的前驱体溶液旋涂于 180℃的基底上. 由于基底温度远高于钙钛矿结晶温度, 延缓了晶体的生长, 从而可获得晶粒尺寸在毫米量级的 $MAPbI_{3-x}Cl_x$ 薄膜, 相应 pin 结构器件的光电转换效率达到 18%, 且无迟滞效应[49]. 他们还发现, 伴随着晶体尺寸的增大, 薄膜中缺陷减少, 电荷的迁移率有明显升高. 对 170 μm 大的晶体而言, 其电荷迁移率可以高达 20 $cm^2 \cdot V^{-1} \cdot s^{-1}$. Snaith 等通过降低退火温度到 90℃ 左右, 降低了溶剂挥发速度, 从而在平面基底上获得了接近完全覆盖的钙钛矿薄膜, 且基于 $MAPbI_{3-x}Cl_x$ 的器件效率达到 11.4%[46]. 李永舫课题组采用梯度升温退火的方法来调控 $CsPbI_2Br$ 薄膜的结晶过程, 避免了直接在较高温度下退火所造成的严重团聚现象[181]. 一步溶液沉积法制备的钙钛矿薄膜形貌还受到退火环境的显著影响[182,183]. 例如, 杨阳等发现在适合的湿度(约 30%)下进行退火, 少量的水分可以进入钙钛矿晶界中, 促使晶界发生移动, 使晶体融合, 从而形成晶粒尺寸约 500 nm 的薄膜[182].

此外, 人们还开发了一些其他方法来改善一步旋涂法所制备薄膜的形貌. 例如, 采用热的氮气或氩气流处理钙钛矿薄膜的气体淬灭法(gas-quenching method), 可以达到快速去除溶剂的效果, 提高薄膜形貌的重复性[184-186]. Spiccia 等在旋涂过程中用热的氩气流处理钙钛矿薄膜, 得到的薄膜中几乎不存在与基板平行的晶界, 说明大多数电荷从产生到收集都无须穿越晶界, 这使得器件的电荷传输更为有效[184]. Grätzel 等采用真空闪蒸辅助溶液法(vacuum flash-assisted solution process), 即将旋涂后的薄膜立即转移至真空中, 使得溶剂迅速挥发, 也可得到具有微米量级晶粒尺寸的钙钛矿薄膜[187].

除了上面提到的旋涂法, 还有一些其他的一步溶液沉积法. 例如, 韩宏伟等用滴涂法(drop-casting)在一种特殊结构的器件中制备了钙钛矿吸光层[188-192]. 这种器件中含有介孔 $TiO_2$/介孔 $ZrO_2$/碳电极组成的三层介孔骨架结构(其中 $ZrO_2$ 起绝缘作用, 避免 $TiO_2$ 与碳电极直接接触), 在沉积钙钛矿前先将此介孔骨架制备完成, 再将钙钛矿前驱液通过碳电极直接滴入其中, 通过多孔结构来限制钙钛矿的生长, 而溶剂则缓慢挥发. 这种方法操作简便、成本低廉、对仪器的要求较低, 但是所能兼容的器件结构较为单一.

### 2.4.2 两步溶液沉积法

两步溶液沉积法也称为两步连续沉积法(two-step sequential deposition).

一般而言，第一步先制备一层金属卤化物的前驱膜，之后再将前驱膜与有机胺盐(或卤化铯)进行反应制得钙钛矿. 根据第二步过程所处的环境，两步法可以分为两步浸渍法、两步旋涂法和蒸气辅助溶液沉积法.

两步浸渍法是将前驱膜浸渍在有机胺盐(或卤化铯)溶液中进行反应，从而得到钙钛矿薄膜的方法. 首次将两步浸渍法运用到钙钛矿太阳能电池上的是Grätzel等，他们利用介孔结构的 $TiO_2$ 作为骨架，将 $PbI_2$ 涂布其上，使其均匀进入多孔层，形成 20 nm 左右大小的微晶，再将干燥后的 $PbI_2$ 薄膜浸渍于MAI的异丙醇溶液中. 由于介孔结构的疏松性质，$PbI_2$ 与 MAI 的反应十分迅速且较为完全. 这种方法可以很好地控制薄膜的形貌和均一度(见图 2.14(a))，进而将介孔结构钙钛矿太阳能电池的效率提升至 15%以上[24]. 肖立新课题组采用精确的润湿步骤和较高的浸泡反应温度加快钙钛矿晶体的生长，使钙钛矿与空穴传输层之间的界面变得粗糙且连续. 这种粗糙界面产生的光散射使得器件在长波方向的吸收增强，同时也有利于电荷的传输，提高了器件的短路电流和光电转换效率[193]. 有机胺盐溶液的浓度同样会影响钙钛矿薄膜的形貌以及材料的电学性质. 例如，过高浓度的 MAI 溶液会增加薄膜内部碘离子的含量，并减少空穴的密度，导致载流子的密度与材料的电荷传输能力的降低[194]. Bochloo 等认为采用异丙醇冲洗多余的 MAI 时，会导致钙钛矿的少量溶解，而在冲洗后用低沸点的二氯甲烷处理，可以快速带走异丙醇，并使得薄膜可以均匀地被干燥[195].

在平面基底上利用两步浸渍法制备钙钛矿薄膜则较难. 由于缺少介孔层的辅助，$PbI_2$ 前驱膜厚度一旦上升，有机胺盐便很难扩散渗透到更深，导致剩余大量未反应的 $PbI_2$，降低了器件的性能[196]. 韩礼元课题组采用 DMSO 取代 DMF 作为 $PbI_2$ 的溶剂，可以利用其与 $PbI_2$ 的配位作用有效阻止碘化铅的结晶，获得更加均匀的前驱体薄膜(见图 2.14(b)，(c)). 反应后获得的钙钛矿薄膜也有更窄的晶粒尺寸分布，同时避免了长时间浸渍过程中异丙醇对钙钛矿造成破坏，提高了器件性能的重复性[197]. 龚旗煌课题将旋涂的碘化铅薄膜于室温下晾干以取代高温烘干的步骤，可以使碘化铅自发形成带有多孔结构的薄膜，为后续的甲胺碘渗入提供充足的空间和途径，实现了平面基底上钙钛矿的完全转化[198]. 此外，黄春辉课题组采用热的 MAI 溶液浸渍，也成功实现了平面基底上卤化铅向钙钛矿快速完全的转化，制得了形貌良好的钙钛矿薄膜(见图 2.14(d))[70].

两步旋涂法是在前驱膜高速旋转过程中滴加有机胺盐(或卤化铯)，然后通过热退火一步使其形成钙钛矿，因此也称为热退火诱导内扩散法(thermal annealing-induced interdiffusion method). 相对于两步浸渍法，两步旋涂法避免了长时间浸渍可能对钙钛矿产生的破坏. 黄劲松课题组率先尝试了这种方法

图 2.14　两步浸渍法制备的钙钛矿薄膜 SEM 照片：(a) 介孔 $TiO_2$ 基底[24]；(b) 平面基底上由 DMF 溶液旋涂的 $PbI_2$ 前驱膜制备的钙钛矿[197]；(c) 平面基底上由 DMSO 溶液旋涂的 $PbI_2$ 前驱膜制备的钙钛矿[197]；(d) 平面基底上热溶液下浸渍 $PbI_2$ 前驱膜制备的钙钛矿[70]

(见图 2.15(a))[199]，有机胺盐的异丙醇溶液在滴到前驱膜上时几乎瞬间就被甩干，不足以使薄膜内部发生充分反应，所以之后的热退火一步就显得至关重要. 热退火使得残留在前驱膜表面的有机胺盐可以通过自由扩散而进入前驱膜内部，与 $PbI_2$ 充分反应. 在前驱膜中，层状结构的 $PbI_2$ 会与溶剂 DMF 形成比较弱的配位，在 MAI 旋涂后，碘离子插入 $PbI_2$ 层间生成 $PbI_3^-$，随后与甲胺离子反应，从而取代 DMF，DMF 则在加热作用下挥发[200,201]. Park 等对比了介孔结构器件中两步旋涂法与一步旋涂法所获得薄膜形貌的区别[201]. 一步旋涂法制备的薄膜如前文所述，容易发生团聚，使薄膜很不均匀，且部分区域的介孔 $TiO_2$ 未被填充. 而两步旋涂法制备的薄膜非常均匀，器件有很好的重现性.

对于两步旋涂法，有机胺盐溶液的状态以及退火的条件尤为重要. 例如，Park 等通过改变 MAI 溶液的浓度调控了钙钛矿薄膜的晶粒尺寸. 当溶液浓度为 0.038 mol/L 时，可以获得 720 nm 左右的钙钛矿颗粒，以此制备的器件获得了 17%的光电转换效率[202]. 张浩力等比较了采用不同溶剂的 MAI 溶液进行旋涂，结果表明采用更强极性的乙醇作为溶剂替代常用的异丙醇，可以获得表面更为光滑的钙钛矿薄膜，在 pin 结构器件中实现了与电子传输层更好的接触[203]. Ahn 等研究了三种不同温度的 MAI 溶液对钙钛矿薄膜形貌的影响，发现随着 MAI 溶液温度的增加，形成的钙钛矿晶粒变大，不过同时粗糙度也随之增加，最后还是在室温条件下得到了适中的结果(见图 2.15(b)，(c)，(d))[204]. 另外，基底的特性也会通过影响前驱膜的形貌而影响钙钛矿的形貌. 例如 Ko 等采用预加热的基底，在适当温度下可促进 $PbI_2$ 进入介孔 $TiO_2$ 中，提高其对基底的覆盖度，从而改善钙钛矿薄膜的形貌(见图 2.15(e)，(f)，(g)，(h))[205]. 黄劲松课题组在非浸润性的空穴传输层基底上旋涂 $PbI_2$ 前驱膜，最终得到的钙钛矿薄膜的晶粒尺寸随着浸润性的降低而显著增大(见图 2.15(i)，(j)，(k)，(l))，其以 PTAA 为空穴传输层的器件效率高达 18.3%[206].

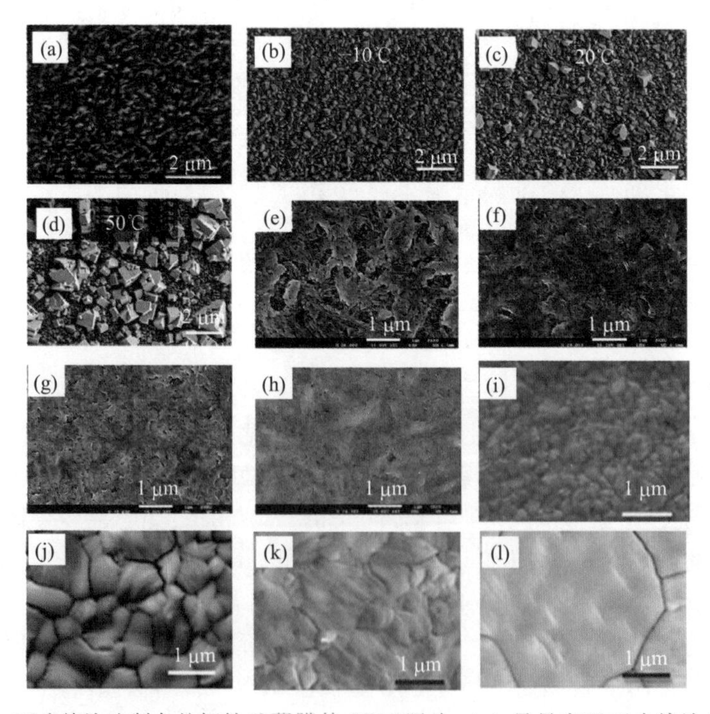


图 2.15　两步旋涂法制备的钙钛矿薄膜的 SEM 照片. (a) 最早实现两步旋涂法制备的钙钛矿[199]；MAI 异丙醇溶液温度对形貌的影响[204]：(b) −10℃，(c) 20℃，(d) 50℃；基底预热温度对形貌的影响[205]：(e) 室温，(f) 40℃，(g) 50℃，(h) 60℃；不同浸润性基底对形貌的影响[206]：(i) PEDOT:PSS，(j) c-OTPD，(k) PTAA，(l) PCDTBT

蒸气辅助溶液沉积法则是将前驱膜加热并保持在一定温度下，并与有机铵盐的蒸气反应生成钙钛矿薄膜. 这种方法可以将钙钛矿的结晶速率控制得较慢，也避免了溶剂对钙钛矿的破坏. 杨阳课题组首先报道了这种低温沉积钙钛矿薄膜的方法，他们先用溶液旋涂方法把 $PbI_2$ 沉积在生长有致密 $TiO_2$ 的 FTO 玻璃上，然后将基底转入氮气氛围保护的 150℃的 MAI 气氛中退火 2 h，形成钙钛矿层[207]. 此方法能够将 $PbI_2$ 薄膜原本存在的缺陷填充平整，而且 MAI 蒸气可以与 $PbI_2$ 充分反应，使其获得很好的薄膜质量. 整个制备过程对真空度要求不高，相对于高真空度下的气相沉积法更加经济节约. Kanatzidis 等通过将 $SnI_2$ 薄膜维持在较低的温度(60℃)与 MAI 蒸气反应，使 $SnI_2$ 的结晶速率低于其与 MAI 反应的速率，从而得到了连续致密的 $MASnI_3$ 薄膜，避免了器件的短路[134].

## 2.4.3　气相沉积法

气相沉积法是指在高真空度下通过将合成钙钛矿的原料进行加热，使其蒸发并沉积在基底上而形成钙钛矿的方法. 在气相沉积法中，金属卤化物与有机胺盐(或卤化铯)也可以同时或分步沉积. 其中，两者同时沉积的方法又可分为双源共蒸和单源蒸镀. 相较于溶液沉积法，气相沉积法受基底影响小，避免了可能有毒性的溶剂的使用，且不需要考虑溶剂挥发造成的薄膜的不均匀性. 但是由于需要在高真空下加热，对仪器设备要求较高，且较为耗能. 同时，气相沉积法一般只适用于平面结构的器件，因为真空蒸镀过程中，钙钛矿材料在没有溶剂辅助的情况下无法渗入介孔层中.

最早将气相沉积法用于钙钛矿电池制备的是 Snaith 等[25]. 他们采用的是双源共蒸法，即两个加热源在真空下分别加热 $PbCl_2$ 与 MAI，并同时沉积在基底上. 再对得到的 $MAPbI_{3-x}Cl_x$ 薄膜进行退火，可使晶粒尺寸增大到几百纳米，且薄膜形貌非常均匀平整(见图 2.16)，相应器件的光电转换效率达到了 15.4%. 随后的一些工作对 $MAPbI_3$ 的双源共蒸进行了探究，也报道了类似的薄膜形貌[208-211]. Blochwitz-Nimoth 等通过这种方法制备的基于 $MAPbI_3$ 的 nip 型器件效率更是高达 20.4%[210]. 相较于有机-无机杂化钙钛矿材料，无

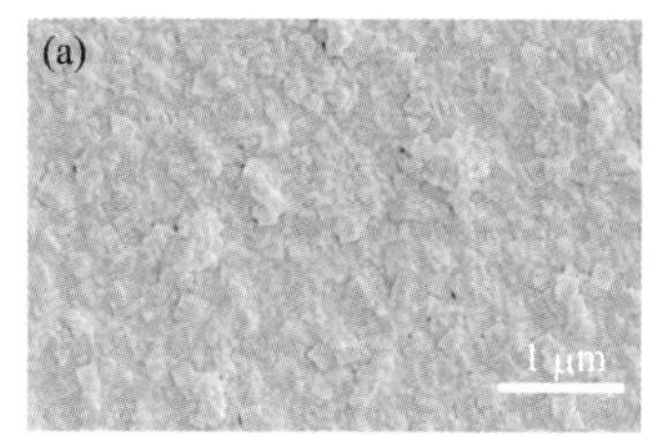

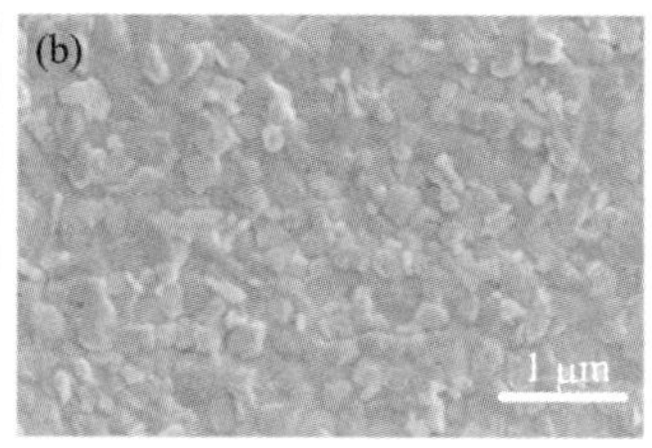


图 2.16　共蒸法沉积钙钛矿薄膜的 SEM 照片[25]：(a) 未退火，(b) 退火之后

机钙钛矿材料通过溶液法制备较难控制形貌，气相沉积法则有利于得到质量较高的薄膜[212−214]. 例如，林皓武等将 CsBr 和 $PbI_2$ 进行共蒸，并优化高温退火的时长，得到了具有微米量级晶粒尺寸的高覆盖度 $CsPbI_2Br$ 薄膜，相应器件效率达到 11.8%，致密的薄膜也为器件提供了较好的稳定性[214]. 虽然用双源共蒸法能够得到十分平整致密的薄膜，但是需要对两种原料的沉积速率进行精确的控制. 特别是对于 MAI 这种原料来说，由于其分子量过小，蒸镀过程中容易在真空仓内随机扩散，所以用传统的石英晶体振荡器难以真实反映其蒸镀速率[215].

因此，也有一些研究者采用更为简捷的单源蒸镀法来制备钙钛矿薄膜，即在高真空下将钙钛矿材料直接加热蒸发，并沉积在基底上. 例如，Longo 等利用闪蒸的方法来制备钙钛矿薄膜，以 $MAPbI_3$ 粉末作为蒸发源，在较大的电流(30 A)加热下使之瞬间蒸发，形成厚度约 200 nm 的薄膜. X 射线衍射的结果证实了薄膜中晶体为四方晶系. 基于此薄膜的器件效率达到 12.2%[216]. Padture 等则直接蒸镀 $CsSn_{0.5}Ge_{0.5}I_3$ 的粉末，获得了致密而光滑的相同组分的薄膜，相应的器件效率超过 7%[149].

此外，也有研究者提出了分步气相沉积法. 林皓武等将 $PbCl_2$ 蒸镀成平整的薄膜，再在加热的基底上蒸镀 MAI 薄膜，控制不同的基板温度可以调控反应所得钙钛矿薄膜的形貌，最优器件的效率高达 15.4%[215]. 目前分步气相沉积法所制备器件的光电转换效率已经接近 19%[217]. 采用化学气相沉积的方法同样可以制备出高质量的钙钛矿薄膜. 将有机胺盐粉末置于高温区段，通过氮气气流，有机胺盐蒸气可以到达低温区段，与此处的卤化铅薄膜(事先通过气相沉积制备)进行反应. 薄膜的形貌和生长可以通过装置中的气流速率、温度和压力进行控制，因此有很好的重复性，且可用于制备大面积器件[218−220].

### 2.4.4 其他成膜方法

面向钙钛矿薄膜大面积、低成本的应用需求，其他适合实际生产的方法也被用来制备钙钛矿太阳能电池. 这些方法大多仍然基于溶液法，常见的有手术刀刮涂(doctor-blading)[221,222]、狭缝式挤压型涂布(slot-die coating)[223,224]、弯月面辅助溶液印刷(meniscus-assisted solution printing)[225]、喷涂(spray-coating)[226,227]、喷墨打印(inkjet printing)[228,229]等. 有关这些方法的详细介绍，请见第十章.

## 参考文献

[ 1 ] IRENA. Global energy transformation: the remap transition pathway. https://www.

irena. org/publications/2019/Apr/Global-energy-transformation-The-REmap-transition-pathway，2019.
[ 2 ] Wikipedia. Solar cell. http：//en. wikipedia. org/wiki/Solar _ cell.
[ 3 ] Peter G. Sustainable energy systems engineering：the complete green building design resource，McGraw Hill Professional，2007.
[ 4 ] Chapin D M，Fuller C S，and Pearson G L. A new silicon p-n junction photocell for converting solar radiation into electrical power. J. Appl. Phys.，1954，25：676.
[ 5 ] NREL. Best research-cell efficiencies. https：//www. nrel. gov/pv/cell-efficiency. html，2019
[ 6 ] Zhao J，Wang A，Yun F，Zhang G，Roche D M，Wenham S R，and Green M A. 20000 PERL silicon cells for the '1996 World Solar Challenge' solar car race. Prog. Photovoltaics，1997，5：269.
[ 7 ] Zhao J，Wang A，Green M A，and Ferrazza F. 19. 8% efficient "honeycomb" textured multicrystalline and 24. 4% monocrystalline silicon solar cells. Appl. Phys. Lett.，1998，73：1991.
[ 8 ] Schultz O，Glunz S W，and Willeke G P. Multicrystalline silicon solar cells exceeding 20% efficiency. Prog. Photovoltaics，2004，12：553.
[ 9 ] Morikawa H，Niinobe D，Nishimura K，Matsuno S，and Arimoto S. Processes for over 18. 5% high-efficiency multi-crystalline silicon solar cell. Curr. Appl. Phys.，2010，10：S210.
[ 10 ] Carlson D E and Wronski C R. Amorphous silicon solar cell. Appl. Phys. Lett.，1976，28：671.
[ 11 ] Tawada Y，Tsuge K，Kondo M，Okamoto H，and Hamakawa Y. Properties and structure of a-SiC：H for high-efficiency a-Si solar cell. J. Appl. Phys.，1982，53：5273.
[ 12 ] Yan B，Yue G，Xu X，Yang J，and Guha S. High efficiency amorphous and nanocrystalline silicon solar cells. Phys. Status Solidi A，2010，207：671.
[ 13 ] Green M A，Hishikawa Y，Dunlop E D，Levi D H，Hohl-Ebinger J，Yoshita M，and Ho-Baillie A W Y. Solar cell efficiency tables（version 53）. Progress in Photovoltaics：Research and Applications，2019，27：3.
[ 14 ] Takamoto T，Sasaki K，Agui T，Juso H，Yoshida A，and Nakaido K. III-V compound solar cells. Sharp Tech. J.，2010，100：1.
[ 15 ] Yin X，Battaglia C，Lin Y，Chen K，Hettick M，Zheng M，Chen C Y，Kiriya D，and Javey A. 19. 2% efficient InP heterojunction solar cell with electron-selective $TiO_2$ contact. ACS Photonics，2014，1：1245.
[ 16 ] García I，Rey-Stolle I，Galiana B，and Algora C. A 32. 6% efficient lattice-matched dual-junction solar cell working at 1000 suns. Appl. Phys. Lett.，2009，94：053509.
[ 17 ] Powalla M，Voorwinden G，Hariskos D，Jackson P，and Kniese R. Highly

efficient cis solar cells and modules made by the co-evaporation process. Thin Solid Films, 2009, 517: 2111.

[18] Repins I, Contreras M A, Egaas B, DeHart C, Scharf J, Perkins C L, To B, and Noufi R. 19.9%-efficient ZnO/CdS/CuInGa$Se_2$ solar cell with 81.2% fill factor. Prog. Photovoltaics, 2008, 16: 235.

[19] Britt J and Ferekides C. Thin-film CdS/CdTe solar cell with 15.8% efficiency. Appl. Phys. Lett., 1993, 62: 2851.

[20] Kojima A, Teshima K, Shirai Y, and Miyasaka T. Organometal halide perovskites as visible-light sensitizers for photovoltaic cells. J. Am. Chem. Soc., 2009, 131: 6050.

[21] Im J H, Lee C R, Lee J W, Park S W, and Park N G. 6.5% efficient perovskite quantum-dot-sensitized solar cell. Nanoscale, 2011, 3: 4088.

[22] Kim H S, Lee C R, Im J H, Lee K B, Moehl T, Marchioro A, Moon S J, Humphry-Baker R, Yum J H, Moser J E, Gratzel M, and Park N G. Lead iodide perovskite sensitized all-solid-state submicron thin film mesoscopic solar cell with efficiency exceeding 9%. Sci. Rep., 2012, 2: 591.

[23] Lee M M, Teuscher J, Miyasaka T, Murakami T N, and Snaith H J. Efficient hybrid solar cells based on meso-superstructured organometal halide perovskites. Science, 2012, 338: 643.

[24] Burschka J, Pellet N, Moon S J, Humphry-Baker R, Gao P, Nazeeruddin M K, and Grätzel M. Sequential deposition as a route to high-performance perovskite-sensitized solar cells. Nature, 2013, 499: 316.

[25] Liu M, Johnston M B, and Snaith H J. Efficient planar heterojunction perovskite solar cells by vapour deposition. Nature, 2013, 501: 395.

[26] Jeon N J, Noh J H, Kim Y C, Yang W S, Ryu S, and Seok S I. Solvent engineering for high-performance inorganic-organic hybrid perovskite solar cells. Nat. Mater., 2014, 13: 897.

[27] Newcomer juices up the race to harness sunlight. Science, 2013, 342: 1438.

[28] Roose B, Wang Q, and Abate A. The role of charge selective contacts in perovskite solar cell stability. Adv. Energy Mater., 2018, 8: 1803140.

[29] Kato Y, Ono L K, Lee M V, Wang S, Raga S R, and Qi Y. Silver iodide formation in methyl ammonium lead iodide perovskite solar cells with silver top electrodes. Adv. Mater. Interfaces, 2015, 2: 1500195.

[30] Eames C, Frost J M, Barnes P R F, O'Regan B C, Walsh A, and Islam M S. Ionic transport in hybrid lead iodide perovskite solar cells. Nat. Commun., 2015, 6: 7497.

[31] Bi E, Chen H, Xie F, Wu Y, Chen W, Su Y, Islam A, Grätzel M, Yang X, and Han L. Diffusion engineering of ions and charge carriers for stable efficient

perovskite solar cells. Nat. Commun., 2017, 8: 15330.

[32] Babayigit A, Duy Thanh D, Ethirajan A, Manca J, Muller M, Boyen H G, and Conings B. Assessing the toxicity of Pb- and Sn-based perovskite solar cells in model organism danio rerio. Sci. Rep., 2016, 6: 18721.

[33] Ye M D, Hong X D, Zhang F Y, and Liu X Y. Recent advancements in perovskite solar cells: Flexibility, stability and large scale. J. Mater. Chem. A, 2016, 4: 6755.

[34] Berhe T A, Su W N, Chen C H, Pan C J, Cheng J H, Chen H M, Tsai M C, Chen L Y, Dubale A A, and Hwang B J. Organometal halide perovskite solar cells: degradation and stability. Energy Environ. Sci., 2016, 9: 323.

[35] Herz L M. Charge-carrier dynamics in organic-inorganic metal halide perovskites. Annu. Rev. Phys. Chem., 2016, 67: 65.

[36] Yamada Y, Nakamura T, Endo M, Wakamiya A, and Kanemitsu Y. Photocarrier recombination dynamics in perovskite $CH_3NH_3PbI_3$ for solar cell applications. J. Am. Chem. Soc., 2014, 136: 11610.

[37] Wetzelaer G J, Scheepers M, Sempere A M, Momblona C, Avila J, and Bolink H J. Trap-assisted non-radiative recombination in organic-inorganic perovskite solar cells. Adv. Mater., 2015, 27: 1837.

[38] Yin W J, Shi T, and Yan Y. Unique properties of halide perovskites as possible origins of the superior solar cell performance. Adv. Mater., 2014, 26: 4653.

[39] Johnston M B and Herz L M. Hybrid perovskites for photovoltaics: charge-carrier recombination, diffusion, and radiative efficiencies. Acc. Chem. Res., 2016, 49: 146.

[40] Stranks S D, Burlakov V M, Leijtens T, Ball J M, Goriely A, and Snaith H J. Recombination kinetics in organic-inorganic perovskites: excitons, free charge, and subgap states. Phys. Rev. Appl., 2014, 2: 034007.

[41] Sherkar T S, Momblona C, Gil-Escrig L, Avila J, Sessolo M, Bolink H J, and Koster L J A. Recombination in perovskite solar cells: significance of grain boundaries, interface traps, and defect ions. ACS Energy Lett., 2017, 2: 1214.

[42] Yuan Y and Huang J. Ion migration in organometal trihalide perovskite and its impact on photovoltaic efficiency and stability. Acc. Chem. Res., 2016, 49: 286.

[43] Cimaroli A J, Yu Y, Wang C, Liao W, Guan L, Grice C R, Zhao D, and Yan Y. Tracking the maximum power point of hysteretic perovskite solar cells using a predictive algorithm. J. Mater. Chem. C, 2017, 5: 10152.

[44] Xing G, Mathews N, Sun S, Lim S S, Lam Y M, Grätzel M, Mhaisalkar S, and Sum T C. Long-range balanced electron-and hole-transport lengths in organic-inorganic $CH_3NH_3PbI_3$. Science, 2013, 342: 344.

[45] Yang D, Yang R X, Zhang J, Yang Z, Liu S Z, and Li C. High efficiency flexible

perovskite solar cells using superior low temperature $TiO_2$. Energy Environ. Sci., 2015, 8: 3208.

[46] Eperon G E, Burlakov V M, Docampo P, Goriely A, and Snaith H J. Morphological control for high performance, solution-processed planar heterojunction perovskite solar cells. Adv. Funct. Mater., 2014, 24: 151.

[47] Liu D and Kelly T L. Perovskite solar cells with a planar heterojunction structure prepared using room-temperature solution processing techniques. Nature Photonics, 2014, 8: 133.

[48] Zhou H, Chen Q, Li G, Luo S, Song T B, Duan H S, Hong Z, You J, Liu Y, and Yang Y. Interface engineering of highly efficient perovskite solar cells. Science, 2014, 345: 542.

[49] Nie W, Tsai H, Asadpour R, Blancon J C, Neukirch A J, Gupta G, Crochet J J, Chhowalla M, Tretiak S, Alam M A, Wang H L, and Mohite A D. High-efficiency solution-processed perovskite solar cells with millimeter-scale grains. Science, 2015, 347: 522.

[50] Tripathi N, Yanagida M, Shirai Y, Masuda T, Han L Y, and Miyano K. Hysteresis-free and highly stable perovskite solar cells produced via a chlorine-mediated interdiffusion method. J. Mater. Chem. A, 2015, 3: 12081.

[51] Heo J H, Han H J, Kim D, Ahn T K, and Im S H. Hysteresis-less inverted $CH_3NH_3PbI_3$ planar perovskite hybrid solar cells with 18.1% power conversion efficiency. Energy Environ. Sci., 2015, 8: 1602.

[52] Hu Q, Wu J, Jiang C, Liu T, Que X, Zhu R, and Gong Q. Engineering of electron-selective contact for perovskite solar cells with efficiency exceeding 15%. ACS Nano, 2014, 8: 10161.

[53] Liu X, Lin F, Chueh C C, Chen Q, Zhao T, Liang P W, Zhu Z L, Sun Y, and Jen A K Y. Fluoroalkyl-substituted fullerene/perovskite heterojunction for efficient and ambient stable perovskite solar cells. Nano Energy, 2016, 30: 417.

[54] Zhang Y, Liu M Z, Eperon G E, Leijtens T C, McMeekin D, Saliba M, Zhang W, de Bastiani M, Petrozza A, Herz L M, Johnston M B, Lin H, and Snaith H J. Charge selective contacts, mobile ions and anomalous hysteresis in organic-inorganic perovskite solar cells. Mater. Horiz., 2015, 2: 315.

[55] Etgar L, Gao P, Xue Z, Peng Q, Chandiran A K, Liu B, Nazeeruddin M K, and Grätzel M. Mesoscopic $CH_3NH_3PbI_3/TiO_2$ heterojunction solar cells. J. Am. Chem. Soc., 2012, 134: 17396.

[56] Ye S, Rao H, Zhao Z, Zhang L, Bao H, Sun W, Li Y, Gu F, Wang J, Liu Z, Bian Z, and Huang C. A breakthrough efficiency of 19.9% obtained in inverted perovskite solar cells by using an efficient trap state passivator Cu(thiourea)I. J. Am. Chem. Soc., 2017, 139: 7504.

[57] Li C, Lu X, Ding W, Feng L, Gao Y, and Guo Z. Formability of $ABX_3$ (X=F, Cl, Br, I) halide perovskites. Acta Crystallogr. B: Struct. Sci., 2008, 64: 702.

[58] Baikie T, Fang Y N, Kadro J M, Schreyer M, Wei F X, Mhaisalkar S G, Grätzel M, and White T J. Synthesis and crystal chemistry of the hybrid perovskite $(CH_3NH_3)PbI_3$ for solid-state sensitised solar cell applications. J. Mater. Chem. A, 2013, 1: 5628.

[59] Stoumpos C C, Malliakas C D, and Kanatzidis M G. Semiconducting tin and lead iodide perovskites with organic cations: phase transitions, high mobilities, and near-infrared photoluminescent properties. Inorg. Chem., 2013, 52: 9019.

[60] Chynoweth A G. Surface space-charge layers in barium titanate. Phys. Rev., 1956, 102: 705.

[61] Chen F S. Optically induced change of refractive indices in $LiNbO_3$ and $LiTaO_3$. J. Appl. Phys., 1969, 40: 3389.

[62] Cao D, Wang C, Zheng F, Dong W, Fang L, and Shen M. High-efficiency ferroelectric-film solar cells with an n-type $Cu_2O$ cathode buffer layer. Nano Lett., 2012, 12: 2803.

[63] Weber D. $CH_3NH_3SnBr_xI_{3-x}$ ($x$ = 0-3), ein Sn (II)-system mit kubischer perowskitstruktur. Zeitschrift für Naturforschung B, 1978, 33: 862.

[64] Salau A M. Fundamental absorption edge in $PbI_2$: KI alloys. Sol. Energy Mater., 1980, 2: 327.

[65] Schoijet M. Possibilities of new materials for solar photovoltaic cells. Sol. Energy Mater., 1979, 1: 43.

[66] Sun S Y, Salim T, Mathews N, Duchamp M, Boothroyd C, Xing G C, Sum T C, and Lam Y M. The origin of high efficiency in low-temperature solution-processable bilayer organometal halide hybrid solar cells. Energy Environ. Sci., 2014, 7: 399.

[67] Eperon G E, Stranks S D, Menelaou C, Johnston M B, Herz L M, and Snaith H J. Formamidinium lead trihalide: a broadly tunable perovskite for efficient planar heterojunction solar cells. Energy Environ. Sci., 2014, 7: 982.

[68] Jesper Jacobsson T, Correa-Baena J-P, Pazoki M, Saliba M, Schenk K, Grätzel M, and Hagfeldt A. Exploration of the compositional space for mixed lead halogen perovskites for high efficiency solar cells. Energy Environ. Sci., 2016, 9: 1706.

[69] Edri E, Kirmayer S, Kulbak M, Hodes G, and Cahen D. Chloride inclusion and hole transport material doping to improve methyl ammonium lead bromide perovskite-based high open-circuit voltage solar cells. J. Phys. Chem. Lett., 2014, 5: 429.

[70] Li Y, Sun W, Yan W, Ye S, Peng H, Liu Z, Bian Z, and Huang C. High-performance planar solar cells based on $CH_3NH_3PbI_{3-x}Cl_x$ perovskites with

determined chlorine mole fraction. Adv. Funct. Mater., 2015, 25: 4867.

[71] D'Innocenzo V, Grancini G, Alcocer M J, Kandada A R, Stranks S D, Lee M M, Lanzani G, Snaith H J, and Petrozza A. Excitons versus free charges in organo-lead tri-halide perovskites. Nat. Commun., 2014, 5: 3586.

[72] Hu M, Bi C, Yuan Y, Xiao Z, Dong Q, Shao Y, and Huang J. Distinct exciton dissociation behavior of organolead trihalide perovskite and excitonic semiconductors studied in the same system. Small, 2015, 11: 2164.

[73] Savenije T J, Ponseca C S, Jr., Kunneman L, Abdellah M, Zheng K, Tian Y, Zhu Q, Canton S E, Scheblykin I G, Pullerits T, Yartsev A, and Sundstrom V. Thermally activated exciton dissociation and recombination control the carrier dynamics in organometal halide perovskite. J. Phys. Chem. Lett., 2014, 5: 2189.

[74] Giebink N C, Wiederrecht G P, Wasielewski M R, and Forrest S R. Thermodynamic efficiency limit of excitonic solar cells. Phys. Rev. B, 2011, 83: 195326.

[75] He Y and Galli G. Perovskites for solar thermoelectric applications: A first principle study of $CH_3NH_3AI_3$ (A = Pb and Sn). Chem. Mater., 2014, 26: 5394.

[76] Dong Q, Fang Y, Shao Y, Mulligan P, Qiu J, Cao L, and Huang J. Electron-hole diffusion lengths > 175 μm in solution-grown $CH_3NH_3PbI_3$ single crystals. Science, 2015, 347: 967.

[77] Maynard B, Long Q, Schiff E A, Yang M J, Zhu K, Kottokkaran R, Abbas H, and Dalal V L. Electron and hole drift mobility measurements on methylammonium lead iodide perovskite solar cells. Appl. Phys. Lett., 2016, 108: 173505.

[78] Wehrenfennig C, Eperon G E, Johnston M B, Snaith H J, and Herz L M. High charge carrier mobilities and lifetimes in organolead trihalide perovskites. Adv. Mater., 2014, 26: 1584.

[79] Chen Y, Peng J, Su D, Chen X, and Liang Z. Efficient and balanced charge transport revealed in planar perovskite solar cells. ACS Appl. Mater. Interfaces, 2015, 7: 4471.

[80] Ahn N, Son D Y, Jang I H, Kang S M, Choi M, and Park N G. Highly reproducible perovskite solar cells with average efficiency of 18.3% and best efficiency of 19.7% fabricated via lewis base adduct of lead(II) iodide. J. Am. Chem. Soc., 2015, 137: 8696.

[81] Shi D, Adinolfi V, Comin R, Yuan M, Alarousu E, Buin A, Chen Y, Hoogland S, Rothenberger A, Katsiev K, Losovyj Y, Zhang X, Dowben P A, Mohammed O F, Sargent E H, and Bakr O M. Low trap-state density and long carrier diffusion in organolead trihalide perovskite single crystals. Science, 2015, 347: 519.

[82] Stranks S D, Eperon G E, Grancini G, Menelaou C, Alcocer M J, Leijtens T, Herz L M, Petrozza A, and Snaith H J. Electron-hole diffusion lengths exceeding 1

micrometer in an organometal trihalide perovskite absorber. Science, 2013, 342: 341.

[83] Zhao Y, Nardes A M, and Zhu K. Solid-state mesostructured perovskite $CH_3NH_3PbI_3$ solar cells: charge transport, recombination, and diffusion length. J. Phys. Chem. Lett., 2014, 5: 490.

[84] Conings B, Drijkoningen J, Gauquelin N, Babayigit A, D'Haen J, D'Olieslaeger L, Ethirajan A, Verbeeck J, Manca J, Mosconi E, De Angelis F, and Boyen H G. Intrinsic thermal instability of methylammonium lead trihalide perovskite. Adv. Energy Mater., 2015, 5: 1500477.

[85] Juarez-Perez E J, Hawash Z, Raga S R, Ono L K, and Qi Y B. Thermal degradation of $CH_3NH_3PbI_3$ perovskite into $NH_3$ and $CH_3I$ gases observed by coupled thermogravimetry-mass spectrometry analysis. Energy Environ. Sci., 2016, 9: 3406.

[86] Yang J, Siempelkamp B D, Liu D, and Kelly T L. Investigation of $CH_3NH_3PbI_3$ degradation rates and mechanisms in controlled humidity environments using in situ techniques. ACS Nano, 2015, 9: 1955.

[87] Song Z N, Abate A, Watthage S C, Liyanage G K, Phillips A B, Steiner U, Grätzel M, and Heben M J. Perovskite solar cell stability in humid air: partially reversible phase transitions in the $PbI_2$-$CH_3NH_3I$-$H_2O$ system. Adv. Energy Mater., 2016, 6: 1600846.

[88] Nie W, Blancon J C, Neukirch A J, Appavoo K, Tsai H, Chhowalla M, Alam M A, Sfeir M Y, Katan C, Even J, Tretiak S, Crochet J J, Gupta G, and Mohite A D. Light-activated photocurrent degradation and self-healing in perovskite solar cells. Nat. Commun., 2016, 7: 11574.

[89] Li Y Z, Xu X R, Wang C C, Ecker B, Yang J L, Huang J, and Gao Y L. Light-induced degradation of $CH_3NH_3PbI_3$ hybrid perovskite thin film. J. Phys. Chem. C, 2017, 121: 3904.

[90] Aristidou N, Eames C, Sanchez-Molina I, Bu X, Kosco J, Islam M S, and Haque S A. Fast oxygen diffusion and iodide defects mediate oxygen-induced degradation of perovskite solar cells. Nat. Commun., 2017, 8: 15218.

[91] Lee J W, Seol D J, Cho A N, and Park N G. High-efficiency perovskite solar cells based on the black polymorph of $HC(NH_2)_2PbI_3$. Adv. Mater., 2014, 26: 4991.

[92] Koh T M, Fu K W, Fang Y N, Chen S, Sum T C, Mathews N, Mhaisalkar S G, Boix P P, and Baikie T. Formamidinium-containing metal-halide: an alternative material for near-IR absorption perovskite solar cells. J. Phys. Chem. C, 2014, 118: 16458.

[93] Saparov B and Mitzi D B. Organic-inorganic perovskites: structural versatility for functional materials design. Chem. Rev., 2016, 116: 4558.

[94] Mao L, Stoumpos C C, and Kanatzidis M G. Two-dimensional hybrid halide perovskites: principles and promises. J. Am. Chem. Soc., 2019, 141: 1171.

[95] Hong X, Ishihara T, and Nurmikko A V. Dielectric confinement effect on excitons in $PbI_4$-based layered semiconductors. Phys. Rev. B: Condens. Matter Mater. Phys., 1992, 45: 6961.

[96] Guo Z, Wu X, Zhu T, Zhu X, and Huang L. Electron-phonon scattering in atomically thin 2D perovskites. ACS Nano, 2016, 10: 9992.

[97] Mitzi D B. Templating and structural engineering in organic-inorganic perovskites. Dalton Trans., 2001, 1.

[98] Cao D H, Stoumpos C C, Farha O K, Hupp J T, and Kanatzidis M G. 2D homologous perovskites as light-absorbing materials for solar cell applications. J. Am. Chem. Soc., 2015, 137: 7843.

[99] Shockley W and Queisser H J. Detailed balance limit of efficiency of p-n junction solar cells. J. Appl. Phys., 1961, 32: 510.

[100] Borriello I, Cantele G, and Ninno D. Ab initio investigation of hybrid organic-inorganic perovskites based on tin halides. Phys. Rev. B, 2008, 77: 235214.

[101] Noh J H, Im S H, Heo J H, Mandal T N, and Seok S I. Chemical management for colorful, efficient, and stable inorganic-organic hybrid nanostructured solar cells. Nano Lett., 2013, 13: 1764.

[102] Kulkarni S A, Baikie T, Boix P P, Yantara N, Mathews N, and Mhaisalkar S. Band-gap tuning of lead halide perovskites using a sequential deposition process. J. Mater. Chem. A, 2014, 2: 9221.

[103] Chueh C C, Li C Z, and Jen A K Y. Recent progress and perspective in solution-processed interfacial materials for efficient and stable polymer and organometal perovskite solar cells. Energy Environ. Sci., 2015, 8: 1160.

[104] Song T B, Yokoyama T, Aramaki S, and Kanatzidis M G. Performance enhancement of lead-free tin based perovskite solar cells with reducing atmosphere-assisted dispersible additive. ACS Energy Lett., 2017, 2: 897.

[105] Pang S, Hu H, Zhang J, Lv S, Yu Y, Wei F, Qin T, Xu H, Liu Z, and Cui G. $NH_2CH=NH_2PbI_3$: an alternative organolead iodide perovskite sensitizer for mesoscopic solar cells. Chem. Mater., 2014, 26: 1485.

[106] Pellet N, Gao P, Gregori G, Yang T Y, Nazeeruddin M K, Maier J, and Grätzel M. Mixed-organic-cation perovskite photovoltaics for enhanced solar-light harvesting. Angew. Chem. Int. Ed., 2014, 53: 3151.

[107] Jeon N J, Noh J H, Yang W S, Kim Y C, Ryu S, Seo J, and Seok S I. Compositional engineering of perovskite materials for high-performance solar cells. Nature, 2015, 517: 476.

[108] Jeon N J, Na H, Jung E H, Yang T Y, Lee Y G, Kim G, Shin H W, Seok S I,

Lee J, and Seo J. A fluorene-terminated hole-transporting material for highly efficient and stable perovskite solar cells. Nat. Energy, 2018, 3: 682.

[109] Wang Y, Zhang T, Kan M, and Zhao Y. Bifunctional stabilization of all-inorganic α-$CsPbI_3$ perovskite for 17% efficiency photovoltaics. J. Am. Chem. Soc., 2018, 140: 12345.

[110] Saliba M, Matsui T, Seo J Y, Domanski K, Correa-Baena J P, Nazeeruddin M K, Zakeeruddin S M, Tress W, Abate A, Hagfeldt A, and Grätzel M. Cesium-containing triple cation perovskite solar cells: improved stability, reproducibility and high efficiency. Energy Environ. Sci., 2016, 9: 1989.

[111] Saliba M, Matsui T, Domanski K, Seo J Y, Ummadisingu A, Zakeeruddin S M, Correa-Baena J P, Tress W R, Abate A, Hagfeldt A, and Grätzel M. Incorporation of rubidium cations into perovskite solar cells improves photovoltaic performance. Science, 2016, 354: 206.

[112] Bu T L, Liu X P, Zhou Y, Yi J P, Huang X, Luo L, Xiao J Y, Ku Z L, Peng Y, Huang F Z, Cheng Y B, and Zhong J. A novel quadruple-cation absorber for universal hysteresis elimination for high efficiency and stable perovskite solar cells. Energy Environ. Sci., 2017, 10: 2509.

[113] Grätzel M. The light and shade of perovskite solar cells. Nat. Mater., 2014, 13: 838.

[114] Lotsch B V. New light on an old story: perovskites go solar. Angew. Chem. Int. Ed., 2014, 53: 635.

[115] Krishnamoorthy T, Ding H, Yan C, Leong W L, Baikie T, Zhang Z Y, Sherburne M, Li S, Asta M, Mathews N, and Mhaisalkar S G. Lead-free germanium iodide perovskite materials for photovoltaic applications. J. Mater. Chem. A, 2015, 3: 23829.

[116] Park B W, Philippe B, Zhang X, Rensmo H, Boschloo G, and Johansson E M. Bismuth based hybrid perovskites $A_3Bi_2I_9$ (A: Methylammonium or cesium) for solar cell application. Adv. Mater., 2015, 27: 6806.

[117] Singh T, Kulkarni A, Ikegami M, and Miyasaka T. Effect of electron transporting layer on bismuth-based lead-free perovskite $(CH_3NH_3)_3Bi_2I_9$ for photovoltaic applications. ACS Appl. Mater. Interfaces, 2016, 8: 14542.

[118] Harikesh P C, Mulmudi H K, Ghosh B, Goh T W, Teng Y T, Thirumal K, Lockrey M, Weber K, Koh T M, Li S Z, Mhaisalkar S, and Mathews N. Rb as an alternative cation for templating inorganic lead-free perovskites for solution processed photovoltaics. Chem. Mater., 2016, 28: 7496.

[119] Lyu M, Yun J H, Cai M, Jiao Y, Bernhardt P V, Zhang M, Wang Q, Du A, Wang H, Liu G, and Wang L. Organic-inorganic bismuth (III)-based material: a lead-free, air-stable and solution-processable light-absorber beyond organolead

perovskites. Nano Res., 2016, 9: 692.

[120] Saparov B, Hong F, Sun J P, Duan H S, Meng W, Cameron S, Hill I G, Yan Y, and Mitzi D B. Thin-film preparation and characterization of $Cs_3Sb_2I_9$: a lead-free layered perovskite semiconductor. Chem. Mater., 2015, 27: 5622.

[121] Hebig J C, Kühn I, Flohre J, and Kirchartz T. Optoelectronic properties of $(CH_3NH_3)_3Sb_2I_9$ thin films for photovoltaic applications. ACS Energy Lett., 2016, 1: 309.

[122] Zuo C and Ding L. Lead-free perovskite materials $(NH_4)_3Sb_2I_xBr_{9-x}$. Angew. Chem. Int. Ed., 2017, 56: 6528.

[123] Boopathi K M, Karuppuswamy P, Singh A, Hanmandlu C, Lin L, Abbas S A, Chang C C, Wang P C, Li G, and Chu C W. Solution-processable antimony-based light-absorbing materials beyond lead halide perovskites. J. Mater. Chem. A, 2017, 5: 20843.

[124] Cui X P, Jiang K J, Huang J H, Zhang Q Q, Su M J, Yang L M, Song Y L, and Zhou X Q. Cupric bromide hybrid perovskite heterojunction solar cells. Synthetic Met., 2015, 209: 247.

[125] Cortecchia D, Dewi H A, Yin J, Bruno A, Chen S, Baikie T, Boix P P, Grätzel M, Mhaisalkar S, Soci C, and Mathews N. Lead-free $Ma_2CuCl_xBr_{4-x}$ hybrid perovskites. Inorg. Chem., 2016, 55: 1044.

[126] Jahandar M, Heo J H, Song C E, Kong K J, Shin W S, Lee J C, Im S H, and Moon S J. Highly efficient metal halide substituted $CH_3NH_3I(PbI_2)_{1-x}(CuBr_2)_x$ planar perovskite solar cells. Nano Energy, 2016, 27: 330.

[127] Hao F, Stoumpos C C, Chang R P, and Kanatzidis M G. Anomalous band gap behavior in mixed Sn and Pb perovskites enables broadening of absorption spectrum in solar cells. J. Am. Chem. Soc., 2014, 136: 8094.

[128] Yang Z, Rajagopal A, Chueh C C, Jo S B, Liu B, Zhao T, and Jen A K. Stable low-bandgap Pb-Sn binary perovskites for tandem solar cells. Adv. Mater., 2016, 28: 8990.

[129] Rühle S. Tabulated values of the Shockley-Queisser limit for single junction solar cells. Sol. Energy, 2016, 130: 139.

[130] Jokar E, Chien C H, Tsai C M, Fathi A, and Diau E W G. Robust tin-based perovskite solar cells with hybrid organic cations to attain efficiency approaching 10%. Adv. Mater., 2019, 31: 1804835.

[131] Takahashi Y, Hasegawa H, Takahashi Y, and Inabe T. Hall mobility in tin iodide perovskite $CH_3NH_3SnI_3$: evidence for a doped semiconductor. J. Solid State Chem., 2013, 205: 39.

[132] Wu B, Zhou Y Y, Xing G C, Xu Q, Garces H F, Solanki A, Goh T W, Padture N P, and Sum T C. Long minority-carrier diffusion length and low surface-

recombination velocity in inorganic lead-free $CsSnI_3$ perovskite crystal for solar cells. Adv. Funct. Mater., 2017, 27: 1604818.

[133] Noel N K, Stranks S D, Abate A, Wehrenfennig C, Guarnera S, Haghighirad A-A, Sadhanala A, Eperon G E, Pathak S K, Johnston M B, Petrozza A, Herz L M, and Snaith H J. Lead-free organic-inorganic tin halide perovskites for photovoltaic applications. Energy Environ. Sci., 2014, 7: 3061.

[134] Yokoyama T, Cao D H, Stoumpos C C, Song T B, Sato Y, Aramaki S, and Kanatzidis M G. Overcoming short-circuit in lead-free $CH_3NH_3SnI_3$ perovskite solar cells via kinetically controlled gas-solid reaction film fabrication process. J. Phys. Chem. Lett., 2016, 7: 776.

[135] Kumar M H, Dharani S, Leong W L, Boix P P, Prabhakar R R, Baikie T, Shi C, Ding H, Ramesh R, Asta M, Grätzel M, Mhaisalkar S G, and Mathews N. Lead-free halide perovskite solar cells with high photocurrents realized through vacancy modulation. Adv. Mater., 2014, 26: 7122.

[136] Hao F, Stoumpos C C, Guo P, Zhou N, Marks T J, Chang R P, and Kanatzidis M G. Solvent-mediated crystallization of $CH_3NH_3SnI_3$ films for heterojunction depleted perovskite solar cells. J. Am. Chem. Soc., 2015, 137: 11445.

[137] Koh T M, Krishnamoorthy T, Yantara N, Shi C, Leong W L, Boix P P, Grimsdale A C, Mhaisalkar S G, and Mathews N. Formamidinium tin-based perovskite with low $E_g$ for photovoltaic applications. J. Mater. Chem. A, 2015, 3: 14996.

[138] Liao W, Zhao D, Yu Y, Grice C R, Wang C, Cimaroli A J, Schulz P, Meng W, Zhu K, Xiong R G, and Yan Y. Lead-free inverted planar formamidinium tin triiodide perovskite solar cells achieving power conversion efficiencies up to 6.22%. Adv. Mater., 2016, 28: 9333.

[139] Song T B, Yokoyama T, Stoumpos C C, Logsdon J, Cao D H, Wasielewski M R, Aramaki S, and Kanatzidis M G. Importance of reducing vapor atmosphere in the fabrication of tin-based perovskite solar cells. J. Am. Chem. Soc., 2017, 139: 836.

[140] Li W Z, Li J W, Li J L, Fan J D, Mai Y H, and Wang L D. Addictive-assisted construction of all-inorganic $CsSnIBr_2$ mesoscopic perovskite solar cells with superior thermal stability up to 473 K. J. Mater. Chem. A, 2016, 4: 17104.

[141] Xu X B, Chueh C C, Yang Z B, Rajagopal A, Xu J Q, Jo S B, and Jen A K Y. Ascorbic acid as an effective antioxidant additive to enhance the efficiency and stability of Pb/Sn-based binary perovskite solar cells. Nano Energy, 2017, 34: 392.

[142] Xi J, Wu Z, Jiao B, Dong H, Ran C, Piao C, Lei T, Song T B, Ke W, Yokoyama T, Hou X, and Kanatzidis M G. Multichannel interdiffusion driven $FASnI_3$ film formation using aqueous hybrid salt/polymer solutions toward flexible

lead-free perovskite solar cells. Adv. Mater., 2017, 29: 1606964.

[143] Shao S, Liu J, Portale G, Fang H H, Blake G R, ten Brink G H, Koster L J A, and Loi M A. Highly reproducible Sn-based hybrid perovskite solar cells with 9% efficiency. Adv. Energy Mater., 2017, 8: 1702019.

[144] Ran C, Xi J, Gao W, Yuan F, Lei T, Jiao B, Hou X, and Wu Z. Bilateral interface engineering toward efficient 2D-3D bulk heterojunction tin halide lead-free perovskite solar cells. ACS Energy Lett., 2018: 713.

[145] Xu H, Jiang Y, He T, Li S, Wang H, Chen Y, Yuan M, and Chen J. Orientation regulation of tin-based reduced-dimensional perovskites for highly efficient and stable photovoltaics. Adv. Funct. Mater., 2019, 29: 1807696.

[146] Goyal A, McKechnie S, Pashov D, Tumas W, van Schilfgaarde M, and Stevanović V. Origin of pronounced nonlinear band gap behavior in lead-tin hybrid perovskite alloys. Chem. Mater., 2018, 30: 3920.

[147] Zhao D, Wang C, Song Z, Yu Y, Chen C, Zhao X, Zhu K, and Yan Y. Four-terminal all-perovskite tandem solar cells achieving power conversion efficiencies exceeding 23%. ACS Energy Lett., 2018, 3: 305.

[148] Ito N, Kamarudin M A, Hirotani D, Zhang Y, Shen Q, Ogomi Y, Iikubo S, Minemoto T, Yoshino K, and Hayase S. Mixed Sn-Ge perovskite for enhanced perovskite solar cell performance in air. J. Phys. Chem. Lett., 2018, 9: 1682.

[149] Chen M, Ju M G, Garces H F, Carl A D, Ono L K, Hawash Z, Zhang Y, Shen T, Qi Y, Grimm R L, Pacifici D, Zeng X C, Zhou Y, and Padture N P. Highly stable and efficient all-inorganic lead-free perovskite solar cells with native-oxide passivation. Nat. Commun., 2019, 10: 16.

[150] Lin J, Lai M, Dou L, Kley C S, Chen H, Peng F, Sun J, Lu D, Hawks S A, Xie C, Cui F, Alivisatos A P, Limmer D T, and Yang P. Thermochromic halide perovskite solar cells. Nat. Mater., 2018, 17: 261.

[151] Yin G N, Zhao H, Jiang H, Yuan S H, Niu T Q, Zhao K, Liu Z K, and Liu S Z. Precursor engineering for all-inorganic $CsPbI_2Br$ perovskite solar cells with 14.78% efficiency. Adv. Funct. Mater., 2018, 28: 1803269.

[152] Liang J, Liu J, and Jin Z. All-inorganic halide perovskites for optoelectronics: Progress and prospects. Solar RRL, 2017, 1: 1700086.

[153] Hoke E T, Slotcavage D J, Dohner E R, Bowring A R, Karunadasa H I, and McGehee M D. Reversible photo-induced trap formation in mixed-halide hybrid perovskites for photovoltaics. Chem. Sci., 2015, 6: 613.

[154] Slotcavage D J, Karunadasa H I, and McGehee M D. Light-induced phase segregation in halide-perovskite absorbers. ACS Energy Lett., 2016, 1: 1199.

[155] Barker A J, Sadhanala A, Deschler F, Gandini M, Senanayak S P, Pearce P M, Mosconi E, Pearson A J, Wu Y, Kandada A R S, Leijtens T, De Angelis F,

Dutton S E, Petrozza A, and Friend R H. Defect-assisted photoinduced halide segregation in mixed-halide perovskite thin films. ACS Energy Lett., 2017, 2: 1416.

[156] Tang X, van den Berg M, Gu E, Horneber A, Matt G J, Osvet A, Meixner A J, Zhang D, and Brabec C J. Local observation of phase segregation in mixed-halide perovskite. Nano Lett., 2018, 18: 2172.

[157] Colella S, Mosconi E, Fedeli P, Listorti A, Gazza F, Orlandi F, Ferro P, Besagni T, Rizzo A, Calestani G, Gigli G, De Angelis F, and Mosca R. $MAPbI_{3-x}Cl_x$ mixed halide perovskite for hybrid solar cells: The Role of chloride as dopant on the transport and structural properties. Chem. Mater., 2013, 25: 4613.

[158] Dastidar S, Egger D A, Tan L Z, Cromer S B, Dillon A D, Liu S, Kronik L, Rappe A M, and Fafarman A T. High chloride doping levels stabilize the perovskite phase of cesium lead iodide. Nano Lett., 2016, 16: 3563.

[159] Wang K, Jin Z, Liang L, Bian H, Wang H, Feng J, Wang Q, and Liu S. Chlorine doping for black $\gamma$-$CsPbI_3$ solar cells with stabilized efficiency beyond 16%. Nano Energy, 2019, 58: 175.

[160] Mu C, Pan J, Feng S, Li Q, and Xu D. Quantitative doping of chlorine in formamidinium lead trihalide ($FAPbI_{3-x}Cl_x$) for planar heterojunction perovskite solar cells. Adv. Energy Mater., 2017, 7: 1601297.

[161] Jiang Q, Rebollar D, Gong J, Piacentino E L, Zheng C, and Xu T. Pseudohalide-induced moisture tolerance in perovskite $CH_3NH_3Pb(SCN)_2I$ thin films. Angew. Chem. Int. Ed., 2015, 54: 7617.

[162] Tai Q, You P, Sang H, Liu Z, Hu C, Chan H L, and Yan F. Efficient and stable perovskite solar cells prepared in ambient air irrespective of the humidity. Nat. Commun., 2016, 7: 11105.

[163] Zheng L, Zhang D, Ma Y, Lu Z, Chen Z, Wang S, Xiao L, and Gong Q. Morphology control of the perovskite films for efficient solar cells. Dalton Trans., 2015, 44: 10582.

[164] Jeon N J, Lee H G, Kim Y C, Seo J, Noh J H, Lee J, and Seok S I. o-Methoxy substituents in spiro-ometad for efficient inorganic-organic hybrid perovskite solar cells. J. Am. Chem. Soc., 2014, 136: 7837.

[165] Jeng J Y, Chiang Y F, Lee M H, Peng S R, Guo T F, Chen P, and Wen T C. $CH_3NH_3PbI_3$ perovskite/fullerene planar-heterojunction hybrid solar cells. Adv. Mater., 2013, 25: 3727.

[166] Wang D, Liu Z, Zhou Z, Zhu H, Zhou Y, Huang C, Wang Z, Xu H, Jin Y, Fan B, Pang S, and Cui G. Reproducible one-step fabrication of compact $MAPbI_{3-x}Cl_x$ thin films derived from mixed-lead-halide precursors. Chem. Mater., 2014, 26: 7145.

[167] Tidhar Y, Edri E, Weissman H, Zohar D, Hodes G, Cahen D, Rybtchinski B, and Kirmayer S. Crystallization of methyl ammonium lead halide perovskites: implications for photovoltaic applications. J. Am. Chem. Soc., 2014, 136: 13249.

[168] Williams S T, Zuo F, Chueh C C, Liao C Y, Liang P W, and Jen A K Y. Role of chloride in the morphological evolution of organo-lead halide perovskite thin films. ACS Nano, 2014, 8: 10640.

[169] Fassl P, Lami V, Bausch A, Wang Z, Klug M T, Snaith H J, and Vaynzof Y. Fractional deviations in precursor stoichiometry dictate the properties, performance and stability of perovskite photovoltaic devices. Energy Environ. Sci., 2018.

[170] Zhang W, Saliba M, Moore D T, Pathak S K, Hörantner M T, Stergiopoulos T, Stranks S D, Eperon G E, Alexander-Webber J A, Abate A, Sadhanala A, Yao S, Chen Y, Friend R H, Estroff L A, Wiesner U, and Snaith H J. Ultrasmooth organic-inorganic perovskite thin-film formation and crystallization for efficient planar heterojunction solar cells. Nat. Commun., 2015, 6: 6142.

[171] Li C, Guo Q, Qiao W, Chen Q, Ma S, Pan X, Wang F, Yao J, Zhang C, Xiao M, Dai S, and Tan Z. Efficient lead acetate sourced planar heterojunction perovskite solar cells with enhanced substrate coverage via one-step spin-coating. Org. Electron., 2016, 33: 194.

[172] Liang P W, Liao C Y, Chueh C C, Zuo F, Williams S T, Xin X K, Lin J, and Jen A K Y. Additive enhanced crystallization of solution-processed perovskite for highly efficient planar-heterojunction solar cells. Adv. Mater., 2014, 26: 3748.

[173] Heo J H, Song D H, and Im S H. Planar $CH_3NH_3PbBr_3$ hybrid solar cells with 10.4% power conversion efficiency, fabricated by controlled crystallization in the spin-coating process. Adv. Mater., 2014, 26: 8179.

[174] Zuo C and Ding L. An 80.11% FF record achieved for perovskite solar cells by using the $NH_4Cl$ additive. Nanoscale, 2014, 6: 9935.

[175] Chueh C C, Liao C Y, Zuo F, Williams S T, Liang P W, and Jen A K Y. The roles of alkyl halide additives in enhancing perovskite solar cell performance. J. Mater. Chem. A, 2015, 3: 9058.

[176] Heo J H, Song D H, Han H J, Kim S Y, Kim J H, Kim D, Shin H W, Ahn T K, Wolf C, Lee T W, and Im S H. Planar $CH_3NH_3PbI_3$ perovskite solar cells with constant 17.2% average power conversion efficiency irrespective of the scan rate. Adv. Mater., 2015, 27: 3424.

[177] Shen D, Yu X, Cai X, Peng M, Ma Y, Su X, Xiao L, and Zou D. Understanding the solvent-assisted crystallization mechanism inherent in efficient organic-inorganic halide perovskite solar cells. J. Mater. Chem. A, 2014, 2: 20454.

[178] Xiao M, Huang F, Huang W, Dkhissi Y, Zhu Y, Etheridge J, Gray-Weale A, Bach U, Cheng Y B, and Spiccia L. A fast deposition-crystallization procedure for

highly efficient lead iodide perovskite thin-film solar cells. Angew. Chem. Int. Ed., 2014, 53: 9898.

[179] Jung J W, Williams S T, and Jen A K Y. Low-temperature processed high-performance flexible perovskite solar cells via rationally optimized solvent washing treatments. RSC Adv., 2014, 4: 62971.

[180] Zhou Y, Yang M, Wu W, Vasiliev A L, Zhu K, and Padture N P. Room-temperature crystallization of hybrid-perovskite thin films via solvent-solvent extraction for high-performance solar cells. J. Mater. Chem. A, 2015, 3: 8178.

[181] Chen W, Chen H, Xu G, Xue R, Wang S, Li Y, and Li Y. Precise control of crystal growth for highly efficient $CsPbI_2Br$ perovskite solar cells. Joule, 2019, 3: 191.

[182] You J, Yang Y, Hong Z, Song T B, Meng L, Liu Y, Jiang C, Zhou H, Chang W H, Li G, and Yang Y. Moisture assisted perovskite film growth for high performance solar cells. Appl. Phys. Lett., 2014, 105: 183902.

[183] Ren Z, Ng A, Shen Q, Gokkaya H C, Wang J, Yang L, Yiu W K, Bai G, Djurišić A B, Leung W W, Hao J, Chan W K, and Surya C. Thermal assisted oxygen annealing for high efficiency planar $CH_3NH_3PbI_3$ perovskite solar cells. Sci. Rep., 2014, 4: 6752.

[184] Huang F, Dkhissi Y, Huang W, Xiao M, Benesperi I, Rubanov S, Zhu Y, Lin X, Jiang L, Zhou Y, Gray-Weale A, Etheridge J, McNeill C R, Caruso R A, Bach U, Spiccia L, and Cheng Y B. Gas-assisted preparation of lead iodide perovskite films consisting of a monolayer of single crystalline grains for high efficiency planar solar cells. Nano Energy, 2014, 10: 10.

[185] Conings B, Babayigit A, Klug M T, Bai S, Gauquelin N, Sakai N, Wang J T W, Verbeeck J, Boyen H G, and Snaith H J. A universal deposition protocol for planar heterojunction solar cells with high efficiency based on hybrid lead halide perovskite families. Adv. Mater., 2016, 28: 10701.

[186] Zhang M, Yun J S, Ma Q S, Zheng J H, Lau C F J, Deng X F, Kim J, Kim D, Seidel J, Green M A, Huang S J, and Ho-Baillie A W Y. High-efficiency rubidium-incorporated perovskite solar cells by gas quenching. ACS Energy Lett., 2017, 2: 438.

[187] Li X, Bi D, Yi C, Décoppet J D, Luo J, Zakeeruddin S M, Hagfeldt A, and Grätzel M. A vacuum flash-assisted solution process for high-efficiency large-area perovskite solar cells. Science, 2016, 353: 58.

[188] Mei A, Li X, Liu L, Ku Z, Liu T, Rong Y, Xu M, Hu M, Chen J, Yang Y, Grätzel M, and Han H. A hole-conductor-free, fully printable mesoscopic perovskite solar cell with high stability. Science, 2014, 345: 295.

[189] Hu M, Liu L, Mei A, Yang Y, Liu T, and Han H. Efficient hole-conductor-free,

fully printable mesoscopic perovskite solar cells with a broad light harvester $NH_2CH=NH_2PbI_3$. J. Mater. Chem. A, 2014, 2: 17115.

[190] Xu M, Rong Y G, Ku Z L, Mei A Y, Liu T F, Zhang L J, Li X, and Han H W. Highly ordered mesoporous carbon for mesoscopic $CH_3NH_3PbI_3/TiO_2$ heterojunction solar cell. J. Mater. Chem. A, 2014, 2: 8607.

[191] Zhang L J, Liu T F, Liu L F, Hu M, Yang Y, Mei A Y, and Han H W. The effect of carbon counter electrodes on fully printable mesoscopic perovskite solar cells. J. Mater. Chem. A, 2015, 3: 9165.

[192] Chen J Z, Xiong Y L, Rong Y G, Mei A Y, Sheng Y S, Jiang P, Hu Y, Li X, and Han H W. Solvent effect on the hole-conductor-free fully printable perovskite solar cells. Nano Energy, 2016, 27: 130.

[193] Zheng L, Ma Y, Chu S, Wang S, Qu B, Xiao L, Chen Z, Gong Q, Wu Z, and Hou X. Improved light absorption and charge transport for perovskite solar cells with rough interfaces by sequential deposition. Nanoscale, 2014, 6: 8171.

[194] Shi J, Wei H, Lv S, Xu X, Wu H, Luo Y, Li D, and Meng Q. Control of charge transport in the perovskite $CH_3NH_3PbI_3$ thin film. ChemPhysChem, 2015, 16: 842.

[195] Bi D, El-Zohry A M, Hagfeldt A, and Boschloo G. Improved morphology control using a modified two-step method for efficient perovskite solar cells. ACS Appl. Mater. Interfaces, 2014, 6: 18751.

[196] Liu D, Gangishetty M K, and Kelly T L. Effect of $CH_3NH_3PbI_3$ thickness on device efficiency in planar heterojunction perovskite solar cells. J. Mater. Chem. A, 2014, 2: 19873.

[197] Wu Y Z, Islam A, Yang X D, Qin C J, Liu J, Zhang K, Peng W Q, and Han L Y. Retarding the crystallization of $PbI_2$ for highly reproducible planar-structured perovskite solar cells via sequential deposition. Energy Environ. Sci., 2014, 7: 2934.

[198] Liu T, Hu Q, Wu J, Chen K, Zhao L, Liu F, Wang C, Lu H, Jia S, Russell T, Zhu R, and Gong Q. Mesoporous $PbI_2$ scaffold for high-performance planar heterojunction perovskite solar cells. Adv. Energy Mater., 2016, 6: 1501890.

[199] Xiao Z G, Bi C, Shao Y C, Dong Q F, Wang Q, Yuan Y B, Wang C G, Gao Y L, and Huang J S. Efficient, high yield perovskite photovoltaic devices grown by interdiffusion of solution-processed precursor stacking layers. Energy Environ. Sci., 2014, 7: 2619.

[200] Wakamiya A, Endo M, Sasamori T, Tokitoh N, Ogomi Y, Hayase S, and Murata Y. Reproducible fabrication of efficient perovskite-based solar cells: X-ray crystallographic studies on the formation of $CH_3NH_3PbI_3$ layers. Chem. Lett., 2014, 43: 711.

[201] Im J H, Kim H S, and Park N G. Morphology-photovoltaic property correlation in perovskite solar cells: one-step versus two-step deposition of $CH_3NH_3PbI_3$. APL Mater., 2014, 2: 081510.

[202] Im J H, Jang I H, Pellet N, Grätzel M, and Park N G. Growth of $CH_3NH_3PbI_3$ cuboids with controlled size for high-efficiency perovskite solar cells. Nat. Nanotechnol., 2014, 9: 927.

[203] Wang K, Liu C, Du P, Zhang H L, and Gong X. Efficient perovskite hybrid solar cells through a homogeneous high-quality organolead iodide layer. Small, 2015, 11: 3369.

[204] Ahn N, Kang S M, Lee J W, Choi M, and Park N G. Thermodynamic regulation of $CH_3NH_3PbI_3$ crystal growth and its effect on photovoltaic performance of perovskite solar cells. J. Mater. Chem. A, 2015, 3: 19901.

[205] Ko H S, Lee J W, and Park N G. 15.76% efficiency perovskite solar cells prepared under high relative humidity: Importance of $PbI_2$ morphology in two-step deposition of $CH_3NH_3PbI_3$. J. Mater. Chem. A, 2015, 3: 8808.

[206] Bi C, Wang Q, Shao Y, Yuan Y, Xiao Z, and Huang J. Non-wetting surface-driven high-aspect-ratio crystalline grain growth for efficient hybrid perovskite solar cells. Nat. Commun., 2015, 6: 7747.

[207] Chen Q, Zhou H, Hong Z, Luo S, Duan H S, Wang H H, Liu Y, Li G, and Yang Y. Planar heterojunction perovskite solar cells via vapor-assisted solution process. J. Am. Chem. Soc., 2014, 136: 622.

[208] Malinkiewicz O, Yella A, Lee Y H, Espallargas G M, Grätzel M, Nazeeruddin M K, and Bolink H J. Perovskite solar cells employing organic charge-transport layers. Nat. Photonics, 2013, 8: 128.

[209] Lin Q, Armin A, Nagiri R C R, Burn P L, and Meredith P. Electro-optics of perovskite solar cells. Nat. Photonics, 2014, 9: 106.

[210] Momblona C, Gil-Escrig L, Bandiello E, Hutter E M, Sessolo M, Lederer K, Blochwitz-Nimoth J, and Bolink H J. Efficient vacuum deposited p-i-n and n-i-p perovskite solar cells employing doped charge transport layers. Energy Environ. Sci., 2016, 9: 3456.

[211] Calió L, Momblona C, Gil-Escrig L, Kazim S, Sessolo M, Sastre-Santos Á, Bolink H J, and Ahmad S. Vacuum deposited perovskite solar cells employing dopant-free triazatruxene as the hole transport material. Sol. Energy Mater. Sol. Cells, 2017, 163: 237.

[212] Ma Q S, Huang S J, Wen X M, Green M A, and Ho-Baillie A W Y. Hole transport layer free inorganic $CsPbIBr_2$ perovskite solar cell by dual source thermal evaporation. Adv. Energy Mater., 2016, 6: 1502202.

[213] Frolova L A, Anokhin D V, Piryazev A A, Luchkin S Y, Dremova N N,

Stevenson K J, and Troshin P A. Highly efficient all-inorganic planar heterojunction perovskite solar cells produced by thermal coevaporation of CsI and $PbI_2$. J. Phys. Chem. Lett., 2017, 8: 67.

[214] Chen C Y, Lin H Y, Chiang K M, Tsai W L, Huang Y C, Tsao C S, and Lin H W. All-vacuum-deposited stoichiometrically balanced inorganic cesium lead halide perovskite solar cells with stabilized efficiency exceeding 11%. Adv. Mater., 2017, 29: 1605290.

[215] Chen C W, Kang H W, Hsiao S Y, Yang P F, Chiang K M, and Lin H W. Efficient and uniform planar-type perovskite solar cells by simple sequential vacuum deposition. Adv. Mater., 2014, 26: 6647.

[216] Longo G, Gil-Escrig L, Degen M J, Sessolo M, and Bolink H J. Perovskite solar cells prepared by flash evaporation. Chem. Commun., 2015, 51: 7376.

[217] Lee W H, Chen C Y, Li C S, Hsiao S Y, Tsai W L, Huang M J, Cheng C H, Wu C I, and Lin H W. Boosting thin-film perovskite solar cell efficiency through vacuum-deposited sub-nanometer small-molecule electron interfacial layers. Nano Energy, 2017, 38: 66.

[218] Leyden M R, Ono L K, Raga S R, Kato Y, Wang S, and Qi Y. High performance perovskite solar cells by hybrid chemical vapor deposition. J. Mater. Chem. A, 2014, 2: 18742.

[219] Leyden M R, Jiang Y, and Qi Y B. Chemical vapor deposition grown formamidinium perovskite solar modules with high steady state power and thermal stability. J. Mater. Chem. A, 2016, 4: 13125.

[220] Qiu L, He S, Jiang Y, Son D-Y, Ono L K, Liu Z, Kim T, Bouloumis T, Kazaoui S, and Qi Y. Hybrid chemical vapor deposition enables scalable and stable Cs-FA mixed cation perovskite solar modules with a designated area of 91.8 $cm^2$ approaching 10% efficiency. J. Mater. Chem. A, 2019, 7: 6920.

[221] Kim J H, Williams S T, Cho N, Chueh C C, and Jen A K Y. Enhanced environmental stability of planar heterojunction perovskite solar cells based on blade-coating. Adv. Energy Mater., 2015, 5: 1401229.

[222] Yang Z, Chueh C C, Zuo F, Kim J H, Liang P W, and Jen A K Y. High-performance fully printable perovskite solar cells via blade-coating technique under the ambient condition. Adv. Energy Mater., 2015, 5: 1500328.

[223] Schmidt T M, Larsen-Olsen T T, Carlé J E, Angmo D, and Krebs F C. Upscaling of perovskite solar cells: fully ambient roll processing of flexible perovskite solar cells with printed back electrodes. Adv. Energy Mater., 2015, 5: 1500569.

[224] Pleydell-Pearce C. One-step deposition by slot-die coating of mixed lead halide perovskite for photovoltaic applications. Sol. Energy Mater. Sol. Cells, 2017, 159: 362.

[225] He M, Li B, Cui X, Jiang B, He Y, Chen Y, O'Neil D, Szymanski P, Ei-Sayed M A, Huang J, and Lin Z. Meniscus-assisted solution printing of large-grained perovskite films for high-efficiency solar cells. Nat. Commun., 2017, 8: 16045.

[226] Heo J H, Lee M H, Jang M H, and Im S H. Highly efficient $CH_3NH_3PbI_{3-x}Cl_x$ mixed halide perovskite solar cells prepared by re-dissolution and crystal grain growth via spray coating. J. Mater. Chem. A, 2016, 4: 17636.

[227] Barrows A T, Pearson A J, Kwak C K, Dunbar A D F, Buckley A R, and Lidzey D G. Efficient planar heterojunction mixed-halide perovskite solar cells deposited via spray-deposition. Energy Environ. Sci., 2014, 7: 2944.

[228] Li S G, Jiang K J, Su M J, Cui X P, Huang J H, Zhang Q Q, Zhou X Q, Yang L M, and Song Y L. Inkjet printing of $CH_3NH_3PbI_3$ on a mesoscopic $TiO_2$ film for highly efficient perovskite solar cells. J. Mater. Chem. A, 2015, 3: 9092.

[229] Mathies F, Abzieher T, Hochstuhl A, Glaser K, Colsmann A, Paetzold U W, Hernandez-Sosa G, Lemmer U, and Quintilla A. Multipass inkjet printed planar methylammonium lead iodide perovskite solar cells. J. Mater. Chem. A, 2016, 4: 19207.

# 第三章　钙钛矿太阳能电池的电子传输体系

王铎、陈志坚

电子传输层的基本作用是与钙钛矿吸收层形成电子选择性接触(electron selective contact)，提高光生电子抽取效率，并有效地阻挡空穴向阴极方向迁移. 通过分别控制电子传输层和空穴传输层的厚度，能平衡载流子在各层的传输，避免电荷积累对器件寿命的影响. 另外，在钙钛矿太阳能电池中，电子传输材料经常被用于形成介观结构，除了有利于钙钛矿晶体的生长，同时还可以缩短光生电子从钙钛矿体内到 n 型半导体之间的迁移距离，有效降低复合率. 由于钙钛矿吸收材料的优越传输性能，$CH_3NH_3PbI_3$ 的电子和空穴迁移率达到 10 $cm^2 \cdot V^{-1} \cdot s^{-1}$ 量级[1]，并拥有大于 100 nm 的扩散长度(在 $CH_3NH_3PbI_{3-x}Cl_x$ 中更高达 1 μm)[2,3]. 最近出现不少无空穴传输层(hole conductor free)的异质结钙钛矿太阳能电池取得高效率的报道[4-7]，但在没有电子传输层的情况下获得高效率的钙钛矿太阳能电池的报道较少. 曾经有学者直接在 FTO 制备 $CH_3NH_3PbI_3$ 太阳能电池，仅得到 1.8%的效率和 0.33 的填充因子，而相同制备工艺但以 $TiO_2$ 为电子传输层的器件最高效率可达 13.7%[8]. 可见，至少在目前，电子传输层对于钙钛矿太阳能电池来说是不可或缺的.

随着钙钛矿薄膜生长制备工艺的改善，钙钛矿太阳能电池逐渐趋近于它的理论效率. 要使性能获得进一步提升，必须精妙地控制整个器件内的载流子动力学过程. 目前，作为钙钛矿太阳能电池的电子传输材料主要有 $TiO_2$，ZnO 等金属氧化物类及富勒烯类等有机电子传输材料，下面将分别详细介绍它们的制备工艺和在钙钛矿太阳能电池中的作用.

## §3.1　金属氧化物电子传输材料

### 3.1.1　二氧化钛

二氧化钛($TiO_2$)是钙钛矿太阳能电池中应用最广泛的电子传输材料，具有以下优点：$TiO_2$ 的 CBM 为−4.1 eV[9]，稍低于 $CH_3NH_3PbI_3$ 的最低未占分子轨道(LUMO)能级，利于电子注入. 宽带隙(锐钛矿相为 3.2 eV[10]，金红石相为 3.0 eV[11])使其 VBM 处于的一个较深的位置，能有效阻挡空穴的注入. 在钙钛矿太阳能电池中，介孔层 $TiO_2$ 是最典型的纳米结构，致密层 $TiO_2$ 则起到传输电子的作用，它们的能级、孔径大小和电子迁移率等属性可以通过不同的制备方法、掺杂或形貌控制等手段来进行调节，如图 3.1 所示.

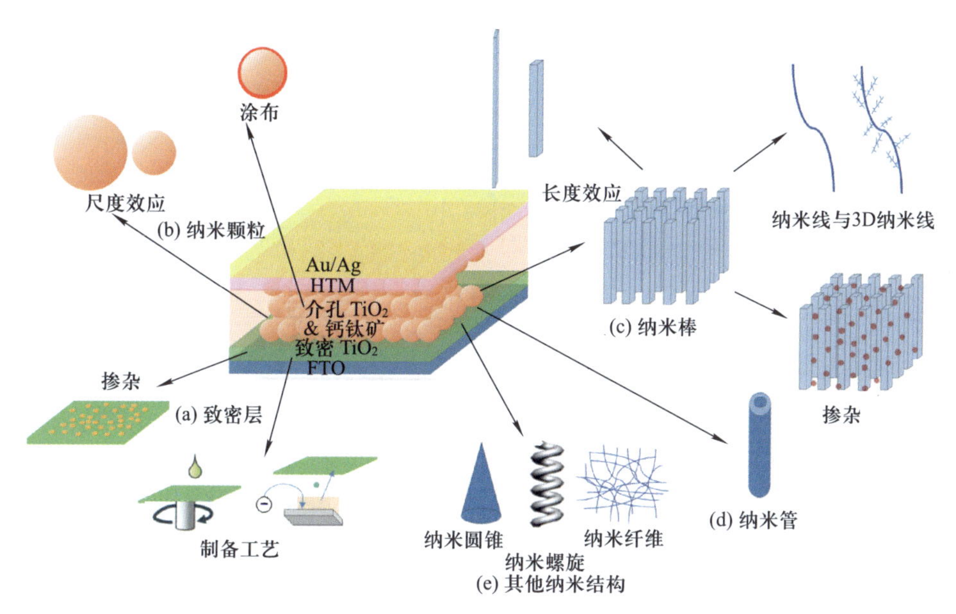


图 3.1 纳米结构 $TiO_2$ 修饰层在钙钛矿太阳能电池中的应用[13]

$TiO_2$ 存在三种同质异形体：锐钛矿(anatase)、金红石(rutile)与板钛矿(brookite). 其中只有金红石是热动力学稳定相，锐钛矿会在 750℃ 时不可逆地转变为金红石，而板钛矿则只会稳定在有杂质的矿物中，或者作为锐钛矿结晶过程中的一个中间相[12]. 锐钛矿 $TiO_2$ 在钙钛矿光伏器件中使用最多，通常以溶胶-凝胶法[13]、气溶胶喷雾热解法(aerosol spray pyrolysis)[14,15]和旋涂[16,17]等方法制备. 通常，旋涂法使用约 0.2 mol/L 异丙醇钛的乙醇或异丙醇溶液作为前驱液，然后将溶液旋涂在干净的 FTO 基板上. 之后异丙醇钛水解转化为二氧化钛. 在喷雾法中，同样的前驱液被短时间的脉冲喷雾到大约 500℃ 的 FTO 上. 对于这两种方法，我们可以通过改变前驱液浓度、旋涂转速或喷雾中的脉冲数调节二氧化钛层膜厚. 溶胶-凝胶法通过在持续搅拌和加热的条件下把异丙醇钛逐滴加入稀硝酸得到二氧化钛纳米颗粒的分散液. 只有利用溶液处理才能保证这三种方法操作简单而且经济. 表 3.1 列出了不同致密 $TiO_2$ 的制备工艺对器件性能的影响.

表 3.1 不同致密 $TiO_2$ 制备工艺下的钙钛矿太阳能电池性能总结

| 致密 $TiO_2$ 制备工艺 | 器件结构 | $J_{SC}$/($mA/cm^2$) | $V_{OC}$/V | FF | PCE(%) |
|---|---|---|---|---|---|
| 旋涂法[91] | FTO/bl-$TiO_2$/mp-$TiO_2$-$MAPbI_3$/spiro-OMeTAD/Au | 20.80 | 0.95 | 0.74 | 14.6 |
| 喷雾热解法[91] | FTO/bl-$TiO_2$/mp-$TiO_2$-$MAPbI_3$/spiro-OMeTAD/Au | 20.70 | 0.95 | 0.72 | 14.2 |
| 原子粒沉积法[92] | FTO/bl-$TiO_2$/mp-$TiO_2$-$MAPbI_3$/spiro-OMeTAD/Au | 18.74 | 0.93 | 0.72 | 12.6 |
| 热氧化法[93] | FTO/bl-$TiO_2$/mp-$TiO_2$-$MAPbI_3$/spiro-OMeTAD/Au | 21.97 | 1.09 | 0.63 | 15.1 |
| 磁控溅射法[94] | FTO/bl-$TiO_2$/$MAPbI_3$/P3HT/Ag | 20.99 | 1.00 | 0.49 | 10.2 |

bl-：阻挡层，mp-：介孔层.

在制备 $TiO_2$ 过程中往往需要 500℃高温煅烧使无定形相转变为锐钛矿相以提高传输能力. 高温处理严重限制了锐钛矿 $TiO_2$ 在柔性塑料基底上的应用，由此产生了对低温制备 $TiO_2$ 技术的需求. Wojciechowski[18]将直径小于 5 nm 的锐钛矿相 $TiO_2$ 纳米颗粒分散在二异丙氧基双乙酰丙酮钛(titanium diisopropoxide bis(acetylacetonate)，$Ti(acac)_2$)的乙醇溶液中，旋涂后经过 150℃退火所形成的稠密 $TiO_2$ 的电导率约为高温烧结所得致密 $TiO_2$ 的 100 倍，由此得到了 15.9%的光电转换效率. Docampo[19]在平面倒置结构 FTO/PEDOT:PSS/$CH_3NH_3PbI_3$/$PC_{60}BM$ 上旋涂钛酸异丙酯(titanium isopropoxide)和盐酸的异丙醇前驱液，再经过 130℃退火生成具有氧空位的致密 $TiO_x$ 作为电子传输层，得到了 9.8%的光电转换效率，而且同样的结构在柔性高分子聚对苯二甲酸乙二醇酯(polyethylene terephthalate，PET)上组装成的柔性太阳能电池的效率也达到了 6.4%. 然而，这种方法制备的 $TiO_x$ 需要一个光浸润(light soaking)过程[20]，器件需要暴露在空气中持续光照 10 min 才能达到最大效率. 金红石相 $TiO_2$ 拥有温度更低的制备方法. Yella[8]使用化学浴沉积法(chemical bath deposition)，在 70℃通过控制 $TiCl_4$ 的浓度在 FTO 上生成一层致密金红石相 $TiO_2$，同时在其表面会长出星形的 $TiO_2$ 纳米颗粒，总厚度可由 10 nm 变化至数微米. 相同的钙钛矿器件制备条件下，基于金红石相 $TiO_2$ 的器件效率(13%)稍低于基于气溶胶喷雾热解法制备的锐钛矿相 $TiO_2$ 器件(15%)[21].

$TiO_2$ 纳米颗粒除组成致密层以外也可以组成致密层上的介孔结构，形成介孔钙钛矿太阳能电池(见图 3.2). 通常在 $TiO_2$ 框架制备后需要烧结以增加电导率. 由于扩散长度更短，介孔 $TiO_2$ 纳米颗粒即使迁移率和致密 $TiO_2$ 相同，复合率也会更高[22]. 在设计多孔 $TiO_2$ 层时，需要同时考虑钙钛矿的穿透能力和电子传输能力，介孔 $TiO_2$ 框架通常通过丝网印刷，旋涂含 $TiO_2$ 纳米颗粒的商用浆料(例如 18NR-T)，蒸发弱碱性的含 $Ti^{4+}$ 和 $H_2O_2$ 的溶液[13,23,24]，或溶胶-凝胶法[25−27]得到. $TiO_2$ 纳米颗粒的体积对框架的性质起重要作用. 通常而言，如果介孔体积过小，将导致钙钛矿无法穿透. 另一方面，过大的颗粒将对控制钙钛矿的形貌造成困难，导致 $TiO_2$ 纳米颗粒和空穴层直接接触. 除此以外，总的介孔体积随微粒增大而减小[27]，这会使填充孔的钙钛矿对光的吸收减少. 所以，把 $TiO_2$ 纳米颗粒的大小控制在一定范围对提高效率非常重要. 韩宏伟等分析了 $TiO_2$ 纳米颗粒在没有空穴层的介孔钙钛矿太阳能电池中的体积影响[27]. 他们在 $TiO_2$ 层上加了一层 $ZrO_2$，结果显示此时 $TiO_2$ 纳米颗粒的体积除影响钙钛矿的填充和接触外，还影响钙钛矿和 $TiO_2$ 间的电荷转移的动力学. 电池的串联电阻($R_S$)和复合电阻($R_{rec}$)都随 $TiO_2$ 纳米颗粒的增大而减小，他们推测这是由 $TiO_2$ 层和正极的碳接触所致. 颗粒直径 25 nm 时有最高效率 13.4%. 在染料敏化太阳能电池中，单晶 $TiO_2$ 介孔层可以同时提供优良的穿透能力和电子传输能力[28]，但是这个方法很少在钙钛矿电池中使用. 一般人们在介孔电子传输层的上面额外增加一层空穴阻挡层以抑制复合.

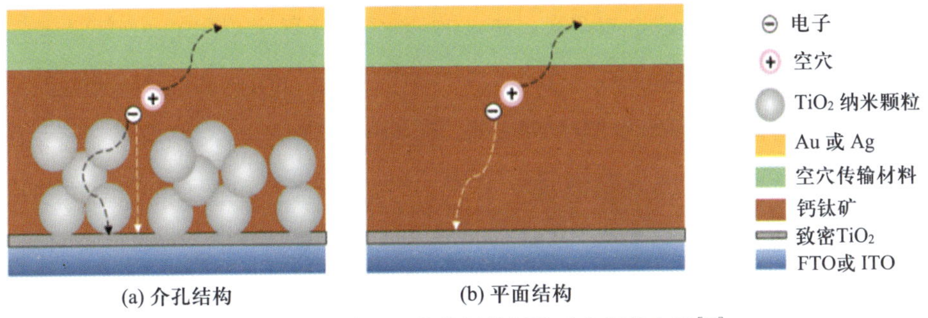


图 3.2　$TiO_2$ 作电子传输层的钙钛矿太阳能电池[13]

研究表明，多孔 $TiO_2$ 的电子迁移率($\ll 1\ cm^2 \cdot V^{-1} \cdot s^{-1}$)[29−31]远低于 $CH_3NH_3PbX_3$，而在固态钙钛矿太阳能电池中，纳米结构框架的厚度可达数百纳米甚至上微米，光电子注入 $TiO_2$ 纳米框架后的传输远不如在钙钛矿材料体内直接迁移到电子传输层有效. 因此，为了减少纳米结构的表面陷阱以提高器件整体的电子传输性能，近期出现很多采用复合材料作为电子传输层的报道.

以 $TiO_2$(致密)/$Al_2O_3$(介孔)电子传输层为例，三卤化物钙钛矿材料渗入 400 nm 厚的 $Al_2O_3$ 纳米颗粒框架中，其作用是改善旋涂过程中钙钛矿薄膜的均匀性，抑制因针孔(pin-hole)的出现而导致的漏电. 与多孔 $TiO_2$ 不同的是，由于它的高 LUMO 能级，$Al_2O_3$ 不允许电子注入，只是作为钙钛矿中的一个插入框架. Ponseca 等[32]通过时间分辨太赫兹光谱(time-resolved terahertz spectroscopy)对比 $TiO_2$(介孔)/$CH_3NH_3PbI_3$，$Al_2O_3$(介孔)/$CH_3NH_3PbI_3$ 和纯 $CH_3NH_3PbI_3$ 体系中瞬态太赫兹光电导性动力学(transient THz photoconductivity kinetics)，证实了电子注入只发生在 $TiO_2$(介孔)/$CH_3NH_3PbI_3$ 体系. 由此可推测电子沿着 $Al_2O_3$ 纳米框架的表面，在钙钛矿体内传输到致密 $TiO_2$ 电子传输层. Lee 等[15]将 $TiO_2$ 框架替代为 $Al_2O_3$，使烧结温度降低到 150℃，并获得效率为 10.9%和开路电压为 1.1 V 的器件. 典型采用绝缘材料作为纳米框架的还有杨阳组[33]. 他们使用厚达 2 μm 的 $ZrO_2$ 纳米框架，将碘化铅溶液、碘化甲基胺和 5-戊酸碘化铵涂布在多孔膜上，通过氨基酸的配位使钙钛矿晶体沿着多孔膜的法线生长，获得了 12.8%转换效率和超过 1000 h 稳定性的器件. 另外，利用类似的原理，也可以使用修饰层来钝化多孔 $TiO_2$ 的表面来减少电子的注入：Ogomi 等[34]在钙钛矿材料和 $TiO_2$ 框架界面处插入一层 $Y_2O_3$，有效地增加了短路电流，使器件效率由 6.5%提高到 7.5%. Abrusci 等[2]在 $TiO_2$ 框架表面引入苯甲酸取代的 $C_{60}$ 自组装单分子膜($C_{60}$SAM)作为修饰层，显著提高了电子的收集效率，电池光电转换效率达到 11.7%.

还有一些研究是通过掺杂来提高 $TiO_2$ 的电子迁移率. 如 Snaith 等[35]使用石墨烯/$TiO_2$ 纳米颗粒复合材料作为电子传输层. 石墨烯具有高电导率，且其功函数介于 FTO 和 $TiO_2$ 之间，因此大大改善了电子的输运性能，使电池的短路电流和填充因子有明显的提高，光电转换效率高达 15.6%，且能在低于 150℃的条件下制备. 此外，周欢萍等[36]在 $TiO_2$ 中掺杂钇元素来提高电子传输能力，并在 $TiO_2$ 与 ITO 界面插入一层 PEIE 使能级匹配，通过控制水汽含量使生长好的钙钛矿溶解-再结晶，最终获得了效率达 19.3%的平面异质结钙钛矿太阳能电池. Abate 等[37]采用水解法，通过 70℃水解 $TiCl_4$ 与 $NbCl_5$，将 Nb 包裹的 $TiO_2$ 颗粒直接沉积在 FTO 基底上，之后经过 185℃退火形成致密的电子传输层，所获得的器件的光电转换效率达到 19.23%. Park 等[38]在二氧化钛介孔层表面旋涂甲醇镁，然后甲醇镁通过在二氧化钛表面的化学吸附而形成氧化镁，用来减少复合，从而延长载流子寿命. 这种方法可以增加填充因子(FF)和开路电压($V_{OC}$)，但是由于氧化镁是绝缘体，使得器件的短路电流密度($J_{SC}$)减小，最终总效率提高很少. Ahmad 等[39]在用异丙醇钛合成 $TiO_2$ 时添加三氯化钇，使短路电流提高了 15%.

除了 $TiO_2$ 纳米颗粒外，低温制备的 $TiO_2$ 纳米棒[40]和静电纺丝制备的 $TiO_2$ 纳米纤维[41]作为框架材料也能得到效率近 10%的固态钙钛矿太阳能电池和钙钛矿染料敏化电池. 结晶良好的 $TiO_2$ 纳米棒具有一系列优点：是开孔结构，直径和长度容易调控，电子迁移率也比纳米颗粒高两个数量级. $TiO_2$ 纳米棒可以通过有机金属化学气相沉积（MOCVD）[42]、电化学腐蚀(electrochemical anodization)[43]和水热法(hydrothermal synthesis)[44]制备. 其中水热法是一种低温、廉价、方便的方法，适用于大规模生产. 在典型的水热法合成中[44]，含钛的前驱体在强酸性环境下加入水或有机溶液. 为避免强酸腐蚀设备，近期有人发展出一种无酸的利用乙二胺四乙酸二钠(disodium ethylenediamine tetraacetate，$Na_2EDTA$)的方法[45]，得到了最高 11.1%的效率. 对 $TiO_2$ 纳米棒长度的研究发现，不同长度的纳米棒的复合率相似，但是在更长的纳米棒中电子扩散更快. 然而，$V_{OC}$，$J_{SC}$和 PCE 随纳米棒变长而降低. 这可能是由于纳米棒变得无序，减少了钙钛矿的填充[40]. 另一方面，为了得到足够的介观效果，$TiO_2$ 纳米棒不能太短，否则器件就会和平面结构的电池更相似. 对比研究发现，尽管初始效率和开路电压比平面结构器件低，但使用 $TiO_2$ 纳米棒的器件可以取得更好的稳定性.

$TiO_2$ 纳米棒的形貌可以通过各种修饰改变. 类似于纳米颗粒，在 $TiO_2$ 纳米棒表面用原子层沉积(ALD)可以减少复合，得到高的 $V_{OC}$，FF 和 PCE[46]. 掺杂金属离子也可以改善 $TiO_2$ 纳米棒. 例如，掺镁[47]可以提高 $TiO_2$ 的导带，降低复合，但是会增加 $R_S$；掺铌和锡[37,48]利于界面电子传输，降低 $R_S$，提高 $R_{rec}$. 对以上三种物质，掺杂后器件效率分别提升了 33%，50%和 67%. 如果纳米棒的长度和直径之比增加，那么可以得到纳米线[49]. 更细的直径有利于钙钛矿的穿透，可以得到更高的效率[50,51].

### 3.1.2 氧化锌

氧化锌(ZnO)是另一种常用于钙钛矿太阳能电池中的电子传输材料. 它是一种禁带宽度为 3.3 eV 的直接带隙 II-VI 族半导体材料，其 CBM 为－4.2 eV，在常温下激子束缚能为 60 meV[29,52]. ZnO 在能级角度上与 $CH_3NH_3PbI_3$ 的 LUMO 能级(－3.6 eV)和最高占据分子轨道(HOMO)能级(－5.2 eV)[53]相当匹配，从而保证了电子提取的效率. ZnO 的优点是无须高温烧结，易于制备成大面积薄膜，且相比 $TiO_2$ 具有更高的电子迁移率[54]. 与 $TiO_2$ 类似，应用于器件中的 ZnO 形貌结构主要有致密平面和纳米棒两种. 通常，由于颗粒边界不连续，纳米颗粒形成的平面薄膜电子迁移率较低，复合较高，而纳米棒则可以利用 $c$ 轴方向的内建电场增强电子传输，减少复合[55,56]. ZnO 薄膜可通过化学浴沉积[57]、溶胶-凝胶[58]、溅射或者电沉积[59]等低温工艺获得.

Kumar 等[40]以电沉积法制备致密 ZnO 和化学浴沉积制备 ZnO 纳米棒，在玻璃和 PET 柔性基底上分别取得了光电转换效率为 8.9%和 2.6%的钙钛矿太阳能电池. Son 等[60]将纳米 $TiO_2$ 框架替代为电子传输能力更高的 ZnO 纳米结构，在此框架上生长的 $CH_3NH_3PbI_3$ 太阳能电池效率达 11%. Kelly 等[61]以 ZnO 纳米颗粒作为电子传输层材料，结合低温工艺(≤65℃)，在玻璃和 PET 柔性基底上分别制备出了光电转换效率高达 15.7%和 10%的平面异质结器件(见图 3.3).

图 3.3 ITO/ZnO/钙钛矿晶粒的高分辨率 SEM 俯视图[60]

致密 ZnO 层(见图 3.4)可以作为空穴阻挡层，防止正负电荷复合. 如果没有它，由于在 ITO 表面的电荷复合过程增加，填充因子和开路电压都会很低，相应的并联电阻也较低. Pauporté 等用电化学沉积法产生了由平均尺寸 300 nm 的大颗粒构成的 ZnO 层[66]. 其中最好的器件填充因子只有 0.5，而 ZnO 和钙钛矿接触表面越粗糙，填充因子越大. 因为 ZnO 层的电导率很大，较低的填充因子可能是接触表面的电阻造成的. 袁宁一等用 ALD 在 70℃ 制备了致密 ZnO 层，然后在其上沉积了 350 nm 厚的多孔氧化铝层[63]. 之后，他们用一步法制作了器件，效率达到了 13.1%，有效面积为 0.04 $cm^2$. 这种方法制成的 ZnO 层比用沉积法制成的更加致密，因此能更加有效地抑制电荷复合.

掺杂可以调控表面形貌，抑制电荷复合. Mahmood 等用静电喷雾法和旋涂法得到了 ZnO 和掺铝的 ZnO 薄膜[64]. 通过改变沉积条件可以很容易地控制薄膜的形貌. 由于在电子传输层的导带有更高的电子浓度，电荷复合率较低，他们获得了更高的开路电压. 有机物也能提高含致密 ZnO 层的钙钛矿太阳能电池的性能. 例如广泛应用于钙钛矿太阳能电池电子受体的 PCBM(phenyl $C_{61}$ butyric acid methyl ester)，可以改善 ZnO 的能级匹配[65]. Kim 等[66]在 ITO 上通过溶胶-凝胶过程沉积了 30 nm 的 ZnO，然后在 ZnO 上旋涂 PCBM. 这样电子传输层的 CBM 位于 ZnO 和钙钛矿之间，改善了电荷的提取，提高了开

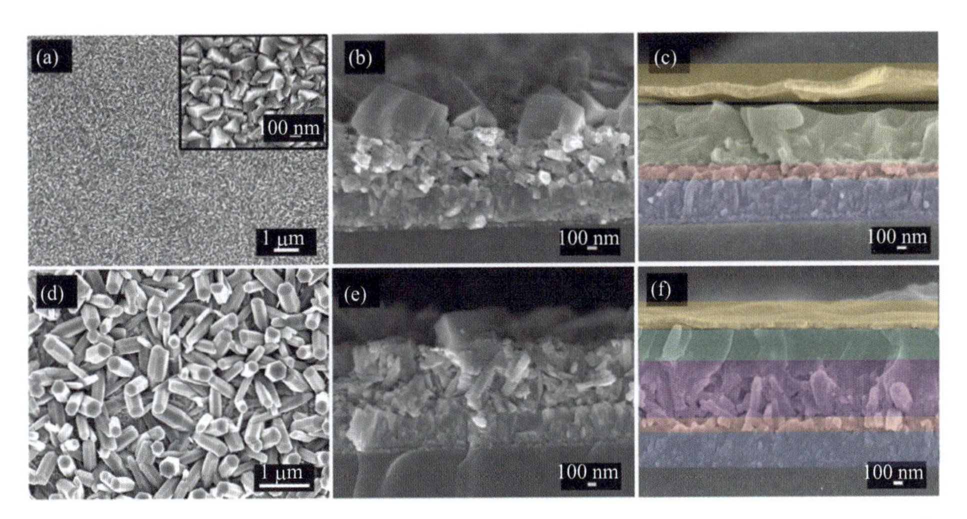


图 3.4　(a) ITO/致密 ZnO FESEM 俯视图. (b) 致密 ZnO 薄膜上的钙钛矿晶粒. (c) 平面结构电池的截面图，颜色代表：FTO（蓝），ZnO（红），钙钛矿＋spiro（浅绿），金（黄）. (d) ITO/致密 ZnO/ZnO 纳米棒 FESEM 俯视图. (e) ZnO 纳米棒上的钙钛矿晶粒. (f) 介观结构电池的截面图，颜色代表：FTO（蓝），致密 ZnO（红），ZnO 纳米棒＋钙矿钛（紫），spiro（浅绿），金（黄）[59]

路电压. 拥有 ZnO 和 PCBM 的器件 $R_{rec}$ 更大，意味着加入 PCBM 可以抑制表面和体相的电荷复合[67]. 然而，ITO 上只有 PCBM 的钙钛矿电池性能很差. 因此，他们认为 ZnO 和 PCBM 的共同作用对提高器件性能非常重要. 陈红征等[17]在溶胶-凝胶法制成的 ZnO 层上沉积了 C3-SAM (3-amniopropanoic acid SAM). 结果显示，C3-SAM 使钙钛矿晶体形状更加平整，提升了光吸收，器件效率从 11.2%提升到了 15.7%.

致密层也可以通过旋涂 ZnO 纳米颗粒分散系形成并且无须退火，这对于制作器件无疑是非常便捷的. Miyasaka 等用旋涂 ZnO 纳米颗粒制成电子传输层的器件效率达到了 13.9%[56]，而且其效率在 20 天内几乎不变，然而如果没有 ZnO 层的器件效率则下降为开始的 20%. 他们认为含 ZnO 器件的稳定性源于良好地控制了碘化铅的钝化. 马廷丽等[68]在 FTO 和柔性 ITO/PEN (polyethylene naphtalate)基底上旋涂了 ZnO 纳米颗粒，分别得到了 8.7% 和 4.3% 的效率. 柔性器件在弯曲 1000 次后效率保持为原来的 80%.

另一个广泛应用的结构为 ZnO 纳米棒. 白华等[69]用磁控溅射得到由纳米棒排列组成的 ZnO 薄膜，短路电流比 ZnO 颗粒的器件和致密或多孔二氧化钛的器件都要大. 研究发现在沉积了 40 nm ZnO 后，ITO 的表面电阻下降最多，超过 25%. 这个可以解释为沿 $c$ 轴取向一致的纳米棒有良好的电导率.

一些器件在ZnO纳米棒和钙钛矿之间又加了一层. 这一层通常用来修饰接触面，改变能级，减少电荷复合. 孟庆波等在ZnO纳米颗粒上引入铝掺杂的ZnO壳(Al-doped ZnO，AZO)[70]. ZnO的CBM在使用少量铝替代锌的位置时会有少许提升. AZO也使电子迁移率更高[71]. 研究发现在掺杂浓度为5%时，效率最高，为10.5%. AZO中铝掺杂浓度小于10%时，短路电流几乎没有变化，但随着掺杂浓度再变大时，短路电流下降. 王命泰等在ZnO纳米棒上沉积CdS量子点来形成一个ZnO/CdS-核/壳的纳米阵列，起到了电子选择传输层的作用[55]. 但光致发光谱显示ZnO纳米棒有很多的缺陷，它们被CdS有效地钝化了. 他们推测开路电压的提升是由于ZnO中准Fermi能级的升高.

以ZnO纳米棒为基础的器件有一些变种. 例如Mahmood等在ZnO纳米片上制作了一层ZnO纳米棒[64]. 他们的器件效率为10.35%，稳定性很好，其效率在240 h后仍保持在80%以上，短路电流几乎不变. 表3.2列出了对应不同结构的钙钛矿太阳能电池的性能总结.

**表3.2 基于ZnO的钙钛矿太能电池性能总结**

| ZnO形貌结构 | 器件结构 | $J_{SC}$/(mA/cm$^2$) | $V_{OC}$/V | FF | PCE(%) |
|---|---|---|---|---|---|
| 致密层 | ITO/ZnO/$MAPbI_3$/spiro-OMeTAD/Ag | 19.9 | 1.07 | 0.65 | 13.9 |
| 致密层 | ITO/ZnO/C3-SAM/$MAPbI_3$/spiro-OMeTAD/$MoO_3$/Ag | 22.5 | 1.07 | 0.65 | 15.7 |
| 致密层 | FTO/ZnO/$MAPbI_3$/C | 20.0 | 0.81 | 0.54 | 8.7 |
| 致密层 | PEN/ITO/ZnO/$MAPbI_3$/C | 13.4 | 0.76 | 0.42 | 4.3 |
| 致密层 | PET/ITO/ZnO/$MAPbI_3$/spiro-OMeTAD/Ag | 13.4 | 1.03 | 0.74 | 10.2 |
| 致密层 | ITO/ZnO/$MAPbI_3$/spiro-OMeTAD/Ag | 20.4 | 1.03 | 0.75 | 15.7 |
| 致密层 | FTO/ZnO/mp-$Al_2O_3$-$MAPbI_3$/spiro-OMeTAD/Ag | 20.4 | 0.98 | 0.66 | 13.1 |
| 致密层 | FTO/bl-ZnO/$CH_3NH_3PbI_3$/spiro-OMeTAD/Au | 11.3 | 1.08 | 0.45 | 5.5 |
| 致密层 | PET/ITO/bl-ZnO/$MAPbI_3$/spiro-OMeTAD/Au | 5.6 | 0.99 | 0.40 | 2.2 |
| 致密层 | ITO/ZnO /$MAPbI_3$/spiro-OMeTAD/Ag | 23.1 | 0.89 | 0.50 | 10.3 |
| 致密层 | FTO/ZnO/$MAPbI_3$/spiro-OMeTAD/Ag | 16.0 | 1.01 | 0.67 | 10.8 |
| 致密层 | FTO/AZO/$MAPbI_3$/spiro-OMeTAD/Ag | 15.1 | 1.05 | 0.76 | 12.0 |
| 致密层 | ITO/ZnO/PCBM/$MAPbI_3$/PTB7-Th/$MnO_x$/Ag | 14.7 | 1.02 | 0.73 | 11.0 |
| 致密层 | ITO/ZnO/$MAPbI_3$/spiro-OMeTAD/$MnO_x$/Ag | 18.2 | 1.00 | 0.67 | 12.2 |

（续表）

| ZnO 形貌结构 | 器件结构 | $J_{SC}$/(mA/cm$^2$) | $V_{OC}$/V | FF | PCE(%) |
|---|---|---|---|---|---|
| 致密层+纳米棒 | FTO/bl-ZnO/mp-ZnO-$MAPbI_3$/spiro-OMeTAD/Au | 17.0 | 1.02 | 0.51 | 8.9 |
| 致密层+纳米棒 | PET/ITO/bl-ZnO/mp-ZnO-$MAPbI_3$/spiro-OMeTAD/Au | 7.5 | 0.80 | 0.43 | 2.6 |
| 纳米棒 | ITO/ZnO/$MAPbI_3$/spiro-OMeTAD/$MoO_3$/Ag | 22.4 | 1.04 | 0.57 | 13.4 |
| 纳米棒 | FTO/bl-ZnO/mp-ZnO/AZO 壳/$MAPbI_3$/spiro-OMeTAD/Au | 19.8 | 0.90 | 0.60 | 10.7 |
| 纳米棒 | FTO/bl-ZnO/mp-ZnO-$MAPbI_3$/spiro-OMeTAD/Au | 20.1 | 0.99 | 0.56 | 11.1 |

### 3.1.3　二氧化锡

二氧化锡($SnO_2$)由于其良好的光学和电子性能，是目前钙钛矿太阳能电池中最为常用的电子传输材料之一．$SnO_2$ 比 $TiO_2$ 具有更高的电子迁移率(421.70 $cm^2 \cdot V^{-1} \cdot s^{-1}$)，可以确保电子的有效传输，因此大多数基于 $SnO_2$ 的钙钛矿太阳能电池不需要纳米结构[72,73]．同时，与 $TiO_2$ 相比，$SnO_2$ 具有更宽的能带隙，从而使钙钛矿太阳能电池具有更好的透射率和更少的光能损失[74]，而且较宽的带隙也使电子传输层在紫外光照射下更稳定[37]．此外，ITO 和掺氟氧化锡(FTO)的主要成分是 $SnO_x$，这意味着透明电极和 $SnO_2$ 之间的折射率梯度更小，可以降低光的反射．最为重要的是，$SnO_2$ 薄膜可以通过低温制备，一般的退火温度低于 180℃，这意味着太阳能电池可以以较低的成本来制造．目前为止，基于 $SnO_2$ 的钙钛矿太阳能电池的最高光电转换效率已经达到 21%以上[75]．基于 $SnO_2$ 的钙钛矿太阳能电池的发展如图 3.5 所示[76]．

基于 $SnO_2$ 的钙钛矿太阳能电池绝大多数都是平面结构，这是因为它们能够有效地收集电子．平面钙钛矿太阳能电池制备 $SnO_2$ 电子传输层有两种主流方法．第一种方法基于溶液法(包括旋涂法和化学浴沉积法)，另一种方法基于气相沉积法．

方国家团队[73]在 2015 年首次将 $SnO_2$ 作为钙钛矿太阳能电池的电子传输层引入，通过旋涂 $SnCl_2 \cdot 2H_2O$ 前驱体制备 $SnO_2$ 薄膜，然后在 180℃下在空气中热退火 1 h，如图 3.6 所示．Roose 等[37]探讨了提高导电性和增加自由电子密度的机理．他们发现氟从 FTO 迁移到电子传输层，在高温处理 $SnO_2$ 薄膜时，会使得 $SnO_2$ 电导性等同于 FTO．Jung 等[77]研究了不同退火温度的

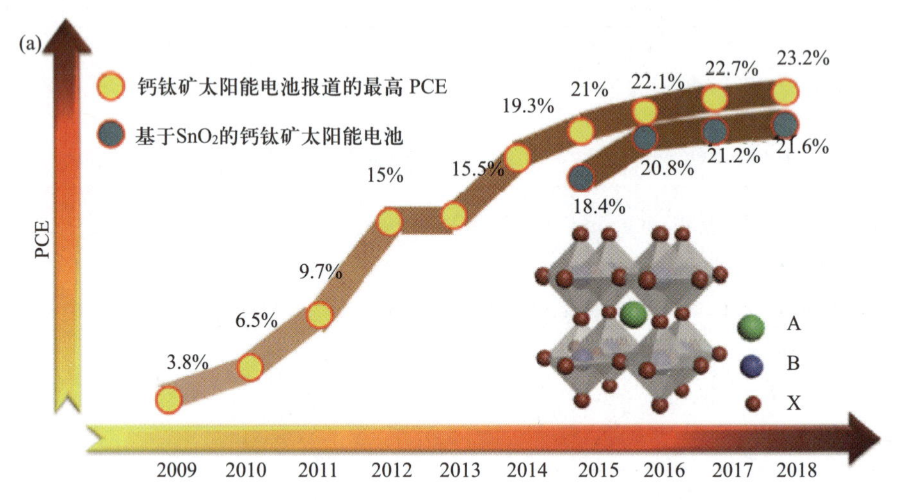

图 3.5 基于不同电子传输层的钙钛矿太阳能电池发展简史(插图：钙钛矿材料的晶体结构)

$SnO_2$ 对钙钛矿太阳能电池的性能和迟滞有一定的影响，结果表明在 250℃ 的退火温度可以达到 19.4%的光电转换效率. 2016 年，Jen 等[78]采用双燃料燃烧法制备 $SnO_2$，可将制备温度降至 140℃. 此外，Barbe 等[37]采用 CBD 法制备非晶态 $SnO_2$，将沉积温度降低到了 55℃.

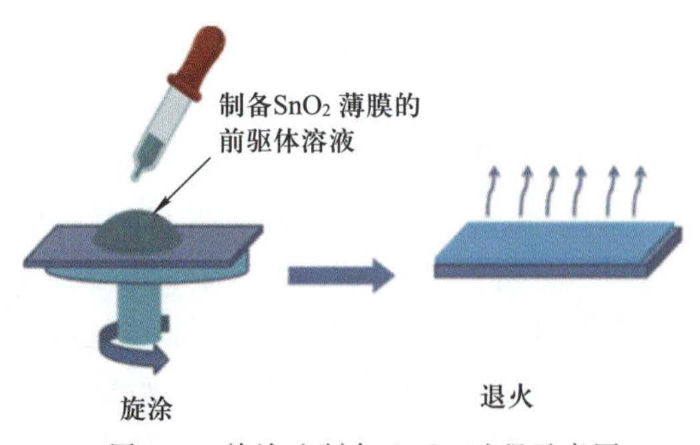

图 3.6 旋涂法制备 $SnO_2$ 过程示意图

将 $SnO_2$ 纳米颗粒作为前驱体是制备 $SnO_2$ 薄膜的一种简单的方法. 2015 年，Miyasaka 等[80]将 $SnO_2$ 纳米颗粒(约 22～43nm)分散在丁醇中作为前驱体溶液获得了光电转换效率为 12.3%的钙钛矿太阳能电池. 与 $TiO_2$ 基的钙钛矿太阳能电池相比，$SnO_2$ 基的钙钛矿太阳能电池的性能更加稳定. 游经碧等[81]使用分散在水中的小尺度 $SnO_2$ 纳米颗粒(约 3～4nm)作为电子传输层的前驱体，通过旋涂获得了致密、无针孔的 $SnO_2$ 薄膜，最终获得了超过 21%的效率.

以溶液法为基础的沉积方法成本低、工艺简单，但大多采用旋涂法，这限制了太阳能电池的大规模生产. 因此，采用基于气相的沉积方法来沉积 $SnO_2$ 薄膜，沉积温度也可以明显降低. 2015 年，Hagfeldt[59] 的团队使用化学气相沉积工艺制备了 $SnO_2$ 薄膜. 与基于 $TiO_2$ 的平面钙钛矿太阳能电池相比，基于 $SnO_2$ 的平面钙钛矿太阳能电池具有可忽略的迟滞行为. 2017 年，Chen 等[82]采用脉冲激光沉积技术(PLD)沉积 $SnO_2$ 薄膜. 此方法不需要任何退火过程. 结果表明，与室温相比，较高的温度并不能提高器件的性能，但制造成本较高，最终在 $MAPbI_3$ 基的钙钛矿太阳能电池获得了 15.45%的转换效率. 该方法将 $SnO_2$ 沉积温度降低到室温，对柔性太阳能电池的制备具有重要意义.

尽管基于 $SnO_2$ 的平面钙钛矿太阳能电池具有很高的性能，但也存在严重的不稳定性，水分子可以从侧面侵入钙钛矿薄膜，容易使薄膜分解. 引入介孔层不仅可以通过缩短钙钛矿中的电子传输长度来提高电子收集效率，而且延缓了侧面的透湿，还增大了介孔层与钙钛矿的接触面积. 因此，研究人员发展了基于 $SnO_2$ 电子传输层的介孔层来提高钙钛矿太阳能电池的性能. 杨世和等[83]采用简单的硅胶模板水热法合成介孔 $SnO_2$ 单晶(MSC)，将介孔 $SnO_2$ 单晶($SnO_2$-MSC)自旋包覆在 FTO 上，作为无致密层钙钛矿太阳能电池的电子收集层，通过用 $TiCl_4$ 水溶液处理，在介孔层上形成一层薄薄的 $TiO_2$ 薄膜，可使 PCE 提高到 8.54%. Roose 等[37]引入介孔 $SnO_2$ 层以提高钙钛矿太阳能电池在惰性大气中连续光照下的稳定性. 他们使用掺铝 ZnO 作为透明导电氧化物电极，在高温加热时抑制 FTO 基板的氟迁移，在沉积致密的 $SnO_2$ 薄膜后，在基底上制备了一层介孔 $SnO_2$. 结果表明，具有介孔 $SnO_2$ 层的钙钛矿太阳能电池具有良好的紫外稳定性.

### 3.1.4　其他氧化物

一些绝缘的氧化物(如 $Al_2O_3$，$ZrO_2$ 和 $SiO_2$)被用以取代钙钛矿太阳能电池中的介孔 $TiO_2$，其中 $Al_2O_3$ 的应用最广泛. 与 $TiO_2$ 和 ZnO 不同，$Al_2O_3$ 有很宽的禁带宽度(7～9 eV)，不能传导电子，在器件中仅仅作为钙钛矿材料生长的框架，电子通过隧穿的方式注入被致密 $TiO_2$ 包裹的电极上. 这可以避免高密度的子带隙态(sub-band gap state)导致的化学电容，使基于 $Al_2O_3$ 的器件比基于 $TiO_2$ 的器件具有更高的开路电压 $V_{OC}$[15]. 因为 $Al_2O_3$ 没有类似多孔 $TiO_2$ 的氧空位缺陷[21]，基于 $Al_2O_3$ 的器件在紫外光下有比 $TiO_2$ 器件更好的稳定性. 另外，$Al_2O_3$ 的制备无须高温煅烧，可通过旋涂 $Al_2O_3$ 和钙钛矿的混合悬浊液来简化制备过程，易于实现大面积器件的制备[84]. $ZrO_2$ 和 $SiO_2$ 有与 $Al_2O_3$ 近似的绝缘特性. $ZrO_2$ 用于典型介孔结构器件和碳电极器件中，分别获得了10.8%[85]和12.8%[33]的转换效率. $SiO_2$ 能通过溶胶-凝胶法实现不同直径的纳米颗粒. 实验证明，纳米颗粒直径控制在50 nm左右最利于钙钛矿材料渗透入 $SiO_2$ 纳米框架中[86].

其他半导体氧化物，如 $SrTiO_3$(STO)，$WO_3$ 和 $SnO_2$ 等也被用于取代致密 $TiO_2$. STO是类似于 $TiO_2$ 的宽禁带半导体，其CBM稍高于后者，更加匹配 $CH_3NH_3PbI_3$ 的能级，常温下STO的电子迁移率也高于 $TiO_2$，而且其具有的铁电效应能减少电子在界面上的复合. 因此，基于介孔STO的器件的 $V_{OC}$ 要普遍比基于介孔 $TiO_2$ 的器件高25%左右[87]，但是STO较大的纳米颗粒直径对光电流起抑制作用，需要进一步优化. $WO_3$ 的禁带宽度小于 $TiO_2$，但载流子迁移率要高于后者. 它的优点是能通过电喷涂(electrospraying)等工艺制备出多种纳米结构[88,89]，其中基于纳米片(nanosheet)的器件效果最好. 表3.3列出了使用以上氧化物作为ETM的器件的性能总结.

**表3.3 基于其他氧化物的钙钛矿太能电池性能总结**

| 材料 | 器件结构 | $J_{SC}$/(mA/cm$^2$) | $V_{OC}$/V | FF | PCE(%) |
|---|---|---|---|---|---|
| $Al_2O_3$[59] | FTO/bl-$TiO_2$/mp-$Al_2O_3$-$MAPbI_{3-x}Cl_x$/spiro-OMeTAD/Ag | 18.0 | 1.02 | 0.67 | 12.3 |
| $Al_2O_3$[59] | FTO/石墨烯-$TiO_2$/mp-$Al_2O_3$-$MAPbI_3$/spiro-OMeTAD/Au | 21.9 | 1.04 | 0.73 | 15.6 |
| $ZrO_2$ | FTO/bl-$TiO_2$/mp-$ZrO_2$-$MAPbI_3$/spiro-OMeTAD/Ag | 17.3 | 1.07 | 0.59 | 10.8 |
| $TiO_2$+$ZrO_2$ | FTO/bl-$TiO_2$/mp-$TiO_2$-$ZrO_2$-(5-AVA)$_x$(MA)$_{1-x}$$PbI_3$/C | 22.8 | 0.86 | 0.66 | 12.8 |
| $SiO_2$ | FTO/bl-$TiO_2$/mp-$SiO_2$-$MAPbI_3$/spiro-OMeTAD/Au | 16.4 | 1.05 | 0.66 | 11.5 |
| $SrTiO_3$ | FTO/bl-$TiO_2$/mp-$SrTiO_3$-$MAPbI_{3-x}Cl_x$/spiro-OMeTAD/Au | 16.8 | 0.81 | 0.53 | 7.2 |
| $WO_3$+$TiO_2$[61] | FTO/bl-$TiO_2$/mp-$WO_3$-$MAPbI_3$/spiro-OMeTAD/Ag | 17.0 | 0.87 | 0.76 | 11.2 |
| $SnO_2$ | FTO/bl-$SnO_2$/$MAPbI_3$/spiro-OMeTAD/Au | 23.3 | 1.11 | 0.67 | 17.2 |

### 3.1.5 复合电子传输材料

无论哪一种电子传输材料，似乎总存在一些不可避免的缺陷. 为了进一步提高钙钛矿太阳能电池的光电性能，复合电子传输材料被越来越多地应用到器件之中.

双(多)电子传输层材料是研究比较多的复合电子传输材料之一，它不仅综合了多种单一电子传输材料的优点，同时也弥补了各自存在的缺点. Song 等[90]通过旋涂的方法制备出 $SnO_2$@a-$TiO_2$ 双电子传输层，获得了超过 21% 的转换效率. 他们还指出，$SnO_2$@a-$TiO_2$ 双电子传输层有更加优异的载流子传输特性，且双电子传输层与钙钛矿层有更大的能级差 $\Delta G$，能够提高电子提取能力，从而提高钙钛矿太阳能电池的性能. 陈志坚等[91]为了更好地提升钙钛矿太阳能电池的性能，先合成 ZnO 纳米颗粒，并将 ZnO 纳米颗粒旋涂在 ITO 玻璃基板上，再通过低温旋涂的方法旋涂一层 $SnO_2$ 薄膜，从而制备出 ZnO/$SnO_2$ 双电子传输层. 和单一的 ZnO 和 $SnO_2$ 电子传输层相比，ZnO/$SnO_2$ 双电子传输层具有更高的 LUMO 能级，和钙钛矿能级更加匹配，也具有更少的界面缺陷密度. 他们还指出，钙钛矿太阳能电池的开路电压基本取决于电子传输层的 LUMO 能级和空穴传输层的 HOMO 能级，并获得了对于纯 $CH_3NH_3PbI_3$ 基的拥有 1.15 V 开路电压和 19.1%转换效率的器件. 韩宏伟等[92]利用在 FTO 上通过旋涂制备的超薄 MgO/$SnO_2$ 双电子传输层，减少了 $SnO_2$ 膜的厚度和电荷复合，并且 MgO 薄膜钝化了表面缺陷，有助于提高 $SnO_2$ 薄膜的透过率和覆盖率. 由于约 7.8 eV 的大能带隙，氧化镁层有效地阻止了电荷复合. MgO/$SnO_2$ 双电子传输层具有更低的 HOMO 能级，这增强了空穴阻塞. 他们制备出了具有 18.23%转换效率的器件.

除了无机材料复合电子传输层之外，将无机物与一些有机材料复合得到的电子传输层也可以提高钙钛矿太阳能电池的光伏性能. 刘生忠等[75]将 $SnO_2$ 纳米颗粒与乙二胺四乙酸(EDTA)混合，形成 EDTA 络合 $SnO_2$(E-$SnO_2$). 与原始的 $SnO_2$ 和 EDTA 薄膜相比，E-$SnO_2$ 薄膜具有更低的 Fermi 能级，与钙钛矿的能级匹配更好. E-$SnO_2$ 电子传输层的电子迁移率显著提高，同时钙钛矿薄膜的结晶也得到显著改善，相应的器件可获得 21.60%的转换效率. 郑南峰等[93]通过用硫脲处理 ZnO 表面，得到 ZnO-ZnS 复合电子传输层. ZnO-ZnS 表面的硫化物与 $Pb^{2+}$ 紧密结合，能够加速电子传输和减少界面电荷复合，相应的器件可获得 20.7%的最佳转换效率.

## §3.2 有机电子传输材料

有机电子传输材料应用在钙钛矿太阳能电池中的种类并不多，常见的是富勒烯及其衍生物在倒置结构器件中同时作为电子受体和传输材料. Jeng等[94]首次以 ITO/PEDOT:PSS/$CH_3NH_3PbI_3$/富勒烯(衍生物)/BCP/Al 这类结构制备了称为钙钛矿/富勒烯混合平面异质结太阳能电池的器件. 他们分别蒸镀了 30 nm, 25 nm, 30 nm 的 $C_{60}$, 以 PCBM 和 ICBA 作为电子传输层, 仅得到了 3.0%, 3.9%, 3.4%的效率. 随着钙钛矿制备工艺的整体提高, Jen等[95]在上述结构基础上, 在 PCBM 与电极间插入一层表面活性剂 Bis-$C_{60}$(结构见图 3.7(d))使能级对齐, 得到了 11.8%的光电转换效率. 与此同时, Wang[96]也使用了 ICBA/$C_{60}$ 和 PCBM/$C_{60}$ 双层结构的电子传输层, 前者得到了最高 12.2%的效率和 80%的填充因子. 黄劲松等在 ITO/PEDOT:PSS/$CH_3NH_3PbI_3$/$PC_{60}BM$/$C_{60}$/BCP/Al 结构上改进了钙钛矿层的制备工艺, 使用分步旋涂法得到了光电转换效率为 15.3%的平面异质结钙钛矿太阳能电池, 溶剂退火后转换效率可提高到 15.6%[97], 且器件效率更稳定. 张文俊等[98]使用一种新型的羧基化小分子非共轭两性离子 HDAC(3,30-1,6 二甲氨基二酰二甲酸己烷作为提高富勒烯性能的有效中间层, 可形成界面偶极子, 消除界面势垒, 从而极大地提高了钙钛矿太阳能电池的填充因子和转换效率. 张伟等[99]使用苝烯酰亚胺类小分子(结构见图 3.8)作为非富勒烯电子传输材料应用于钙钛矿太阳能电池中, 显著提高了电池的性能. 他们认为苝烯酰亚胺类小分子有望成为低温溶液制备高性能钙钛矿太阳能电池的理想材料. Karuppuswamy 等[100]报道了由单体和扭曲二聚体(T-BPTI)为主体组成的苯并[GHI]亚苯基三酰亚胺(BPTI)衍生物, 将其作为电子传输层材料, 可以有效地降低钙钛矿太阳能电池的迟滞效应. 方俊锋等[98]利用羧基功能化碳球 $C_{60}$ 吡咯烷三酸(CPTA)作为电子传输材料取代传统的金属氧化物, 可以显著地抑制迟滞效应, 提高弯曲强度, 是一种理想的柔性器件的电子传输材料.

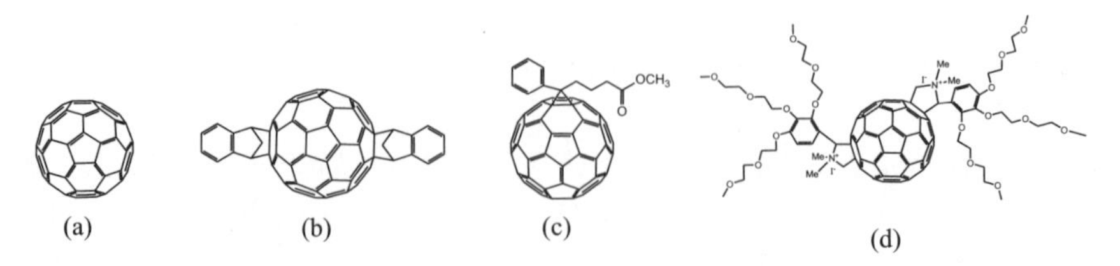


图 3.7 富勒烯及其衍生物的化学结构式. (a) $C_{60}$, (b) ICBA, (c) $PC_{60}BM$, (d) Bis-$C_{60}$

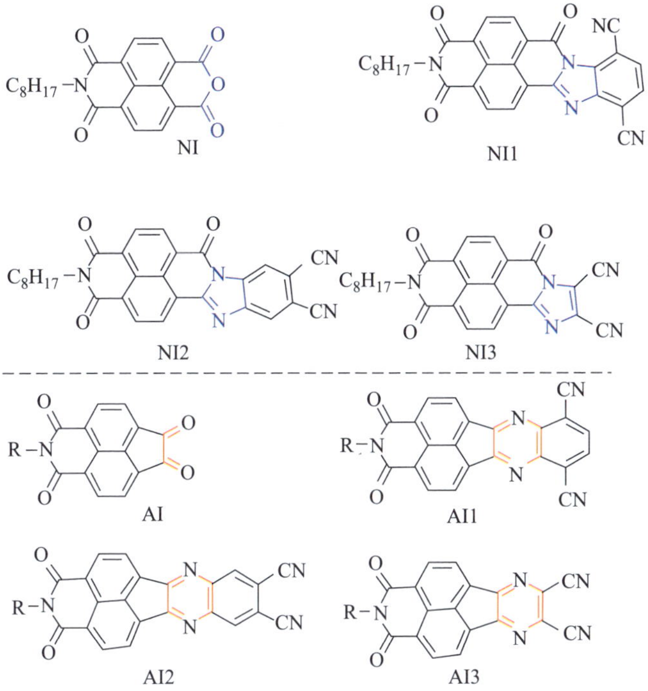

图 3.8 萘基酰亚胺类小分子(NI)和苊烯酰亚胺类小分子(AI)的化学结构式

## §3.3 总结与展望

有机-无机杂化钙钛矿太阳能电池得益于其优良的吸光及电荷传输性能，有望成为新一代高效薄膜太阳能电池. 随着钙钛矿薄膜生长工艺的完善，目前钙钛矿太阳能电池的光电转换效率已经达到 25.2%[101]，逐步逼近其理论效率. 要使效能获得进一步提升，必须控制器件中各层载流子的动力学过程，电子传输层的优化因此变得更加重要. 本章中总结并列举了国内外优秀钙钛矿太阳能电池课题组所普遍采用的电子传输层材料，但并不意味着最适合钙钛矿太阳能电池的电子传输材料就在所列举的材料中. 我们可以从以下几方面着手，寻找钙钛矿太阳能电池的最佳电子传输材料：

(1) 借鉴聚合物太阳能和 OLED 所使用的有机小分子电子传输材料. 因为无论是金属氧化物或者富勒烯都和钙钛矿一样具有很强的刚性结构，它们之间相互接触难免会出现空隙或者孔洞，导致漏电流. 存在很多具有柔性侧链同时能传导电子的有机小分子，它们能与钙钛矿晶体形成紧密接触.

(2) 使用钙钛矿材料作为电子传输材料. 很多钙钛矿材料都具有很好的载流子传输性能，而且能长出纳米结构，如 $SrTiO_3$[94].

(3) 可通过掺杂或者设计一些配位体来与金属或金属化合物配位成电子传输材料，从而大大增加电子传输材料的选择范围.

最后，判定电子传输材料是否合适，要从能级匹配、电子注入和电子的传输性能三个方面进行考虑.

## 参考文献


[1] Wehrenfennig C, Eperon G, Johnston M, Snaith H, and Herz L. High charge carrier mobilities and lifetimes in organolead trihalide perovskites. Adv. Mater, 2014, 26: 1584.

[2] Stranks S, Eperon G, Grancini G, Menelaou C, Alcocer M, Leijtens T, Herz L, Petrozza A, and Snaith H. Electron-hole diffusion lengths exceeding 1 micrometer in an organometal trihalide perovskite absorber. Science, 2013, 342: 341.

[3] Xing G, Mathews N, Sun S, Lim S, Lam Y, Grätzel M, Mhaisalkar S, and Sum T. Long-range balanced electron-and hole-transport lengths in organic-inorganic $CH_3NH_3PbI_3$. Science, 2013, 342: 344.

[4] Etgar L, Gao P, Xue Z, Peng Q, Chandiran A, Liu B, Nazeeruddin M, and Grätzel M. Mesoscopic $CH_3NH_3PbI_3/TiO_2$ heterojunction solar cells. J. Am. Chem. Soc., 2012, 134: 17396.

[5] Abu Laban W and Etgar L. Depleted hole conductor-free lead halide iodide heterojunction solar cells. Energy & Environmental Science, 2013, 6: 3249.

[6] Aharon S, Cohen B, and Etgar L. Hybrid lead halide iodide and lead halide bromide in efficient hole conductor free perovskite solar cell. J. Hys. Chem. C, 2014, 118: 17160.

[7] Aharon S, Gamliel S, El Cohen B, and Etgar L. Depletion region effect of highly efficient hole conductor free $CH_3NH_3PbI_3$ perovskite solar cells. PCCP, 2014, 16: 10512.

[8] Yella A, Heiniger L, Gao P, Nazeeruddin M, and Grätzel M. Nanocrystalline rutile electron extraction layer enables low-temperature solution processed perovskite photovoltaics with 13.7% efficiency. Nano Lett , 2014, 14: 2591.

[9] Jung J, Chueh C C, and Jen A. A low-temperature, solution-processable, Cu-doped nickel oxide hole-transporting layer via the combustion method for high-performance thin-film perovskite solar cells. Advanced Materials, 2015, 27: 7874.

[10] Tang H, Levy F, Berger H, and Schmid P. Urbach tail of anatase $TiO_2$. Phys. Rev. B, 1995, 52: 7771.

[11] Arntz F and Yacoby Y. Electroabsorption in rutile ($TiO_2$). Phys. Rev. Lett, 1966, 17: 857.

[12] De Vries R. A phase diagram for the system Ti-$TiO_2$ constructed from data in the literature. Am. Ceram. Soc. Bull, 1954, 33: 370.

[13] Chang J, Rhee J, Im S, Lee Y, Kim H, Seok S, Nazeeruddin M K, and Grätzel M. High-performance nanostructured inorganic-organic heterojunction solar cells. Nano Lett., 2010, 10: 2609.

[14] Bach U, Lupo D, Comte P, Moser J, Weissörtel F, Salbeck J, Spreitzer H, and Grätzel M. Solid-state dye-sensitized mesoporous $TiO_2$ solar cells with high photon-to-electron conversion efficiencies. Nature, 1998, 395: 583.

[15] Lee M, Teuscher J, Miyasaka T, Murakami T, and Snaith H. Efficient hybrid solar cells based on meso-superstructured organometal halide perovskites. Science, 2012, 338: 643.

[16] Eperon G, Burlakov V, Goriely A, and Snaith H. Neutral color semitransparent microstructured perovskite solar cells. ACS Nano, 2014, 8: 591.

[17] Chen Q, Zhou H, Hong Z, Luo S, Duan H, Wang H, Liu Y, Li G, and Yang Y. Planar heterojunction perovskite solar cells via vapor-assisted solution process. J. Am. Chem. Soc., 2014, 136: 622.

[18] Wojciechowski K, Saliba M, Leijtens T, Abate A, Snaith H, and Science E. Sub-150 ℃ processed meso-superstructured perovskite solar cells with enhanced efficiency. Energy Environ. Sci., 2014, 7: 1142.

[19] Docampo P, Ball J, Darwich M, Eperon G, and Snaith H. Efficient organometal trihalide perovskite planar-heterojunction solar cells on flexible polymer substrates. Nat. Commun., 2013, 4: 1.

[20] Small C, Chen S, Subbiah J, Amb C, Tsang S, Lai T, Reynolds J, and So F. High-efficiency inverted dithienogermole-thienopyrrolodione-based polymer solar cells. Nat. Photonics, 2012, 6: 115.

[21] Burschka J, Pellet N, Moon S, Humphry-Baker R, Gao P, Nazeeruddin M, and Grätzel M. Sequential deposition as a route to high-performance perovskite-sensitized solar cells. Nature, 2013, 499: 316.

[22] Gonzalez-Pedro V, Juarez-Perez E, Arsyad W, Barea E, Fabregat-Santiago F, Mora-Sero I, and Bisquert J. General working principles of $CH_3NH_3PbX_3$ perovskite solar cells. Nano Lett., 2014, 14: 888.

[23] Baek I C, Vithal M, Chang J A, Yum J H, Nazeeruddin M K, Grätzel M, Chung Y C, and Seok S. Facile preparation of large aspect ratio ellipsoidal anatase $TiO_2$ nanoparticles and their application to dye-sensitized solar cell. Electrochem. Commun., 2009, 11: 909.

[24] Noh J H, Im S H, Heo J H, Mandal T N, and Seok S. Chemical management for

colorful, efficient, and stable inorganic-organic hybrid nanostructured solar cells. Nano Lett., 2013, 13: 1764.

[25] Conings B, Baeten L, Jacobs T, Dera R D, Haen J, Manca J, and Boyen H. An easy-to-fabricate low-temperature $TiO_2$ electron collection layer for high efficiency planar heterojunction perovskite solar cells. APL Mater., 2014, 2: 081505.

[26] Neale N R and Frank A. Size and shape control of nanocrystallites in mesoporous $TiO_2$ films. J. Mater. Chem., 2007, 17: 3216.

[27] Yang Y, Ri K, Mei A, Liu L, Hu M, Liu T, Li X, and Han H. The size effect of $TiO_2$ nanoparticles on a printable mesoscopic perovskite solar cell. J. Mater. Chem. A, 2015, 3: 9103.

[28] Crossland E J, Noel N, Sivaram V, Leijtens T, Alexander-Webber J, and Snaith H. Mesoporous $TiO_2$ single crystals delivering enhanced mobility and optoelectronic device performance. Nature, 2013, 495: 215.

[29] Hendry E, Koeberg M, O'Regan B, and Bonn M. Local field effects on electron transport in nanostructured $TiO_2$ revealed by terahertz spectroscopy. Nano Lett., 2006, 6: 755.

[30] Savenije T J, Huijser A, Vermeulen M J, and Katoh R J. Charge carrier dynamics in $TiO_2$ nanoparticles at various temperatures. Chem. Phys. Lett., 2008, 461: 93.

[31] Fravventura M C, Deligiannis D, Schins J M, Siebbeles L D , and Savenije T J. What limits photoconductance in anatase $TiO_2$ nanostructures? A real and imaginary microwave conductance study. J. Phys. Chem. C, 2013, 117: 8032.

[32] Ponseca J, Savenije T J, Abdellah M, Zheng K, Yartsev A, Pascher T, Harlang T, Chabera P, Pullerits T, and Stepanov J. Organometal halide perovskite solar cell materials rationalized: ultrafast charge generation, high and microsecond-long balanced mobilities, and slow recombination. J. Am. Chem. Soc., 2014, 136: 5189.

[33] Mei A, Li X, Liu L, Ku Z, Liu T, Rong Y, Xu M, Hu M, Chen J, and Yang Y. A hole-conductor-free, fully printable mesoscopic perovskite solar cell with high stability. Science, 2014, 345: 295.

[34] Yang M, Guo R, Kadel K, Liu Y, O'Shea K, Bone R, Wang X, He J, and Li W. Improved charge transport of Nb-doped $TiO_2$ nanorods in methylammonium lead iodide bromide perovskite solar cells. J. Mater. Chem. A, 2014, 2: 19616.

[35] Wang J, Ball J M, Barea E M, Abate A, Alexander W, Huang J, Saliba M, Mora S I, Bisquert J, and Snaith H. Low-temperature processed electron collection layers of graphene/$TiO_2$ nanocomposites in thin film perovskite solar cells. Nano Lett., 2014, 14: 724.

[36] Zhou H, Chen Q, Li G, Luo S, Song T, Duan H, Hong Z, You J, Liu Y, and Yang Y. Interface engineering of highly efficient perovskite solar cells. Science,

2014，345：542.

[ 37 ] Roose B，Baena J，Gödel K，Grätzel M，Hagfeldt A，Steiner U，and Abate A. Mesoporous $SnO_2$ electron selective contact enables UV-stable perovskite solar cells. Advanced Energy Materials，2016，30：517.

[ 38 ] Han G S，Chung H S，Kim B J，Kim D H，Lee J W，Swain B S，Mahmood K，Yoo J S，Park N，and Lee J H. Retarding charge recombination in perovskite solar cells using ultrathin MgO-coated $TiO_2$ nanoparticulate films. J. Mater. Chem. A，2015，3：9160.

[ 39 ] Qin P，Domanski A L，Chandiran A K，Berger R，Butt H J，Dar M I，Moehl T，Tetreault N，Gao P，and Ahmad S. Yttrium-substituted nanocrystalline $TiO_2$ photoanodes for perovskite based heterojunction solar cells. J. Mater. Chem. A，2014，6：1508.

[ 40 ] Kim H S，Lee J W，Yantara N，Boix P P，Kulkarni S A，Mhaisalkar S，Grätzel M，and Park N. High efficiency solid-state sensitized solar cell-based on submicrometer rutile $TiO_2$ nanorod and $CH_3NH_3PbI_3$ perovskite sensitizer. Nano Lett.，2013，13：2412.

[ 41 ] Dharani S，Mulmudi H K，Yantara N，Trang P T T，Park N G，Grätzel M，Mhaisalkar S，Mathews N，and Boix P. High efficiency electrospun $TiO_2$ nanofiber based hybrid organic-inorganic perovskite solar cell. Nanoscale，2014，6：1675.

[ 42 ] Wu J J and Yu C C. Aligned $TiO_2$ nanorods and nanowalls. J. Phys. Chem. B，2004，108：3377.

[ 43 ] Zhu K，Neale N R，Miedaner A，and Frank A. Enhanced charge-collection efficiencies and light scattering in dye-sensitized solar cells using oriented $TiO_2$ nanotubes arrays. Nano Lett.，2007，7：69.

[ 44 ] Liu B and Aydil E. Growth of oriented single-crystalline rutile $TiO_2$ nanorods on transparent conducting substrates for dye-sensitized solar cells. J. Am. Chem. Soc.，2009，131：3985.

[ 45 ] Cai B，Zhong D，Yang Z，Huang B，Miao S，Zhang W H，Qiu J，and Li C. An acid-free medium growth of rutile $TiO_2$ nanorods arrays and their application in perovskite solar cells. J. Mater. Chem. C，2015，3：729.

[ 46 ] Mali S S，Shim C S，Park H K，Heo J，Patil P S，and Hong C K. Ultrathin atomic layer deposited $TiO_2$ for surface passivation of hydrothermally grown 1D $TiO_2$ nanorod arrays for efficient solid-state perovskite solar cells. Chem. Mater.，2015，27：1541.

[ 47 ] Manseki K，Ikeya T，Tamura A，Ban T，Sugiura T，and Yoshida T. Mg-doped $TiO_2$ nanorods improving open-circuit voltages of ammonium lead halide perovskite solar cells. RSC Adv.，2014，4：9652.

[ 48 ] Zhang X，Bao Z，Tao X，Sun H，Chen W，and Zhou X. Sn-doped $TiO_2$ nanorod

arrays and application in perovskite solar cells. RSC Adv., 2014, 4: 64001.

[49] Liao Y, Que W, Jia Q, He Y, Zhang J, and Zhong P. Controllable synthesis of brookite/anatase/rutile $TiO_2$ nanocomposites and single-crystalline rutile nanorods array. J. Mater. Chem., 2012, 22: 7937.

[50] Qiu J, Qiu Y, Yan K, Zhong M, Mu C, Yan H, and Yang S. All-solid-state hybrid solar cells based on a new organometal halide perovskite sensitizer and one-dimensional $TiO_2$ nanowire arrays. Nanoscale, 2013, 5: 3245.

[51] Jiang Q, Sheng X, Li Y, Feng X, and Xu T. Rutile $TiO_2$ nanowire-based perovskite solar cells. Chem. Commun., 2014, 50: 14720.

[52] Zuo L, Gu Z, Ye T, Fu W, Wu G, Li H, and Chen H. Enhanced photovoltaic performance of $CH_3NH_3PbI_3$ perovskite solar cells through interfacial engineering using self-assembling monolayer. J. Am. Chem. Soc., 2015, 137: 2674.

[53] Kim J, Kim G, Kim T K, Kwon S, Back H, Lee J, Lee S H, Kang H, and Lee K. Efficient planar-heterojunction perovskite solar cells achieved via interfacial modification of a sol-gel ZnO electron collection layer. J. Mater. Chem. A, 2014, 2: 17291.

[54] Zhang Q, Dandeneau C S, Zhou X, and Cao G. ZnO nanostructures for dye-sensitized solar cells. Adv. Mater., 2009, 21: 4087.

[55] Liu C, Qiu Z, Meng W, Chen J, Qi J, Dong C, and Wang M. Effects of interfacial characteristics on photovoltaic performance in $CH_3NH_3PbBr_3$-based bulk perovskite solar cells with core/shell nanoarray as electron transporter. Nano Energy, 2015, 12: 59.

[56] Song J, Bian J, Zheng E, Wang X F, Tian W, and Miyasaka T. Efficient and environmentally stable perovskite solar cells based on ZnO electron collection layer. Chem. Lett., 2015, 44: 610.

[57] Ariyanto N P, Abdullah H, Shaari S, Junaidi S, and Yuliarto B. Preparation and characterisation of porous nanosheets zinc oxide films: based on chemical bath deposition. Appl. Sci. J., 2009, 6: 764.

[58] Keis K, Magnusson E, Lindström H, Lindquist S E, and Hagfeldt A. A 5% efficient photoelectrochemical solar cell based on nanostructured ZnO electrodes. Sol. Energy Mater. Sol. Cells, 2002, 73: 51.

[59] Goncalves A S, Góes M S, Fabregat-Santiago F, Moehl T, Davolos M R, Bisquert J, Yanagida S, Nogueira A F, and Bueno P. Doping saturation in dye-sensitized solar cells based on ZnO: Ga nanostructured photoanodes. Electrochim. Acta, 2011, 56: 6503.

[60] Son D Y, Im J H, Kim H S, and Park N. 11% efficient perovskite solar cell based on ZnO nanorods: an effective charge collection system. J. Phy. Chem. C, 2014, 118: 16567.

[61] Liu D and Kelly T. Perovskite solar cells with a planar heterojunction structure prepared using room-temperature solution processing techniques. Nat. Photonics, 2014, 8: 133.

[62] Zhang J, Juárez-Pérez E J, Mora-Seró I, Viana B, and Pauporté T J. Fast and low temperature growth of electron transport layers for efficient perovskite solar cells. J. Mater. Chem. A., 2015, 3: 4909.

[63] Dong X, Hu H, Lin B, Ding J, and Yuan N. The effect of ALD-ZnO layers on the formation of $CH_3NH_3PbI_3$ with different perovskite precursors and sintering temperatures. Chem. Commun., 2014, 50: 14405.

[64] Mahmood K, Swain B S, and Amassian A J. Double-layered ZnO nanostructures for efficient perovskite solar cells. Nanoscale, 2014, 6: 14674.

[65] 丁雄傑，倪露，马圣博，马英壮，肖立新，陈志坚. 钙钛矿太阳能电池中电子传输材料的研究进展. 物理学报，2015，64：38802.

[66] Kim K H, Chung W S, Kim Y, Kim K S, Lee I S, Park J Y, Jeong H S, Na Y C, Lee C H, and Jang H. Transcriptomic analysis reveals wound healing of Morus alba root extract by up-regulating keratin filament and $CXCL_{12}/CXCR_4$ signaling. 2015, 29: 1251.

[67] Suarez B, Gonzale P V, Ripolles T S, Sanchez R S, Otero L, and Mora-Sero I. Recombination study of combined halides (Cl, Br, I) perovskite solar cells. J. Phys. Chem. Lett., 2014, 5: 1628.

[68] Zhou H, Shi Y, Wang K, Dong Q, Bai X, Xing Y, Du Y, and Ma T. Low-temperature processed and carbon-based $ZnO/CH_3NH_3PbI_3/C$ planar heterojunction perovskite solar cells. J. Phys. Chem. C, 2015, 119: 4600.

[69] Liang L, Huang Z, Cai L, Chen W, Wang B, Chen K, Bai H, Tian Q, and Fan B. Magnetron sputtered zinc oxide nanorods as thickness-insensitive cathode interlayer for perovskite planar-heterojunction solar cells. ACS Appl. Mater. Inter., 2014, 6: 20585.

[70] Dong J, Zhao Y, Shi J, Wei H, Xiao J, Xu X, Luo J, Xu J, Li D, and Luo Y. Impressive enhancement in the cell performance of ZnO nanorod-based perovskite solar cells with Al-doped ZnO interfacial modification. Chem. Commun., 2014, 50: 13381.

[71] Deng J, Wang M, Liu J, Song X, and Yang Z. Arrays of ZnO/AZO (Al-doped ZnO) nanocables: A higher open circuit voltage and remarkable improvement of efficiency for CdS-sensitized solar cells. J. Colloid Interface Sci., 2014, 418: 277.

[72] Park M, Kim J, Son H J, Lee C, Jang S, and Ko M. Low-temperature solution-processed Li-doped $SnO_2$ as an effective electron transporting layer for high-performance flexible and wearable perovskite solar cells. Nano Energy, 2016, 26: 208.

[73] Ke W, Fang G, Liu Q, Xiong L, Qin P, Tao H, Wang J, Lei H, Li B, and Wan J. Low-temperature solution-processed tin oxide as an alternative electron transporting layer for efficient perovskite solar cells. J. Am. Chem. Soc., 2015, 137: 6730.

[74] Ke W, Zhao D, Cimaroli A J, Grice C R, Qin P, Liu Q, Xiong L, Yan Y, and Fang G. Effects of annealing temperature of tin oxide electron selective layers on the performance of perovskite solar cells. J. Mater. Chem. A, 2015, 3: 24163.

[75] Yang D, Yang R, Wang K, Wu C, Zhu X, Feng J, Ren X, Fang G, Priya S, and Liu S. High efficiency planar-type perovskite solar cells with negligible hysteresis using EDTA-complexed $SnO_2$. Nat. Commun., 2018, 9: 1.

[76] Liu D, Chen H, Ahmed Y, and Li S. Strategies to fabricate flexible $SnO_2$ based perovskite solar cells using pre-crystallized $SnO_2$. Journal of Physics: Conference Series: 2019, 9: 012036.

[77] Jung K H, Seo J Y, Lee S, Shin H, and Park N. Solution-processed $SnO_2$ thin film for a hysteresis-free planar perovskite solar cell with a power conversion efficiency of 19.2%. J. Mater. Chem. A., 2017, 5: 24790.

[78] Liu H, Huang Z, Wei S, Zheng L, Xiao L, and Gong Q. Nano-structured electron transporting materials for perovskite solar cells. Adv. Mater. Interfaces, 2016, 8: 6209.

[79] Barbé J, Tietze M L, Neophytou M, Murali B, Alarousu E, Labban A E, Abulikemu M, Yue W, and Mohammed O. Amorphous tin oxide as a low-temperature-processed electron-transport layer for organic and hybrid perovskite solar cells. ACS Appl. Mater. Interfaces, 2017, 9: 11828.

[80] Song J, Zheng E, Bian J, Wang X F, Tian W, Sanehira Y, and Miyasaka T. Low-temperature $SnO_2$-based electron selective contact for efficient and stable perovskite solar cells. J. Mater. Chem. A, 2015, 3: 10837.

[81] Jiang Q, Zhang L, Wang H, Yang X, Meng J, Liu H, Yin Z, Wu J, Zhang X, and You J. Enhanced electron extraction using $SnO_2$ for high-efficiency planar-structure $HC(NH_2)_2PbI_3$-based perovskite solar cells. Nat. Energy, 2016, 2: 1.

[82] Chen Z, Yang G, Zheng X, Lei H, Chen C, Ma J, Wang H, and Fang G. Bulk heterojunction perovskite solar cells based on room temperature deposited hole-blocking layer: suppressed hysteresis and flexible photovoltaic application. J. Power Sources, 2017, 351: 123.

[83] Zhu Z, Zheng X, Bai Y, Zhang T, Wang Z, Xiao S, and Yang S. Mesoporous $SnO_2$ single crystals as an effective electron collector for perovskite solar cells. Phys. Chem. Chem. Phys., 2015, 17: 18265.

[84] Bi D, Moon S J, Häggman L, Boschloo G, Yang L, Johansson E M, Nazeeruddin M K, Grätzel M, and Hagfeldt A. Using a two-step deposition

technique to prepare perovskite ($CH_3NH_3PbI_3$) for thin film solar cells based on $ZrO_2$ and $TiO_2$ mesostructures. RSC Adv., 2013, 3: 18762.

[85] Carnie M J, Charbonneau C, Davies M L, Troughton J, Watson T M, Wojciechowski K, Snaith H, and Worsley D. A one-step low temperature processing route for organolead halide perovskite solar cells. Chem. Commun., 2013, 49: 7893.

[86] Hwang S H, Roh J, Lee J, Ryu J, Yun J, and Jang J. Size-controlled $SiO_2$ nanoparticles as scaffold layers in thin-film perovskite solar cells. J. Mater. Chem. A, 2014, 2: 16429.

[87] Bera A, Wu K, Sheikh A, Alarousu E, Mohammed O F, and Wu T. Perovskite oxide $SrTiO_3$ as an efficient electron transporter for hybrid perovskite solar cells. J. Phys. Chem. C, 2014, 118: 28494.

[88] Deb S. Opportunities and challenges in science and technology of $WO_3$ for electrochromic and related applications. Sol. Energy Mater. Sol. Cells, 2008, 92: 245.

[89] Shim H S, Kim J W, Sung Y E, and Kim W. Electrochromic properties of tungsten oxide nanowires fabricated by electrospinning method. Sol. Energy Mater. Sol. Cells, 2009, 93: 2062.

[90] Song S, Kang G, Pyeon L, Lim C, Lee G Y, Park T, and Choi J. Systematically optimized bilayered electron transport layer for highly efficient planar perovskite solar cells ($\eta = 21.1\%$). ACS Energy Lett., 2017, 2: 2667.

[91] Wang D, Wu C, Luo W, Guo X, Qu B, Xiao L, and Chen Z J. $ZnO/SnO_2$ double electron transport layer guides improved open circuit voltage for highly efficient $CH_3NH_3PbI_3$-based planar perovskite solar cells. ACS Appl. Energy Mater., 2018, 1: 2215.

[92] Ma J, Yang G, Qin M, Zheng X, Lei H, Chen C, Chen Z, Guo Y, Han H, and Zhao X. MgO nanoparticle modified anode for highly efficient $SnO_2$-based planar perovskite solar cells. Adv. Sci., 2017, 4: 1700031.

[93] Zhong M, Liang Y, Zhang J, Wei Z, Li Q, and Xu D. Highly efficient flexible $MAPbI_3$ solar cells with a fullerene derivative-modified $SnO_2$ layer as the electron transport layer. J. Mater. Chem. A, 2019, 7: 6659.

[94] Jeng J Y, Chiang Y F, Lee M H, Peng SR, Guo T F, Chen P, and Wen T. $CH_3NH_3PbI_3$ perovskite/fullerene planar-heterojunction hybrid solar cells. Adv. Mater., 2013, 25: 3727.

[95] Liang P W, Liao C Y, Chueh C C, Zuo F, Williams S T, Xin X K, Lin J, and Jen A. Additive enhanced crystallization of solution-processed perovskite for highly efficient planar-heterojunction solar cells. Adv. Mater., 2014, 26: 3748.

[96] Wang Q, Shao Y, Dong Q, Xiao Z, Yuan Y, and Huang J. Perovskite-induced

crystal growth for photovoltaic-device. Energy Environ. Sci., 2014, 7: 2359.

[97] Xiao Z, Dong Q, Bi C, Shao Y, Yuan Y, and Huang J. Solvent annealing of perovskite-induced crystal growth for photovoltaic-device efficiency enhancement. Adv. Mater., 2014, 26: 6503.

[98] Zhu L, Li X, Song C, Liu X, Wang Y C, Zhang W, and Fang J. Cathode modification in planar hetero-junction perovskite solar cells through a small-molecule zwitterionic carboxylate. Organic Electronics, 2017, 48: 204.

[99] Zhang W, Liaw P K, and Zhang Y. Science and technology in high-entropy alloys. Science China Materials, 2018, 61: 2.

[100] Karuppuswamy P, Chen H C, Wang P C, Hsu C P, Wong K T, and Chu C W. The 3D structure of twisted benzo [ghi] perylene-triimide dimer as a non-fullerene acceptor for inverted perovskite solar cells. ChemSusChem, 2018, 11: 415.

[101] National Renewable Energy Laboratory. Best research-cell efficiencies. https://www.nrel.gov/pv/assets/pdfs/pv-efficiency-chart.20190802.pdf.

# 第四章 钙钛矿太阳能电池的空穴传输体系

孙伟海、王铎、陈志坚

由于杂化钙钛矿材料本身的电荷传输能力很强，且既可以传输电子也可以传输空穴，故在没有空穴传输层的情况下，电池也可以获得较高的效率，如韩宏伟等在采用碳电极而没有空穴传输层的情况下，获得了12.8%的效率.但是为了实现更高钙钛矿太阳能电池的光电转换效率，一般都需要采用空穴传输层来阻挡电子传输、增强空穴传输，并防止钙钛矿活性层与电极之间直接接触而引起猝灭.目前的空穴传输材料主要分为有机、无机两类，下面分别叙述.

## §4.1 有机空穴传输材料

钙钛矿材料被用于固态电池后，电池效率迅速提升，已经超过了25%[1].目前电池制备中最普遍使用的空穴传输材料为spiro-OMeTAD(见图4.1).Jeon等通过对spiro-OMeTAD上甲氧基的位点进行调整，获得了效率高达16.7%的介孔钙钛矿电池[2].由于spiro-OMeTAD在提纯上比较困难，因此许多与spiro-OMeTAD一样含有三苯胺的空穴传输材料被合成出来(见图4.2)[3-17].三苯胺聚合物PTAA的$CH_3NH_3PbI_3$电池也获得了高达16.2%的

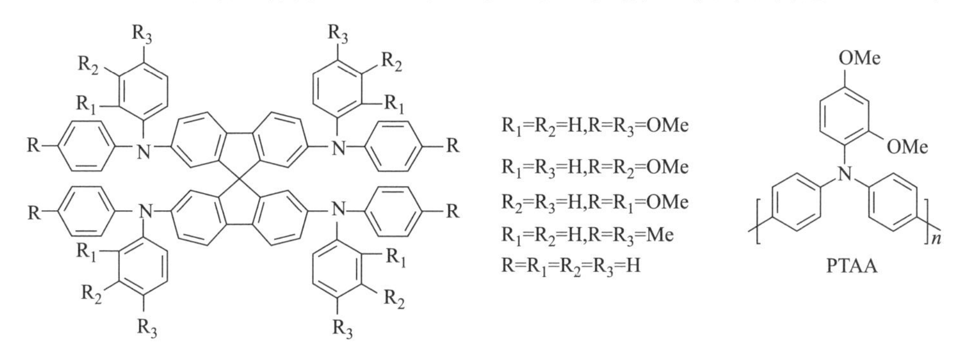


图4.1 Spiro-OMeTAD及其衍生物和PTAA的化学结构式[2,3,11]

效率[3]. 然而，这些三苯胺类的传输材料由于其共轭部分并不共平面且空间扭曲，通过旋涂的方法也不能形成有序的堆叠，因此本身的电荷传输性质很弱，需要通过添加 Li-TFSI 和 *t*BP 使空穴传输性提升，才能获得较好的器件效果[18-22].

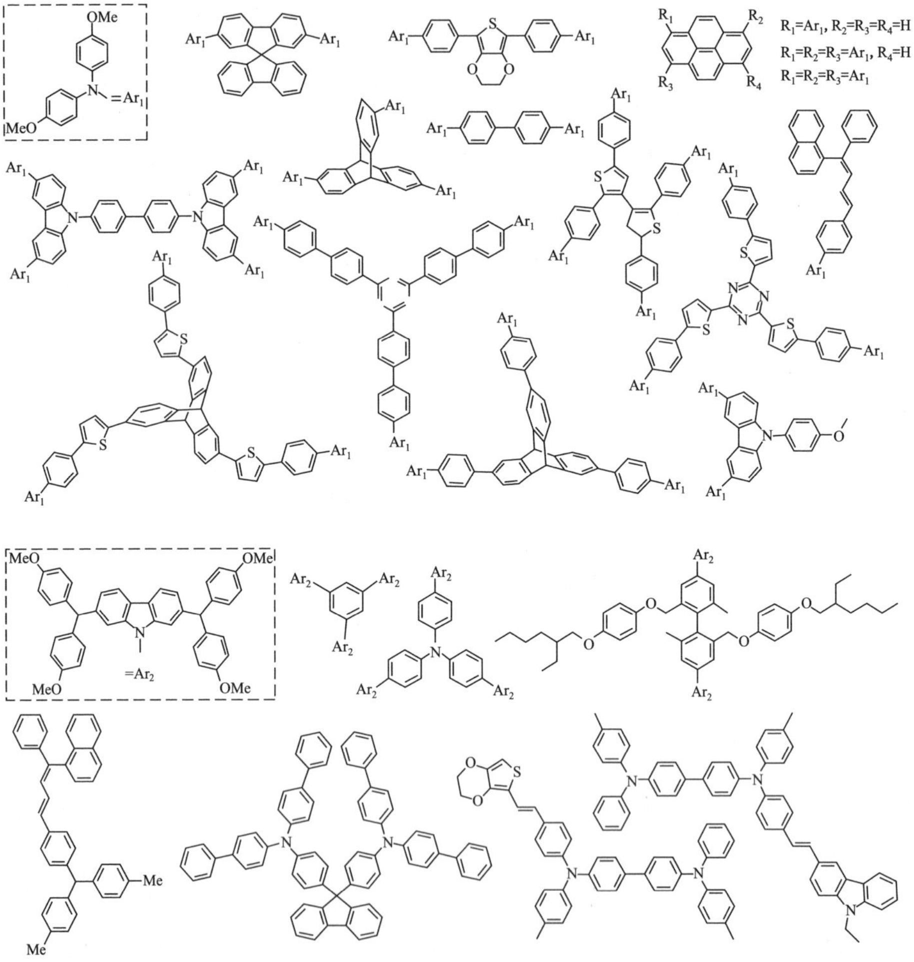

图 4.2　其他三苯胺类小分子空穴传输材料的化学结构式[4-17]

另外，也有将高分子共轭聚合物用作钙钛矿电池空穴传输层的报道(见图 4.3)[23,24-28]. 将 P3HT 用在平面结构钙钛矿电池里作空穴传输层，电池效率达到了 10%以上[23,24]. 还有研究人员利用 PDPPDBTE 作为空穴传输层，在具有多孔结构的钙钛矿电池里获得了 9.2%的效率，超过了传统空穴传输材料 spiro-OMeTAD[25]. 这些原本用于薄膜太阳能电池中给体的共轭高分子本征的传输性质优异，但在文献报道中，较高效的器件仍都采用了 Li-TFSI 和 *t*BP 作为添加剂.

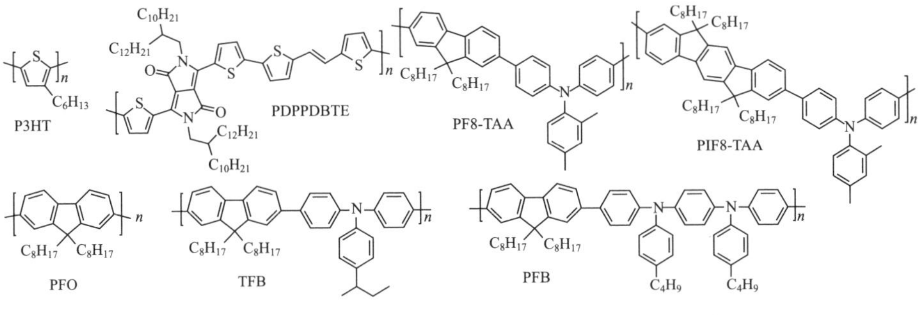

图 4.3　高分子空穴传输材料的化学结构式[23,24-28]

然而，Li-TFSI 是很容易吸潮的，其本身在较高湿度时也会发生液化. 它的存在不仅会使制作成本增加，更会使下层对于水非常敏感的钙钛矿层受到破坏，对于器件的稳定性不利. 因此，需要对上述空穴传输体系进行优化和改进，不能只考虑器件性能上的表现，更要重视其对器件稳定性的影响. 要获得较好的湿度稳定性，就应该避免对这一类亲水性离子添加剂的使用. 这就对空穴传输材料提出了很高的要求：第一，它必须自身具备较好的空穴迁移率，以此免除对掺杂亲水性离子添加剂的需要；第二，它必须具有较好的疏水性，这才能够胜任水汽阻挡层的作用；第三，它必须是可以采用溶液法制件的，这样才能符合实际应用的需要；第四，它的其他物理性质必须与钙钛矿匹配，适合用于钙钛矿电池中. 目前，只有很少的空穴传输材料可以在不添加这类离子添加剂的情况下获得与 spiro-OMeTAD 相当的效率. Grätzel 等报道了一种支化的共轭空穴传输材料 Fused-F(见图 4.4). 它在不添加添加剂的情况下就能获得 12.8%的效率[29]. 但是它的合成步骤非常复杂，也未体现出稳定性上的优势.

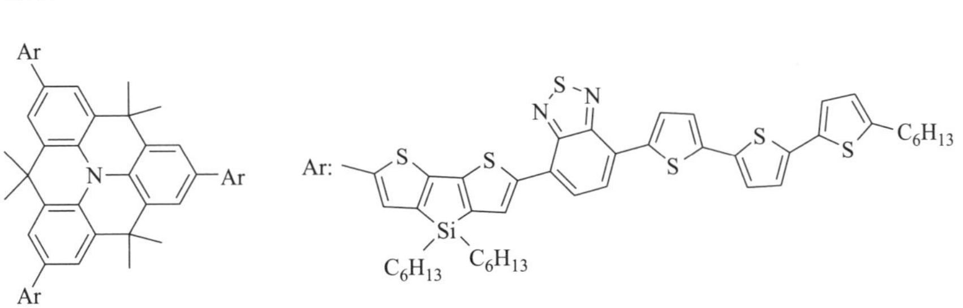

图 4.4　Fused-F 的化学结构式[29]

曾经用于有机薄膜太阳能电池给体的共轭小分子不仅具有与高分子一样优异的传输性质，而且它们的结构更加确定，在提纯上更为有利，具有不存在封端基团污染等优点. 同时，这类寡聚噻吩的衍生物可以具备很好的疏水性，起到隔绝水汽的作用，保护容易被水破坏的钙钛矿薄膜，有助于电池稳定性的提升. 因此，它们非常适合作为钙钛矿太阳能电池的空穴传输材料.

为了克服三苯胺和其他高分子空穴传输材料必须添加 Li-TFSI 和 *t*BP 所带来的不利影响，肖立新等设计并合成了具有高迁移率、高疏水性的以苯并噻吩为核、三聚噻吩为臂、罗丹宁封端的共轭小分子寡聚噻吩衍生物 DR3TBDTT(见图 4.5)[33]. 该分子的 HOMO 为 5.38 eV，与钙钛矿的 HOMO 能级非常匹配，适宜用作钙钛矿电池的空穴传输层. 他们用分步溶液法制备了平面结构的钙钛矿太阳能电池：FTO/致密 $TiO_2/CH_3NH_3PbI_{3-x}Cl_x$/DR3TBDTT/Au. 在 DR3TBDTT 中添加了少量的 PDMS 作为流平剂后，成膜性获得提升，使得一层薄薄的 DR3TBDTT 完全覆盖住钙钛矿的表面，起到了较好的空穴传输和选择的作用. 因此，在未使用 Li-TFSI 和 *t*BP 的情况下，器件获得了 8.8%的效率. 这个效率与现在常用的 spiro-OMeTAD+Li-TFSI+*t*BP 所获得的 8.9%的效率相当. 另一方面，DR3TBDTT 的疏水性使其对于水汽起到了很好的阻挡作用，在高湿度下对器件的稳定性测试显示出了比传统空穴传输体系的器件更为优越的湿度稳定性(见图 4.6). 同时，他们还研究对比了常用的 Li-TFSI+*t*BP 添加剂对器件稳定性的影响. 它们的引入会导致空穴传输层变得亲水，不利于保护下层怕水的钙钛矿，导致器件稳定性的降低. 综上所述，以 DR3TBDTT 作为空穴传输层可以获得与传统空穴传输体系相当的器件效率和更好的湿度稳定性. 开发新的疏水且高迁移率的空穴传输材料是提升钙钛矿器件湿度稳定性的一个有效途径.

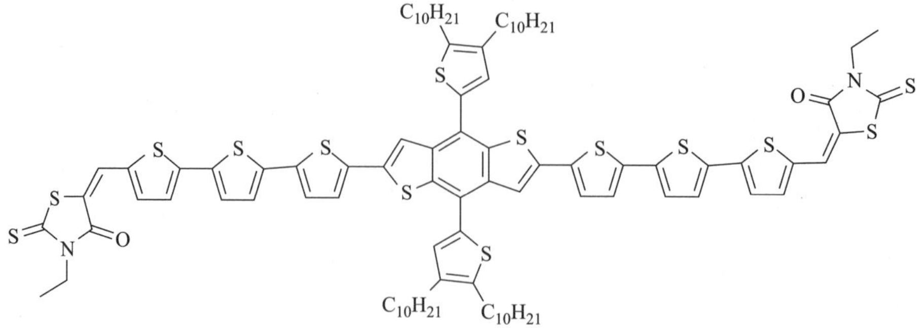

图 4.5 DR3TBDTT 的化学结构式

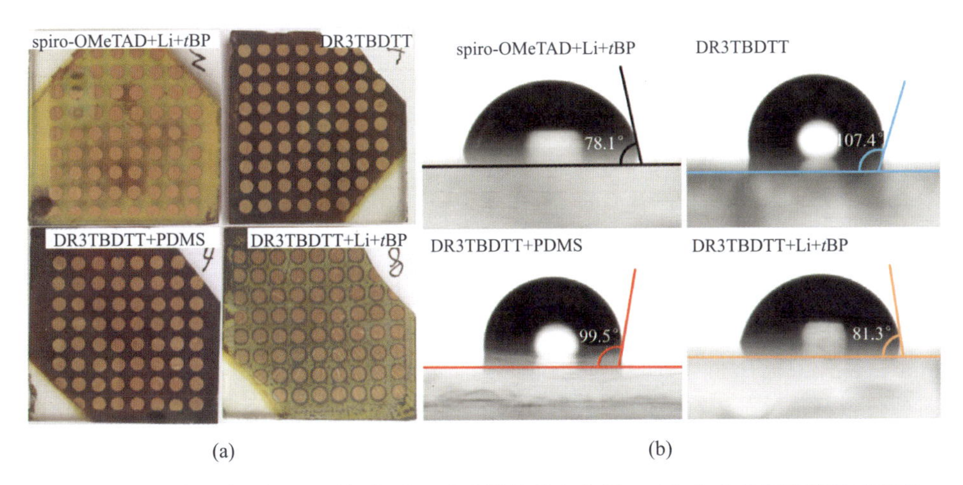


图 4.6 (a) 高湿度(大于 50%)光照三天后器件的实物图;(b) 空穴传输薄膜的表面角

上述有机类空穴传输材料的研究都是应用于正向结构的钙钛矿太阳能电池. 在反式结构钙钛矿太阳能电池中, 小分子有机空穴传输材料几乎没有涉及, 因为它们的薄膜会被钙钛矿层制备时所常用的溶剂 DMF 或 DMSO 溶解破坏. 除下节将提及的无机类空穴传输材料外, 有机空穴传输材料聚 3,4-乙撑二氧噻吩:聚苯乙烯磺酸盐(PEDOT:PSS)因具有高导电性、高透光性以及良好的旋涂成膜性而被广泛用在反式结构钙钛矿太阳能电池中. 例如, 黄劲松等[34]利用两步旋涂法(即依次旋涂 $PbI_2$ 和 $CH_3NH_3I$)在 PEDOT:PSS 基底上成功制备了无针孔、连续致密的 $CH_3NH_3PbI_3$ 钙钛矿薄膜, 相应器件的光电转换效率可达 15.4%. Mohite 等[35]随后采用热基底旋涂法(即在热的基底上旋涂 $PbI_2$ 和 $CH_3NH_3Cl$ 的混合前驱液)在 PEDOT:PSS 基底上获得了连续致密且具有超大晶粒(毫米尺度)的高质量钙钛矿薄膜, 并将器件的光电转换效率提高到了 18%. 虽然基于 PEDOT:PSS 为空穴传输材料的反式结构钙钛矿太阳能电池可以获得较高的光电转换效率, 但由于 PEDOT:PSS 本身具有酸性而易腐蚀电极, 且容易吸潮, 从而会影响整个太阳能电池的稳定性.

为了降低有机类空穴传输材料的制备成本并提高材料自身的稳定性, 闫伟博等[36-37]通过电化学原位聚合法直接在 ITO 的表面沉积聚噻吩(PT)薄膜作为空穴传输层. 研究结果表明, 利用该方法制备的 PT 薄膜具有良好的致密性和平整性, 沉积有 PT 的 ITO 基底(PT/ITO)表面最大起伏只有 4 nm 左右(见图 4.7(a)). 该 PT 薄膜还具有高导电性, 表面电导率高达约 800 $S\cdot cm^{-1}$, 垂直膜的电导率也可达约 0.0006 $S\cdot cm^{-1}$, 远高于一般有机半导体, 几乎可以和无机半导体相媲美. 并且, *N*,*N*-二甲基甲酰胺(DMF)在 PT 薄膜上具有非常小的接触角(见图 4.8(a)),表明以 DMF 为溶剂的钙钛矿前驱液在 PT 薄膜上具有良好的浸润性,有利于高质量钙钛矿薄膜的制备. 另外,PT 薄膜还具有与 $CH_3NH_3PbI_3$ 钙钛矿价带能级(-5.4 eV)非常接近的 HOMO 能级(-5.2 eV),表明 PT 能够有效地传输空穴. $CH_3NH_3PbI_3$ 钙钛矿在 PT 薄膜上具有的超快荧光猝灭速率(见图 4.8(b))也进一步证明了 PT 具有非常好的空穴传输性能. 进一步研究发现,PT 薄膜的厚度对器件性能具有非常大的影响. 当 PT 薄膜厚度较小(如 5 nm 左右)时,虽然其透过率很高(见图 4.7(b)),但很可能不能完全覆盖 ITO 表面,会导致部分裸露的 ITO 与钙钛矿直接接触形成漏电途径,从而导致器件的 $V_{OC}$ 和 FF 较低. 当 PT 薄膜厚度较大时(如 36 nm),其较差的透过率(见图 4.7(b))又会导致钙钛矿无法吸收足够光子,从而导致器件的 $J_{SC}$ 很低. 综合考虑,当 PT 薄膜的厚度为 18 nm 时,基于电化学聚合 PT 为空穴传输材料的钙钛矿光伏器件 ITO/PT/$CH_3NH_3PbI_3$/$C_{60}$/BCP/Ag 可获得高达 11.8% 的光电转换效率,其中 $V_{OC}$,$J_{SC}$,FF 分别为 1.03 V,16.2 mA/$cm^2$ 和 0.71. 随后,他们通过对器件结构中 $C_{60}$ 厚度的进一步优化发现,当 $C_{60}$ 的厚度从原来的 30 nm 增加至 40 nm 时,较薄的 PT 膜相比较厚的 PT 膜对器件 $V_{OC}$ 和 FF 造成的损失变得更小,而对器件 $J_{SC}$ 的提升仍然很大. 因此,当 $C_{60}$ 的厚度为 40 nm 时,基于 5 nm 厚 PT 的钙钛矿光伏器件的光电转换效率高达 15.4%,其中 $V_{OC}$,$J_{SC}$,FF 分别为 0.99 V,20.3 mA/$cm^2$ 和 0.77.

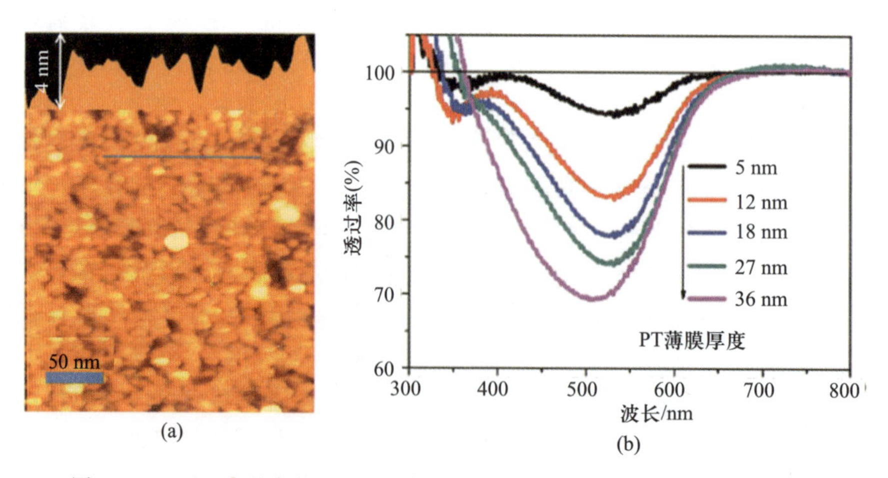


图 4.7 PT/ITO 基底的 AFM 照片(a)及不同厚度 PT 薄膜的透过光谱(b)

为了进一步改善器件性能,闫伟博等[38]在 PT 的研究基础上,利用电化学聚合法制备了一系列其他廉价的有机聚合物作为反式结构钙钛矿光伏器件的空穴传输材料,其化学结构和能级结构如图 4.9 所示. 研究结果表明,器件

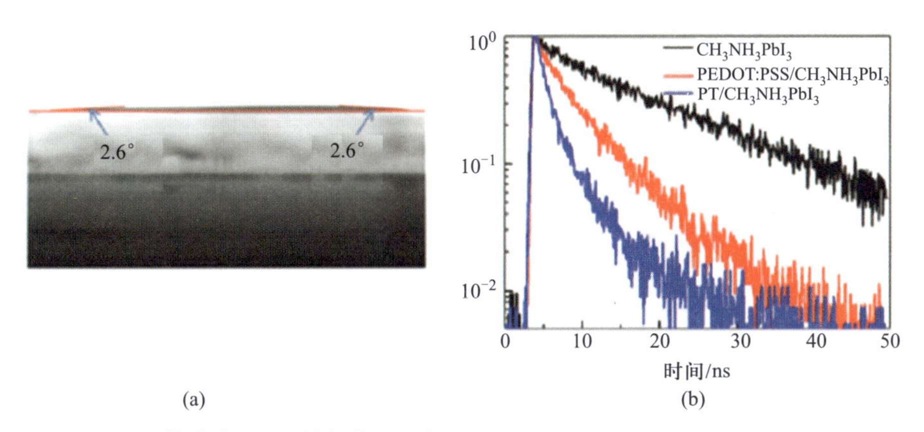


图 4.8 PT 薄膜的 DMF 接触角(a)及 $CH_3NH_3PbI_3$，PEDOT:PSS/$CH_3NH_3PbI_3$ 和 PT/$CH_3NH_3PbI_3$ 的时间分辨荧光猝灭光谱(b)

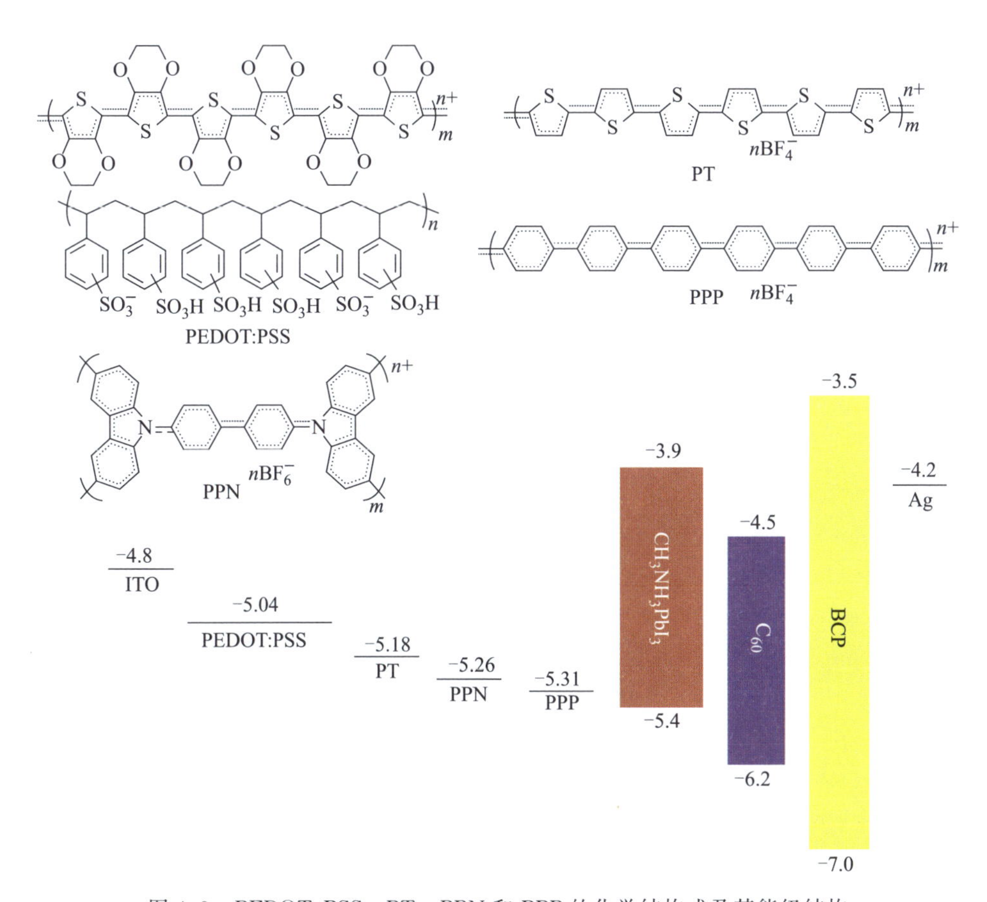


图 4.9 PEDOT:PSS，PT，PPN 和 PPP 的化学结构式及其能级结构

的开路电压($V_{OC}$)与空穴传输材料的 HOMO 能级是正相关的. 从 PEDOT:PSS, PT, PPN 到 PPP, 其 HOMO 能级从 −5.04 eV 逐渐减小到 −5.18 eV, −5.26 eV 和 −5.31 eV, 更接近钙钛矿的 HOMO 能级(−5.40 eV), 从而更有利于空穴从钙钛矿材料向 ITO 电极的注入, 进而可以将器件的 $V_{OC}$ 从 0.79 V 依次提高为 0.95 V, 0.97 V 和 1.02 V. 经过优化, 基于 PPP 为空穴传输材料的器件可达最优, 光电转换效率可高达 16.5%, 其中 $V_{OC}$, $J_{SC}$, FF 分别为 1.03 V, 21.6 mA/cm$^2$ 和 0.75.

酞菁类化合物在有机发光器件中作为一种常用的 p 型半导体, 被应用在钙钛矿太阳能电池中, 也取得了不错的表现. 常用的钙钛矿太阳能电池的酞菁类空穴传输材料的分子结构如图 4.10 所示. Kumar 等[39]以酞菁铜(CuPc)作为空穴传输材料应用于钙钛矿太阳能电池中, 获得了 5.0%的转换效率, 并使得成本降低. Sfyri 等[40]在酞菁铜上引入甲基合成了 CuMePc, 并发现甲基能增强分子相互作用和载流子迁移率, 使得钙钛矿太阳能电池的 PCE 提高. Ke 等[41]同样以 CuPc 作为空穴传输材料, 通过一系列优化, 使得器件效率达到了 14.5%. Ramos 等[42]以酞菁锌为基础, 合成了苯基苯氧基取代的酞菁类化合物 TT80, 最高可获得 6.7%的 PCE. Sfyri 等[43]在钙钛矿太阳能电池中引入一种非平面的芳香性亚酞菁类化合物 SubPc, 获得了 6.6%的转换效率, 并获得了较好的电池稳定性. 李祥高等[44]将氧钛酞菁(TiOPc)作为空穴传输材料应用于钙钛矿太阳能电池, 取得了较好的效果.

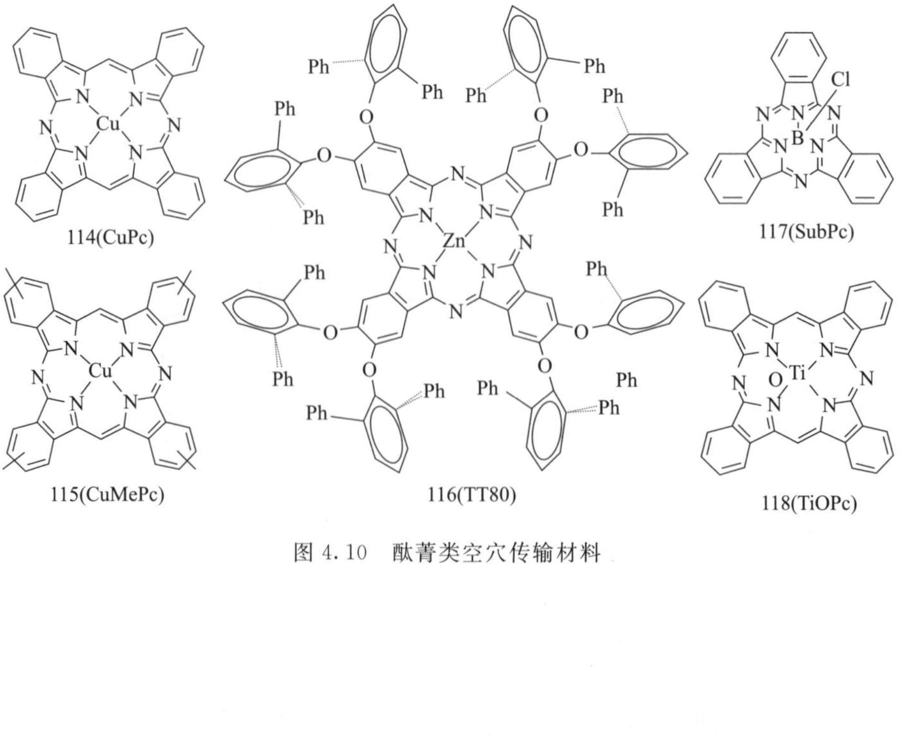

图 4.10 酞菁类空穴传输材料

甘菊蓝作为一种非苯环芳香性碳氢化介物材料，被用来合成二维空穴传输材料应用于钙钛矿太阳能电池中. Wakamiya 等[45]合成了四种不同的甘菊蓝类化合物：四取代甘菊蓝(30)1,3-双取代甘菊蓝(31)，5,7-双取代甘菊蓝(32)和 3,3′,5′,5-四取代-1,1′-联苯甘菊蓝(33). 化学结构式如图 4.11 所示. 其中四取代甘菊蓝(30)具有很高的空穴迁移率，为 $2.1\times10^{-4}\,cm^2\cdot V^{-1}\cdot s^{-1}$，并可获得最高达 16.5%的转换效率.

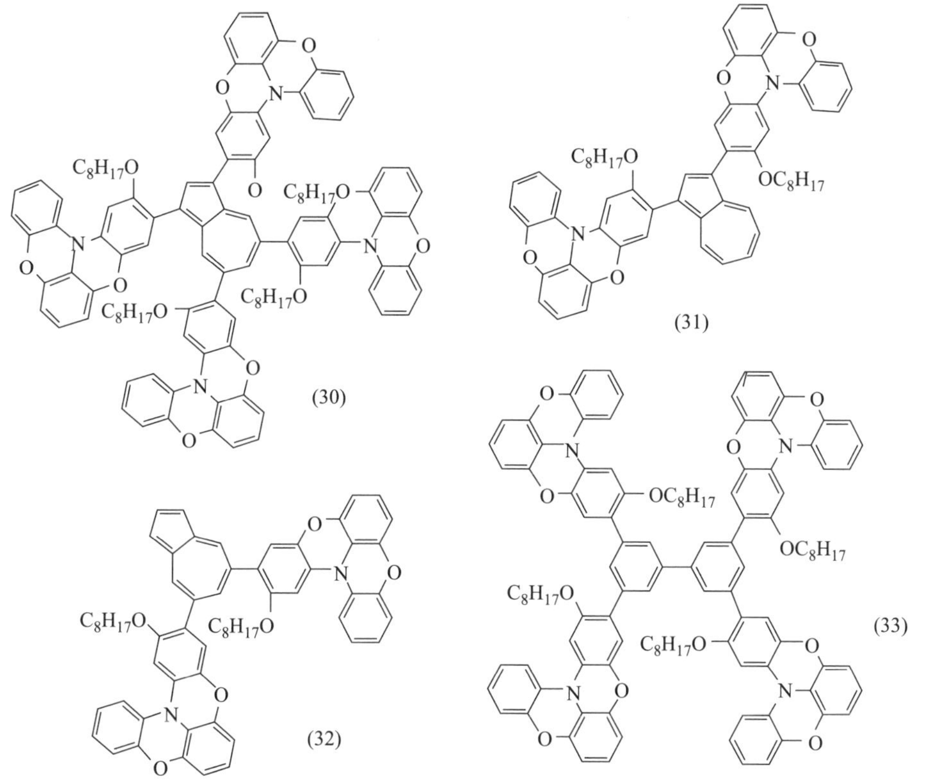

图 4.11　甘菊蓝类空穴传输材料的化学结构式

随着钙钛矿太阳能电池的发展，新型的空穴传输材料也相继被开发出来. Muhammad 等[46]以三氰基乙烯为受体，三苯胺功能化的 Michler 碱为给体，制备出了具有两性特征的偶极生色团分子 BTPA-TCNE(见图 4.12)，并将 BTPA-TCNE 作为非掺杂空穴传输材料应用到钙钛矿太阳能电池中，可以获得接近 17%的光电转换效率. 孙立成等[47]设计出了一类具有 A-D-A 构型的离子型空穴传输材料 M7-TFSI(见图 4.12)，获得了 17.4%的光电转换效率，并经过进一步优化，获得了最高 19.6%的光电转换效率. Grätzel 等[48]提出了一种具有显著形态稳定性的外消旋半导体材料 O5H-OMeDPA(见图 4.12).

O5H-OMeDPA 的螺旋结构具有向固体转移多维电荷的特性，具有高达 $6.73 \times 10^{-4}\ cm^2 \cdot V^{-1} \cdot s^{-1}$ 的空穴迁移率. 所制备出的器件可获得 21.03% 的转换效率，并表现出良好的长期稳定性. Tsai 等[49]通过真空沉积的方法，获得了小分子 TPTPA 薄膜(见图 4.12)，并证明 TPTPA 是钙钛矿太阳能电池的高效空穴传输材料. TPTPA 具有非常高的空穴迁移率，达 $7 \times 10^{-3}\ cm^2 \cdot V^{-1} \cdot s^{-1}$，是有机空穴传输材料中的最高值之一. 掺杂 $MoO_3$ 后，空穴迁移率进一步提高到 $3.6 \times 10^{-2}\ cm^2 \cdot V^{-1} \cdot s^{-1}$. 他们制备出的钙钛矿太阳能电池可获得 17%～18%的转换效率. Elawad 等[50]采用 p 型掺杂导电聚合物 PFB 作为钙钛矿太阳能电池的空穴输运材料，通过掺入 F4TCNQ 得到的 PFB∶F4TCNQ(见图 4.12)可以获得较为优异的空穴传输能力. 他们制备的钙钛矿太阳能电池的转换效率最高可达到 14.04%. 黄祖胜等[51]合成了四种新型苯并三唑基 D-A-D 型空穴传输材料 BTA1-2 和 DT1-2(见图 4.12). 他们发现以 DTBT 为核心的 DT1-2 具有更好的空穴转移和萃取性能，从而获得比 BTA1-2 更好的光伏性能. 丁黎明等[52]合成了两种新的易于获得的 9,9-双(4-甲氧基苯基)取代氟代空

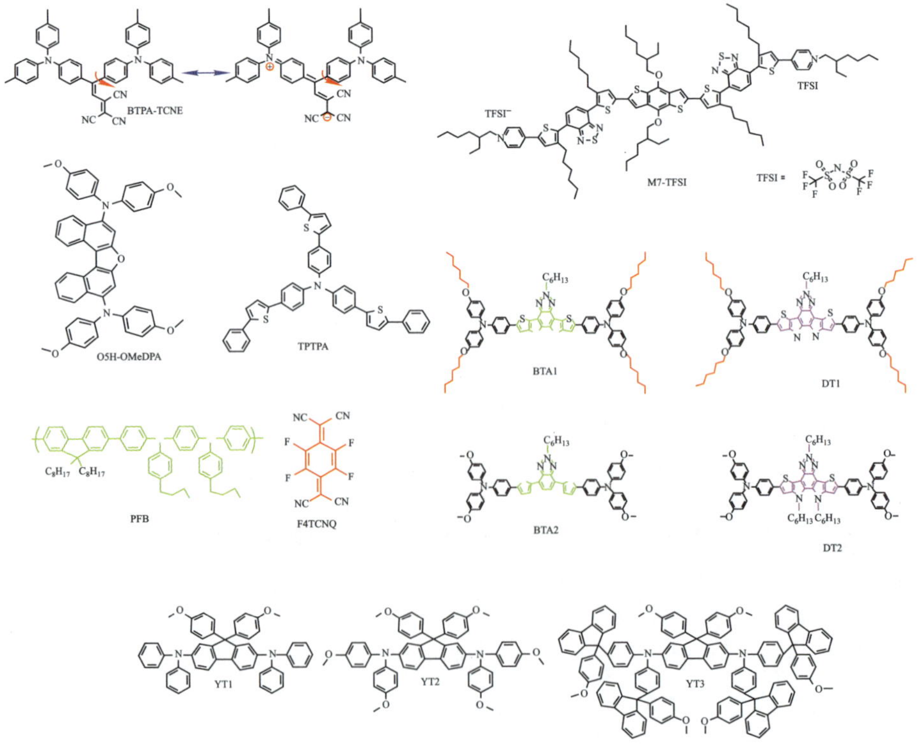

图 4.12 空穴传输材料 BTPA-TCNE，M7-TFSI，O5H-OMeDPA，TPTPA，PFB 和 F4TCNQ，BAT1-2 和 DT1-2，YT1-3 的化学结构式

穴传输材料，其端基为 H (YT1)和甲氧基苯基芴(YT3)(见图 4.12). 以 YT3 为空穴传输层所制备的器件可获得 20.23%的光电转换效率. Tsang 等[53]采用优化厚度的氧化石墨烯(GO)作为钙钛矿太阳能电池的空穴传输材料，获得了 16.5%的无迟滞的转换效率，并在高湿度和连续光照条件下，器件在超过 2000 h 内保持了 80%的初始效率. 唐卫华等[54]合成出了一种新型 spiro-OMeTAD 衍生物空穴传输材料 2,6,14-三(50-(*N*,*N*-双(4-甲氧基苯基)氨基苯酚)-3，4-乙二氧基噻吩)-三苯基 (TET)，其合成路线如图 4.13 所示，在制备的平板钙钛矿太阳能电池中可以获得高达 81%以上的填充因子和 18.6%的稳态输出效率. Bharath 等[55]合成了混合小分子有机材料 ICTH1 和 ICTH2 (见图 4.14). ICTH2 和 ICTH1 具有很高的空穴迁移能力，将其作为空穴传输层的器件可分别获得 18.75%和 17.91%的光电转换效率.

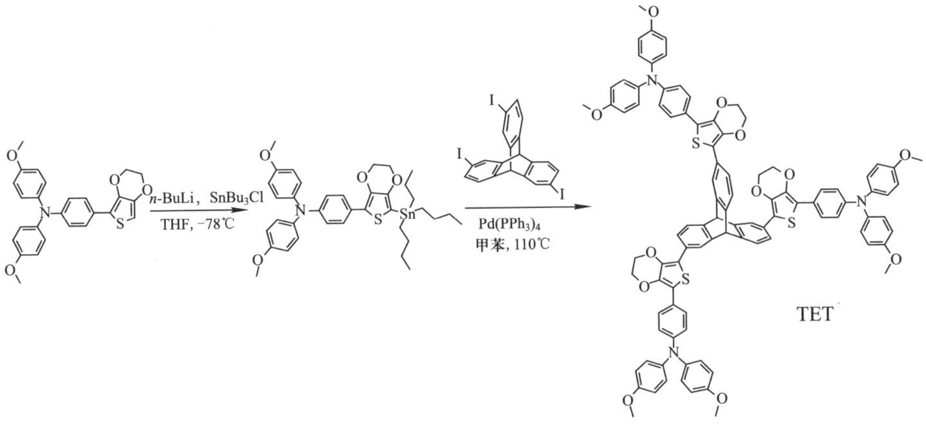

图 4.13　TET 的合成路线及化学结构式

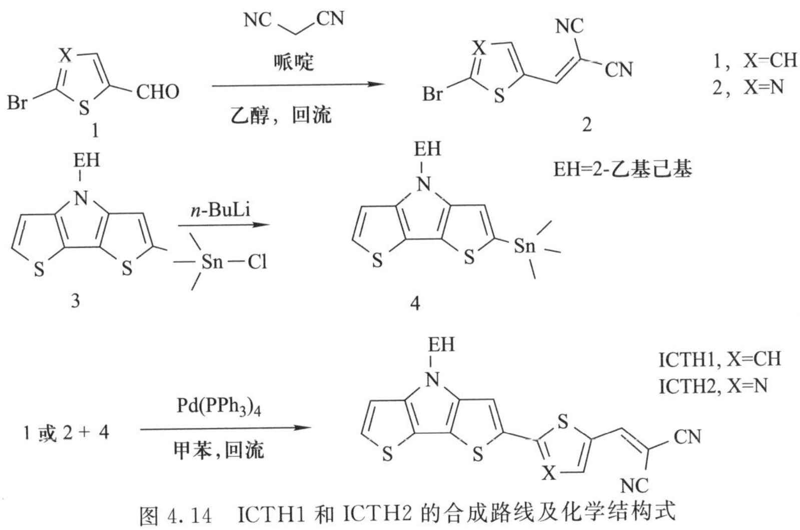

图 4.14　ICTH1 和 ICTH2 的合成路线及化学结构式

## §4.2 无机空穴传输材料

相比传统的有机空穴传输材料，无机空穴传输材料通常具有较好的化学稳定性、较高的空穴迁移率和较低的制作成本. 因此，开发和应用廉价而稳定的无机空穴传输材料对生产低成本、高稳定性的太阳能电池具有重要的意义. 在近年来新兴的钙钛矿太阳能电池中，无机空穴传输材料也得到了广泛的关注[56—58].

### 4.2.1 氧化镍

氧化镍(NiO)由于其晶格中容易填隙 $O^{2-}$ 而形成 $Ni^{2+}$ 空缺，是一种具有高化学稳定性和高空穴迁移率的 p 型半导体[59—60]，其空穴迁移率可高达 47.05 $cm^2 \cdot V^{-1} \cdot s^{-1}$[61]. NiO 的功函数可以通过调节其中填隙的 $O^{2-}$ 或者 $Ni^{2+}$ 空缺的浓度在 4.5～5.6 eV 之间进行调整，从而实现与钙钛矿材料能级结构的良好匹配[62]. 另外，NiO 较高的导带能级(1.8 eV[63])还能够有效地阻挡电子从钙钛矿材料向正极泄漏.

#### 4.2.1.1 pin 型

Snaith 等[64]首次证明了溶液法制备的 NiO 薄膜对钙钛矿的荧光具有较高的猝灭效率，即 NiO 可以作为钙钛矿太阳能电池的有效空穴传输材料. 然而，基于 NiO 为空穴传输材料的器件 FTO/NiO/钙钛矿/PCBM/$TiO_x$/Al 的光电转换效率却很低. 可能的原因主要有以下两个方面：一方面，在 NiO 基底上以一步旋涂法制备的钙钛矿薄膜的质量较差，不能充分覆盖 NiO 基底(见图 4.15 (a))，使得部分 NiO 与 PCBM 直接接触而发生漏电现象，从而大大降低了器件的开路电压($V_{OC}$). 另一方面，溶液法制备的 NiO 薄膜的导电性较差，大大增加了器件的串联电阻，导致器件的短路电流密度($J_{SC}$)很低.

秦鹏等[57]和 Grätzel 等[58]发现，对溶液法制备的 NiO 薄膜进行 2 min 的紫外-臭氧(UVO)光清洗不仅能够将 NiO 的功函数从 5.33 eV 提高到 5.40 eV 以更好地与 $CH_3NH_3PbI_3$ 钙钛矿的价带能级(5.4 eV)匹配，并且能较好地改善钙钛矿在 NiO 薄膜上的亲水性(NiO 薄膜 UVO 光清洗前后的水接触角分别为 79°和 58°)，从而改善钙钛矿在 NiO 基底上的成膜性，提高钙钛矿薄膜对 NiO 基底的覆盖度(见图 4.15 (b)). 因此，以 NiO 为空穴传输材料的钙钛矿光伏器件 ITO/$NiO_x$/$CH_3NH_3PbI_3$/PCBM/BCP/Al 的光电转换效率可达 7.8%，其中 $V_{OC}$，$J_{SC}$，填充因子(FF)分别为 0.92 V，12.43 $mA/cm^2$ 和 0.68.

为了进一步提高基于 NiO 空穴传输材料的钙钛矿太阳能电池的性能，杨

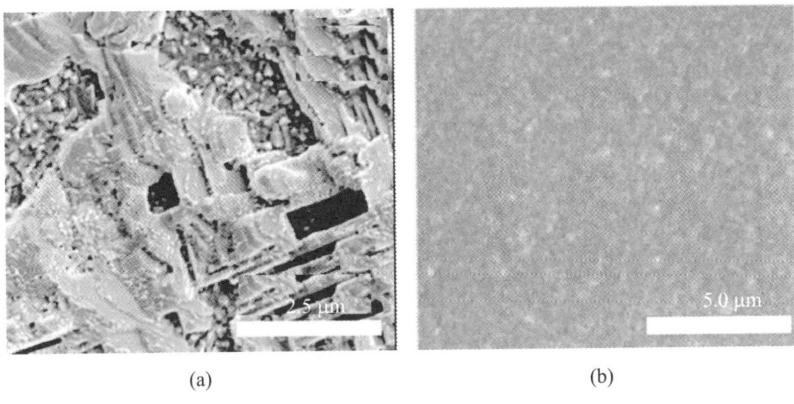


图 4.15　基于未经 UVO 处理(a)和经过 UVO 处理(b) NiO 基底的钙钛矿薄膜的 SEM 照片

世和等[65]利用溶胶-凝胶法制备了高质量的 NiO 纳米晶薄膜. 相比传统溶液法制备的 NiO 薄膜，该 NiO 纳米晶薄膜具有更好的透光性、致密性以及更高的空穴迁移率. 另外，该 NiO 薄膜是由 10～20 nm 的均匀 NiO 纳米晶颗粒相互连接而成，具有更大的表面粗糙度，能够与钙钛矿层形成更紧密的接触，不仅可以改善钙钛矿层的薄膜质量，提高钙钛矿层对 NiO 基底的覆盖度，还可以增大 NiO 层与钙钛矿层的界面接触面积，提高空穴的传输效率(见图 4.16). 经过优化，当 NiO 纳米晶薄膜的厚度为 40 nm 时，器件 FTO/NiO/$CH_3NH_3PbI_3$/PCBM/Au 的光电转换效率最高可达 9.11%，其中 $V_{OC}$，$J_{SC}$，FF 分别为 0.882 V，16.27 mA/$cm^2$ 和 0.635.

图 4.16　NiO 纳米晶薄膜的 AFM 照片(a)和沉积其上的钙钛矿薄膜的 SEM 照片(b)

陈鹏等[66-67]在 NiO 致密层的基础上引入了一层纳米多孔 NiO 层. 一方

面，钙钛矿层在制备过程中可以填充进多孔 NiO 层的孔洞中，有利于提高钙钛矿层对 NiO 基底的覆盖度以及减少缺陷态钙钛矿的产生(见图 4.17)，从而有效防止 PCBM 与 NiO 层的直接接触，最终达到减小器件漏电流而增大开路电压的目的. 另一方面，纳米多孔 NiO 层的引入还能增加 NiO 基底对钙钛矿的有效负载量，从而提高器件的光吸收效率，增大器件的短路电流密度. 因此，基于纳米多孔 NiO 骨架的钙钛矿光伏器件 ITO/$NiO_x$/$NiO_{nc}$/$CH_3NH_3PbI_3$/PCBM/BCP/Ag 的光电转换效率最高可达 11.6%，其中 $V_{OC}$，$J_{SC}$，FF 分别为 0.96 V，19.8 mA/cm$^2$ 和 0.61.

图 4.17 纳米多孔 NiO (a)和沉积其上的钙钛矿薄膜的 SEM 照片(b)

虽然基于 NiO 空穴传输材料的钙钛矿太阳能电池的性能随着对 NiO 薄膜形貌的改善而不断提高，但 NiO 薄膜本身的导电性并没有得到较大程度的改善，这使得基于 NiO 的电池性能还无法与基于传统有机空穴传输材料的电池相比. 因此，Jen 等[68]通过对传统 NiO 薄膜进行铜掺杂，极大地提高了 NiO 薄膜的导电性(见图 4.18)，铜掺杂前后的 NiO 薄膜的电导率分别为 $2.2\times10^{-6}$ S/cm 和 $8.4\times10^{-4}$ S/cm. 一方面，导电性较好的铜掺杂 NiO(Cu∶$NiO_x$)能够提高空穴的注入和传输效率，有利于改善器件的短路电流密度和填充因子. 另一方面，Cu∶$NiO_x$ 中掺杂的铜组分很可能会促进钙钛矿的成核生长，使得钙钛矿晶粒变得更大(见图 4.19)，从而减少钙钛矿薄膜中缺陷态的比例，并进一步改善器件的性能. 因此，基于 Cu∶$NiO_x$ 的钙钛矿光伏器件 ITO/Cu∶$NiO_x$/$CH_3NH_3PbI_3$/PCBM/$C_{60}$ 双表面活性剂/Ag 的能量转换效率高达 15.4%，其中 $V_{OC}$，$J_{SC}$，*FF* 分别为 1.11 V，19.01 mA/cm$^2$ 和 0.73.

然而，传统的溶胶-凝胶法制备 Cu∶$NiO_x$ 薄膜需要较高温度(>400℃)的退火才能获得较高的结晶度，这种高温处理过程不仅会增加器件的制备成本，

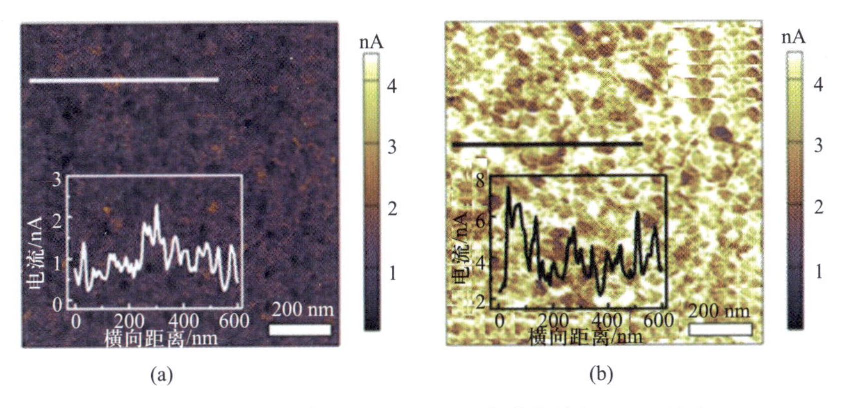


图 4.18　$NiO_x$(a)和 Cu:$NiO_x$(b)薄膜的导电 AFM 照片

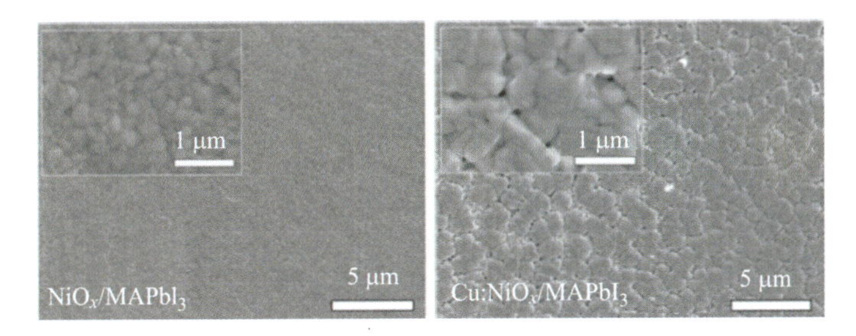


图 4.19　沉积于 $NiO_x$(a)和 Cu:$NiO_x$(b)薄膜上的钙钛矿的 SEM 照片

还会大大制约该类太阳能电池在柔性器件方面的应用. 为此，Jen 等[69]借鉴燃烧化学的思路，用硝酸铜、硝酸镍和乙酰丙酮作为制备 Cu:$NiO_x$ 薄膜的前驱液. 由于在低温退火过程中，硝酸铜、硝酸镍和乙酰丙酮之间会伴随氧化还原反应的发生放出大量的热，从而可以起到类似高温退火的作用，因此，利用燃烧化学法制备的 Cu:$NiO_x$ 薄膜只需要 150℃的低温退火就能获得较高的晶化度(见图 4.20). 经过优化，基于该燃烧化学法制备的 Cu:$NiO_x$ 基钙钛矿光伏器件的光电转换效率高达 17.7%，其中 $V_{OC}$，$J_{SC}$，FF 分别为 1.05 V，22.2 mA/cm$^2$ 和 0.76. 随后，姚凯等[70]采用简单的化学共沉积法在室温下即可制备高质量的 Cu:$NiO_x$ 薄膜，有效解决了传统溶胶-凝胶法制备 Cu:$NiO_x$ 薄膜的高温退火问题. 经过优化，当钙钛矿吸光层的厚度为 20 nm 时，器件 ITO/Cu:$NiO_x$/$MAPbI_3$/$PC_{71}BM$/BCP/Al 的光电转换效率最高可达 18.58%，其中 $V_{OC}$，$J_{SC}$，FF 分别为 1.11V，20.74 mA/cm$^2$ 和 0.81. 此外，基于 Cu:$NiO_x$ 的钙钛矿太阳能电池器件具有优良的稳定性，并且几乎没有迟滞现象.

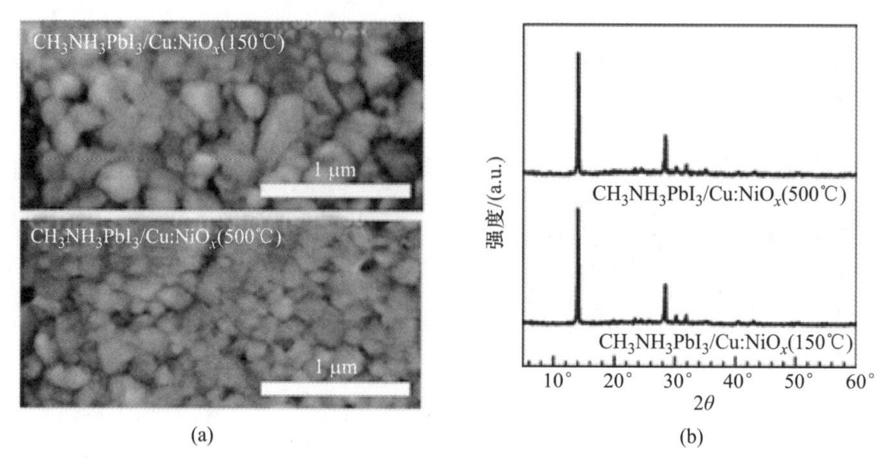


图 4.20 分别沉积于传统溶胶-凝胶法和燃烧化学法制备的 Cu∶$NiO_x$ 薄膜上的钙钛矿的 SEM 照片(a)和 XRD 图(b)

受到铜掺杂 NiO 的启发，其他金属元素(Cs[16]，Li 和 Mg[17-18]，Au[19]，K[20] 等)也被掺杂到 NiO 薄膜中，以提高其导电性能. 何祝兵等[71]通过溶液法制备铯掺杂 NiO(Cs∶$NiO_x$)，发现相比于传统 NiO 薄膜，Cs∶$NiO_x$ 薄膜中 $Ni^{3+}$/$Ni^{2+}$的比例从 1.76 提高到 1.98. Liu 提出 $Ni^{3+}$ 含量的微量增加可以提高载流子运输能力，极大提高 NiO 薄膜的导电率. 另一方面，铯掺杂后 NiO 的功函数从 4.89 eV 提高到 5.11 eV，可以更好地与 $CH_3NH_3PbI_3$ 钙钛矿的价带能级(−5.4 eV)匹配. 因此，基于 Cs∶$NiO_x$ 的钙钛矿光伏器件 FTO/Cs∶$NiO_x$/$MAPbI_3$/PCBM/ZrAcac/Ag 的光电转换效率超过 19%，其中 $V_{OC}$，$J_{SC}$，FF 分别为 1.12 V，21.17 mA/$cm^2$ 和 0.79.

Grätzel 等[72]将锂和镁同时掺杂到 NiO 中，$Li_{0.05}Mg_{0.15}NiO$ 的电导率为 $2.32\times10^{-3}$ S/cm，是未掺杂 NiO 的 12 倍. $Li_{0.05}Mg_{0.15}NiO$ 薄膜不仅提高了载流子迁移率，并且降低了载流子在空穴传输层/$MAPbI_3$/电子传输层界面处的聚集. 因此，其钙钛矿光伏器件 FTO/$Li_{0.05}Mg_{0.15}NiO$/$MAPbI_3$/PCBM/Ti(Nb)$O_x$/Ag(见图 4.21)最高光电转换效率可达 18.4%，$V_{OC}$，$J_{SC}$，FF 分别为 1.08 V，20.4mA/$cm^2$ 和 0.82. 此外，通过这种 p 型掺杂的方式制备的大面积(>1 $cm^2$)钙钛矿光伏器件最高效率为 16.2%，$V_{OC}$，$J_{SC}$，FF 分别为 1.07 V，20.6 mA/$cm^2$ 和 0.75. 此后，韩礼元等[73]通过掺杂工程制备出更高质量的钙钛矿吸光层，使得基于 $Li_{0.05}Mg_{0.15}NiO$ 空穴传输层的大面积(1.025 $cm^2$)钙钛矿光伏器件最高效率提升到 19.19%，其中 $V_{OC}$，$J_{SC}$，FF 分别为 1.12 V，23.17 mA/$cm^2$ 和 0.76.

杨世和等[74]将极低浓度的金纳米颗粒嵌入 NiO 空穴传输层中，形成 Au-

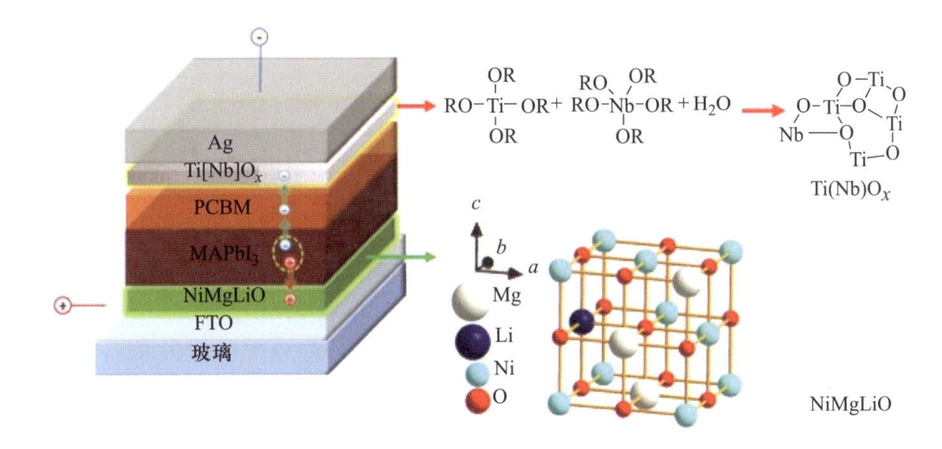


图 4.21 基于 $Li_{0.05}Mg_{0.15}NiO$ 的钙钛矿太阳能电池结构

$NiO_x$ 欧姆接触(见图 4.22 (a)),使得电子能够从 $NiO_x$ 传输到 Au,与此同时在 $NiO_x$ 中形成同等数目的空穴. 掺杂金纳米颗粒的 $NiO_x$ 的空穴浓度是未掺杂 $NiO_x$ 的三倍. 由导电原子力显微镜(c-AFM)可以直接看出,Au-$NiO_x$ 薄膜的导电性明显高于对照组未掺杂 $NiO_x$ 薄膜(见图 4.22 (b),(c)),这表明金纳米颗粒可以有效提高 $NiO_x$ 薄膜的导电性. 经过优化,基于金纳米颗粒掺

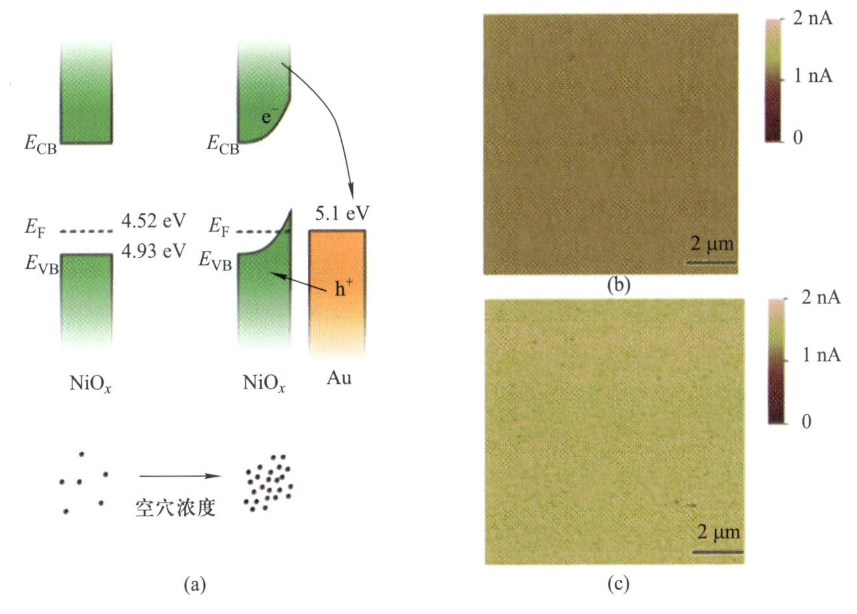


图 4.22 (a) Au-$NiO_x$ 和未掺杂 $NiO_x$ 的能级图;(b) 未掺杂 Au 的 $NiO_x$ 薄膜的 c-AFM 图;(c) 金纳米颗粒掺杂 $NiO_x$ 薄膜的 c-AFM 图

杂 $NiO_x$ 空穴传输层的钙钛矿太阳能电池 FTO/Au-$NiO_x$/钙钛矿/PCBM/PPDIN6/Ag 的最高效率可达 20.2%，其中 $V_{OC}$，$J_{SC}$，FF 分别为 1.12 V，22.8 mA/cm$^2$ 和 0.79.

林红等[75]首次将钾作为掺杂剂引入 $NiO_x$ 薄膜中，并将其使用在光伏器件 FTO/NiO:5K/钙钛矿/$C_{60}$/BCP/Ag 中，获得的最高效率为 18.05%(未掺杂对照组为 15.77%)，$V_{OC}$，$J_{SC}$，FF 分别为 1.01 V，22.77 mA/cm$^2$(未掺杂对照组为 21.50 mA/cm$^2$)和 0.78(未掺杂对照组为 0.68). 实验组电池性能的提高有两方面原因. 一方面，K 掺杂提高了 $NiO_x$ 的导电性(从 $2.9\times10^{-6}$ S·cm$^{-1}$提升到 $4.3\times10^{-6}$ S·cm$^{-1}$)，与电子传输层传导电子的能力相当，使得钙钛矿吸光层产生的载流子能快速传导出去，避免了载流子复合湮灭. 另一方面，研究发现，掺杂剂 K 会部分迁移到钙钛矿，使得钙钛矿中 $PbI_2$ 的含量升高. 适度过量的 $PbI_2$ 与钙钛矿形成二型能带匹配，钝化钙钛矿表面和晶界，从而减少缺陷，提高 $J_{SC}$和 FF. 但是 K 掺杂引起的 NiO 和钙钛矿之间的能级差增大，导致 $V_{OC}$减小的问题仍有待进一步解决.

上述离子掺杂 NiO 的方法在提高电导率的同时会伴随着缺陷的形成，造成载流子迁移率下降及载流子复合，影响光伏器件性能. 为此，何祝兵等[76]采用一种新型有机分子掺杂的方法，用 F6TCNNQ(见图 4.23 (a))溶液处理 $NiO_x$，并将 F6TCNNQ 掺杂后的 $NiO_x$ 作为空穴传输材料应用在光伏器件 ITO/p 掺杂 $NiO_x$/钙钛矿/PCBM/ZrAcac/Ag 中(见图 4.23 (b)). F6TCNNQ 掺杂后的 $NiO_x$ 的 Fermi 能级由 −4.63 eV 提升到 −5.07 eV，使得空穴传输层和钙钛矿层价带间的能级差由 0.18 下降到 0.04(见图 4.23 (c)，(d))，不仅提高了光伏器件的开路电压，而且有利于空穴在空穴传输材料钙钛矿界面的传输. 另一方面，由于 F6TCNNQ 离子化导致 p 掺杂 $NiO_x$ 空穴浓度提高，使得 NiO 分子掺杂前后导电性显著提高. 经过优化，基于 F6TCNNQ 掺杂 $NiO_x$ 的 CsFAMA 三元钙钛矿光伏器件的最高效率为 20.86%，$V_{OC}$，$J_{SC}$，FF 分别为 1.12 V，23.18 mA/cm$^2$ 和 0.80，以 $MAPbI_3$ 为钙钛矿材料时的最高效率为 19.75%，$V_{OC}$，$J_{SC}$，FF 分别为 1.12 V，22.11 mA/cm$^2$ 和 0.80.

甲氧基功能化的三苯胺咪唑衍生物是一种可同时作为空穴传输材料和界面修饰材料的有机物. Park 等[77]将其插入钙钛矿吸光层和低温溶液法制备的 $NiO_x$ 空穴传输层之间，并通过调节三苯胺咪唑衍生物的甲氧基数目实现与钙钛矿更好的能级匹配. 研究发现，当甲氧基数目为 6 时(见图 4.24 (a))，TPI-6MEO 与钙钛矿能级匹配度最好(见图 4.24 (b)). TPI-6MEO 中的 N 和 O 作为 Lewis 碱钝化钙钛矿和 $NiO_x$ 空穴传输层的离子缺陷，抑制载流子复合，并且有利于钙钛矿在界面上生长结晶. 因此，光伏器件 ITO/$NiO_x$/TPI-6MEO/钙钛矿/PCBM/BCP/Ag 具有最高效率 18.42%，$V_{OC}$，$J_{SC}$，FF 分别为 0.98 V，

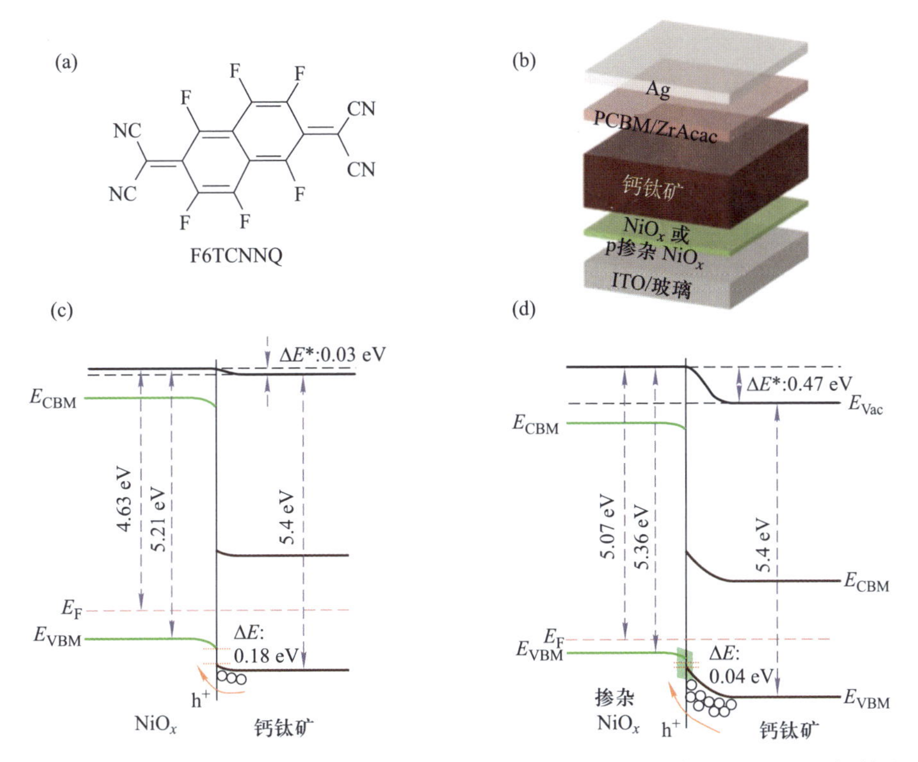


图 4.23 (a) F6TCNNQ 化学结构式；(b) 钙钛矿太阳能电池结构；(c) $NiO_x$/钙钛矿能级结构；(d) 掺杂 $NiO_x$/钙钛矿能级结构

23.31 mA/cm$^2$ 和 0.81.

#### 4.2.1.2 nip 型

王鸣魁等[78]将 NiO 纳米颗粒沉积在 $TiO_2$ 介孔层上，使得空穴和电子传导向相反的方向，有效抑制了载流子复合并促进了空穴提取. 他们将 $MAPbI_3$ 以连续沉积的方式填充到介孔层的空隙中，制作出结构为 FTO/致密 $TiO_2$/介孔 $TiO_2$/介孔 NiO/$MAPbI_3$/碳的光伏器件(如图 4.25)，获得最高效率达到 11.4%，$V_{OC}$，$J_{SC}$，FF 分别为 0.89 V，18.2 mA/cm$^2$ 和 0.71.

为了进一步降低载流子在 NiO/$TiO_2$ 界面间的复合，王鸣魁等[79]在介观 $TiO_2$ 和介观 NiO 之间插入一层绝缘的介观 $ZrO_2$，有效促进了载流子传输. 经过优化，光伏器件 FTO/致密 $TiO_2$/介孔 $TiO_2$/介孔 $ZrO_2$/介孔 NiO/($MAPbI_3$)/碳的最高效率提升到 14.2%，$V_{OC}$，$J_{SC}$，FF 分别为 0.92 V，21.4 mA/cm$^2$ 和 0.76. Cao 等[80]将 $Al_2O_3$ 作为绝缘层，通过丝网印刷法制作出结构为 FTO/致密 $TiO_2$/介孔 $TiO_2$/介孔 $Al_2O_3$/介孔 NiO/$MAPbI_3$/碳的光

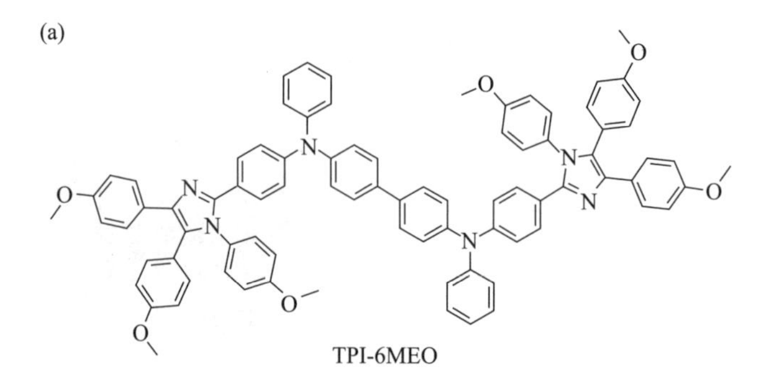


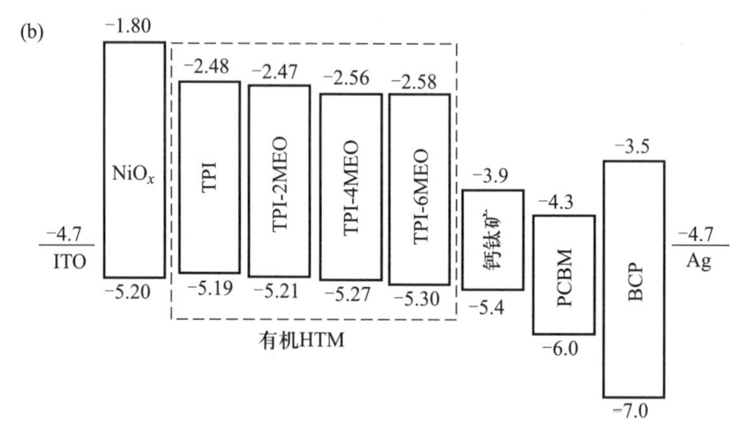


图 4.24　(a) TPI-6MEO 化学结构式；(b) 钙钛矿太阳能电池能级

伏器件(如图 4.26). 通过对各层厚度的控制，这种以介孔 NiO 为基底的 nip 型钙钛矿太阳能电池的最高效率达到 15.03%，$V_{OC}$，$J_{SC}$，FF 分别为 0.92 V，21.62 mA/cm$^2$ 和 0.76.

由于钙钛矿热稳定性和化学稳定性较差，一些溶剂和制备工艺的使用受到限制，因此 NiO$_x$ 空穴传输材料在 nip 型平面结构钙钛矿光伏器件中的应用较少. Abdollahi 等[81]采用直流磁控溅射法制备了钙钛矿太阳能器件，并将喷头与基底间的角度调整为 45°(见图 4.27 (a)). 这种新型制备方法避免了使用溶剂，同时将器件温度控制在 95℃以下，成功地在钙钛矿层上制备了均匀致密的 NiO$_x$ 薄膜(见图 4.27 (b)). 由于应力释放提高了空穴迁移率，这种 NiO$_x$ 基光伏器件 FTO/致密 $TiO_2$/$MAPbI_3$/NiO$_x$/Ni 在制备完成后的 6 天时间内，光电转换效率由 1.3%提高到 7.28%，$V_{OC}$，$J_{SC}$，FF 分别为 0.77 V，17.88 mA/cm$^2$ 和 0.53，而且显示出优异的稳定性(见图 4.27 (c)).

图 4.25 基于介孔 $TiO_2$/NiO 的 nip 型钙钛矿太阳能电池结构

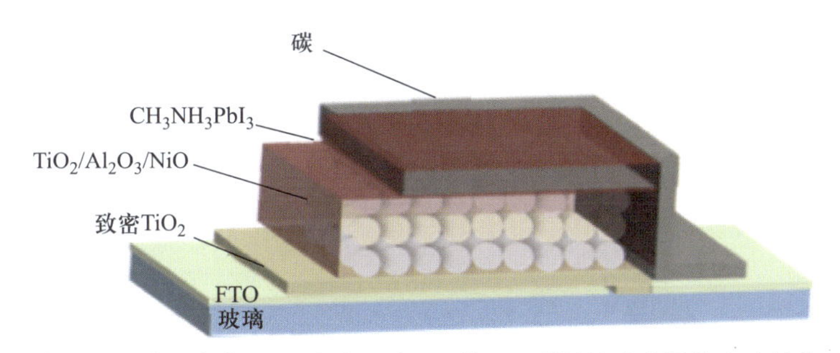


图 4.26 基于介孔 $TiO_2/Al_2O_3$/NiO 的 nip 型钙钛矿太阳能电池结构

### 4.2.2 铜基空穴传输材料

无机半导体铜基空穴传输材料，如 CuSCN，CuI，CuO 和 $Cu_2O$ 常常被用在染料敏化太阳能电池和量子点太阳能电池中. p 型无机铜基空穴传输材料造价低、稳定性好，并且具有适合的能级、高空穴迁移率、高导电率、极好的透过率等优异的性能.

#### 4.2.2.1 硫氰酸亚铜

硫氰酸亚铜(CuSCN)是一种常用的宽带隙无机空穴传输材料，它的 p 型电导率由过量的 $SCN^-$ 引起的铜空位所决定[82]. 此外，这种铜空位缺陷可以扩大光学带隙，从而提高光学透明度. CuSCN 具有优良的化学稳定性、宽带隙(3.9 eV)以及较低的价带能级(−5.3 eV)，能更好地与钙钛矿的能级匹配，有利于提高空穴的注入和传输效率.

##### 4.2.2.1.1 nip 型

Ito 和 Nazeeruddin 等[58]首先利用刮涂法制备的 CuSCN 取代 spiro-OMeTAD 制备了钙钛矿光伏器件 FTO/$TiO_2$/$CH_3NH_3PbI_3$/CuSCN/Au. 研究表明，CuSCN 的引入能够有效提高空穴的注入和传输效率，器件的能量转

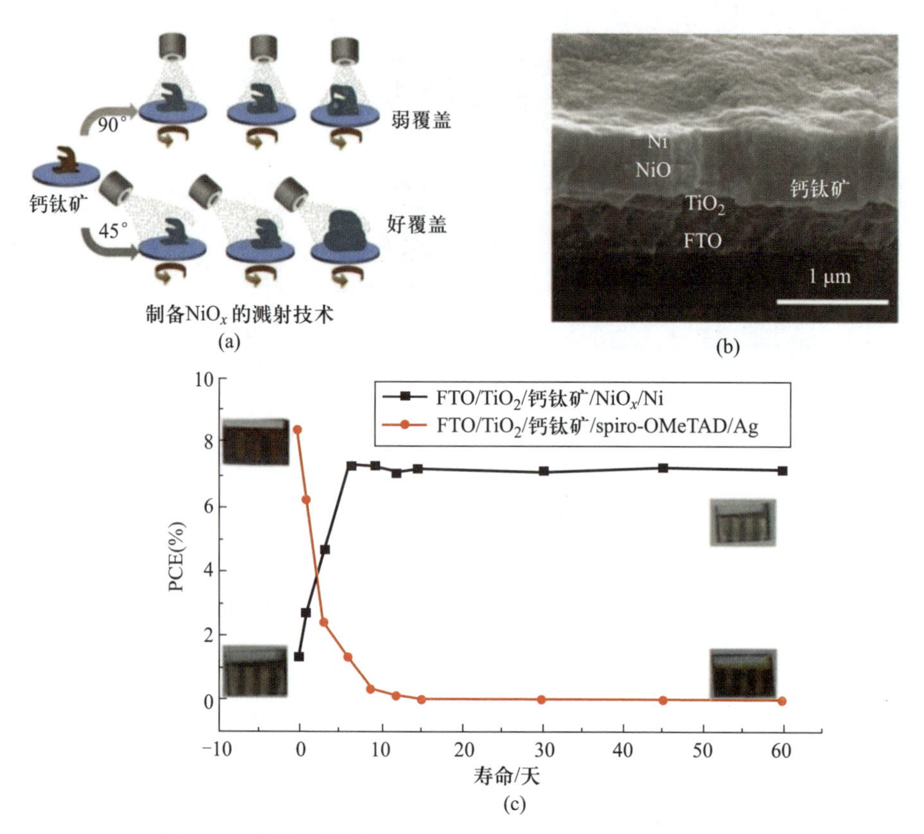


图 4.27 (a) 在钙钛矿上以 45°角沉积 $NiO_x$；(b) FTO/致密 $TiO_2$/$MAPbI_3$/$NiO_x$/Ni 的 SEM 截面照片；(c) FTO/致密 $TiO_2$/$MAPbI_3$/$NiO_x$/Ni 与 FTO/$TiO_2$/$CH_3NH_3PbI_{3-x}Cl_x$/spiro-OMeTAD/Ag 的稳定性测试图

换效率最高可达 12.4%，$V_{OC}$，$J_{SC}$，FF 分别为 1.02 V，19.7 mA/cm$^2$ 和 0.62. 虽然该器件的开路电压已与基于传统有机空穴传输材料的器件相当，但短路电流密度和填充因子相对较低. 主要原因可能是 CuSCN 的空穴迁移率 0.01～0.1 cm$^2$·V$^{-1}$·s$^{-1}$ 相对较低，而该器件中 CuSCN 薄膜的厚度却高达 600～700 nm，显著地增加了器件的串联电阻.

Jung 等[83]以旋涂法制备的 CuSCN 为空穴传输材料，通过改变钙钛矿成分提高器件的热稳定性，用[$(FAPbI_3)_{0.85}(MAPbBr_3)_{0.15}$]代替纯 $MAPbBr_3$ 制备了钙钛矿光伏器件 FTO/mp$TiO_2$/钙钛矿/CuSCN/Au，获得的最高效率为 18%，其中 $V_{OC}$，$J_{SC}$，FF 分别为 1.04 V，23.1 mA/cm$^2$ 和 0.75. 如图 4.18 中的(a) $J$-$V$ 曲线和(b) IPCE 图所示，与 spiro-OMeTAD 对照组相比，基于 CuSCN 的器件的 $J_{SC}$ 略有增强，这是因为 CuSCN 具备更好的空穴传输性能

(见图 4.28(c)). 此外，未封装的 CuSCN 基器件在相对平均湿度为 40%的空气中，125℃退火 2 h 后约保持其初始效率的 60%，而 spiro-OMeTAD 对照组器件仅为其初始效率的 25%(见图 4.28 (d)).

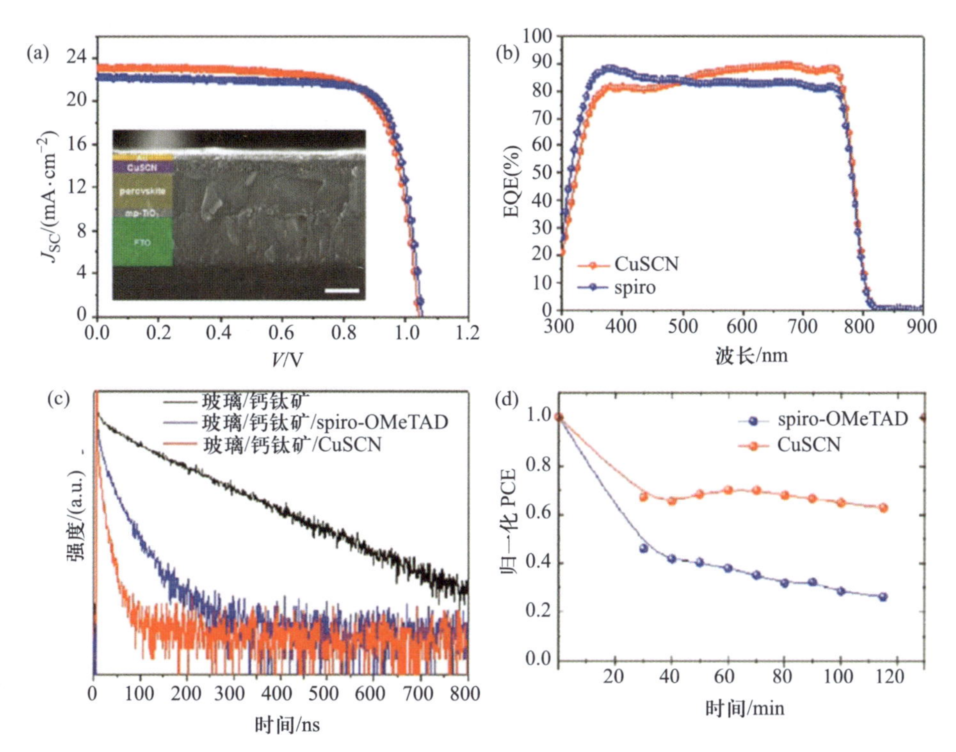


图 4.28　基于 CuSCN 和基于 spiro -OMeTAD 的钙钛矿太阳能电池的(a) $J$-$V$ 曲线和(b)外量子效率(EQE)光谱；(c) ITO/钙钛矿/CuSCN，ITO /钙钛矿/spiro -OMeTAD 和 ITO/钙钛矿的 TRPL 光谱；(d) 在 120℃、平均相对湿度为 40%的黑暗条件下，PCE 随时间的变化曲线

为了进一步提高器件稳定性，Aroraet 等[84]在 CuSCN 和 Au 电极之间插入了氧化还原石墨烯(rGO)作为阻隔层，制备了光伏器件 FTO/$TiO_2$/$Cs_{0.05}(MA_{0.17}FA_{0.83})_{0.95}Pb(I_{0.83}Br_{0.17})_3$/CuSCN/rGO /Au，获得最高 20.4%的光电转换效率，其中 $V_{OC}$，$J_{SC}$，FF 分别为 1.11 V，23.2 mA/cm$^2$ 和 0.78，而基于 CuSCN 的器件稳定输出 PCE 为 20.4%(见图 4.29 (a)). 时间分辨荧光光谱(TRPL)测试表明，从 CuSCN/钙钛矿薄膜中提取出的空穴要多于 spiro-OMeTAD/钙钛矿薄膜(见图 4.29 (b)).

#### 4.2.2.1.2　pin 型

叶森云等[85]以电化学沉积法制备的 CuSCN 薄膜为空穴传输层制备了与

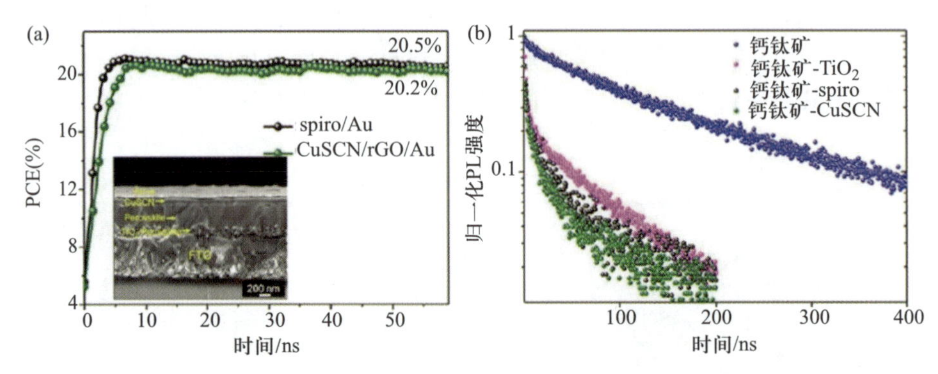


图 4.29 (a) 基于 spiro-OMeTAD 和 CuSCN 的器件在最大功率点(MPP)下的稳定 PCE 输出，插图显示整个器件的横截面 SEM 图像；(b) 钙钛矿，钙钛矿/$TiO_2$，钙钛矿/spiro-OMeTAD 和钙钛矿/CuSCN 薄膜的 TRPL 光谱

传统结构相反的器件 ITO/CuSCN/$CH_3NH_3PbI_3$/$C_{60}$/BCP/Ag. 经过优化，当 CuSCN 厚度达到(57±2)nm 时，CuSCN 纳米颗粒就能将 ITO 基底基本覆盖完全(见图 4.30). 另外，不同的钙钛矿制备方法对基于 CuSCN 的器件性能具

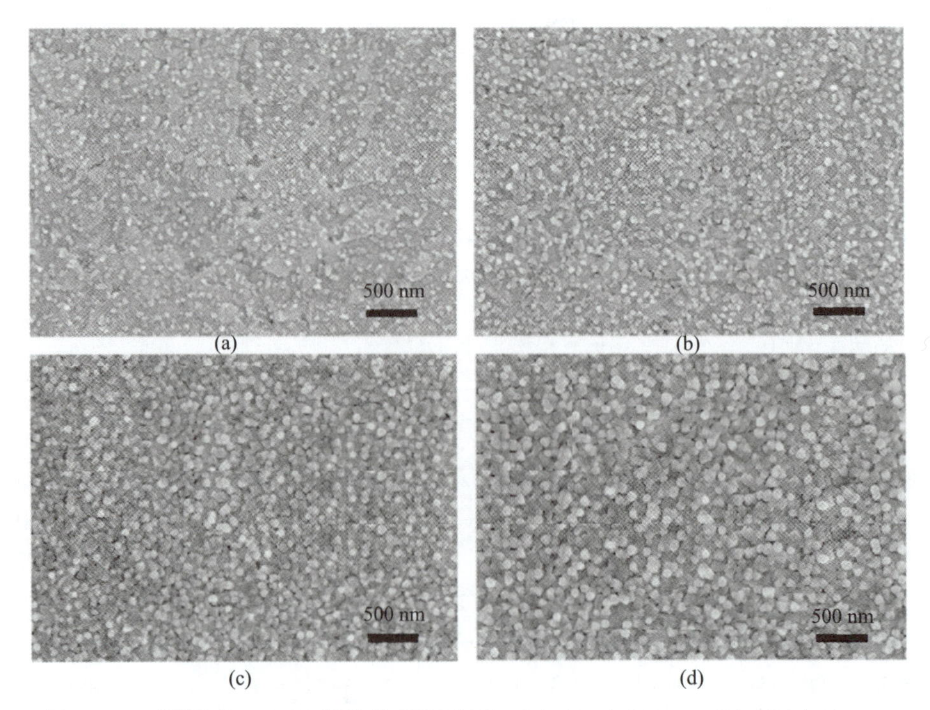


图 4.30 不同厚度 CuSCN 薄膜的 SEM 照片. (a) (11±2) nm; (b) (29±2) nm; (c) (57±2) nm; (d) (92±2) nm

有显著的影响. 研究表明，一步快速结晶法相比传统两步连续沉积法在 CuSCN 基底上制备的钙钛矿层具有更小的表面粗糙度(见图 4.31)，能够有效防止钙钛矿层穿过 $C_{60}$ 和 BCP 层与 Ag 电极直接接触而发生漏电，有利于提高器件的开路电压. 此外，一步快速结晶法制备的钙钛矿层与 CuSCN 层具有更小的界面接触电阻，有利于减小器件的串联电阻，提高器件的填充因子. 因此，在 CuSCN 基底上以一步快速结晶法制备钙钛矿的器件的光电转换效率最高可达 16.6%，其中 $V_{OC}$，$J_{SC}$，FF 分别为 1.00 V，21.9 mA/cm$^2$ 和 0.76. 而在 CuSCN 基底上以传统两步连续沉积法制备钙钛矿的器件的光电转换效率最高仅有 13.4%，其中 $V_{OC}$，$J_{SC}$，FF 分别为 0.92 V 21.4 mA/cm$^2$ 和 0.68.

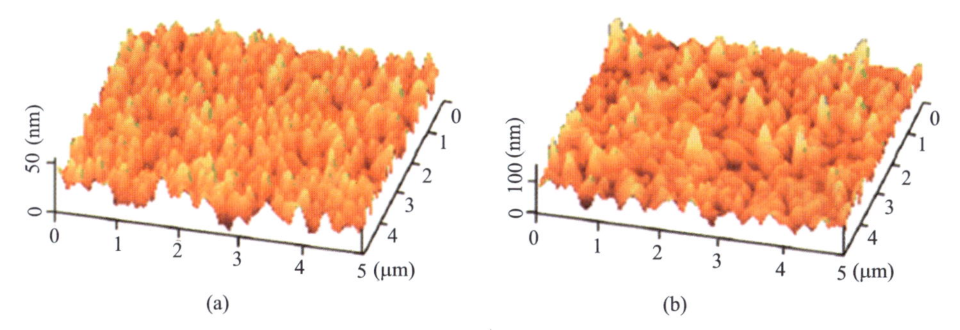


图 4.31　基于 CuSCN 基底的一步快速结晶法(a)和两步连续沉积法 (b)制备的钙钛矿的 AFM 照片

在导电玻璃上沉积均匀致密的 CuSCN 薄膜对于制备高效率的反式器件非常关键. 为了进一步改善 CuSCN 薄膜的形貌，Wijeyasinghe 等[86]采用氨水($NH_3$(aq)，aq 表示水溶液)代替传统二乙硫醚(DES)为溶剂制备 CuSCN 薄膜. 结果表明(见图 4.32(a)～(h))，氨水制备的 CuSCN 薄膜比硫化物溶剂制备的薄膜具有更均匀的覆盖性. 从溶液颜色变化(见图 4.32 (i))可得知，这是由 CuSCN 与 $NH_3$ 之间的络合作用造成的. 这种形貌上的变化导致空穴迁移率增加，$NH_3$(aq)处理的 CuSCN 器件的空穴迁移率(0.05 cm$^2$·V·s$^{-1}$)高于基于 DES 处理过的 CuSCN 器件(0.01 cm$^2$·V$^{-1}$·s$^{-1}$). 因此，以 $NH_3$(aq)处理的 CuSCN 为基的光伏器件 TCO/CuSCN/$NH_3$(aq)/$CH_3NH_3PbI_3$/PCBM/LiF/Ag 的效率最高可达 17.5%，其中 $V_{OC}$，$J_{SC}$，FF 分别为 1.1 V，22.7 mA/cm$^2$ 和 0.71(见图 4.32 (j)).

#### 4.2.2.2　铜的氧化物

铜的氧化物(氧化铜 CuO 和氧化亚铜 $Cu_2O$)也是一类常见的 p 型半导体材料，其导电机理主要为晶体中存在铜离子空缺而表现出空穴传输性质. 因此，通过对铜离子空缺的调节就可以对该氧化物薄膜的载流子浓度和迁移率

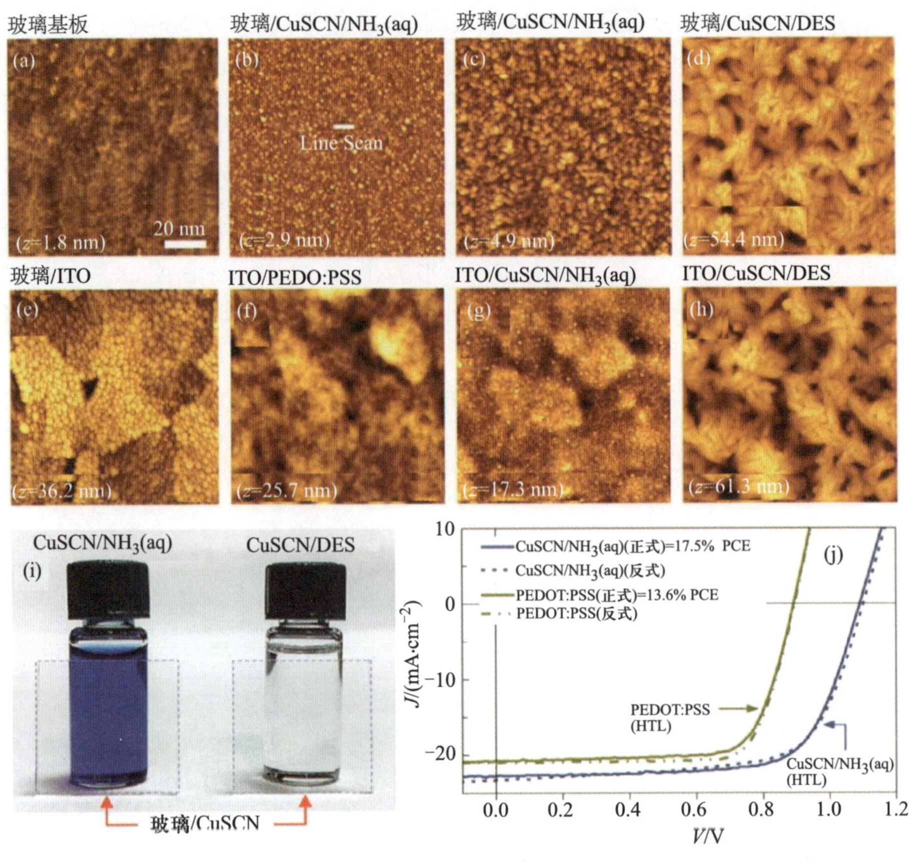


图 4.32 AFM 图像.(a) 玻璃基板;(b) 15 mg/mL 的 $CuSCN/NH_3(aq)$ 溶液以 2000 rpm 旋涂在玻璃上;(c) 10 mg/mL 的 $CuSCN/NH_3(aq)$ 溶液以 800 rpm 旋涂在玻璃上;(d) 10 mg/mL 的 CuSCN/DES 溶液以 800 rpm 旋涂在玻璃上;(e) 玻璃/ITO 表面;(f) PEDOT:PSS 以 7000 rpm 旋涂在玻璃/ITO 上并在 140℃ 下退火;(g) 15 mg/mL 的 $CuSCN/NH_3$ 溶液以 2000 rpm 旋涂在玻璃/ITO 上;(h) 15 mg/mL 的 CuSCN/DES(二乙基硫醚)以 2000 rpm 旋涂在玻璃/ITO 上;(i) 分别由 $NH_3(aq)$ 和 DES 溶剂制备的 CuSCN 溶液的照片;(j) 基于 $CuSCN/NH_3(aq)$ 和 PEDOT 的器件在模拟一个太阳光照射下测量的 $J$-$V$ 曲线

进行调控.另外,由于铜的氧化物具有储量丰富、无毒、成本低廉和制作简易等优点,使得该类空穴传输材料成为一种非常有潜力的光伏材料.

卞祖强等[87]利用乙酰丙酮酸铜的二氯苯溶液为前驱液,通过溶液旋涂法制备了 $CuO_x$ 薄膜.研究结果表明,利用该方法制备的 $CuO_x$ 薄膜中既包含 $Cu^{2+}$,又包含 $Cu^+$,且随着 $CuO_x$ 薄膜紫外-臭氧光清洗时间的延长,薄膜中 $Cu^{2+}$ 的占比会逐渐增加.并且,$CuO_x$ 薄膜可以在一定程度上减小 ITO 的表面粗糙度,空白 ITO 和覆盖有 $CuO_x$ 薄膜的 ITO 的粗糙度均方根(RMS)值分别为 4.7 nm 和 4.2 nm(见图 4.33). 另外，器件结果表明，$CuO_x$ 薄膜中 $Cu^{2+}$ 的占比对器件性能几乎没有影响(见图 4.34)，这可能是由于 CuO 和 $Cu_2O$ 都可以起到有效传输空穴并阻挡电子的作用. 经过优化，基于 $CuO_x$ 空穴传输材料的反式结构钙钛矿光伏器件 ITO/$CuO_x$/$CH_3NH_3PbI_3$/$C_{60}$/BCP/Ag 的光电转换效率可高达 17.1%，其中 $V_{OC}$，$J_{SC}$，FF 分别为 0.99 V，23.2 mA/cm$^2$ 和 0.74.

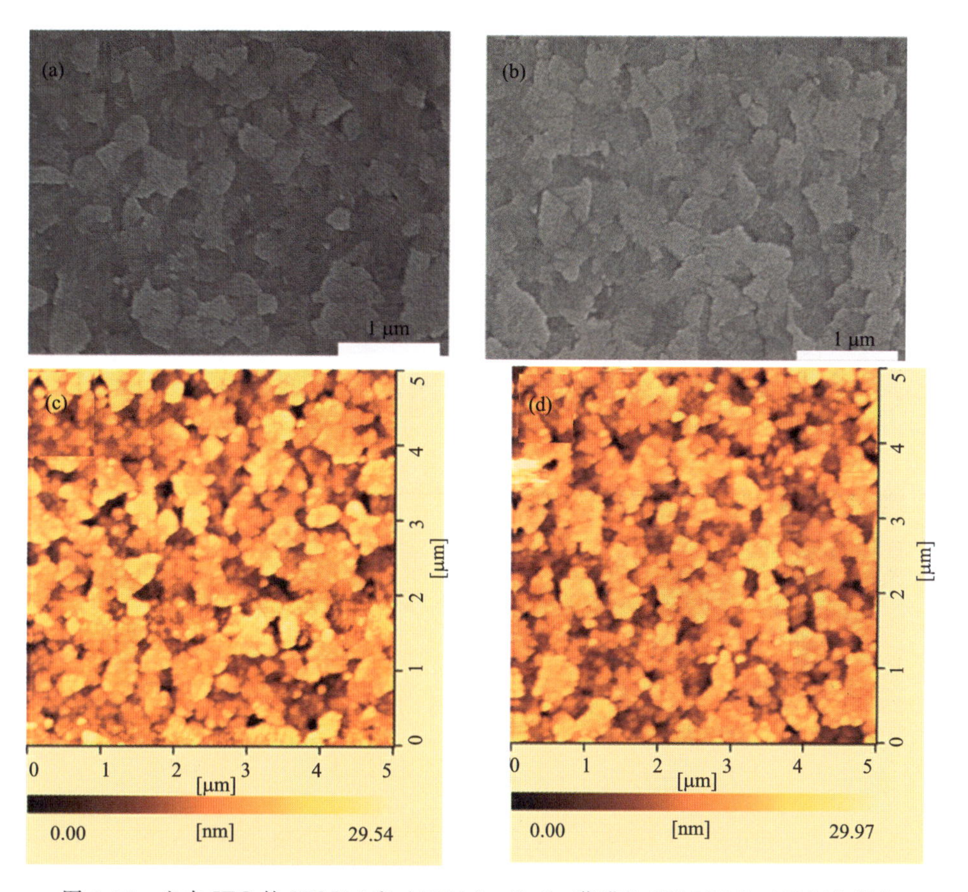


图 4.33　空白 ITO 的 SEM(a)和 AFM(c)，$CuO_x$ 薄膜的 SEM(b)和 AFM(d)照片

为了进一步提高器件性能，卞祖强、刘志伟等[88]通过 Cl 掺杂的方法优化钙钛矿薄膜的质量，并采用溶液法制备 5 nm 的超薄 $CuO_x$ 薄膜(见图 4.35(a)). 经过优化，光伏器件 ITO/$CuO_x$/$MAPbI_{3-x}Cl_x$/PCBM/$C_{60}$/BCP/Ag 实现最高 19.0%的器件效率，其中 $V_{OC}$，$J_{SC}$，FF 分别为 1.11 V，22.5 mA/cm$^2$ 和 0.74. 与 $MAPbI_3$ 钙钛矿相比，通过快速沉积结晶制备的 $MAPbI_{3-x}Cl_x$ 钙钛矿晶粒尺寸明显变大、缺陷显著减少. 电化学阻抗图证明基于 $MAPbI_{3-x}Cl_x$

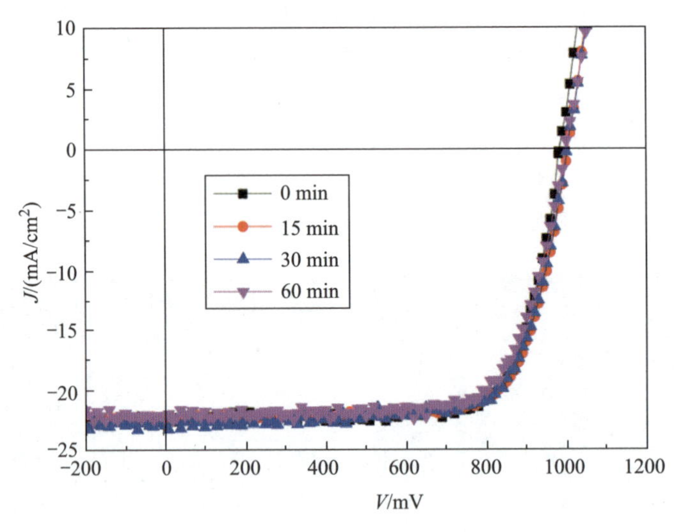


图 4.34 不同时间紫外光清洗处理后的 $CuO_x$ 薄膜用于制备钙钛矿电池的 $J$-$V$ 曲线图

的器件的复合电阻($R_{rec}$)高于基于 $MAPbI_3$ 的器件(见图 4.35 (b)),使得 $V_{OC}$ 和 FF 得到明显改善.

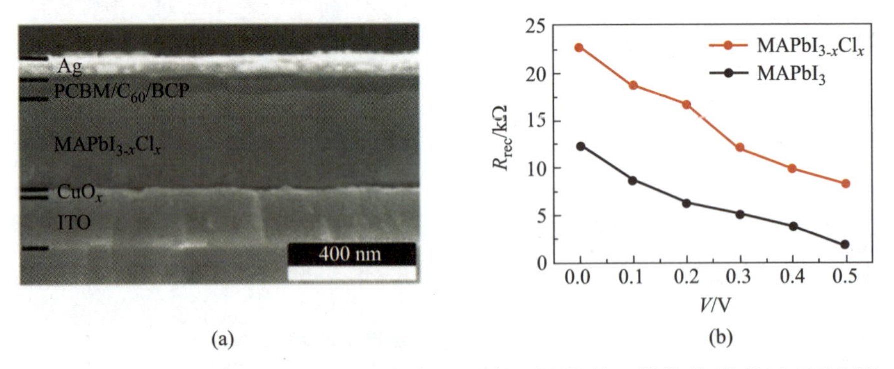


图 4.35 (a) $ITO/CuO_x/MAPbI_{3-x}Cl_x/PCBM/C_{60}/BCP/Ag$ 器件的横截面 SEM 图;(b) 基于 $MAPbI_{3-x}Cl_x$ 和基于 $MAPbI_3$ 的器件的电化学阻抗图

相比于 pin 型器件结构,$CuO_x$ 在 nip 型器件中应用的研究相对较少. 方国家等[89]将 $CuO_x$ 与 FBT-Th4 相结合形成 FBT-Th4/$CuO_x$ 双层空穴传输层,制备出高效稳定的钙钛矿光伏器件. 该器件结构为 $FTO/SnO_2/PCBM/CH_3NH_3PbI_3/FBT$-$Th4/CuO_x/Au$,其器件结构和能带如图 4.36 (a),(b)所示. 他们通过反溶剂沉积制备钙钛矿吸收层,然后在其上表面分别通过溶液法和真空热沉积依次沉积 FBT-Th4 和 $CuO_x$. 研究表明,与钙钛矿接触的 FBT-

Th4/$CuO_x$ 的双层空穴传输层比 spiro-OMeTAD 对照组的空穴提取速率更快. 因此，基于 FBT-Th4/$CuO_x$ 的光伏器件最高效率可达 18.85%，$V_{OC}$，$J_{SC}$，FF 分别为 1.12 V，22.35 mA/cm$^2$ 和 0.75. 此外在稳定性实验中，在相对湿度为 70%～80%的条件下以 FBT-Th4/$CuO_x$ 为空穴传输材料的钙钛矿太阳能电池表现出优异的稳定性.

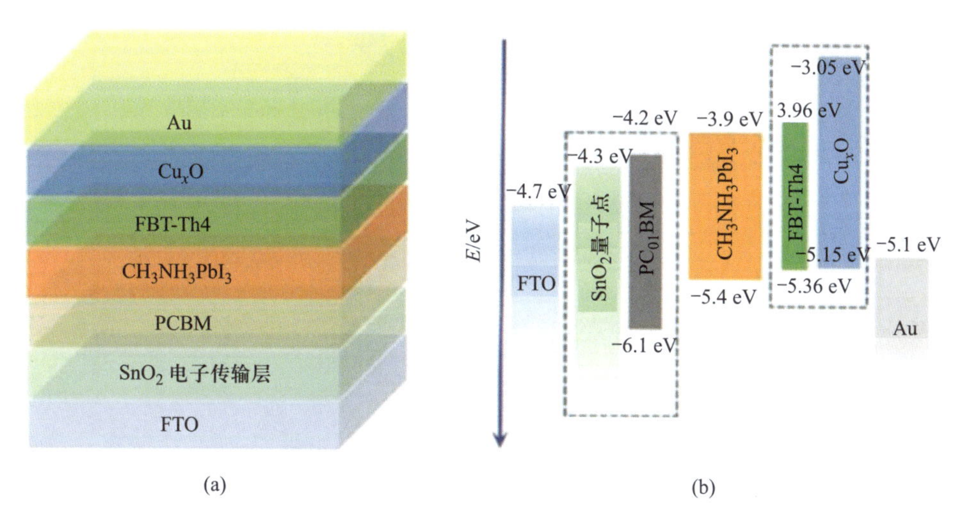


图 4.36 (a) 器件结构；(b) 基于 $CuO_x$ 的钙钛矿太阳能电池对应的能带

#### 4.2.2.3 碘化亚铜和铜的硫化物

##### 4.2.2.3.1 碘化亚铜

碘化亚铜(CuI)是另一种常用的宽带隙无机空穴传输材料，除了具有良好的可见区透光性和高的空穴迁移率(可达 43.9 $cm^2 \cdot V^{-1} \cdot s^{-1}$[90])外，还具有较好的溶解性，可在乙腈、$N$,$N$-二甲基甲酰胺(DMF)等有机溶剂中溶解，有利于简化 CuI 薄膜的制备工艺和降低生产成本.

Kamat 等[91]利用 CuI 为空穴传输材料取代传统的有机空穴传输材料 spiro-OMeTAD 制备了钙钛矿光伏器件 FTO/$TiO_2$/$CH_3NH_3PbI_3$/CuI/Au. 研究表明，虽然 CuI 较好的导电性使得基于 CuI 为空穴传输材料的器件具有相对较高的短路电流密度和填充因子，但载流子在钙钛矿和 CuI 界面处的较高复合速率大大限制了器件的开路电压. 因此，基于 CuI 的钙钛矿光伏器件的最高光电转换效率只有 6.0%，其中 $V_{OC}$，$J_{SC}$，FF 分别为 0.55 V，17.8 mA/cm$^2$ 和 0.62.

随后，卞祖强等[92]探究了 CuI 作为空穴传输材料在反式结构钙钛矿光伏器件中的应用，其器件结构如图 4.37 所示. 研究结果表明，虽然 CuI 在 DMF

中是可溶的，但在CuI薄膜上旋涂DMF时，由于旋涂的过程比较快，使得位于底层的CuI薄膜来不及被完全溶解，仍有较大部分的剩余(见图4.38)，从

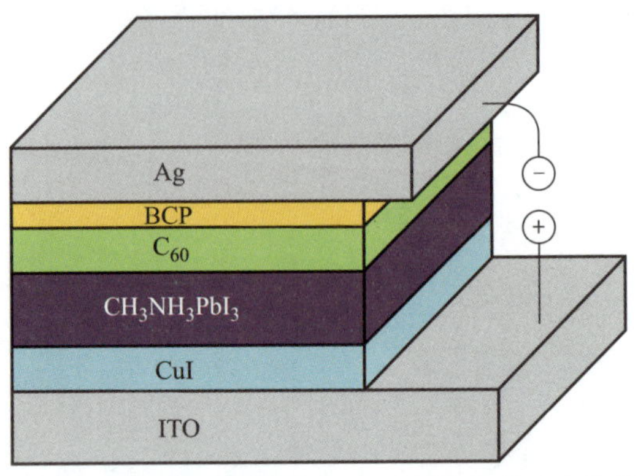


图4.37 基于CuI为空穴传输材料的反式结构钙钛矿光伏器件的结构

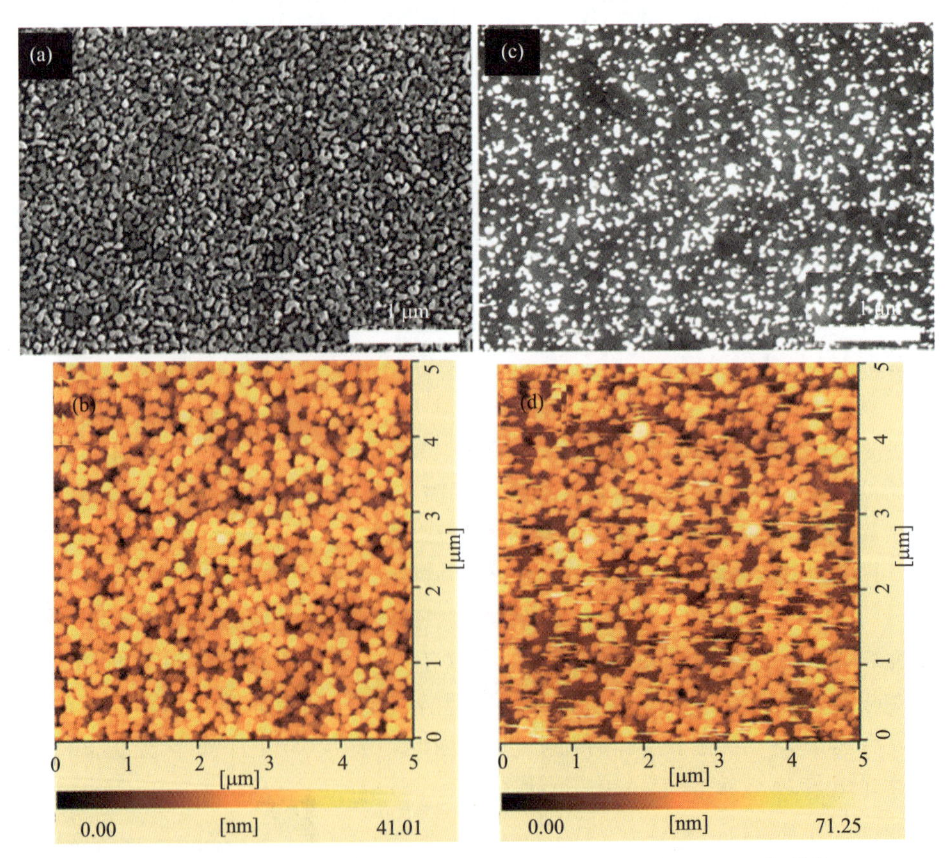


图4.38 用DMF清洗前CuI薄膜的SEM (a)和AFM (b)，清洗后CuI薄膜的SEM (c)和AFM (d)的照片

而可以起到传输空穴兼阻挡电子的作用. 经过优化，基于 CuI 空穴传输材料的反式结构钙钛矿光伏器件的光电转换效率可高达 16.8%，$V_{OC}$，$J_{SC}$，FF 分别为 1.01 V，23.0 mA/cm$^2$ 和 0.72.

#### 4.2.2.3.2　铜的硫化物

铜的硫化物 $Cu_xS$ 是一类 I-VI 族化合物半导体材料. 这类材料可以通过调节其化学计量比(如 $Cu_2S$，$Cu_{1.96}S$，$Cu_{1.8}S$ 以及 CuS)来调控其禁带宽度(1.5～2.2 eV)，从而被广泛应用于光催化剂、太阳能电池和传感器等领域. 其中，CuS 由于具备较高的空穴迁移率和较宽的禁带宽度(2.0～2.2 eV)，既能高效地传导空穴，又能有效地阻挡电子，也是一类非常重要的 p 型半导体材料.

卞祖强等[92]以柠檬酸三钠为稳定剂，制备了 CuS 纳米颗粒，并将其成功地用作钙钛矿光伏器件的空穴传输材料. 研究结果表明，通过溶液旋涂法制备的 CuS 纳米颗粒薄膜并没有形成连续致密的薄膜，而是以分散状态的 CuS 纳米颗粒的形式修饰在 ITO 的表面(见图 4.39). 但器件结果表明，即使 CuS 纳

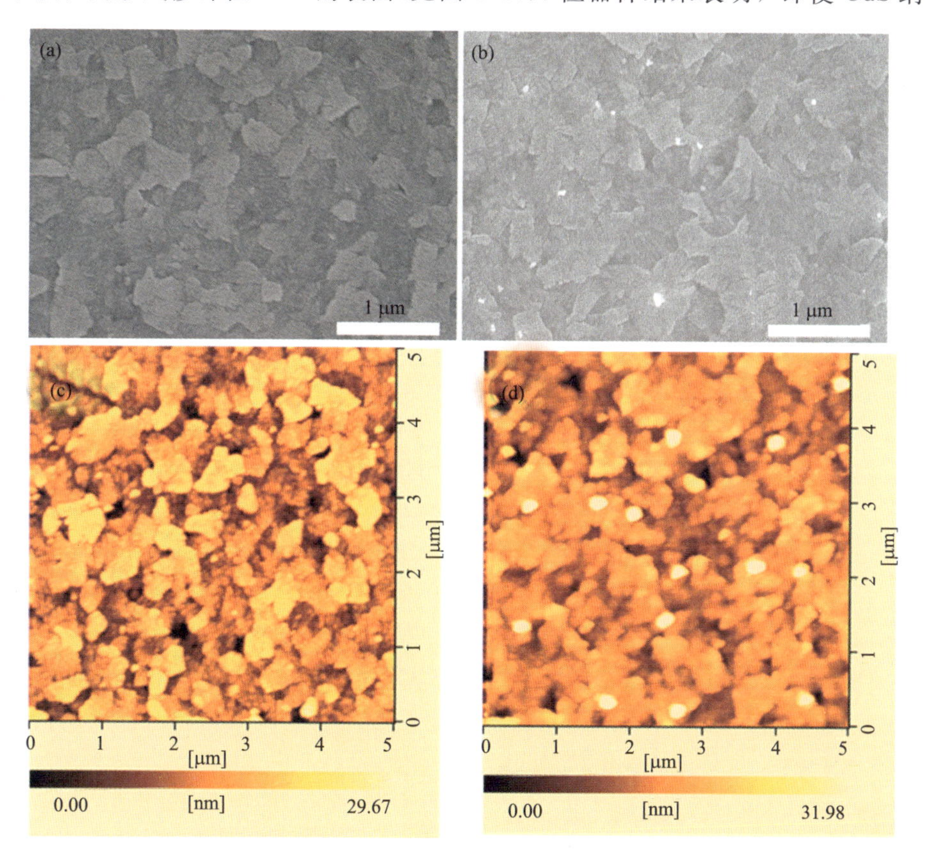


图 4.39　空白 ITO 的 SEM (a)和 AFM (c)，CuS 薄膜的 SEM (b)和 AFM (d)的照片

米颗粒薄膜并不是连续致密的，也仍能起到很好的空穴传输和阻挡电子的作用，这可能是由于 CuS 纳米颗粒本身具有较好的传输空穴兼阻挡电子的作用.经过优化，基于 CuS 纳米颗粒为空穴传输材料的反式结构钙钛矿光伏器件的光电转换效率可高达 16.1%，其中 $V_{OC}$，$J_{SC}$，FF 分别为 1.02 V，22.2 mA/cm$^2$ 和 0.71.

#### 4.2.2.4 铜基铜铁矿氧化物

铜铁矿氧化物具高空穴迁移率、高导电率、较低的价带能级、较宽的光学带隙和低生产成本等优点.这些出色的特性是由于其具有独特的分层结构：交替线性协调的 O-Cu-O 层和边缘共享的八面体 $M^{III}O_6$ 层.这些层可以是 ABCABC 或 ABABAB 堆叠的结构：以使铜铁矿氧化物化合物呈菱形(3R)或六方(2H)晶体对称，如图 4.40 (a)，(b)所示[93].

##### 4.2.2.4.1 $CuGaO_2$

采用微波辅助水热反应法可以得到较小的 $CuGaO_2$ 纳米颗粒.纳米颗粒的形成对于钙钛矿太阳能电池中的空穴传输材料沉积致密的空穴传输层是至关重要的，该空穴传输层可以完全覆盖钙钛矿层以阻挡分流路径并增强钙钛矿太阳能电池的稳定性[94-95].在这项工作中，研究人员通过使用溶液处理的 $CuGaO_2$ 作为钙钛矿太阳能电池的空穴传输层获得了 18.51%的 PCE，高于使用有机空穴传输层，如 spiro-OMeTAD 的钙钛矿太阳能电池，如图 4.40 (c)，(d)所示.更重要的是，采用 $CuGaO_2$ 作为空穴传输层的钙钛矿太阳能电池显示出更好的长期稳定性，在 30 天内保留了约 90%的初始 PCE，而基于 spiro-OMeTAD 的装置的 PCE 在 3 周内从 17.14%显著衰减至 3%，如图 4.40 (e)所示.

无色铜铁矿氧化物 $CuGaO_2$ 的导电率为 $10^{-1}$ S/cm，在可见光谱中具有 80%的高透明度，因此代表了作为空穴传输层的新型化合物.在低温水热条件下，有人首次成功合成了 20 nm $CuGaO_2$ 纳米晶[96].在这项工作中，研究人员通过改变 pH 来控制纳米晶体的尺寸.白色 $CuGaO_2$ 可以很好地分散在非极性溶剂(如甲苯、氯仿)或极性溶剂(包括水、乙醇)中，并且可以分别通过旋涂以 nip 或 pin 结构沉积.可以尝试掺杂的物质包括 Mg，Fe 和 Al 等金属，以增强相应空穴传输层的导电性，而不会妨碍它们在可见光区域中的透明度.考虑到铜铁矿氧化物的化学和结构相似性，了解 $CuGaO_2$ 的纳米晶形成机理是有益的，类似的合成路线可以用于制备其他类似的铜铁矿化合物，包括铜钪氧化物($CuScO_2$)，$CuCrO_2$ 和 $CuAlO_2$ 等.

##### 4.2.2.4.2 $CuAlO_2$

p 型铜铁矿氧化物 $CuAlO_2$ 具有高导电性(1 S/cm)、优良的热稳定性和环境稳定性、可见光区域的高透明度等优异的性能，并且易于合成且无毒性[97].

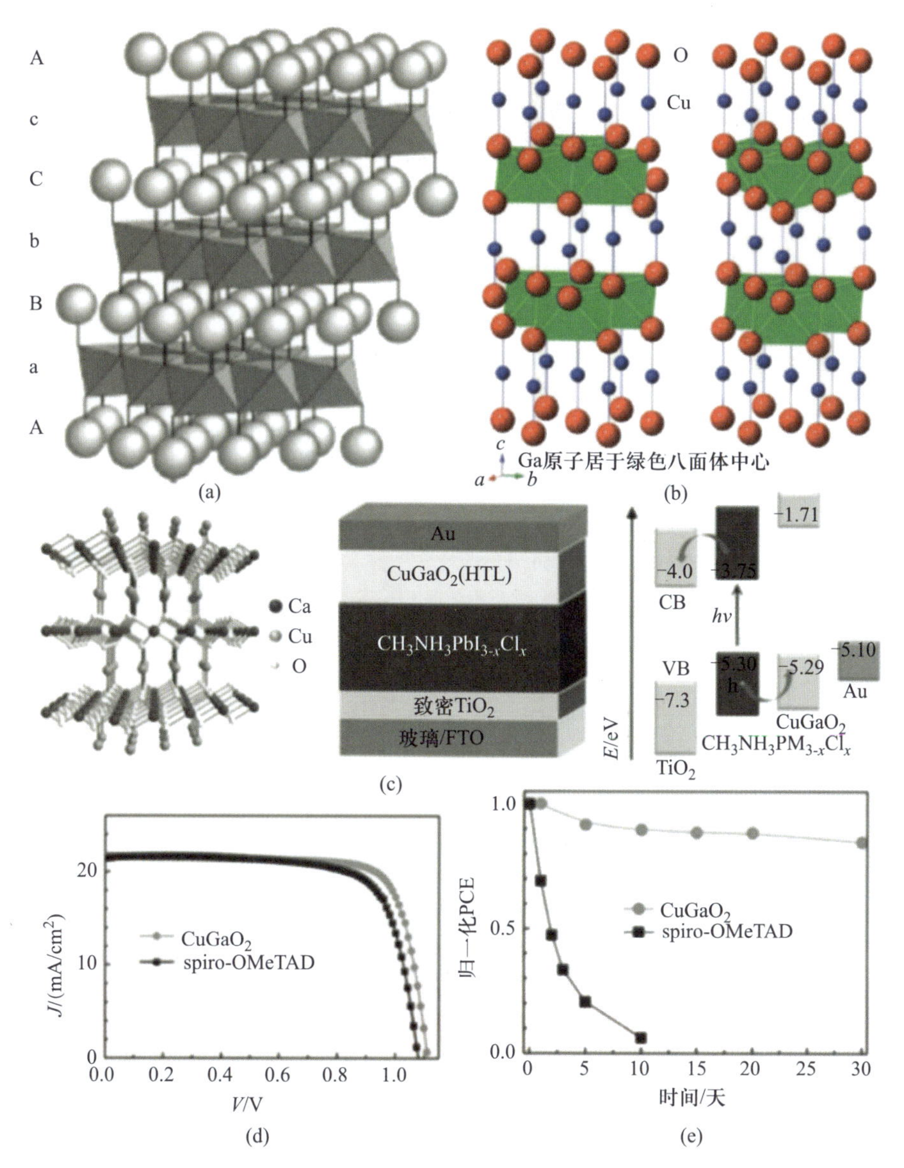


图 4.40　(a) 铜铁矿结构($ABO_2$)；(b) 铜铁矿 $CuGaO_2$ 的晶体结构；(c) 基于 $CuGaO_2$ 的空穴传输层的钙钛矿太阳能电池的晶体结构、器件结构和能带图；(d) 采用 $CuGaO_2$ 和 spiro-OMeTAD 作为空穴传输层的钙钛矿太阳能电池的 $J$-$V$ 曲线；(e) 在空气环境下对基于 $CuGaO_2$ 空穴传输层的钙钛矿太阳能电池进行的长期稳定性测试

研究人员通过磁控溅射方法实现了 $CuAlO_2$ 薄层在钙钛矿太阳能电池中的首次应用. $CuAlO_2$ 与 PEDOT:PSS 一起用作空穴传输层，如图 4.41 (a)所示.

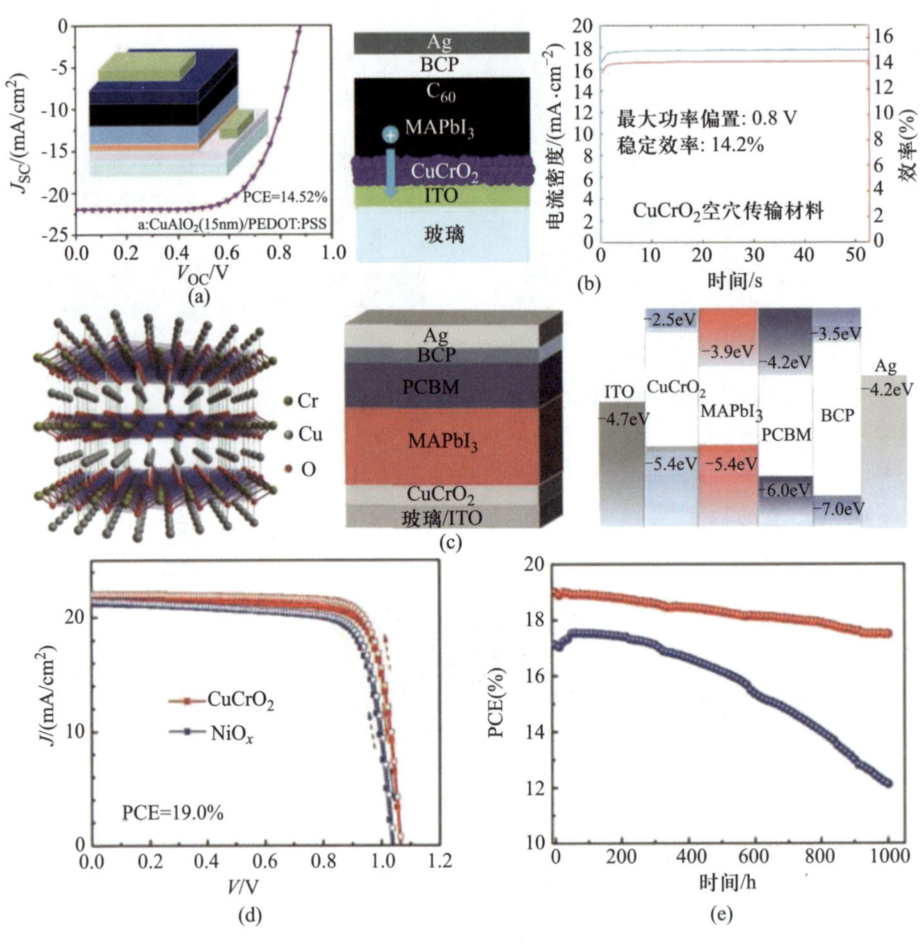


图 4.41 (a) 使用 $CuAlO_2$ 作为空穴传输层的钙钛矿太阳能电池的示意性器件结构和 $J$-$V$ 曲线；(b) 使用 $CuCrO_2$ 作为空穴传输层的钙钛矿太阳能电池的器件结构和稳定的 PCE；(c) 基于 $CuCrO_2$空穴传输层的钙钛矿太阳能电池的晶体结构、器件结构和能带图；(d) 采用 $CuCrO_2$ 和 $NiO_x$ 作为空穴传输层的钙钛矿太阳能电池的 $J$-$V$ 曲线；(e) 未密封的基于 $CuCrO_2$ 空穴传输层的钙钛矿太阳能电池的长期稳定性测试[103]

$CuAlO_2$ 具有两个基本特征：一是防止本征酸性 PEDOT∶PSS 和 ITO 之间的直接接触，二是其优异的化学热稳定性和良好的导电性可以增多活性钙钛矿层中产生的电荷. 优化器件中厚 15 nm 的 $CuAlO_2$ 高透明度(80%)和良好导电性以及与 PEDOT∶PSS 良好的能级匹配，使其取得了 14.52%的显著 PCE，远远高于仅使用 40 nm 厚的 PEDOT∶PSS 的钙钛矿太阳能电池的 11.10%的 PCE. 此外，基于 $CuAlO_2$ 的钙钛矿太阳能电池的最优器件显示出比仅使用

PEDOT:PSS 的钙钛矿太阳能电池更好的稳定性，能维持其初始 PCE 的约 80%.

#### 4.2.2.4.3 $CuCrO_2$

$CuCrO_2$ 由于其成本低和电荷迁移率高而作为一种合适的空穴传输层材料应用于钙钛矿太阳能电池中[98]. 在所有报道的技术中，喷雾热解和水热反应方法似乎更与大规模生产相兼容，主要是因为其低于 350℃ 的加温温度和简便的一步法制造工艺[99]. 喷雾热解方法衍生的 $CuCrO_2$ 薄膜在可见光谱中显示出高达 12 $S\cdot cm^{-1}$的电导率和 55%的光学透明度[100]. 由于这些有利特征，通过喷雾热解法制备的 $CuCrO_2$ 薄膜非常适用于大规模制造钙钛矿太阳能电池. 高质量的 $CuCrO_2$ 薄膜也可以由预先合成的纳米晶体制备，这种纳米晶体可以通过封闭系统微波反应器技术合成，得到的 $CuCrO_2$ 纳米颗粒均匀分散在甲醇中，满足成膜质量要求. 采用预合成的 $CuCrO_2$ 纳米晶体作为空穴传输层，制备出的 ITO/$CuCrO_2$/$MAPbI_3$/$C_{60}$/BCP/Ag 器件结构的钙钛矿太阳能电池，器件效率超过 14%，如图 4.41 (b)[101]所示. 更令人鼓舞的是，经过进一步优化后，PCE 提高到了 19.0%，如图 4.41 (c)，(d)[102]所示. 此外，所采用的 $CuCrO_2$空穴传输层具有 45 nm 的最佳厚度，可以有效地抑制 UV 诱导的钙钛矿分解，并且由于 $CuCrO_2$ 材料在 UV 区域有很强的光捕获能力，因此可以显著改善器件的光稳定性.

#### 4.2.2.4.4 $CuScO_2$

$CuScO_2$ 具有高空穴迁移率($2.0\times10^{-1}$ $cm^2\cdot V^{-1}\cdot s^{-1}$)、宽带隙(3.5 eV)、在可见光区域的良好透明性以及高电导率(30 $S\cdot cm^{-1}$)等优点，显示出在钙钛矿太阳能电池中用作空穴传输材料的巨大潜力[104]. 采用脉冲激光沉积法在 $Al_2O_3$ 基底上生长 $CuScO_2$ 的方法已被证实，所得薄膜 Hall 系数为 1.9 $cm^3\cdot C^{-1}$，空穴浓度为 $3.2\times10^{17}$ $cm^{-3}$，可见光区的透射率大于 70%. 然而，形成 $CuScO_2$ 所需的高温(反应为 900℃，后退火处理为 1150℃)阻碍了其在钙钛矿太阳能电池中作为空穴传输材料使用. $CuScO_2$ 的低温合成可以通过水热反应法在 210℃ 下实现. 然而在用于致密成膜时，所获得的 $CuScO_2$ 纳米颗粒仍然太大(直径为几微米)[105]. 颗粒尺寸小于 20 nm 更有利于沉积形成致密的空穴传输层. 改变水热条件(例如，乙二醇作为还原剂的量、基于 Cu 的 Pourbaix 图调节 pH 以避免 $Cu_2O$ 的提前沉淀、反应时间和反应温度)可能有助于将 $CuScO_2$ 作为空穴传输层应用于钙钛矿太阳能电池中.

### 4.2.3 其他氧化物

Shalan 等[106]提出了钴的氧化物具有适当的能级和有效的空穴提取能力，

是作为空穴传输层的新的候选材料. 他们将其应用于具有 ITO/$CoO_x$/$CH_3NH_3PbI_3$/PCBM/Ag 器件结构的反式钙钛矿太阳能电池器件中，其光电转换效率最高为 14.5%，如图 4.42 所示. 它与使用典型空穴传输材料的其他器件，包括 PEDOT:PSS(12.2%)，$NiO_x$(10.2%)和 $CuO_x$(9.4%)在 AM 1.5 G 单日照射下相比，具有显著提升. 这种超薄的 $CoO_x$ 薄膜是通过在 ITO 基板的顶部上旋涂乙酸钴四水合物前体进行制备的，具有很高的透明度. 合成后的薄膜具有良好的覆盖率，可降低复合和有效粗糙度，并且与钙钛矿薄膜良好填充.

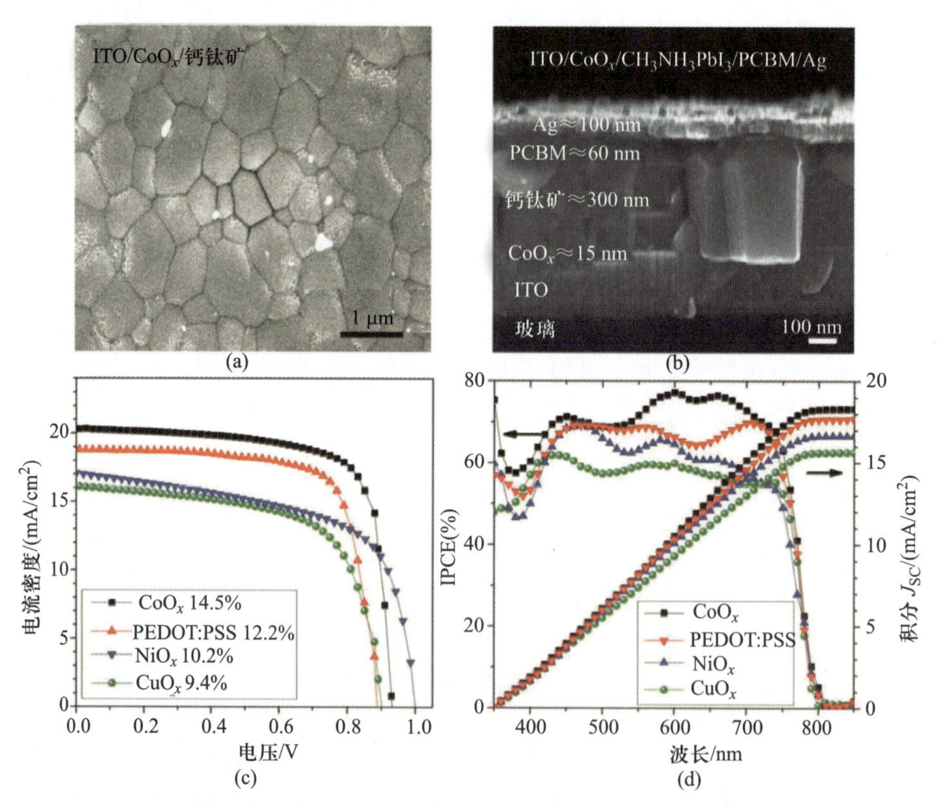


图 4.42 (a) 沉积在 $CoO_x$/ITO 基底上的钙钛矿晶体的俯视 SEM 图像；(b) 基于 $CoO_x$ 的装置的横截面 SEM 图像；(c) *J-V* 曲线；(d) 基于 $CoO_x$，PEDOT:PSS，$NiO_x$ 和 $CuO_x$ 空穴传输层器件的 IPCE 和积分电流密度

Shalan 等通过光致发光(photoluminescence，PL)光谱研究了 $CoO_x$，PEDOT:PSS，$NiO_x$ 和 $CuO_x$ 的空穴提取能力，通过时间相关单光子计数系统进行瞬态测量. 钙钛矿与各种空穴传输材料结合的空穴提取能力表现出 $CoO_x$(2.8 ns)< PEDOT:PSS(17.5 ns)< $NiO_x$(22.8 ns)< $CuO_x$(208.5 ns)

的趋势，这与它们各自的光伏特性一致. 其中，基于 $CoO_x$ 的器件在氮气氛围下黑暗中储存时，PCE 在超过 1000 h 后仍维持在 12%以上. 然而，$CoO_x$ 的制造过程耗时且需要高温. $CoO_x$ 前体的制备需要 3 天，而 $CoO_x$ 膜的制造也需要 3 h. 这种高于 400℃的高退火温度引起了关于能源需求的担忧.

为了减少处理时间和降低制备温度，杨松旺等[107]制备了结合铜的 $CoO_x$ 薄膜(≈10 nm). 他们应用快速和低成本的直流磁控溅射法将 $CoO_x$ 薄膜沉积到 FTO 基板上，并实现完全覆盖. 这种超薄 $CoO_x$ 膜具有高透射率. 引入的铜取代了晶格中的钴离子，这改善了 $CoO_x$ 薄膜的载流子迁移率，并调整了价带的位置以抵消 $CoO_x$ 和钙钛矿层之间的能级不匹配. 能级不匹配的减少和载流子迁移率的增加减少了 $CoO_x$ 中载流子传输的损耗，并且还降低了 $CoO_x$/钙钛矿界面处的复合损失. 与基于 PEDOT:PSS 的器件相比，他们报道的钴-铜二元氧化物($Co_{1-y}Cu_yO_x$)钙钛矿太阳能电池的 PCE 约为 9.98%，器件的稳定性有所改善，70%相对湿度下放置 12 天仍具有初始值 90%以上的 PCE.

Bashir 等[108]报道了具有其他纳米结构的氧化钴. 他们将化学沉淀法合成的 $Co_3O_4$ 应用到单片钙钛矿太阳能电池中. 该氧化钴显示出与 $Fd3m$ 空间群相关的典型尖晶石晶体结构. 与其他碳基钙钛矿太阳能电池相比，由于 $Co_3O_4$ 的价带位置(−5.3 eV)与钙钛矿的价带顶(≈−5.4 eV)相匹配，空穴提取得到了改善. 这具有更好的欧姆接触并会导致空穴和电子传输层之间的大电位差. 当钙钛矿与 $ZnO_2$ 和 $ZnO_2/Co_3O_4$ 接触时，时间常数由 8.4 ns 降至 2.8 ns. 载流子抽取能力的改善使得 PCE 由 11.25%(不含 $Co_3O_4$)提升至 13.27%(使用 $Co_3O_4$). 含有 $Co_3O_4$ 层的未封装钙钛矿电池的器件效率在相对湿度 70%和室温 25℃下，超过 100 天后效率没有变化.

Kaltenbrunner 等[109]进一步开发了金属保护层的概念，他们设计了结构为 PET 薄片/PEDOT:PSS/$CH_3NH_3PbI_{3-x}Cl_x$/PTCDI 和 PCBM/$Cr_2O_3$/Cr (Au, Cu 或 Al)的高性能柔性钙钛矿太阳能电池，并制造了模型飞机，如图 4.43 所示. DMSO 的添加改善了膜的形态，即钙钛矿的结晶. 实际上，DMSO 充当 MAI 前体的溶剂，并诱导 PEDOT:PSS 表面上钙钛矿的成核和结晶. Kaltenbrunner 报道了采用超薄 $Cr_2O_3$/Cr 薄膜(3 μm)的柔性钙钛矿太阳能电池. 在 AM1.5，即约 1000 $W/m^2$ 太阳辐射下，它们实现了稳定的 12%的效率和 23 W/g 的功率. 由于引入 $Cr_2O_3$/Cr 中间层，器件的稳定性也得到改善. 一方面，$Cr_2O_3$/Cr 中间层可以防止顶部金属与钙钛矿接触；另一方面，$Cr_2O_3$/Cr 中间层增强了器件对侵蚀性氧化的抵抗力. 经过优化，使用 $Cr_2O_3$/Cr 中间层的钙钛矿光伏器件在玻璃/ITO 上最高效率为 12.5%，并表现出更好的稳定性.

$CrO_x$ 仍然不是空穴传输层的合适选择，因为其能级与钙钛矿不匹配.

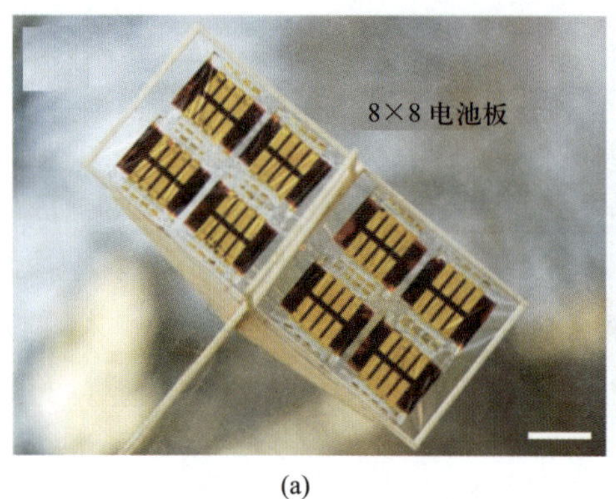


(a)

(b)

图 4.43 超薄超轻钙钛矿太阳能电池.(a) 集成太阳能电池板的水平稳定器的特写照片,比例尺:2 cm;(b) 室外飞行期间太阳能模型飞机的照片,比例尺:10 cm

$CrO_x$ 的 CBM 和 VBM 分别位于−4.03 eV 和−7.78 eV,这与钙钛矿的能级有差异,其 CBM 和 VBM 分别位于−3.9 eV 和−5.4 eV. 为了克服能级问题,方国家等[110]引入了铜掺杂的氧化铬作为空穴传输层,并通过 Cu 掺杂剂调节 $CrO_x$ 的能级. 他们将射频(radio frequency,RF)溅射方法合成的 Cu 掺杂 $CrO_x$ 用于反式钙钛矿太阳能电池中. 他们通过将紫外光电子能谱(ultraviolet photoelectron spectroscopy,UPS)曲线的线性部分外推至能量轴来评估带隙. 对于 $CrO_x$ 和 $Cu{:}CrO_{x-1}$ 薄膜,带隙分别显示为约 3.72 eV 和 3.70 eV. 根据 UPS 结果,未观察到与金属铬有关的峰. 铜掺杂后 $CrO_3$ 和 $CrO(OH)/Cr(OH)_3$ 的峰从 $CrO_x$ 层消失,$Cr_2O_3$ 含量增加到 81.3%,而 $Cu{:}CrO_x$ 薄膜中 $CrO_2$ 含量降低到 18.7%. 他们的解释是,表面羟基化的抑制和 $CrO_3$ 的形成,改变了 $Cu{:}CrO_x$ 膜中的铬离子含量,这种变化有利于稳定性的提升. 根据 UPS 测试,原始 $CrO_x$ 薄膜的 VBM 为−7.78 eV,CBM 为−4.03 eV. Cu 掺杂后,$Cu{:}CrO_x$ 的 CBM 为−5.08 eV,与 $CH_3NH_3PbI_3$ 更为接近.

时间分辨 PL 用于评估载流子提取效率. 样品的寿命定义为达到初始 PL 强度的 1/e 所花费的时间. 对于 $CH_3NH_3PbI_3/CrO_x$,寿命为 34.1 ns. 对于 Cu 掺杂的 $CrO_x$,寿命减少到 17.5 ns. 方国家等解释了从钙钛矿到 $Cu{:}CrO_x$ 层(相对于 $CrO_x$ 层)更有效的空穴注入,这也减少了复合. 通过如图 4.44 所示的由玻璃/FTO/$CrO_x$/$CH_3NH_3PbI_3$/PCBM/Ag 结构组成的器件实现了 9.27%的 PCE. Cu 掺杂后 PCE 进一步提高至 10.99%. 与使用不含 Cu 掺杂剂的 $CrO_x$ 的器件相比,Cu 掺杂还使在 25%湿度的空气下 150 h 储存期间的稳定性提高了 60%. 他们的解释是 Cu 掺杂抑制了能够通过氧化还原与 $CH_3NH_3PbI_3$ 的降解产物发生反应的 $Cr^{6+}$ 氧化态. 表 4.1 总结了基于钴和铬氧化物的钙钛矿太阳能电池的结构和性能.

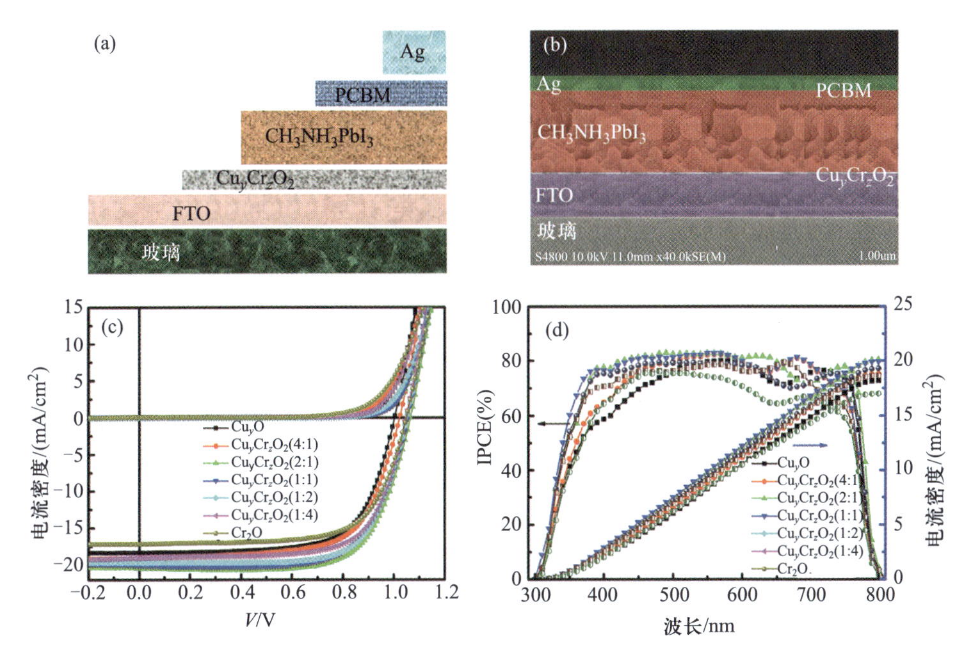


图 4.44　(a) 器件结构示意图；(b) 使用 $Cu_yCr_zO_2$ 薄膜的钙钛矿太阳能电池的截面 SEM 图像；(c) 光照下的 *J*-*V* 特征；(d) 基于不同体积比($y$∶$z$ 分别为 1∶0，4∶1，2∶1，1∶1，1∶2，1∶4 和 0∶1)的 $Cu_yCr_zO_2$ 空穴传输层薄膜的 IPCE 光谱(黑色)和计算出的积分电流密度(蓝色)

**表 4.1　基于钴氧化物和铬氧化物无机空穴传输材料的钙钛矿太阳能电池结构和光电性能**

| 空穴传输材料 | 器件结构 | $V_{OC}$/V | $J_{SC}$/(mA·cm$^{-2}$) | FF | PCE(%) |
|---|---|---|---|---|---|
| $CoO_x$ | 玻璃/ITO/$CoO_x$/钙钛矿/PCBM/Ag | 0.95 | 20.28 | 0.76 | 14.50 |
| $Co_{1-y}Cu_yO_x$ | 玻璃/FTO/$Co_{1-y}Cu_yO_x$/钙钛矿/PCBM/Ag | 0.93 | 17.98 | 0.60 | 9.98 |
| $Co_3O_4$ | 玻璃/FTO/cl-$TiO_2$/mp-$TiO_2$/mp-$ZrO_2$/钙钛矿/mp-$Co_3O_4$/碳 | 0.88 | 23.43 | 0.64 | 13.27 |
| $CrO_x$ | 玻璃/ITO/PEDOT∶PSS/P3HT∶PCBM/$CrO_x$/Al | 0.56 | 11.55 | 0.55 | 3.50 |
| Cu∶$CrO_x$ | 玻璃/FTO/Cu∶$CrO_x$/钙钛矿/PCBM/Ag | 0.98 | 16.02 | 0.70 | 10.99 |

氧化钼($MoO_3$)通常是 n 型半导体，然而在亚稳态中，氧空位可能以不同的比例存在，从而导致导带附近的电子过多或价带附近的空穴过多，形成 np 型转换[111]. 因此，p 型 $MoO_3$ 可取代 PEDOT:PSS 作为有机光伏器件的阳极和空穴传输层，由于其无毒性、高迁移率和价带边缘低等优点，这项研究已被各国科学家进行多年[111-115]. 在各项研究中，最常见的技术是低温溶液法，此外还有一些其他的沉积方法，如脉冲激光沉积、热蒸发等[123-125].

2013 年，杨阳等[115]采用一步法合成了低温溶液处理的氧化钼和含氧空位的氧化钒. 这些材料被成功地应用于光伏器件中，结果表明氧空位对提高有机电子器件的性能起着至关重要的作用. 由于氧空位的影响，氧化钼和氧化钒器件的光电转换效率分别从 3.9%和 3.8%提高到 7.7%和 7.6%. 遗憾的是，在不降低钙钛矿太阳能电池效率的情况下，尝试用 $MoO_3$ 替代 PEDOT:PSS 几乎没有成功过. 然而，Russo 等[116]提出，在 PEDOT:PSS 层下面沉积一层薄薄的 $MoO_3$，形成 $MoO_3$/PEDOT:PSS 双层，可以提高空穴提取效率. 这种方法可使最高光电转换效率达到 18.8%. 2016 年，Murata 等[117]为避免 PEDOT:PSS 作为空穴传输层的酸性，通过低温溶液法沉积 $MoO_x$ 和 $WO_x$ 制备了反式平面钙钛矿太阳能电池. 此外，Murata 等的研究结果表明，由于钙钛矿溶液对 $MoO_x$ 和 $WO_x$ 薄膜具有良好的润湿性，因此在 $MoO_x$ 和 $WO_x$ 层上使用紫外线臭氧处理可以提高钙钛矿层的表面覆盖率. 最后，基于 $MoO_x$ 和 $WO_x$ 作为空穴传输层的钙态矿太阳能电池在 AM1.5G 光照条件下分别达到了 13.1%和 9.8%的最高光电转换效率，如图 4.45 所示.

钒的氧化物($V_2O_5$)也是一种未来很有前途的可代替 PEDOT:PSS 作为有机光伏电池器件的无机金属氧化物[118-121]. 2013 年 Snaith 等[64]将 $V_2O_5$ 应用于钙钛矿太阳能电池，但 p 型 $V_2O_5$ 层导致光伏性能相当差，$J$-$V$ 曲线中存在明显的低分流电阻. 2015 年，Lu 等[122]论述了一种在室温下类似于将蚕茧缠绕成丝的工艺，以制造多层混合的 $V_2O_5$/PEDOT 纳米线作为反式平面钙钛矿太阳能电池的空穴传输层，与基于 PEDOT:PSS 的钙钛矿太阳能电池相比，该工艺器件的光电转换效率为 8.4%，7 天后稳定性更好(效率高达 9.0%). 最近，曹镛等[123]公开了一项工作，将 $VO_x$ 通过一种简单的溶液技术沉积作为钙钛矿太阳能电池的空穴传输层. 他们利用氨基丙醇(APPA)作为附加界面层来减少 $VO_x$ 层和钙钛矿层之间的电荷载流子复合. 双层 $VO_x$/APPA 器件的光电转换效率为 14.04%，其光伏性能优于单 $VO_x$ 层和 PEDOT:PSS 作为空穴传输层的器件. 此外，基于双层 $VO_x$/APPA 的钙钛矿太阳能电池无迟滞特性. 然而，$VO_x$ 层的制备工艺要求在 210℃下热退火，这限制了其在柔性基板 PVK 器件和单片钙钛矿-铜铟镓硒(CIGSe)串联太阳能电池中的应用.

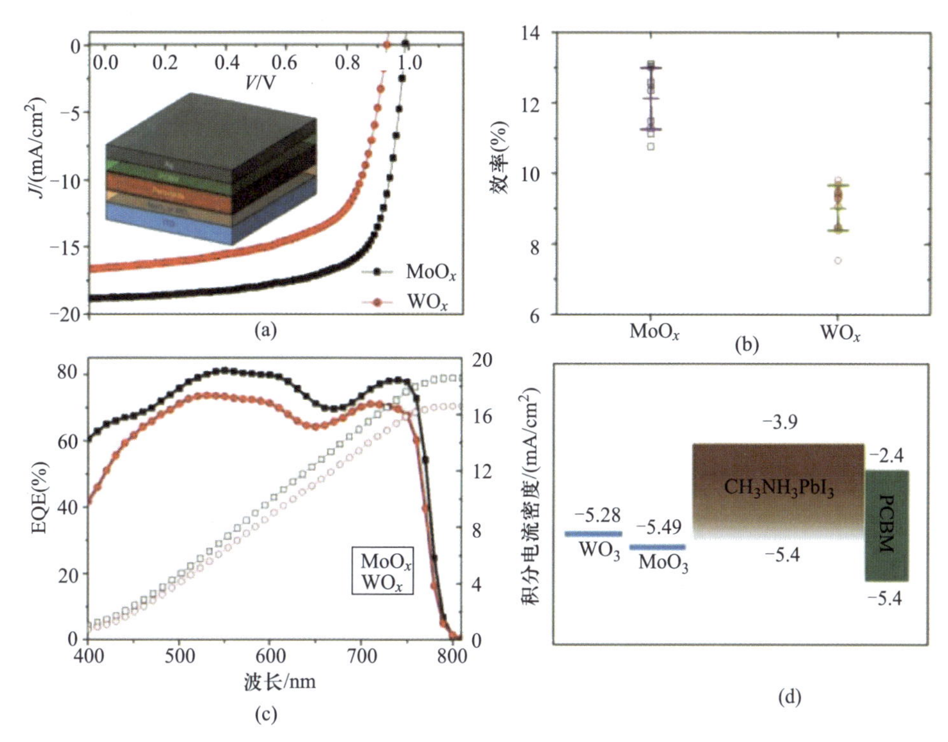


图 4.45　基于 $MoO_x$ 和 $WO_x$ 的太阳能电池　(a) 电流密度-电压($J$-$V$)曲线；(b) 效率分布图；(c) 光电转换效率(IPCE)光谱；(d) 器件能级图

据报道，氧化钨($WO_3$)具有显色性、光催化性和传感能力，可作为空穴传输层应用于染料敏化太阳能电池[124-126]. 此外，$WO_3$ 的一些特性和功能在有机光伏电池器件中也受到了较高的重视[127-129]. 2012 年，Stubhan 等[130]通过溶液法沉积氧化钨($WO_3$)作为有机光伏电池器件的空穴传输层，氧化钨薄膜器件的效率与使用 PEDOT∶PSS 作为空穴传输层器件的效率相当. 尽管在钙钛矿太阳能电池中使用 $WO_3$ 存在许多障碍，但氧化钨仍具有无毒性、宽带隙(良好的透明度)和能级匹配等优点，易从钙钛矿层中提取和传输空穴. 如在 $MoO_3$ 部分所述，基于 $WO_3$ 的钙钛矿太阳能电池具有实现高光电转换效率和提高器件稳定性的潜力. 因此，它也是钙钛矿-CIGSe 串联太阳能电池中的空穴传输层和中间隧道层的备选方案. $MoO_3$，$V_2O_5$，$WO_3$ 无机半导体的性能见表 4.2.

**表 4.2 $MoO_3$，$V_2O_5$，$WO_3$ 无机半导体的特性**

| 材料 | $MoO_3$ | $V_2O_5$ | $WO_3$ |
|---|---|---|---|
| 带隙/eV | >2.7 | 2.3 | 3.1 |
| 透明性 | — | — | √ |
| 兼容带结构 | np 型转换 | √ | √ |
| 迁移率/($cm^2 \cdot V^{-1} \cdot s^{-1}$) | — | — | $10^{-2}$ |
| 低温沉积 | √ | √ | √ |

# 参考文献

[1] NREL. Best research-cell efficiencies. https://www.nrel.gov/pv/cell-efficiency.html, 2019.
[2] Jeon N J, Lee H G, Kim Y C, Seo J, Noh J H, Lee J, and Seok S I. o-methoxy substituents in spiro-OMeTAD for efficient inorganic-organic hybrid perovskite solar cells. J. Am. Chem. Soc., 2014, 136: 7837.
[3] Heo J H, Im S H, Noh J H, Mandal T N, Lim C S, Chang J A, Lee Y H, Kim H J, Sarkar A, Nazeeruddin M K, Grätzel M, and Seok S I. Efficient inorganic-organic hybrid heterojunction solar cells containing perovskite compound and polymeric hole conductors. Nature Photonics, 2013, 7: 487.
[4] Krishna A, Sabba D, Li H, Yin J, Boix P P, Soci C, Mhaisalkar S G, and Grimsdale A C. Novel hole transporting materials based on triptycene core for high efficiency mesoscopic perovskite solar cells. Chem. Sci, 2014, 5: 2702.
[5] Krishnamoorthy T, Fu K, Boix P P, Li H, Koh T M, Leong W L, Powar S, Grimsdale A, Grätzel M, Mathews N, and Mhaisalkar S G. A swivel-cruciform thiophene based hole-transporting material for efficient perovskite solar cells. J. Mater. Chem. A, 2014, 2: 6305.
[6] Li H, Fu K, Hagfeldt A, Grätzel M, Mhaisalkar S G, and Grimsdale A C. A simple 3, 4-ethylenedioxythiophene based hole-transporting material for perovskite solar cells. Angewandte Chemie-International Edition, 2014, 53: 4085.
[7] Jeon N J, Lee J, Noh J H, Nazeeruddin M K, Grätzel M, and Seok S I. Efficient inorganic organic hybrid perovskite solar cells based on pyrene arylamine derivatives as hole-transporting materials. J. Am. Chem. Soc., 2013, 135: 19087.
[8] Wang J J, Wang S R, Li X G, Zhu L F, Meng Q B, Xiao Y, and Li D M. Novel hole transporting materials with a linear pi-conjugated structure for highly efficient perovskite solar cells. Chem. Commun., 2014, 50: 5829.

[9] Lv S, Han L, Xiao J, Zhu L, Shi J, Wei H, Xu Y, Dong J, Xu X, Li D, Wang S, Luo Y, Meng Q, and Li X. Mesoscopic $TiO_2/CH_3NH_3PbI_3$ perovskite solar cells with new hole-transporting materials containing butadiene derivatives. Chem. Commun., 2014, 50: 6931.

[10] Xu B, Sheibani E, Liu P, Zhang J, Tian H, Vlachopoulos N, Boschloo G, Kloo L, Hagfeldt A, and Sun L. Carbazole-based hole-transport materials for efficient solid-state dye-sensitized solar cells and perovskite solar cells. Adv. Mater., 2014, 26: 6629.

[11] Polander L E, Pahner P, Schwarze M, Saalfrank M, Koerner C, and Leo K. Hole-transport material variation in fully vacuum deposited perovskite solar cells. Apl Materials, 2014, 2: 081503.

[12] Zhu L, Xiao J, Shi J, Wang J, Lv S, Xu Y, Luo Y, Xiao Y, Wang S, Meng Q, Li X, and Li D. Efficient $CH_3NH_3PbI_3$ perovskite solar cells with 2TPA-n-DP hole-transporting layers. Nano Research, 2015, 8: 1116.

[13] Do K, Choi H, Lim K, Jo H, Cho J W, Nazeeruddin M K, and Ko J. Star-shaped hole transporting materials with a triazine unit for efficient perovskite solar cells. Chem. Commun., 2014, 50: 10971.

[14] Song Y, Lv S, Liu X, Li X, Wang S, Wei H, Li D, Xiao Y, and Meng Q. Energy level tuning of TPB-based hole-transporting materials for highly efficient perovskite solar cells. Chem. Commun., 2014, 50: 15239.

[15] Sung S D, Kang M S, Choi I T, Kim H M, Kim H, Hong M, Kim H K, and Lee W I. 14.8% perovskite solar cells employing carbazole derivatives as hole transporting materials. Chem. Commun., 2014, 50: 14161.

[16] Abate A, Planells M, Hollman D J, Barthi V, Chand S, Snaith H J, and Robertson N. Hole-transport materials with greatly-differing redox potentials give efficient $TiO_2$-$[CH_3NH_3][PbX_3]$ perovskite solar cells. Phys. Chem. Chem. Phys, 2015, 17: 2335.

[17] Neumann K and Thelakkat M. Perovskite solar cells involving poly(tetraphenylbenzidine)s: investigation of hole carrier mobility, doping effects and photovoltaic properties. RSC Adv, 2014, 4: 43550.

[18] Snaith H J and Grätzel M. Electron and hole transport through mesoporous $TiO_2$ infiltrated with spiro-MeOTAD. Adv. Mater., 2007, 19: 3643.

[19] Abate A, Leijtens T, Pathak S, Teuscher J, Avolio R, Errico M E, Kirkpatrik J, Ball J M, Docampo P, McPherson I, and Snaith H J. Lithium salts as "redox active" p-type dopants for organic semiconductors and their impact in solid-state dye-sensitized solar cells. Phys. Chem. Chem. Phys, 2013, 15: 2572.

[20] Katoh R, Kasuya M, Kodate S, Furube A, Fuke N, and Koide N. Effects of 4-tert-butylpyridine and Li ions on photoinduced electron injection efficiency in black-

dye-sensitized Nanocrystalline $TiO_2$ films. Journal of Physical Chemistry C, 2009, 113: 20738.

[21] Scholin R, Karlsson M H, Eriksson S K, Siegbahn H, Johansson E M J, and Rensmo H. Energy level shifts in spiro-OMeTAD molecular thin films when adding Li-TFSI. Journal of Physical Chemistry C, 2012, 116: 26300.

[22] Cappel U B, Daeneke T, and Bach U. oxygen-induced doping of spiro-MeOTAD in solid-state dye-sensitized solar cells and its impact on device performance. Nano Lett., 2012, 12: 4925.

[23] Fu N, Bao Z Y, Zhang Y-L, Zhang G, Ke S, Lin P, Dai J, Huang H, and Lei D Y. Panchromatic thin perovskite solar cells with broadband plasmonic absorption enhancement and efficient light scattering management by Au @ Ag core-shell nanocuboids. Nano Energy, 2017, 41: 654.

[24] Conings B, Baeten L, De Dobbelaere C, D'Haen J, Manca J, and Boyen H-G. Perovskite-based hybrid solar cells exceeding 10% efficiency with high reproducibility using a thin film sandwich approach. Adv. Mater., 2014, 26: 2041.

[25] Kwon Y S, Lim J, Yun H-J, Kim Y-H, and Park T. A diketopyrrolopyrrole-containing hole transporting conjugated polymer for use in efficient stable organic-inorganic hybrid solar cells based on a perovskite. Energy Environ. Sci, 2014, 7: 1454.

[26] Chen H, Pan X, Liu W, Cai M, Kou D, Huo Z, Fang X, and Dai S. Efficient panchromatic inorganic-organic heterojunction solar cells with consecutive charge transport tunnels in hole transport material. Chem. Commun., 2013, 49: 7277.

[27] Ryu S, Noh J H, Jeon N J, Kim Y C, Yang S, Seo J, and Seok S I. Voltage output of efficient perovskite solar cells with high open-circuit voltage and fill factor. Energy Environ. Sci, 2014, 7: 2614.

[28] Zhu Z, Bai Y, Lee H K H, Mu C, Zhang T, Zhang L, Wang J, Yan H, So S K, and Yang S. Polyfluorene derivatives are high-performance organic hole-transporting materials for inorganic-organic hybrid perovskite solar cells. Adv. Funct. Mater., 2014, 24: 7357.

[29] Qin P, Paek S, Dar M I, Pellet N, Ko J, Grätzel M, and Nazeeruddin M K. Perovskite Solar Cells with 12.8% Efficiency by using conjugated quinolizino acridine based hole transporting material. J. Am. Chem. Soc., 2014, 136: 8516.

[30] Zhou J, Zuo Y, Wan X, Long G, Zhang Q, Ni W, Liu Y, Li Z, He G, Li C, Kan B, Li M, and Chen Y. Solution-processed and high-performance organic solar cells using small molecules with a benzodithiophene unit. J. Am. Chem. Soc., 2013, 135: 8484.

[31] Zhou J, Wan X, Liu Y, Zuo Y, Li Z, He G, Long G, Ni W, Li C, Su X, and Chen Y. Small molecules based on benzo 1, 2-b: 4, 5-b′ dithiophene Unit for high-

performance solution-processed organic solar cells. J. Am. Chem. Soc., 2012, 134: 16345.

[32] Liu Y, Yang Y, Chen C-C, Chen Q, Dou L, Hong Z, Li G, and Yang Y. Solution-processed small molecules using different electron linkers for high-performance solar cells. Adv. Mater., 2013, 25: 4657.

[33] Zheng L, Chung Y H, Ma Y, Zhang L, Xiao L, Chen Z, Wang S, Qu B, and Gong Q. A hydrophobic hole transporting oligothiophene for planar perovskite solar cells with improved stability. Chem. Commun., 2014, 50: 11196.

[34] Xiao Z G, Bi C, Shao Y C, Dong Q F, Wang Q, Yuan Y B, Wang C G, Gao Y L, and Huang J S. Efficient, high yield perovskite photovoltaic devices grown by interdiffusion of solution-processed precursor stacking layers. Energy Environ. Sci, 2014, 7: 2619.

[35] Nie W Y, Tsai H H, Asadpour R, Blancon J C, Neukirch A J, Gupta G, Crochet J J, Chhowalla M, Tretiak S, Alam M A, Wang H L, and Mohite A D. High-efficiency solution-processed perovskite solar cells with millimeter-scale grains. Science, 2015, 347: 522.

[36] Yan W B, Li Y L, Sun W H, Peng H T, Ye S Y, Liu Z W, Bian Z Q, and Huang C H. High-performance hybrid perovskite solar cells with polythiophene as hole-transporting layer via electrochemical polymerization. RSC Adv, 2014, 4: 33039.

[37] Yan W B, Li Y L, Li Y, Ye S Y, Liu Z W, Wang S F, Bian Z Q, and Huang C H. Stable high-performance hybrid perovskite solar cells with ultrathin polythiophene as hole-transporting layer. Nano Research, 2015, 8: 2474.

[38] Yan W B, Li Y L, Li Y, Ye S Y, Liu Z W, Wang S F, Bian Z Q, and Huang C H. High-performance hybrid perovskite solar cells with open circuit voltage dependence on hole-transporting materials. Nano Energy, 2015, 16: 428.

[39] Kumar C V, Sfyri G, Raptis D, Stathatos E, and Lianos P. Perovskite solar cell with low cost Cu-phthalocyanine as hole transporting material. RSC Adv, 2015, 5: 3786.

[40] Sfyri G, Kumar C V, Wang Y L, Xu Z X, Krontiras C A, and Lianos P. Tetra methyl substituted Cu(II) phthalocyanine as alternative hole transporting material for organometal halide perovskite solar cells. Appl. Surf. Sci., 2016, 360: 767.

[41] Ke W, Zhao D, Grice C R, Cimaroli A J, Fang G, and Yan Y. Efficient fully-vacuum-processed perovskite solar cells using copper phthalocyanine as hole selective layers. J. Mater. Chem. A, 2015, 3: 23888.

[42] Ramos F J, Ince M, Urbani M, Abate A, Grätzel M, Ahmad S, Torres T, and Nazeeruddin M K. Non-aggregated Zn (II) octa (2, 6-diphenylphenoxy) phthalocyanine as a hole transporting material for efficient perovskite solar cells.

DTR, 2015, 44: 10847.

[43] Sfyri G, Kumar C V, Sabapathi G, Giribabu L, Andrikopoulos K S, Stathatos E, and Lianos P. Subphthalocyanine as hole transporting material for perovskite solar cells. RSC Adv, 2015, 5: 69813.

[44] Sun M, Wang S, Xiao Y, Song Z, and Li X. Titanylphthalocyanine as hole transporting material for perovskite solar cells. Journal of Energy Chemistry, 2015, 24: 756.

[45] Nishimura H, Ishida N, Shimazaki A, Wakamiya A, Saeki A, Scott L T, and Murata Y. Hole-transporting materials with a two-dimensionally expanded pi-system around an azulene core for efficient perovskite solar cells. J. Am. Chem. Soc., 2015, 137: 15656.

[46] Muhammad S, Xu H L, Liao Y, Kan Y H, and Su Z M. Quantum mechanical design and structure of the Li@$B_{10}H_{14}$ basket with a remarkably enhanced electro-optical response. J. Am. Chem. Soc., 2009, 131: 11833.

[47] Cheng M, Li Y Y, Safdari M, Chen C, Liu P, Kloo L, and Sun L C. Efficient perovskite solar cells based on a solution processable nickel(II) phthalocyanine and vanadium oxide integrated hole transport layer. Adv. Energy Mater, 2017, 7: 7.

[48] Xu N, Li Y, Ricciarelli D, Wang J, Mosconi E, Yuan Y, De Angelis F, Zakeeruddin S M, Grätzel M, and Wang P. An oxa 5 helicene-based racemic semiconducting glassy film for photothermally stable perovskite solar cells. iScience, 2019, 15: 234.

[49] Tsai W L, Lee W H, Chen C Y, Hsiao S Y, Shiau Y J, Hsu B W, Lee Y C, and Lin H W. Very high hole drift mobility in neat and doped molecular thin films for normal and inverted perovskite solar cells. Nano Energy, 2017, 41: 681.

[50] Elawad M, Sun L, Mola G T, Yu Z, and Arbab E A A. Enhanced performance of perovskite solar cells using p-type doped PFB : F4TCNQ composite as hole transport layer. J. Alloys Compd., 2019, 771: 25.

[51] Ye X, Zhao X, Li Q, Ma Y, Song W, Quan Y Y, Wang Z, Wang M, and Huang Z S. Effect of the acceptor and alkyl length in benzotriazole-based donor acceptor-donor type hole transport materials on the photovoltaic performance of PSCs. Dyes and Pigments, 2019, 164: 407.

[52] Zhang D, Wu T, Xu P, Ou Y, Sun A, Ma H, Cui B, Sun H, Ding L, and Hua Y. Importance of terminated groups in 9, 9-bis (4-methoxyphenyl)-substituted fluorene-based hole transport materials for highly efficient organic-inorganic hybrid and all-inorganic perovskite solar cells. J. Mater. Chem. A, 2019, 7: 10319.

[53] Yang Q D, Li J, Cheng Y, Li H W, Guan Z, Yu B, and Tsang S W. Graphene oxide as an efficient hole-transporting material for high-performance perovskite solar cells with enhanced stability. J. Mater. Chem. A, 2017, 5: 9852.

[54] Sun Y, Wang C, Zhao D, Yu J, Yin X, Grice C R, Awni R A, Shrestha N, Yu Y, Guan L, Ellingson R J, Tang W, and Yan Y. A new hole transport material for efficient perovskite solar cells with reduced device cost. Solar RRL, 2018, 2: 1700175.

[55] Bharath D, Sasikumar M, Chereddy N R, Vaidya J R, and Pola S. Synthesis of new 2-(5-(4-alkyl-4H-dithieno 3, 2-b: 2′, 3′-d pyrrol-2-yl)thiophen-2-yl)methylene) malononitrile: dopant free hole transporting materials for perovskite solar cells with high power conversion efficiency. SoEn, 2018, 174: 130.

[56] Christians J A, Fung R C M, and Kamat P V. An inorganic hole conductor for organo-lead halide perovskite solar cells. Improved Hole Conductivity with Copper Iodide. J. Am. Chem. Soc., 2014, 136: 758.

[57] Jeng J Y, Chen K C, Chiang T Y, Lin P Y, Tsai T D, Chang Y C, Guo T F, Chen P, Wen T C, and Hsu Y J. Nickel oxide electrode interlayer in $CH_3NH_3PbI_3$ perovskite/PCBM planar-heterojunction hybrid solar cells. Adv. Mater., 2014, 26: 4107.

[58] Qin P, Tanaka S, Ito S, Tetreault N, Manabe K, Nishino H, Nazeeruddin M K, and Grätzel M. Inorganic hole conductor-based lead halide perovskite solar cells with 12.4% conversion efficiency. Nat. Commun, 2014, 5: 3834.

[59] Dirksen J A, Duval K, and Ring T A. NiO thin-film formaldehyde gas sensor. Sensors Actuators B: Chem., 2001, 80: 106.

[60] Nandy S, Goswami S, and Chattopadhyay K K. Ultra smooth NiO thin films on flexible plastic (PET) substrate at room temperature by RF magnetron sputtering and effect of oxygen partial pressure on their properties. Appl. Surf. Sci., 2010, 256: 3142.

[61] Guo W, Hui K N, and Hui K S. High conductivity nickel oxide thin films by a facile sol-gel method. Mater. Lett., 2013, 92: 291.

[62] Berry J J, Widjonarko N E, Bailey B A, Sigdel A K, Ginley D S, and Olson D C. Surface treatment of NiO hole transport layers for organic solar cells. IEEE Journal of Selected Topics in Quantum Electronics, 2010, 16: 1649.

[63] Irwin M D, Buchholz D B, Hains A W, Chang R P H, and Marks T J. p-Type semiconducting nickel oxide as an efficiency-enhancing anode interfacial layer in polymer bulk-heterojunction solar cells. Proceedings of the National Academy of Sciences, 2008, 105: 2783.

[64] Docampo P, Ball J M, Darwich M, Eperon G E, and Snaith H J. Efficient organometal trihalide perovskite planar-heterojunction solar cells on flexible polymer substrates. Nat. Commun, 2013, 4: 2761.

[65] Zhu Z, Bai Y, Zhang T, Liu Z, Long X, Wei Z, Wang Z, Zhang L, Wang J, Yan F, and Yang S. High-performance hole-extraction layer of sol-gel-processed NiO

nanocrystals for inverted planar perovskite solar cells. Angew. Chem. Int. Ed., 2014, 53: 12571.

[66] Wang K C, Jeng J Y, Shen P S, Chang Y C, Diau E W G, Tsai C H, Chao T Y, Hsu H C, Lin P Y, Chen P, Guo T F, and Wen T C. p-type mesoscopic nickel oxide/organometallic perovskite heterojunction solar cells. Sci. Rep, 2014, 4: 4756.

[67] Wang K C, Shen P S, Li M H, Chen S, Lin M W, Chen P, and Guo T F. Low-temperature sputtered nickel oxide compact thin film as effective electron blocking layer for mesoscopic $NiO/CH_3NH_3PbI_3$ perovskite heterojunction solar cells. ACS Appl. Mater. Interfaces, 2014, 6: 11851.

[68] Kim J H, Liang P-W, Williams S T, Cho N, Chueh C C, Glaz M S, Ginger D S, and Jen A K Y. High-performance and environmentally stable planar heterojunction perovskite solar cells based on a solution-processed copper-doped nickel oxide hole-transporting layer. Adv. Mater., 2015, 27: 695.

[69] Jung J W, Chueh C C, and Jen A K Y. A Low-temperature, solution-processable, cu-doped nickel oxide hole-transporting layer via the combustion method for high-performance thin-film perovskite solar cells. Adv. Mater., 2015, 27: 7874.

[70] He Q, Yao K, Wang X, Xia X, Leng S, and Li F. Room-temperature and solution-processable Cu-doped nickel oxide nanoparticles for efficient hole-transport layers of flexible large-area perovskite solar cells. ACS Appl. Mater. Interfaces, 2017, 9: 41887.

[71] Chen W, Liu F Z, Feng X Y, Djurišić A B, Chan W K, and He Z B. Cesium doped $NiO_x$ as an efficient hole extraction layer for inverted planar perovskite solar cells. Adv. Energy Mater, 2017, 7: 1700722.

[72] Chen W, Wu Y, Yue Y, Liu J, Zhang W, Yang X, Chen H, Bi E, Ashraful I, Grätzel M, and Han L. Efficient and stable large-area perovskite solar cells with inorganic charge extraction layers. Science, 2015, 350: 944.

[73] Wu Y, Xie F, Chen H, Yang X, Su H, Cai M, Zhou Z, Noda T, and Han L. Thermally stable $MAPbI_3$ perovskite solar cells with efficiency of 19.19% and area over 1 $cm^2$ achieved by additive engineering. Adv. Mater., 2017, 29: 1701073.

[74] Xiao S, Xu F, Bai Y, Xiao J, Zhang T, Hu C, Meng X, Tan H, Ho H P, and Yang S. An ultra-low concentration of gold nanoparticles embedded in the NiO hole transport layer boosts the performance of p-i-n perovskite solar cells. Solar RRL, 2019, 3: 1800278.

[75] Yin X, Han J, Zhou Y, Gu Y, Tai M, Nan H, Zhou Y, Li J, and Lin H. Critical roles of potassium in charge-carrier balance and diffusion induced defect passivation for efficient inverted perovskite solar cells. J. Mater. Chem. A, 2019, 7: 5666.

[76] Chen W, Zhou Y, Wang L, Wu Y, Tu B, Yu B, Liu F, Tam H-W, Wang G,

DjurišiĆ A B, Huang L, and He Z. Molecule-doped nickel oxide: verified charge transfer and planar inverted mixed cation perovskite solar cell. Adv. Mater., 2018, 30: 1800515.

[77] Li Z, Jo B H, Hwang S J, Kim T H, Somasundaram S, Kamaraj E, Bang J, Ahn T K, Park S, and Park H J. Bifacial passivation of organic hole transport interlayer for $NiO_x$-based p-i-n perovskite solar cells. Advanced Science, 2019, 6: 1802163.

[78] Liu Z, Zhang M, Xu X, Bu L, Zhang W, Li W, Zhao Z, Wang M, Cheng Y B, and He H. p-Type mesoscopic NiO as an active interfacial layer for carbon counter electrode based perovskite solar cells. Dalton Transactions, 2015, 44: 3967.

[79] Xu X, Liu Z, Zuo Z, Zhang M, Zhao Z, Shen Y, Zhou H, Chen Q, Yang Y, and Wang M. Hole selective NiO contact for efficient perovskite solar cells with carbon electrode. Nano Lett., 2015, 15: 2402.

[80] Cao K, Zuo Z, Cui J, Shen Y, Moehl T, Zakeeruddin S M, Grätzel M, and Wang M. Efficient screen printed perovskite solar cells based on mesoscopic $TiO_2$/$Al_2O_3$/NiO/carbon architecture. Nano Energy, 2015, 17: 171.

[81] Abdollahi Nejand B, Ahmadi V, and Shahverdi H R. New physical deposition approach for low cost inorganic hole transport layer in normal architecture of durable perovskite solar cells. ACS Appl. Mater. Interfaces, 2015, 7: 21807.

[82] Wijeyasinghe N and Anthopoulos T D. Copper(Ⅰ) thiocyanate (CuSCN) as a hole-transport material for large-area opto/electronics. Semicond. Sci. Technol., 2015, 30: 104002.

[83] Jung M, Kim Y C, Jeon N J, Yang W S, Seo J, Noh J H, and Il Seok S. Thermal stability of CuSCN hole conductor-based perovskite solar cells. ChemSusChem, 2016, 9: 2592.

[84] Arora N, Dar M I, Hinderhofer A, Pellet N, Schreiber F, Zakeeruddin S M, and Grätzel M. Perovskite solar cells with CuSCN hole extraction layers yield stabilized efficiencies greater than 20%. Science, 2017, 358: 768.

[85] Ye S, Sun W, Li Y, Yan W, Peng H, Bian Z, Liu Z, and Huang C. CuSCN-based inverted planar perovskite solar cell with an average PCE of 15.6%. Nano Lett., 2015, 15: 3723.

[86] Wijeyasinghe N, Regoutz A, Eisner F, Du T, Tsetseris L, Lin Y H, Faber H, Pattanasattayavong P, Li J, Yan F, McLachlan M A, Payne D J, Heeney M, and Anthopoulos T D. Copper(Ⅰ) thiocyanate (CuSCN) hole-transport layers processed from aqueous precursor solutions and their application in thin-film transistors and highly efficient organic and organometal halide perovskite solar cells. Adv. Funct. Mater., 2017, 27: 1701818.

[87] Sun W, Li Y, Ye S, Rao H, Yan W, Peng H, Li Y, Liu Z, Wang S, Chen Z,

Xiao L, Bian Z, and Huang C. High-performance inverted planar heterojunction perovskite solar cells based on a solution-processed $CuO_x$ hole transport layer. Nanoscale, 2016, 8: 10806.

[88] Rao H, Ye S, Sun W, Yan W, Li Y, Peng H, Liu Z, Bian Z, Li Y, and Huang C. A 19.0% efficiency achieved in $CuO_x$-based inverted $CH_3NH_3PbI_{3-x}Cl_x$ solar cells by an effective Cl doping method. Nano Energy, 2016, 27: 51.

[89] Lei H, Qin P, Ke W, Guo Y, Dai X, Chen Z, Wang H, Li B, Zheng Q, and Fang G. Performance enhancement of polymer solar cells with high work function CuS modified ITO as anodes. Org. Electron., 2015, 22: 173.

[90] Cheng C H, Wang J, Du G T, Shi S H, Du Z J, Fan Z Q, Bian J M, and Wang M S. Organic solar cells with remarkable enhanced efficiency by using a CuI buffer to control the molecular orientation and modify the anode. Appl. Phys. Lett., 2010, 97: 083305.

[91] Christians J A, Fung R C M, and Kamat P V. An inorganic hole conductor for organo-lead halide perovskite solar cells. Improved Hole Conductivity with Copper Iodide. J. Am. Chem. Soc., 2014, 136: 758.

[92] Sun W, Ye S, Rao H, Li Y, Liu Z, Xiao L, Chen Z, Bian Z, and Huang C. Room-temperature and solution-processed copper iodide as the hole transport layer for inverted planar perovskite solar cells. Nanoscale, 2016, 8: 15954.

[93] Sanchez-Alarcon R I, Oropeza-Rosario G, Gutierrez-Villalobos A, Muro-Lopez M A, Martinez-Martinez R, Zaleta-Alejandre E, Falcony C, Alarcon-Flores G, Fragoso R, Hernandez-Silva O, Perez-Cappe E, Mosqueda Laffita Y, and Aguilar-Frutis M., Ultrasonic spray-pyrolyzed $CuCrO_2$ thin films. Journal of Physics D-Applied Physics 2016, 49: 175102.

[94] Wang J, Ibarra V, Barrera D, Xu L, Lee Y J, and Hsu J W P. Solution synthesized p-Type copper gallium oxide nanoplates as hole transport layer for organic photovoltaic devices. J. Phys. Chem. Lett, 2015, 6: 1071.

[95] Zhang H, Wang H, Chen W, and Jen A K Y. $CuGaO_2$: a promising inorganic hole-transporting material for highly efficient and stable perovskite solar cells. Adv. Mater., 2017, 29: 1604984.

[96] Yu M, Draskovic T I, and Wu Y. Understanding the crystallization mechanism of delafossite $CuGaO_2$ for controlled hydrothermal synthesis of nanoparticles and nanoplates. Inorg. Chem., 2014, 53: 5845.

[97] Zou Y S, Wang H P, Zhang S L, Lou D, Dong Y H, Song X F, and Zeng H B. Structural, electrical and optical properties of Mg-doped $CuAlO_2$ films by pulsed laser deposition. RSC Adv., 2014, 4: 41294.

[98] Yokobori T, Okawa M, Konishi K, Takei R, Katayama K, Oozono S, Shinmura T, Okuda T, Wadati H, Sakai E, Ono K, Kumigashira H, Oshima M,

Sugiyama T, Ikenaga E, Hamada N, and Saitoh T. Electronic structure of the hole-doped delafossite oxides $CuCr_{1-x}Mg_xO_2$. PhRvB, 2013, 87: 195124.

[99] Lunca Popa P, Crêpellière J, Nukala P, Leturcq R, and Lenoble D. Invisible electronics: metastable Cu-vacancies chain defects for highly conductive p-type transparent oxide. Applied Materials Today, 2017, 9: 184.

[100] Farrell L, Norton E, O'Dowd B J, Caffrey D, Shvets I V, and Fleischer K. Spray pyrolysis growth of a high figure of merit, nano-crystalline, p-type transparent conducting material at low temperature. Appl. Phys. Lett., 2015, 107: 031901.

[101] Rao H, Sun W, Ye S, Yan W, Li Y, Peng H, Liu Z, Bian Z, and Huang C. Solution-processed CuS NPs as an inorganic hole-selective contact material for inverted planar perovskite solar cells. ACS Appl. Mater. Interfaces, 2016, 8: 7800.

[102] Hua Z, Wang H, Zhu H, Chueh C C, and Jen K Y. Low-temperature solution-processed $CuCrO_2$ hole-transporting layer for efficient and photostable perovskite solar cells. Adv. Energy Mater., 2018, 8: 1702762.

[103] Peng H, Sun W, Li Y, Ye S, Rao H, Yan W, Zhou H, Bian Z, and Huang C. Solution processed inorganic $V_2O_x$ as interfacial function materials for inverted planar-heterojunction perovskite solar cells with enhanced efficiency. Nano Research, 2016, 9: 2960.

[104] Kakehi Y, Satoh K, Yotsuya T, Masuko K and Ashida A. Effects of postannealing on orientation and crystallinity of p-type transparent conducting $CuScO_2$ thin films. Journal of Applied Physics Part 1-Regular Papers Brief Communications & Review Papers, 2007, 46: 4228.

[105] Draskovic T I, Yu M, and Wu Y. 2H-$CuScO_2$ prepared by low-temperature hydrothermal methods and post-annealing effects on optical and photoelectrochemical properties. Inorg. Chem., 2015, 54: 5519.

[106] Shalan A E, Oshikiri T, Narra S, Elshanawany M M, Ueno K, Wu H P, Nakamura K, Shi X, Diau W G, and Misawa H. Cobalt Oxide ($CoO_x$) as an efficient hole-extracting layer for high-performance inverted planar perovskite solar cells. ACS Appl. Mater. Interfaces, 2016, 8: 33592.

[107] Huang A, Lei L, Zhu J, Yu Y, Liu Y, Yang S, Bao S, Cao X, and Jin P. Fast fabrication of a stable perovskite solar cell with an ultrathin effective novel inorganic hole transport layer. Langmuir, 2017, 33: 3624.

[108] Bashir A, Shukla S, Lew J H, Shukla S, Bruno A, Gupta D, Baikie T, Patidar R, Akhter Z, and Priyadarshi A. Spinel $Co_3O_4$ nanomaterials for efficient and stable large area carbon-based printed perovskite solar Cells. Nanoscale, 2018, 10: 2341.

[109] Kaltenbrunner M, Adam G, Glowacki E D, Drack M, Schwödiauer R, Leonat L, Apaydin D H, Groiss H, Scharber M C, and White M S. Flexible high power-per-weight perovskite solar cells with chromium oxide-metal contacts for improved

stability in air. Nature Materials, 2015, 14: 1032.

[110] Qin P L, Lei H W, Zheng X L, Liu Q, Tao H, Yang G, Ke W J, Xiong L B, Qin M C, and Zhao X Z. Copper-doped chromium oxide hole-transporting layer for perovskite solar cells: interface engineering and performance improvement. Advanced Materials Interfaces, 2016, 3: 1500799.

[111] Prasad A K, Kubinski D J, and Gouma P I. Comparison of sol-gel and ion beam deposited $MoO_3$ thin film gas sensors for selective ammonia detection. Sensors & Actuators B, 2003, 93: 25.

[112] Pingree L S C, MacLeod B A, and Ginger D S. The changing face of PEDOT:PSS films:substrate, bias, and processing effects on vertical charge transport. Journal of Physical Chemistry C, 2008, 112: 7922.

[113] Liu F, Shao S, Guo X, Zhao Y, and Xie Z. Efficient polymer photovoltaic cells using solution-processed $MoO_3$ as anode buffer layer. Solar Energy Materials & Solar Cells, 2010, 94: 842.

[114] Jasieniak J, Seifter J, JangJo, Mates T, and Heeger A J. A solution-processed $MoO_x$ anode interlayer for use within organic photovoltaic devices. Adv. Funct. Mater., 2012, 22: 2594.

[115] Murase S and Yang Y. Solution processed $MoO_3$ interfacial layer for organic photovoltaics prepared by a facile synthesis method. Adv. Mater., 2012, 24: 2459.

[116] Balendhran S, Deng J, Ou J Z, Walia S, Scott J, Tang J, Wang K L, Field M R, Russo S, and Zhuiykov S. Enhanced charge carrier mobility in two-dimensional high dielectric molybdenum oxide Adv. Mater., 2013, 25: 109.

[117] Kinoshita Y, Takenaka R, and Murata H. Independent control of open-circuit voltage of organic solar cells by changing film thickness of $MoO_3$ buffer layer. Appl. Phys. Lett., 2008, 92: 243309.

[118] Kim D Y, Subbiah J, Sarasqueta G, So F, Ding H, Irfan, and Gao Y. The effect of molybdenum oxide interlayer on organic photovoltaic cells. Appl. Phys. Lett., 2009, 95: 093304.

[119] Kim D Y, Sarasqueta G, and So F. SnPc: $C_{60}$ bulk heterojunction organic photovoltaic cells with $MoO_3$ interlayer. Sol. Energy Mater. Sol. Cells, 2009, 93: 1452.

[120] Sung H, Ahn N, Jang M S, Lee J K, Yoon H, Park N G, and Choi M. Transparent conductive oxide-free graphene-based perovskite solar cells with over 17% efficiency. Adv. Energy Mater, 2016, 6: 1501873.

[121] Tseng Z L, Chen L C, Chiang C H, Chang S H, Chen C C, and Wu C G. Efficient inverted-type perovskite solar cells using UV-ozone treated $MoO_x$ and $WO_x$ as hole transporting layers. SoEn, 2016, 139: 484.

[122] Guo C X, Sun K, Ouyang J, and Lu X. Layered $V_2O_5$/PEDOT nanowires and

ultrathin nanobelts fabricated with a silk reelinglike process. Chem. Mater., 2015, 27: 5813.

[123] Yao X, Xu W, Huang X, Qi J, Yin Q, Jiang X, Huang F, Gong X, and Cao Y. Solution-processed vanadium oxide thin film as the hole extraction layer for efficient hysteresis-free perovskite hybrid solar cells. Org. Electron., 2017, 47: 85.

[124] Zheng H, Tachibana Y, and Kalantar-zadeh K. Dye-sensitized solar cells based on $WO_3$. Langmuir, 2010, 26: 19148.

[125] Cheng L, Hou Y, Zhang B, Yang S, Guo J W, Wu L, and Yang H G. Hydrogen-treated commercial $WO_3$ as an efficient electrocatalyst for triiodide reduction in dye-sensitized solar cells. Chem. Commun., 2013, 49: 5945.

[126] Tao C, Ruan S, Xie G, Kong X, Shen L, Meng F, Liu C, Zhang X, Dong W, and Chen W. Role of tungsten oxide in inverted polymer solar cells. Appl. Phys. Lett., 2009, 94: 043311.

[127] Huang J, Chou C, and Lin C. Efficient and air-stable polymer photovoltaic devices with $WO_3$-$V_2O_5$ mixed oxides as anodic modification. IEDL, 2010, 31: 332.

[128] Ryu M S and Jang J. Enhanced efficiency of organic photovoltaic cells using solution-processed metal oxide as an anode buffer layer. Sol. Energy Mater. Sol. Cells, 2011, 95: 3015.

[129] Choi H, Kim B, Ko M J, Lee D-K, Kim H, Kim S H, and Kim K. Solution processed $WO_3$ layer for the replacement of PEDOT:PSS layer in organic photovoltaic cells. Org. Electron., 2012, 13: 959.

[130] Stubhan T, Li N, Luechinger N A, Halim S C, Matt G J, and Brabec C J. High fill factor polymer solar cells incorporating a low temperature solution processed $WO_3$ hole extraction layer. Adv. Energy Mater, 2012, 2: 1433.

# 第五章 钙钛矿太阳能电池的界面修饰

曲波、黎祥东

本章主要阐述钙钛矿器件中的各种可以有效提高钙钛矿太阳能电池的光伏性能的界面修饰.

## §5.1 钙钛矿活性层的界面修饰

钙钛矿光伏器件中，钙钛矿活性层及其界面的优劣直接决定了光伏器件性能的高低. 为了改善钙钛矿的膜层质量，科研工作者使用 $N,N$-二甲基甲酰胺(DMF)和 $\gamma$-丁内酯(GBL)混合溶剂溶解 $CH_3NH_3PbI_3$ 前驱体，得以有效改善钙钛矿膜层，使其界面处的电子、空穴再复合概率明显降低，有效提升了钙钛矿光伏器件的性能[1]. 肖立新课题组在制备钙钛矿光伏器件过程中，将钙钛矿膜层退火温度控制在 50℃，膜层预润湿时间缩短至 2s，有效提高了钙钛矿膜层的表面粗糙度(见图 5.1)，从而增大了器件中入射光的散射效应，充分利用了入射光能并提高了器件光生载流子浓度[2]. 实验发现，提高钙钛矿膜层的粗糙度以改善光伏器件性能的方法在基于 $CH_3NH_3PbI_3$ 或 $CH_3NH_3PbI_{3-x}Cl_x$ 的器件中都是有效的，器件光电转换效率均高于 10%.

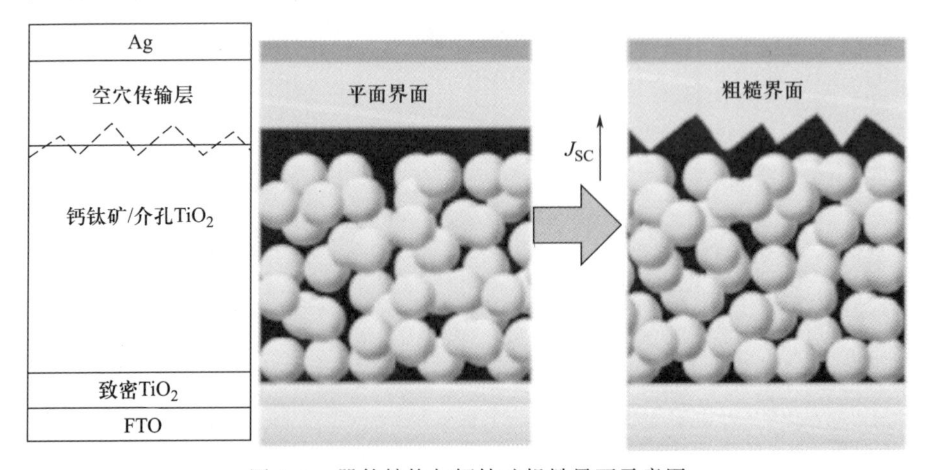


图 5.1 器件结构与钙钛矿粗糙界面示意图

在钙钛矿前驱液中加入添加剂是一种简单有效的对钙钛矿功能层进行修饰的方法. 研究显示在 $CH_3NH_3PbI_{3-x}Cl_x$ 钙钛矿前驱液中加入 1,8-二碘辛烷后，1,8-二碘辛烷可以与铅离子产生螯合作用，控制钙钛矿层的结晶速度并改变界面能量，从而改善钙钛矿层与 PEDOT∶PSS 空穴传输层的接触. 通过在前驱液中加入约 1%的 1,8-二碘辛烷，可以将光电转换效率提升约 30%[3]. 有人在 $CH_3NH_3PbI_3$ 钙钛矿前驱液中加入富勒烯衍生物 $A_{10}C_{60}$，其中 A 代表羧酸基团，用其修饰富勒烯能够提升富勒烯的溶解性. 该富勒烯衍生物在钙钛矿功能层中形成框架结构，从而增大了钙钛矿层与富勒烯衍生物之间的接触面积，提高了电流密度与填充因子，最终使光电转换效率提升约 22%[4]. 通常情况下，科研工作者使用二甲基亚砜(DMSO)、γ-丁内酯(GBL)或 *N*-甲基-2-吡咯烷酮(NMP)等溶剂来有效溶解钙钛矿材料以配制成前驱液，并通过旋涂的方法制得均一的钙钛矿薄膜，因此对于传输层的 100%覆盖是优化界面和抑制载流子复合的先决条件. Jeon 等对钙钛矿前驱液中溶剂对结晶的影响展开了研究，提出了一种采用 GBL 与 DMSO 混合溶剂溶解钙钛矿材料，通过 DMSO 形成 $CH_3NH_3I$-$PbI_2$-DMSO 中间相，最后使用甲苯作为反溶剂制备均一致密的钙钛矿膜层的方法[5]. 郑南峰等深入研究了 DMSO 在 $CH_3NH_3PbI_3$ 钙钛矿前驱液中的作用，发现不同的 DMSO 比例可以形成不同的中间相，并提出一种在通过 $PbI_2$-DMSO 前驱液制备的介孔 $PbI_2$ 层上形成高质量钙钛矿功能层的方法[6].

除此之外，孟庆波等针对钙钛矿活性层采取热压的方法，改善了钙钛矿膜层的表面平整度，并减少了膜层的孔隙缺陷，从而器件的载流子迁移率得以提升，电子、空穴再复合效率得到有效降低[7]. 利用此方法制备的无空穴传输层器件和基于空穴传输层 spiro-OMeTAD 的钙钛矿光伏器件，光电转换效率分别提升至 10.84%和 16.07%. 杨阳等发现通过适当的退火，少量的 $PbI_2$ 能够在钙钛矿晶粒之间、钙钛矿与 $TiO_2$ 空穴传输层之间形成钝化层，从而降低载流子再复合效率[8]. 周印华等进一步在 $PbI_2$ 钝化层基础上，在钙钛矿中引入 $PbCl_2$，器件开路电压可以达到 1.15 V[9]. 吴春桂等以 $H_2O$ 作为添加剂，并经过 *N*,*N*-二甲基甲酰胺蒸气处理，显著提高了钙钛矿晶粒的尺寸，其平面晶粒尺寸可达到 3 μm，光电转换效率达 20.1%[10].

通过分子间相互作用对钙钛矿功能层进行表面钝化可以有效提升钙钛矿太阳能电池器件的寿命. 刘生忠等在氯苯反溶剂中加入了苯并二噻吩类小分子有机物 DR3TBDTT，该分子可有效钝化钙钛矿功能层中的 Pb—I 反占位缺陷与 Pb 空位，同时它与钙钛矿层能级匹配，不影响空穴输运. 经 DR3TBDTT 修饰的钙钛矿器件光电转换效率从 17.5%提升至 19.3%，暴露 40 天后效率仅下降 13%[11]. 韩礼元等在钙钛矿层表面制备了氯化石墨烯氧化层，通过钙钛矿功能层与氯化石墨烯氧化层之间的 Pb—Cl 键与 Pb—O 键选择性地提取光生载流子，提升开路电压的同时增加了其稳定性. 太阳能电池器件在 1000 h 运行后仍剩余初始效率的 90%[12]. 黄劲松等通过在钙钛矿表面旋涂硫酸铵溶液，与三元钙钛矿功能层反应生成疏水的硫酸铅钝化层，器件在 65℃ 光照下运行 1200 h 后仍剩余 96.8%的初始效率[13].

## §5.2 电子传输层的界面修饰

在钙钛矿光伏器件中，$TiO_2$ 常被作为电子传输层以改善器件的电子收集能力[14]，但同时也受制于其较低的电子迁移率与较差的输运性质. 为进一步提高 $TiO_2$ 的光电性能，科研工作者对其进行了一系列优化. 不同的 $TiO_2$ 纳米结构能够给 $TiO_2$ 电子传输层带来不同的性质，这些纳米结构包括纳米棒、纳米线、纳米管及分层的纳米体系等等. 方国家等通过 NaOH 热液处理的方法得到了 $TiO_2$ 纳米线框架结构的电子传输层，提升了载流子传输性能[15]. Caruso 等系统地研究了零维、一维和二维的 $TiO_2$ 微结构对器件性能的影响，发现一维纳米线结构与二维纳米片结构能够更好地使得钙钛矿溶液渗透，从而减短光生载流子在器件中的运动路径. 同时，他们提出了一种基于 $TiO_2$ 纳米线的空穴传输层制备方法，器件光电转换效率约 16%，开路电压达到 1.007 V，填充因子为 0.71[16].

在 $TiO_2$ 电子传输层中进行掺杂是另一种改善器件性能的方式. 譬如，为了修饰 $TiO_2$ 膜层，在 $TiO_2$ 溶液中分别掺杂少量 $YAc_3$，$ZnAc_2$，$ZrAc_4$ 和 $MoO_2Ac_2$[17]，掺杂比例约为 0.05%～0.1%. 实验发现，掺杂后的 $TiO_2$ 膜层具有较高的电子迁移率，器件效率达到 15%以上. 另外，在 $TiO_2$ 膜层中掺杂锆元素，亦可提高钙钛矿器件的光电转换效率，并且可以减弱钙钛矿光伏器件的正、反扫迟滞现象[18]. 在 $TiO_2$ 电子传输层中掺入钇有利于提升其光生载流子的提取能力，同时不会提升界面的载流子复合率，从而可提升器件的电流密度. 进行优化后器件的电流密度达到 22.75 $mA/cm^2$，光电转换效率达 19.3%[19]. 在 $TiO_2$/PCBM 复合空穴传输层的器件中掺入铌元素有助于降低银电极与 PCBM 之间的接触电阻，从而达到提升高偏压下器件光电流的效果. 使用 $Ti_{0.95}Nb_{0.05}O_x$ 传输层的器件在保证稳定性的情况下光电转换效率可达到 15%[20]. 肖立新课题组在 $TiO_2$ 多孔层中掺杂了金-银合金爆米花型纳米颗粒(见图 5.2(a))，其尺寸为(150±50)nm，并制备了如图 5.2(b)所示的钙钛矿光伏器件. 实验发现，$TiO_2$ 多孔层中掺杂了爆米花型纳米颗粒后，器件的宽光谱吸收与电子迁移率同时得以提高，这主要得益于爆米花型纳米颗粒的局域表面等离激元效应，使得器件光电转换效率提升了 15.7%，开路电压、短路电流以及填充因子也得到明显提高[21]. 同时，他们对膜层的吸收谱进行了研究. 当多孔 $TiO_2$ 层掺杂了金-银合金爆米花型纳米颗粒后，多孔 $TiO_2$ 层的光吸收谱并没有改善很多. 但是，在掺杂纳米颗粒的多孔 $TiO_2$ 层上继续制备一层钙钛矿膜后，其光吸收能力大幅提高，尤其在 580nm 到近红外区间段改善明显. 这主要得益于金-银纳米颗粒的局域表面等离激元的光捕获效应，提高了钙钛矿层的光吸收能力.

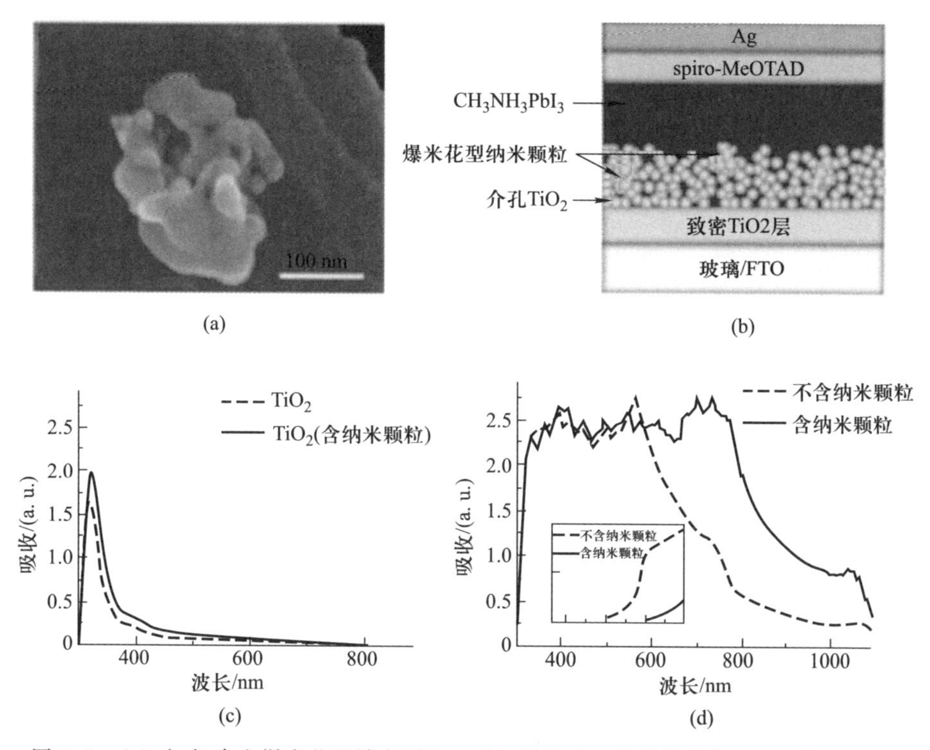


图 5.2 (a) 金-银合金爆米花型纳米颗粒；(b) 钙钛矿光伏器件结构；(c) 多孔 $TiO_2$ 层的吸收谱；(d) 在多孔 $TiO_2$ 层上制备钙钛矿层后的吸收谱

在制备 $TiO_2$ 膜层时，一般需要高温(约 500℃)退火过程，这增加了器件的制备成本，不利于今后的产业化. 因此，科研工作者致力于寻找一种可替代 $TiO_2$ 的新型界面层材料. 在柔性基底 PET-ITO 上，通过射频磁控溅射方法制备一层 Ti 膜，可有效收集器件的载流子，使器件效率达到 8%以上[22]. 在多孔 $TiO_2$ 电子传输层上修饰一层双(三氟甲基磺酰亚胺)钾，硫酸盐同时与 Pb 和 $TiO_2$ 产生相互作用，促进了对电子的提取效率，钾盐对钙钛矿层成核有促进作用，提升了薄膜质量，优化后的器件填充因子有显著提高，光电转换效率达到 21.1%[23]. 另外，$SnO_2$ 亦可替代 $TiO_2$ 膜层，应用于钙钛矿器件中，结合溶剂蒸气退火方法，器件效率可达 13%[24]. 进一步地，曲波课题组在 ITO 与 $SnO_2$ 之间加入聚乙烯亚胺 (PEI)膜层改善能级结构，可以分别在刚性和柔性基底上获得 19.36%和 16.81%的光电转换效率，且 80 天后器件剩余效率大于 90%[25]. 随后，他们又在 $SnO_2$ 与钙钛矿之间插入 KCl 层进行修饰. KCl 层的加入改善了 $SnO_2$ 电子传输层与钙钛矿之间的能级匹配，同时钾离子的引入提升了钙钛矿层的结晶度，降低了缺陷密度，使得柔性基底上的 $MAPbI_3$ 器件效率提升至 18.53%[26]. 在 $CsPbI_2Br$ 全无机体系中，科研工作者发现在 $SnO_2$ 电子传输层之上修饰一层 ZnO 导电层有利于降低钙钛矿功能层与 $SnO_2$ 电子传输层之间的载流子复合效率，使得器件具有 1.23V 的高开路电压，其光电转换效率达到 14.6%[27]. 类似地，在 $SnO_2$ 电子传输层与钙钛矿功能层之间修饰一层非共轭小分子电解质(NSEs)，不仅提升了阴极电荷萃取效率，同时可以向上扩散到钙钛矿功能层中钝化晶界，器件开路电压可达到 1.19V[28]. 科研工作者们还发现，在 $SnO_2$ 电子传输层上旋涂一层咪唑乙酸盐酸盐(ImAcHCL)，可与 $SnO_2$ 通过酯化反应产生酯键，同时其中的咪唑鎓盐与钙钛矿层中的碘产生相互作用，成为钙钛矿功能层与电子传输层之间的桥梁. 经过界面修饰后的器件光电转换效率从 18.60%提升至 20.22%[29]. 采用高导电性的二维萘二亚胺石墨烯对 $SnO_2$ 电子传输层进行修饰，可以与钙钛矿功能层中的阴离子产生 van der Waals 相互作用，增强电子提取效率，减小界面的载流子复合速率，使得器件的填充因子达到 0.82[30]. 再者，NiO/多孔氧化铝复合膜层[31]、MgO 包覆 $TiO_2$ 纳米颗粒[32]、$WO_3$ 致密层/$WO_3$ 多孔层[33]等均可作为替代 $TiO_2$ 膜层的可选材料，所制备的钙钛矿器件性能与基于 $TiO_2$ 膜层的传统钙钛矿光伏器件性能可比拟.

为了改善 $TiO_2$ 膜层与钙钛矿膜层之间的界面，科研工作者用羧酸对 $TiO_2$ 膜层经行浸泡处理. 该方法可有效促进电子由钙钛矿层传输到 $TiO_2$ 层，从而提高器件对载流子的收集能力. 同时，电子在 $TiO_2$ 导带的寿命也得到了一定程度的延长，并有效降低了电子、空穴再复合的概率[34]. 在 $TiO_2$ 电子传输层上覆盖 PEO 膜层，在不改变表面形貌的前提下，通过增强电子收集效率和阻碍载流子复合，增强了开路电压和短路电流，光电转换效率提升近 15%[35]. 此外，在 $TiO_2$ 多孔层上修饰一层金属氧化物 NiO，可延长电子迁移寿命并提高载流子收集效率，器件的光电转换效率可提升 39%[36]. 在 $TiO_2$ 多孔层与致密层之间引入 $Al_2O_3$ 钝化层，可提升器件的填充因子和短路电流[37]. 除了金属氧化物，亦可在 $TiO_2$ 层上自组装一层富勒烯衍生物(见图 5.3)，有效提高器件的载流子迁移率，器件的光电转换效率达到 17.3%，并且减弱了电池的正反扫迟滞现象[38]. 在 $TiO_2$ 层与钙钛矿之间插入超薄石墨烯量子点层，能够提升载流子收集效率，光电转换效率可提升 15%以上[39]. 在致密

$TiO_2$ 层上加入 CsBr 作为改性剂，在电子传输层与钙钛矿层之间形成晶簇，可降低紫外光照下钙钛矿层中 $PbI_2$ 的析出，从而延长器件的工作寿命[40]. CsCl 也有类似的效果，器件在紫外光照射 300 s 后效率下降不大于 30%[41]. 科研工作者也尝试了在电子传输层 ZnO 与钙钛矿之间制备一层 3-氨基丙酸(C3-SAM)，可优化钙钛矿层的结晶质量和膜层界面，钙钛矿活性层中的孔隙和陷阱态密度也得到了有效降低[42].

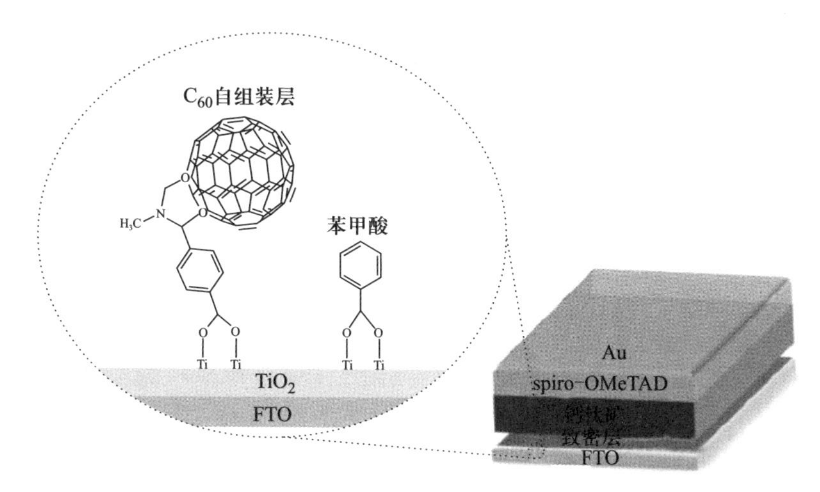


图 5.3 富勒烯衍生物自组装层在钙钛矿器件中的应用

## § 5.3 空穴传输层的界面修饰

在传统结构的钙钛矿太阳能电池中，spiro-OMeTAD 是最为常用的空穴传输层材料，然而不加掺杂的 spiro-OMeTAD 载流子迁移率较低，仅为 $10^{-6}\sim10^{-5}\,cm^2\cdot V^{-1}\cdot s^{-1}$. 为了解决其载流子迁移率较低的问题，需要在其中加入双锂(三氟甲烷磺酰)亚胺(Li-TFSI)及 4-叔丁基吡啶(TBP)进行调节. 然而 Li-TFSI 的吸湿特性与 TBP 对钙钛矿层的腐蚀性对钙钛矿器件的稳定性产生了新的不利影响，因此如何提高 spiro-OMeTAD 空穴传输层的稳定性、抑制 spiro-OMeTAD 与钙钛矿界面上的载流子复合是一个值得探讨的问题. Qi 等采用真空蒸镀的方法，通过进行 p 型和 n 型掺杂制备了 pin 型的三层 spiro-OMeTAD 层作为器件的空穴传输层，通过阶梯状的 HOMO 能级降低了载流子注入的势垒，减少了界面上的空穴提取损失[43]. 为了优化 spiro-OMeTAD 空穴传输层与钙钛矿功能层之间界面的能级匹配程度，科研工作者使用钼的异丙醇盐对钙钛矿功能层进行后处理，除了通过异丙醇改善钙钛矿层表面形貌之外，同时形成 $MoO_x$ 修饰钙钛矿功能层的能级结构，提升了价带顶的能级，光电转换效率从10.8%提升至12.0%[44]. 氧化石墨烯是一种制备石墨烯的前体，其含氧基团能够抑制钙钛矿太阳能电池中的电子复合. 另一方面，氧化石墨烯可以通过Pb与O之间的相互作用消除界面处铅的悬挂键，同时其可通过 $\pi$-$\pi$ 相互作用与spiro-OMeTAD相结合，从而增强spiro-OMeTAD空穴传输层的电荷提取效率，因此在钙钛矿功能层与spiro-OMeTAD空穴传输层之间加入氧化石墨烯层可以极大地提升器件效率. 除了spiro-OMeTAD之外，氧化石墨烯亦可作用于其他空穴传输材料. Feng等报道了一种氨修饰的氧化石墨烯材料并应用于PEDOT:PSS空穴传输层与钙钛矿功能层之间. 在反式器件上，该氧化石墨烯材料不仅改善了钙钛矿层的结晶形貌，增强了其光吸收性能，同时改善了PEDOT:PSS空穴传输层与钙钛矿功能层之间的能级排列，并使得器件在大气环境中的稳定性有所提升，最终器件光电转换效率达到16.11%[45].

由于spiro-OMeTAD的不稳定、价格昂贵以及会产生载流子积累等缺点，科研工作者同时也开发了许多其他的空穴传输材料，如聚(3-噻吩乙酸)(PTAA)、PEDOT:PSS[聚(3,4-乙撑二氧噻吩):聚苯乙烯磺酸]、$NiO_x$ 等，并对其界面修饰进行了研究. PTAA中的羧基能够与钙钛矿中的氨基产生相互作用，从而使得空穴注入更为容易[46]. PEDOT:PSS与 $NiO_x$ 则经常被用于倒置钙钛矿太阳能电池中.

在倒置平面钙钛矿太阳能电池中，PEDOT:PSS与 $NiO_x$ 是最为常用的空穴传输层材料. 而相比 $NiO_x$，PEDOT:PSS自身具有酸性，极易腐蚀与之接触的电极与光电功能膜层，进而影响器件的工作寿命，且电子阻挡能力较弱. 而以 $NiO_x$ 作为空穴传输层的反式钙钛矿太阳能电池开路电压相较PEDOT:PSS器件更高，但其填充因子相对较低. $NiO_x$ 膜层的Fermi能级与 $CH_3NH_3PbI_3$ 的HOMO能级相同，这促进了器件阳极对空穴载流子的收集[47]. 另外，NiO阳极缓冲层也可以修饰碳电极，器件光伏性能也得到了较好的改善[48]. 科研工作者们对 $NiO_x$ 空穴传输层展开了一系列研究. 例如在 $NiO_x$ 空穴传输层中通过加入锂、镁离子进行重p型掺杂以提升其电导率，采用 $Li_{0.05}Mg_{0.15}Ni_{0.8}O$ 来促进形成于钙钛矿层与FTO导电玻璃之间的欧姆接触，从而优化器件的能级排列. 该方法同时提升了器件的开路电压与短路电流，并在1 $cm^2$ 面积的器件上获得了15%以上的光电转换效率[20]. 除此之外，Hou等展示了一种低温处理制备 $NiO_x$ 空穴传输层的方法，得到了17.5%的光电转换效率，同时具有0.77的填充因子，而相同结构但采用PEDOT:PSS作为空穴传输层的器件光电转换效率仅12.4%[49].

## §5.4 阴极缓冲层的界面修饰

由于富勒烯衍生物的电子传输层与金属电极之间接触不佳，为了提高钙钛矿器件阴极的电子收集能力，改善阴极与相邻光电功能层的能级匹配，科研工作者经常用阴极缓冲层修饰阴极，从而提高器件的电子收集能力，提升器件的光伏性能.

无机材料(如金属氧化物、无机盐类等)可以作为阴极缓冲层应用到钙钛矿光伏器件中. 譬如传统的无机阴极缓冲材料 LiF，通过在 PCBM 电子传输层与铝电极之间插入一层 0.5nm 的 LiF 层，器件的光电流密度从 19.2mA/cm$^2$ 提升至 20.2 mA/cm$^2$，填充因子从 70.8%提升至 76.7%，效率从 11.5%提升至 13.1%. 除此之外，有人在 100 cm$^2$ 的大面积器件上也获得了 8.7%的光电转换效率[50]. 在反式结构的钙钛矿光伏器件中，有人将 ZnO 纳米晶作为阴极缓冲层引入阴极 Al 和电子传输层 PCBM 之间，基于 $CH_3NH_3PbI_{3-x}Cl_x$ 的钙钛矿光伏器件的光电转换效率达到 15.9%(见图 5.4)，且基于此阴极缓冲层制备的 1cm$^2$ 光伏器件效率亦高达 12.3%，为大面积钙钛矿光伏器件的制备奠定了研究基础[51]. 进一步地，有人在 ZnO 缓冲层中加入聚[9,9-双(3′-(*N*，*N*-二甲基氨基) 丙基-2,7-芴)-交替-(9,9-二辛基)-芴](PFN)[52]、聚乙烯亚胺(PEI)[53]，器件的光电转换效率和寿命都有所提升. 另外，实验表明，$CaMnO_3$，$Cs_2CO_3$ 等无机盐类也可作为阴极缓冲层引入钙钛矿器件中，能有效提升器件的光伏性能[54,55].

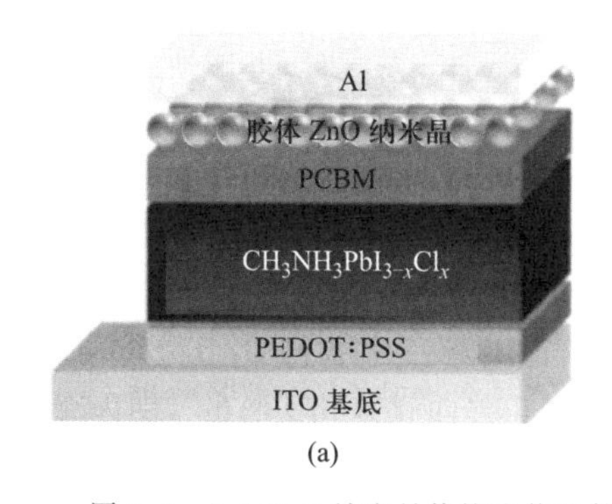


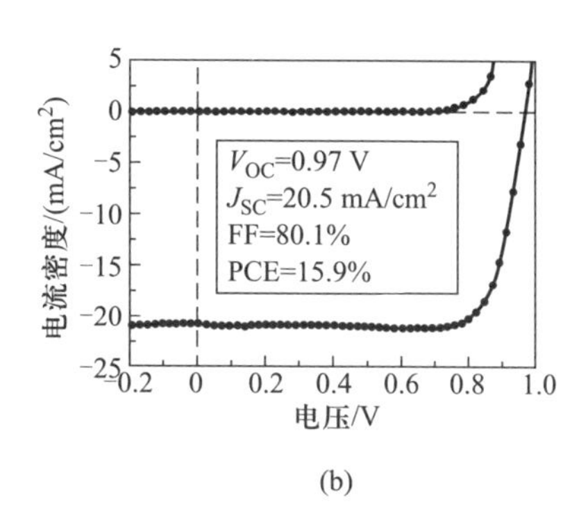


图 5.4 (a) ZnO 纳米晶修饰光伏器件阴极 Al；(b) 器件的光伏曲线与性能参数

除了无机材料，有机材料亦可作为阴极缓冲层修饰材料应用到钙钛矿光伏器件中. 科研工作者开发了一种聚合物材料 PN4N，分子结构如图 5.5 所示. 该聚合物材料可溶解于异丙醇和正丁醇，恰与钙钛矿 $CH_3NH_3PbI_{3-x}Cl_x$ 的溶解性正交.将其作为阴极缓冲层材料应用于电子传输层 PCBM 和阴极之间,器件的光电转换效率从 12.4%提升到 15.0%[56].另外,科研工作者还设计合成了一系列有机聚合物阴极缓冲层,如聚乙烯亚胺(PEIE)、聚[3-(6-三甲基铵己基)噻吩](P3TMAHT)[57]、苯乙烯磺酸锂/苯乙烯共聚物(LiSPS)[58]等,均可有效提升器件阴极的电子收集能力.在反式器件中,通过在空穴传输材料 $PC_{61}BM$ 中掺杂小分子有机材料 ITIC,可以改善 $PC_{61}BM$ 层的表面形貌,提升器件的光电流密度,器件效率从 10.95%提升至 12.41%[59].PFN 亦可单独作为阴极缓冲层材料加入 PCBM 与 Al 电极之间.杨阳等报道了一种在潮湿环境下对钙钛矿前驱液进行退火的钙钛矿太阳能电池制备方法,其光电转换效率约 17.1%,结合 PFN 缓冲层填充因子可达 0.80[60].

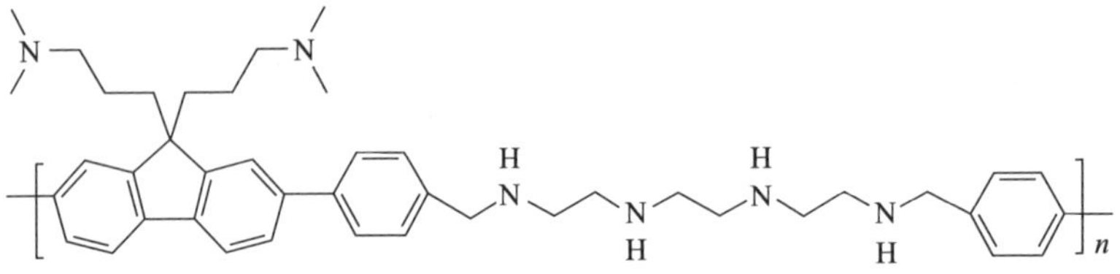

图 5.5 阴极缓冲层材料 PN4N 的分子结构

相对于有机聚合物,小分子材料具有易提纯且纯度高的优点,适合应用于钙钛矿光伏器件中.科研工作者将小分子苝酰亚胺(PDINO)作为阴极缓冲层引入钙钛矿光伏器件中,其分子结构如图 5.6 所示.实验发现,PDINO 阴极缓冲层有效阻碍了阴极 Ag 原子向器件内部扩散,基于 PDINO 阴极缓冲层的钙钛矿光伏器件性能相比 ZnO 作缓冲层的标准器件,光电转换效率提升至 14.0%,且开路电压提升了 0.1 V.值得一提的是,引入 PDINO 的钙钛矿光伏器件性能对 PDINO 的膜层厚度的依赖关系不强.当 PDINO 膜层厚在 5~24 nm 区间变化时,器件效率变化不大,均高于 13%.另外,基于 PDINO 阴极缓冲层的钙钛矿光伏器件寿命亦得到改善[61].离子液体[BMIM]$BF_4$ 亦可以作为缓冲层插入 PCBM 与电极之间,相比浴铜灵(BCP),[BMIM]$BF_4$ 能够形成覆盖更为均匀的薄膜,从而更好地保护电子传输层免受水氧侵害[62].其他小分子材料,譬如富勒烯衍生物[6,6]-苯基-C61-丁酸(18-冠-6)-乙基甲酯

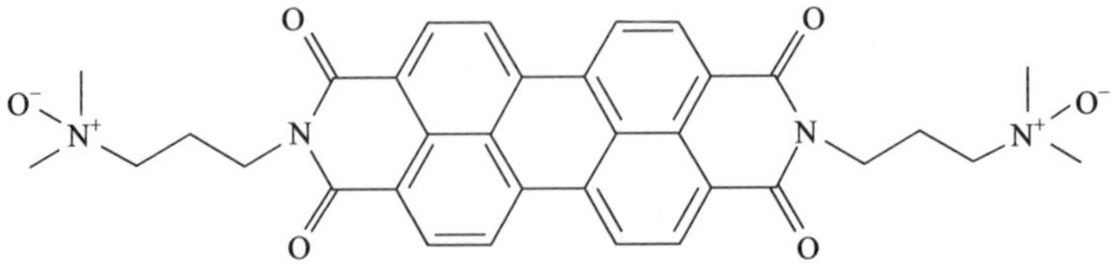

图 5.6 小分子 PDINO 的分子结构

(PCBC)、柱芳烃衍生物等，亦可作为器件的阴极缓冲层，有效提升 $CH_3NH_3PbI_{3-x}Cl_x$ 钙钛矿光伏器件性能[63].

另外，科研工作者也对复合阴极缓冲层在钙钛矿光伏器件中的应用进行了系统研究，如在电子传输层 PCBM 与阴极 Ag 之间制备了双层阴极缓冲层 Rhodamine101/LiF. 该双层阴极缓冲层的引入，对阴极与 PCBM 之间的界面进行了有效优化，电子可以比较高效地被阴极 Ag 收集，从而光伏器件的开路电压与填充因子同时得以提高[64].

## §5.5　阳极缓冲层的界面修饰

钙钛矿光伏器件的阳极一般采用高功函数的金属或金属氧化物，诸如 Au，ITO，FTO 等. 通常情况下，器件阳极的 Fermi 能级与相邻光电功能膜层的 HOMO 能级匹配不佳，导致器件阳极对空穴的收集效率不尽如人意. 为了解决阳极与相邻膜层的能级匹配问题，通常采用引入阳极缓冲层的方法对器件阳极进行界面修饰，从而提升钙钛矿器件的光伏性能.

科研工作者对有机材料作为阳极缓冲层进行了较为系统的研究，如在器件阳极与钙钛矿膜层之间引入双层有机缓冲层 PEDOT:PSS/(*N*,*N*-双(4-(6-((3-乙氧基杂环丁烷-3-基)甲氧基)-己氧基苯基)-*N*,*N*′-双(4-甲氧基苯基)联苯-4,4′-胺(QUPD)或者 PEDOT:PSS/*N*,*N*′-双(4-(6-((3-乙氧基杂环丁烷-3-基)甲氧基))-己基苯基-*N*,*N*′-二苯基-4,4′-二胺(OTPD). 其中，QUPD 和 OTPD 在酸性环境下均呈现交叉互联的膜层结构. QUPD 和 OTPD 的分子结构如图 5.7 所示. 实验发现，此类复合阳极缓冲层具有较高的 LUMO 能级，

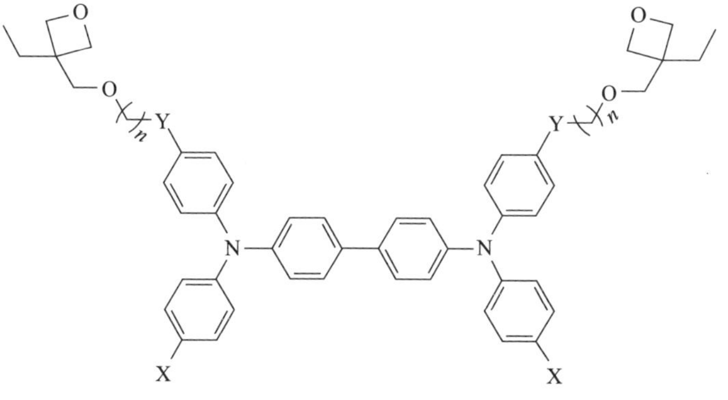

*n*=6，X=OMe，Y=O，QUPD;
*n*=5，X=H，Y=$CH_2$，OTPD

图 5.7　QUPD 和 OTPD 的分子结构

能有效阻挡电子向阳极方向的传输，并且降低空穴和电子的再复合概率. 此外，PEDOT∶PPS/QUPD，PEDOT∶PSS/OTPD 的引入，降低了光伏器件的漏电流，器件的开路电压也由标准器件的 0.77 V 提高到 0.95～0.99 V. 实验发现，基于 PEDOT∶PSS/QUPD 的钙钛矿光伏器件效率提升显著，由标准器件的 9.93%提高到 13.06%[65]. 聚(4-苯乙烯磺酸)-接枝-聚苯胺(PSS-g-PANI)亦可作为 PEDOT∶PSS 的替代材料. 该聚合物可通过加入全氟离聚物(PFI)调节功函数达到提升载流子收集效率的目的. 基于 PSS-g-PANI∶PFI 的器件效率从 7.8%(PEDOT∶PSS)提升至 12.4%[66].

## §5.6 电极的自组装层界面修饰

在钙钛矿光伏器件中，电极之上的空穴传输层或电子传输层一般通过 van der Waals 力与电极相连，界面之间的结合力较小且不稳定，电极与这些功能层之间的接触电阻和势垒较大，这势必会降低钙钛矿光伏器件的开路电压、填充因子、短路电流和光电转换效率. 自组装层通过共价键与电极紧密相连. 自组装功能层的引入，不仅可以提高柔性电极与自组装功能层界面之间的结合力(共价键)，还可以减小电极与功能层之间的 Schottky 势垒与接触电阻，从而提升柔性钙钛矿光伏器件的稳定性，提高柔性电极的载流子收集能力，进而提升钙钛矿光伏器件的光伏性能. 自组装方法不仅成本低廉，适于商业化生产，还可以在分子水平上精准调控各自组装膜层的膜厚、膜层结构、折射率等各项参数，并研究各参数对钙钛矿光伏器件性能的影响机制.

Ogomi 等在 2014 年设计了含有氨基酸的氢碘酸盐单分子层，在 $TiO_2$ 电子传输层上进行自组装以提升太阳能电池的光伏性能. 他们尝试了甘氨酸、β-丙氨酸、γ-酪氨酸等的氢碘酸盐. 实验结果显示，这些盐类能够钝化 $TiO_2$ 电子传输层表面的缺陷态，改善能级排列，同时抑制载流子复合[67]. 牛津大学科研人员将 $C_{60}$ 衍生物自组装到 $TiO_2$ 多孔层上，提高了器件的电子传输能力和载流子收集能力. 基于此自组装方法制备的非柔性钙钛矿光伏器件，填充因子高达 0.72，光电转换效率达到 11.7%[68]. 随后，他们又将 $C_{60}$ 衍生物通过自组装方法制备在 $TiO_2$ 致密层上，有效提高了电极的载流子收集能力，相关内容已经在§5.2 中加以论述. $C_{60}$ 衍生物除了修饰金属氧化物电子传输层外，亦可单独作为电子传输层使用. 科研工作者将 $C_{60}$ 吡咯烷三羧酸(CPTA)在 ITO 电极上制备自组装电子传输层，极大地抑制了迟滞现象的出现，同时获得了 18%的光电转换效率[69]. Lim 等将高导电能力的 PEDOT∶PSS 溶液与四氟乙烯-全氟-3，6-二氧杂-4-甲基-7-辛烯磺酸共聚物(PFI)混合起来，通过甩膜方法制备在柔性电极 PET/ITO 上，形成一层 30nm 的空穴抽取层，PFI 在空穴抽取层的表面发生自聚集，从而提高了空穴抽取层的 HOMO 能级，使空穴抽取层与钙钛矿膜层的 HOMO 能级更加匹配. 该方法制备的柔性钙钛矿光伏器件的效率达到 8%，开路电压达 1 V[70]. 进一步，通过改变 PFI 与 PEDOT:PSS 的比例调控空穴抽取层的能级以达到能级匹配的方法，可在不同的钙钛矿、有机光伏器件中得到应用. 除此之外，直接调控 PEDOT:PSS 溶液中 PEDOT/PSS 的比例，改变富 PSS 层的厚度亦可改变其功函数[71]. 2016 年，Yang 等报道了一种耐湿的自组装分子. 他们将一种疏水的烃基铵阳离子通过自组装的方法制备在钙钛矿功能层的表面形成疏水层，从而使得钙钛矿功能层显示出超高的湿度稳定性，能够在 90%左右的相对湿度下保持 30 天. Yang 等研究了不同的氨基盐阳离子对于钙钛矿层表面的影响，包括单甲基的阳离子、含三个或四个甲基的阳离子及含有四个烷基的阳离子. 实验发现，不同的阳离子对于钙钛矿功能层表面的 Pb—I 键键角能够产生不同的影响. 其键角从 34.7°到 98.7°不等，而更大的键角能够阻碍水分子对于铅产生作用，从而增强了钙钛矿功能层在高湿度下的稳定性. 而在提升稳定性的同时，器件的光伏性能没有显著的劣化，光电转换效率大于 15%[72].

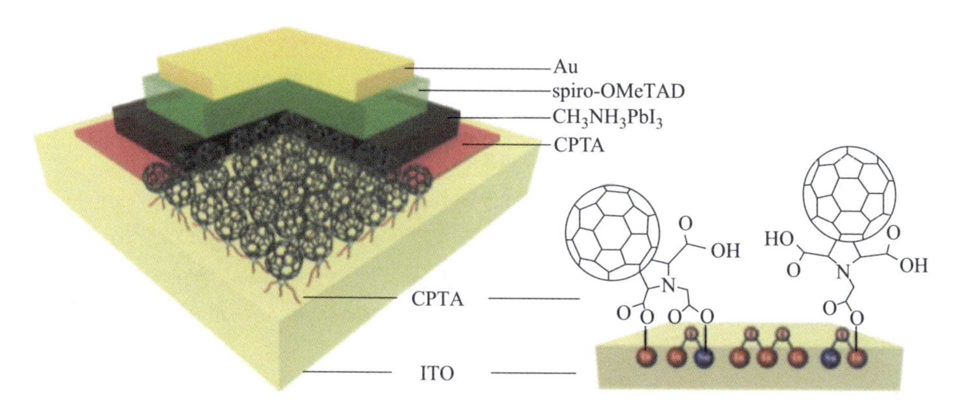


图 5.8　CPTA 的自组装过程与器件结构

然而，将自组装层引入柔性钙钛矿光伏器件的工作还较少，还有很多科学问题有待进一步研究. 陈志坚等也做了一些相关的研究工作，用自组装层去修饰电极，从而提升器件的光伏性能，得到了一系列有意义的研究成果. 他们将 2-噻吩硫醇(2-Thenylmercaptan)通过自组装方法制备在电极上[73]充当阳极缓冲层，电极与 2-噻吩硫醇通过共价键结合，有效降低了电极与缓冲层之间的接触电阻，降低了器件中空穴与电子的再复合率. 该方法制备的有机光伏器件串联电阻比标准器件低了一半，器件的填充因子与光电转换效率得以有效提高. 此外，张立培等将 p 型吸光聚合物 PBDTTT-CF 以巯基封端，将其自组装到阳极上[74]，阳极与聚合物自组装层之间是共价键连接，并且聚合物自组装层与光电功能层中的吸光材料是同质材料，两膜层之间的势垒近似为零，有机光伏器件的串联电阻降低至 5.0 $\Omega\cdot cm^{-2}$. 基于该自组装方法制备的有机光伏器件各项参数明显优于传统器件，光电转换效率提升了 15%. 他们将给体材料通过自组装方法以共价键形式与阳极连接，有效降低了阳极与有机层之间的能级势垒，提高了阳极的空穴抽取效率. 由此方法制备的有机光伏器件光电转换效率高达 8.47%，较参比器件提高了 34%[75]. 实验还发现，该方法具有较好的普适性.

# 参 考 文 献


[1] Kim H B, Choi H, Jeong J, Kim S, Walker B, Song S, and Kim J Y. Mixed solvents for the optimization of morphology in solution-processed, inverted-type perovskite/fullerene hybrid solar cells. Nanoscale, 2014, 6: 6679.

[2] Zheng L, Ma Y, Chu S, Wang S, Qu B, Xiao L, Chen Z, Gong Q, Wu Z, and Hou X. Improved light absorption and charge transport for perovskite solar cells with rough interfaces by sequential deposition. Nanoscale, 2014, 6: 8171.

[3] Liang P W, Liao C Y, Chueh C C, Zuo F, Williams S T, Xin X K, Lin J, and Jen A K Y. Additive enhanced crystallization of solution-processed perovskite for highly efficient planar-heterojunction solar cells. Adv. Mater., 2014, 26: 3748.

[4] Wang K, Liu C, Du P, Zheng J, and Gong X. Bulk heterojunction perovskite hybrid solar cells with large fill factor. Energy & Environmental Science, 2015, 8: 1245.

[5] Jeon N J, Noh J H, Kim Y C, Yang W S, Ryu S, and Seok S I. Solvent engineering for high-performance inorganic-organic hybrid perovskite solar cells. Nature Materials, 2014, 13: 897.

[6] Cao J, Jing X, Yan J, Hu C, Chen R, Yin J, Li J, and Zheng N. Identifying the molecular structures of intermediates for optimizing the fabrication of high-quality perovskite films. J. Am. Chem. Soc., 2016, 138: 9919.

[7] Xiao J, Yang Y, Xu X, Shi J, Zhu L, Lv S, Wu H, Luo Y, Li D, and Meng Q. Pressure-assisted $CH_3NH_3PbI_3$ morphology reconstruction to improve the high performance of perovskite solar cells. J. Mater. Chem. A, 2015, 3: 5289.

[8] Chen Q, Zhou H, Song T B, Luo S, Hong Z, Duan H S, Dou L, Liu Y, and Yang Y. Controllable self-induced passivation of hybrid lead iodide perovskites toward high performance solar cells. Nano Letters, 2014, 14: 4158.

[9] Jiang F, Rong Y, Liu H, Liu T, Mao L, Meng W, Qin F, Jiang Y, Luo B, Xiong S, Tong J, Liu Y, Li Z, Han H, and Zhou Y. Synergistic effect of $PbI_2$ passivation and chlorine inclusion yielding high open-circuit voltage exceeding 1.15 V in both mesoscopic and inverted planar $CH_3NH_3PbI_3$(Cl)-based perovskite solar cells.

Adv. Funct. Mater., 2016, 26: 8119.

[10] Chiang C H, Nazeeruddin M K, Grätzel M, and Wu C G. The synergistic effect of $H_2O$ and DMF towards stable and 20% efficiency inverted perovskite solar cells. Energy & Environmental Science, 2017, 10: 808.

[11] Niu T, Lu J, Munir R, Li J, Barrit D, Zhang X, Hu H, Yang Z, Amassian A, Zhao K, and Liu S. Stable high-performance perovskite solar cells via grain boundary passivation. Adv. Mater., 2018, 30: 1706576.

[12] Wang Y, Wu T, Barbaud J, Kong W, Cui D, Chen H, Yang X, and Han L. Stabilizing heterostructures of soft perovskite semiconductors. Science, 2019, 365: 687.

[13] Yang S, Chen S, Mosconi E, Fang Y, Xiao X, Wang C, Zhou Y, Yu Z, Zhao J, Gao Y, De Angelis F, and Huang J. Stabilizing halide perovskite surfaces for solar cell operation with wide-bandgap lead oxysalts. Science, 2019, 365: 473.

[14] Yu Y Y, Chiang R S, Hsu H L, Yang C C, and Chen C P. Perovskite photovoltaics featuring solution-processable $TiO_2$ as an interfacial electron-transporting layer display to improve performance and stability. Nanoscale, 2014, 6: 11403.

[15] Tao H, Ke W, Wang J, Liu Q, Wan J, Yang G, and Fang G. Perovskite solar cell based on network nanoporous layer consisted of $TiO_2$ nanowires and its interface optimization. J. Power Sources (Netherlands), 2015, 290: 144.

[16] Wu W Q, Huang F, Chen D, Cheng Y B, and Caruso R A. Solvent-mediated dimension tuning of semiconducting oxide nanostructures as efficient charge extraction thin films for perovskite solar cells with efficiency exceeding 16%. Advanced Energy Materials, 2016, 6: 1502027.

[17] Wang H H, Chen Q, Zhou H, Song L, St Louis Z, De Marco N, Fang Y, Sun P, Song T B, Chen H, and Yang Y. Improving the $TiO_2$ electron transport layer in perovskite solar cells using acetylacetonate-based additives. J. Mater. Chem. A, 2015, 3: 9108.

[18] Nagaoka H, Ma F, deQuilettes D W, Vorpahl S M, Glaz M S, Colbert A E, Ziffer M E, and Ginger D S. Zr incorporation into $TiO_2$ electrodes reduces hysteresis and improves performance in hybrid perovskite solar cells while increasing carrier lifetimes. J. Phys. Chem. Lett., 2015, 6: 669.

[19] Zhou H, Chen Q, Li G, Luo S, Song T B, Duan H S, Hong Z, You J, Liu Y, and Yang Y. Interface engineering of highly efficient perovskite solar cells. Science, 2014, 345: 542.

[20] Chen W, Wu Y, Yue Y, Liu J, Zhang W, Yang X, Chen H, Bi E, Ashraful I, Grätzel M, and Han L. Efficient and stable large-area perovskite solar cells with inorganic charge extraction layers. Science, 2015, 350: 944.

[21] Lu Z, Pan X, Ma Y, Li Y, Zheng L, Zhang D, Xu Q, Chen Z, Wang S, Qu B,

Liu F, Huang Y, Xiao L, and Gong Q. Plasmonic-enhanced perovskite solar cells using alloy popcorn nanoparticles. Rsc Advances, 2015, 5: 11175.

[22] Ameen S, Akhtar M S, Seo H K, Nazeeruddin M K, and Shin H S. Exclusion of metal oxide by an RF sputtered Ti layer in flexible perovskite solar cells: energetic interface between a Ti layer and an organic charge transporting layer. Dalton Transactions, 2015, 44: 6439.

[23] Singh T, Oez S, Sasinska A, Frohnhoven R, Mathur S, and Miyasaka T. Sulfate-assisted interfacial engineering for high yield and efficiency of triple cation perovskite solar cells with alkali-doped $TiO_2$ electron-transporting layers. Adv. Funct. Mater., 2018, 28: 1706287.

[24] Song J, Zheng E, Bian J, Wang X F, Tian W, Sanehira Y, and Miyasaka T. Low-temperature $SnO_2$-based electron selective contact for efficient and stable perovskite solar cells. J. Mater. Chem. A, 2015, 3: 10837.

[25] Li Y, Qi X, Liu G, Zhang Y, Zhu N, Zhang Q, Guo X, Wang D, Hu H, Chen Z, Xiao L, and Qu B. High performance of low-temperature processed perovskite solar cells based on a polyelectrolyte interfacial layer of PEI. Organic Electronics, 2019, 65: 19.

[26] Zhu N, Qi X, Zhang Y, Liu G, Wu C, Wang D, Guo X, Luo W, Li X, Hu H, Chen Z, Xiao L, and Qu B. High efficiency (18.53%) of flexible perovskite solar cells via the insertion of potassium chloride between $SnO_2$ and $CH_3NH_3PbI_3$ Layers. Acs Applied Energy Materials, 2019, 2: 3676.

[27] Yan L, Xue Q, Liu M, Zhu Z, Tian J, Li Z, Chen Z, Chen Z, Yan H, Yip H-L, and Cao Y. Interface engineering for all-inorganic $CsPbI_2Br$ perovskite solar cells with efficiency over 14%. Adv. Mater., 2018, 30: 1802509.

[28] Zheng D, Peng R, Wang G, Logsdon J L, Wang B, Hu X, Chen Y, Dravid V P, Wasielewski M R, Yu J, Huang W, Ge Z, Marks T J, and Facchetti A. Simultaneous bottom-up interfacial and bulk defect passivation in highly efficient planar perovskite solar cells using nonconjugated small-molecule electrolytes. Adv. Mater., 2019, 31: 1903239.

[29] Chen J, Zhao X, Kim S G, and Park N G. Multifunctional chemical linker imidazoleacetic acid hydrochloride for 21% efficient and stable planar perovskite solar cells. Adv. Mater., 2019, 31: 1902902.

[30] Zhao X, Tao L, Li H, Huang W, Sun P, Liu J, Liu S, Sun Q, Cui Z, Sun L, Shen Y, Yang Y, and Wang M. Efficient planar perovskite solar cells with improved fill factor via interface engineering with graphene. nano letters, 2018, 18: 2442.

[31] Chen W, Wu Y, Liu J, Qin C, Yang X, Islam A, Cheng Y B, and Han L. Hybrid interfacial layer leads to solid performance improvement of inverted perovskite solar cells. Energy & Environmental Science, 2015, 8: 629.

[32] Han G S, Chung H S, Kim B J, Kim D H, Lee J W, Swain B S, Mahmood K, Yoo J S, Park N G, Lee J H, and Jung H S. Retarding charge recombination in perovskite solar cells using ultrathin MgO-coated $TiO_2$ nanoparticulate films. J. Mater. Chem. A, 2015, 3: 9160.

[33] Mahmood K, Swain B S, Kirmani A R, and Amassian A. Highly efficient perovskite solar cells based on a nanostructured $WO_3$-$TiO_2$ core-shell electron transporting material. J. Mater. Chem. A, 2015, 3: 9051.

[34] Kim H B, Im I, Yoon Y, Sung S D, Kim E, Kim J, and Lee W I. Enhancement of photovoltaic properties of $CH_3NH_3PbBr_3$ heterojunction solar cells by modifying mesoporous $TiO_2$ surfaces with carboxyl groups. J. Mater. Chem. A, 2015, 3: 9264.

[35] Dong H P, Li Y, Wang S F, Li W Z, Li N, Guo X D, and Wang L D. Interface engineering of perovskite solar cells with PEO for improved performance. J. Mater. Chem. A, 2015, 3: 9999.

[36] Liu Z, Zhang M, Xu X, Bu L, Zhang W, Li W, Zhao Z, Wang M, Cheng Y B, and He H. p-type mesoscopic NiO as an active interfacial layer for carbon counter electrode based perovskite solar cells. Dalton Transactions, 2015, 44: 3967.

[37] Lee Y H, Luo J, Son M K, Gao P, Cho K T, Seo J, Zakeeruddin S M, Grätzel M, and Nazeeruddin M K. Enhanced charge collection with passivation layers in perovskite solar cells. Adv. Mater., 2016, 28: 3966.

[38] Wojciechowski K, Stranks S D, Abate A, Sadoughi G, Sadhanala A, Kopidakis N, Rumbles G, Li C Z, Friend R H, Jen A K Y, and Snaith H J. Heterojunction modification for highly efficient organic - inorganic perovskite solar cells. ACS Nano, 2014, 8: 12701.

[39] Zhu Z, Ma J, Wang Z, Mu C, Fan Z, Du L, Bai Y, Fan L, Yan H, Phillips D L, and Yang S. Efficiency enhancement of perovskite solar cells through fast electron extraction: the role of graphene quantum dots. J. Am. Chem. Soc., 2014, 136: 3760.

[40] Li W, Zhang W, Van Reenen S, Sutton R J, Fan J, Haghighirad A A, Johnston M B, Wang L, and Snaith H J. Enhanced UV-light stability of planar heterojunction perovskite solar cells with caesium bromide interface modification. Energy & Environmental Science, 2016, 9: 490.

[41] Li W, Li J, Niu G, and Wang L. Effect of cesium chloride modification on the film morphology and UV-induced stability of planar perovskite solar cells. J. Mater. Chem. A, 2016, 4: 11688.

[42] Zuo L, Gu Z, Ye T, Fu W, Wu G, Li H, and Chen H. Enhanced photovoltaic performance of $CH_3NH_3PbI_3$ perovskite solar cells through Interfacial engineering using self-assembling monolayer. J. Am. Chem. Soc., 2015, 137: 2674.

[43] Jung M C, Raga S R, Ono L K, and Qi Y. Substantial improvement of perovskite

solar cells stability by pinhole-free hole transport layer with doping engineering. Sci Rep, 2015, 5: 9863.

[44] Fu Q, Tang X, Tan L, Zhang Y, Liu Y, Chen L, and Chen Y. Versatile molybdenum isopropoxide for efficient mesoporous perovskite solar cells: simultaneously optimized morphology and interfacial engineering. Journal of Physical Chemistry C, 2016, 120: 15089.

[45] Feng S, Yang Y, Li M, Wang J, Cheng Z, Li J, Ji G, Yin G, Song F, Wang Z, Li J, and Gao X. High-performance perovskite solar cells engineered by an ammonia modified graphene oxide interfacial layer. ACS Applied Materials & Interfaces, 2016, 8: 14503.

[46] Shit A and Nandi A K. Interface engineering of hybrid perovskite solar cells with poly (3-thiophene acetic acid) under ambient conditions. Physical Chemistry Chemical Physics, 2016, 18: 10182.

[47] Jeng J Y, Chen K C, Chiang T Y, Lin P Y, Tsai T D, Chang Y C, Guo T F, Chen P, Wen T C, and Hsu Y J. Nickel oxide electrode interlayer in $CH_3NH_3PbI_3$ perovskite/PCBM planar-heterojunction hybrid solar cells. Adv. Mater., 2014, 26: 4107.

[48] Xu X, Liu Z, Zuo Z, Zhang M, Zhao Z, Shen Y, Zhou H, Chen Q, Yang Y, and Wang M. Hole selective NiO contact for efficient perovskite solar cells with carbon electrode. Nano Letters, 2015, 15: 2402.

[49] Hou Y, Chen W, Baran D, Stubhan T, Luechinger N A, Hartmeier B, Richter M, Min J, Chen S, Quiroz C O R, Li N, Zhang H, Heumueller T, Matt G J, Osvet A, Forberich K, Zhang Z G, Li Y, Winter B, Schweizer P, Spiecker E, and Brabec C J. Overcoming the interface losses in planar heterojunction perovskite-based solar cells. Adv. Mater., 2016, 28: 5112.

[50] Seo J, Park S, Kim Y C, Jeon N J, Noh J H, Yoon S C, and Seok S I. Benefits of very thin PCBM and LiF layers for solution-processed p-i-n perovskite solar cells. Energy & Environmental Science, 2014, 7: 2642.

[51] Bai S, Wu Z, Wu X, Jin Y, Zhao N, Chen Z, Mei Q, Wang X, Ye Z, Song T, Liu R, Lee S T, and Sun B. High-performance planar heterojunction perovskite solar cells: preserving long charge carrier diffusion lengths and interfacial engineering. Nano Research, 2014, 7: 1749.

[52] Jia X, Zhang L, Luo Q, Lu H, Li X, Xie Z, Yang Y, Li Y Q, Liu X, and Ma C Q. Power conversion efficiency and device stability improvement of inverted perovskite solar cells by using a zno: pfn composite cathode buffer layer. ACS Applied Materials & Interfaces, 2016, 8: 18410.

[53] Jia X, Wu N, Wei J, Zhang L, Luo Q, Bao Z, Li Y Q, Yang Y, Liu X, and Ma C Q. A low-cost and low-temperature processable zinc oxide-polyethylenimine (ZnO :

PEI) nano-composite as cathode buffer layer for organic and perovskite solar cells. Organic Electronics, 2016, 38: 150.

[54] Zhao P, Xu J, Wang H, Wang L, Kong W, Ren W, Bian L, and Chang A. Calcium manganate: a promising candidate as buffer layer for hybrid halide perovskite photovoltaic-thermoelectric systems. Journal of Applied Physics, 2014, 116: 194901.

[55] Hu Q, Wu J, Jiang C, Liu T, Que X, Zhu R, and Gong Q. Engineering of electron-selective contact for perovskite solar cells with efficiency exceeding 15%. ACS Nano, 2014, 8: 10161.

[56] Xue Q, Hu Z, Liu J, Lin J, Sun C, Chen Z, Duan C, Wang J, Liao C, Lau W M, Huang F, Yip H L, and Cao Y. Highly efficient fullerene/perovskite planar heterojunction solar cells via cathode modification with an amino-functionalized polymer interlayer. J Mater. Chem. A, 2014, 2: 19598.

[57] Zhang H, Azimi H, Hou Y, Ameri T, Przybilla T, Spiecker E, Kraft M, Scherf U, and Brabec C J. Improved high-efficiency perovskite planar heterojunction solar cells via incorporation of a polyelectrolyte interlayer. Chemistry of Materials, 2014, 26: 5190.

[58] Wang K, Liu C, Yi C, Chen L, Zhu J, Weiss R A, and Gong X. Efficient perovskite hybrid solar cells via ionomer interfacial engineering. Adv. Funct. Mater., 2015, 25: 6875.

[59] Li Y, Qi X, Wang W, Gao C, Zhu N, Liu G, Zhang Y, Lv F, and Qu B. Planar inverted perovskite solar cells based on the electron transport layer of $PC_{61}BM$ : ITIC. Synthetic Metals, 2018, 245: 116.

[60] You J, Yang Y, Hong Z, Song T-B, Meng L, Liu Y, Jiang C, Zhou H, Chang W H, Li G, and Yang Y. Moisture assisted perovskite film growth for high performance solar cells. Applied Physics Letters, 2014, 105: 183902.

[61] Min J, Zhang Z G, Hou Y, Quiroz C O R, Przybilla T, Bronnbauer C, Guo F, Forberich K, Azimi H, Ameri T, Spiecker E, Li Y, and Brabec C J. Interface engineering of perovskite hybrid solar cells with solution-processed perylene-diimide heterojunctions toward high performance. Chemistry of Materials, 2015, 27: 227.

[62] Li M, Zhao C, Wang Z K, Zhang C C, Lee H K H, Pockett A, Barbe J, Tsoi W C, Yang Y G, Carnie M J, Gao X Y, Yang W X, Durrant J R, Liao L S, and Jain S M. Interface Modification by Ionic Liquid: a promising candidate for indoor light harvesting and stability improvement of planar perovskite solar cells. Advanced Energy Materials, 2018, 8: 1801509.

[63] Liu X, Jiao W, Lei M, Zhou Y, Song B, and Li Y. Crown-ether functionalized fullerene as a solution-processable cathode buffer layer for high performance perovskite and polymer solar cells. J. Mater. Chem. A, 2015, 3: 9278.

[64] Sun K, Chang J, Isikgor F H, Li P, and Ouyang J. Efficiency enhancement of planar perovskite solar cells by adding zwitterion/LiF double interlayers for electron collection. Nanoscale, 2015, 7: 896.

[65] Jhuo H J, Yeh P N, Liao S H, Li Y L, Sharma S, and Chen S A. Inverted perovskite solar cells with inserted cross-linked electron-blocking interlayers for performance enhancement. J. Mater. Chem. A, 2015, 3: 9291.

[66] Lim K G, Ahn S, Kim Y H, Qi Y, and Lee T W. Universal energy level tailoring of self-organized hole extraction layers in organic solar cells and organic-inorganic hybrid perovskite solar cells. Energy & Environmental Science, 2016, 9: 932.

[67] Ogomi Y, Morita A, Tsukamoto S, Saitho T, Shen Q, Toyoda T, Yoshino K, Pandey S S, Ma T, and Hayase S. All-solid perovskite solar cells with $HOCO^-R^-NH^{3+}I^-$ anchor-group inserted between porous titania and perovskite. Journal of Physical Chemistry C, 2014, 118: 16651.

[68] Abrusci A, Stranks S D, Docampo P, Yip H L, Jen A K Y, and Snaith H J. High-performance perovskite-polymer hybrid solar cells via electronic coupling with fullerene monolayers. Nano Letters, 2013, 13: 3124.

[69] Wang Y C, Li X, Zhu L, Liu X, Zhang W, and Fang J. Efficient and hysteresis-free perovskite solar cells based on a solution processable polar fullerene electron transport layer. Advanced Energy Materials, 2017, 7: 1701144.

[70] Lim K G, Kim H B, Jeong J, Kim H, Kim J Y, and Lee T W. Boosting the power conversion efficiency of perovskite solar cells using self-organized polymeric hole extraction layers with high work function. Adv. Mater., 2014, 26: 6461.

[71] Kim W, Kim S, Chai S U, Jung M S, Nam J K, Kim J H, and Park J H. Thermodynamically self-organized hole transport layers for high-efficiency inverted-planar perovskite solar cells. Nanoscale, 2017, 9: 12677.

[72] Yang S, Wang Y, Liu P, Cheng Y B, Zhao H J, and Yang H G. Functionalization of perovskite thin films with moisture-tolerant molecules. Nature Energy, 2016, 1: 15016.

[73] Zhang S, Chen Z, Xiao L, Qu B, and Gong Q. Organic solar cells with 2-Thenylmercaptan/AU self-assembly film as buffer layer. Solar Energy Materials and Solar Cells, 2011, 95: 917.

[74] Zhang L, Xing X, Chen Z, Xiao L, Qu B, and Gong Q. Highly efficient polymer solar cells by using the homogeneous self-assembly of a sulphydryl-capped photoactive polymer covalently bound to the anode. Energy Technology, 2013, 1: 613.

[75] Zhang L, Xing X, Zheng L, Chen Z, Xiao L, Qu B, and Gong Q. Vertical phase separation in bulk heterojunction solar cells formed by in situ polymerization of fulleride. Sci Rep, 2014, 4: 5071.

# 第六章　钙钛矿材料的光物理过程

王睢、李瑜、王树峰

## §6.1　钙钛矿中的激子结合能、介电常数与激发产物

半导体材料具有较大的介电常数，介电屏蔽作用使其激子的结合能较低，形成 Wannier 激子. 同时，由于热运动的作用，材料的激发产物主要是自由载流子，因此钙钛矿光伏材料中的激发产物是激子和载流子的共存，并受到激发浓度和温度的控制. 这种共存行为将影响到激发产物的本质、激发产物的状态，乃至动力学过程. 显然，这一共存过程首先应当与激子的结合能密切相关，因此对于钙钛矿光物理的讨论，我们从激子结合能开始.

### 6.1.1　钙钛矿材料的激子结合能与测量方法

下表列举了通过多种方法测量得到的激子结合能. 利用光谱或磁吸收获得的结果是，这种能量与热动能($k_B T \approx 26$ meV，$k_B$ 为 Boltzmann 常数，$T$ 为热力学温度)相仿，表明激子易于解离成自由载流子(表 6.1 中 1～11). 但是也有研究表明，如果考虑静态介电常数，那么材料的介电常数可高达数十甚至上千，由此推断出其具有极小的激子结合能(表 6.1 中 12，13).

**表 6.1　有机-无机杂化钙钛矿材料的激子结合能**

| | 材料 | 激子结合能/meV | 测量方法或理论 | 文献 |
|---|---|---|---|---|
| | | 实验推算 | | |
| 1 | $CH_3NH_3PbI_3$ | 98 或 35<br>(衬底掺杂 $Au@SiO_2$) | 温度相关荧光光谱 | [1] |
| 2 | $CH_3NH_3PbI_{3-x}Cl_x$ | 62.3 | 同上 | [2] |
| 3 | $CH_3NH_3PbI_3$ | 19 ± 3 | 同上 | [3] |
| 4 | $CH_3NH_3PbI_3$ | 32 ±25 | 同上 | [4] |

(续表)

| | 材料 | 激子结合能/meV | 测量方法或理论 | 文献 |
|---|---|---|---|---|
| 5 | $CH_3NH_3PbI_{3-x}Cl_x$ | 55 ± 20 | 温度相关吸收光谱 | [5] |
| 6 | $CH_3NH_3PbI_3$ | 25 ± 3 | 同上 | [6] |
| 7 | $CH_3NH_3PbI_3$<br>$CH_3NH_3PbBr_3$ | 50<br>76 | 磁致吸收 | [7] |
| 8 | $CH_3NH_3PbI_3$(单晶) | 37 | 磁致吸收 | [8] |
| 9 | $CH_3NH_3PbI_3$ | 9 ± 1 | 带边吸收 | [9] |
| 10 | $CH_3NH_3PbI_3$ | 30 (13 K)<br>6 (300 K) | 带边吸收 | [10] |
| 11 | $CH_3NH_3PbI_3$ | 16 | 磁致吸收 | [11] |
| | | 计算预测 | | |
| 12 | $CH_3NH_3PbI_3$ | 2 | 由大介电常数 $\varepsilon=70$ 导出 | [12] |
| 13 | $CH_3NH_3PbI_3$ | 0.7 | 由大介电常数和激子半径导出 | [13] |

研究激子结合能的方法有很多种，这里介绍几种光谱研究方法.

(1) 温度依赖荧光测量.

温度依赖的荧光强度可以写为[14]

$$I(T)=\frac{I_0}{1+A\mathrm{e}^{-E_\mathrm{B}/k_\mathrm{B}T}}, \tag{6.1}$$

其中 $I_0$ 是 0 K 时的荧光光强，$E_\mathrm{B}$ 是结合能，$k_\mathrm{B}$ 是 Boltzmann 常数，$T$ 是温度. 因此，根据温度相关的强度变化曲线拟合，即可得到激子结合能. 但这一方法对于钙钛矿材料研究存在一定欠缺. 最主要的问题是，该方法假设热运动导致激子解离，解离后的激子就不再发光. 随着温度的降低，解离概率下降，从而荧光增强. 由此可见，该方法实际上是在测量温度相关的激子解离行为. 但是在钙钛矿中，激子解离后形成自由载流子，其中的电子和空穴仍然可能以双分子辐射复合的形式发出荧光[15]，这种发光现象非常显著并被广泛接受，与荧光方法的假设存在矛盾. 但是，这一方法仍然可以给出荧光随温度降低而升高的曲线，所获得的数值与其他方法也有类似之处，其背后的原因还有待于进一步讨论. 此外，在降温过程中，钙钛矿会在 160 K 附近出现相变，由四方晶系变为立方晶系，可能会带来的激子结合能的变化[16]. 同时，由于材料内离子的运动可能也与温度相关，从而会引发温度相关的荧光变化. 例如甲胺离子的转动会使得钙钛矿的能带在直接带隙和间接带隙中转变，从而导致荧光的变化[17]. 这一系列问题，都可能带来结合能测定的不确定性.

(2) 温度依赖吸收光谱.

半导体材料的带边吸收包含激子吸收，其光谱的均匀展宽与温度相关，由此可以推断激子的结合能[5]. 根据二能级模型的均匀展宽机制，激子的弛豫率 $1/t_1$ 可以写为

$$\frac{1}{t_1}=k_0+k_{\mathrm{T}}, \tag{6.2}$$

其中 $k_0$ 是自发辐射率，$k_{\mathrm{T}}$ 是激子的热解离率，

$$k_{\mathrm{T}}=v_{\mathrm{T}}\mathrm{e}^{-E_{\mathrm{B}}/k_{\mathrm{B}}T}, \tag{6.3}$$

而 $v_{\mathrm{T}}$ 称为尝试频率(attempt frequency). 由于存在速率为 $\gamma$ 的激子间弹性散射的作用，能级相干时间 $t_2$ 与 $t_1$ 和 $\gamma$ 的关系为

$$\frac{1}{t_2}=\frac{1}{2t_1}+\gamma, \tag{6.4}$$

因此，谱线的宽度为

$$\Delta v=\frac{1}{\pi t_2}=\Delta v_0+v_{\mathrm{T}}\mathrm{e}^{-E_{\mathrm{B}}/k_{\mathrm{B}}T}, \tag{6.5}$$

其中 $\Delta v_0$ 是温度无关的展宽. D'Innocenzo 等利用这种方法获得的激子结合能为(55±20) meV. 由于这一方法仍然与温度相关，因此仍然可能存在一定的不确定性.

(3) 带有 Coulomb 相互作用的吸收谱模型.

如果将上一模型继续发展，不仅考虑二能级跃迁，还可以加入电子与空穴的 Coulomb 相互作用. 根据 Wannier 激子理论，带边的吸收系数 $\alpha(\hbar\omega)$ 可以写为[6,18]

$$\alpha(\hbar\omega)\propto\frac{\mu_{\mathrm{CV}}^2}{\hbar\omega}\left[\sum_j\frac{4\pi\sqrt{E_{\mathrm{B}}^3}}{j^3}\delta(\hbar\omega-E_j^{\mathrm{B}})+\frac{2\pi\sqrt{E_{\mathrm{B}}}\,(\hbar\omega-E_{\mathrm{g}})}{1-\mathrm{e}^{-2\pi\sqrt{\frac{E\mathrm{B}}{\hbar\omega-E\mathrm{g}}}}}\right], \tag{6.6}$$

其中 $E_j^{\mathrm{B}}=E_{\mathrm{g}}-\dfrac{E_{\mathrm{B}}}{j^2}$ 表示了向束缚激子态的跃迁，$\delta(x)$ 是 delta 函数，第二项中的 $\theta(x)$ 是阶跃函数. 将上式与双曲正割函数卷积，即可以拟合出不同温度下的带边吸收曲线，从而获得激子结合能. 通过这种方法，Bongiovanni 等获得的激子结合能为(25±3) meV.

这一方法与上一方法相比较，合理地加入了电子与空穴的 Coulomb 相互作用，同时避免了温度相关的实验，因此可以较好地反映激子结合能. 但是带边吸收的方法只能对材料的载流子(电子、空穴)介电响应加以探测，却无法探测钙钛矿材料中离子的慢速响应. 这是由 Franck-Condon 原理所确定的限制. 这一方法曾经被广泛运用于确定多种半导体材料的激子结合能. 这些材料

往往不含有离子极化所导致的介电响应，但这些响应在钙钛矿材料中非常显著.

在表6.1所示的激子结合能结果中，我们可以注意到两个现象：一是钙钛矿材料的激子结合能实验推算值在一个相当宽泛的范围内变动，从最小的6 meV至最大的98 meV，差异超过了一个量级，这在其他常见半导体材料中非常少见(见图6.1). 二是实验研究观察到在频率趋向零时(低频或静电场)，材料具有超大的介电常数. 这种超大的介电常数有可能导致局域的强介电屏蔽，从而导致极小的激子结合能.

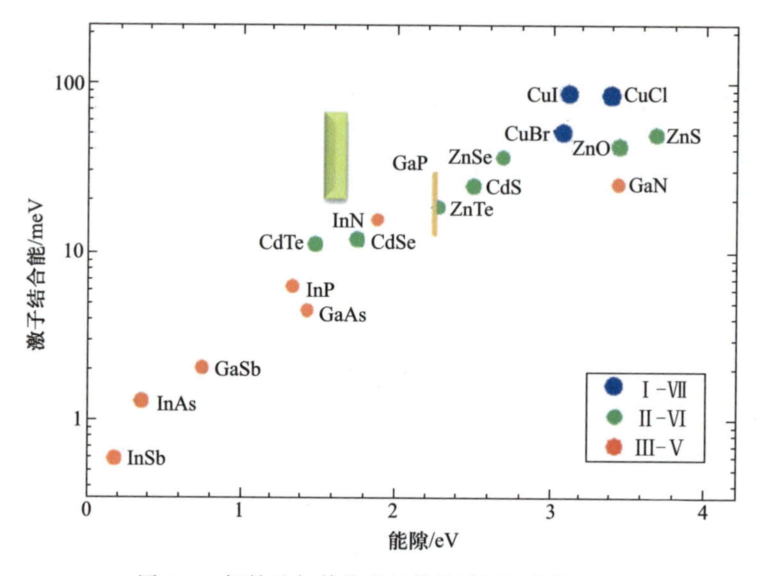


图6.1 钙钛矿与其他半导体的激子结合能对比

钙钛矿材料结合能在各种测量条件下的显著差异至今并没有一个明确的解释，这可能是源于钙钛矿薄膜微观形貌的差异. 钙钛矿薄膜由微小的晶粒组成，但晶粒的尺度变化范围很大，常见的可以从几十纳米至微米. 此外，退火、光照以及湿度等都会引起从微观原子排列到宏观电子学性质的改变. 这些构型和处理方法都有可能影响到激子结合能的实际数值. 激子结合能与具体微观构型的关联仍然是一个没有解决的问题，还需要进一步加以探索. 此外，这一具体构型与钙钛矿光物理乃至电学性质的关联也仍然缺乏足够充分的讨论. 这与钙钛矿材料本身的多变性、制备与保存时的环境敏感性有关.

### 6.1.2 介电响应与激子结合能

实验所表现出的在低频下的超大介电常数并没有在实验中带来超小的激

子结合能. 尽管表 6.1 内给出的大量研究结果似乎无可辩驳地证明了基于超大介电常数的预测是不准确的，但是这些研究方法本身仍然具有一定的缺陷，彼此之间呈现相对矛盾的结果.

如上一节所述，这些光谱手段依据温度条件可以分为变温和定温测量. 对于变温测量，相变等会导致其测量的不确定性. 非温度相关的研究方案则可以有效地避免相变带来的影响. 从吸收(带边吸收)和荧光测量手段来讲，带边吸收尽管在半导体材料中得到广泛应用，但是对于具有离子迁移的材料却有原理上的不足，无法体现材料的非瞬态介电响应，从而也就无法证明超大介电常数是否会作用于激子，导致极小的结合能产生. 而荧光的方法由于是非瞬时响应，因此可以克服这一障碍. 激子结合能与介电常数的关系如下式表示[12]：

$$E_{\mathrm{B}}=\frac{\mu}{m_0}\frac{1}{\varepsilon^2}\frac{m_0 e^4}{(4\pi\varepsilon_0\hbar)^2},\tag{6.7}$$

其中，$\varepsilon$ 是相对介电常数，$m_0$ 是电子质量，$e$ 为电子电量，$\varepsilon_0$ 是真空介电常数.

材料的介电响应来自外场作用下的极化，由响应机制的不同可大致分为电子极化响应和原子核极化响应. 对于光频来说，前者是瞬时响应，后者则是具有一定时间延迟的响应. 各种机制的响应时间尺度如图 6.2 所示：在钙钛矿中，材料的介电常数随外场频率显著改变，表现为在低频极限下呈现超大的相对介电常数. 如 Burn 组得到静态极限介电常数约为 70，而高频极限约为

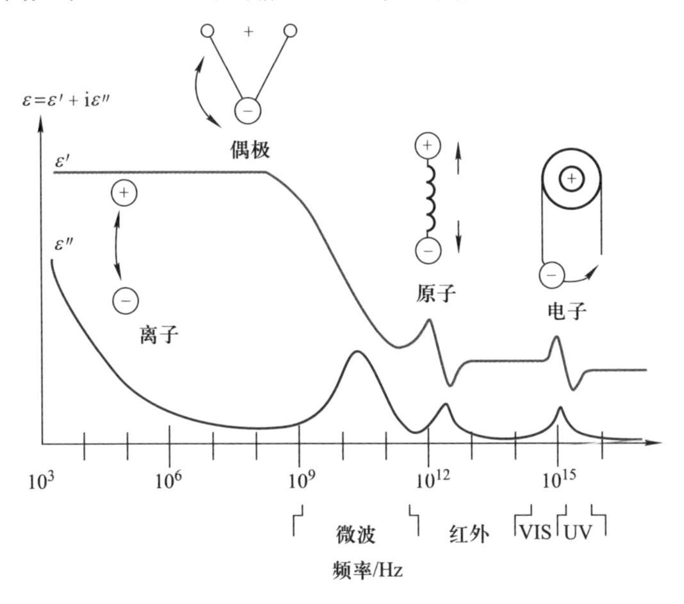


图 6.2　材料对于外电场的介电响应(摘自 Kenneth 研究组网页)

8[12]. Walsh 组计算得到上限为 25.7[13]. 黄劲松课题组测量了致密的钙钛矿薄膜，测量值达到约 500[19]. Mora-Sero 组的研究获得了达 1000 的介电常数，并且在光照条件下还会再增长 1000 倍[20]. 这些超大的介电常数虽然并不统一，但是都反映了材料内部的强极化过程. 这些极化过程可能来自多种因素，例如甲胺离子可以在晶格中发生转动[17,21]，但碘离子在体系中发生迁移也是经常被观测到的现象. 根据频率响应，可以大致区分电子响应、分子极化和离子迁移，它们发生在不同的时间尺度上. 因此，要让这些过程参与激子的形成，得到小的激子结合能，就需要考虑测量方法是否能包含有延迟的响应.

因此，在光频段利用吸收法测量激子的结合能，只能得到在电子极化响应下的激子结合能. 当电子被激发后，原子核运动和极化才会产生作用，从而增强正负电荷间的屏蔽，增加电荷间距，使得激子结合能减小. 这个动态过程大致如下：激子由激发而形成—电荷 Coulomb 吸引—分子极化—屏蔽增强—结合能减小—电荷空穴相对速度降低，激子半径增加—更多低频极化参与—极化进一步增强—结合能进一步减小. 因此，要研究非瞬时响应对于激子结合能的影响，实验测量应当在原子核响应与极化达到平衡后进行. 总之，实验研究方法需要考虑钙钛矿材料的特殊性质，对传统的结合能测量方法做出一定的改变. 新的方法至少要注意以下两个特性：包含非温度依赖测量、非瞬时探测特性. 要满足这些需求，方法应当是非温度依赖的荧光测量方法，此外荧光测量也要包含双分子复合发光. 王树峰课题组提出的温度-浓度分辨光谱方法符合这些测量需求. 同时他们通过变温测量观测一系列温度下的结合能来验证其是否有温度依赖性，并根据这一依赖性获得激子的有效质量.

## §6.2　温度-浓度分辨光谱方法计算激子结合能

### 6.2.1　浓度分辨光谱方法

描述 Wannier-Mott 激子的理论模型中的 Saha-Langmuir 方程如下：

$$\frac{x^2}{1-x}=\frac{1}{n}\left(\frac{2\pi\mu k_{\mathrm{B}}T}{h^2}\right)^{3/2}\mathrm{e}^{\frac{E_{\mathrm{B}}}{k_{\mathrm{B}}T}}=\frac{1}{n}C(T,E_{\mathrm{B}}),\tag{6.8}$$

其中 $x$ 是总激发中自由载流子的比例，$\mu$ 是激子的约化质量，约为 $0.15m_{\mathrm{e}}$[7]，$E_{\mathrm{B}}$ 是激子结合能. 这一公式描述了简单的能级结构，在激发态上只有自由电子、空穴，以及自由激子. 这一公式最初用来描述等离子体中的电离. 半导体材料中的情形较为复杂，存在缺陷参与的复合以及 Auger 复合过程等，导致光产物不仅仅是自由载流子与空穴的相互转换. 但是在一定激发浓度范围内，这一公式还是可用的.

根据这一描述，低光强下(低激发浓度下)自由载流子组合成为激子的概率小于激子解离成为自由载流子的概率，因此激子几乎全部解离为自由电荷. 高光强下则相反，高浓度的自由载流子易于相遇并结合成为激子，而激子的解离率不变，因此激发态主要以激子形式存在. 比例 $x$ 由此随激发浓度发生演化，如图 6.3(a)所示，在低浓度时接近 1，而在高浓度时趋向于 0.

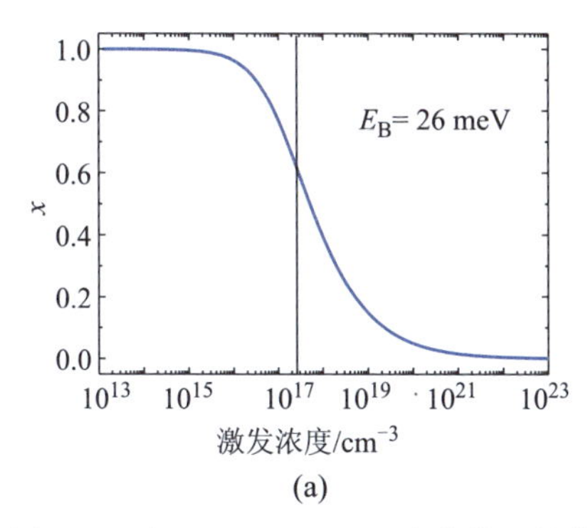


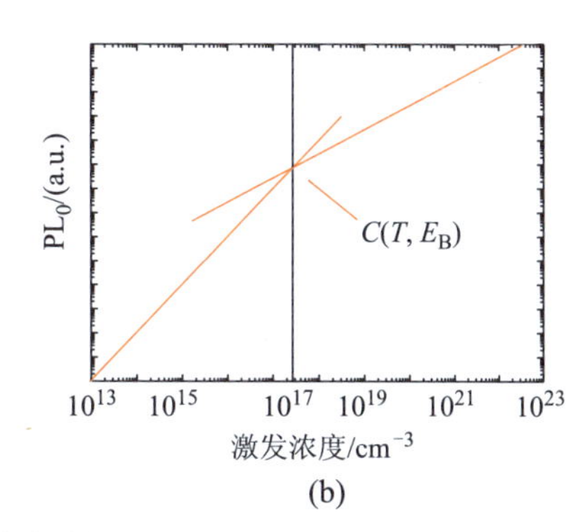


图 6.3　由 Saha-Langmuir 公式描述的荧光强度与激发强度的关系. (a) 自由载流子比例 $x$ 随激发浓度变化的关系；(b) 幂律变化从 2 次(双分子复合)到 1 次(单分子复合)

在实验中观察这一动态变化过程非常困难，需要观测跨越多个数量级的激发浓度，而且在低浓度下由于信噪比过低和缺陷影响显著，信号难于记录且不可靠. 在高浓度下，又不可避免地会发生 Auger 复合等过程，使复合不再局限于激子或自由载流子复合. 由于上述原因，可供观测的浓度窗口有限，约为 $10^{15}\sim10^{18}\,cm^{-3}$，这导致拟合过程也变得不可靠. 因此，有效的观测首先是通过验证在高、低极限的趋势加以定性判断. 实验观测结果明确地表现了激子与自由载流子的动态共存.

在描述激子和自由载流子二者共同存在的体系时，人们用单分子和双分子复合的组合来表达，通常写作 $I(n)\propto A_1n+A_2n^2$. 但这种写法没有区分总浓度 $n$ 中有多少比例是激子，有多少是自由载流子，因此 $A_1$ 和 $A_2$ 也就失去了衰减速率的意义. 此表达式也没有表达出激子与自由载流子的相互转换的通道，而只考虑了自由载流子与激子各自独立的衰减通道. 因此，我们必须考虑总浓度 $n$ 中二者的比例，即 $x$ 和 $1-x$，同时也必须注意到二者的比例会随浓度 $n$ 发生变化，因此荧光衰减公式修改为

$$I(n)=A(1-x)n+Bx^2n^2. \tag{6.9}$$

由于(6.9)式中 $x$ 也是 $n$ 的函数，且可供分析的浓度范围有限，因此难于拟合. 但是如果考虑极限情形，即 $x$ 趋近 1 或 0，则可以大大简化(6.9)式，并获得两种极限情形下的 $I(n)$：

$$I=[A/C(T,E_B)+B]n^2 \quad (x\to 1), \tag{6.10}$$

$$I=[A+BC(T,E_B)]n \quad (x\to 0). \tag{6.11}$$

这两式说明，在自由载流子为主的情形下($x\to1$)，荧光光强随总浓度的平方变化，而在激子为主的条件下($x\to0$)，荧光随总浓度线性增长. 根据 Saha-Langmuir 公式的结果，弱激发情形下应当为平方增长区，强激发情形下则应当为线性增长区，如图 6.3(b)所示. 如果向中心延伸这两种增长，即将(6.10)与(6.11)式取等号，则交点恰好为 $C(T,E_B)$，可定义其为转变浓度，这就是 $C(T,E_B)$的物理意义. 而由 $C(T,E_B)$即可推算出某一温度 $T$ 下的 $E_B$.

因此，浓度分辨方法的核心就是要获得可靠的浓度数值. 但是，利用传统手段获得体系中的激发浓度却是非常困难的，这也是半导体材料研究中尽管有很多与浓度相关的理论分析，但是却极少见到实验报道的原因. 当用一束连续光照射样品时，体系的浓度不仅依赖于注入的粒子数目，还依赖于体系的载流子寿命. 激发与复合平衡可以使材料中的载流子保持在一定的浓度. 但是，由于复合过程可以是多种复合(寿命)的组合，这种平衡难于确定，而载流子复合的速率随浓度也会发生变化(如自由电子与空穴的双分子复合，高浓度下的 Auger 复合等)，也导致复合速率无法确定. 因此，利用连续光并不能可靠地计算半导体内的载流子浓度. 此外，即便假定材料的激发态寿命为简单的、固定的单 e 指数衰减，也无法进行浓度分辨的研究. 例如，假定激发态寿命为 1ns，要获得浓度为 $10^{18}\,cm^{-3}$的激发浓度，需要每秒注入 $10^{27}$个光子，这相当于注入约$(3\sim5)\times10^8\ W\cdot cm^{-3}$的功率. 即便是 200～300 nm 厚度的薄膜，所需的激光功率也在 $kW\cdot cm^{-2}$的量级，足以摧毁样品. 可见用传统手段研究这一课题是难以实现的.

如果换用脉冲激光器，则可以使载流子浓度瞬时达到最大且无须积累太多热能. 但是如果采用时间积分获得信号，也就是将整个衰减过程中衰减到每个浓度下的信号累加起来，就会抹去想要研究的浓度分辨信号. 因此，我们既要利用瞬态注入时获得的瞬时高浓度信号，又要避免对衰减过程的积分，那么就要利用瞬态光谱的方法，将单一浓度的信号提取出来. 这其中最为可靠的提取位置是时间零点处的荧光信号 $PL_0$. 而其后的信号，由于衰减过程未知，不能给出确定的浓度-信号关联. 而浓度分辨光谱方法，就是基于 $PL_0$-$n$ 的直接关联.

在条纹相机系统的荧光采样中，$PL_0$ 位于瞬态荧光的最高点，由于系统自身的响应(即系统的响应函数宽度，约 30～40 ps)，使得该最高点具有约 30～40 ps 的时间延迟. 而钙钛矿材料的荧光衰减寿命一般在 ns 量级，远大于 $PL_0$ 的时间延迟，因此初始荧光可以很好地对应于初始总粒子浓度.

另一方面，相关的报道提出，钙钛矿材料中热激子冷却到晶格温度只需约 100 fs，激子解离成自由载流子只需约 20 fs[22,23]，激子的形成时间为皮秒量级[24]. 这些结果表明，在小于 $PL_0$ 时间延迟的时间尺度内，激子和自由载流子的平衡共存已经得到了建立. 同时，$PL_0$ 本身具有的时间延迟构成了非瞬时探测. 在条纹相机 1 ns 时间窗口下，仪器响应约为 20 ps. 这个时间延迟，可以保证探测时原子核的极化响应达到稳定. 与之相对比，钙钛矿材料中高能声子的能量为 26 meV，对应<200 fs 的时间尺度[2]，而甲胺离子在钙钛矿晶格框架中的转动时间约为 3 ps[25]. 因此利用仪器的慢响应，在考虑原子核极化运动响应的情况下，浓度分辨光谱方法可以通过自由载流子与激子的动态平衡特性来实现对激子结合能的有效测量.

通过注入一系列不同能量的脉冲，我们可以获得一系列荧光的激发-衰减曲线及其 $PL_0$，并勾勒出完整的 $PL_0$-$n$ 曲线(见图 6.4). 图中红线为严格按照二次和一次幂律做出的示意参考线，可见在低和高浓度下高度地符合 Saha-Langmuir 公式描述的情形，证明了钙钛矿薄膜中自由载流子与激子的动态共存. 两条红线的交叉点对应的浓度即为 $C(T, E_B)$. 其中温度 $T$ 恒定，有效质量为常数(来源于其他文献)，由此可推断激子的结合能.

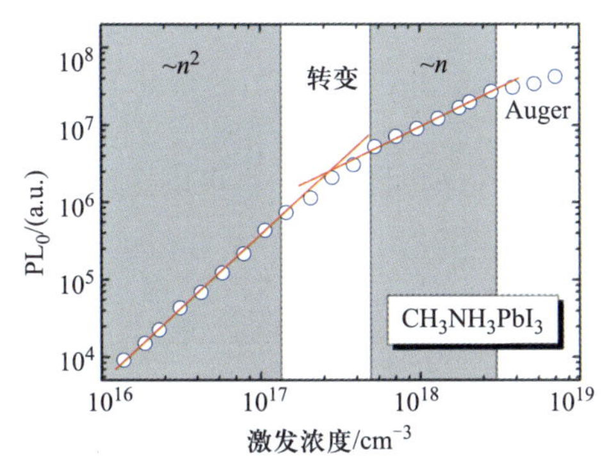


图 6.4 $CH_3NH_3PbI_3$ 薄膜中 $PL_0$ 随激发浓度的演化曲线. 圆圈为实验数据，直线为严格按照平方和一次幂律标示的演示线

另外值得注意的是，在(6.10)和(6.11)式中，$A$ 和 $B$ 作为常数包含了一系列复杂的内容，如量子效率、衰减常数、系统荧光收集效率等. 我们并不十分关心 $A$ 和 $B$ 的具体数值，因为可以说 $A$ 和 $B$ 即便较为任意地取值，也不影响最终的结果，它们作为因子最后被约化掉了. 这个事实具有有趣的物理意义，即自由载流子复合和激子复合这两个相对独立的过程即便拥有完全不同的特征，例如存在量子效率差异，也不影响结果. 这说明自由载流子和激子需要作为一个整体来考虑：无论二者的个性如何，其比例和荧光都是由总浓度

来决定，是总浓度的函数，而不是其中任一成分的函数. 进一步讲，如果 $A$ 或者 $B$ 取零值会如何呢? 可以发现它不影响最终的结论，只是曲线的高低在做平移罢了. 这说明即便是自由载流子复合不发光(假如非直接带隙)，抑或激子复合不发光，仍然不影响图 6.4 中曲线的获得. 因此，我们很难从这个研究确认体系中发光的激发产物是什么. 例如，理论分析表明，钙钛矿中的自由载流子复合可以来自可发光的直接带隙，但也有可能来自不发光的间接带隙. 我们的模型并不受这些理论的影响，它只反映自由载流子与激子的动态平衡.

## 6.2.2 温度-浓度分辨光谱方法

在上面提出的浓度分辨光谱方法中，通过测量荧光的强度从对总激发浓度的平方到线性依赖的转变，可以得到材料在某一温度下的 $C(T, E_B)$，由此可以计算激子的结合能. 但是 $C(T, E_B)$ 中还有一个参数无法直接确定，即激子有效质量 $\mu$，这只能通过参考其他文献获得.

为此，我们可以将如上的浓度分辨光谱方法应用到一系列温度下. 根据 $C(T, E_B)$ 在(6.8)式中的定义，可以将其改写成以下形式：

$$\ln C(T, E_B) - \frac{3}{2}\ln T = \frac{3}{2}\ln\left(\frac{2\pi\mu k_B}{h^2}\right) - E_B \frac{1}{k_B T}. \tag{6.12}$$

这意味着在得到了不同温度下的 $C(T, E_B)$ 的情况下，通过 $\ln C(T, E_B) - \frac{3}{2}\ln T$ 和 $E_B \frac{1}{k_B T}$ 的线性依赖关系(见图 6.5)，可以得到材料的激子结合能(斜率直接得到)和激子有效质量(由截距计算).

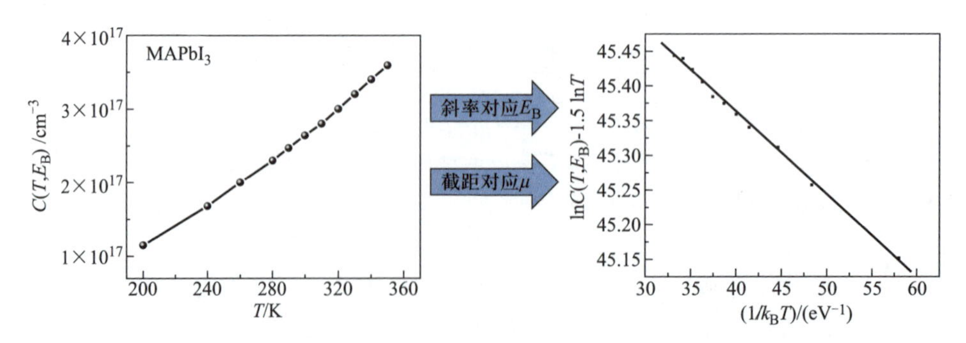


图 6.5 通过 $C(T, E_B)$ 对温度的依赖关系得到激子结合能和激子有效质量

根据这一方法，王树峰等系统地获得了一系列钙钛矿材料薄膜中的激子结合能和有效质量，同时这个线性依赖关系验证了激子结合能和有效质量不随温度变化的特性. 如图 6.6 所示，他们得到了 $MAPbI_3$ 的激子结合能($E_B=$

11.7 meV)和激子有效质量($\mu$=0.104 $m_e$)、$FAPbI_3$ 的激子结合能($E_B$=9.95 meV)和激子有效质量($\mu$=0.098 $m_e$)、$MAPbBr_3$ 的激子结合能($E_B$=25.9 meV)和激子有效质量($\mu$=0.119 $m_e$)，以及 $FAPbBr_3$ 的激子结合能($E_B$=23.1 meV)和激子有效质量($\mu$=0.116 $m_e$).表 6.2 和 6.3 中展示了利用温度-浓度分辨光谱方法得到的激子结合能、有效质量与其他已有相关报道的对照.

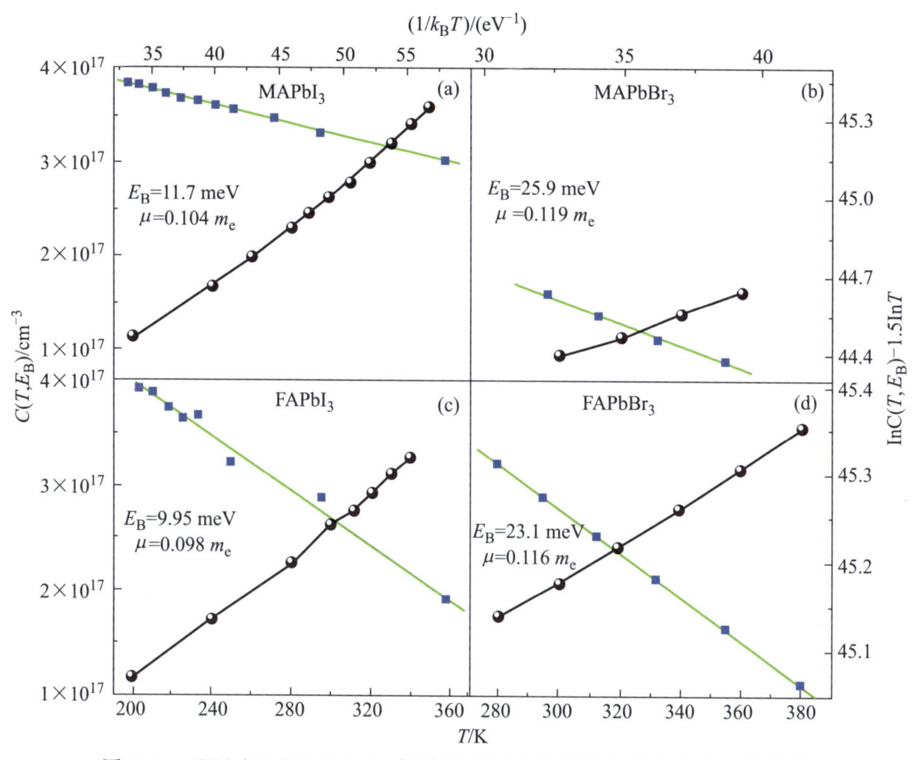


图 6.6　(MA/FA)Pb(I/Br)$_3$ 钙钛矿激子有效质量和结合能的相关结果

**表 6.2　(MA/FA)Pb(I/Br)$_3$ 钙钛矿激子有效质量($\mu$)的相关结果**(单位：$m_e$)

| | $MAPbI_3$ | $MAPbBr_3$ | $FAPbI_3$ | $FAPbBr_3$ |
|---|---|---|---|---|
| 王树峰等 | 0.104 | 0.119 | 0.098 | 0.116 |
| 文献[11] | 0.104 | — | — | — |
| 文献[26] | 0.104 | 0.117 | 0.09(正交相)<br>0.095(四方相) | 0.115(正交相)<br>0.13(四方相) |
| 文献[27] | 0.12 | — | — | — |
| 文献[28] | 0.14 | — | — | — |
| 文献[29] | 0.09 | — | — | — |
| 文献[30] | 0.11 | — | — | — |

**表 6.3　(MA/FA)Pb(I/Br)$_3$ 钙钛矿激子结合能的相关结果**(单位：meV)

| | $MAPbI_3$ | $MAPbBr_3$ | $FAPbI_3$ | $FAPbBr_3$ |
|---|---|---|---|---|
| 王树峰等 | 11.7 | 25.9 | 9.95 | 23.1 |
| 文献[11] | 16 | — | — | — |
| 文献[26] | 12 | 25 | 14(正交相)<br>10(四方相) | 22(正交相)<br>24(四方相) |
| 文献[27] | 7.4 | — | — | — |
| 文献[31] | 29 | 60 | — | — |
| 文献[32] | — | — | 5.3 | — |
| 文献[33] | — | — | — | 160 |
| 文献[34] | 16 | — | — | — |
| 文献[35] | — | 75 | — | — |
| 文献[36] | — | 21 | — | — |
| 文献[37] | 5 | — | — | — |
| 文献[38] | — | 70 | — | — |
| 文献[39] | 15 | — | — | — |
| 文献[40] | — | 60 | — | — |

这些结果与其测量方法结合，能够证明钙钛矿材料中分子运动极化可以被排除在外. 这种分子极化在 $CsSnI_3$ 中被认为增强了 9.9 倍的介电响应[41]，也被认为可能出现在钙钛矿材料中. 因此这种时间延迟荧光测量方法证实了分子运动极化并没有对材料的激子结合能产生显著影响. 其原因可能是材料的最大声子能量为 25 meV，仍然不足以响应激子的偶极振荡. 另外也可能是甲胺离子在框架中的转动时间足够慢，为 3 ps，因此无法进行快速的极化. 从空间的角度来说，介电作用导致电子与空穴间的 Coulomb 作用降低，间距增加，从而使结合能降低. 因此低激子结合能、高介电常数、大空间尺度这三者在体系中可以认为代表了相同的事情. 例如，当电子与空穴间距达到 204 nm 时，激子结合能降低至 0.7 meV [13]. 王树峰等的实验除了得到激子结合能之外，也观察到在激发浓度大于 $3\times10^{18}\,cm^{-3}$ 时，有 Auger 过程(多分子荧光猝灭)发生，对应的激子半径只有几个纳米. 这也就证明了激子的半径没有达到很大的尺度，因此钙钛矿的激子结合能也就不会接近零.

### 6.2.3　自由载流子与激子共存体系的动力学及浓度测量

以上基于 Wannier-Mott 激子的研究，在找到激子结合能的同时，证明了材料内部的自由载流子和激子同时存在. 这种存在基于激子的解离，以及自由电子与空穴结合成为激子的动态平衡过程. 这一过程依赖于总激发浓度和激子的结合能两个条件. 随着激发强度的增加，激发产物从自由载流子为主，逐渐演化为激子为主，其转变拐点由激子结合能决定. 但是这种动态平衡并没有考虑超出这一平衡范围之外的部分：低激发强度时缺陷的填充，以及高浓度时的 Auger 过程. 激发产物大致按照激发强度可分为五个阶段. 在低光强下，光激发首先会填充缺陷态，此时荧光随激发强度线性增加，可达到的最高值(开始转变为平方增加关系)约为 $10^{15}\,cm^{-3}$ 量级. 随后是自由载流子为主的区域，荧光随激发强度的平方增加. 之后是一小段过渡区，荧光增长由平方增长向线性增长过渡. 在较高光强激发的区域，高浓度的自由载流子频繁地发生碰撞并结合成相对稳定的激子，荧光增长随激发光强线性增加. 在更高的激发光强端，荧光强度随激发强度的增加逐渐减缓，甚至会发生荧光强度下降的现象，这是 Auger 过程，约发生在$(2\sim3)\times10^{18}\,cm^{-3}$. 此时激子-激子和自由载流子-激子碰撞等过程会显著发生，导致荧光的猝灭.

但是，这种简单的电子态模型是否完全适用于钙钛矿材料还有待进一步研究，实验上也没有观察到从二次到一次幂律转换的过程[6]. 因此这一研究还需要进一步深入. 值得关注的是，这些研究在低光强下没有表现出明显的差异. 在最低光强下都表现为由于缺陷造成的束缚态行为，具有一次幂律增长的趋势. 随后，在激发浓度为 $10^{15}\sim10^{17}\,cm^{-3}$ 的条件下，都表现为平方增长. 这说明双分子复合过程始终在这里占主导地位.

需要特别指出的是，这种平衡过程会对激发态动力学产生显著的影响. 通常来说，激发态动力学的研究会考虑双分子复合与激子弛豫等现象，并分别为它们赋予复合速率，从而描述它们的衰减过程. 但是如果考虑平衡过程，那么在激发态衰减时，激子的弛豫就额外增加了一个分解为自由载流子的通道. 与此对应的，则是一个载流子不断被补充的过程. 显然，这一过程并不直接和激子浓度对应，也不与自由载流子对应，而是与它们的总浓度相关. 同时这一转化的速率不是常数，而是总浓度的函数. 这就使得激发态弛豫的动态过程大大复杂化. 尽管在低光强下，载流子的双分子复合和激子的弛豫可以近似看成相互独立的，但是一旦激发达到较高的浓度，约 $10^{18}\,cm^{-3}$，这种过程就必须考虑了. 这也是目前大激发强度范围内的荧光衰减曲线无法用统一的公式及参数拟合的原因. 因此，这一动态过程不仅表明了激子和载流子的相互关系，对于激发态动力学也有着不可忽略的影响. 目前大多数瞬态光学的研究，其激发光强基本上都达到了需要考虑这一动态平衡的范围.

实验室脉冲的载流子注入可以认为是一种瞬时注入，因此可以不考虑激发的弛豫问题，而只关注这一瞬时条件下自由载流子与激子的平衡，这是前面所述的实验方法. 但是在连续(阳)光照射下的钙钛矿材料中，载流子的浓度同时受到激发态弛豫(复合)的影响，构成了产生-复合的平衡. 在这种平衡下，激发注入的速率 $\mathrm{d}n/\mathrm{d}t=N$，即单位时间连续光注入对应的激发浓度复合弛豫则可以表示为 $kn$，$k$ 为弛豫速率，$n$ 为平衡浓度. 二者的平衡即可简单表示为 $\mathrm{d}n/\mathrm{d}t=N=kn$. 但是在实际研究中，$k$ 和 $n$ 皆难以得到. 就 $k$ 来说，通常会考虑单分子和双分子复合两种速率(见 §6.3). 这些由瞬态研究获得的弛豫率究竟是哪一种在非瞬态平衡条件下起作用，又或者是二者皆起作用，目前未见报道. 对于 $n$ 的测量来说，比较常见的材料中测量载流子浓度的方法有两种：一种方法是通过瞬时切断激发光源，内部积累的载流子在电路中形成不断衰减的电流，对于电流积分，即可获得内部积累的载流子浓度；另外一种方法是通过 Hall 效应，利用电流在磁场下的偏转来观察载流子的浓度. 但是对于钙钛矿材料来讲，这两种方法都可能存在问题，这是因为材料中存在明显的离子电流. 对于放电方法，离子电流的存在可以使器件的放电时间达到秒的量级[42]，而载流子放电时间却只有微秒尺度. 对于 Hall 效应，由于电子和空穴都是载流子，并且离子在电场和磁场的驱动下也可以发生运动，会使得测量的准确性难以实现.

要避免钙钛矿材料中离子电流的影响，可以利用材料的双分子复合特性. 首先向材料施加一个小激光脉冲来注入瞬时载流子浓度 $n_p$，并且可以获得荧光强度与 $n_p$ 的对应关系. 当用连续激光模拟阳光并单独出现时，会导致内部形成稳定的载流子浓度 $n_c$. 现在让二者共同出现，瞬时总浓度为 $n_c+n_p$，而荧光的强度则按照浓度的平方率增长，即 $(n_c+n_p)^2$. 接着选取不同的脉冲强度，获得一系列 $n_p$，从而可以推算出 $n_c$ 的浓度. 这是利用瞬态光谱读出载流子浓度的方法，从原理上就避免了离子电流的影响. 根据这一测量，载流子浓度常温下在阳光照射下约为 $1.4\times10^{15}\,\mathrm{cm}^{-3}$. 根据前面所述的自由载流子与激子平衡可知，此时激子的浓度很低，激发产物基本上都是自由载流子. 这一方法可以适用于其他情况，例如存在电荷传输层的情况，此时载流子的浓度可能会低于简单的钙钛矿薄膜情况的浓度.

### 6.2.4 钙钛矿中激子与自由载流子的碰撞复合

利用浓度分辨光谱方法，我们还可以发现钙钛矿薄膜中存在另外一类复合通道，即带电激子复合，或称为叁子(trion)复合. 它是由于载流子与激子结合而发生的复合行为.

Saha-Langmuir 方程描述的模型中，激子与自由载流子的关系是相互转化、动态平衡，它们之间没有直接的相互作用. 带电激子则是指自由电子与激子结合，从而引发粒子复合，回到基态. 这种带电激子提供了新的复合通道，因此尽管 Saha-Langmuir 确立的平衡仍然存在，但是在实验上的现象却截然不同了. 在实验上，当浓度较高时，$PL_0$ 随浓度增加从线性变为 3/2 幂律.

如图 6.7 所示，这种现象的理论解释可以通过细致分析自由载流子与激子的增长方式获得. 在低浓度激发条件下，载流子占主导地位，电子或空穴的浓度近似为 $n$，而荧光来自自由电子与自由空穴的碰撞复合，因此荧光 $I \propto n^2$. 此时，激子浓度很小，但是却随着 $n^2$ 增长. 在高浓度条件下，激子占主导地位，其浓度近似为 $n$，而此时自由载流子在激子的竞争下，只能按照 $n^{1/2}$ 增长. 因此，当激子与自由载流子结合为带电激子时，光强与浓度的关系即为 3/2 幂律. 在数学上，通过在(6.9)式中增加一个载流子与激子复合项，即可获得这一幂律关系：

$$I \propto A_1(1-x)n + A_2(xn)^2 + A_3(1-x)n \cdot xn. \tag{6.13}$$

这一数学表达式的模拟图如图 6.7(d)所示. 值得注意的是，带电激子的形成是个单方向的过程，它为体系提供了额外的弛豫通道，而不会参与激子与自由载流子的动态平衡. 因此，上式中 $A_3$ 的系数就会影响曲线的形状. 这使得从 2 次幂律到 3/2 幂律的演化随着 $A_3$ 的数值发生变化. 主要表现为，$A_3$ 较大时，3/2 幂律段的曲线高过 $A_3$ 较小时的曲线，而 2 次幂律部分却没有变化. 因此，

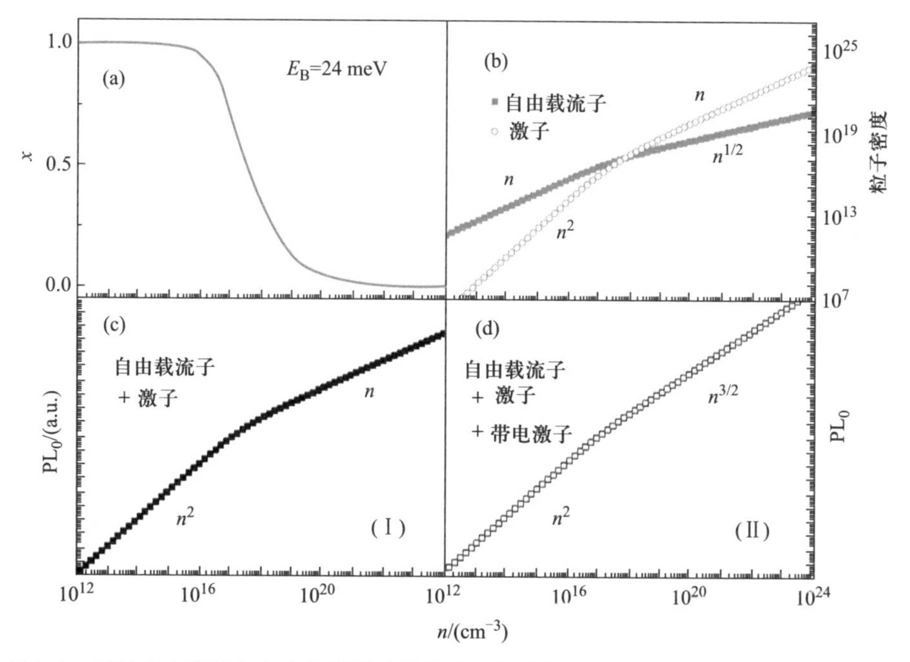


图 6.7　钙钛矿中激子与自由载流子随激发浓度的演化. (a) 按照 Saha-Langmuir 公式描述的自由载流子占比 $x$；(b) 计算出的激子与自由载流子的浓度与增长速度；(c) 在激子与自由载流子动态共存条件下的 $PL_0$ 增长曲线；(d) 在出现激子-自由载流子碰撞猝灭条件下的 $PL_0$ 信号

$PL_0$-$n$ 曲线的整体形状会随着 $A_3$ 的值发生相应的变化. 这与(6.2)式的情形是完全不同的.

在高浓度段 $PL_0$ 是线性增长和 3/2 幂律增长的两种情形其实首先是在实验中观测到的. 如图 6.8 所示，这两种情况都可以在 $MAPbI_3$ 薄膜中找到，区别在于未经充分退火的钙钛矿薄膜中，$PL_0$ 呈现平方到线性幂律的变化，而在经过充分退火的样品中，$PL_0$ 则为平方到 3/2 幂律的变化.

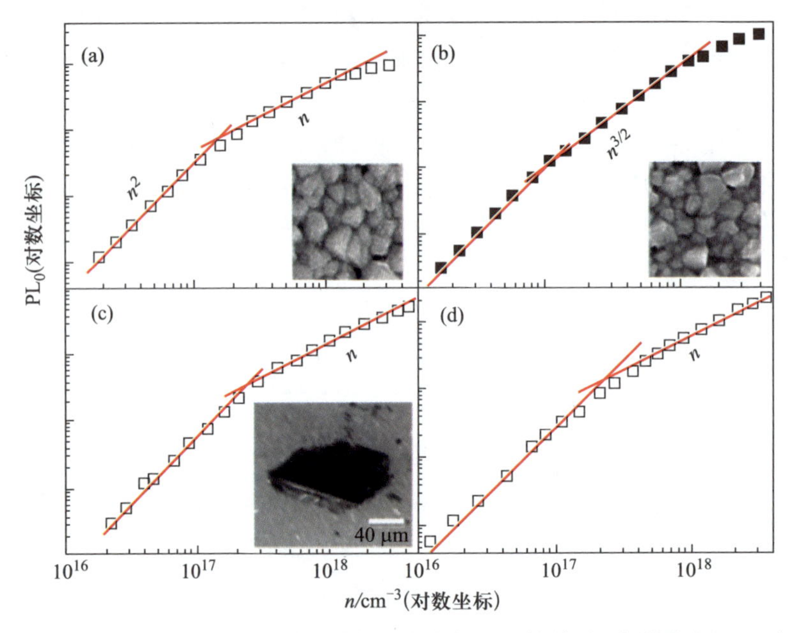


图 6.8 $CH_3NH_3PbI_3$ 薄膜与单晶的激发浓度与 $PL_0$ 的关系. 在弱退火(a)、充分退火(b)、常温下单晶(c)以及充分退火薄膜重新加热至相变温度以上(340 K)(d)时的浓度-荧光关系

这种幂律变化代表了材料中激子与自由载流子有动态共存和碰撞湮灭两种关系，但碰撞湮灭并不总是存在的，而是依赖于一定条件. 例如，当研究单晶中的激子与自由载流子时，王树峰等发现其高功率下的幂律为 1，即只有动态共存关系. (此时由于晶体厚度大，难以判断其实际激发浓度 $n$，但幂律变化不受此影响，只是拐点 $C(T, E_B)$不能确定.) 此外，当将已经充分退火的样品加热到转变温度以上(如 340 K，见图 6.8 (d))时，高浓度下的幂律从3/2 转变为 1. 当温度重新降低回室温后，幂律恢复为 3/2.

这一幂律的转变与退火相关. 图 6.8(a)和(b)表示在同一个四方晶系相下，可以有两种幂律，并且从 1 次幂律到 3/2 幂律由退火引发单向变化. 这种转变也与钙钛矿相变相关. 图 9.8(b)和(d)是四方晶系到立方晶系的转换，两种幂律存在于不同晶相下，可以随温度相互转换. 因此，这两种幂律与晶相有关，但又不是与晶相直接相关. 此外，图 6.8(a)，(b)和(d)的多晶薄膜没有明显差别，图 6.8(c)中单晶与薄膜在构型上差别显著，但是却具有与图 6.8(a)中多晶薄膜相似的幂律关系，说明两种幂律与晶粒的构型没有明确关联.

因此，这种幂律变化，或者说激子与自由载流子关系的变化来源于晶粒内部. 根据电子态变化来源于构型变化的假设，可以推断是薄膜晶粒内部的原子排布发生变化导致了激发态粒子的行为发生变化. 但是，这一变化既不应当脱离常温下退火与否均为四方晶系的基本实验观测，也要兼顾温度升高后晶相变为立方晶相的观测. 这最可能是源自晶粒中孪晶结构(twinning)的作用.

孪晶的产生是由于不同晶向生长的两个晶体有公共晶面. 在钙钛矿中，孪晶以晶片形式重复性地排布于晶体或晶粒内部. 较早的研究显示，$BaTiO_3$ 中存在铁电性的孪晶结构. 这一结构也在钙钛矿中被发现，并被证实在立方晶相中会消失. 由此可以推断，物理-构型相关的图像为：

(1) 在单晶和非充分退火的薄膜中，晶粒由单个晶核生长而来，内部均匀，无孪晶结构产生. 此情况对应于幂律为 1 的情形.

(2) 在经过充分退火后，晶粒间挤压的应力通过形成孪晶得以释放. 这是晶粒内部形成孪晶的直接原因. 此时，$PL_0$-$n$ 的幂律变为 3/2，即出现激子与自由载流子的碰撞复合.

(3) 通过升温使晶体达到立方晶相，孪晶消失，此时幂律重新回到 1. 并且，通过温度控制晶体在四方晶相和立方晶相间变化，可以控制幂律在 3/2 和 1 之间转换.

由此，王树峰等观察和建立了激子与自由载流子的两种相互关系，并且与晶粒内部的孪晶结构建立了联系. 但是孪晶结构为什么会导致激子和自由载流子的碰撞复合，目前仍然没有理论解释. 此外，经过充分退火的薄膜具有更好的光电特性. 这一性质与孪晶有何关联目前仍未有定论.

需要注意的是，尽管我们观察到了激子与自由载流子的碰撞复合. 但是在正常的太阳能器件中，激发浓度通常在 $10^{15}\sim10^{16}\,\mathrm{cm}^{-3}$，距离碰撞复合占主要复合通道的浓度相差一个数量级，因此碰撞复合并不显著影响器件的基本光产物.

## §6.3　钙钛矿材料中的电荷传输特性

在有机半导体材料中，载流子扩散长度 $L_D$ 是一个重要的微观参量. 它由下面的方程式决定：

$$L_D=\sqrt{D\tau}, \tag{6.14}$$

其中 $D$ 表示扩散系数，$\tau$ 表示激子/自由电荷的寿命. 扩散长度定义了半导体材料的有效厚度，在这个厚度下内部产生的激子/自由电荷能够被输运到相应的给体/受体界面[43]. 在光伏器件中，为了使光生载流子被有效地分离和收集，提高内量子效率，材料的电荷扩散长度要大于器件工作时的薄膜厚度 $d$：

$$L_D > d. \tag{6.15}$$

同时为了提高光收集效率，进而提高整个器件的光电转换效率，材料的厚度要大于光线的吸收深度 $1/\alpha$($\alpha$ 为吸收系数)[44]：

$$d > 1/\alpha. \tag{6.16}$$

传统的有机光伏器件性能受限于较小的激子的扩散长度(约 10～50 nm)和较大的吸收深度(微米级)[44-46]. 相对而言，钙钛矿(这里主要指 $CH_3NH_3PbI_3$ 和 $CH_3NH_3PbI_{3-x}Cl_x$)材料则具有非常大的优势. 2013，*Science* 同时报道了南洋理工大学和牛津大学关于钙钛矿扩散长度和电荷态的研究. 他们独立运用瞬态荧光光谱和载流子一维扩散公式[47]

$$\frac{\mathrm{d}n(x,t)}{\mathrm{d}t} = D\frac{\partial^2 n(x,t)}{\partial x^2} - k(t)n(x,t) \tag{6.17}$$

得到全碘钙钛矿($CH_3NH_3PbI_3$)的电子/空穴扩散长度的最小值约为 100～130 nm，而掺氯钙钛矿($CH_3NH_3PbI_{3-x}Cl_x$)的扩散长度> 1 μm[48,49]. 同时钙钛矿的吸收系数为 $5.7\times10^4\,\mathrm{cm}^{-1}$(600 nm 处)[48]，对应的吸收深度只有 175 nm，因此钙钛矿作为有源层能够制备出非常高效的器件. 该模型得到的是一个理论的最小值，这是由于该模型假设了一个无限猝灭(infinite quenching)的边界条件，即在边界处，载流子浓度为 0，即 $n(L,t)=0$，其中 $L$ 为钙钛矿的厚度. 由于在实际情况中，猝灭层的萃取能力是有限的，因而与该模型相比，萃取同等量的电荷需要更大的扩散系数，得到的扩散长度也就更大.

通过不同方法制备得到的钙钛矿，其扩散长度稍有差异，比如钙钛矿纳米片(>200 nm)[50]、真空辅助热退火(约 230 nm)[51]等方法. 另外，碘溴混合钙钛矿(约 100～200 nm)[52]、碘溴氯混合钙钛矿(约 600～900 nm)[52]、甲醚铅碘钙钛矿(电子约 200 nm，空穴约 800 nm)[53]等方法都具有较大的扩散长度，进一步证明钙钛矿材料对于制备高效太阳能电池具有巨大优势.

然而，常用的基于 $CH_3NH_3PbI_3$ 的真实器件，其厚度>300 nm，依然能获得较高的效率[54-56]，这促使人们思考其扩散长度是否是一个可调控的值. 事实上，黄劲松课题组的研究证明这与晶粒尺度有关. 他们利用相互扩散(interdiffusion)的方法制备钙钛矿，发现钙钛矿的最优厚度在 270～300 nm，证明载流子的扩散长度能达到 300 nm[57]. 在此基础上，该课题组利用溶剂退火法得到了更大尺寸的晶粒(约 1 μm). 电子和空穴能够无阻碍地直接从钙钛矿传输到界面，扩散长度 > 1 μm[55]. 而后，该课题组利用刮刀法制备薄膜，最大晶粒超过 3 μm，有效的传输长度因而达到 3.5 μm[58]. 而在钙钛矿单晶结构中，扩散长度甚至超过 175 μm[59]. 钙钛矿如此优异的特性是大多数有机材料所不及的.

对于用一步法或两步法制备得到的薄膜形态的 $CH_3NH_3PbI_3$，晶粒大小一般在 200～400 nm. 人们利用其他电学或光学的方法，如瞬态 THz 光谱[60]、瞬态微波电导(TRMC)[4,61]、电子束诱导电流(EBIC)[62]、阻抗光谱(IS)[63]等，得到了较高的迁移率，扩散长度>1 μm. 这与王树峰课题组利用瞬态荧光得到的结论一致. 他们利用不同浓度的 $PbI_2$(0.3～1.1 mol/L)，制备得到不同厚度的钙钛矿. 随着薄膜厚度增加，钙钛矿晶粒大小从<100 nm 增长到约 300 nm，荧光寿命从不到 10 ns 增加到 100 ns 以上.

参考邢贵川等的实验方法[48]，纵向对比 95 nm 和 390 nm 的钙钛矿薄膜，得到的扩散系数和扩散长度存在巨大差异. 对于 95 nm 的薄膜，荧光寿命约为 12.4 ns，电子扩散系数约为 0.06 $cm^2/s$，扩散长度约为 270 nm，这与文献中报道的数值接近. 空穴传输层(spiro-OMeTAD)的猝灭能力更强时得到的数值更大. 而对于 390 nm 厚的薄膜，电子扩散系数约为 0.18 $cm^2/s$，扩散长度约为 1.7 μm，与上述其他实验方法得到的结果相似[4,62,63]. Savenije 等利用 TRMC 和荧光手段得到室温下载流子的迁移率为 6.2 $cm^2 \cdot V^{-1} \cdot s^{-1}$，利用 Einstein 关系式

$$D = \mu k_B T / e, \tag{6.18}$$

得到 $D=0.16$ $cm^2/s$，与王树峰课题组的结果也是一致的. 同时空穴的传输能力要显著大于电子，扩散长度达到 6.3 μm. 电子和空穴传输能力的差异在文献中也有报道[62].

为了深入探究造成传输距离差异的原因，王树峰课题组研究了晶粒尺寸的影响. 他们采用相同浓度的 $PbI_2$(1.0 mol/L)和不同浓度的 $CH_3NH_3I$(10 $mg \cdot mL^{-1}$，15 $mg \cdot mL^{-1}$和 20 $mg \cdot mL^{-1}$)，期望得到厚度相近但晶粒大小不一的样品. 实验结果与预期相符. 三组不同样品的寿命接近，约 200 ns，与晶粒大小(150～350 nm)并无直接关系. 同时利用电荷猝灭层可得到扩散长度，电子约 1.5～1.9 μm，空穴约 3.0～4.0 μm. 相近的寿命和扩散长度证明晶粒大小在一定范围内时不影响钙钛矿的电荷传输特性. 对于 300～400 nm 厚的样品，荧光寿命>100 ns，载流子扩散长度>1 μm，远大于薄膜厚度. 而当晶粒很小时(<100 nm)，荧光寿命显著减小. 但此时扩散长度仍远大于薄膜厚度[64].

由此他们将厚度，而非晶粒大小作为钙钛矿扩散长度变化的因子. 实验表明，随着厚度增加，薄膜的表面覆盖度、$PbI_2$ 的残余量、缺陷态密度也随之发生变化. 相对于单纯的晶粒大小的改变，这些因素对荧光寿命和载流子扩散

长度的影响应该更加显著. 厚度的影响可以看作代表了这些因素的共同作用.

## §6.4 钙钛矿器件中载流子的复合

器件中光生载流子的复合是钙钛矿电池的另一个基础性问题. 在§6.2中我们讨论了自由载流子和激子的碰撞猝灭，但其占主导地位时浓度比器件的工作浓度高一个数量级，对于物理机制讨论的意义大于对器件应用讨论的意义，因此器件中载流子的复合机制是另外一个问题.

在一般纳米结构的有机太阳能电池里，材料的激子存在一个较大的激子束缚能，因此光生载流子的种类主要是激子. 在有源层和电荷传输层之间需要一个适宜的势垒差用于激子的分离. 而电池的开路电压($V_{OC}$)由给体的HOMO能级和受体的LUMO能级决定：

$$V_{OC} \approx (1/e)(|E_{HOMO}^{donor}| - |E_{LUMO}^{acceptor}|). \tag{6.19}$$

势垒差势必会造成开路电压的损失. 研究表明钙钛矿的激子束缚能在20～50 meV[3,5]，与常温下的热能值接近(约26 meV). 因此在常温下激子和自由电荷在钙钛矿内部会同时存在，这大大有利于钙钛矿电池的器件制备，减小开路电压的损失[65]. D'Innocenzo等通过理论模型分析得知在PV工作区域(此时光激发密度在$10^{13}$～$10^{15}$ $cm^{-3}$)自由电荷占据主导地位. 而随着光激发密度增大，激子成为主要的种类[5]. 根据我们在§6.2中的研究，在很宽的泵浦范围内(9 nJ·$cm^{-2}$～1.2 μJ·$cm^{-2}$，对应～$6\times10^{14}$～$9\times10^{16}$ $cm^{-3}$)，自由载流子是主要产物.

钙钛矿材料的主要光激发产物中自由载流子作用显著，其复合过程与激发强度，即载流子浓度相关. 在激发光强较低时，自由载流子的碰撞复合过程不显著，此时起主要作用的是缺陷俘获与发光中心的发光. 因此，荧光光强随激发光强线性增加，动态荧光过程表现为指数衰减形式，寿命单一. 当采用较高的光强激发时，缺陷被充分填充，荧光强度与激发光强的平方呈线性关系，其荧光衰减动力学曲线也表现为双分子复合过程.

如图6.9所示，荧光的衰减在低光强下较为简单，在高光强下则会有明显的快速衰减过程. 在较弱的光强下，载流子的动态衰减普遍用单分子俘获和双分子复合发光这两个过程来描述[15]：

$$\frac{dn}{dt} = -A_n n - BN_p n - Bnp, \tag{6.20}$$

$$\frac{dp}{dt} = -A_p p - BN_e p - Bnp, \tag{6.21}$$

其中，$A_n$和$A_p$是指电荷和空穴的俘获率，$B$是双分子复合速率，$N_p$和$N_e$

分别为可俘获电子与空穴的复合中心浓度.

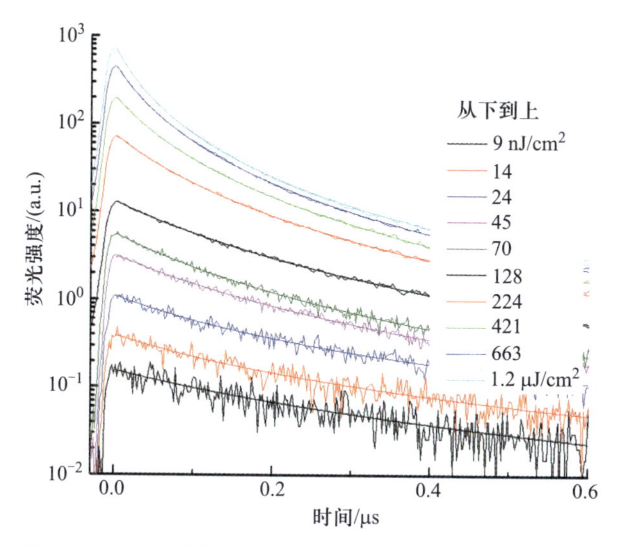


图 6.9　$CH_3NH_3PbI_3$ 光荧光随激发光强的衰减(激发：波长 517 nm，1 kHz，脉冲宽度 200 fs，荧光光子 1.59 eV，薄膜厚度 390 nm). 在低光强下，荧光强度随激发光强线性增加，荧光寿命保持不变，在百纳秒量级. 当激发光逐渐提升时，瞬态荧光初始的强度随入射光强的平方增加

激发产生的电荷体密度 $n$ 与 $p$ 相同，因此可以简化速率方程为单一等式：

$$\frac{\mathrm{d}n}{\mathrm{d}t}=-An-Bn^2, \tag{6.22}$$

其中 $A=(A_n+A_p)/2$，$N=N_p+N_e$. 可观测的荧光衰减是电荷密度 $n$ 的线性项与平方项的组合：

$$I\propto Bn^2+2BNn. \tag{6.23}$$

由此得到的荧光寿命分为两种情况：当载流子浓度 $n$ 远大于复合中心浓度 $N$ 时，有效荧光寿命为

$$t_{1/e}=1/(A+Bn_0); \tag{6.24}$$

在弱光强下，当 $N$ 远大于 $n$ 时，荧光寿命近似为

$$t_{1/e}=1/2A. \tag{6.25}$$

载流子 $n_0$ 的浓度可以由光吸收计算得到. 尽管初始状态由于光强随入射深度衰减，使得载流子浓度存在分布，但是这种非平衡的分布在很短时间内($\leqslant$1 ns)即可完成扩散，而荧光衰减在 $CH_3NH_3PbI_3$ 中达到约 100 ns，在 $CH_3NH_3PbI_{3-x}Cl_x$ 中可以达到 1 $\mu$s，因此可以不考虑电荷在空间的初始分布. 复合中心的浓度 $N$ 在薄膜中约为 $10^{15}\,cm^{-3}$，在单晶中则大大减少为 $10^{10}\,cm^{-3}$.

当载流子浓度增加至 $10^{19}\,cm^{-3}$ 以上时，Auger 过程开始显著，因此在速率方程中需增加一项 $-\gamma n^3$[66]. 在这一激发强度下，初始荧光强度 $PL_0$ 的增长低于泵浦光的平方增长，其中 $\gamma$ 的取值在 $CH_3NH_3PbI_{3-x}Cl_x$ 和 $CH_3NH_3PbI_3$ 中约为 $2\times10^{-28}\,cm^6\cdot s^{-1}$ 和 $4\times10^{-28}\,cm^6\cdot s^{-1}$[60].

载流子的复合是一个复杂的动态过程，尽管自由载流子是其主要的光产物，但是激子和等离子体的作用也是广泛存在争议的问题. 例如 Manser 等利用半导体能带填充模型解释了载流子的复合过程主要是自由载流子的双分子复合过程，其观察到的载流子浓度范围是约 $1\sim40\times10^{17}\,cm^{-3}$[54]. 在较大载流子浓度范围内的激发产物可以由基于 Wannier-Mott 激子的 Saha-Langmuir 公式推导. 另一种解释认为激发产物是关联的电子-空穴等离子体[66]. Saba 等利用关于 Wannier 激子的 Elliot 理论分析了带边吸收，发现只有考虑电荷-空穴关联效应(electron-hole correlation effect)，才能得到与实验明确符合的带边吸收光谱结构. 此外，他们发现在高载流子浓度下(约 $2\times10^{18}\,cm^{-3}$)，电子-空穴等离子体得以产生，而由 Saha 公式预言的激子气体则不能存在. 这一载流子浓度也是实验报道的可以产生光学增益的浓度. 在高载流子浓度下，等离子体的屏蔽作用改变了激子结合能，使得激子未必可以形成，从而等离子体在带边发射的荧光可能会超过激子的荧光发射[67].

## §6.5 钙钛矿薄膜的受激辐射阈值与材料

自钙钛矿以优异的光电性能实现高效率的光伏器件以来，人们对有机-无机杂化钙钛矿薄膜进行了大量的研究. 在钙钛矿材料中广泛存在的受激辐射现象引起了人们的研究兴趣. 材料光学行为的温度依赖性与其内在光物理过程存在紧密联系，因此在光物理过程机制的原理性研究中，温度相关的研究以及相关材料的对比通常是对于机制原理的有效研究方法. 在钙钛矿材料的研究发展中，一些温度相关的研究起到了关键性的作用，例如温度相关的激发-声子耦合(excitation-phonon coupling)[2,68]、俘获-退俘获过程(trapping-detrapping processes)[68,69]、激子的解离[2,70]和晶格相变等行为对于钙钛矿材料吸收、荧光的影响等研究[31,71]. 本节介绍(MA/FA)Pb(I/Br)$_3$ 这四种常见有机-无机杂化铅卤化物钙钛矿薄膜和纯无机钙钛矿 $CsPbBr_3$ 薄膜中的受激辐射行为的温度依赖性研究结果.

在甲胺铅碘、甲醚铅碘、甲胺铅溴和甲醚铅溴等四种有机-无机杂化铅卤化物钙钛矿薄膜的温度相关受激辐射实验中，绝大多数温度下都发生了光放大行为. 四种钙钛矿薄膜都表现出相似的特点，即在泵浦强度达到一定大小后，其光谱的强度开始随着泵浦强度的增大急剧增大，并且在一定泵浦强度范围内光谱强度随着泵浦强度的增长线性增长. 根据这种行为，人们可以利用增长关系外推得到其光放大行为的阈值[72]. 图 6.10 所示是甲胺铅碘薄膜在 300 K 的温度下，其光谱强度随泵浦强度的增长而增长的行为. 红色直线是对超过 4 μJ·cm$^{-2}$的泵浦强度后，光谱强度随泵浦强度的变化关系的线性拟合. 绿色小圆圈提示的是红色直线与泵浦强度坐标轴的交点，表明光放大行为的阈值是 4.6 μJ·cm$^{-2}$. 这里需要指出的是，本来应该用低激发下光谱强度随泵浦强度增长的拟合线与高激发下光谱强度随泵浦强度拟合线的交点来确定光放大的阈值，但是由于实验中，低激发下的光谱强度相比于高激发下的光谱强度太小，因此这里直接用高激发下的光谱强度与泵浦强度坐标轴的交点 4.6 μJ·cm$^{-2}$作为 300 K 的温度下的阈值.

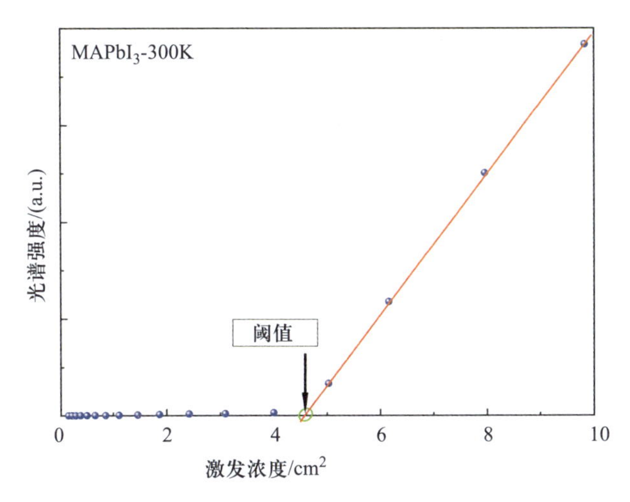


图 6.10 甲胺铅碘薄膜在 300 K 下光放大阈值的确定

通过这种方法，王树峰等对甲胺铅碘、甲醚铅碘、甲胺铅溴和甲醚铅溴薄膜的温度相关的光谱强度随泵浦强度的变化行为进行分析，得到了这四种有机卤化铅钙钛矿薄膜在各个温度下的光放大激发阈值，如图 6.11 所示. 可以看到，这四种有机卤化铅钙钛矿薄膜的光放大阈值随着温度的升高持续增大，并且增长的速度随着温度的升高也在增大.

对于他们制备的四种有机卤化铅钙钛矿薄膜，其光放大阈值随温度的升高而加速增大的趋势可以用半导体激光器中常见的指数增大的阈值经验公式来描述[73]：

$$P_{\text{th}} = P_0 \cdot \exp\left(\frac{T}{T_0}\right), \tag{6.26}$$

其中，$T$ 是样品温度，$T_0$ 是样品的特征温度，$P_0$ 是绝对零度下样品的光放

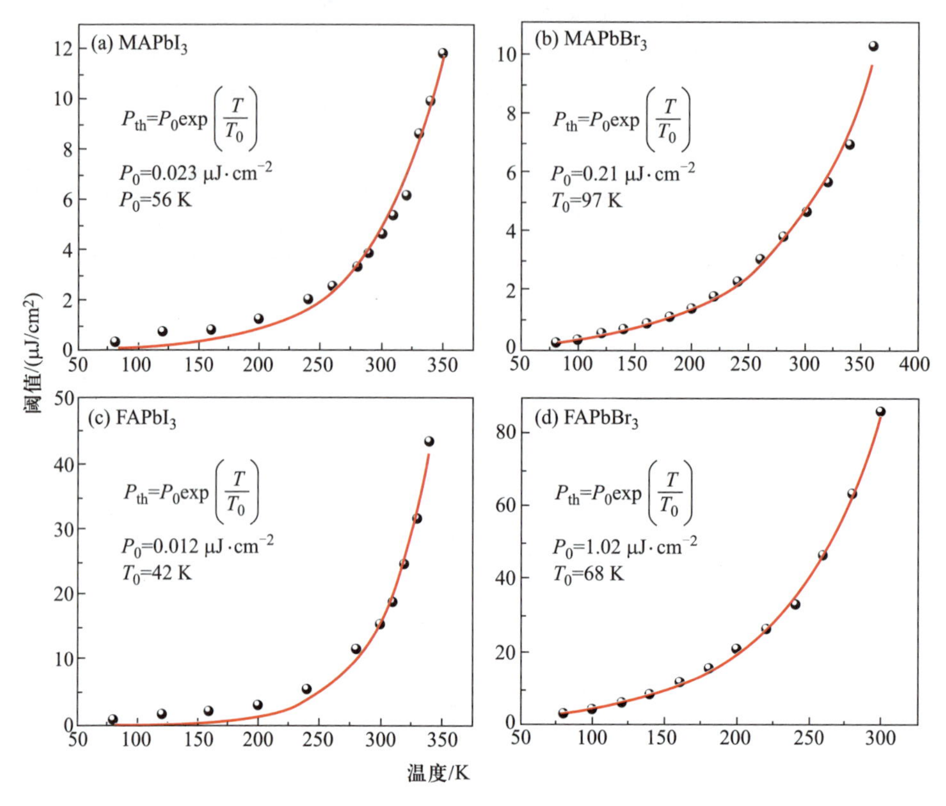


图 6.11 有机卤化铅钙钛矿薄膜光放大阈值随温度的变化

大阈值. 这种随温度升高，光放大阈值呈指数上升的行为的来源一般归因于增益参数、Auger 过程和载流子泄漏(carrier leakage)等随温度指数变化因素[73]. 特征温度($T_0$)的值表征了样品的光放大行为的温度依赖的敏感程度.

从图 6.11 中可以看到，他们制备的四种有机卤化铅钙钛矿薄膜的光放大阈值随着温度的升高而增大的趋势与半导体激光器中常用的指数公式很符合. 其中，各种有机卤化铅钙钛矿薄膜的光放大阈值的特征温度分别为：甲胺铅碘是 67 K，甲醚铅碘是 42 K，甲胺铅溴是 97 K，甲醚铅溴是 68 K. 这些特征温度(40～100 K)相比于传统半导体激光器中约 150～180 K 的特征温度[73]要明显偏小很多，这意味着有机卤化铅薄膜的光放大行为的温度依赖敏感性要大于传统的半导体激光器. 也就是说，在大约 300～400 K 的温度区间里(激光器通常的工作温度)，有机卤化铅钙钛矿薄膜的光放大阈值随着温度的变化会有更明显的变化，这对于器件工作状态的稳定性是有害的. 相比较而言，溴基的有机卤化铅钙钛矿薄膜的光放大阈值特征温度要更高一些，这意味着溴基的有机卤化铅钙钛矿薄膜的光放大阈值的温度敏感性要更低一些. 另一方面，也可以发现甲胺离子作为阳离子时，钙钛矿薄膜的光放大阈值特征温度要比甲醚离子作为阳离子时更高一些，这意味着甲胺离子可以使有机卤化铅钙钛矿薄膜的光放大阈值温度依赖性降低一些.

## §6.6 钙钛矿材料的晶粒构型与物理

钙钛矿薄膜器件与染料敏化器件和有机光伏器件有一个显著的构型差异：钙钛矿材料在器件中以多晶形式存在，因此其器件性能优化在材料上围绕晶体构型展开. 本节主要讨论与微晶构型相关的光物理.

$CH_3NH_3PbI_3$ 功能层中的载流子复合与晶粒大小有着较为显著的关联. 在钙钛矿工作层较薄时($<200$ nm)，晶粒的大小与薄膜的厚度呈现较为密切的关联，晶粒的最大尺度受到薄膜厚度的限制. 当工作层较厚时，晶粒尺寸的调节范围变大. 例如在利用两步法实现薄膜制备时，可以调节 $CH_3NH_3I$ 的浓度，使得晶粒的大小在 150～350 nm 间改变.

$CH_3NH_3PbI_3$ 的单晶表现出与薄膜显著的差异. 单晶的缺陷态密度低至 $3.6\times10^{10}$ $cm^{-3}$，其空穴迁移率超过 100 $cm^2\cdot V^{-1}\cdot s^{-1}$，电子迁移率达到 25 $cm^2\cdot V^{-1}\cdot s^{-1}$. 单晶中的载流子寿命达到了百微秒量级，因此可以推断其空穴传输距离达到 175 $\mu$m. 但实际上器件本身的厚度为 3 mm，因此表面缺陷态导致了计算出的传输距离远远低于实际距离. 但是，当光强降至 0.003 $mW\cdot cm^{-2}$ 时，载流子复合的寿命达到 2.6 s，扩散长度因而达到 33 mm[59]. 这一现象证明钙钛矿光伏器件具有优异的电荷传输特性，也说明其在光电探测方面具有潜在的应用价值.

单晶和多晶钙钛矿器件的一维电荷传输长度高于器件的厚度，这使得器件中材料构型具有很大的可调节范围，但是人们还是希望获得结晶性能良好的钙钛矿光伏器件. 这是由于结晶良好的器件缺陷密度较低，更加利于电荷的传输，同时材料表面更为平整，减少了界面缺陷，能促进电荷的分离. 近期也有报道在薄膜器件上制备毫米级晶片，获得了性能优异的钙钛矿光伏器件[74]. 这一研究发现载流子的迁移率与电池的效率有着直接关联，并且随着晶粒尺度的增加而增加. 在晶粒尺度达到 170 $\mu$m 时，迁移率达到 20 $cm^2\cdot V^{-1}\cdot s^{-1}$. 尽管其他研究表明，较小的晶粒尺度下也可以达到这一迁移率，但显然薄膜的平整及紧密是获得高效钙钛矿光伏器件的重要条件.

利用时间分辨微波导电性测量，在钙钛矿薄膜中也可以观察到超长寿命的载流子. Ponseca 等观察到在 $CH_3NH_3PbI_3$ 材料中长寿命的载流子传输，时间达到几十微秒，远大于由时间分辨光谱观察到的百纳秒寿命，而接近于单晶中的载流子寿命[61]. 这可能主要有两个原因：一是经过初期的衰减，载流子浓度大大降低；二是这种测量方法得到的是晶粒内部的载流子特性，载流子无须穿越边界.因此，通过这种方法可以得到类似于单晶的载流子寿命及传导特性.

目前看来，薄膜的微观构型，特别是晶粒的大小及排布对器件的性能有着重要影响.对于微观晶粒的光物理研究显然具有十分重要的意义.实验表明，晶粒($CH_3NH_3PbI_{3-x}Cl_x$)的荧光效率和寿命与晶粒的尺度有关联.人们利用共焦显微成像观察到，在 $CH_3NH_3PbI_{3-x}Cl_x$ 中晶粒间存在 30%的亮度差异，也观察到了暗颗粒的存在.实验证明了较暗的颗粒的非辐射损耗较大.在晶粒间的区域，荧光亮度则降低了 65%[75].晶粒的边界存在显著的非辐射猝灭过程.他们认为深能级俘获中心是导致边界区域非辐射跃迁的原因，俘获中心的密度达到了 $4\times10^{16}\ cm^{-3}$，而明亮区域的俘获中心密度则仅有不到 $1\times10^{15}\ cm^{-3}$.

## §6.7 飞秒超快光谱方法研究器件动力学

利用超快时间分辨光谱，可以获得材料及器件载流子的动力学过程.在 $CH_3NH_3PbI_3$ 材料中，邢贵川等观察到能带结构在可见区的瞬态泵浦-探测光谱上可分辨为以 480 nm 和 760 nm 为中心的两个基态漂白谱带，分别对应 VB2 和 VB1 向导带的跃迁[48].其动力学物理过程如图 6.12 所示.

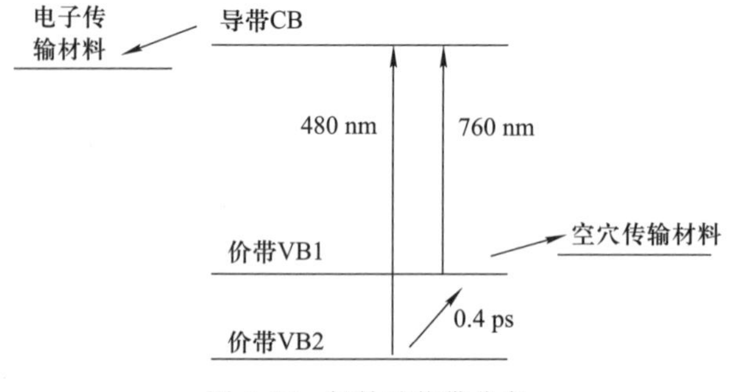


图 6.12 钙钛矿能带分布

光激发钙钛矿材料时，对于波长短于 480 nm 的情况，VB2 带受到激发，电子跃迁至导带.这个带的存在，对应于吸收谱上 500 nm 左右的台阶.对于波长大于 480 nm 的激发，电子直接由 VB1 带激发至导带.当 VB2 留下一个空穴时，空穴在 0.4 ps 时间尺度上跃迁至 VB1 带.通过观察当电子传输层存在时的漂白恢复过程，可见对应 VB1 和 VB2 的信号具有相同的行为，证明了其真实的来源是导带向 PCBM 的电荷传输.当空穴传输层 spiro-OMeTAD 存在时，只有 VB1 带对应的信号产生了显著的快速衰减，证明了 VB1 带中的空穴向 spiro-OMeTAD 的转移. 而 VB1 和 VB2 间的空穴转移则可以通过单独激发这两个带来观察. 采用 400 nm 和 600 nm 两种波长可以分别泵浦 VB2 和 VB1. 当采用 400 nm 泵浦时，观察到 VB2 上一个 0.4 ps 的快速衰减，同时在 VB1 上观察到一个对应的上升，证明两者间存在载流子迁移的快过程. 而采用 600 nm 激发时，则无法观察到这样一种转移的过程. 当和 spiro-OMeTAD 接触时，VB2 带的动态过程没有变化，VB1 带则出现快速恢复，说明器件动态过程中 VB1 带起了主要作用.

利用 spiro-OMeTAD 作为空穴传输层和利用 PCBM 作为电子传输层的时候可以有效地实现电荷的快速分离. 其分离时间的量级如图 6.12 所示，空穴向 spiro-OMeTAD 转移的速度为 0.66 ns，而电子向 PCBM 的转移时间则是 0.4 ns. 但是，这一传输非常依赖电荷传输材料、结构，以及界面特性. 在以 $TiO_2$ 作为电荷传输材料时，介孔性器件电荷的转移也可以是高效的. 而在平面异质结电池和有钙钛矿覆盖层(capping layer)的介孔性器件中，电荷(电子)转移的速度会降低. 如果在 $TiO_2$ 与钙钛矿间辅助一层 PCBM，则可以提升电荷的转移速度. 此外，在不同实验中获得的同种界面的传输速度也可能有所差异，需要根据具体的研究加以判断. 但是由于电荷在钙钛矿光伏器件中的长寿命，以及超过厚度数倍的传输距离，使得多种电子与空穴传输材料均可以应用于钙钛矿光伏器件.

VB1 能级的恢复可以直接反映载流子的复合. 在与电荷密度相关的泵浦探测研究中，Kamat 等发现 VB1 能级的恢复过程中 $\Delta A^{-1}$与 $t$ 是很好的线性关系($R^2 \geqslant 0.99$)[76]. 这个结果证明了单分子复合与多分子复合(Auger)都是可以忽略的过程，只需要考虑双分子复合即可. 于是，速率方程可以简写为

$$\frac{n_0}{n_t} - 1 = k n_0 t, \tag{6.27}$$

并由此得到二阶复合速率常数 $2.3 \times 10^{-9} \mathrm{cm}^3 \cdot \mathrm{s}^{-1}$.

当载流子在材料中以自由电荷形态出现时，我们可以用能带模型来描述电荷的集体行为，例如，当价带顶的电荷被大量激发至导带底部时，带间电荷跃迁的能量增加，从而可以观察到光谱蓝移和展宽的现象，称为 Burstein-Moss 移动. 这个移动 $\Delta E_g^{\mathrm{BM}}$ 是导带移动和价带移动之和，可以描述为

$$\Delta E_g^{BM} = \frac{\hbar}{2m_{eh}^*}(3\pi^2 n)^{2/3}, \tag{6.28}$$

其中 $m_{eh}^*$是电子和空穴的有效质量，$m_{eh}^{*\,-1} = m_e^{*\,-1} + m_h^{*\,-1}$. 可利用 VB1 带漂白信号宽度(FWHM)随载流子浓度变化作为验证移动的依据. 实验验证了漂白谱带宽度随载流子浓度线性变化，从而证实了能带模型的正确性，同时推

算出有效质量为 $0.3m_0$. 实验还观察到了 BM 位移的阈值，在载流子浓度低于 $7.5\times10^{17}\,cm^{-3}$ 时，谱带不能观察到 BM 展宽，这是由于缺陷态的存在. 在低于这一阈值时，激发的载流子被激子所俘获；当高于这一阈值时，缺陷态被填满，从而使载流子逐渐填充在带边，发生 BM 移动. 这些研究确立了激发态主要产物是自由载流子及双分子复合为主要复合通道的物理机制.

## §6.8　钙钛矿材料中激子-极化子的凝聚与发光

近年来，随着研究的日渐深入，人们发现钙钛矿材料拥有着独特的发光性能，即它在高强度的激发下，会在某个特定波长提供非线性光学增益，使其在发光强度上超过原有的荧光峰. 这种性质将使其成为发光照明器件的潜在材料，并为发光二极管、半导体激光器、高分辨成像、光学集成与编码等应用领域提供诸多可能性[77—79]. 因此，正确认识钙钛矿这种发光现象的成因显得尤为重要. 众多研究组对此展开了广泛的研究. 这种非线性增长在不同的钙钛矿结构中性质各异，科学界对其认识还没有达成共识，如在平面结构中被认为是受激辐射放大(amplification by stimulated emission, ASE)[16]，在纳米线或纳米球等腔体结构中被认为是极化激元激光和 Bose-Einstein 凝聚(BEC)[80]，在超晶格结构中被认为是超荧光(superfluorescence, SF)[81]. 有大量直观的物理图像表明，在高强度激发下，钙钛矿的腔体结构在室温下能呈现出粒子凝聚的现象. 钙钛矿材料中的这种凝聚现象一经发现便引发了广泛讨论，我们将对现有的工作进行简要介绍.

### 6.8.1　激子-极化子的形成与凝聚

在量子力学发展之初，Einstein 和印度科学家 Bose 以光子的统计力学研究为基础，对自旋量子数为整数的粒子分布做出大胆的预测，即在达到某个特定温度后，玻色子的量子态都束聚于单一的量子态. 这种特殊的行为被称作 Bose-Einstein 凝聚，其转变温度称作临界温度. BEC 的理论一经提出便引起了科学家们巨大的研究兴趣，并于 1938 年在液氦体系中观测到超流的现象[82]，这种现象很快被证实是由于物质中发生了 Bose-Einstein 凝聚. 此后人们陆续在原子气、磁子等玻色子中发现了这种凝聚现象[83,84]，并且发现物质处于 BEC 态时有超流、超导、量子涡旋等优异的物理性质[85]. 早期的研究需要在接近绝对零度的超低温中完成，严苛的实验条件使 BEC 相关研究的开展变得非常困难.

此后，随着半导体研究的日渐深入，人们通过理论预测和实验验证，证实了一些准粒子在较高温度下也能发生 Bose-Einstein 凝聚. 如在 1999 年在

$TiCuCl_3$ 材料中发现磁子凝聚[84]，2002 年首次发现激子的凝聚现象[86]，并于 2005 年首次实现了光致激子凝聚[87]. 同样在 2005 年，Kasprzak 等在 TeCd 微腔结构中实现了激子-极化子凝聚[88]，成为 BEC 现象的研究热点. 那么何谓激子-极化子呢？理论研究表明[85]，在高强度光激发下，物质内部的极化场将与偶极子产生强的相互作用. 在系统的 Schrödinger 方程中加入光场与粒子的耦合项后，其本征函数不同于腔光子和偶极子，这种耦合态称作激子-极化子(或极化激元). 简要来说，激子-极化子是一种半光半物质(half-matter, half-light)的准玻色子，受到腔光子的影响，其有效质量可减小为激子的千分之一(约 $10^{-5}$ $m_e$)，因此它的临界温度将远高于原子，甚至理论上可在室温下实现 Bose-Einstein 凝聚. 表 6.4 总结了原子、激子和极化激元发生凝聚的相关物理事实[85].

**表 6.4 BEC 系统的物理参数**[85]

| 系统 | 原子气体 | 激子 | 极化激元 |
|---|---|---|---|
| 有效质量 $m^*/m_e$ | $10^3$ | $10^{-1}$ | $10^{-5}$ |
| Bohr 半径 | $10^{-1}$ Å | $10^2$ Å | $10^2$ Å |
| 粒子间距 $n^{-1/d}$ | $10^3$ Å | $10^2$ Å | 1 μm |
| 临界温度 $T_c$ | 1 nK～1 K | 1 mK～1 K | 1～300 K |
| 热稳定时间/寿命 | 1 ms/1 s=$10^{-3}$ | 10 ps/1 ns=$10^{-2}$ | (1～10 ps)/(1～10 ps)=0.1～10 |

在现有的研究中，极化激元发生凝聚的过程如图 6.13 所示[89]：首先在强激发光的作用下，激子与极化场强耦合，形成一定量的极化激元. 然后经过与声子散射及极化激元之间的碰撞，极化激元向体系的低能量态(lower energy branch)弛豫. Rabi 劈裂使能带的底部变陡峭，将会形成“瓶颈”，“瓶颈”处的极化激元之间经过弹性碰撞进一步冷却，在动量空间的最低点($k=0$)形成宏观粒子数聚集，从而达到体系能量的最低态，实现凝聚. 我们可以看出，极化激元凝聚是能量最低态的弛豫与腔光子的逃逸两个过程共同决定的，明显的凝聚现象需要长的极化激元寿命、短的弛豫时间及良好的腔体结构. 极化激元凝聚现象首先在 TeCd，GaN 等材料的平面微腔结构中被发现[90]，并于 2015 年首次在钙钛矿材料中实现[80]. 朱晓阳组在钙钛矿纳米线中观测到激光现象，并通过改变阴离子实现了波长可调谐. 如表 6.5 所示，传统半导体材料中一般为 Wannier-Mott 激子，较小的激子结合能使凝聚现象限制在液氮温区. 而钙钛矿材料普遍拥有更高的激子结合能和 Rabi 劈裂，这使材料中极化激元更易形成[79].

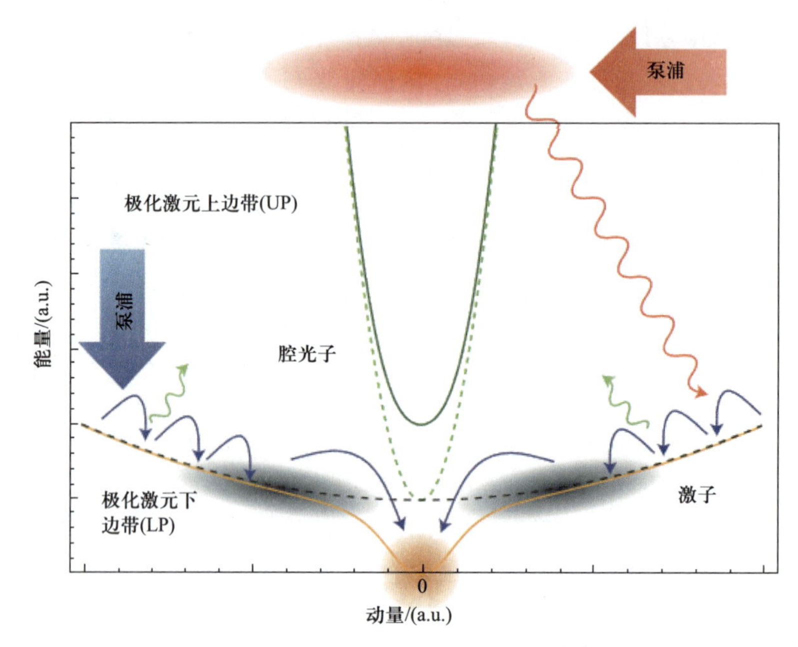


图 6.13 激子-极化子形成示意图[89]

**表 6.5 不同半导体材料的激子结合能和 Rabi 劈裂[79]**

| 物质 | 形貌 | 激子结合能 | Rabi 劈裂 | 参考文献 |
|---|---|---|---|---|
| ZnO | 纳米线 | ≈60 meV | 100～1640 meV | [91, 92] |
| ZnSe | 量子阱 | 40 meV | 44 meV | [93, 94] |
| GaN | 纳米线块材 | ≈45 meV | 48 meV | [90] |
| | | 27 meV | 31 meV | [95, 96] |
| CdS | 纳米线块材 | ≈28 meV | ≈200 meV | [97] |
| | | | 82 meV | [97, 98] |
| $(C_6H_5C_2H_4\text{-}NH_3)_2PbI_4$ | 旋涂层 | ≈300 meV | 190 meV | [99] |
| $CsPbI_3$ | 纳米盘 | 72 meV | 265 meV | [100] |
| $CsPbBr_3$ | 纳米线 | 35～40 meV | — | [101, 102] |

## 6.8.2 钙钛矿材料中的极化激元发光

从上面的介绍中可知，激子-极化子的形成来源于结构中很强的光与物质的相互作用，即极化场与激子的强耦合. 这种强耦合场往往需要一些特殊的结构，因此目前在实验室能直接观测到凝聚现象的多为 Fabry-Perot 微腔、纳米线、回音壁等结构. 一个典型的极化激元激光器构成如图 6.14 所示：一个平面 Fabry-Perot 谐振腔中夹杂量子阱或纳米颗粒，其端面多为 Bragg 反射镜. 此外，研究者们也在一些特殊的结构，如低维钙钛矿、钙钛矿与其他半导体掺杂等方面进行积极的探索. 极化激元在低能量态凝聚后，会以受激辐射的形式向下跃迁，在短时间内产生大量的相干光子. 这种发光现象在阈值、能量、寿命、相干性等方面展现出与荧光、自发辐射光放大不同的特征. 接下来我们将着眼于其特殊的光谱学行为.

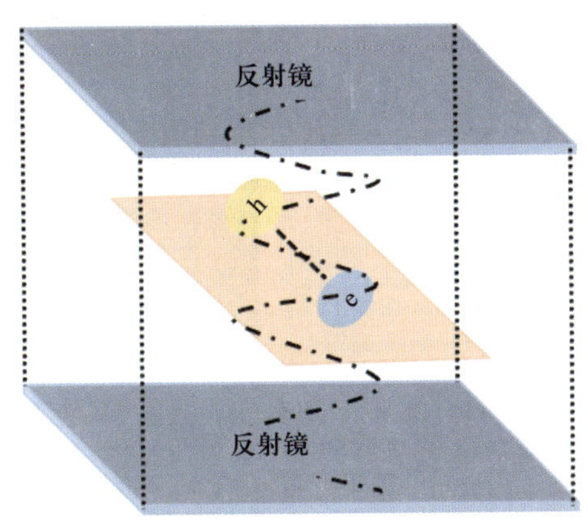


图 6.14　极化激元激光器的典型结构

(1) 阈值. 与自发辐射放大一样，极化激元激光也需要外界激发强度超过阈值. 但是极化激元激光是由于极化激元在基态的宏观累计，而自发辐射放大则是材料在实现粒子数反转后，增益最大的腔模将被放大输出，二者原理的不同使阈值可相差一个量级以上[89]. 在钙钛矿材料中，极化激元发光的光激发阈值一般在 $\mu J \cdot cm^{-2}$ 量级，会受到结构、材料、掺杂、基底等各种因素的影响. 如在 $CsPbCl_3$ 纳米颗粒中[100]，室温下的激发阈值可至 12 $\mu J \cdot cm^{-2}$. 而全无机材料 $CsPbBr_3$ 的回音壁结构[103]激发阈值则为 2.2 $\mu J \cdot cm^{-2}$. 对于 $CsPbBr_3$ 纳米线[104]，其产生激光所需要的载流子密度在 $10^{16}\,cm^{-3}$ 左右，比传统半导体材料纳米线小两个量级. 图 6.15(a)展示了纳米线受激发射的过程. 而在有机-无机杂化钙钛矿（$MAPbI_3$）纳米线中[80]，光激发阈值可达 220 $nJ \cdot cm^{-2}$. 此外，宋海清小组[105]尝试去掉 $MAPbBr_3$ 纳米盘的腔体，发现能在一些微小结构中产生随机激光，其阈值为 60 $\mu J \cdot cm^{-2}$. 而 Liu 小组[106]将 $CsPbBr_3$ 纳米线制成特殊的三角结构，实现极化激元激光在端面的强输出，其阈值为 6 $\mu J \cdot cm^{-2}$. 可以预见的是，研究者们将开展众多工作，使极化激元激光腔体结构简化的同时，阈值进一步降低.

(2) 功率依赖. 极化激元激光随功率的变化主要在两个方面，即发光强度和发光峰值. 一般情况下，当入射光强在阈值以上时，其受激辐射峰值将随入射功率的增强而产生蓝移，这是由于散射增强使极化激元的耦合减弱. 而在阈值以下时，荧光也会随入射功率的增强而蓝移，此时则是因为极化激元中的激子成分. 在阈值前后峰值的移动都与入射光强呈线性关系，但二者斜率不同. 此结果理论上能通过求解非平衡态的 Schrödinger 方程得到[100]，并且在实验中得到了验证[100]. 发光强度的功率依赖可通过其幂律关系得到体现. 如图 6.15(b)，激光光强的随入射光的增强可分为三个部分，阈值以下为线性区，

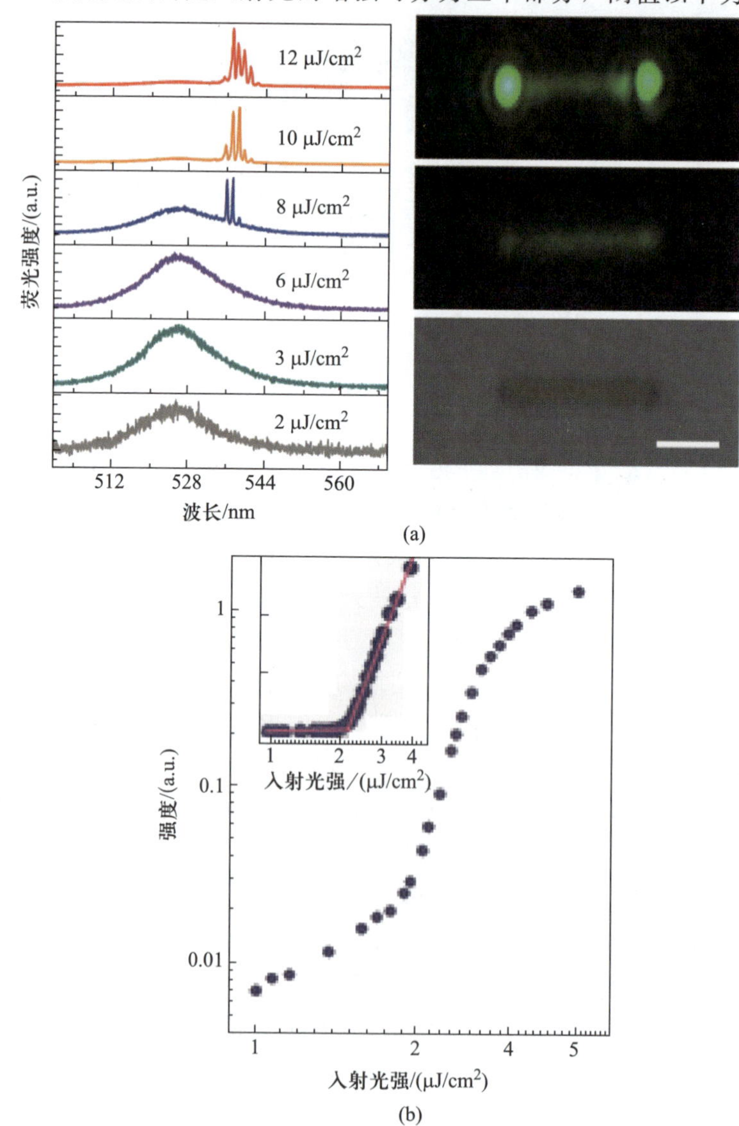


图 6.15 (a) $CsPbBr_3$ 纳米线在阈值前后的发光行为[104]；(b) $CsPbBr_3$ 纳米颗粒的幂律曲线[103]

经过阈值后呈现非线性增长，而超过一定强度后又变为线性增长，曲线大致呈“S”型.此行为在早些年传统半导体的研究中被称作“双阈值”[106]，代表了三个不同的物理过程.低于阈值时的线形区代表着自发辐射的过程，非线性增长区代表着极化激元发光过程，而第三个增长区则代表着实现粒子数反转后激光的产生[85,107].此行为在 $CsPbBr_3$ 和 $MAPbBr_3$ 纳米线中也有所体现[103,108].但是由于钙钛矿材料比较脆弱，易受到强光的损害，相关实验中很少在超过阈值一个量级的条件下进行观测.

(3) 寿命.通过上文的介绍我们知道，极化激元激光的产生是大量粒子在最低态凝聚后，腔体泄漏导致的短时间、高强度的光输出.在钙钛矿材料中，极化激元激光的寿命相较于荧光小两到三个量级，一般在十皮秒左右，这使实验室常用的时间分辨观测手段，如条纹相机等，不足以分辨极化激元激光的寿命[80,103].因此，要观测极化激元发光在时间上的演化过程，需利用其他分辨率更高的系统.朱晓阳组利用 $CS_2$ 做光 Kerr 门，观测到 $CsPbBr_3$ 纳米线随功率的增加发射持续时间也增加，并且激光的增益随延迟时间产生蓝移[109](见图 6.16(a)).他们认为 $CsPbBr_3$ 纳米线中的激光源于高激发下材料中出现的电子-空穴等离子体(electron-hole plasma)，说明学术界对钙钛矿材料中激光的起源尚有争议.

(4) 偏振.极化激元激光在不同的结构中呈现出不同的偏振性.如在王晓霞等[110](见图 6.16(b))及 Song 等[102]的报道中，$CsPbBr_3$ 纳米线发光都表现为明确的线偏振，偏振方向由激发起的模式决定.而与之相对的，自发辐射则没有明显的偏振性，但会在沿纳米线方向有略微增强，这是由纳米线径向的介电常数各向异性造成的.而在一些其他没有明显空间取向的结构中，极化激元激光可能也不存在明显的线偏振性[112].在邓慧等的成果中，极化激元激光的偏振性受到激发光强和偏振的影响，过高的激发功率会导致极化激元之间去相干[113].因此在实验中，偏振性应当具体问题具体分析.

(5) 温度依赖.温度对极化激元激光的影响主要体现在三个方面，一是激发阈值随温度的降低而降低，二是发光峰值随温度而移动，三是对半高宽的影响.温度越低，极化激元与声子之间的散射损失越小，凝聚现象越容易发生，故阈值越低.半导体温度阈值关系可用经验公式来描述，$T_0$ 称为特征温度，用以表征该材料受温度影响的大小.如图 6.16(c)所示，米阳等的实验测得三角型 $MAPbBr_3$ 材料的 $T_0$ 约为 35 K[111]，在其他结构中钙钛矿材料的特征温度也一般为几十 K.在朱晓阳组[114]的实验中，$CsPbBr_3$ 纳米线激光的峰值随温度增加而产生红移，文中将其解释为声子散射的增强使极化激元更容易聚集在低能态(LPB)的底部.而杜文娜等在实验中则更细致地分析了温度对 $CsPbBr_3$ 纳米球发光性能的影响[115].他们认为温度一方面使晶格膨胀，另一方面则会影响声子对极化激元的散射，所以半高宽随温度的变化是两种机制共同作用的结果.

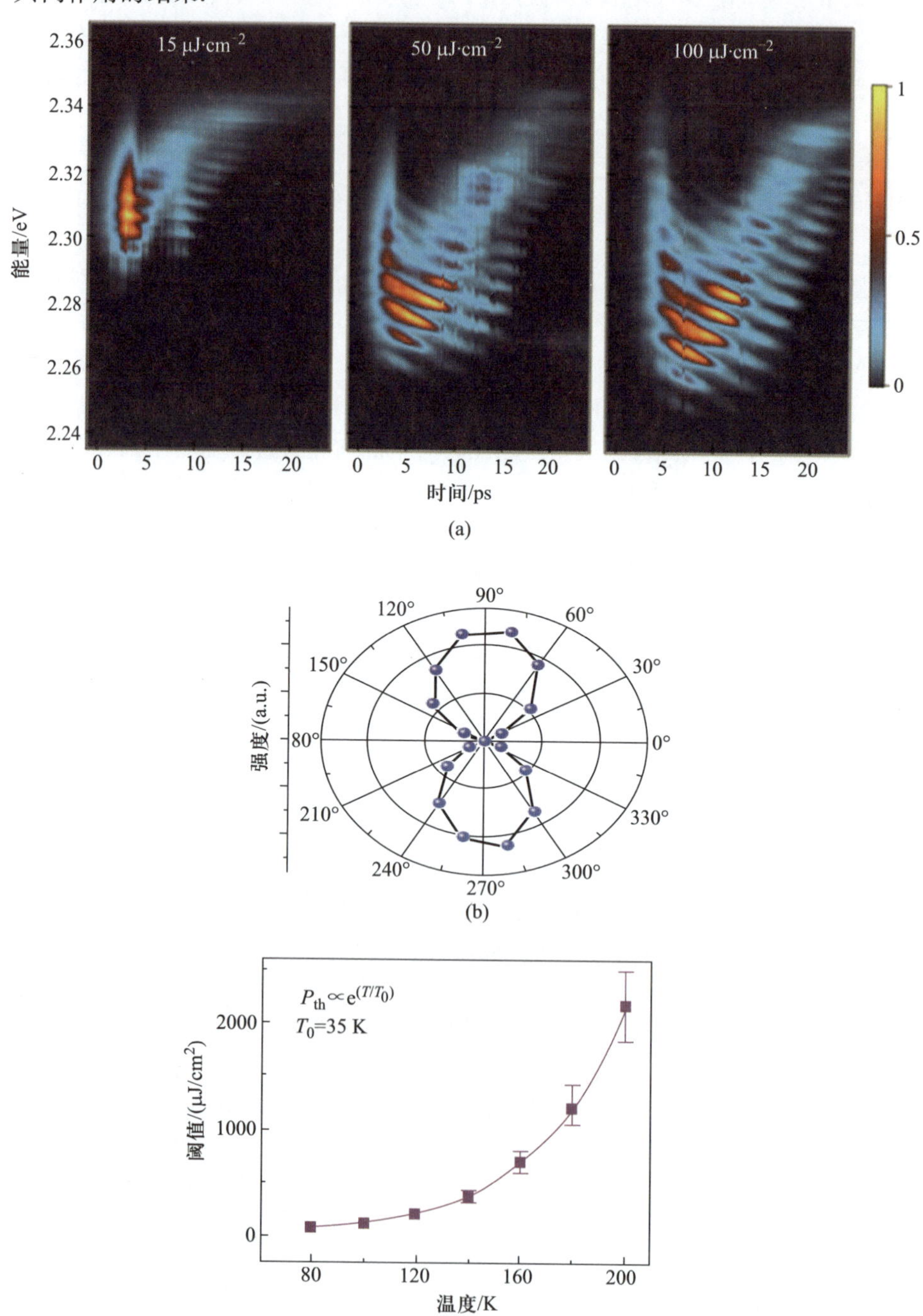


图 6.16 (a) $CsPbBr_3$ 纳米线的时间分辨能量谱[109]; (b) $CsPbBr_3$ 纳米线的偏振性[110]; (c) $MAPbBr_3$ 阈值随温度的变化[111]

(6) 相干性. 在上面我们提到，极化激元形成到消失的时间在皮秒量级. 值得注意的是，越短的寿命意味着体系要保持发光，越需要外界不断地激发，这与 BEC 所处的热稳定态是不符合的. 现在研究界关于这种准平衡态的粒子聚集能否称作 BEC 仍存在争议. 但主流认为，BEC 的本质在于能否自发形成宏观相干[85]. 因此，实验上证实粒子的时间与空间相干是必要的. 极化激元发光的一阶相干性在 2006 年由 Richard 等证实[88]. 而在 2017 年，熊启华组[100]将 $CsPbCl_3$ 纳米盘置于分布式 Bragg 反射腔中，利用 Michelson 干涉仪测量其一阶空间相干性，结果如图 6.17 所示. 材料的发光在 15 $\mu$m 的范围内产生干涉条纹，这有力地说明了全无机钙钛矿中极化激元的凝聚是长程空间相干的.

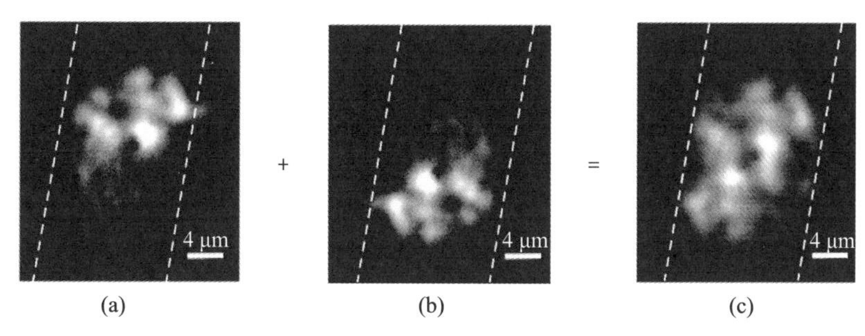


图 6.17　阈值以上激发 $CsPbCl_3$ 颗粒时的干涉仪成像. (a), (b)两臂单独成像; (c) 两臂干涉成像[100]

我们在上文列举了现有研究中钙钛矿材料中极化激元发光现象的一些特征，然而作为一个新兴的研究方向，它还有许多有趣的现象等待人们去发掘. 钙钛矿材料中的极化激元发光现象，理论上能用于极化激元激光器、相干光源、慢光器件等研制[116]. 但是，由于材料本身的限制，现有器件的研制工艺复杂，多在真空及低温等实验室环境中进行. 而有机材料作为活化层，其非线性并不十分显著[117]，这些弊端无疑会大大限制钙钛矿材料的实际应用价值. 因此，要真正将钙钛矿材料中极化激元的优异性能加以利用，还有很多的工作需要完成.

而钙钛矿微腔中的激子-极化子有着独特而优异的发光性能，使高增益、低阈值、可调谐相干光源的研制成为可能. 而且其在室温下发生 Bose-Einstein 凝聚的特性，则为研究超流体、涡旋及量子效应的研究提供了便利. 钙钛矿材料中激子-极化子及其对发光性能的影响尚未完全明确，在一些更为普遍的，如平面及体等结构中，是否能耦合形成一定量的极化激元，仍有待进一步研究.

# 参考文献


[ 1 ] Zhang W, Saliba M, Stranks S D, Sun Y, Shi X, Wiesner U, and Snaith H J. Enhancement of perovskite-based solar cells employing core-shell metal nanoparticles. Nano Lett., 2013, 13: 4510.

[ 2 ] Wu K, Bera A, Ma C, Du Y, Yang Y, Li L, and Wu T. Temperature-dependent excitonic photoluminescence of hybrid organometal halide perovskite films. Phys. Chem. Chem. Phys., 2014, 16: 22476.

[ 3 ] Sun S, Salim T, Mathews N, Duchamp M, Boothroyd C, Xing G, Sum T C, and Lam Y M. The origin of high efficiency in low-temperature solution-processable bilayer organometal halide hybrid solar cells. Energy Environ. Sci., 2014, 7: 399.

[ 4 ] Savenije T J, Ponseca C S, Kunneman L, Abdellah M, Zheng K, Tian Y, Zhu Q, Canton S E, Scheblykin I G, Pullerits T, Yartsev A, and Sundström V. Thermally activated exciton dissociation and recombination control the carrier dynamics in organometal halide perovskite. The Journal of Physical Chemistry Letters, 2014, 5: 2189.

[ 5 ] D'Innocenzo V, Grancini G, Alcocer M J, Kandada A R, Stranks S D, Lee M M, Lanzani G, Snaith H J, and Petrozza A. Excitons versus free charges in organo-lead tri-halide perovskites. Nature Communications, 2014, 5: 3586.

[ 6 ] Saba M, Cadelano M, Marongiu D, Chen F, Sarritzu V, Sestu N, Figus C, Aresti M, Piras R, Lehmann A G, Cannas C, Musinu A, Quochi F, Mura A, and Bongiovanni G. Correlated electron-hole plasma in organometal perovskites. Nature Communications, 2014, 5: 5049.

[ 7 ] Tanaka K, Takahashi T, Ban T, Kondo T, Uchida K, and Miura N. Comparative study on the excitons in lead-halide-based perovskite-type crystals $CH_3NH_3PbBr_3$ $CH_3NH_3PbI_3$. Solid State Communications, 2003, 127: 619.

[ 8 ] Hirasawa M, Ishihara T, Goto T, Uchida K, and Miura N. Magnetoabsorption of the lowest exciton in perovskite-type compound $(CH_3NH_3)PbI_3$. Physica B: Condensed Matter, 1994, 201: 427.

[ 9 ] Yang Y, Ostrowski D P, France R M, Zhu K, Van de Lagemaat J, Luther J M, and Beard M C. Observation of a hot-phonon bottleneck in lead-iodide perovskites. Nature Photonics, 2015, 10: 53

[10] Yamada Y, Nakamura T, Endo M, Wakamiya A, and Kanemitsu Y, Photoelectronic responses in solution-processed perovskite $CH_3NH_3PbI_3$ solar cells studied by photoluminescence and photoabsorption spectroscopy. IEEE Journal of Photovoltaics, 2015, 5: 401.

[11] Miyata A, Mitioglu A, Plochocka P, Portugall O, Wang J T W, Stranks S D,

Snaith H J, and Nicholas R J. Direct measurement of the exciton binding energy and effective masses for charge carriers in organic-inorganic tri-halide perovskites. Nature Physics, 2015, 11: 582.

[12] Lin Q, Armin A, Nagiri R C R, and Burn P L, Meredith P, Electro-optics of perovskite solar cells. Nature Photonics, 2014, 9: 106.

[13] Frost J M, Butler K T, Brivio F, Hendon C H, Van Schilfgaarde M, and Walsh A. Atomistic origins of high-performance in hybrid halide perovskite solar cells. Nano Lett., 2014, 14: 2584.

[14] Chen Z, Yu C, Shum K, Wang J J, Pfenninger W, Vockic N, Midgley J, and Kenney J T. Photoluminescence study of polycrystalline $CsSnI_3$ thin films: determination of exciton binding energy. Journal of Luminescence, 2012, 132: 345.

[15] Yamada Y, Nakamura T, Endo M, Wakamiya A, and Kanemitsu Y. Photocarrier recombination dynamics in perovskite $CH_3NH_3PbI_3$ for solar cell applications. J. Am. Chem. Soc., 2014, 136: 11610.

[16] Xing G, Mathews N, Lim S S, Yantara N, Liu X, Sabba D, Grätzel M, Mhaisalkar S, and Sum T C. Low-temperature solution-processed wavelength-tunable perovskites for lasing. Nature Materials, 2014, 13: 476.

[17] Motta C, El-Mellouhi F, Kais S, Tabet N, Alharbi F, and Sanvito S. Revealing the role of organic cations in hybrid halide perovskite $CH_3NH_3PbI_3$. Nature Communications, 2015, 6: 7026.

[18] Elliott R J. Intensity of optical absorption by excitons. Physical Review, 1957, 108: 1384.

[19] Hu M, Bi C, Yuan Y, Xiao Z, Dong Q, Shao Y, and Huang J, Distinct exciton dissociation behavior of organolead trihalide perovskite and excitonic semiconductors studied in the same system. Small, 2015, 11: 2164.

[20] Juarez-Perez E J, Sanchez R S, Badia L, Garcia-Belmonte G, Kang Y S, Mora-Sero I, and Bisquert J. Photoinduced giant dielectric constant in lead halide perovskite solar cells. The Journal of Physical Chemistry Letters, 2014, 5: 2390.

[21] Leguy A M, Frost J M, McMahon A P, Sakai V G, Kochelmann W, Law C, Li X, Foglia F, Walsh A, O'Regan B C, Nelson J, Cabral J T, and Barnes P R. The dynamics of methylammonium ions in hybrid organic-inorganic perovskite solar cells. Nature Communications, 2015, 6: 7124.

[22] Ghosh T, Aharon S, Etgar L, and Ruhman S. Free carrier emergence and onset of electron-phonon coupling in methylammonium lead halide perovskite films. J. Am. Chem. Soc., 2017, 139: 18262.

[23] Valverde-Chávez D A, Ponseca C S, Stoumpos C C, Yartsev A, Kanatzidis M G, Sundström V, and Cooke D G. Intrinsic femtosecond charge generation dynamics in single crystal $CH_3NH_3PbI_3$. Energy & Environmental Science, 2015, 8: 3700.

[24] Banerji N, Cowan S, Vauthey E, and Heeger A J. Ultrafast relaxation of the poly (3-hexylthiophene) emission spectrum. The Journal of Physical Chemistry C, 2011, 115: 9726.

[25] Bakulin A A, Selig O, Bakker H J, Rezus Y L A, Müller C, Glaser T, Lovrincic R, Sun Z, Chen Z, Walsh A, Frost J M, and Jansen T L C. Real-time observation of organic cation reorientation in methylammonium lead iodide perovskites. The Journal of Physical Chemistry Letters, 2015, 6: 3663.

[26] Galkowski K, Mitioglu A, Miyata A, Plochocka P, Portugall O, Eperon G E, Wang J T W, Stergiopoulos T, Stranks S D, Snaith H J, and Nicholas R J. Determination of the exciton binding energy and effective masses for methylammonium and formamidinium lead tri-halide perovskite semiconductors. Energy & Environmental Science, 2016, 9: 962.

[27] Ziffer M E, Mohammed J C, and Ginger D S. Electroabsorption spectroscopy measurements of the exciton binding energy, electron-hole reduced effective mass, and band gap in the perovskite $CH_3NH_3PbI_3$. ACS Photonics, 2016, 3: 1060.

[28] Price M B, Butkus J, Jellicoe T C, Sadhanala A, Briane A, Halpert J E, Broch K, Hodgkiss J M, Friend R H, and Deschler F. Hot-carrier cooling and photoinduced refractive index changes in organic-inorganic lead halide perovskites. Nature Communications, 2015, 6: 8420.

[29] Menéndez-Proupin E, Palacios P, Wahnón P, and Conesa J C. Self-consistent relativistic band structure of the $CH_3NH_3PbI_3$ perovskite. Physical Review B, 2014, 90: 045207.

[30] Umari P, Mosconi E, and De Angelis F. Relativistic GW calculations on $CH_3NH_3PbI_3$ and $CH_3NH_3SnI_3$ perovskites for solar cell applications. Sci. Rep., 2014, 4: 4467.

[31] Sestu N, Cadelano M, Sarritzu V, Chen F, Marongiu D, Piras R, Mainas M, Quochi F, Saba M, Mura A, and Bongiovanni G. Absorption F-sum rule for the exciton binding energy in methylammonium lead halide perovskites. J. Phys. Chem. Lett., 2015, 6: 4566.

[32] Davies C L, Borchert J, Xia C Q, Milot R L, Kraus H, Johnston M B, and Herz L M. Impact of the organic cation on the optoelectronic properties of formamidinium lead triiodide. J. Phys. Chem. Lett., 2018, 9: 4502.

[33] Yang L, Wei K, Xu Z, Li F, Chen R, Zheng X, Cheng X, and Jiang T. Nonlinear absorption and temperature-dependent fluorescence of perovskite $FAPbBr_3$ nanocrystal. Opt. Lett., 2018, 43: 122.

[34] Meier T, Gujar T P, Schönleber A, Olthof S, Meerholz K, Van Smaalen S, Panzer F, Thelakkat M, and Köhler A. Impact of excess $PbI_2$ on the structure and the temperature dependent optical properties of methylammonium lead iodide

perovskites. Journal of Materials Chemistry C, 2018, 6: 7512.

[35] Shi J, Zhang H, Li Y, Jasieniak J J, Li Y, Wu H, Luo Y, Li D, and Meng Q. Identification of high-temperature exciton states and their phase-dependent trapping behaviour in lead halide perovskites. Energy & Environmental Science, 2018, 11: 1460.

[36] Comin R, Walters G, Thibau E S, Voznyy O, Lu Z H, and Sargent E H. Structural, optical, and electronic studies of wide-bandgap lead halide perovskites. Journal of Materials Chemistry C, 2015, 3: 8839.

[37] Even J, Pedesseau L, Katan C. Analysis of multivalley and multibandgap absorption and enhancement of free carriers related to exciton screening in hybrid perovskites. Journal of Physical Chemistry C, 2014, 118: 11566.

[38] Thu Ha Do T, Granados del Águila A, Cui C, Xing J, Ning, Z, and Xiong Q. Optical study on intrinsic exciton states in high-quality $CH_3NH_3PbBr_3$ single crystals. Physical Review B, 2017, 96: 075308.

[39] Umari P, Mosconi E, and De Angelis F. Infrared dielectric screening determines the low exciton binding energy of metal-halide perovskites. J. Phys. Chem. Lett., 2018, 9: 620.

[40] Wolf C, Lee T W. Exciton and lattice dynamics in low-temperature processable $CsPbBr_3$ thin-films. Materials Today Energy, 2018, 7: 199.

[41] Huang L Y and Lambrecht W R L. Electronic band structure, phonons, and exciton binding energies of halide perovskites $CsSnCl_3$, $CsSnBr_3$, and $CsSnI_3$. Physical Review B, 2013, 88: 165203.

[42] Shao Y, Xiao Z, Bi C, Yuan Y, and Huang J. Origin and elimination of photocurrent hysteresis by fullerene passivation in $CH_3NH_3PbI_3$ planar heterojunction solar cells. Nature Communications, 2014, 5: 5784.

[43] Najafov H, Lee B, Zhou Q, Feldman L C, and Podzorov V. Observation of long-range exciton diffusion in highly ordered organic semiconductors. Nature Materials, 2010, 9: 938.

[44] Grätzel M. Solar Energy Conversion by Dye-Sensitized Photovoltaic Cells. Inorg. Chem., 2005, 44: 6841.

[45] Lunt R R, Giebink N C, Belak A A, Benziger J B, and Forrest S R. Exciton diffusion lengths of organic semiconductor thin films measured by spectrally resolved photoluminescence quenching. Journal of Applied Physics, 2009, 105: 053711.

[46] Markov D, Hummelen J, Blom P, and Sieval A. Dynamics of exciton diffusion in poly(p-phenylene vinylene)/fullerene heterostructures. Physical Review B, 2005, 72: 045216.

[47] Shaw P E, Ruseckas A, and Samuel I D W. Exciton diffusion measurements in poly(3-hexylthiophene). Advanced Materials, 2008, 20: 3516.

[48] Xing G, Mathews N, Sun S, Lim S S, Lam Y M, Grätzel M, Mhaisalkar S, and Sum T C. Long-range balanced electron- and hole-transport lengths in organic-inorganic $CH_3NH_3PbI_3$. Science, 2013, 342: 344.

[49] Stranks S D, Eperon G E, Grancini G, Menelaou C, Alcocer M J, Leijtens T, Herz L M, Petrozza A, and Snaith H J. Electron-hole diffusion lengths exceeding 1 micrometer in an organometal trihalide perovskite absorber. Science, 2013, 342: 341.

[50] Ha S T, Liu X F, Zhang Q, Giovanni D, Sum T C, and Xiong Q H. Synthesis of organic-inorganic lead halide perovskite nanoplatelets: towards high-performance perovskite solar cells and optoelectronic devices. Adv. Opt. Mater., 2014, 2: 838.

[51] Xie F X, Zhang D, Su H, Ren X, Wong K S, Grätzel M, and Choy W C H. Vacuum-assisted thermal annealing of $CH_3NH_3PbI_3$ for highly stable and efficient perovskite solar cells. ACS Nano, 2014, 9: 639.

[52] Liang P W, Chueh C C, Xin X K, Zuo F, Williams S T, Liao C Y, and Jen A K Y. High-performance planar-heterojunction solar cells based on ternary halide large-band-gap perovskites. Adv. Energy. Mater., 2015, 5: 1400960 .

[53] Eperon G E, Stranks S D, Menelaou C, Johnston M B, Herz L M, and Snaith H J. Formamidinium lead trihalide: a broadly tunable perovskite for efficient planar heterojunction solar cells. Energy & Environmental Science, 2014, 7: 982.

[54] Hu Q, Wu J, Jiang C, Liu T, Que X, Zhu R, and Gong Q. Engineering of electron-selective contact for perovskite solar cells with efficiency exceeding 15%. ACS Nano, 2014, 8: 10161.

[55] Xiao Z, Dong Q, Bi C, Shao Y, Yuan Y, and Huang J. Solvent annealing of perovskite-induced crystal growth for photovoltaic-device efficiency enhancement. Adv. Mater., 2014, 26: 6503.

[56] Liu D, Gangishetty M K, and Kelly T L. Effect of $CH_3NH_3PbI_3$ thickness on device efficiency in planar heterojunction perovskite solar cells. J. Mater. Chem. A, 2014, 2: 19873.

[57] Xiao Z, Bi C, Shao Y, Dong Q, Wang Q, Yuan Y, Wang C, Gao Y, and Huang J. Efficient, high yield perovskite photovoltaic devices grown by interdiffusion of solution-processed precursor stacking layers. Energy & Environmental Science, 2014, 7: 2619.

[58] Deng Y, Peng E, Shao Y, Xiao Z, Dong Q, and Huang J. Scalable fabrication of efficient organolead trihalide perovskite solar cells with doctor-bladed active layers. Energy & Environmental Science, 2015, 8: 1544.

[59] Dong Q, Fang Y, Shao Y, Mulligan P, Qiu J, Cao L, and Huang J. Electron-hole diffusion lengths $> 175\ \mu m$ in solution-grown $CH_3NH_3PbI_3$ single crystals. Science, 2015, 347: 967.

[60] Wehrenfennig C, Eperon G E, Johnston M B, Snaith H J, and Herz L M. High charge carrier mobilities and lifetimes in organolead trihalide perovskites. Advanced Materials, 2014, 26: 1584.

[61] Ponseca C S Jr, Savenije T J, Abdellah M, Zheng K, Yartsev A, Pascher T, Harlang T, Chabera P, Pullerits T, Stepanov A, Wolf J P, and Sundstrom V. Organometal halide perovskite solar cell materials rationalized: ultrafast charge generation, high and microsecond-long balanced mobilities, and slow recombination. J. Am. Chem. Soc., 2014, 136: 5189.

[62] Edri E, Kirmayer S, Henning A, Mukhopadhyay S, Gartsman K, Rosenwaks Y, Hodes G, and Cahen D. Why lead methylammonium tri-iodide perovskite-based solar cells require a mesoporous electron transporting scaffold (but not necessarily a hole conductor). Nano Lett., 2014, 14: 1000.

[63] Gonzalez-Pedro V, Juarez-Perez E J, Arsyad W S, Barea E M, Fabregat-Santiago F, Mora-Sero I, and Bisquert J. General working principles of $CH_3NH_3PbX_3$ perovskite solar cells. Nano Lett., 2014, 14: 888.

[64] Li Y, Yan W, Li Y, Wang S, Wang W, Bian Z, Xiao L, and Gong Q. Direct observation of long electron-hole diffusion distance in $CH_3NH_3PbI_3$ perovskite thin film. Sci. Rep., 2015, 5: 14485.

[65] Lee M M, Teuscher J, Miyasaka T, Murakami T N, and Snaith H J. Efficient hybrid solar cells based on meso-superstructured organometal halide perovskites. Science, 2012, 338: 643.

[66] Li D, Liang C, Zhang H, Zhang C, You F, and He Z. Spatially separated charge densities of electrons and holes in organic-inorganic halide perovskites. Journal of Applied Physics, 2015, 117: 074901.

[67] Chatterjee S, Ell C, Mosor S, Khitrova G, Gibbs H M, Hoyer W, Kira M, Koch S W, Prineas J P, and Stolz H. Excitonic photoluminescence in semiconductor quantum wells: plasma versus excitons. Physical Review Letters, 2004, 92: 067402.

[68] Fang H H, Protesescu L, Balazs D M, Adjokatse S, Kovalenko M V, and Loi M A. Exciton recombination in formamidinium lead triiodide: nanocrystals versus thin films. Small, 2017, 13: 1700673.

[69] Diroll B T, Nedelcu G, Kovalenko M V, and Schaller R D. High-temperature photoluminescence of $CsPbX_3$ (X = Cl, Br, I) nanocrystals. Advanced Functional Materials, 2017, 27: 1606750.

[70] Li J, Yuan X, Jing P, Li J, Wei M, Hua J, Zhao J, and Tian L. Temperature-dependent photoluminescence of inorganic perovskite nanocrystal films. RSC Advances, 2016, 6: 78311.

[71] Dar M I, Jacopin G, Meloni S, Mattoni A, Arora N, Boziki A, Zakeeruddin S

M, Rothlisberger U, and Grätzel M. Origin of unusual bandgap shift and dual emission in organic-inorganic lead halide perovskites. Science Advances, 2016, 2: e1601156.

[72] Ning C Z. What is laser threshold? IEEE Journal of Selected Topics in Quantum Electronics, 2013, 19: 1503604.

[73] Coldren L A C S W and Mashanovitch M L. Diode lasers and photonic integrated circuits. John Wiley & Sons, 2012.

[74] Nie W, Tsai H, Asadpour R, Blancon J C, Neukirch A J, Gupta G, Crochet J J, Chhowalla M, Tretiak S, Alam M A, Wang H L, and Mohite A D. High-efficiency solution-processed perovskite solar cells with millimeter-scale grains. Science, 2015, 347: 522.

[75] de Quilettes D W, Vorpahl S M, Stranks S D, Nagaoka H, Eperon G E, Ziffer M E, Snaith H J, and Ginger D S. Impact of microstructure on local carrier lifetime in perovskite solar cells. Science, 2015, 348: 683.

[76] Manser J S and Kamat P V. Band filling with free charge carriers in organometal halide perovskites. Nature Photonics, 2014, 8: 737.

[77] Service R F. Perovskite LEDs begin to shine. Science, 2019, 364: 918.

[78] Gao P, Grätzel M, and Nazeeruddin M K. Organohalide lead perovskites for photovoltaic applications. Energy & Environmental Science, 2014, 7: 2448.

[79] Zhang S, Shang Q, Du W, Shi J, Wu Z, Mi Y, Chen J, Liu F, Li Y, Liu M, Zhang Q, and Liu X. Strong exciton-photon coupling in hybrid inorganic-organic perovskite micro/nanowires. Adv. Opt. Mater., 2018, 6: 1701032.

[80] Zhu H, Fu Y, Meng F, Wu X, Gong Z, Ding Q, Gustafsson M V, Trinh M T, Jin S, and Zhu X Y. Lead halide perovskite nanowire lasers with low lasing thresholds and high quality factors. Nature Materials, 2015, 14: 636.

[81] Rainò G, Becker M A, Bodnarchuk M I, Mahrt R F, Kovalenko M V, and Stöferle T. Superfluorescence from lead halide perovskite quantum dot superlattices. Nature, 2018, 563: 671.

[82] London F. The λ-phenomenon of liquid helium and the Bose-Einstein degeneracy. Nature, 1938, 141: 643.

[83] Bradley C C, Sackett C A, Tollett J J, and Hulet R G. Evidence of Bose-Einstein condensation in an atomic gas with attractive interactions. Physical Review Letters, 1995, 75: 1687.

[84] Nikuni T, Oshikawa M, Oosawa A, and Tanaka H. Bose-Einstein condensation of dilute magnons in $TlCuCl_3$. Physical Review Letters, 2000, 84: 5868.

[85] Deng H, Haug H, and Yamamoto Y. Exciton-polariton Bose-Einstein condensation. Reviews of Modern Physics, 2010, 82: 1489.

[86] Butov L V, Lai C W, Ivanov A L, Gossard A C, and Chemla D S. Towards Bose-

Einstein condensation of excitons in potential traps. Nature, 2002, 417: 47.

[87] Wolfe J P and Jang J I. New perspectives on kinetics of excitons in $Cu_2O$. Solid State Communications, 2005, 134: 143.

[88] Kasprzak J, Kundermann S, André R, Richard M, Szymaska M H, Staehli J L, Littlewood P B, Marchetti F M, Deveaud B, Baas A, Jeambrun P, Dang L S, Savona V, and Keeling J M J. Bose-Einstein condensation of exciton polaritons. Nature, 2006, 443: 409.

[89] Byrnes T, Kim N Y, and Yamamoto Y. Exciton-polariton condensates. Nature Physics, 2014, 10: 803.

[90] Ferrier L, Wertz E, Johne R, Solnyshkov D, Senellart P, Sagnes I, Lemaitre A, Malpuech G, and Bloch J. Interactions in confined polariton condensates. Phys. Rev Lett., 2011, 106: 126401.

[91] Thomas D G. The exciton spectrum of zinc oxide. Journal of Physics & Chemistry of Solids. 1960, 15: 86.

[92] van Vugt L K, Rühle S, Prasanth R, Gerritsen H, Kuipers L, and Vanmaekelbergh D. Exciton polaritons confined in a ZnO nanowire cavity. Phys. Rev. Lett., 2006, 97: 147401.

[93] Pawlis A, Khartchenko A, Husberg O, As D, Lischka K, and Schikora D. Large room temperature Rabi-splitting in a ZnSe/(Zn, Cd)Se semiconductor microcavity structure. Solid State Communications, 2002, 123: 235.

[94] Ding J, Hagerott M, Ishihara T, Jcon H, and Nurmikko A V. (Zn, Cd)Se/ZnSe quantum-well lasers: excitonic gain in an inhomogeneously broadened quasi-two-dimensional system. Physical Review B, 1993, 47: 10528.

[95] Zubrilov A, Nikishin S, Kipshidze G D, Kuryatkov V, Temkin H, Prokofyeva T, and Holtz M. Optical properties of GaN grown on Si(111) by gas source molecular beam epitaxy with ammonia. Jouenal of Applied Physics, 2002, 91: 1209.

[96] Ollier N, Natali F, Byrne D, Vasson A, Disseix P, Leymarie J, Leroux M, Semond F, and Massies J. Observation of Rabi splitting in a bulk GaN microcavity grown on silicon. Physical Review B, 2003, 68: 153313.

[97] K van Vugt L, Piccione B, Cho C H, Nukala P, and Agarwal R. One-dimensional polaritons with size-tunable and enhanced coupling strengths in semiconductor nanowires. PNAS, 2011, 108: 10050.

[98] Ip K M, Wang C R, Li Q, and Hark S K. Excitons and surface luminescence of CdS nanoribbons. Applied Physics Letters, 2004, 84: 795.

[99] Wei Y, Lauret J S, Galmiche L, Pierre A, and Deleporte E. Strong exciton-photon coupling in microcavities containing new fluorophenethylamine based perovskite compounds. Optics Express, 2012, 20: 10399.

[100] Su R, Diederichs C, Wang J, Liew T C H, Zhao J X, Liu S, Xu W G, Chen Z

H, and Xiong Q H. Room-temperature polariton lasing in all-inorganic perovskite nanoplatelets. NANO Letters, 2017, 17: 3982.

[101] Protesescu L, Yakunin S, Bodnarchuk M I, Krieg F, Caputo R, Holman Hendon C, Xi Y R, Walsh A, and Kovalenko M. Nanocrystals of cesium lead halide perovskites ($CsPbX_3$, X = Cl, Br, and I): Novel optoelectronic materials showing bright emission with wide color Gamut. Nano Letters, 2015, 15: 3692.

[102] Park K, Lee J W, Kim J D, Han N S, Jang D M, Jeong S, Park J, and Song J K. Light-matter interactions in cesium lead halide perovskite nanowire lasers. J. Phys. Chem. Lett., 2016, 7: 3703.

[103] Zhang Q, Su R, Liu X, Xing J, Sum T C, and Xiong Q. High-quality whispering-gallery-mode lasing from cesium lead halide perovskite nanoplatelets. Advanced Functional Materials, 2016, 26: 6238.

[104] Du W, Zhang S, Shi J, Chen J, Wu Z, Mi Y, Liu Z, Li Y, Sui X, Wang R, Qiu X, Wu T, Xiao Y, Zhang Q, and Liu X. Strong exciton-photon coupling and lasing behavior in all-inorganic $CsPbBr_3$ micro/nanowire Fabry-Pérot cavity. ACS Photonics, 2018, 5: 2051.

[105] Liu S, Sun W, Li J, Gu Z, Wang K, Xiao S, and Song Q. Random lasing actions in self-assembled perovskite nanoparticles. Optical Engineering, 2016, 55: 1.

[106] Tempel J S, Veit F, Aßmann M, Kreilkamp L E, Rahimi-Iman A, Löffler A, Höfling S, Reitzenstein S, Worschech L, Forchel A, and Bayer M. Characterization of two-threshold behavior of the emission from a GaAs microcavity. Physical Review B, 2012, 85.

[107] Sanvitto D and Kéna-cohen S. The road towards polaritonic devices. Nature Materials, 2016, 15: 1061.

[108] Eaton S W, Lai M, Gibson N A, Wong A B, Dou L, Ma J, Wang L W, Leone S R, and Yang P. Lasing in robust cesium lead halide perovskite nanowires. Proceedings of the National Academy of Sciences, 2016, 113: 1993.

[109] Schlaus A P, Spencer M S, Miyata K, Liu F, Wang X, Datta I, Lipson M, Pan A, and Zhu X Y. How lasing happens in $CsPbBr_3$ perovskite nanowires. Nature Communications, 2019, 10: 265.

[110] Wang X X, Shoaib M, Wang X, Zhang X H, He M, Luo Z Y, Zheng W H, Li H L, Yang T F, Zhu X L, Ma L B, and Pan A L. High-quality in-plane aligned $CsPbX_3$ perovskite nanowire lasers with composition-dependent strong exciton-photon coupling. ACS Nano, 2018, 12: 6170.

[111] Mi Y, Liu Z, Shang Q, Niu X, Shi J, Zhang S, Chen J, Du W, Wu Z, Wang R, Qiu X, Hu X, Zhang Q, Wu T, and Liu X. Fabry-Perot oscillation and room temperature lasing in perovskite cube-corner pyramid cavities. Small, 2018, 14: 1703136.

[112] Lu T C, Lai Y Y, Lan Y P, Huang S W, Chen J R, Wu Y C, Hsieh W F, and Deng H. Room temperature polariton lasing vs. photon lasing in a ZnO-based hybrid microcavity. Optics Express, 2012, 20: 5530.

[113] Deng H, Weihs G, Snoke D, Bloch J, and Yamamoto Y. Polariton lasing vs. photon lasing in a semiconductor microcavity. Proc. Natl. Acad. Sci. USA, 2003, 100: 15318.

[114] Evans T J S, Schlaus A, Fu Y, Zhong X, Atallah T L. Spencer M S, Brus L E, Jin S, and Zhu X Y. Continuous-wave lasing in cesium lead bromide perovskite nanowires. Adv. Opt. Mater., 2018, 6: 1700982.

[115] Du W, Zhang S, Wu Z, Shang Q, Mi Y, Chen J, Qin C, Qiu X, Zhang Q, and Liu X. Unveiling lasing mechanism in $CsPbBr_3$ microsphere cavities. Nanoscale, 2019, 11: 3145.

[116] Veldhuis S A, Boix P P, Yantara N, Li M, Sum T C, Mathews N, and Mhaisalkar S G. Perovskite materials for light-emitting diodes and lasers. Advanced Materials, 2016, 28: 6804.

[117] Bao W, Liu X Z, Xue F, Zheng F, Tao R J, Wang S Q, Xia Y, Zhao M, Kim J, Yang S, Li Q W, Wang Y, Wang L W, MacDonald A H, and Zhang X. Observation of Rydberg exciton polaritons and their condensate in a perovskite cavity. PNAS, 2019, 116: 20274.

# 第七章　柔性钙钛矿太阳能电池

曲波、齐昕、肖新宇、邹德春

高性能钙钛矿光伏器件一般制备在玻璃基底上，基底之上采用ITO或FTO作电极. 然而，这种玻璃基底有着质量大、易破碎、不利于大面积生产、不利于降低生产成本等缺点. 为解决这些问题，人们研究并发展了柔性电极和柔性太阳能电池. 柔性太阳能电池采用柔性材料作为基底，在该基底上制备器件结构. 相比传统玻璃基底，柔性钙钛矿光伏器件的可挠性和电池产品的轻量化特点，使其成为可穿戴光伏产品和柔性产品的理想选择之一，比如太阳能背包、衣帽、窗帘、光伏建筑一体化系统等. 更重要的是，柔性太阳能电池可以应用于连续卷对卷(roll-to-roll)生产工艺[1]，这样能实现大面积制备生产，从而大大降低生产成本，为大规模的量产提供了可能. 人们对柔性太阳能电池研究产生了浓厚的兴趣. 目前，不论是硅基太阳能电池还是有机太阳能电池，人们都在进行柔性基底的探索和研究，而钙钛矿太阳能电池作为新兴的光伏器件也不例外.

目前，柔性钙钛矿光伏器件的研究还较为初步，光伏性能还不理想，主要是由于柔性电极表面粗糙度与面电阻较大，降低了柔性电极的导电性能，从而影响了柔性钙钛矿光伏器件的性能. 柔性钙钛矿太阳能电池的基底主要有柔性塑料基底和金属基底，其器件结构与一般的玻璃基底的钙钛矿太阳能电池相同，可以分为nip型和pin型，即正式和反式器件结构. 除了传统平板形态的柔性器件外，纤维形态钙钛矿太阳能电池也是柔性钙钛矿光伏器件中特殊的一类. 下面对不同类型的柔性钙钛矿太阳能电池的研究进展做一个简要的介绍.

## §7.1　塑料基底柔性钙钛矿太阳能电池

为了得到柔性钙钛矿太阳能电池，可以采用聚酯塑料作为柔性基底. 目前常用的材料有PET(poly(ethylene terephthalate)，聚对苯二甲酸乙二醇酯)，PEN(poly(ethylene naphthalate)，聚萘二甲酸乙二醇酯)和PI(polyimide，聚酰亚胺)等. 人们通常在这样的基底上通过磁控溅射制备ITO或FTO作为透明电极. 用诸如 PET/ITO 柔性电极制备的钙钛矿光伏器件，开路电压一般为 0.8 V 左右，填充因子一般为 0.5～0.7 左右，光电转换效率一般为 9% 左右[2-5]. 近年来，得益于制备工艺的改善，柔性钙钛矿太阳能电池的性能大幅提升，器件最高效率已经达到 19.38%[6]. 此外，许多采用新型柔性电极制备的器件也被陆续报道.

### 7.1.1　pin 器件结构

nip 结构一般采用金属氧化物作为电子传输材料，但该层的制备通常需要在高温条件下，例如对于致密 $TiO_2$ 层的制备通常需要 500℃左右的温度进行烧结. 而对于聚酯塑料基底而言，其不耐高温性限制了这种配置，所以人们采用了一种可以低温制备的 pin 型结构. 在这种结构中，人们一般采用一种富勒烯衍生物 PCBM 作为电子传输材料，PEDOT:PSS 作为空穴传输材料，其基本结构为电极/PEDOT:PSS/钙钛矿/PCBM/电极[4,5,7-11].

2014 年，杨阳等[5]设计了一种 pin 结构钙钛矿太阳能电池，其结构为基底/ITO/PEDOT:PSS/$CH_3NH_3PbI_{3-x}Cl_x$/PCBM/Al，同样以 PEDOT:PSS 作为空穴传输层而 PCBM 作为电子传输层，不同的是其钙钛矿层采用混合型钙钛矿 $CH_3NH_3PbI_{3-x}Cl_x$，具有载流子寿命较长和电学性质较好的优点. 该结构中所有层的制备温度均低于 120℃，其实验结果为：基底是玻璃时光电转换效率为 11.5%，基底是 PET 聚酯塑料时光电转换效率为 9.2%，见图 7.1. 钙钛矿晶体的缺陷使得载流子复合的概率增加从而降低了开路电压 $V_{OC}$，若想得到更高的光电转换效率，要使用退火、缓慢生长等手段进一步控制钙钛矿形态，提高开路电压.

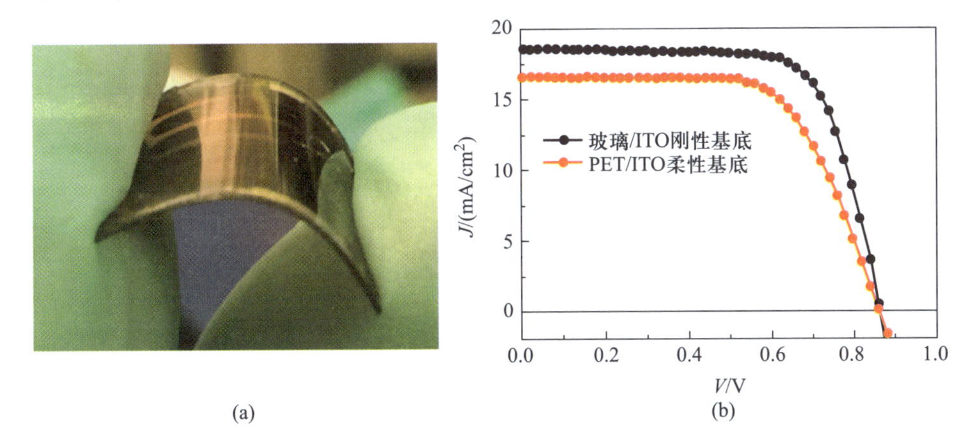


图 7.1　(a) 柔性钙钛矿太阳能电池实物图；(b) 刚性器件和柔性器件的 $J$-$V$ 曲线[5]

2014 年，Gill 等[7]研究了电子传输材料在柔性器件中的应用. 他们分别使用 PCBM 和 F8BT(聚[(9,9-二-乙-正辛基芴-2,7-二基)-(苯并[2,1,3]噻唑-4,8-二基)])作为电子传输材料，采用低温溶液法制备钙钛矿太阳能电池，空穴传输材料为 PEDOT:PSS，钙钛矿层为 $CH_3NH_3PbI_2Cl$，见图 7.2. F8BT 表现出更好的电子传输能力. 以 PCBM 和 F8BT 作为电子传输材料的器件光电子转换效率分别为 5.14%和 7.05%，即选取适当的电子传输材料可进一步提升电池性能.

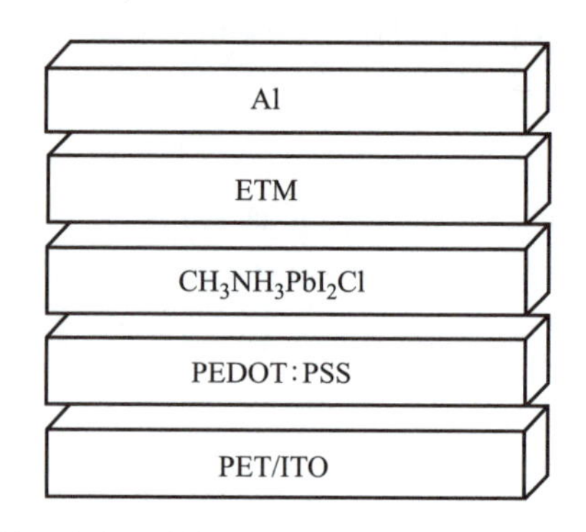


图 7.2　低温溶液法制备的柔性钙钛矿太阳能电池的结构[7]

2017 年，宋延林等[11]在 pin 型钙钛矿太阳能电池中，通过纳米组装-印刷方式制备蜂巢状纳米支架(NC-PEDOT:PSS)作为力学缓冲层和光学谐振腔，从而大幅提高了柔性钙钛矿太阳能电池的光电转换效率和力学稳定性，面积为 1 $cm^2$ 的柔性器件效率可达 12.32%，并且成功驱动了设备，如图 7.3 所示.

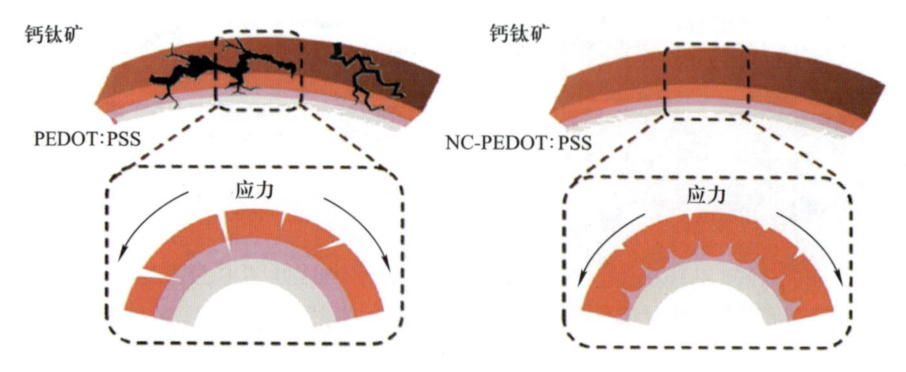


图 7.3　NC-PEDOT:PSS 缓解应力的图解[11]

除了 PEDOT:PSS 外，氧化镍和 PTAA 也是 pin 型器件中常用的空穴传输材料. 2017 年，Li 等[12]采用 Cu 掺杂 $NiO_x$ 纳米颗粒作为空穴传输层制备大面积柔性器件，如图 7.4 所示. 他们使用低温制备均匀无针孔的无机空穴传输层，在有效面积 1 $cm^2$ 的器件中实现了 15.01%的光电转换效率. 黄劲松等[13]通过改变前驱液不同组分的比例对钙钛矿的组成进行优化，基于 PTAA 空穴传输层制备的光伏器件最高效率达到 18.1%，在钙钛矿柔性光伏器件中名列前茅.

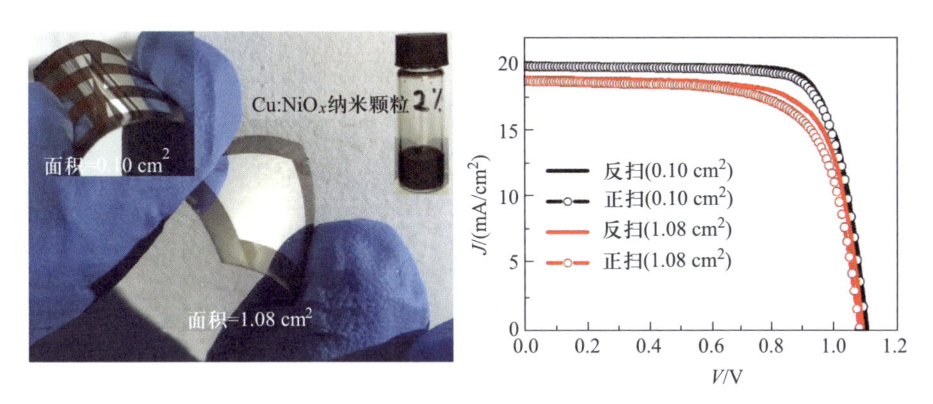


图 7.4　(a) 器件示意图；(b) 采用 Cu∶$NiO_x$ 制备的柔性器件 $J$-$V$ 曲线[12]

### 7.1.2　nip 器件结构

与 pin 型结构相反，柔性钙钛矿太阳能电池也可以制备为 nip 结构，其重点在于如何避免高温制备 $TiO_2$ 电子传输层. 目前主要有以下两种方法：一种是寻找新方法以低温制备 $TiO_2$ 层，一种是以 ZnO、$SnO_2$ 等其他金属氧化物作为电子传输材料替代 $TiO_2$.

(1) 低温制备 $TiO_2$.

2014 年，Kim 等[14]利用等离子体增强原子层沉积的方法制备了 20 nm 厚无定形致密 $TiO_x$ 层，得到了 12.2%的光电转换效率. 其结构为 PEN/ITO/$TiO_x$/$CH_3NH_3PbI_{3-x}Cl_x$/spiro-OMeTAD/Ag，见图 7.5，其中 $TiO_x$ 层无须退火处理，即该器件可在低温条件进行制备. 时间分辨荧光光谱和阻抗谱分析证明，该器件具有较快的电子传输，这使其具有很好的光电性能. 在 0.4 倍太阳辐射和入射光 45°倾斜入射的情况下，其光电转换效率不会下降. 在曲率半径 1 mm 的情况下弯曲，其器件性能仅仅下降 7%. 在曲率半径为 10 mm，1000 个弯曲周期的情况下，器件的光电转换效率可以保持为原来的 95%，而最终的效率下降是由于金属氧化物电极出现裂缝. 这个结果表明，以低温制备 $TiO_x$ 电子传输层取得了很大的进展，对之后的研究有很大的启示作用.

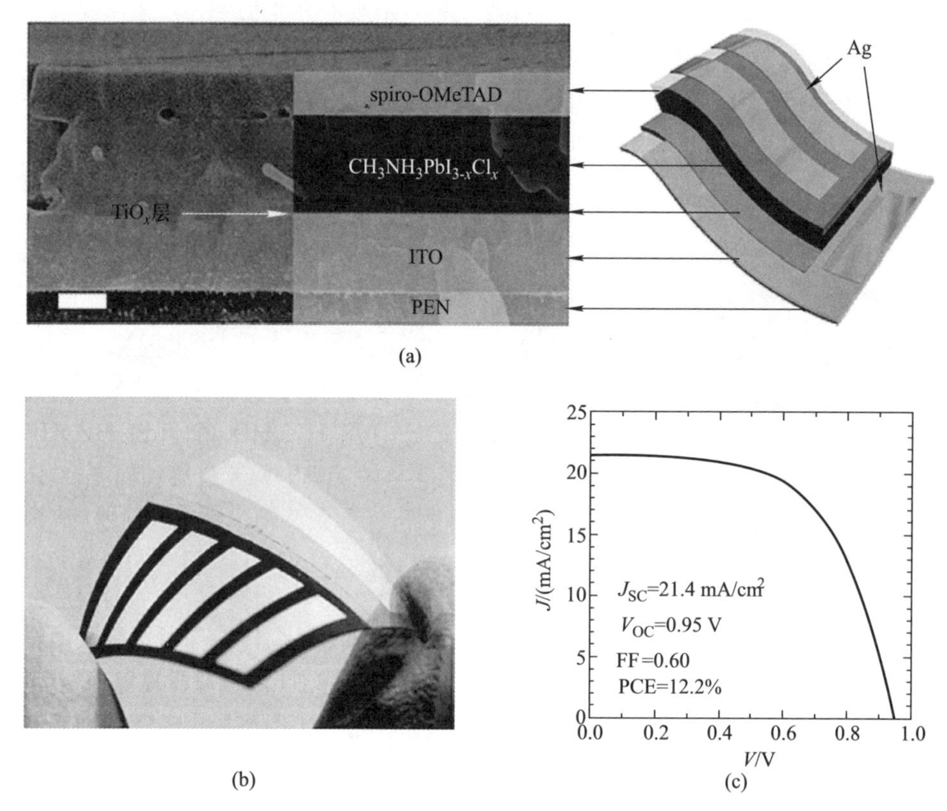


图 7.5 (a) 基于 $TiO_x$ 的柔性钙钛矿太阳能电池横截面 SEM 图像；(b) 该器件实物图；(c) 该器件的 $J$-$V$ 特性曲线[14]

2015 年，Heremans 等[15]提出使用电子束诱导蒸发的方法制备 $TiO_2$ 电子传输层. 通过这种方法基底温度及 $TiO_2$ 层厚度均可以简单控制，这就使得该方法适用于不同类型的基底. 其制备的钙钛矿吸收层为 $CH_3NH_3PbI_{3-x}Cl_x$，见图 7.6. 基于玻璃基底和塑料基底的太阳能器件光电转换效率分别为 14.6% 和 13.5%. 而且他们的研究表明，$TiO_2$ 层中针孔的出现会导致钙钛矿层的针孔，所以通过优化 $TiO_2$ 层厚度可以增加钙钛矿层表面覆盖度，减少钙钛矿层的针孔范围，进而提高器件性能.

2015 年，刘生忠等[16]提出另一种低温制备 $TiO_2$ 的方法. 他们采用室温下的磁控溅射技术制备了无定形 $TiO_2$ 层，可以提供更快的电子转移，减少转移电阻. 这些优良的性能使得该器件有着 15.7%的光电转换效率，是当时报道的光电转换效率最高的柔性钙钛矿太阳能电池之一.

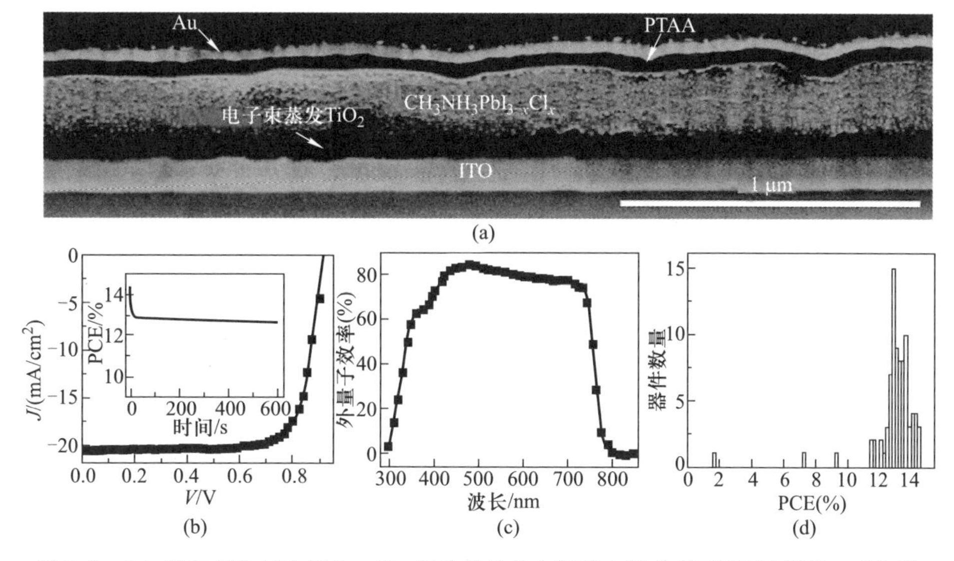


图 7.6　(a) 基于 $CH_3NH_3PbI_{3-x}Cl_x$ 柔性钙钛矿太阳能电池的截面 SEM 图像；(b) 该器件 $J$-$V$ 特性曲线；(c) 不同波长下该器件的量子效率；(d) 84 个同样器件的光电转换效率柱状分布图，平均效率为(13.2±0.5)%[15]

(2) 基于 ZnO 的柔性钙钛矿太阳能电池.

ZnO 具有较好的电子传输性能，且可以直接通过旋涂制备而无须高温退火或者烧结，所以适用于对高温较为敏感的柔性基底材料.

2013 年，Kumar 等[17]采用电沉积的方法制备了致密的 ZnO 层作为电子传输层，采用化学浴沉积制备了 ZnO 纳米棒/平面结构作为钙钛矿吸收层的支架，之后同样使用 spiro-OMeTAD 作为空穴传输材料，见图 7.7. 这样与 FTO 导电玻璃或者 PET/ITO 基底可以有 4 种不同的配置组合. 通过 SEM 图像可以看到，ZnO 纳米棒直径为 100～150 nm，长度为 400～500 nm，而平面 ZnO 晶粒大小为 20～50 nm. 通过测试，ZnO 纳米棒结构的光电转换效率要高于平面 ZnO 结构，其光电转换效率最高为 8.90%(FTO 导电玻璃作为电极). 而 PET/ITO 作为电极的器件光电转换效率为 2.62%，其应用于柔性器件的性能有待进一步提高.

2015 年，Ameen 等[18]提出了一种新的处理方法. 他们先将 PET/ITO 基底利用氧等离子体清洗，之后在其上制备石墨烯作为阻挡层，然后旋涂合成的 ZnO 量子点材料，再将基底用常压等离子体射流(APjet)处理，射频功率为 40 W，频率为 13.56 MHz. 这种处理可以增强各层间的界面性能，其结构为 ITO-PET/石墨烯/ZnO-QDs(APjet)/$CH_3NH_3PbI_3$/spiro-OMeTAD/Ag，见

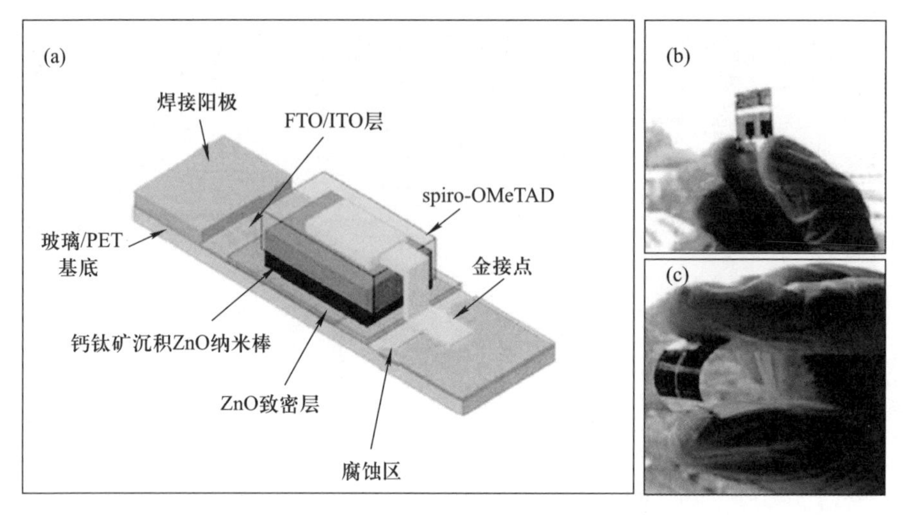


图 7.7 (a) 基于 ZnO 钙钛矿太阳能电池结构示意图；(b) FTO 导电玻璃基底器件；(c) PET/ITO 基底柔性器件[17]

图 7.8. 其短路电流密度、开路电压、填充因子分别为 16.80 $mA \cdot cm^{-2}$，0.935 V 和 0.62，光电转换效率为 9.73%. 该器件有着很好的电荷迁移率，减小了载流子复合率，有着很好的应用前景. Liu 等将 ZnO 纳米颗粒层作为电子传输层，引入柔性钙钛矿光伏器件中，避免了高温退火过程，柔性电极采用 PET/ITO，优化后的柔性器件光电转换效率进一步提高到 10.2%，开路电压提升至 1 V，填充因子达到 0.74[19].

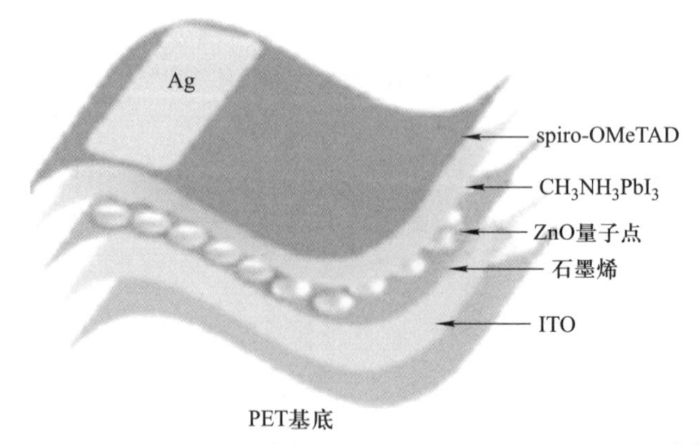


图 7.8 基于 ZnO 与石墨烯的钙钛矿太阳能电池结构示意图[18]

(3) 基于 $SnO_2$ 的柔性钙钛矿太阳能电池.

$SnO_2$ 的电子传输性能优异，并且可以通过采用旋涂纳米颗粒分散液等方法进行制备，无须高温退火，是一种有前景的柔性电子传输材料.

2016 年，Ko 等[20]在低温下制备出 Li 掺杂的 $SnO_2$，相较于未掺杂的 $SnO_2$，不仅导电性大幅提高，而且导带能级有所降低，有利于钙钛矿材料中电子的抽取，如图 7.9 所示. 采用这种材料作为电子传输层制备的柔性钙钛矿光伏器件最高效率为 14.78%，并且迟滞很小. 2017 年，Yan 等[21]采用等离子体增强原子层沉积技术(PEALD)低温制备了 $SnO_2$ 电子传输层，并且用水蒸气进行处理，制备出的柔性器件稳态输出效率可达 17.08%.

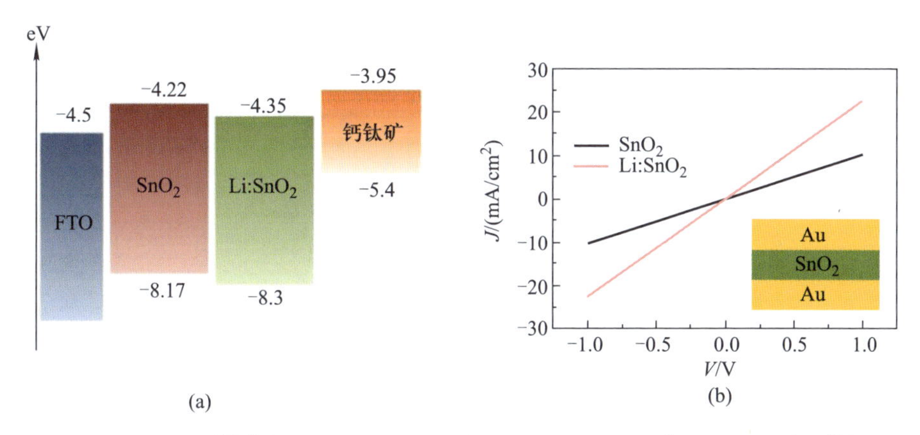


图 7.9　(a) 器件能级图；(b) 无光照时 $SnO_2$ 和 Li:$SnO_2$ 薄膜的 $J$-$V$ 曲线[20]

2018 年，曲波等[22]在 PET/ITO 基底上通过旋涂 $SnO_2$ 纳米颗粒分散液并进行低温(100℃)退火，制备出了均一的电子传输层. 在此基础上，为了使阴极的功函数与 $SnO_2$ 导带能级匹配，他们使用聚合物 PEI 修饰 ITO 阴极，成功降低了电极功函数并提高了器件性能，器件结构图及光伏特性曲线如图 7.10 所示. 随后，他们又在 $SnO_2$ 和 $CH_3NH_3PbI_3$ 层之间插入了 KCl 修饰层[23]，提高了电子传输层的导带能级，降低了钙钛矿薄膜的缺陷态密度，并减弱了器件的迟滞效应，由此制备出高效率柔性钙钛矿太阳能电池. 这种器件的制备工艺简单，成本低廉，为未来的大规模生产提供了新思路.

2019 年，肖立新等[6]在甲脒基钙钛矿前驱体溶液中通过协同作用加入了 $CH_3NH_3Cl$ 添加剂及 N-甲基-2-吡咯烷酮(NMP)溶剂，并通过低压辅助的方法制备出了致密的钙钛矿薄膜. 其中 $CH_3NH_3Cl$ 可以反应生成 $CH_3NH_3PbCl_{3-x}I_x$ 钙钛矿晶种以诱导钙钛矿相变和晶体生长，并且配体与添加剂协同过程使得柔性基底上的钙钛矿薄膜具有大晶粒尺寸、高结晶度和低缺陷态密度，在此基础上制备出的柔性钙钛矿太阳能电池具有高达 19.38%的光电转换效率.

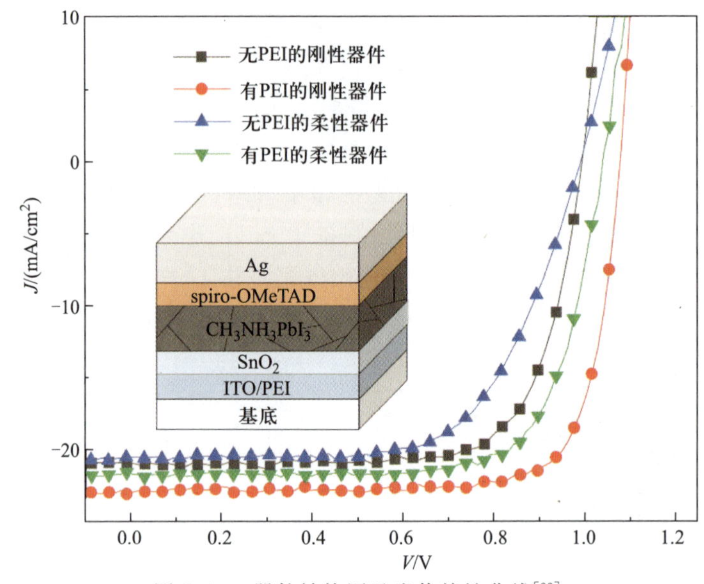


图 7.10 器件结构图及光伏特性曲线[22]

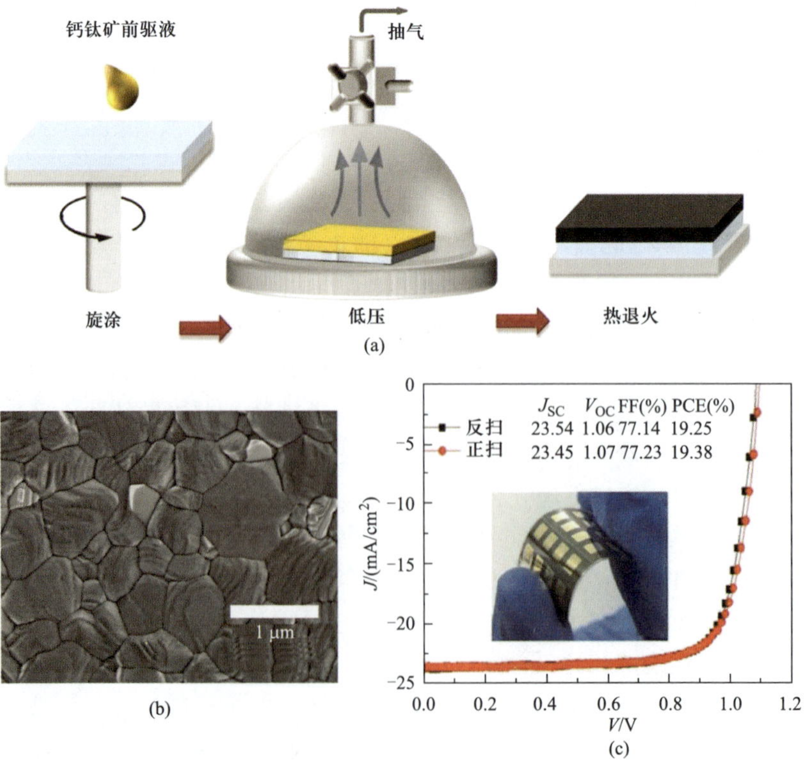


图 7.11 (a) 低压辅助方法制备钙钛矿薄膜示意图；(b) 钙钛矿薄膜 SEM 图像；(c) 柔性器件实物图及器件正反扫光伏特性曲线[6]

### 7.1.3　柔性电极

由于ITO，FTO电极的脆性较大，在弯曲时易发生断裂，不利于柔性器件的长期使用，因此人们开始研究可用于替代这类材料的柔性电极. 曲波等[24]在柔性电极方面也进行了比较系统的研究，制备了PEDOT:PSS/Ag/PEDOT:PSS新型阳极. 基于优化后的PEDOT:PSS/Ag/PEDOT:PSS电极，有机光伏器件的性能优于传统ITO电极对照器件. 这种“夹心”结构的薄层金属电极亦为后来的柔性钙钛矿太阳能电池所用.

(1) 薄层金属电极.

Roldan-Carmona等[25]报道了一种基于pin结构的柔性钙钛矿太阳能电池，其结构为在柔性PET塑料上涂有AZO/Ag/AZO作为电极，其中AZO代表掺铝氧化锌. 他们以PEDOT:PSS作为空穴传输层，PCBM作为电子传输层，之后为金电极，见图7.12. 这种结构中除了PEDOT:PSS层需经过90℃退火处理，其余各层制备均可在室温进行. 该柔性钙钛矿器件的光电转换效率为7%，开路电压为1 V左右，填充因子为0.47. 作为对比，玻璃基底结构的短路电流密度、开路电压和填充因子分别为16.1 mA·cm$^{-2}$，1.05 V和0.67，光电转换效率为12%. 可以看出，与玻璃基底相比，该器件最为明显的不同即是填充因子的降低，从而导致光电转换效率下降. 他们认为该结果是由电子传输层和空穴传输层的厚度引起的. 这种器件可以很好地应用于大规模生产. 除此之外，该器件通过50个弯曲周期后，其效率仅下降0.1%，说明其有很好的抗弯曲性.

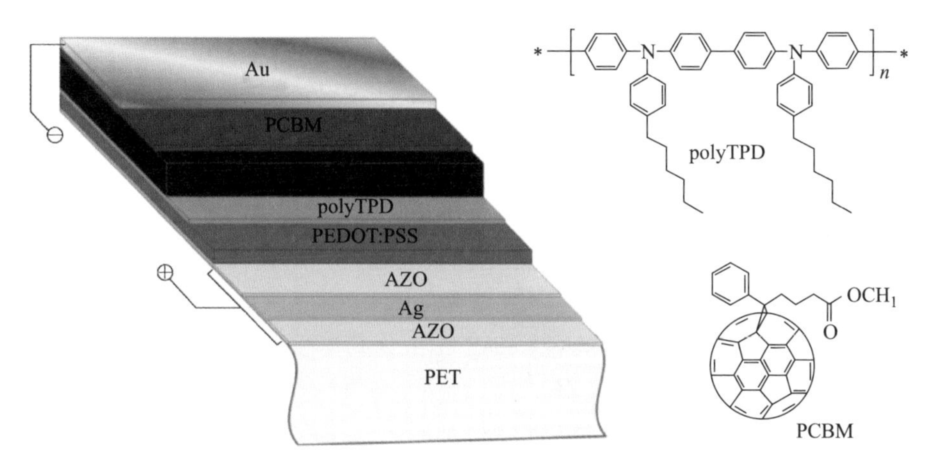


图7.12　基于AZO/Ag/AZO电极的柔性钙钛矿太阳能电池结构示意图及材料分子结构[25]

(2) 金属纳米线电极.

金属纳米线具有高导电性、高透光性和耐弯曲等优点，适于作为柔性光伏器件的透明底电极，常用的有银纳米线、铜纳米线等. 由于这种材料的沉积层起伏度较大(通常为百纳米量级)，需要将其包覆才可以进行进一步的沉积，通常的做法是将其嵌入塑料基底中. 但与此同时，金属纳米线与电荷传输材料的接触面积大大减小，必须采用高导电性的材料配合使用才能使电荷有效传导到电极，因此金属纳米线几乎不可能单独作为器件底电极使用.

2016 年，Lee 等[26]分别采用喷涂＋转移和磁控溅射的方法在柔性基底上制备了银纳米线和 ITO 薄层，如图 7.13 所示，并在此基础上制备了反式钙钛矿太阳能电池器件，其光电转换效率为 14.15%. 类似地，他们采用铜纳米线获得了 12.95%的效率. 虽然器件仍使用了 ITO，但金属纳米线的存在使得 ITO 的厚度可以大幅降低，器件的抗弯曲性能较基于纯 ITO 电极的器件显著提高.

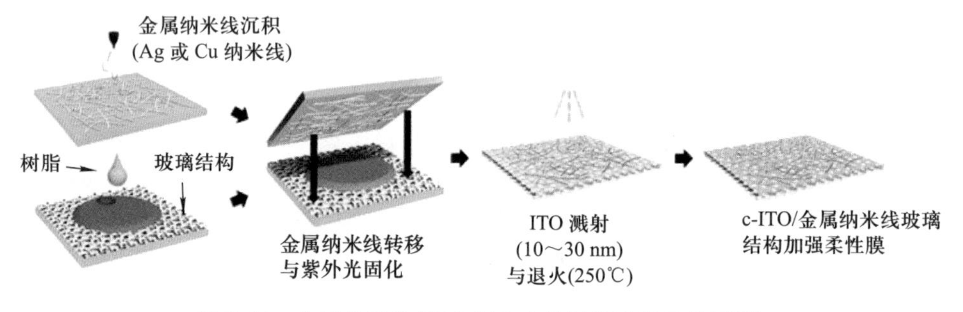


图 7.13 金属纳米线/ITO 复合电极制备流程示意图[26]

2018 年，Lin[27]采用旋涂＋纳米压印转移的方法在 PEN 基底上制备了银纳米线，随后旋涂沉积 PEDOT:PSS 层并在此基础上制备了反式钙钛矿太阳能电池，如图 7.14 所示. 这种非 ITO 体系的光伏器件光电转换效率为 9.15%，并且在进行半径为 1 mm 的弯曲测试后效率衰减仅为 8%，显示出优异的抗弯曲性能. 在该工作中，与银纳米线接触的 PEDOT:PSS 材料具有高导电性，这是器件光伏性能良好的重要原因.

2018 年，Gu 等[28]使用银纳米线电极和 $SnO_2$/石墨烯电子传输层制备了柔性钙钛矿太阳能电池，如图 7.15 所示. 他们首先在 PET 基底上制备 PEDOT:PSS 层以增加银纳米线在塑料基底上的附着力，之后再旋涂制备电极和电子传输材料，其中石墨烯的高导电性显著提高了电子传输层的电子迁移率. 另外他们在 $SnO_2$ 和钙钛矿层之间制备了富勒烯衍生物自组装单分子层，钝化了钙钛矿层的缺陷态并抑制了载流子复合. 优化后的器件正反扫效率

图 7.14 (a) 器件结构图；(b) 器件实物图[27]

分别为 12.81%和 13.61%.

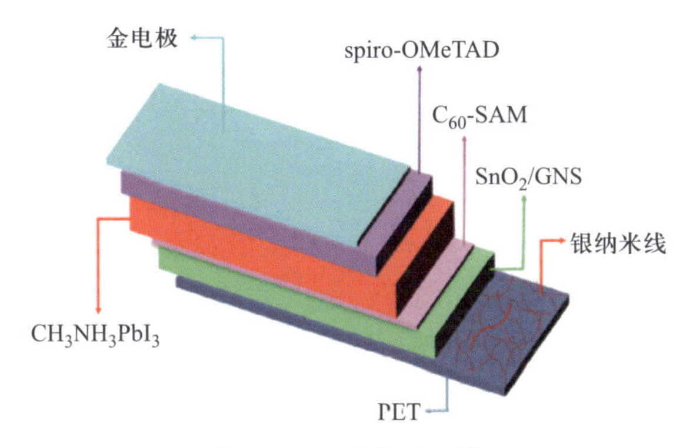


图 7.15 器件结构图[28]

(3) 导电聚合物电极.

除了与银纳米线配合用作电极外，诸如 PEDOT:PSS 这样导电性优异的材料单独用作电极也可以获得不错的效果.

2015 年，Poorkazem 等[29]为了确定塑料基底钙钛矿太阳能电池的柔性，实施了一种抗疲劳测试. 他们将该器件在曲率半径为 4 mm 的圆筒上弯曲 2000 个周期，之后对其进行光电测试. 结果显示器件光电性能下降的主要原因是金属氧化物电极出现裂缝，从而电阻增大. 因此，为了提高器件的柔性，他们使用高导电的 PEDOT:PSS 作为电极取代传统的金属氧化物导电电极，如图 7.16 所示，器件的光电转换效率为 7.6%，并且迟滞现象很小. 类似地，Dianetti 等[10]以 m-PH1000 作为电极材料制备钙钛矿太阳能电池，其光电转换效率为 4.9%.

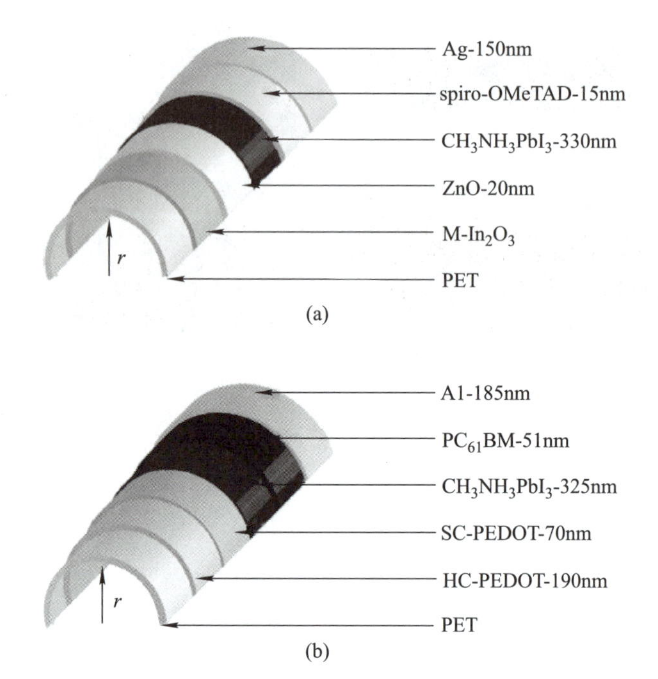


图 7.16 结构为 M-$In_2O_3$/ZnO/$CH_3NH_3PbI_3$(a),HC-PEDOT/SC-PEDOT/$CH_3NH_3PbI_3$(b)的柔性钙钛矿太阳能电池示意图[29]

2017 年,Lee 等[30]采用经 PEI 修饰的 PEDOT:PSS 作为阴极,制备了 pin 结构无金属氧化物的柔性钙钛矿太阳能电池,如图 7.17 所示. PEI 使得 PEDOT:PSS 电极的功函数从 5.06 eV 显著降到 4.08 eV,提高了其电子传输能力. 优化后的柔性器件效率可达 9.73%,并且具有良好的抗弯曲性能. 这一工作展示了 PEDOT:PSS/PEI 电极在大面积卷对卷生产中的应用潜力.

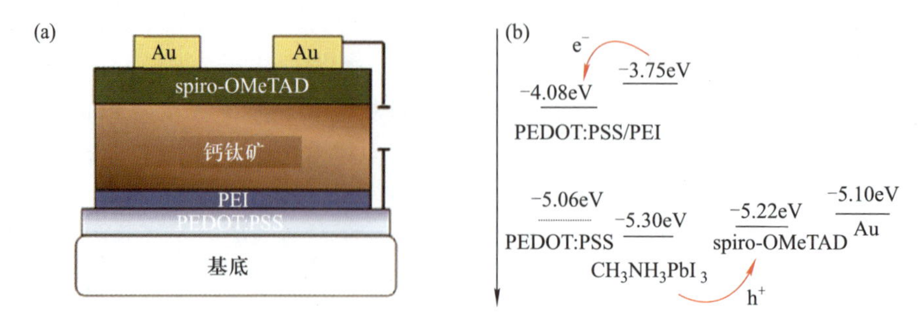


图 7.17 (a) 器件结构图;(b) 器件能级图[30]

2017 年，Im 等[31]报道了基于透明无金属氧化物电极的柔性钙钛矿太阳能电池，如图 7.18. 他们首先在 PET 基板上制备一层 3-氨丙基三乙氧基硅烷(APTES)作为附着力促进剂，之后制备一层三氯化金掺杂的单层石墨烯透明电极. 硅烷的引入增强了电极的抗弯曲能力，避免了石墨烯从 PET 基板上层离. 基于这种 PET/APTES/$AuCl_3$-石墨烯基底的柔性器件光电转换效率可达 17.9%，在非 ITO 体系的柔性钙钛矿太阳能电池中效率最高. 器件同时具有良好的抗弯曲性能.

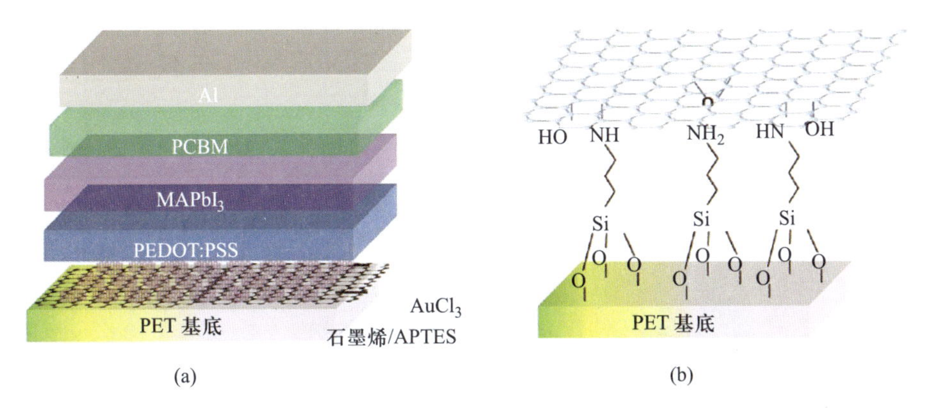


图 7.18 (a) 器件结构；(b) APTES 修饰层与 PET 基板和石墨烯层的相互作用示意图[31]

## §7.2 金属基底柔性钙钛矿太阳能电池

虽然塑料基底的透明度高，抗弯曲性能优异，但在其表面制备高性能透明电极会大大增加成本. 而金属基底的导电性能良好，在提供机械支撑的同时兼具电极的功能，是一类有前景的柔性基底材料.

2014 年，Lee 等[32]使用 Ti 金属作为基底、半透明的薄金属银层作为对电极制备钙钛矿太阳能电池，其结构为 Ti/$TiO_2$BL/介孔 $TiO_2$/$CH_3NH_3PbI_3$/spiro-OMeTAD/Ag，见图 7.19. 他们通过对不同的银层厚度进行对比测试，发现在厚度为 12 nm 时，可以得到最高的 6.15%的光电转换效率，此时短路电流密度、开路电压和填充因子分别为 9.5 $mA\cdot cm^{-2}$，0.889 V 和 0.73，而增加和减少厚度均会导致光电转换效率下降.

2015 年，Troughton 等[33]同样采用金属 Ti 作为基底，而在对电极上，则在 PET 中嵌入 Ni 金属网，在其上涂透明导电胶(TCA). 这种对电极相比于 ITO 更加廉价，而且有很高的机械强度. 他们还在空穴传输层与对电极间加入了 PEDOT:PSS 层，见图 7.20. 研究发现 PEDOT:PSS 层的引入可以增加短

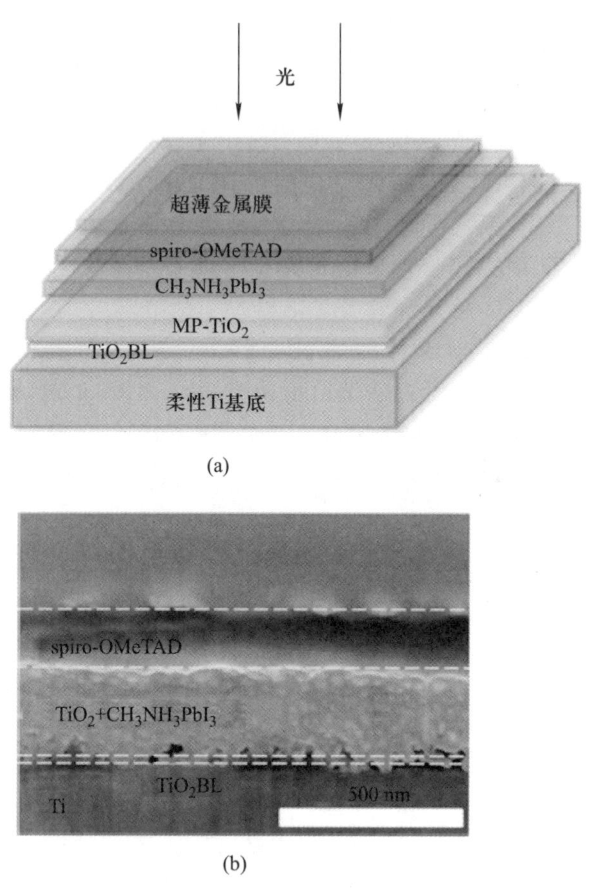


图 7.19 (a) Ti 基底柔性钙钛矿太阳能电池结构；(b) 器件横的截面 SEM 图[32]

路电流和填充因子，提高器件性能.

2015 年，Wong 等[34]同样采用 Ti 金属作为基底制备器件，对电极使用碳纳米管. 他们在 Ti 基底上制备 $TiO_2$ 纳米管，阳极处理的 $TiO_2$ 纳米管阵列作为支架，之后沉积钙钛矿吸收层，空穴传输层采用 spiro-OMeTAD，再利用化学气相沉积制备碳纳米管电极，结构见图 7.21. 通过光电测试，其光电转换效率可以达到 8.31%. 在柔性测试中，经过 100 个周期的机械弯曲，其光电性能衰减很小，表明该器件有很好的柔性，有可能应用于柔性光伏器件.

2018 年，Im 等[35]在金属 Ti 基底上制备了结构为 Ti/$TiO_2$/$CH_3NH_3PbI_3$/PTAA/石墨烯/PDMS 的钙钛矿太阳能电池，如图 7.22 所示. 通过调控阳极氧化的时间和透明阴极中石墨烯的层数，他们在面积为 1 $cm^2$ 的器件上获得了 15.0%的光电转换效率. 这个工作表明石墨烯是一种有前景的透明电极材料.

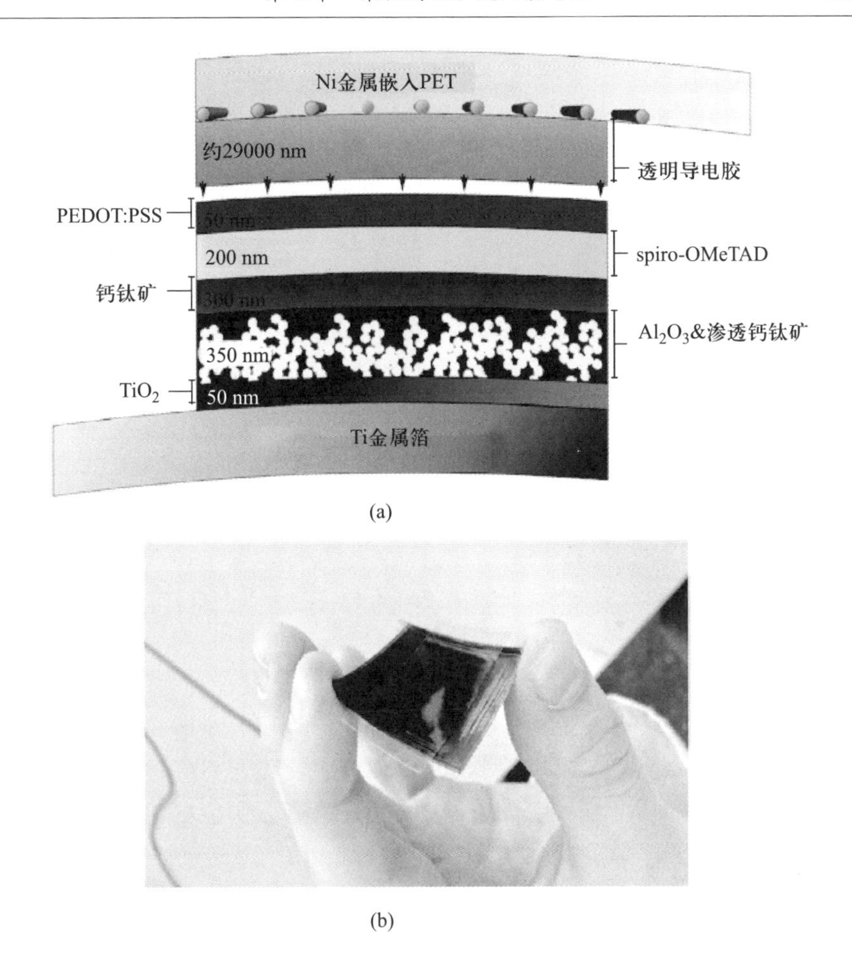


图 7.20　(a) 金属 Ti 基底柔性钙钛矿太阳能电池结构示意图；(b) 该器件实物照片[33]

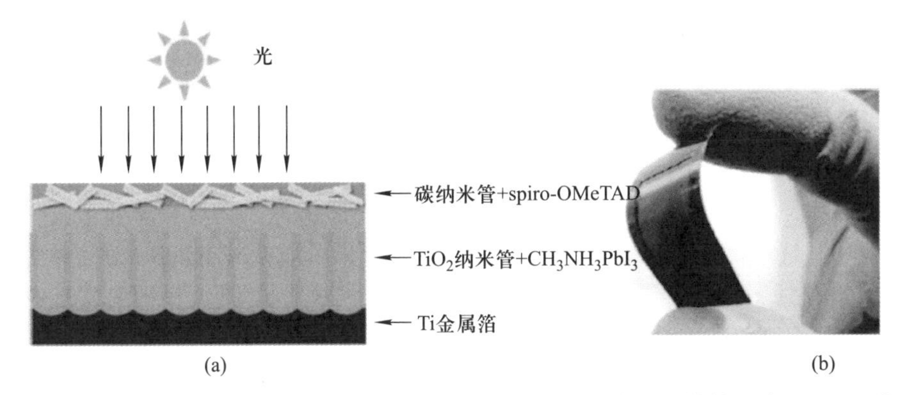


图 7.21　(a) 基于 Ti 基底/$TiO_2$ 纳米管的柔性钙钛矿太阳能电池结构示意图；(b) 该器件实物图[34]

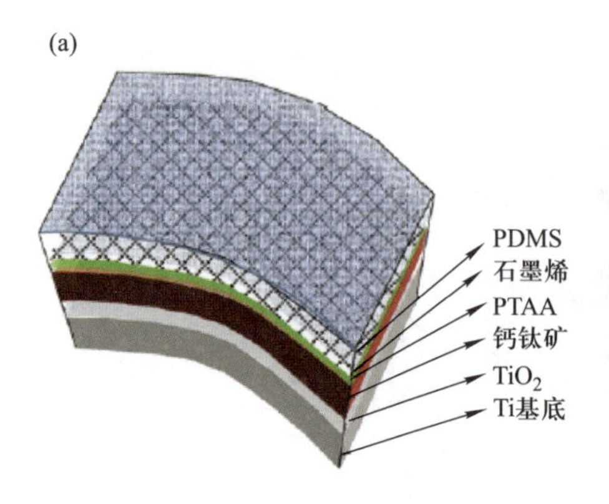


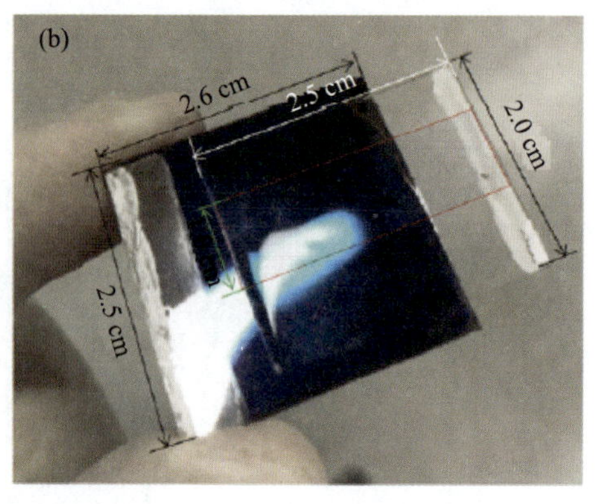


图 7.22 (a) 基于 Ti 基底的柔性钙钛矿太阳能电池结构示意图；(b) 该器件实物照片[35]

## §7.3 其他柔性基底钙钛矿太阳能电池

除了上述塑料基底和金属基底外，人们还研究了其他种类的柔性基底. 陈志坚等[36]首次将可自然降解的纸质基底电极引入到光伏器件中，制备出纸质基底太阳能电池，向光伏器件在回收处理环节中的可自然降解化迈出了重要一步，如图 7.23 所示. 这一工作为后续纸基钙钛矿太阳能电池的研究提供了新思路.

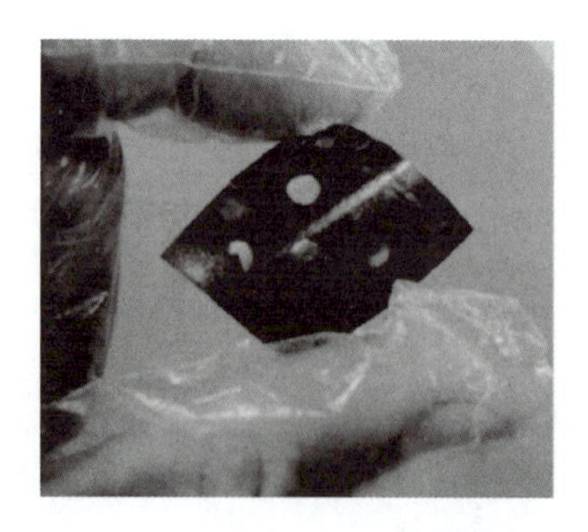

图 7.23 纸质基底光伏器件[36]

2017 年，Brown 等[37]首次实现了在纸上制备钙钛矿太阳能电池并获得了 2.7%的光电转换效率. 器件结构为纸/Au/$SnO_2$/介孔 $TiO_2$/$CH_3NH_3PbI_3$/spiro-OMeTAD/$MoO_x$/Au/$MoO_x$，如图 7.24 所示. 其中透明电极的透过率为 62.5%，是成功制备器件的关键.

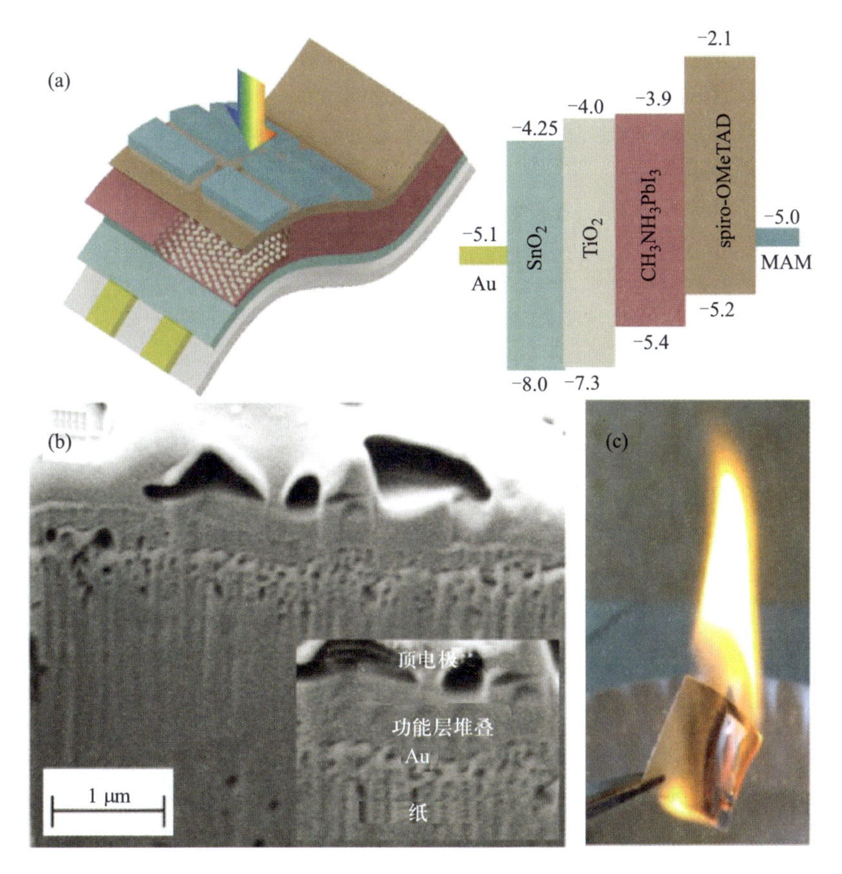


图 7.24　(a) 纸基钙钛矿太阳能电池结构示意图；(b) 器件的截面 SEM 图；(c) 该器件实物燃烧时的照片[37]

2018 年，Yu 等[38]首次在纤维素纸上制备了无空穴传输层的钙钛矿太阳能电池并将效率提升至 9.05%，如图 7.25 所示. 器件在经过 1000 个周期的弯曲测试后效率仍有初始值的 75%. 这一工作证明了生物相容的柔性基底在光伏领域的潜在应用价值.

由于纸质基底的吸水性及其较大的表面粗糙度，该类柔性光伏器件的性能还不尽如人意，有待科研工作者进一步探索和研究. 此外，科研人员还开发出了基于超薄玻璃基底的柔性器件[39,40]，如图 7.26 所示. 虽然器件的弯曲性能不如上述几种基底，但较高的光伏性能成为其优势.

目前，选择合适的柔性电极材料依然是一个很重要的研究课题，研究者依然需要对柔性钙钛矿太阳能电池的机理和结构进行探索和优化. 和其他的柔性器件进行对比，研究者需要在柔性钙钛矿太阳能电池稳定性提高、承受机

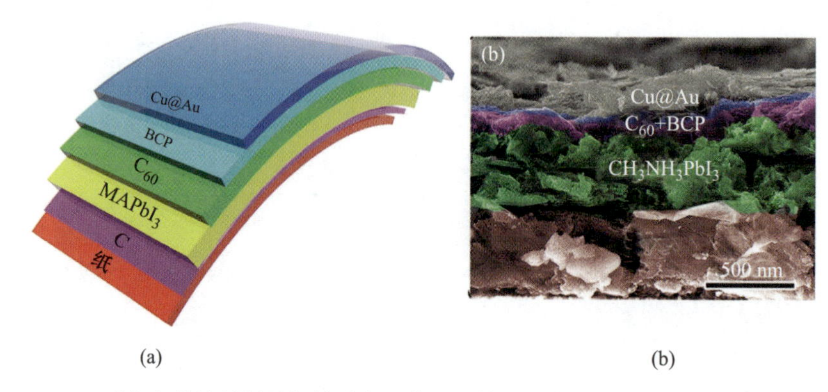


(a) (b)

图 7.25 (a) 无空穴传输层纸基钙钛矿太阳能电池结构示意图；(b) 器件的截面 SEM 图[38]

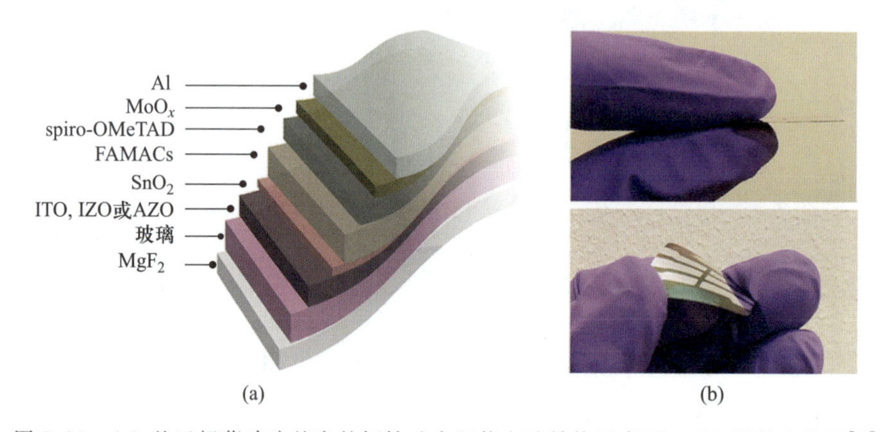


(a) (b)

图 7.26 (a) 基于超薄玻璃基底的钙钛矿太阳能电池结构示意图；(b) 器件实物图[40]

械弯曲性、降低成本、大面积卷对卷生产等方面继续做出努力[41,42].

# §7.4 纤维钙钛矿太阳能电池

## 7.4.1 纤维电子器件概述

除了以上提及的柔性化策略外，将传统平板形态的柔性电子器件“低维化”构筑纤维形态的柔性电子器件是近些年来新发展的重要策略，在可穿戴电子设备方面表现出了独特的优势. 近年来，随着便携式电子设备的不断普及，电子设备与诸如眼镜、衣物等日常用品的界限日渐模糊，柔性可穿戴电子设备受到了广泛关注[43]. 早期的可穿戴电子设备大多直接将微型电子设备混编到编织物基底中，虽然在宏观上表现出了可穿戴的特性，但是在微观上电子设备与可穿戴织物基底仍然是分离的.纤维电子器件是指基于纤维基底或基于纤维集成的织物基底的宏观柔性电子器件，其基底纤维的直径通常超过 10 μm，最高可达 mm 级[44].由于具有较大的长径比，纤维电子器件往往具有较好的柔性与耐弯折性.近年来，直接将纤维电子器件作为基本单元进行编织以制备可穿戴电子设备的策略得到了越来越多的发展，进一步从真正意义上实现了“多功能电子编织物”的概念[45].

基于“低维化”的思路构筑纤维电子器件的策略已经在很多领域得到了验证，并表现出了巨大的应用潜力(见图 7.27).2003 年，Rossi 等以电阻纤维作为电极制备了用于检测心电图信号的传感器[46].近年来，纤维复合传感器[47,48]、纤维传动器[49,50]、纤维晶体管[51,52]、纤维有机发光器件[53]等纤维功能器件相继问世，而纤维热电转换器件[54]、纤维压电转换器件[55]和纤维光电转换器件[56,57]等纤维能量转换器件也先后被提出.在这些能量转换器件中，纤维太阳能电池由于具有成本较低、光电转换效率较高等优势[58,59]而深受研究者们的青睐.纤维太阳能电池采用金属纤维取代传统的柔性透明导电电极，电极材料来源广泛，材料成本低，且与高分子柔性基底相比，金属电极对制备

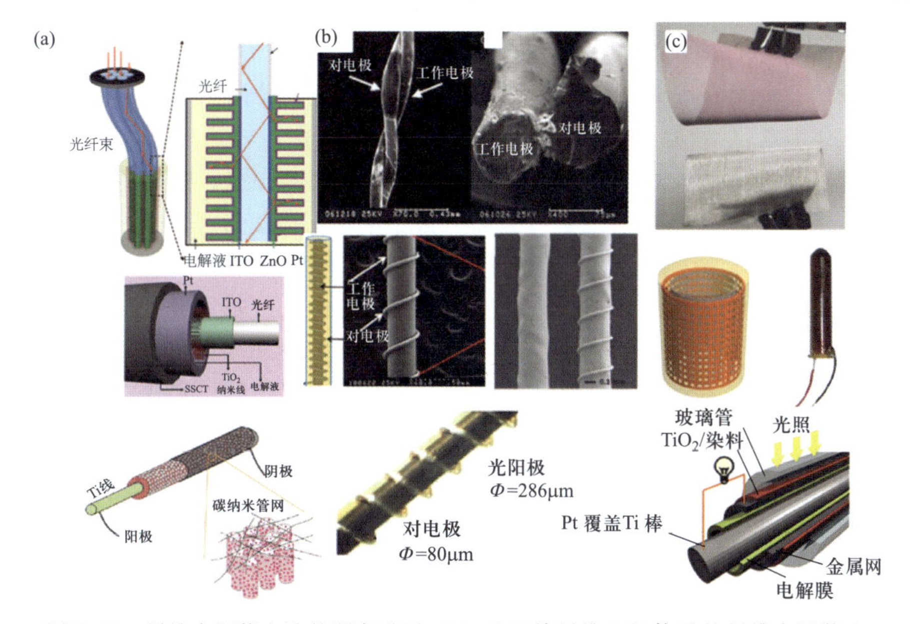


图 7.27　纤维太阳能电池的研究进展.(a) 基于单纤维电极体系的纤维太阳能电池；(b) 基于双纤维电极体系的纤维太阳能电池；(c) 基于丝网电极体系的纤维太阳能电池

工艺的耐受性大幅提高，有助于引入更加多样的器件制备方法. 同时，纤维太阳能电池的输出功率对光照角度的依赖性较小，即具有突出的三维采光能力. 基于以上优点，纤维太阳能电池展现出了非常可观的应用前景. 2008 年，邹德春等首次提出了一类基于双纤维电极体系的纤维染料敏化太阳能电池[56]. 这种纤维太阳能电池在工作时，入射光可通过电极间隙进入光电活性层实现有效的光电转换，因此完全避免了透明导电材料的使用. 这种结构还可以进一步拓展到多纤维编织结构的丝网电极体系中，在器件模块化和形态多样化方面具有非常大的潜力. 目前，纤维染料敏化太阳能电池的最高光电转换效率已经达到了 10.28%[60]. 不过，纤维染料敏化太阳能电池仍需采用电解液作为空穴传输介质，在封装及环保等方面存在着一定的先天劣势. 因此，发展出一种高效的固态纤维太阳能电池是这一领域的终极目标，而近年来钙钛矿太阳能电池的兴起则为这一目标的实现提供了契机.

### 7.4.2 纤维钙钛矿太阳能电池的发展历程

前面的章节中提到，目前，平板钙钛矿太阳能电池经过认证的最高光电转换效率已经达到了 25.2%，但纤维钙钛矿太阳能电池的最高光电转换效率只有 10.79%. 虽然该效率也是整个纤维太阳能电池领域目前的最高纪录，但仅为平板钙钛矿太阳能电池最高效率的 42.8%. 其中的原因主要有两个. 一是在钙钛矿太阳能电池中，钙钛矿膜层的厚度很小，一般不超过 1 μm，这就对纤维基底的选择与预处理以及钙钛矿薄膜的曲面成膜技术提出了极高的要求. 如果纤维基底的表面不够平整，存在着大于微米级的起伏，则无论如何都制备不出平整的钙钛矿薄膜. 而对于纤维基底上的曲面成膜过程，在平板太阳能电池中常用的旋涂、喷涂、打印等方法均不适用，需要开发出新的成膜技术. 二是纤维钙钛矿太阳能电池的背照光模式使其需要使用兼具良好的导电性与透光性的对电极材料. 平板钙钛矿太阳能电池一般以透明导电氧化物，如含氟氧化锡(FTO)、氧化铟锡(ITO)等作为底电极，在使用时，光线将从该电极一侧入射. 然而，纤维钙钛矿太阳能电池采用不透明的纤维作为基底，所以光线必须要从对电极入射才能被钙钛矿材料吸收，这种模式称为“背照光模式”. 因此，一种合适的对电极材料必须同时具有良好的导电性与透光性. 同时，为了体现出纤维太阳能电池可弯折、可编织的优势，对电极材料还需要具有一定的耐弯折性. 由此可见，纤维钙钛矿太阳能电池的制备，并非是在纤维基底上将光电活性材料进行简单的堆砌，而必须通过合理的电极结构设计和严格的制备工艺控制，才能使其具有较高的光电转换效率. 因此，需要针对器件的纤维形态特性，围绕器件结构设计、器件制备工艺、功能层界面性质以及透明对电极选择等方面的科学问题开展研究.

2014 年，彭慧胜等首次制备出了纤维钙钛矿太阳能电池，采用不锈钢丝作为金属电极，透明的碳纳米管薄膜作为对电极，最高光电转换效率为 3.3%[61]. 该电池结构与平板钙钛矿太阳能电池非常类似，如在不锈钢丝表面制备了 $TiO_2$ 致密层以防止复合，采用 $TiO_2$ 纳米颗粒辅助钙钛矿成膜，并采用固态空穴传输材料 spiro-OMeTAD 作为空穴传输层. 所不同的是，对电极采用的是透明的碳纳米管薄膜，解决了背照光模式下的光线入射问题. 之后，他们又通过温和的溶液方法在不锈钢纤维基底表面原位制备了 ZnO 阵列以取代传统的 $TiO_2$ 纳米颗粒多孔层[62]. 由于 ZnO 阵列与基底表面垂直，更加有利于钙钛矿前体溶液渗透进入阵列间隙，器件初始时的最高光电转换效率提高到了 3.8%，且在弯曲 200 次之后其效率仍可达到初始时的 93%. 不过，以上工作均采用不锈钢作为纤维电极基底，在加热过程中，不锈钢容易被氧化，从而阻碍载流子传输，对器件性能产生一定的影响. 李清文等以碳纳米管纤维作为纤维电极基底，基于双缠绕结构制备了纤维钙钛矿太阳能电池，最高光电转换效率为 3.03%[63]. 碳纳米管具有良好的化学及热稳定性，以其作为纤维基底可以有效避免因电极材料氧化造成的器件性能降低，并且由于碳纳米管纤维的直径非常小，器件的柔性大幅提升，在弯曲 1000 次之后其效率基本保持不变. 除碳材料外，金属钛是另一类化学性质非常稳定的电极材料. 彭慧胜等在弹簧状的钛丝基底上制备出了钙钛矿太阳能电池，并采用表面被导电碳纳米管覆盖的弹性纤维作为对电极，在弹性纤维钙钛矿太阳能电池方面做出了尝试，并对其拉伸稳定性进行了表征[64]. 尽管以上工作都在一定程度上解决了纤维钙钛矿太阳能电池的制备工艺问题，但其对电极材料均采用成本高昂的碳纳米管薄膜，不利于将来向产业化推进. 另外，碳纳米管本身导电性虽然较高，但较金属仍有一定差距，随着器件长度的增大，碳纳米管对电极会产生较大的串联电阻，从而降低器件性能，不利于大尺寸纤维钙钛矿太阳能电池的制备. Jun 等采用喷涂银纳米线异丙醇分散液的方法制备了透明对电极，所制备的器件最高光电转换效率为 3.85%[65]. 相较于碳纳米管薄膜，银纳米线材料的成本更低，并且具有更好的导电性，是一类更为理想的透明对电极材料. 但银纳米线本身稳定性较差，容易被氧化，因此器件对封装的要求较高.

为了进一步提高纤维钙钛矿太阳能电池的光电转换效率，邹德春等近年来在纤维钙钛矿太阳能电池领域开展了一系列系统性的研究工作. 借鉴平板钙钛矿太阳能电池的器件结构，他们设计了结构为 Ti 丝/$TiO_2$ 致密层/$TiO_2$ 多孔层/钙钛矿/spiro-OMeTAD/Au 薄膜/Au 丝的纤维钙钛矿太阳能电池(见图 7.28(a)). 考虑到钙钛矿太阳能电池的各个功能层总厚度仅为 1 $\mu$m 左右，而使用的钛丝基底直径为 250 $\mu$m，若基底表面出现任何不平整，都可能导致器件发生短路. 因此，在器件制备前，他们对钛丝基底进行了打磨等预处理，使得钛丝基底表面平整度大幅提升. $TiO_2$ 致密层作为空穴阻挡层，可以有效地防止因激子复合而产生的器件短路，而 $TiO_2$ 多孔层作为钙钛矿材料的多孔骨架材料，可以改善钙钛矿的成膜性并为电子提供传输通道. 对于平板钙钛矿太阳能电池，$TiO_2$ 致密层和 $TiO_2$ 多孔层都可以通过溶液旋涂的方法进行制备，但该方法难以用于纤维钙钛矿太阳能电池. 为此，他们专门设计制作了一台涂丝设备(见图 7.28(b)). 该设备可同时实现涂覆液容器盒的水平移动和纤维基底的轴向旋转，且可通过在纤维基底上通入一定电流实现电加热. 他们将预处理后的钛丝固定于该涂丝设备上，首先通过电加热的方法使得钛丝表面原位生成了 $TiO_2$ 致密层，之后通过在电加热辅助下多次涂覆 $TiO_2$ 浆料制备了 $TiO_2$ 多孔层. $TiO_2$ 致密层的厚度不能太薄也不能太厚，这样才能既有效地防止激子复合，又避免器件的串联电阻大幅上升. 他们通过调节电流大小和电加热时间，实现了对加热温度和膜层厚度的精确调控，最终制备了具有合适厚度、表面平整均匀的 $TiO_2$ 致密层. $TiO_2$ 多孔层的厚度同样可通过调节电流大小和涂覆次数来精确调控. 他们比较了 $TiO_2$ 多孔层厚度分别为 0 nm，100 nm，300 nm，500 nm，800 nm 时纤维钙钛矿太阳能电池的光电性能，发现当 $TiO_2$ 多孔层厚度为 300 nm 时器件的光电转换效率最高. 若多孔层厚度大

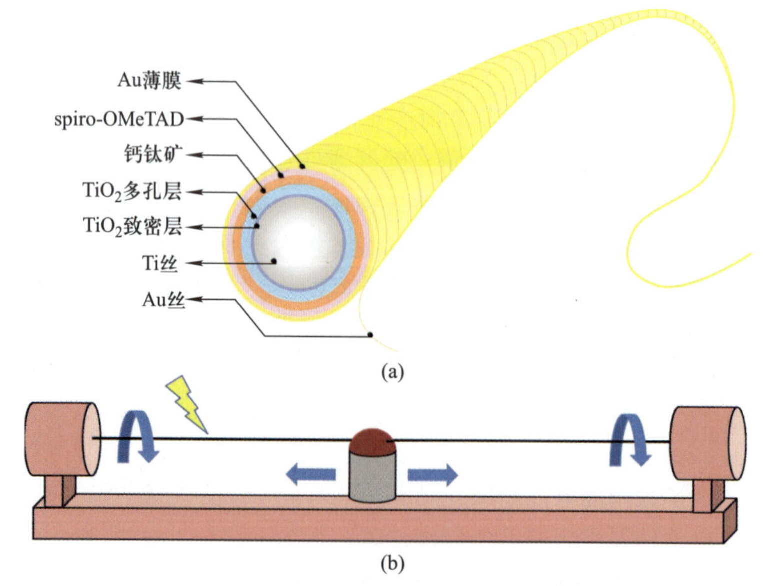


图 7.28 邹德春等设计的纤维钙钛矿太阳能电池结构图[66](a)，涂丝设备结构图[67](b)

于 300 nm，将超过激子的扩散长度，导致短路电流密度大幅降低. 而若多孔层厚度小于 100 nm，将不足以吸附足量钙钛矿前体溶液，导致钙钛矿薄膜的连续性下降，表面出现大量缺陷，所制备出的电池效率几乎为零.

接下来是最为关键的钙钛矿薄膜制备步骤. 针对纤维电池的特殊形态，邹德春等先后开发出了三种不同的钙钛矿薄膜制备方法：溶液浸渍提拉法、电加热辅助的多次涂覆法、气相辅助法.

溶液浸渍提拉法是将涂覆有 $TiO_2$ 多孔层的 Ti 丝直接浸渍到 $MAPbCl_xI_{3-x}$溶液中，一定时间后再将其提拉出溶液的方法. 他们研究了不同浸渍时间和提拉次数对纤维基底表面钙钛矿成膜性的影响，发现每次浸渍 2 min，共浸渍提拉 2 次(即先将其在溶液中浸渍 2 min，之后提拉出溶液 30 s，再将其浸渍 2 min，最后提拉出溶液)为钙钛矿的最优成膜条件. 如果每次的浸渍时间过短，钙钛矿前体溶液将不能很好地渗入 $TiO_2$ 多孔层；而如果每次的浸渍时间过长，则会使部分已经渗入 $TiO_2$ 多孔层的钙钛矿重新溶解. 而在第一次提拉出溶液 30 s 之后再次将其浸渍时，器件表面的钙钛矿材料将重新溶解分布，使得钙钛矿薄膜更加均匀，表面覆盖度更高. 之后，他们将器件在 100℃下热退火 60 min，完成了钙钛矿层的制备. 类似地，通过溶液浸渍提拉的方法，他们在钙钛矿层表面制备了平整均匀的 spiro-OMeTAD 空穴传输层.

之后就是对电极制备步骤. 在平板钙钛矿太阳能电池中，Au 由于具有良好的能级匹配性与化学稳定性，是目前应用最多的对电极材料. 邹德春等发现，采用磁控溅射法制备的厚度为 10 nm 左右的 Au 薄膜，在微观下呈半连续的岛状结构，颗粒粒径为 20～50 nm. 其面电阻为 12 $\Omega/cm^2$，与 FTO(11 $\Omega/cm^2$)基本相当，而其在可见光波长范围内的透过率为 65%～80%，兼具良好的导电性与透光性，是一类非常理想的纤维钙钛矿太阳能电池的对电极材料. 此外，采用磁控溅射或蒸镀的方法制备薄层透明 Au 对电极的整个过程没有溶液参与，且不会对器件表面产生刮擦等物理性伤害，可以有效保持器件功能层的完整性，有利于器件性能的进一步提升. 虽然 Au 的价格较为昂贵，但由于 Au 薄膜的厚度很小，每单位长度电池的实际用量很少，从总体上来说其成本较低，且其制备工艺也较为简单，有利于大尺寸纤维钙钛矿太阳能电池的制备. 经过上述步骤，他们制备的纤维钙钛矿太阳能电池的光电转换效率最高达到了 5.35%[68].

为了进一步优化钙钛矿在纤维基底上的成膜质量，提高器件的光电转换效率，邹德春等又将钙钛矿前体溶液的铅源由传统的卤化铅替换为了醋酸铅. 与卤素离子相比，醋酸根与甲胺根结合后的产物在热退火时能以更快的速度挥发并离开钙钛矿膜层，使得钙钛矿结晶的生长速度大大加快，即只需较短的热退火时间就能获得大晶粒尺寸且平滑无针孔的钙钛矿薄膜. 他们首先对热退火时间进行了优化，发现当热退火时间为 40 min 时器件的光电性能最好. 人们通常认为，杂化钙钛矿材料在湿度较高的环境下容易发生分解，即水分子是钙钛矿结晶成膜的不利因素. 但有越来越多的研究表明，微量的水分子对钙钛矿的结晶成膜过程具有一定的促进作用. 为了对水分子的含量进行精确控制，可以通过存在于晶体中的结晶水将水分子引入钙钛矿体系. 他们采用三水合醋酸铅作为水合水引入的主要来源，通过改变钙钛矿前体溶液中无水醋酸铅和三水合醋酸铅的当量比来调控水分子的含量. 当二者的摩尔比为 1∶1 时，器件的开路电压和光电转换效率最高，这是因为在热退火时，中间体 $CH_3NH_3PbI_3 \cdot H_2O$ 会直接分解为 $CH_3NH_3PbI_3$ 和 $H_2O$，有助于钙钛矿更好地结晶成膜. 不过，若进一步提高前体溶液中三水合醋酸铅的比例，将生成 $(CH_3NH_3)_4PbI_6 \cdot 2H_2O$ 中间体，其在热退火时将不可逆地分解为 $PbI_2$，使得器件的光电性能变差. 溶剂热退火是制备有机材料薄膜时经常使用的手段，指的是在退火过程中引入溶剂蒸气以增加结晶度与晶体尺寸. 他们发现，在保持热退火温度为 100℃，总时间为 40 min 时，全程常规热退火后得到的钙钛矿晶体的平均尺寸为 238 nm. 而若先进行 30 min 的常规热退火，再进行 10 min 的溶剂热退火(以微量的 $N,N$-二甲基甲酰胺作为溶剂)，得到的钙钛矿晶体的平均尺寸将大幅增加到 501 nm，小尺寸晶粒的比例明显减少，且钙钛矿薄膜的表面更加平整. 通过上述一系列的优化，他们制备的纤维钙钛矿太阳能电池的开路电压最高达到了 0.96 V，光电转换效率最高达到了 7.53%[69].

之后，邹德春等又尝试使用了电加热辅助的多次涂覆法制备钙钛矿薄膜. 前文提到，纤维钙钛矿太阳能电池的 $TiO_2$ 多孔层就是通过该方法制备的. 但与 $TiO_2$ 多孔层相比，钙钛矿层的成膜过程更加复杂，因此他们对钙钛矿前体溶液容器盒的移动速度、纤维基底的旋转速度、加热电流和涂覆时间等参数分别进行了优化. 其中容器盒的移动使得钙钛矿成膜在纤维的轴向上保持均匀，移动速度决定了纤维基底每次在溶液中浸渍和在空气中风干的时间；纤维基底的旋转使得钙钛矿成膜在纤维的周向上保持均匀；电加热使得溶剂能够快速挥发，加热电流的大小会影响最终形成的钙钛矿晶体尺寸；而涂覆时间的长短则会影响钙钛矿薄膜的覆盖率和厚度. 通过上述一系列的优化，他们制备的钙钛矿薄膜的覆盖率达到了 95%，厚度为 400 nm 左右，纤维钙钛矿太阳能电池的光电转换效率最高达到了 7.50%. 值得一提的是，由于钙钛矿成膜过程中的各项条件参数都实现了精确控制，他们制备的多批电池的平均光电转换效率达到了 6.58%，且器件效率的分布较为集中，实现了高性能器件的可重复制备[70].

最近，邹德春等又尝试使用了气相辅助法制备钙钛矿薄膜，即先通过电加热辅助的多次涂覆法涂覆卤化铅薄膜，再在真空加热的条件下使升华的碘甲胺与卤化铅发生反应生成钙钛矿，最后通过热退火除去钙钛矿表面残留的碘甲胺. 气相辅助法具有成膜均匀、结晶质量高等优点，且既适用于平板器件的制备，又适用于纤维器件的制备. 他们首先对卤化铅薄膜的涂覆条件进行了优化，发现若先慢速(0.1 cm/s)涂覆 2 次，再快速(1 cm/s)涂覆 4 次，可使得卤化铅分子既能充分地渗入到 $TiO_2$ 孔隙中，又能在 $TiO_2$ 多孔层表面形成一层具有合适厚度、表面平整均匀的薄膜. 之后，他们将纤维器件转移到储存有碘甲胺的真空加热器中，在 50 Pa 真空条件下，120℃加热 4 h，使得卤化铅完全转化为钙钛矿. 为了除去钙钛矿表面残留的碘甲胺，他们又在惰性气体的氛围中将器件在 120℃下退火 30 min，最终得到了均匀、平整、大颗粒结晶的钙钛矿薄膜(见图 7.29(a)). 通过上述一系列的优化，他们制备的纤维钙钛矿太阳能电池的开路电压为 0.95 V，短路电流密度为 15.14 mA/cm$^2$，填充因子为 0.75，光电转换效率最高达到了 10.79%(见图 7.29(b))，这是纤维钙钛矿太阳能电池，乃至整个纤维太阳能电池领域目前的最高纪录[66].

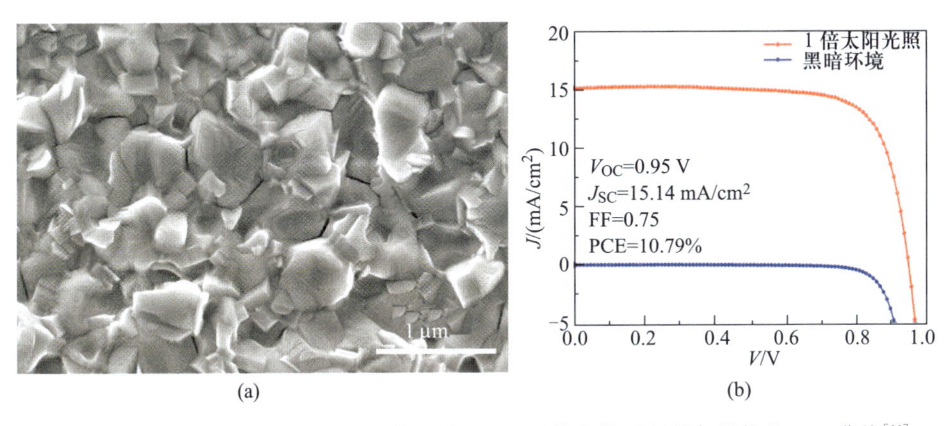


图 7.29 (a) 钙钛矿薄膜的扫描电镜照片；(b) 最优条件下所制备器件的 $J$-$V$ 曲线[66]

纤维太阳能电池具有独特的三维采光特性，除了吸收入射光之外，还能有效地吸收环境中的散射光，从而实现更加高效的光能利用. 基于该特性，他们将普通的打印纸作为漫反射板置于纤维钙钛矿太阳能电池的下方，使其反射模拟太阳光源的光线. 从图 7.30(a)中可以看出，器件的短路电流由单面照光时的 0.76 mA 提高到了 1.31 mA，提高了 72%，最大输出功率由单面照光时的 0.54 mW 提高到了 0.96 mW，提高了 77%. 该结果表明，只需简单地在纤维钙钛矿太阳能电池底部放置打印纸，就能使其输出功率大幅提升，进一步体现了钙钛矿膜层的均匀性和器件优良的三维采光特性. 此外，他们制备的纤维钙钛矿太阳能电池长度最高可达 30 cm(见图 7.30(b))，且具有良好的耐弯折性，在弯曲 500 次之后其各项性能均基本保持稳定(见图 7.30(c)～(f))，为纤维钙钛矿太阳能电池今后的实际应用奠定了坚实的基础[66].

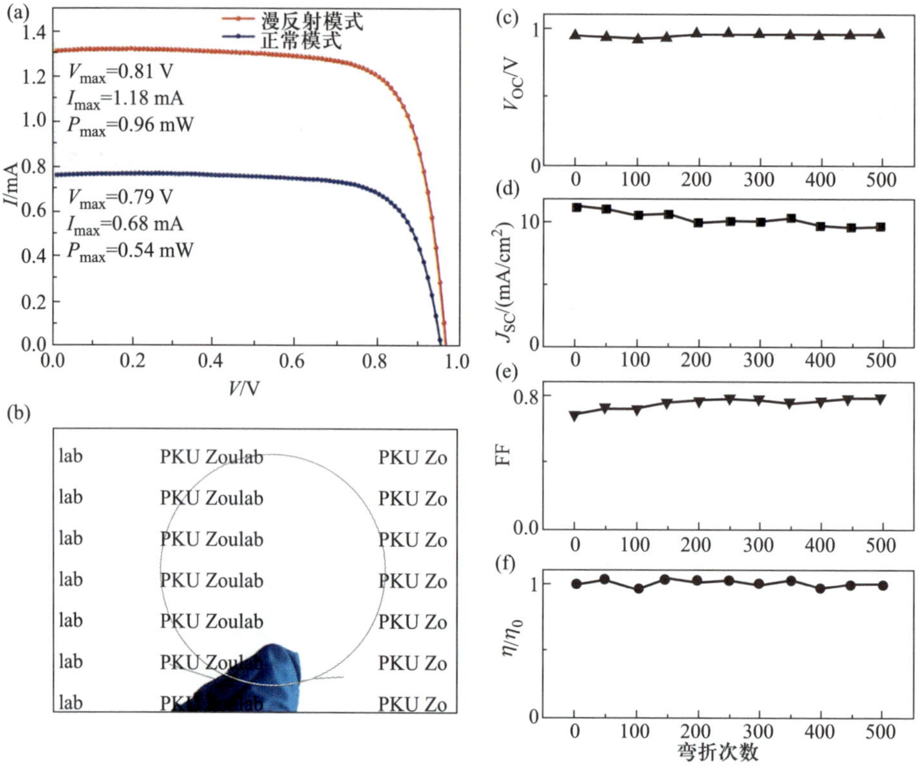

图 7.30 (a) 纤维钙钛矿太阳能电池的三维采光特性；(b) 纤维钙钛矿太阳能电池的弯折效果展示；在 500 次连续弯折测试过程中器件的(c) 开路电压、(d) 短路电流密度、(e) 填充因子、(f) 器件光电转换效率的变化[66]

### 7.4.3 纤维钙钛矿太阳能电池具备的优势与面临的挑战

纤维太阳能电池的最大优势，是具有独特的三维采光特性. 我们知道，平板太阳能电池的采光会受到光线入射角度的影响，因而在实际的使用过程中，需要额外配备逐日追踪系统才能实现全天候大功率发电. 但纤维太阳能电池的输出功率不会随着光线入射角度的变化而大幅波动，因而无须额外配备逐日追踪系统即可实现全天候的稳定输出，更有利于实际的发电并网. 此外，正如前文所述，纤维太阳能电池还能够很好地利用环境中的散射光，进一步提高器件的输出功率.

同时，纤维太阳能电池还具有可编织、可穿戴的潜力. 对于传统的平板太阳能电池而言，特殊外形的电池模块很难实现规模化生产. 但对于纤维太阳能电池而言，上游生产商只须规模化生产出高效纤维电池，而下游生产商则可根据用户的个性化需要，将其编织成任意形状，如衣服、帽子、背包、帐篷等(见图 7.31)，使得人们在户外能够方便地为手机、笔记本电脑等各种便携电子设备补充电量. 此外，纤维太阳能电池还可以与纤维储能系统进行集成，实现纤维光伏-储能一体化，进一步拓宽其应用领域.

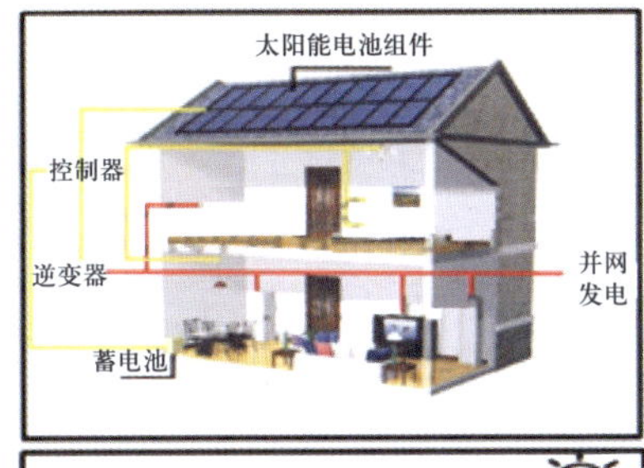

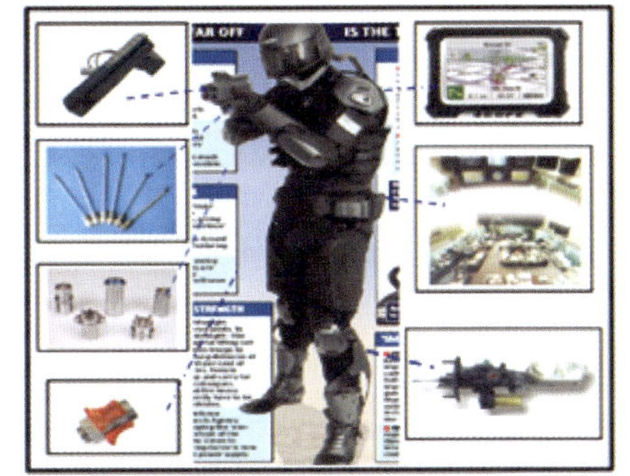


图 7.31　纤维钙钛矿太阳能电池的潜在应用

如前文所述，目前，纤维钙钛矿太阳能电池的光电转换效率最高达到了 10.79%，这也是整个纤维太阳能电池领域的最高纪录. 虽然在纤维钙钛矿太阳能电池的制备过程中需要使用较为昂贵的 spiro-OMeTAD 和 Au 电极等材料，但是二者的膜层厚度都很小，使得每单位长度电池的实际用量很少，不会大幅增加电池的制备成本. 为了进一步提高电池的光电转换效率，还可以将纤维钙钛矿太阳能电池与具有不同光谱响应的其他类型纤维太阳能电池混编在一起，构成可以吸收全光谱太阳光的编织器件，彻底解决光子波长与器件吸收光谱不匹配的问题. 利用纤维太阳能电池的三维采光特性，还可以将这种编织器件设计成所谓的“光子笼”结构，即光子一旦进入“笼子”内部就难以脱出，并在经过多次的反射与散射之后最终被全部吸收.

不过，纤维钙钛矿太阳能电池目前最高的光电转换效率还不到平板钙钛矿太阳能电池的一半，仍有着较大的提升空间. 同时，纤维钙钛矿太阳能电池同样面临着铅元素的毒性和器件的低稳定性两大挑战. 目前，尚无纤维非铅钙钛矿太阳能电池的报道，这也是人们今后需要努力的方向. 而为了提高纤维钙钛矿太阳能电池的稳定性，今后还需要开发出更加先进的封装技术. 我们期待，纤维钙钛矿太阳能电池的光电转换效率和稳定性今后能有进一步的提高，并早日实现在可穿戴电子设备中的应用.

## 参 考 文 献

[1] Gu Z W, Zuo L J, Larsen-Olsen T T, Ye T, Wu G, Krebs F C, and Chen H Z. Interfacial engineering of self-assembled monolayer modified semi-roll-to-roll planar heterojunction perovskite solar cells on flexible substrates. J. Mater. Chem. A, 2015, 3: 24254.

[2] Liang L S, Huang Z F, Cai L H, Chen W Z, Wang B Z, Chen K W, Bai H, Tian Q Y, and Fan B. Magnetron sputtered zinc oxide nanorods as thickness-insensitive cathode interlayer for perovskite planar-heterojunction solar cells. ACS Appl. Mater. Interfaces, 2014, 6: 20585.

[3] Jung J W, Williams S T, and Jen A K Y. Low-temperature processed high-performance flexible perovskite solar cells via rationally optimized solvent washing treatments. RSC Adv., 2014, 4: 62971.

[4] Docampo P, Ball J M, Darwich M, Eperon G E, and Snaith H J. Efficient organometal trihalide perovskite planar-heterojunction solar cells on flexible polymer substrates. Nat. Commun., 2013, 4: 2761.

[5] You J B, Hong Z R, Yang Y, Chen Q, Cai M, Song T B, Chen C C, Lu S R, Liu Y S, Zhou H P, and Yang Y. Low-temperature solution-processed perovskite solar cells with high efficiency and flexibility. ACS Nano, 2014, 8: 1674.

[6] Wu C C, Wang D, Zhang Y Q, Gu F D, Liu G H, Zhu N, Luo W, Han D, Guo X, Qu B, Wang S F, Bian Z Q, Chen Z J, and Xiao L X. $FAPbI_3$ flexible solar cells with a record efficiency of 19.38% fabricated in air via ligand and additive synergetic process. Adv. Funct. Mater., 2019: 1902974.

[7] Gill H, Kokil A, Li L, Mosurkal R, and Kumar J. Solution processed flexible planar hybrid perovskite solar cells. SPIE Organic Photonics + Electronics, 2014, 9184: 918418.

[8] Chiang Y F, Jeng J Y, Lee M H, Peng S R, Chen P, Guo T F, and Hsu C M. High voltage and efficient bilayer heterojunction solar cells based on an organic-inorganic hybrid perovskite absorber with a low-cost flexible substrate. Phys. Chem. Chem. Phys., 2014, 16(13): 6033.

[9] Jung J W, Williams S T, and Jen A K Y. Low-temperature processed high-performance flexible perovskite solar cells via rationally optimized solvent washing treatments. RSC Adv., 2014, 4(108): 62971.

[10] Dianetti M, Giacomo F D, Polino G, Ciceroni C, Liscio A, D'Epifanio A, and Brunetti F. TCO-free flexible organo metal trihalide perovskite planar-heterojunction solar cells. Sol. Energ. Mat. Sol. Cells, 2015, 140: 150.

[11] Hu X T, Huang Z Q, Zhou X, Li P W, Wang Y, Huang Z D, Su M, Ren W J, Li F Y, Li M Z, Chen Y W, and Song Y L. Wearable large-scale perovskite solar-power source via nanocellular scaffold. Adv. Mater., 2017, 29: 1703236.

[12] He Q Q, Yao K, Wang X F, Xia X F, Leng S F, and Li F. Room-temperature and solution-processable Cu-doped nickel oxide nanoparticles for efficient hole-transport layers of flexible large-area perovskite solar cells. ACS Appl. Mater. Interfaces, 2017, 9: 41887.

[13] Bi C, Chen B, Wei H T, DeLuca S, and Huang J S. Efficient flexible solar cell based on composition-tailored hybrid perovskite. Adv. Mater., 2017, 29: 1605900.

[14] Kim B J, Kim D H, Lee Y Y, Shin H W, Han G S, Hong J S, and Park N G. Highly efficient and bending durable perovskite solar cells: toward a wearable power source. Energy Environ. Sci., 2015, 8: 916.

[15] Qiu W M, Paetzold U W, Gehlhaar R, Smirnov V, Boyen H G, Tait J G, and Froyen L. An electron beam evaporated $TiO_2$ layer for high efficiency planar perovskite solar cells on flexible polyethylene terephthalate substrates. J. Mater. Chem. A, 2015, 3: 22824.

[16] Yang D, Yang R, Zhang J, Yang Z, Liu S F, and Li C. High efficiency flexible perovskite solar cells using superior low temperature $TiO_2$. Energy Environ. Sci., 2015, 8: 3208.

[17] Kumar M H, Yantara N, Dharani S, Grätzel M, Mhaisalkar S, Boix P P, and Mathews N. Flexible, low-temperature, solution processed ZnO-based perovskite solid state solar cells. Chem. Commun., 2013, 49: 11089.

[18] Ameen S, Akhtar M S, Seo H K, Nazeeruddin M K, and Shin H S. An insight into atmospheric plasma jet modified ZnO quantum dots thin film for flexible perovskite solar cell: optoelectronic transient and charge trapping studies. J. Phys. Chem. C, 2015, 119: 10379.

[19] Liu D Y and Kelly T L. Perovskite solar cells with a planar heterojunction structure prepared using room-temperature solution processing techniques. Nature Photon., 2014, 8: 133.

[20] Park M, Kim J Y, Son H J, Lee C H, Jang S S, and Ko M J. Low-temperature solution-processed Li-doped $SnO_2$ as an effective electron transporting layer for high-performance flexible and wearable perovskite solar cells. Nano Energy, 2016, 26: 208.

[21] Wang C L, Guan L, Zhao D W, Yu Y, Grice C R, Song Z N, Awni R A, Chen J, Wang J B, Zhao X Z, and Yan Y F. Water vapor treatment of low-temperature

deposited $SnO_2$ electron selective layers for efficient flexible perovskite solar cells. ACS Energy Letters, 2017, 2: 2118.

[22] Li Y Q, Qi X, Liu G H, Zhang Y Q, Zhu N, Zhang Q H, Guo X, Wang D, Hu H Z, Chen Z J, Xiao L X, and Qu B. High performance of low-temperature processed perovskite solar cells based on a polyelectrolyte interfacial layer of PEI. Organic Electronics, 2019, 65: 19.

[23] Zhu N, Qi X, Zhang Y Q, Liu G H, Wu C C, Wang D, Guo X, Luo W, Li X D, Hu H Z, Chen Z J, Xiao L X, and Qu B. High efficiency (18.53%) of flexible perovskite solar cells via the insertion of potassium chloride between $SnO_2$ and $CH_3NH_3PbI_3$ layers. ACS Appl. Energy Mater., 2019, 2: 3676.

[24] Yang H S, Qu B, Ma S B, Chen Z J, Xiao L X, and Gong Q H. Indium tin oxide-free polymer solar cells using a PEDOT:PSS/Ag/PEDOT:PSS multilayer as a transparent anode. J. Phys. D: Appl. Phys., 2012, 45: 425102.

[25] Roldan-Carmona C, Malinkiewicz O, Soriano A, Espallargas G M, Garcia A, Reinecke P, Kroyer T, Dar M I, Nazeeruddin M K, and Bolink H J. Flexible high efficiency perovskite solar cells. Energy Environ. Sci., 2014, 7: 994.

[26] Im H G, Jeong S, Jin J, Lee J, Youn D Y, Koo W T, Kang S B, Kim H J, Jang J, Lee D, Kim H K, Kim I D, Lee J Y, and Bae B S. Hybrid crystalline-ITO/metal nanowire mesh transparent electrodes and their application for highly flexible perovskite solar cells. NPG Asia Materials, 2016, 8: e282.

[27] Lin M Y. Communication—fabrication of imprinted ITO-free perovskite solar cells. ECS Journal of Solid State Science and Technology, 2018, 7: P651.

[28] Liu X Y, Yang X D, Liu X S, Zhao Y N, Chen J Y, and Gu Y Z. High efficiency flexible perovskite solar cells using $SnO_2$/graphene electron selective layer and silver nanowires electrode. Applied Physics Letters, 2018, 113: 203903.

[29] Poorkazem K, Liu D, and Kelly T L. Fatigue resistance of a flexible, efficient, and metal oxide-free perovskite solar cell. J. Mater. Chem. A, 2015, 3: 9241.

[30] Chen L, Xie X Y, Liu Z H, and Lee E C. A transparent poly(3,4-ethylenedioxylenethiophene):poly(styrene sulfonate) cathode for low temperature processed, metal-oxide free perovskite solar cells. J. Mater. Chem. A, 2017, 5: 6974.

[31] Heo J H, Shin D H, Jang M H, Lee M L, Kang M G, and Im S H. Highly flexible, high-performance perovskite solar cells with adhesion promoted $AuCl_3$-doped graphene electrodes. J. Mater. Chem. A, 2017, 5: 21146.

[32] Lee M, Jo Y, and Kimb D S. Flexible organo-metal halide perovskite solar cells on a Ti metal substrate. J. Mater. Chem. A, 2015, 3: 4129.

[33] Troughton J, Bryant D, Wojciechowski K, Carnie M J, Snaith H, Worsley D A, and Watson T M. Highly efficient, flexible, indium-free perovskite solar cells

employing metallic substrates. J. Mater. Chem. A, 2015, 3: 9141.

[34] Wang X, Li Z, Xu W, Kulkarni S A, Batabyal S K, Zhang S, and Wong L H. $TiO_2$ nanotube arrays based flexible perovskite solar cells with transparent carbon nanotube electrode. Nano Energy, 2015, 11: 728.

[35] Heo J H, Shin D H, Lee M L, Kang M G, and Im S H. Efficient organic-inorganic hybrid flexible perovskite solar cells prepared by lamination of polytriarylamine/$CH_3NH_3PbI_3$/anodized Ti metal substrate and graphene/PDMS transparent electrode substrate. ACS Appl. Mater. Interfaces, 2018, 10: 31413.

[36] Wang F, Chen Z J, Xiao L X, Qu B, and Gong Q H. Papery solar cells based on dielectric/metal hybrid transparent cathode. Sol. Energ. Mat. Sol. Cells, 2010, 94: 1270.

[37] Castro-Hermosa S, Dagar J, Marsella A, and Brown T M. Perovskite solar cells on paper and the role of substrates and electrodes on performance. IEEE Electron Device Letters, 2017, 38: 1278.

[38] Gao C M, Yuan S, Cui K, Qiu Z W, Ge S G, Cao B Q, and Yu J H. Flexible and biocompatibility power source for electronics: a cellulose paper based hole-transport-materials-free perovskite solar cell. Solar RRL, 2018, 2: 1800175.

[39] Tavakoli M M, Tsui K H, Zhang Q P, He J, Yao Y, Li D D, and Fan Z Y. Highly efficient flexible perovskite solar cells with antireflection and self-cleaning nanostructures. ACS Nano, 2015, 9: 10287.

[40] Dou B J, Miller E M, Christians J A, Sanehira E M, Klein T R, Barnes F S, Shaheen S E, Garner S M, Ghosh S, Mallick A, Basak D, and van Hest M. High-performance flexible perovskite solar cells on ultrathin glass: implications of the TCO. J. Phys. Chem. Lett., 2017, 8: 4960.

[41] Jung H S and Park N G. Perovskite solar cells: from materials to devices. Small, 2014, 11: 10.

[42] Susrutha B, Giribabuab L, and Singh S P. Recent advances in flexible perovskite solar cells. Chem Commun., 2015, 51: 14696.

[43] Pasta M, La Mantia F, Hu L B, Deshazer H D, and Cui Y. Aqueous supercapacitors on conductive cotton. Nano Research, 2010, 3: 452.

[44] Zou D, Lv Z, Cai X, and Hou S. Macro/microfiber-shaped electronic devices. Nano Energy, 2012, 1: 273.

[45] Carpi F and De Rossi D. Electroactive polymer-based devices for e-textiles in biomedicine. IEEE Transactions on Information Technology in Biomedicine, 2005, 9: 574.

[46] Rossi D D, Carpi F, Lorussi F, Mazzoldi A, Paradiso R, Scilingo E P, and Tognetti A. Electroactive fabrics and wearable biomonitoring. AUTEX Research Journal, 2003, 3: 180.

[47] Liu J M, Wu W W, Bai S, and Qin Y. Synthesis of high crystallinity ZnO nanowire array on polymer substrate and flexible fiber-based sensor. ACS Appl. Mater. Inter., 2011, 3: 4197.

[48] Park J K, Tran P H, Chao J K T, Ghodadra R, Rangarajan R, and Thakor N V. In vivo nitric oxide sensor using non-conducting polymer-modified carbon fiber. Biosens Bioelectron, 1998, 13: 1187.

[49] Arora S, Ghosh T, and Muth J. Dielectric elastomer based prototype fiber actuators. Sensor Actuat a-Phys, 2007, 136: 321.

[50] Dano M L and Julliere B. Active control of thermally induced distortion in composite structures using macro fiber composite actuators. Smart Materials & Structures, 2007, 16: 2315.

[51] Lee J B and Subramanian V. Organic transistors on fiber: a first step towards electronic textiles. IEEE International Electron Devices Meeting, Technical Digest, 2003: 199.

[52] Hamedi M, Forchheimer R, and Inganas O. Towards woven logic from organic electronic fibres. Nat. Mater., 2007, 6: 357.

[53] O'Connor B, An K H, Zhao Y Y, Pipe K P, and Shtein M. Fiber shaped organic light emitting device. Adv. Mater., 2007, 19: 3897.

[54] Yadav A, Pipe K P, and Shtein M. Fiber-based flexible thermoelectric power generator. J. Power Sources, 2008, 175: 909.

[55] Qin Y, Wang X D, and Wang Z L. Microfibre-nanowire hybrid structure for energy scavenging. Nature, 2008, 451: 809.

[56] Fan X, Chu Z Z, Wang F Z, Zhang C, Chen L, Tang Y W, and Zou D C. Wire-shaped flexible dye-sensitized solar cells. Adv. Mater., 2008, 20: 592.

[57] Weintraub B, Wei Y G, and Wang Z L. Optical fiber/nanowire hybrid structures for efficient three-dimensional dye-sensitized solar cells. Angew. Chem. Int. Edit., 2009, 48: 8981.

[58] Oregan B and Grätzel M. A low-cost, high-efficiency solar-cell based on dye-sensitized colloidal $TiO_2$ films. Nature, 1991, 353: 737.

[59] Zhang S F, Yang X D, Numata Y, and Han Y H. Highly efficient dye-sensitized solar cells: progress and future challenges. Energy Environ. Sci., 2013, 6: 1443.

[60] Zhang J, Wang Z, Li X, Yang J, Song C, Li Y, Cheng J, Guan Q, and Wang B. Flexible platinum-free fiber-shaped dye sensitized solar cell with 10.28% efficiency. ACS Appl. Energy Mater., 2019, 2: 2870.

[61] Qiu L, Deng J, Lu X, Yang Z, and Peng H. Integrating perovskite solar cells into a flexible fiber. Angew. Chem. Int. Edit., 2014, 53: 10425.

[62] He S, Qiu L, Fang X, Guan G, Chen P, Zhang Z, and Peng H. Radically grown obelisk-like ZnO arrays for perovskite solar cell fibers and fabrics through a mild

solution process. J. Mater. Chem. A，2015，3：9406.

[63] Li R，Xiang X，Tong X，Zou J，and Li Q. Wearable double-twisted fibrous perovskite solar cell. Advanced Materials，2015，27：3831.

[64] Deng J，Qiu L，Lu X，Yang Z，Guan G，Zhang Z，and Peng H. Elastic perovskite solar cells. J. Mater. Chem. A，2015，3：21070.

[65] Lee M，Ko Y，and Jun Y. Efficient fiber-shaped perovskite photovoltaics using silver nanowires as top electrode. J. Mater. Chem. A，2015，3：19310.

[66] Dong B，Hu J，Xiao X，Tang S，Gao X，Peng Z，and Zou D. High-efficiency fiber-shaped perovskite solar cell by vapor-assisted deposition with a record efficiency of 10.79%. Adv. Mater. Technol.，2019，4：1900131.

[67] Yan K，Chen B，Hu H，Chen S，Dong B，Gao X，Xiao X，Zhou J，and Zou D. First fiber-shaped non-volatile memory device based on hybrid organic-inorganic perovskite. Adv. Electron. Mater.，2016，2：1600160.

[68] Hu H，Yan K，Peng M，Yu X，Chen S，Chen B，Dong B，Gao X，and Zou D. Fiber-shaped perovskite solar cells with 5.3% efficiency. J. Mater. Chem. A，2016，4：3901.

[69] Hu H，Dong B，Chen B，Gao X，and Zou D. High performance fiber-shaped perovskite solar cells based on lead acetate precursor. Sustainable Energy Fuels，2018，2：79.

[70] Chen B，Chen S，Dong B，Gao X，Xiao X，Zhou J，Hu J，Tang S，Yan K，Hu H，Sun K，Wen W，Zhao Z，and Zou D. Electrical heating-assisted multiple coating method for fabrication of high-performance perovskite fiber solar cells by thickness control. Adv. Mater. Interfaces，2017，4：1700833.

# 第八章　钙钛矿半透明太阳能电池和叠层电池

谢兮兮、孙术仁、肖立新

钙钛矿作为一种易制备、效率高、禁带宽可调的光伏材料，对于制备半透明电池非常有利. 在半透明电池的制备过程中，寻找同时具备高透过率和低电阻的透明电极是关键. 同时，钙钛矿半透明电池由于其相对较高的器件整体透过率和不断增加的器件效率，在叠层电池方面的应用也在日益增多. 本章主要介绍不同透明电极以及其在半透明钙钛矿太阳能电池和叠层电池方面的应用和展望.

## §8.1　钙钛矿半透明电池

任何光伏器件至少要使用一个透明电极，对于一些特殊的器件，比如半透明太阳能电池，更是要求所有电极材料均为透明材料，因此寻找好的透明电极材料和结构在光伏领域中是一个非常重要的研究课题. 由于对材料导电性和透光性有着苛刻的要求，目前发现的透明电极材料十分有限. 商业和实验室中使用最为广泛的材料是铟锡氧化物(ITO)[1]. 除此之外还有其他透明导电氧化物(TCO)、导电聚合物(CP)、石墨烯及其衍生物、金属纳米线和超薄金属薄膜等新材料.

### 8.1.1　基于 TCO 电极的钙钛矿半透明电池

TCO 中铟锡氧化物(ITO)、掺氟氧化锡(FTO)、掺铝氧化锌(AZO)三种氧化物是光电器件中最常用的透明电极材料，其中又以 ITO 最为普遍. 完美符合化学计量比的氧化物($In_2O_3$，SnO，ZnO)多是绝缘体或者离子导体[2]. 不过一般来说，氧化物中会存在一定量的氧空位，这些空位会使材料原本的能带结构发生变化，而大量的空位缺陷浓度甚至可以使氧化物变为简并半导体. 通过掺杂量、价态合适的元素可以进一步提高材料的电子浓度从而提高其导电性，但同时由于光学性质和电学性质的相互关联性，提高导电性往往意味着降低透光度. ITO 的导电性能优异，方块电阻可以小于 10 Ω/□ ，透过率还能保持在 90%左右[2]. TCO 材料的制备方法主要有磁控溅射、热蒸发、电子束蒸发，溶胶-凝胶法等[2-5].

ITO 是钙钛矿太阳能电池中使用最普遍的透明电极，这里仅列举一些双面电极均使用 ITO 电极的例子. 高质量的 ITO 电极往往需要使用磁控溅射的方法生长，在生长环境中能量比较高的粒子会对电池中的钙钛矿层和有机层材料造成破坏，因此在生长 ITO 顶电极之前大多需要生长一个比较薄的氧化钼($MoO_3$)保护层[6,7]或者对溅射过程进行精细的控制[8]. 陈义旺等直接将 ITO/PEDOT:PSS/甲胺铅碘($MAPbI_3$) 和 FTO/二氧化钛($TiO_2$)/$MAPbI_3$ 相对压在一起制成半透明太阳能电池(见图 8.1)，实现了 6.9%的光电转换效率并且在水中浸泡 24 h 依然保持稳定[9]. Heo 等使用溅射方法制备 ITO 电极，得到了 15.8%的效率[10]. 由于 ITO 电极的优良导电性，目前使用 ITO 制备的半透明钙钛矿电池，对比其他种类的半透明电极电池效率要高一些. 同时因为 ITO 电极的高透光性，尤其是在 700～1000 nm 光波段的透过率较高，应用 ITO 电极的钙钛矿半透明电池作为叠层电池中的顶电池时也可以获得较高的电池效率，这在下一部分叠层电池中会有详细说明. 然而，ITO 材料本身是有着比较严重的缺陷的. 首先，ITO 中用到了地球上储量有限的铟元素，意味着其价格在日后可能会不断攀升. 另外，由于其较高的机械脆性，ITO 电极无法在柔性器件上应用[11,12]. 因此研究人员也在不断寻找可以替代 ITO 的材料.

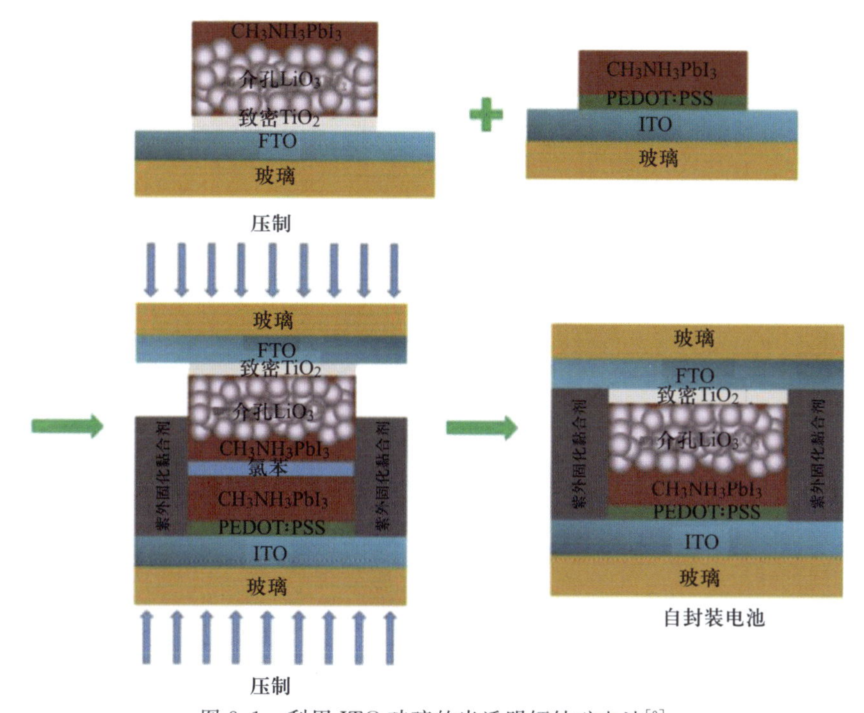


图 8.1　利用 ITO 玻璃的半透明钙钛矿电池[9]

### 8.1.2 基于导电聚合物电极的钙钛矿半透明电池

1977年，白川英树，Heeger和MacDiarmid发现碘掺杂的顺式聚乙炔具有近似金属的导电性之后[13]，导电聚合物(conductive polymer)进入了研究者们的视野并在之后的几十年中快速发展.导电聚合物极佳的电学性质来源于其特殊的共轭体系分子结构.在这个体系中各个碳原子附近的 $sp^2$ 杂化轨道相互交叠，使处于该轨道的电子可以离域到整个分子范围内.经过掺杂(氧化或者还原反应)后，一些离域电子被从原轨道移除(p掺杂)或被加入到新轨道(n掺杂)，从而体系中的电子获得了很高的迁移率.目前，商业和研究中使用最多的导电聚合物是聚3,4-乙烯二氧噻吩(PEDOT)，实际应用中经常将其与另一种聚合物聚苯乙烯磺酸盐(PSS)混合形成可以分散在水中的PEDOT:PSS.除此之外，聚对苯撑乙烯(PPV)[14]、聚芳炔(PAA)[15]、聚吡咯(PPy)[16]等导电聚合物材料也曾被尝试作为透明电极加入有机太阳能电池和钙钛矿太阳能电池结构中.导电聚合物相比于ITO电极来说具有廉价(包括材料和生长工艺)和柔性两大优势[17]，在一些应用场景下可以很好地替代后者.

PEDOT:PSS中包含两种组分(见图8.2)，一种是导电的PEDOT组分，另一种是绝缘的PSS组分.其中，PSS组分的功能有两个：其一是为PEDOT提供反离子，使其形成具有优秀导电性质的阳离子聚合物；其二是使PEDOT具有在水中分散的能力[18].另一方面，PSS的比例会对最终得到的PEDOT:PSS的导电性能有很大的影响：PSS占比越大，PEDOT:PSS的导电性越差.目前，有很多优化PEDOT:PSS材料导电性能和其他性能的研究，其优化方法大致可分为两类：(1) 在PEDOT:PSS的水溶液中加入极性有机溶剂作为添加剂来去除部分PSS，如二甲基亚砜(DMSO)[19]、乙二醇(EG)[20]、丙三醇[21]等.利用这种方法处理的PEDOT:PSS最高电导率为900 S/cm左右[19]，使用CLEVIOS PH 1000试剂添加5% DMSO溶剂来实现.DMSO在体系中不但可以提高PEDOT:PSS的电导率(2～3个量级)，还可以改善其成膜形貌.

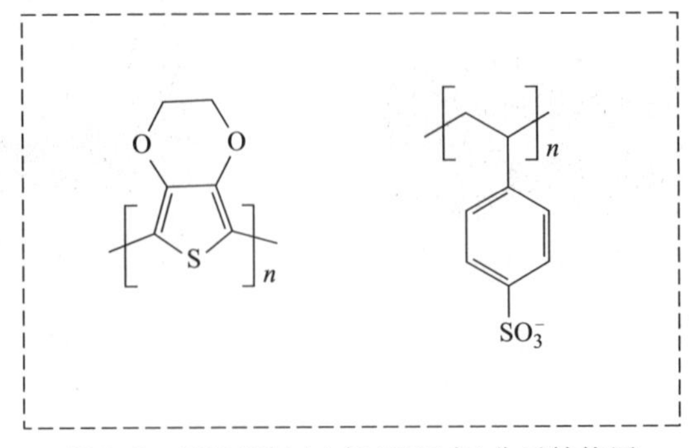


图8.2 PEDOT(左)与PSS(右)分子结构图

(2) 在 PEDOT:PSS 成膜后利用极性溶剂[22-25]或者酸溶液[26,27]进行后处理. 后处理方法主要是去除了膜层中多余的绝缘的 PSS 并且削弱了 PEDOT 和 PSS 之间的相互作用，从而加强了 π-π 键的重合，增加了材料电导率[28]. 相对于前一种方法，后处理方法在增强电导率方面有着更显著的效果，可以使其增加到 4000 S/cm 以上[22].

有很多关于在有机太阳能电池中以 PEDOT:PSS(CLEVIOS PH500 或 PH1000)作为空穴传输层和透明顶电极的研究，电池结构多采用 ITO/电子传输层(ZnO)/有机吸收层/空穴传输层(/修饰层)/PEDOT:PSS 透明电极的结构[29-32]. 也有研究者尝试在电池两端均采用 PEDOT 作为电极，希望通过替换 ITO 电极使器件本身的可弯折性得到改善，但是由于 PEDOT 导电性相对于 ITO 来说较差，最终效率只有 3.0%左右(采用 ITO 电极的对照组为 4.2%)[33]. 在钙钛矿太阳能电池中，PEDOT 经常出现在反式结构中充当传输层的角色，比如有研究者将其用在 ITO/PEDOT:PSS/$MAPbI_3$/PCBM/Au 中，获得了 18.1%的稳定效率并且一定程度上缓解了迟滞的问题[34]. 而 PEDOT 作为透明电极出现在钙钛矿电池中的研究则不是很多. Dianetti 等将 PEDOT:PSS 作为电池的底电极，研究了不同处理方式和配方的 PEDOT:PSS 溶液对电池效率的影响，优化得到的 PEDOT 电极的阻抗仅为 28 Ω/□(对照组 ITO 为 15 Ω/□)，而最终在 PET 柔性基底上得到的电池效率为 4.5%[35]. 另一方面，周印华等将 PEDOT:PSS 作为顶电极制作了钙钛矿半透明电池(见图 8.3)，探究了材料的厚度(40～160 nm)对电池颜色和效率的影响[36]. 杨世和等使用 PDMS，将 PEDOT:PSS 转移到 FTO/$TiO_2$/$MAPbI_3$/spiro-

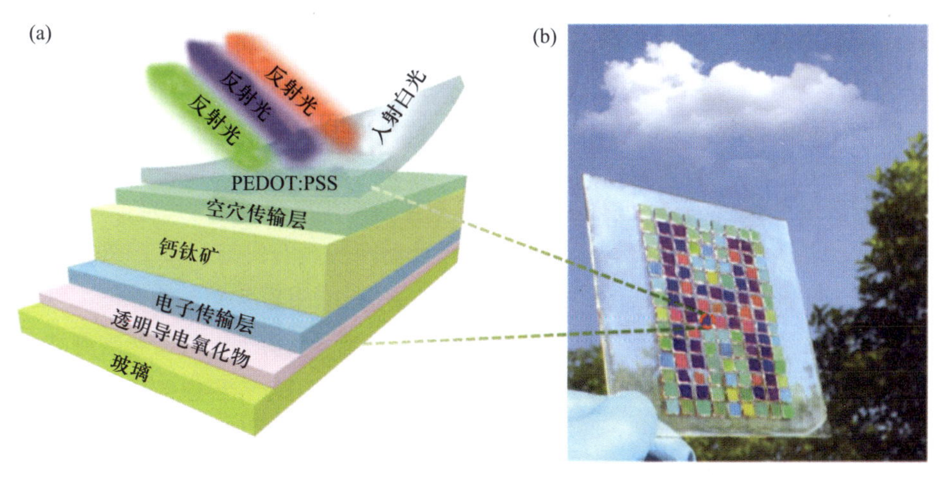


图 8.3 利用 PEDOT 作为顶电极的彩色钙钛矿太阳能电池结构图(左)与实际器件(右)，其中每个器件大小均为 5 mm×5 mm[36]

OMeTAD 上作为透明顶电极，最终获得了 8%的效率和 23%的平均透过率[37]. 由于 PEDOT 本身导电性的不足，仅仅使用 PEDOT 作为电极很难得到较高的效率，也有研究者将 PEDOT 和其他导电材料混合制成透明电极，这里由于篇幅有限不做展开说明.

### 8.1.3 基于石墨烯及其衍生物电极的钙钛矿半透明电池

#### 8.1.3.1 石墨烯

石墨烯是碳的二维纳米结构，于 2004 年通过机械剥离法首次被制备得到[38]. 由于其特殊的能带结构，石墨烯具有优秀的电学性质：常温下电子迁移率可以达到 $2\times10^5$ $cm^2\cdot V^{-1}\cdot s^{-1}$[39]，电导率可以达到 $10^4$ S/cm，单层石墨烯还拥有 97.7%的极高透过率. 除此之外，石墨烯本身的抗弯折能力远胜于 ITO，可以在柔性器件上有用武之地.

Yan 等首先探索了将石墨烯作为电极材料引入钙钛矿电池中. 他们将用 CVD 方法生长的单层或多层石墨烯转移到柔性塑料基底上，接着在 60℃下直接将电极与器件压合[40]. 通过这种方法，他们实现了以石墨烯作为顶电极的半透明钙钛矿电池，最高效率为 12.37%. Choi 等则直接用石墨烯取代了 ITO 作为底电极，电池结构是 PEN/石墨烯/$MoO_3$/PEDOT∶PSS/$MAPbI_3$/$C_{60}$/BCP/Al，最终不但效率达到了 17.3%，与 ITO 电极器件基本持平，并且器件具有很强的抗弯折性，在弯折 1000 次之后依然保持了 90%以上的效率[41].

#### 8.1.3.2 碳纳米管

碳纳米管是碳的一维纳米结构，形状是单层或多层石墨烯弯折而成的空心圆柱. 根据石墨烯层数的不同，碳纳米管可分类为单层碳纳米管、双层碳纳米管和多层碳纳米管[42]. 单根碳纳米管具有很好的电学性质，其电子迁移率室温下可达 $10^5$ $cm^2\cdot V^{-1}\cdot s^{-1}$，电导率可达 $10^6$ S/cm[43-45]，同时还兼具韧性和透光性，是光伏器件中透明电极的有力候选者. 碳纳米管的生长工艺一般采用悬浮催化 CVD 法. 目前，已经有不少研究者尝试将碳纳米管加入钙钛矿太阳能电池结构中. 杨世和等用碳纳米管取代传统的碳电极制作出了无空穴传输层的半透明钙钛矿电池，由于碳纳米管与钙钛矿之间更好的接触和材料本身更优异的电学性质，实验组电池达到了 12.67%的光电转换效率，填充因子达到了 0.80[46]. 王宁等将碳纳米管和空穴传输材料结合为一层(见图 8.4)，在柔性基底上实现了 11.9%的转换效率. 值得一提的是，他们的底电极也使用了 CVD 法生长的石墨烯材料. 他们发现使用全碳电极不但使电池稳定性有所提升，还极大地增强了器件的抗弯折性[47]. 也有研究者利用碳纳米管取代 ITO 作为底电极. Jeon 等研究者探索了将碳纳米管作为底电极的可能性. 由于 ITO 电极机械脆性较高，极大限制了柔性器件的弯折性能，因此考虑用碳纳米管取代 ITO 作为电池的底电极. 然而，碳纳米管的起伏大、疏水等缺点是不得不解决的问题. 他们通过硝酸掺杂改善 PEDOT 空穴传输层与碳纳米管之间的接触和对 PEDOT 改性的方法使基于碳纳米管电极的器件效率达到了 6.32%，是同结构基于 ITO 电极器件效率的 70%[48].

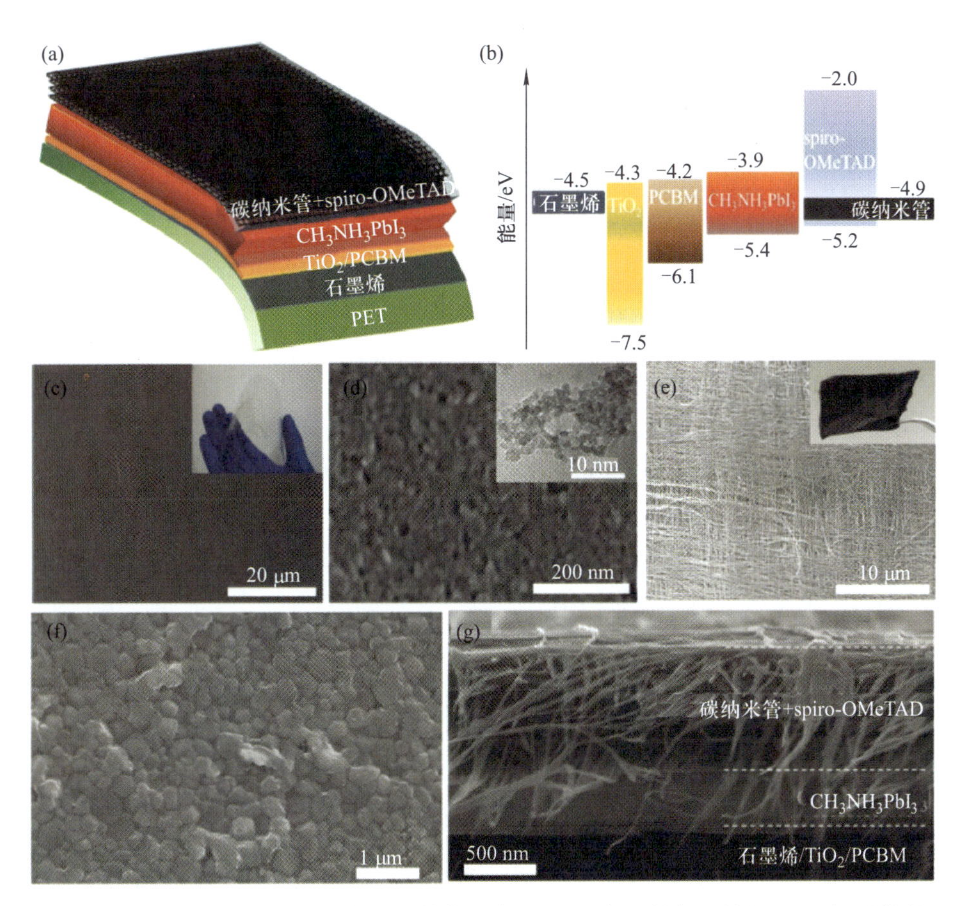


图 8.4 全碳电极钙钛矿太阳能电池结构示意图(a)，各层材料的能级(b)以及器件的 SEM 测试图(c~g)，其中(c)为石墨烯/PET，(d)为二氧化钛层，(e) 为碳纳米管层，(f) 为钙钛矿层的顶视图，(g) 为器件侧视图[40]

## 8.1.4 金属材料电极

### 8.1.4.1 超薄金属

金属材料具有极佳的延展性和导电性，但由于光子和金属中大量的自由电子相互作用，导致了金属材料对宽频谱的光子均有着极高的反射率. 不过，当金属材料的厚度做到 10 nm 量级时，其在可见光区间的透光度将和 ITO 等传统透明电极材料可比拟. 作为透明电极的超薄金属的厚度是需要严格控制的. 金属在热蒸发生长过程中先是形成分散的岛状结构,此时不但导电性较差,其透光度也会因为金属颗粒的局域等离激元作用而变差[49]. 之后随着膜厚的增加,岛状结构消失,透光度和导电性都明显上升. 最后则进入了随膜厚上升,透光度不断下降,导电性不断上升的阶段. 一般来说,为了进一步降低金属对光的反射,研究人员会在金属(metal)两面加入电介质(dielectric)形成 DMD 结构.

钙钛矿半透明电池领域中,超薄金属被用作透明电极的例子有很多. 比如 Roldán-Carmona 等在反式结构 ITO/PEDOT:PSS/$MAPbI_3$/$PC_{61}BM$/Au 中应用了超薄的 Au 作为顶电极,通过调整钙钛矿层的厚度,最终得到了 PCE 为 6.9%,平均透过率(AVT)为 29%的半透明电池[50]. Gaspera 等则引入并优化了 $MoO_3$/Au/$MoO_3$ 的 DMD 结构(厚度分别为 10nm, 5nm, 35nm),得到了 AVT=31%, PCE=5.3%的高透过率透明电池[51]. 胡婷等利用原子层沉积生长的 $SnO_x$ 致密层和 Ag 或 Cu 配合形成 DMD 结构的透明电极,以取代传统的 ITO 电极. 他们探究了生长 $SnO_x$ 层过程中使用不同氧化剂(水、臭氧或氧等离子体)对透光度和电池效率的影响,发现臭氧氧化生长的 $SnO_x$ 适合作为电子传输层,因此最终采用了 $H_2O$-$SnO_x$/Ag/$H_2O$-$SnO_x$/ozone-$SnO_x$ 的电子传输结构,效率达到了 11%[52]. 其中 $H_2O$-$SnO_x$ 为原子层沉积过程中利用水作为氧化剂生长的 $SnO_x$ 层,ozone-$SnO_x$ 为利用臭氧作为氧化剂生长的 $SnO_x$ 层.

#### 8.1.4.2 金属纳米线和金属网格

综合考虑到导电性,透光性和价格等因素,目前金属纳米线中研究最多也是使用最普遍的是银纳米线和铜纳米线[53]. 纳米线通常是用化学溶液法生长并分散在特定溶剂之中的[54-56]. 之后再通过旋涂、滴涂、浸涂、刮涂、喷涂等方法将纳米线分散到基底上. 金属网格可以看作是人为设计分布位置的纳米线,合适的图案可以让电极的透光性和导电性达到平衡. 同时,由于不受限于化学合成方法,金属网格中所使用的金属材料范围也大大增加,包括 Ag, Cu, Au, Al, Pt 等等. 目前制作金属网格的方法有很多,比如光刻[57]、纳米压印[58]、微球自组装[59]、仿生学模板[60]等. Snaith 等使用简单的化学置换方法制备 Ni 金属网格作为顶电极的 $MAPbI_3$ 电池,效率达 6.1%,同时得到较高的 AVT=38%.[61]

将金属纳米线覆盖在钙钛矿层上面充当透明顶电极时需要有一个有机保护层或者无机保护层[62,63],或者直接将分散有纳米线的柔性基底覆盖在钙钛矿层上[64],否则钙钛矿层容易被纳米线的分散溶液破坏. Quiroz 等使用反溶剂方法制备不同厚度的钙钛矿层,喷涂方法制备 Ag 纳米线电极,当钙钛矿厚度为(50±17) nm 时得到 AVT=46%, PCE=3.55%的高透过率半透明电池,当钙钛矿厚度为(100±14) nm 时得到 AVT=28%, PCE=8.12%的半透明电池[65]. 表 8.1 和图 8.5 给出了不同透明电极的性能对比.

**表 8.1 基于不同透明电极的钙钛矿半透明电池性能总结**

| 参考文献 | 器件结构 | 平均透过率(%) | PCE(%) |
|---|---|---|---|
| [66] | ITO/PEDOT:PSS/$CH_3NH_3PbI_3$-PEDOT:PSS 杂化/PCBM/Au | 3～18 | 9.1～12.2 |
| [50] | FTO/$TiO_2$/$CH_3NH_3PbI_3$/spiro-OMeTAD/$MoO_3$/Au/$MoO_3$ | 7～31 | 5.3～13.6 |
| [67] | ITO/PEDOT:PSS/$CH_3NH_3PbI_3$/PCBM/$C_{60}$/AUH/Au | 12～47 | 4.5～13.3 |
| [68] | FTO/$TiO_2$/$CH_3NH_3PbI_{3-x}Cl_x$/spiro-OMeTAD/$MoO_x$/ITO | 26.3～45.4 | 8.49～13.27 |
| [59] | FTO/致密 $TiO_2$/十八烷基硅氧烷/$CH_3NH_3PbI_3$/spiro-OMeTAD/Ni 栅格 | 38 | 6.1 |
| [63] | ITO/PEDOT:PSS/$CH_3NH_3PbI_{3-x}Cl_x$/PCBM/ZnO/Ag 纳米线 | 14～46 | 3.55～12.95 |
| [10] | FTO/$TiO_2$/$CH_3NH_3PbI_3$/PTAA/PEDOT:PSS/ITO | 6.3～17.3 | 12.6～15.9 |
| [69] | FTO/$TiO_2$/PS/$CH_3NH_3PbI_3$/PTAA/PEDOT:PSS/ITO | 20.9 | 10.6 |
| [36] | FTO/TiO2/$CH_3NH_3PbI_3$/spiro-OMeTAD/PEDOT:PSS | 23 | 8 |
| [49] | ITO/PEDOT:PSS/$MAPbI_3$/$PC_{61}BM$/Au | 10～35.4 | 3.39～7.73 |

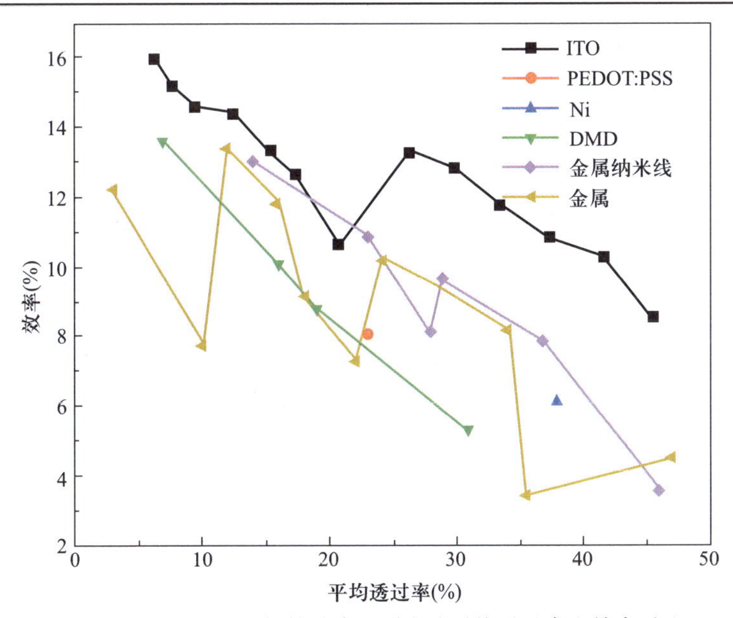


图 8.5 不同电极的钙钛矿半透明电池平均透过率和效率对比

# §8.2 钙钛矿叠层电池

太阳能是一种清洁、可持续能源，过去几年里光伏发电成本已经大幅度下降. 单晶硅(c-Si)电池是目前市场上最主要的产品，效率可以达到26.6%[70]，已经非常接近它的理论极限效率29.4%[71]. 电池的最大理论效率受限于Shockley-Queisser(SQ)极限[72]. 为了突破这个极限效率，叠层太阳能电池[73]、多激子太阳能电池等电池结构被提出[74]，但其中只有叠层太阳能电池能够突破SQ极限，得到更高效率. 在叠层电池结构中，顶层高禁带宽半透明电池吸收较高能量的光子，透过的较低能量光子则由底层低禁带宽电池吸收，从而实现对太阳光更高效的利用. 钙钛矿电池由于易制备、成本低、效率高、禁带宽度可调节等特质，在目前的多种材料的太阳能电池中，非常适于作为叠层电池的顶电池.

一般来说，叠层电池主要两大类：两端(2T)式和四端(4T)式[75]. 两端式结构比较简单，由两个电池串联而成(见图8.6(b)). 两端器件电流受Kirchhoff定律控制，即电流由较小的一方决定，电压则为两个串联电池电压之和. 两端式结构只需要制备一个透明电极，有利于降低吸收损耗. 但是电池制作工艺比较复杂，两个叠层子电池之间需要有低电阻、高透明度的电荷复合层，同时复合层和顶电池的制备还不能损坏底电池，这是目前两端式叠层电池最需要解决的问题. 四端式叠层由于两个子电池在电路上是独立的，所以结构上有更多种设计可以选择，主要可以分为堆叠式(见图8.6(a))、光学耦合式(见图8.6(c))和反射式(见图8.6(d)). 四端式的两个电池是分别制备的，两个电池电学上互不影响，效率为两者效率之和，因此目前实验上实现的效率比两端式更高. 但是这种结构需要制备三个透明电极，因此需要低电

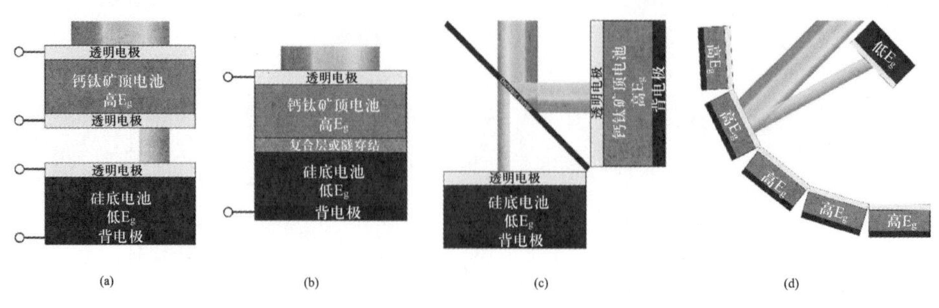


图8.6 电池结构分别为四端堆叠式(a)、两端式(b)、四端光学耦合式(c)和四端反射式(d)[73]

阻、高透明度的电极，这是4T叠层电池面临的最主要挑战．四端光学耦合式叠层电池通过分色镜在光路上实现更高效率利用，但是由于分色镜大规模制备比较昂贵，故只能在小面积电池中使用[76]．四端反射式叠层则通过调整光入射角度，将一部分入射光反射到底电池上．不论是2T还是4T叠层电池，理论最高效率都超过46%[77]．

## 8.2.1　钙钛矿/硅的叠层电池

2014年，Bailie等制备出效率为17.9%的4T叠层器件[78]．该器件使用转移在聚对苯二甲酸乙二醇酯(PET)上的银纳米线作为顶电极，但由于银会与钙钛矿反应生成碘化银，电池效率衰减得很快．Duong等使用ITO作为透明电极，制备出效率12%，在800～1000 nm波段平均透过率达80%的甲胺基钙钛矿透明电池，并以此为顶电池制备出效率达20.1%的钙钛矿/硅叠层电池[79]．从理论模拟结果来说，叠层电池的顶电池和底电池禁带宽分别为1.7 eV和1.1 eV为佳[80]，最常见的甲胺铅碘($MAPbI_3$)禁带宽则为1.55 eV左右，因此需要用溴(Br)去部分替代碘(I)来提高禁带宽，同时由于I，Br混合钙钛矿容易出现相分离[81]，降低电池效率，因此还需用铯(Cs)和甲脒(FA)或者其他阳离子来替代MA，提高电池的稳定性．Duong等又将铷(Rb)引入钙钛矿体系中，使用$Rb\text{-}FA_{0.75}MA_{0.15}Cs_{0.1}PbI_2Br$制备禁带宽为1.73 eV的顶层半透明钙钛矿电池，使用$MoO_x$(10 nm)/ITO(40 nm)作为透明电极，得到了效率为17.4%的顶电池，并以单晶硅电池为底电池得到了效率为26.4%的4T钙钛矿/硅叠层电池[82]．黄劲松等使用Cu(1 nm)/Au(7 nm)作为透明电极，制备出效率为16.5%的半透明电池[83]．考虑到超薄金属电极对钙钛矿层起伏度的敏感性，他们使用一步法代替两步法制备出更光滑的钙钛矿膜层，同时优化了硅电池的抗反层材料，最终得到了效率为23%的四端叠层电池．Jaysankar等提出模块化的概念并制备出4 $cm^2$大小的钙钛矿电池，其与硅电池的4T叠层最终效率为20.2%，这为商业化钙钛矿/硅叠层电池提出了一种可行的方案[84]．

两端器件最重要的是顶电池和底电池之间的复合层选取．Mailoa等于2015首先制备出钙钛矿/硅2T器件，开路电压为1.56 V，效率为13.7%[85]．他们使用了介孔型$MAPbI_3$，并使用银纳米线作为透明电极．然而由于硅异质结(SHJ)电池不耐高温，电子传输层使用$TiO_2$需要烧结到450℃以上，因此平面钙钛矿和低温制备的传输层是首选．Albrecht等使用$SnO_2$作为电子传输层，于2016年制备出效率为18.1%的2T叠层电池[86]．他们使用了溅射ITO作为电极，同时还加入LiF作为减反层．Werner等使用聚乙烯亚胺(PEIE)/PCBM作为有机电子传输层，两步法制备钙钛矿层，最终在1.22 $cm^2$和0.17 $cm^2$分别得到了19.2%和21.2%的效率[6]. 由于2T电池通常器件整体电流受硅电池限制，因此提高硅电池的红外响应也是一种提高叠层电池的途径. Bush等于2017年初制备出面积达1 $cm^2$，效率达23.6%的2T钙钛矿/硅叠层电池[87]. 他们引入了$SnO_2$/ZTO双层结构来避免ITO溅射过程中对有机层造成损伤，最终电池为反式结构，NiO作为空穴传输层在这里也被证明有利于增加电池电流.

为了进一步提高叠层电池效率，提高钙钛矿层的质量，如增加添加剂和阳离子等许多方式被提出. 黄劲松等利用甲胺氯(MACl)和甲胺次磷酸($MAH_2PO_2$)作为钙钛矿溶液的添加剂[88]，其中MACl可以增加钙钛矿晶粒尺寸，$MAH_2PO_2$可以钝化钙钛矿层从而减小非辐射复合. 他们制备出$V_{OC}$达1.80 V且效率为25.4%的叠层电池. Sahli等制备出效率达25.2%的采用织构的钙钛矿/硅叠层电池. 这种含织构的器件比起抛光的硅电池来说，短路电流密度从17.8 mA/$cm^2$增加到19.5 mA/$cm^2$. Oxford PV公司于2018年6月展示了经过认证后，效率高达27.3%的2T钙钛矿/硅叠层电池，该效率首次超过了硅电池的最高认证效率26.6%[89].

Uzu等利用分光器实现了4T光学耦合叠层电池，效率达28%[90]. 他们将截止波长为550 nm的分光器与两个子电池分别成45°放置，550 nm以下短波长光到达$MAPbI_3$电池并得到的7.5%效率，550 nm以上长波长光到达Si电池并得到19.9%的效率. 他们提出增加截止波长会导致钙钛矿电池的外量子效率(EQE)降低，同时550 nm截止波长对于比$MAPbI_3$禁带宽更大的钙钛矿电池依然适用. Ho-Baillie等又用$MAPbBr_3$代替了$MAPbI_3$，得到了23.4%的效率[91].

### 8.2.2 钙钛矿/铜铟镓硒(CIGS)的叠层电池

钙钛矿和CIGS电池都是薄膜电池，且可以在柔性基底上制备，因此钙钛矿/CIGS叠层电池很有商业应用潜质. 2015年，Todorvo等制备了钙钛矿/CIGS叠层电池[92]. 他们通过对$MAPb(I_xBr_{1-x})_3$中I和Br组分进行调节实现了对禁带宽从1.65 eV到1.75 eV的连续调节，最终以Ca(10～15 nm)/2,9-二甲基-4,7-二苯基-1,10-菲咯啉(BCP)为透明电极，使用1.72 eV钙钛矿，得到了10.98%的效率. 同钙钛矿/硅叠层电池一样，TCO和薄层金属也是较常用的透明电极. Kranz等制备出4T的钙钛矿/CIGS叠层电池，以氧化铝锌(AZO)/$MoO_x$为透明电极，上层半透明钙钛矿电池效率为12.1%，下层CIGS电池效率为7.4%，最终叠层电池的效率为19.5%[93]. Guchhait等比较了溅射ITO作为透明电极时，Ag和$MoO_x$作为缓冲层的区别[94]. 由于$MoO_x$的复合缺陷比Ag多，使用$MoO_x$作为缓冲层会降低填充因子(FF). 最终他们得到的 4T 钙钛矿/CIGS 叠层电池效率为 20.7%. 目前该结构的最高效率器件是由 Shen 制备出的效率为 23.9%的钙钛矿/CIGS 电池[95]. 他们使用 $MoO_x$ 作缓冲层，40 nm 的氧化铟锌(IZO)作透明电极(并在透明电极上蒸镀一层金属网格结构来增加导电性)，掺 Rb 的 $Cs_{0.05}Rb_{0.05}FA_{0.765}MA_{0.135}I_{2.55}Br_{0.45}$ 钙钛矿材料作为吸收层. 可以看出，700～800 nm 波段的顶电池透过率的提升是增加钙钛矿/CIGS 叠层效率的关键，而通过选取特定的透明电极和钙钛矿层可以提高顶电池透过率.

### 8.2.3　钙钛矿/钙钛矿的叠层电池

全钙钛矿叠层电池是可以全部使用溶液法制备的叠层电池，该叠层结构最重要的目标是要同时制备出高效率的高禁带宽和低禁带宽的钙钛矿电池. 一般来说，理论上高效叠层电池的顶电池禁带宽以 1.7～1.9 eV 为佳，而底电池禁带宽以 0.9～1.2 eV 为佳[96]. 2014 年，Lin 等首先提出了全钙钛矿叠层电池的概念[97]. 他们使用变角度椭偏仪(VASE)来研究钙钛矿光学性质并模拟平面钙钛矿电池的最佳效率. 在计算模拟中他们将 $MAPbI_3$ 同时作为顶层和底层电池的钙钛矿层. 当然在这种模拟条件下，叠层电池并不比单钙钛矿电池效率高，同时叠层电池的电压过高还更容易导致电池材料分解失效. 后来，Heo 等提出一种制备钙钛矿/钙钛矿 2T 叠层电池的方法[98]. 他们直接将 $MAPbBr_3$ 电池按压于 $MAPbI_3$ 电池上面. $MAPbBr_3$ 电池结构为 FTO/$TiO_2$/$MAPbBr_3$/PTAA 或 P3HT，$MAPbI_3$ 电池结构为 PCBM/$MAPbI_3$/PEDOT∶PSS/ITO，然后使用加压的方式将湿润的 PTAA 或 P3HT 层压在 PCBM 层上，再对 $MAPbBr_3$/$MAPbI_3$ 叠层电池进行退火. 该电池的开路电压为 2.25 V，短路电流密度为 8.3 $mA/cm^2$，效率达到 10.4%. 这是一种非常有效且便捷的制备全钙钛矿 2T 叠层电池的方法.

Eperon 等稍后制备了效率达 17%的 2T 全钙钛矿叠层电池[99]. 顶电池使用的是禁带宽为 1.8 eV 的 $FA_{0.83}Cs_{0.17}Pb(I_{0.5}Br_{0.5})_3$，底电池使用的是禁带宽为 1.2 eV 的 $FA_{0.75}Cs_{0.25}Pb_{0.5}Sn_{0.5}I_3$(见图 8.7(a))，是理论上较优的禁带宽度选择. 他们通过使用 Sn 部分代替 Pb，降低了钙钛矿的禁带宽，最终使用 $FA_{0.75}Cs_{0.25}Pb_{0.5}Sn_{0.5}I_3$ 得到了效率达 14.8%的低禁带宽钙钛矿电池. 同时他们还应用了 $FA_{0.83}Cs_{0.17}Pb(I_{0.83}Br_{0.17})_3$ 作为半透明顶电池，加在 1.2 eV 底电池的上面制备 4T 全钙钛矿叠层电池，得到了 20.3%的效率. Zhao 等于 2017 年将 4T 全钙钛矿叠层电池效率提升至 21.0%[100]. 他们也是使用 Sn 和 Pb 混合以得到 1.25 eV 的低禁带宽钙钛矿电池，并得到了高达 17.6%的效率. 但是在把以 $MoO_x$/Au/$MoO_x$ 为透明电极的 1.58 eV 禁带宽的顶电池加入后，该 Sn-Pb 混合钙钛矿底电池仅能保留 3%的效率. 这一方面是因为 DMD 结构的透明电极的透过率会低于 ITO，另一方面顶电池的禁带宽也低于理论上较优的 1.70～1.75 eV. 因此，提高 1.7 eV 禁带宽钙钛矿半透明电池的透过率和效率是提高全钙钛矿叠层电池效率的关键. 通过对顶电池的改进，Zhao 等制备了效率高达 23%的 4T 叠层电池(见图 8.7(c)～(e))[101]. 这次他们使用了禁带宽为 1.75 eV 的 $FA_{0.8}Cs_{0.2}Pb(I_{0.7}Br_{0.3})_3$ 电池代替之前的 1.58 eV 的 $FA_{0.3}MA_{0.7}PbI_3$ 顶电池，同时使用 $MoO_x$/ITO 代替 $MoO_x$/Au/$MoO_x$ 作为透明电极，使得半透明顶电池在 700～1100 nm 波段的平均透过率达到了 68%，且加入液态石蜡于顶电池和底电池之间以减少界面反射造成的光损失，最终低禁带宽的底电池效率为 7.4%，较之前的工作有所提高.

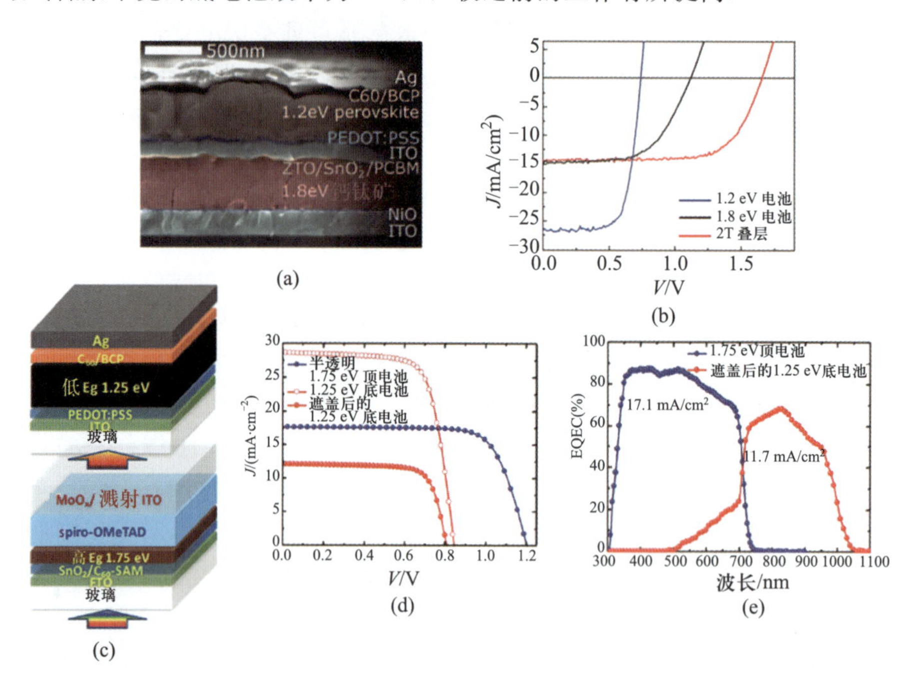


图 8.7 钙钛矿/钙钛矿叠层电池的 SEM 截面图(a)，2T 钙钛矿叠层 *J*-*V* 曲线[90](b)，4T 叠层结构示意图(c)，4T 全钙钛矿电池 *J*-*V* 曲线(d)和 EQE 曲线(e)[92]

### 8.2.4 三叠层钙钛矿电池的理论预测

三叠层钙钛矿电池虽然目前还没有被制备出，但是考虑到有机大分子聚合物的三叠层电池已经被制备出并且效率达到 11%，实验上钙钛矿三叠层电池也是可以实现的[102]. 理论上来说，三叠层电池可以实现比两叠层电池更高的太阳光利用率. 当然，三叠层对于每层电池的禁带宽都有要求，计算表明从顶层到底层分别为 1.9～2.1 eV，1.5～1.7 eV，0.9～1.2 eV 为佳[103].

Hörantner 等人做了更为具体的计算. 他们分别计算了全钙钛矿三叠层和钙钛矿/钙钛矿/硅三叠层电池结构，将底电池禁带宽分别固定为 1.22 eV 的钙钛矿电池和 1.1 eV 的单晶硅电池，改变顶层和中层半透明钙钛矿电池的禁带宽以得到最高效率. 全钙钛矿三叠层电池的效率理论上从两叠层电池的 32.2%提高到 33%，开路电压提高到 3.5 eV，钙钛矿/钙钛矿/硅三叠层电池则比钙钛矿/硅电池两叠层电池效率提高更多，从 31.8%提高到 35.3%. 虽然目前还未实现，但是钙钛矿的禁带宽可以在 1.17～2.24 eV 内连续调节，覆盖了三叠层电池所需的最佳禁带宽要求值. 制备出高透过率的透明电极和高效率的高禁带宽钙钛矿电池，是实现三叠层钙钛矿电池的关键.

## §8.3　总　　结

总体来说，钙钛矿由于易制备、低成本且禁带宽度连续可调节等优点，是适合制备叠层电池的材料. 而由于钙钛矿材料对温度敏感，在不损伤钙钛矿层情况下选取高透过率、低电阻的透明电极，是制备半透明钙钛矿电池的关键. 目前含钙钛矿的叠层电池的实验效率已经超过了单钙钛矿电池的效率，充分说明叠层结构是实现更高效利用太阳光能源的有效方法.

## 参 考 文 献


[1] Kumar A and Zhou C. The race to replace tin-doped indium oxide: which material will win?. ACS Nano, 2010, 4(1): 11.

[2] Bel Hadj Tahar R, Ban T, et al. Tin doped indium oxide thin films: electrical properties . Journal of Applied Physics, 1998, 83(5): 2631.

[3] Chopra K L, Major S, and Pandya D K. Transparent conductors—A status review. Thin Solid Films, 1983, 102(1): 1.

[4] Granqvist C G and Hultåker A. Transparent and conducting ITO films: new developments and applications. Thin Solid Films, 2002, 411(1): 1.

[5] Dattoli E N and Lu W. ITO nanowires and nanoparticles for transparent films. MRS Bulletin, 2011, 36(10): 782.

[6] Werner J, Weng C H, Walter A, et al. Efficient monolithic perovskite/silicon tandem solar cell with cell area >1 $cm^2$. J. Phys. Chem. Lett., 2016, 7(1): 161.

[7] Zhu S, Yao X, Ren Q, et al. Transparent electrode for monolithic perovskite/silicon-heterojunction two-terminal tandem solar cells. Nano Energy, 2018, 45: 280.

[8] Ramos F J, Jutteau S, Posada J, et al. Highly efficient $MoO_x$-free semitransparent

perovskite cell for 4 T tandem application improving the efficiency of commercially-available Al-BSF silicon. Sci. Rep., 2018, 8(1): 16139.

[ 9 ] Tan L, Liu C, Huang Z, et al. Self-encapsulated semi-transparent perovskite solar cells with water-soaked stability and metal-free electrode. Organic Electronics, 2017, 48: 308.

[ 10 ] Heo J H, Han H J, Lee M, et al. Stable semi-transparent $CH_3NH_3PbI_3$ planar sandwich solar cells. Energy & Environmental Science, 2015, 8(10): 2922.

[ 11 ] Inganäs O. Avoiding indium. Nature Photonics, 2011, 5(4): 201.

[ 12 ] Vosgueritchian M, Lipomi D J, and Bao Z. Highly conductive and transparent PEDOT : PSS films with a fluorosurfactant for stretchable and flexible transparent electrodes. Advanced Functional Materials, 2012, 22(2): 421.

[ 13 ] Shirakawa H, Louis E J, Macdiarmid A G, et al. Synthesis of electrically conducting organic polymers - halogen derivatives of polyacetylene, (Ch)X. Journal of the Chemical Society-Chemical Communications, 1977, 16: 578.

[ 14 ] Dennler G, Lungenschmied C, Neugebauer H, et al. A new encapsulation solution for flexible organic solar cells. Thin Solid Films, 2006, 511-512: 349.

[ 15 ] Cai W, Li M, Wang S, et al. Strong, flexible and thermal-resistant CNT/polyarylacetylene nanocomposite films. RSC Advances, 2016, 6(5): 4077.

[ 16 ] Yun T G, Hwang B, Kim D, et al. Polypyrrole-$MnO_2$-coated textile-based flexible-stretchable supercapacitor with high electrochemical and mechanical reliability. ACS Appl. Mater. Interfaces, 2015, 7(17): 9228.

[ 17 ] Cairns D R, Witte R P, Sparacin D K, et al. Strain-dependent electrical resistance of tin-doped indium oxide on polymer substrates. Applied Physics Letters, 2000, 76(11): 1425.

[ 18 ] Kirchmeyer S and Reuter K. Scientific importance, properties and growing applications of poly(3, 4-ethylenedioxythiophene). Journal of Materials Chemistry, 2005, 15(21): 2077.

[ 19 ] Zhang B, Sun J, Katz H E, et al. Promising thermoelectric properties of commercial PEDOT : PSS materials and their $Bi_2Te_3$ powder composites. ACS Applied Materials & Interfaces, 2010, 2(11): 3170.

[ 20 ] Yan H, Jo T, and Okuzaki H. Highly conductive and transparent poly (3, 4-ethylenedioxythiophene)/poly(4-styrenesulfonate)(PEDOT/PSS) thin films. Polymer Journal, 2009, 41: 1028.

[ 21 ] Lee M W, Lee M Y, Choi J C, et al. Fine patterning of glycerol-doped PEDOT : PSS on hydrophobic PVP dielectric with ink jet for source and drain electrode of OTFTs. Organic Electronics, 2010, 11(5): 854.

[ 22 ] Worfolk B J, Andrews S C, Park S, et al. Ultrahigh electrical conductivity in solution-sheared polymeric transparent films. Proc. Natl. Acad. Sci. USA, 2015,

112(46): 14138.

[23] KimY H, Sachse C, Machala M L, et al. Highly conductive PEDOT:PSS electrode with optimized solvent and thermal post-treatment for ITO-free organic solar cells. Advanced Functional Materials, 2011, 21(6): 1076.

[24] Zhang W, Zhao B, He Z, et al. High-efficiency ITO-free polymer solar cells using highly conductive PEDOT:PSS/surfactant bilayer transparent anodes. Energy & Environmental Science, 2013, 6(6): 1956.

[25] Xia Y, Sun K, and Ouyang J. Highly conductive poly(3,4-ethylenedioxythiophene): poly(styrene sulfonate) films treated with an amphiphilic fluoro compound as the transparent electrode of polymer solar cells. Energy Environ. Sci., 2012, 5(1): 5325.

[26] Kim N, Kee S, Lee S H, et al. Highly conductive PEDOT:PSS nanofibrils induced by solution-processed crystallization. Adv. Mater., 2014, 26(14): 2268.

[27] Kim N, Kang H, Lee J H, et al. Highly conductive all-plastic electrodes fabricated using a novel chemically controlled transfer-printing method. Adv. Mater., 2015, 27(14): 2317.

[28] Jeong S H, Ahn S, and Lee T W. Strategies to improve electrical and electronic properties of PEDOT:PSS for organic and perovskite optoelectronic devices. Macromolecular Research, 2018, 27(1): 2.

[29] Zhou Y, Li F, Barrau S, et al. Inverted and transparent polymer solar cells prepared with vacuum-free processing. Solar Energy Materials and Solar Cells, 2009, 93(4): 497.

[30] Dong Q, Zhou Y, Pei J, et al. All-spin-coating vacuum-free processed semi-transparent inverted polymer solar cells with PEDOT:PSS anode and PAH-D interfacial layer. Organic Electronics, 2010, 11(7): 1327.

[31] Nickel F, Puetz A, Reinhard M, et al. Cathodes comprising highly conductive poly(3,4-ethylenedioxythiophene):poly(styrenesulfonate) for semi-transparent polymer solar cells. Organic Electronics, 2010, 11(4): 535.

[32] Kim H P, Lee H J, Mohd Yusoff A R B, et al. Semi-transparent organic inverted photovoltaic cells with solution processed top electrode. Solar Energy Materials and Solar Cells, 2013, 108: 38.

[33] Hau S K, Yip H L, Zou J, et al. Indium tin oxide-free semi-transparent inverted polymer solar cells using conducting polymer as both bottom and top electrodes. Organic Electronics, 2009, 10(7): 1401.

[34] Kuang C, Tang G, Jiu T, et al. Highly efficient electron transport obtained by doping PCBM with graphdiyne in planar-heterojunction perovskite solar cells. Nano Letters, 2015, 15(4): 2756.

[35] Dianetti M, Di Giacomo F, Polino G, et al. TCO-free flexible organo metal trihalide perovskite planar-heterojunction solar cells. Solar Energy Materials and

Solar Cells, 2015, 140: 150.

[ 36 ] Jiang Y, Luo B, Jiang F, et al. Efficient colorful perovskite solar cells using a top polymer electrode simultaneously as spectrally selective antireflection coating. Nano Lett., 2016, 16(12): 7829.

[ 37 ] Xiao S, Chen H, Jiang F, et al. Hierarchical dual-scaffolds enhance charge separation and collection for high efficiency semitransparent perovskite solar cells. Advanced Materials Interfaces, 2016, 3(17): 1600484.

[ 38 ] Novoselov K S, Geim A K, Morozov S V, et al. Electric field effect in atomically thin carbon films. Science, 2004, 306(5696): 666.

[ 39 ] Chen J H, Jang C, Xiao S, et al. Intrinsic and extrinsic performance limits of graphene devices on $SiO_2$. Nat. Nanotechnol., 2008, 3(4): 206.

[ 40 ] You P, Liu Z, Tai Q, Et al. Efficient semitransparent perovskite solar cells with graphene electrodes. Adv. Mater., 2015, 27(24): 3632.

[ 41 ] Yoon J, Sung H, Lee G, et al. Superflexible, high-efficiency perovskite solar cells utilizing graphene electrodes: towards future foldable power sources. Energy & Environmental Science, 2017, 10(1): 337.

[ 42 ] Yu L, Shearer C, and Shapter J. Recent development of carbon nanotube transparent conductive films. Chem. Rev., 2016, 116(22): 13413.

[ 43 ] Mann D, Javey A, Kong J, et al. Ballistic transport in metallic nanotubes with reliable Pd ohmic contacts. Nano Letters, 2003, 3(11): 1541.

[ 44 ] Chen G, Futaba D N, Sakurai S, et al. Interplay of wall number and diameter on the electrical conductivity of carbon nanotube thin films. Carbon, 2014, 67: 318.

[ 45 ] in het Panhuis M. Carbon nanotubes: enhancing the polymer building blocks for intelligent materials. Journal of Materials Chemistry, 2006, 16(36): 3598.

[ 46 ] Wei Z, Chen H, Yan K, et al. Hysteresis-free multi-walled carbon nanotube-based perovskite solar cells with a high fill factor. Journal of Materials Chemistry A, 2015, 3(48): 24226.

[ 47 ] Luo Q, Ma H, Hou Q, et al. All-carbon-electrode-based endurable flexible perovskite solar cells. Advanced Functional Materials, 2018, 28(11): 1706777.

[ 48 ] Jeon I, Chiba T, Delacou C, et al. Single-walled carbon nanotube film as electrode in indium-free planar heterojunction perovskite solar cells: Investigation of electron-blocking layers and dopants. Nano Letters, 2015, 15(10): 6665.

[ 49 ] Bulíř J. Preparation of nanostructured ultrathin silver layer. Journal of Nanophotonics, 2011, 5(1): 051511.

[ 50 ] Roldán-Carmona C, Malinkiewicz O, Betancur R, et al. High efficiency single-junction semitransparent perovskite solar cells. Energy Environ Sci., 2014, 7(9): 2968.

[ 51 ] Della Gaspera E, Peng Y, Hou Q, et al. Ultra-thin high efficiency semitransparent

perovskite solar cells. Nano Energy，2015，13：249.
[ 52 ] Hu T，Becker T，Pourdavoud N，et al. Indium-free perovskite solar cells enabled by impermeable tin-oxide electron extraction layers. Adv. Mater.，2017，29 (27)：1606656.
[ 53 ] Lu H，Ren X，Ouyang D，et al. Emerging novel metal electrodes for photovoltaic applications. Small，2018，14(14)：e1703140.
[ 54 ] Xia Y，Xiong Y，Lim B，et al. Shape-controlled synthesis of metal nanocrystals：simple chemistry meets complex physics? Angew. Chem. Int. Ed. Engl.，2009，48 (1)：60.
[ 55 ] Xia Y，Xia X，and Peng H C. Shape-controlled synthesis of colloidal metal nanocrystals：thermodynamic versus kinetic products. J. Am. Chem. Soc.，2015，137(25)：7947.
[ 56 ] Xia Y，Xia X，Wang Y，et al. Shape-controlled synthesis of metal nanocrystals. MRS Bulletin，2013，38(04)：335.
[ 57 ] Kim W K，Lee S，Hee Lee D，et al. Cu mesh for flexible transparent conductive electrodes. Sci. Rep.，2015，5：10715.
[ 58 ] Kang M G，Kim M S，Kim J，et al. Organic solar cells using nanoimprinted transparent metal electrodes. Advanced Materials，2008，20(23)：4408.
[ 59 ] Wu W，Tassi N G. A broadband plasmonic enhanced transparent conductor. Nanoscale，2014，6(14)：7811.
[ 60 ] Han B，Huang Y，Li R，et al. Bio-inspired networks for optoelectronic applications. Nat. Commun.，2014，5：5674.
[ 61 ] Hörantner M T，Nayak P K，Mukhopadhyay S，et al. Shunt-blocking layers for semitransparent perovskite solar cells. Advanced Materials Interfaces，2016，3 (10)：1500837.
[ 62 ] Chang C Y，Lee K T，Huang W K，et al. High-performance，air-stable，low-temperature processed semitransparent perovskite solar cells enabled by atomic layer deposition. Chemistry of Materials，2015，27(14)：5122.
[ 63 ] Lee M，Ko Y，Min B K，et al. Silver nanowire top electrodes in flexible perovskite solar cells using titanium metal as substrate. ChemSusChem，2016，9(1)：31.
[ 64 ] Hwang H，Kim A，Zhong Z，et al. Reducible-shell-derived pure-copper-nanowire network and its application to transparent conducting electrodes. Advanced Functional Materials，2016，26(36)：6545.
[ 65 ] Ramírez Quiroz C O，Levchuk I，Bronnbauer C，et al. Pushing efficiency limits for semitransparent perovskite solar cells. Journal of Materials Chemistry A，2015，3 (47)：24071.
[ 66 ] Li Y，Meng L，YanG Y，et al. High-efficiency robust perovskite solar cells on ultrathin flexible substrates. Nature Communications，2016，7：10214.

[67] Bag S, Durstock M F. Efficient semi-transparent planar perovskite solar cells using a 'molecular glue'. Nano Energy, 2016, 30: 542.

[68] Kwon H C, Kim A, Lee H, et al. Parallelized nanopillar perovskites for semitransparent solar cells using an anodized aluminum oxide scaffold. Advanced Energy Materials, 2016, 6(20): 1601055.

[69] Heo J H, Jang M H, Lee M H, et al. Efficiency enhancement of semi-transparent sandwich type $CH_3NH_3PbI_3$ perovskite solar cells with island morphology perovskite film by introduction of polystyrene passivation layer. Journal of Materials Chemistry A, 2016, 4(42): 16324.

[70] Yoshikawa K, Yoshida W, Irie T, et al. Exceeding conversion efficiency of 26% by heterojunction interdigitated back contact solar cell with thin film Si technology. Sol. Energy Mater. Sol. Cells, 2017, 173: 37.

[71] Richter A, Hermle M, and Glunz S W. Reassessment of the limiting efficiency for crystalline silicon solar cells. IEEE J. Photovoltaics, 2013, 3: 1184.

[72] Shockley W and Queisser H J. Detailed balance limit of efficiency of p-n junction solar cells. J. Appl. Phys., 1961, 32(3): 510.

[73] Luque A and Marti A. Increasing the efficiency of ideal solar cells by photon induced transitions at intermediate levels. Phys. Rev. Lett., 1997, 78(26): 5014.

[74] Yan Y, Crisp R W, Gu J, et al. Multiple exciton generation for photoelectrochemical hydrogen evolution reactions with quantum yields exceeding 100%. Nat. Energy, 2017, 2(5): 17052.

[75] Werner J, Niesen B, and Ballif C. Perovskite/silicon tandem solar cells: marriage of convenience or true love story? —An overview. Adv. Mater. Interfaces, 2018, 5(1): 1700731.

[76] Bailie C D and McGehee M D. High-efficiency tandem perovskite solar cells. MRS Bull., 2015, 40(08): 681.

[77] Eperon G E, Horantner M T, and Snaith H J. Metal halide perovskite tandem and multiple-junction photovoltaics. Nat. Rev. Chem., 2017, 1(12): 0095.

[78] Bailie C D, Christoforo M G, Mailoa J P, et al. Semi-transparent perovskite solar cells for tandems with silicon and CIGS. Energy Environ. Sci., 2015, 8(3): 956.

[79] Duong T, Lal N, Grant D, et al. Semitransparent perovskite solar cell with sputtered front and rear electrodes for a four-terminal tandem. IEEE J. Photovoltaics, 2016, 6(3): 679.

[80] Coutts T J, Emery K A, and Ward J S. Modeled performance of polycrystalline thin-film tandem solar cells. Prog. Photovoltaics, 2002, 10(3): 195.

[81] Hoke E T, Slotcavage D J, Dohner E R, et al. Reversible photo-induced trap formation in mixed-halide hybrid perovskites for photovoltaics. Chem. Sci., 2015, 6(1):613.

[82] Duong T, Wu Y L, Shen H P, et al. Rubidium multication perovskite with optimized bandgap for perovskite-silicon tandem with over 26% efficiency. Adv. Energy Mater., 2017, 7(14): 1700228.

[83] Chen B, Bai Y, Yu Z S, et al. Efficient semitransparent perovskite solar cells for 23.0%-efficiency perovskite/silicon four-terminal tandem cells. Adv. Energy Mater., 2016, 6(19): 1601128.

[84] Jaysankar M, Qiu W M, van Eerden M, et al. Four-terminal perovskite/silicon multijunction solar modules. Adv. Energy Mater., 2017, 7(15): 1602807.

[85] Mailoa J P, Bailie C D, Johlin E C, et al. A 2-terminal perovskite/silicon multijunction solar cell enabled by a silicon tunnel junction. Appl. Phys. Lett., 2015, 106(12): 121105.

[86] Albrecht S, Saliba M, Baena J P C, et al. Monolithic perovskite/silicon-heterojunction tandem solar cells processed at low temperature. Energy Environ. Sci., 2016, 9(1): 81.

[87] Bush K A, Palmstrom A F, Yu Z S J, et al. 23.6%-efficient monolithic perovskite/silicon tandem solar cells with improved stability. Nat. Energy, 2017, 2(4): 17009.

[88] Chen B, Yu Z S, Liu K, et al. Grain engineering for perovskite/silicon monolithic tandem solar cells with efficiency of 25.4%. Joule, 2019, 3(1): 177.

[89] https://www.oxfordpv.com/news/oxford-pv-sets-world-record-perovskite-solar-cell.

[90] Uzu H, Ichikawa M, Hino M, et al. High efficiency solar cells combining a perovskite and a silicon heterojunction solar cells via an optical splitting system. Appl. Phys. Lett., 2015, 106(1): 013506.

[91] Sheng R, Ho-Baillie A W Y, Huang S J, et al. Four-terminal tandem solar cells using $CH_3NH_3PbBr_3$ by spectrum splitting. J. Phys. Chem. Lett., 2015, 6(19): 3931.

[92] Todorov T, Gershon T, Gunawan O, et al. Monolithic perovskite-CIGS tandem solar cells via In situ band gap engineering. Adv. Energy Mater., 2015, 5(23): 1500799.

[93] Kranz L, Abate A, Feurer T, et al. High-efficiency polycrystalline thin film tandem solar cells. J. Phys. Chem. Lett., 2015, 6(14): 2676.

[94] Guchhait A, Dewi H A, Leow S W, et al. Over 20% efficient CIGS-perovskite tandem solar cells. ACS Energy Lett., 2017, 2(4): 807.

[95] Wegelius A, Khanna N, Esmieu C, et al. Generation of a functional, semisynthetic [FeFe]-hydrogenase in a photosynthetic microorganism. Energy Environ. Sci., 2018, 11(11): 3163.

[96] Yu Z S, Leilaeioun M, and Holman Z. Selecting tandem partners for silicon solar

cells. Nat. Energy, 2016, 1(11): 16137.

[97] Chen C W, Hsiao S Y, Chen C Y, et al. Optical properties of organometal halide perovskite thin films and general device structure design rules for perovskite single and tandem solar cells. J. Mater. Chem. A, 2015, 3(17): 9152.

[98] Heo J H and Im S H. $CH_3NH_3PbBr_3$-$CH_3NH_3PbI_3$ perovskite-perovskite tandem solar cells with exceeding 2.2 V open circuit voltage. Adv. Mater., 2016, 28(25): 5121.

[99] Eperon G E, Leijtens T, Bush K A, et al. Perovskite-perovskite tandem photovoltaics with optimised band gaps. Science, 2016, 354(6314): 861.

[100] Zhao D W, Yu Y, Wang C L, et al. Low-bandgap mixed tin-lead iodide perovskite absorbers with long carrier lifetimes for all-perovskite tandem solar cells. Nat. Energy, 2017, 2(4): 17018.

[101] Zhao D W, Wang C L, Song Z N, et al. Four-terminal all-perovskite tandem solar cells achieving power conversion efficiencies exceeding 23%. ACS Energy Lett., 2018, 3(2): 305.

[102] Chen C C, Chang W H, Yoshimura K, et al. An efficient triple-junction polymer solar cell having a power conversion efficiency exceeding 11%. Adv. Mater., 2014, 26(32): 5670.

[103] Horantner M T, Leijtens T, Ziffer M E, et al. The potential of multijunction perovskite solar cells. ACS Energy Lett., 2017, 2(10): 2506.

# 第九章　钙钛矿太阳能电池的稳定性

张泽昊、陈志坚

自从2009年首次报道采用有机-无机杂化钙钛矿作为吸光材料的太阳能电池以来，钙钛矿太阳能电池效率的快速提升引起了人们广泛的关注，这类电池同时具有制备工艺简单、成本低廉等优点，引发了钙钛矿电池的研究热潮. 目前研究工作大多集中在如何提高电池的光电转换效率上，但钙钛矿电池要真正实现产业化，亟待解决材料及器件的稳定性问题. 本章将探讨影响钙钛矿材料及器件的稳定性因素，从温度及湿度等方面分析材料的稳定性，从传输材料及其界面问题讨论器件的稳定性.

## §9.1　引　　言

要实现钙钛矿太阳能电池的商业化，真正的挑战在于电池的稳定性. 在早期的液态钙钛矿太阳能电池中，由于钙钛矿材料在液态电解液中的稳定性较差，使得电池性能迅速退化. 而固态钙钛矿太阳能电池能够取得较高的光电转换效率，得益于其在固态环境下相对稳定. 总地来说，影响器件稳定性的因素可以归纳为以下两点：一是钙钛矿材料本身的稳定性，主要包括其热稳定性及湿度稳定性；二是电池结构的稳定性，主要涉及器件中的电子传输层及空穴传输层(见图9.1). 从材料本身来看，钙钛矿结构在温度或湿度较高的环境

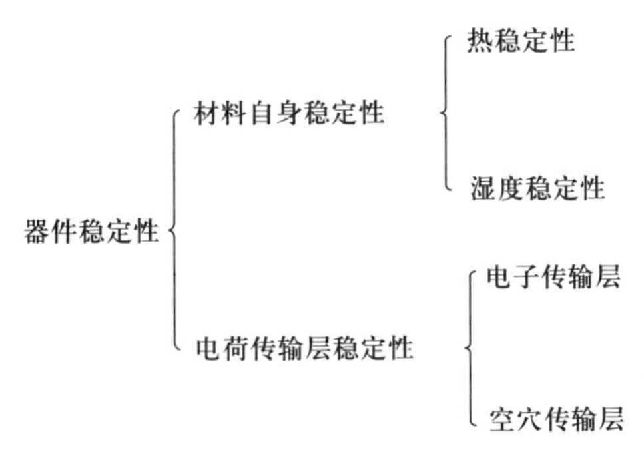


图9.1　钙钛矿电池稳定性影响因素

下，其晶格易被破坏而导致材料分解. 目前，经过封装之后的钙钛矿太阳能电池的寿命可以达到 1000 h 以上，经过元素工程(材料改性)及界面工程有望得到进一步改善. 从电池结构来看，电子传输材料及空穴传输材料对于钙钛矿电池的稳定性影响也很大. 因此，本章将从材料结构与器件设计两方面对钙钛矿太阳能电池的稳定性进行讨论.

## §9.2 钙钛矿材料的稳定性

由于杂化钙钛矿结构在温度或湿度较高的环境下，其晶格易被破坏而导致材料的分解，因此有关钙钛矿材料本身的稳定性主要关注的是其热稳定性及与水的反应敏感性，即湿度稳定性. 这也是杂化钙钛矿作为光伏材料能否最终实用化的关键因素. 下面分别就这两个方面进行叙述.

### 9.2.1 钙钛矿材料的热稳定性

如前所述，钙钛矿材料是指具有与 $CaTiO_3$ 相同晶体结构的一类有机-无机杂化材料，其化学通式为 $AMX_3$，其中 A 一般为有机阳离子 $CH_3NH_3^+$ 或 $HN{=}CH(NH_3)^+$ 等，M 为二价金属离子 $Pb^{2+}$ 或 $Sn^{2+}$ 等，X 为 $Cl^-$，$Br^-$ 或 $I^-$ 等卤素离子. 其中 M 与 X 形成正八面体对称结构，M 位于八面体的中心，形成 $MX_6$ 的立方对称结构，A 分布在八面体组成的中心形成立方体，从而形成三维的周期性结构[1]. 此类结构对于离子的大小有着严格的要求，非常小的晶格膨胀或畸变都会使得材料的对称性和结构稳定性大幅降低. 材料能否形成稳定的钙钛矿结构可以通过容忍因子 $t$ 进行初步判断，$t=(r_A+r_X)/[2^{1/2}(r_M+r_X)]$，其中 $r_A$ 和 $r_M$ 分别是正八面体结构中阳离子 A 和 M 的有效离子半径，$r_X$ 是阴离子有效半径[2]. 一般来说，若要形成稳定的钙钛矿结构，$t$ 的取值要在 0.78～1.05 之间. 目前最广泛用于太阳能电池的钙钛矿材料 $CH_3NH_3PbI_3$ 的 $t$ 为 0.834($r_A=180$ pm，$r_M=119$ pm，$r_X=220$ pm)，在室温下是扭曲的三维结构. 通过更换或部分引入不同大小的离子，可以实现对 $t$ 的调节，进而获得具有更稳定晶体结构的钙钛矿材料，其对于环境的稳定性也会因此受到影响. 表 9.1 列出了部分钙钛矿晶体的相变温度[3].

**表 9.1 钙钛矿晶体的相变温度**

| 材料 | 相变温度/K | 晶系 |
| --- | --- | --- |
| $CsSnI_3$ | 300 | 正交 |
| | 350 | 四方 |

（续表）

| 材料 | 相变温度/K | 晶系 |
| --- | --- | --- |
| | 478 | 立方 |
| $MAGeCl_3$ | 250 | 正交 |
| | 370 | 三角 |
| | 475 | 立方 |
| $MAPbCl_3$ | <173 | 正交 |
| | 173～179 | 四方 |
| | >179 | 立方 |
| $MAPbBr_3$ | <145 | 正交 |
| | 150～237 | 四方 |
| | >237 | 立方 |
| $MAPbI_3$ | <162 | 正交 |
| | 162～327 | 四方 |
| | >327 | 立方 |

由于太阳能电池在实际应用中很可能持续在60℃以上工作，因此应用于电池中的钙钛矿材料的热稳定性对于电池的长期稳定性是至关重要的. 有研究报道了钙钛矿材料 $CH_3NH_3PbI_3$ 在85℃和不同气氛环境下放置24 h后，钙钛矿薄膜形貌、导电性和化学成分的变化[4]. 结果表明，在85℃和全日光照射24 h后，器件中的 $CH_3NH_3PbI_3$ 会发生分解. 这种现象不仅在空气氛围下保存的电池中发现，同时也存在于氮气氛围下保存的电池里. 因此他们认为 $CH_3NH_3PbI_3$ 的热稳定性较差，并不能达到商业化电池对稳定性的要求. 但注意到这项工作中使用的器件结构中含有 $TiO_2$ 层，而 $TiO_2$ 层在全日光的照射下不稳定(对紫外光敏感，具体描述参见9.3.1节)，因此我们认为也有可能是全日光中的紫外光对器件中的 $TiO_2$ 层产生影响，从而导致器件性能出现衰退.

通过改变钙钛矿中阳离子A，材料的热稳定性会发生改变. 一般来说，如果用无机阳离子去替换有机阳离子，会使得钙钛矿材料的热稳定性进一步提升. 铯离子($Cs^+$)是目前使用在钙钛矿结构($AMX_3$)材料中最广泛的无机阳离子. 与 $CH_3NH_3PbI_3$ 不同的是，$CsPbI_3$ 在室温下并不能形成钙钛矿结构(而是正交晶系)，只有在温度达到634 K后，正交晶系的 $CsPbI_3$ 才能发生相变，转化成立方结构的钙钛矿[5,6]. 具有更小半径且与Cs同族的元素铷(Rb)也能被引入钙钛矿结构材料中，并在高温下形成稳定的立方晶系的钙钛矿 $RbPbI_3$. 同时，这也说明全无机钙钛矿材料相比有机-无机杂化钙钛矿材料能够承受更高的温度. 另一类被广泛研究的有机阳离子是甲脒离子($HN=CH(NH_3)^+$). Park 等用 $HN=CH(NH_3)^+$ 替代 $CH_3NH_3^+$，分别用 $HN=CH(NH_3)PbI_3$ ($FAPbI_3$)和 $CH_3NH_3PbI_3$ 作吸光层制备器件[7]. 他们在相同条件下每隔 5s 对两种不同的器件进行一次测试，结果显示基于 $FAPbI_3$ 的器件在经过 10 次测试之后仍然相对稳定，而基于 $CH_3NH_3PbI_3$ 的器件则效率明显降低，说明 $FAPbI_3$ 的稳定性优于 $CH_3NH_3PbI_3$. Snaith 等将 $FAPbI_3$ 和 $CH_3NH_3PbI_3$ 的薄膜置于 150℃ 60 min，$CH_3NH_3PbI_3$ 降解为黄色的 $PbI_2$，而 $FAPbI_3$ 依然保有之前的深色，显示出更好的热稳定性[8]. Docampo 等也验证了上述结论，对含不同 A 的钙钛矿热分解稳定进行更准确的测量表明，含有 FA 的钙钛矿均比含有 MA 的钙钛矿热分解温度要高 50℃ 以上[9]，因此采用热分解温度更高的 FA 类钙钛矿材料对于电池的热稳定性的提升是很有帮助的.

由于 Pb 元素有一定的毒性，用无毒或低毒的元素进行替代对环境更有利. 但是目前在金属 M 的替换研究中，得到的结果不甚理想[10-12]. 已经报道的研究中，有人用 $Sn^{2+}$ 进行部分取代. 由于 $Sn^{2+}$ 比 $Pb^{2+}$ 体积小，从而引起晶格稳定性的下降. 而且由于 $Sn^{4+}$ 比 $Sn^{2+}$ 更加稳定，$Sn^{2+}$ 容易被氧化变成 $Sn^{4+}$，故含 Sn 的钙钛矿对氧气很敏感，得到的器件无论从效率还是稳定性都要比含 Pb 的略逊一筹.

双钙钛矿材料选用一个一价元素 $M^+$ 和一个三价元素 $M^{3+}$ 替换两个 $Pb^{2+}$，形成 $A_2M^+M^{3+}X_6$ 型钙钛矿材料. 其中最为出名的是 $Cs_2AgBiBr_6$，具有一定的光伏潜力 [13-15]. 另外，由于该双钙钛矿材料不含有有机离子，且元素化合价处于稳定价态，因此该材料表现出了极佳的稳定性. 此外还有一种用四价阳离子 $M^{4+}$ 取代两个 $Pb^{2+}$ 形成 $A_2M^{4+}X_6$ 的方案. 现阶段比较受关注的是两类材料 $Cs_2SnX_6$ 和 $Cs_2TiX_6$. 前者是 Sn 基钙钛矿的延伸，直接使用稳定的 $Sn^{4+}$ 取代 $Pb^{2+}$，避免了由于 $Sn^{2+}$ 的氧化导致的不稳定. Kanatzidis 等首次将 $Cs_2SnI_6$ 制成光伏器件[16]，但基于该材料的器件效率仅在 1% 左右. 另外 Padture 课题组首次研究并制备了基于 Ti 元素的双钙钛矿材料. 理论研究表明，Ti 基双钙钛矿材料具有合适的带隙以及优良的稳定性[17]. 实验上还成功制备了基于 $Cs_2TiBr_6$ 的光伏器件，取得超过 3% 的转换效率，同时具有良好的水热稳定性[18]. 经过研究人员努力，新型钙钛矿材料不断被开发出来，这些材料大都实现了较好的热稳定性，但是效率依旧偏低，因此具有热稳定性的钙钛矿材料的制备仍需投入大量的研究.

### 9.2.2 钙钛矿材料的湿度稳定性

王立铎等系统研究了水汽对钙钛矿材料 $CH_3NH_3PbI_3$ 的影响[19,20]，并报道了钙钛矿材料的衰退机制：首先，水汽溶解钙钛矿；之后，$CH_3NH_3^+$ 阳离子被 $H_2O$ 去质子化生成 $CH_3NH_3I$，$CH_3NH_2$ 和 HI 的混合物；HI 一方面能与 $O_2$ 发生反应生成 $H_2O$ 和 $I_2$，同时 HI 本身不稳定，容易分解为 $H_2$ 和 $I_2$. 因此，一旦 $CH_3NH_3PbI_3$ 吸收水汽，后续分解反应就会自发进行(s 表示固态，aq 表示水溶液，g 表示气态)：

$$CH_3NH_3PbI_3(s) \rightleftharpoons PbI_2(s) + CH_3NH_3I(aq), \tag{9.1a}$$

$$CH_3NH_3I(aq)) \rightleftharpoons CH_3NH_2(aq) + HI(aq), \tag{9.1b}$$

$$4HI(aq) + O_2(g)) \rightleftharpoons 2I_2(s) + 2H_2O(I), \tag{9.1c}$$

$$2HI(aq)) \rightleftharpoons 2H_2(g) + I_2(s). \tag{9.1d}$$

从上面的分解反应方程式可知，除了 $H_2O$，$O_2$ 和紫外光也是钙钛矿分解的重要影响因素. 他们认为 HI 的分解途径有两个：(1) 与 $O_2$ 反应((9.1c)式)；(2) 在紫外光的作用下分解((9.1d)式). HI 的消耗加速了整个分解反应的进行. Walsh 等提出了一个相类似的“酸碱反应”分解机理[21](见图 9.2(a)). 与前者不同的是，他们认为一个 $H_2O$ 分子就已足够分解钙钛矿材料(形成中间体$[(MA^+)_{n-1}(CH_3NH_2)PbI_3][H_3O^+]$)，而其他多余的 $H_2O$ 分子则是被用于溶解生成的副产物 HI 和 $CH_3NH_2$.

除了上述的两种机理外，Kamat 等发现钙钛矿暴露在水汽的氛围下会先生成一种淡黄色的晶体固体[22]($MA_4PbI_6 \cdot 2H_2O$，XRD 图谱如图 9.2(b)所示)，最终导致钙钛矿薄膜衰退. 这种假设得到了 Kelly 及其合作者的证实[23]. 他们设计出一种可以准确控制水汽的测试装置(见图 9.2(c))，从而可以通过吸收光谱原位观察钙钛矿材料的衰减过程(见图 9.2(d)).

近年来，为了改变传统钙钛矿材料 $CH_3NH_3PbI_3$ 对水汽的不稳定性，Karunadasa 等用大基团有机阳离子 $C_6H_5(CH_2)_2NH_3^+$ (PEA) 部分取代 $CH_3NH_3^+$ 制备了用$(PEA)_2(CH_3NH_3)_2[Pb_3I_{10}]$ 作吸光层的器件[24]，制得的膜对湿度的稳定性更好. 为了比较 $(PEA)_2(CH_3NH_3)_2[Pb_3I_{10}]$ 和 $CH_3NH_3PbI_3$ 对湿度的稳定性，他们将两种材料旋涂，得到的膜暴露在湿度约为 52% 的空气中，$CH_3NH_3PbI_3$ 经过大约 4～5 天降解产生 $PbI_2$，而 $(PEA)_2(CH_3NH_3)_2[Pb_3I_{10}]$ 经过 46 天基本没有降解，XRD 图中的特征峰基本没有变动(见图 9.3). 这说明二维钙钛矿结构的$(PEA)_2(CH_3NH_3)_2[Pb_3I_{10}]$ 比三维钙钛矿结构的 $CH_3NH_3PbI_3$ 对湿度的稳定性更好. Sargent 课题组通过密度泛函理论详细研究了三维钙钛矿中掺入有机长链的作用[25]，发现有机长链除了自身的疏水作用外，还可以限制有机离子与$[PbI_8]^{6-}$ 八面体，因此具有稳定晶格的作用.

美中不足的是，掺入有机长链构成低维钙钛矿后形成了层状结构[26]，由于有机长链较低的载流子迁移率，导致层间载流子迁移难度较大，因此基于

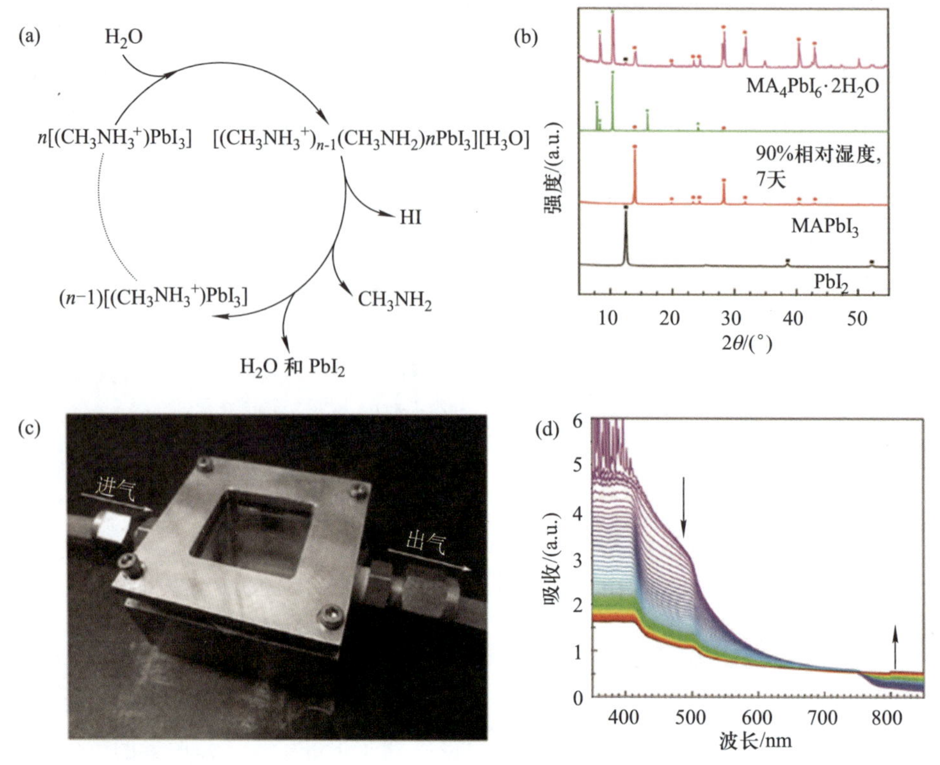


图 9.2 (a) 钙钛矿材料在水汽氛围下的分解循环图；(b) $PbI_2$，$MAPbI_3$，在湿度为 90%的氛围下保存 7 天的 $MAPbI_3$ 和 $MA_4PbI_6 \cdot 2H_2O$ 晶体的 XRD 图谱；(c) 钙钛矿薄膜测试装置；(d) 钙钛矿薄膜的吸收光谱(测试条件：氮气氛围，相对湿度＝(98±2)%，每隔 15 min 测试一次)

二维钙钛矿材料的器件往往都效率偏低. Sargent 等通过调整二维钙钛矿层数，缓解了较低的载流子迁移率[25]. 但是调整二维钙钛矿层数实际上也是调整材料中三维钙钛矿的比例，增加三维钙钛矿的比重势必可以增加载流子迁移率，但相对的湿度稳定性就会有较大的损失. 看起来湿度稳定性与载流子迁移率在二维钙钛矿体系中是相互矛盾的.

随后人们加大了对二维钙钛矿的研究力度. 刘生忠等将 Cs 掺入二维钙钛矿中以改善载流子迁移，实现了超过 13%的效率[27]. 此外，掺入 Cs 这类无机离子可以有效改善材料的热稳定性，因此该工作也实现了高热稳定性. 同时，开发新型具有较好载流子迁移能力的有机长链也是切实可行的提高二维钙钛矿光伏器件效率的途径. 最近邵明团队开发了一种新型有机长链，制备了高湿稳定性器件[28]，同时效率超过 17%，为现阶段二维钙钛矿光伏器件的最高效

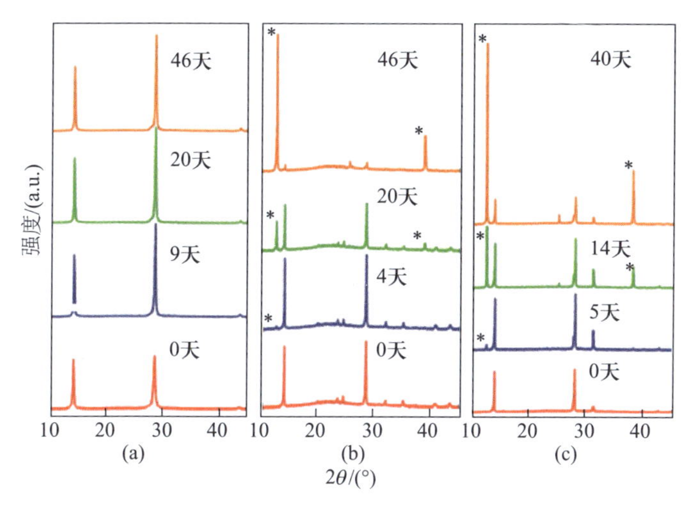


图 9.3　暴露在湿度为 52%的空气中的$(PEA)_2(MA)_2[Pb_3I_{10}]$(a)和 $MAPbI_3$ 薄膜(分别通过 $PbI_2$(b)和 $PbCl_2$(c)制备)的 XRD 图

率. 值得注意的是，超过 17%的效率已经与传统三维钙钛矿光伏器件的效率具有可比性.

考虑到体钙钛矿材料的劣化是从上界面开始的，因此部分研究者考虑仅对上界面处钙钛矿进行降维处理，从而尽可能减小对钙钛矿降维处理会导致的载流子迁移率较差的情况. 游经碧课题组利用二维钙钛矿常用的 PEAI 有机分子处理体钙钛矿吸光层(见图 9.4(a))，在钙钛矿与传输层间形成一层薄薄的二维钙钛矿层，一定程度上增加了器件的稳定性，同时效率还有较大改善，为当时的最高效率[29]. 陈志坚组选择首尾各连有一个氨基的有机长链(1,8-辛二胺碘，ODAI)处理 $FAPbI_3$(见图 9.4(b))，在上表面形成低维钙钛矿，从而极大增强了上表面的疏水性，在滴水实验中薄膜没有明显的劣化(见图 9.5)[30].

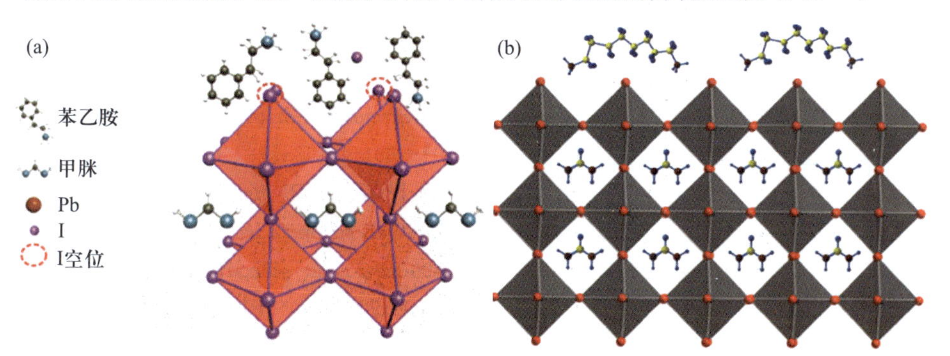


图 9.4　(a) PEAI 处理钙钛矿；(b) ODAI 处理钙钛矿

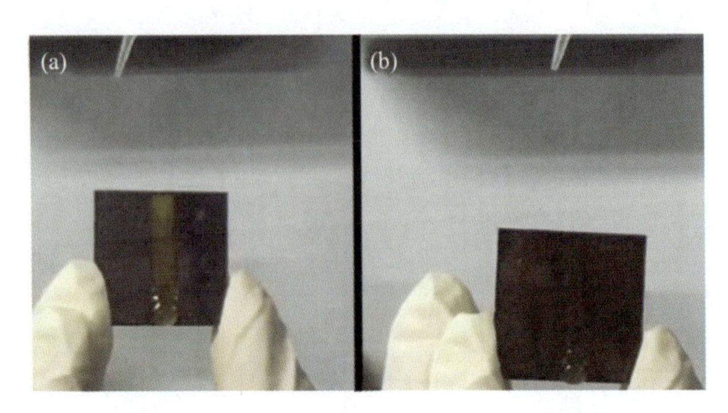


图 9.5 滴水实验. (a) 未修饰钙钛矿薄膜; (b) ODAI 修饰钙钛矿薄膜

除了将钙钛矿降为二维外，还有研究组将其降维为量子点，并取得了不错的湿度稳定性. $CsPbI_3$ 作为全无机材料的一种，具有优异的热稳定性，但是由于材料自身的结构特点，导致其湿度稳定性很差，暴露在空气中就会由具有光伏效应的黑相转化为光伏效应较差的黄相. 2016 年 *Science* 报道了 Luther 组合成 $\alpha$-$CsPbI_3$ 量子点的工作[31]. 他们合成的量子点具有优良的湿度稳定性以及不错的光电转换效率. 但是相较于钙钛矿量子点在发光领域的巨大潜力，钙钛矿量子点光伏器件发展缓慢. 近期有研究组将量子点与三维钙钛矿结合在一起取得了不错的结果. 其中 Sargent 组将 PbS 量子点掺入到 $CsPbX_3$ 钙钛矿中，通过调节卤素的比例调控钙钛矿晶体结构使其与 PbS 量子点匹配，极好地改善了量子点与钙钛矿的稳定性，同时也加强了其光电性能[32](见图 9.6(a)). 该研究组还十分详细地研究了量子点掺杂三维钙钛矿后稳定性改善的原因. 他们尝试用纯无机钙钛矿量子点修饰杂化钙钛矿，由于量子点上有机配体的存在，极大增强了钙钛矿层的疏水性，提高了湿度稳定性[33](见图 9.6(b)).

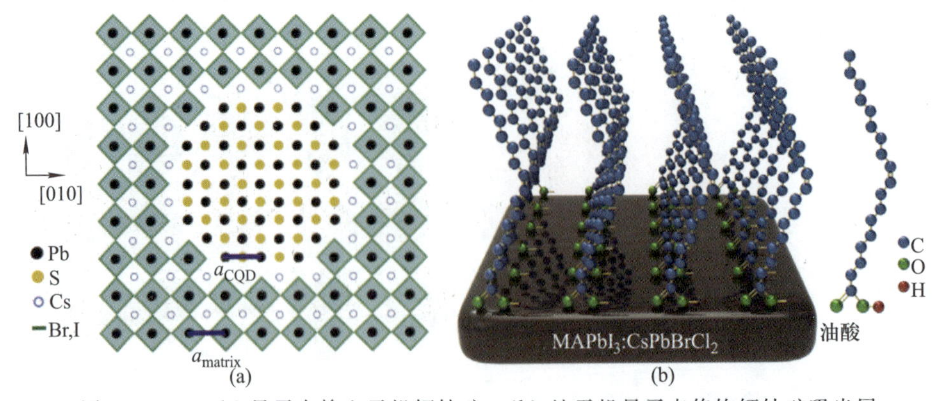


图 9.6 (a) PbS 量子点掺入无机钙钛矿; (b) 纯无机量子点修饰钙钛矿吸光层

虽然甲脒基钙钛矿材料在热稳定性上比起甲胺基具有优势，然而在一些报道中却认为其对于湿度的稳定性处于劣势[34]. 根据合成 $FAPbI_3$ 的温度不同，可以得到两种结构的晶型：无光敏性的黄色六方晶型($\delta$)和具有光敏性的黑色三方晶型($\alpha$). 而黑色的 $\alpha$ 型 $FAPbI_3$ 只有在温度为 160℃以上才能由黄色的 $\delta$ 型 $FAPbI_3$ 转变而来. Bein 等通过在 FA 类的钙钛矿材料中掺杂一定量的 $CH_3NH_3^+$，实现了在较低的温度下制备稳定的 $\alpha$ 型 $FAPbI_3$[35]. 他们通过实验证明，用部分 $CH_3NH_3^+$ 替代 $FAPbI_3$ 分子中的 $HN{=}CH(NH_3)^+$ 并不会引起 $FAPbI_3$ 晶格收缩，但却能在 25℃下生成稳定的 $\alpha$ 型 $FAPbI_3$. 他们认为半径较小的 $CH_3NH_3^+$ 的偶极矩是 $HN{=}CH(NH_3)^+$ 的十倍，较强的偶极矩则可以稳定 $PbI_6$ 八面体的 3D 排列或是增加晶体结构中的 Coulomb 作用力. 然而，在 $FAPbI_3$ 材料中引入 $CH_3NH_3^+$ 并不能克服由此带来的热稳定性或湿度稳定性的问题. Park 等在 $FAPbI_3$ 中掺入 10%的 $Cs^+$，并通过 $PbI_2$ 的 Lewis 碱性形成了 $FA_{0.9}Cs_{0.1}PbI_3$，还研究了在湿度小于 40%的条件下未封装器件的稳定性[36]. 结果表明以 $FA_{0.9}Cs_{0.1}PbI_3$ 为吸光层的器件在 30min 后效率衰减为原来的 33%，而以 $FAPbI_3$ 为吸光层的器件在 30 min 后效率衰减为原来的 19%. 器件湿度稳定性的提高很大程度上是因为掺 Cs 的钙钛矿材料的稳定性得到了提高.

对卤素 X 的研究表明[37−41]，$Br^-$ 离子的引入，不但可以提升器件的开路电压，还可以改善钙钛矿对于湿度的敏感性. 随着半径较小的溴离子比重的增加，钙钛矿晶体的晶格常数下降，并从 $CH_3NH_3PbI_3$ 的三维扭曲结构向 $CH_3NH_3PbBr_3$ 的规整立方体结构转变. 钙钛矿结构堆积得更为紧密，一定程度上阻止了 $CH_3NH_3^+$ 所造成的降解. Noh 等研究了一系列混合卤素钙钛 $CH_3NH_3Pb(I_{1-x}Br_x)_3$ 器件的稳定性[42](见图 9.7)，晶型为四方结构的钙钛矿器件($x=0$，0.06)在较低湿度(<50%)下放置 4 天，并未显示出明显的衰减，而在 55%的湿度下放置一天后效率明显降低. 晶型为立方体的钙钛矿器件($x=0.20$，0.29)在测试湿度为 35%和 55%下 20 天内均未表现出明显的效率衰减. 晶型为四面体的钙钛矿器件($x=0$，0.06)在其降解之后的 XRD 测试结果中出现了 $PbI_2$ 的峰，而晶型为立方体的钙钛矿器件($x=0.20$)则没有出现. 将 Br 引入到具有二元卤素的钙钛矿 $CH_3NH_3PbI_{3-x}Cl_x$ 中形成含有三元卤素的钙钛矿也能对器件的稳定性起到积极的作用. 对于 Cl 的掺杂，有研究表明，$Cl^-$ 并没有进入钙钛矿晶体中，但是界面的 Cl 原子可以增加与 $TiO_2$ 表面的结合能，从而增加器件的稳定性[43].

徐涛研究组[44]用两个拟卤素硫氰酸根离子替换传统钙钛矿 $CH_3NH_3PbI_3$ 中的两个碘离子. 应用这类新型 $CH_3NH_3Pb(SCN)_2I$ 钙钛矿材料制备的器件在湿度稳定性上远超传统钙钛矿 $CH_3NH_3PbI_3$ 制备的器件. $CH_3NH_3Pb$

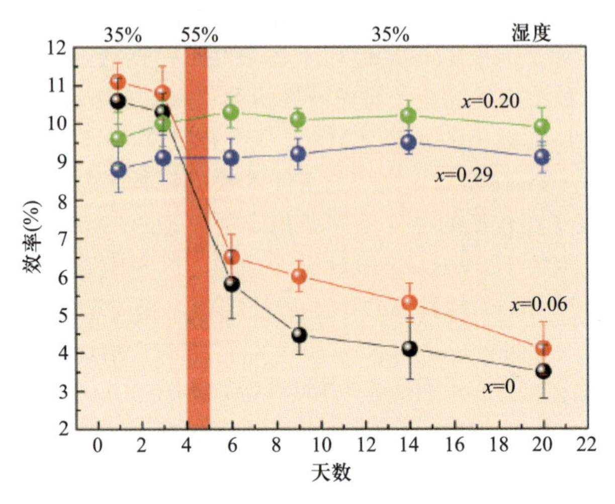


图 9.7 $CH_3NH_3Pb(I_{1-x}Br_x)_3$ 钙钛矿太阳能电池的湿度稳定性

$(SCN)_2I$ 的薄膜置于 95%湿度的环境中 4 h，没有观察到薄膜的降解，而相同条件下，$CH_3NH_3PbI_3$ 薄膜仅 1.5 h 就发生了明显的降解(见图 9.8). 另外，在效率方面，基于 $CH_3NH_3Pb(SCN)_2I$ 的太阳能电池器件效率能达到 8.3%，与相同条件下的 $CH_3NH_3PbI_3$ 太阳能电池基本持平.

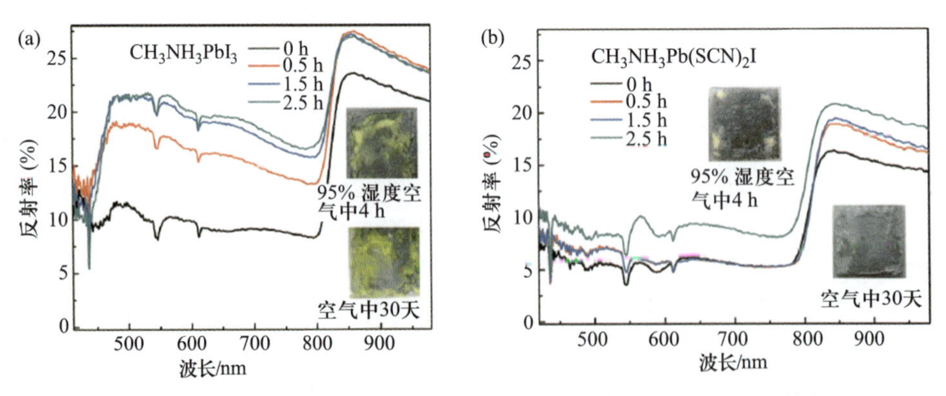


图 9.8 $CH_3NH_3PbI_3$(a) 和 $CH_3NH_3Pb(SCN)_2I$ (b) 薄膜在湿度为 95%的空气氛围下的稳定性

综上所述，通过元素替代可以得到不同结构的钙钛矿材料，其光学特性与电荷传输性能有较大差异，同时也显示出不同的温度及湿度稳定性，可以通过调节钙钛矿材料的组成成分，在尽量不影响电池效率的前提下，寻找合适的组合来提高杂化钙钛矿材料的热稳定性及湿度稳定性.

# §9.3 器件结构的稳定性

在早期的液态钙钛矿太阳能电池中，由于钙钛矿材料在液态电解液中的稳定性较差，使得电池性能迅速退化，而固态钙钛矿太阳能电池能够取得较高的光电转换效率，且在固态环境下较为稳定，从而保证了器件较长的工作寿命. 器件的稳定性除了与吸光材料本身的稳定性有关以外，还可以通过界面工程来改善. 下面就从电子传输层界面及空穴传输层界面来介绍器件的稳定性.

## 9.3.1 电子传输层及其界面对电池稳定性的影响

目前研究的钙钛矿太阳能电池的电子传输层大多沿用染料敏化太阳能电池中常用的 $TiO_2$[45,46]. 为了提高钙钛矿材料的生长反应速度，一般采用 $TiO_2$ 纳米颗粒来制备具有较高比表面积的多孔薄膜，这样既有利于提高电池内部的光吸收，又能够改善电子的传导特性. 但是多孔 $TiO_2$ 容易受到紫外光的影响，在紫外光长时间照射之后，钙钛矿电池性能会迅速衰减. 这是因为在 $TiO_2$ 的表面存在很多氧空位(或 $Ti^{3+}$ 缺陷态)，这些氧空位会吸附空气中的氧分子，从而形成电荷转移络合物 $O_2$-$Ti^{4+}$. 然而这种氧吸附是不稳定的. Leijtens 认为在紫外光激发下 $TiO_2$ 价带上的空穴会与氧吸附点上的电子复合，导致吸附的氧分子被释放，形成导带上的一个自由电子和一个带正电荷的氧空位，自由电子很快会与空穴传输材料上富余的空穴复合[47](见图 9.9). 因为留下的氧空位所造成的缺陷态能级大约在导带底以下 1 eV 处，光生电子会通过分子的振动能级转移到这些深缺陷态中，这部分电子无法再次跃迁到电子传输层的导带上，只能与电池内部的空穴复合或是被局域到这些表面缺陷中，导致器件的短路电流显著下降. 除此之外，我们认为这种带正电的氧空位容易从 $I^-$ 离子中获得电子，变成 $I_2$，破坏 $CH_3NH_3^+$ 与 $CH_3NH_2$ 和 $H^+$ 的化学平衡，导致 $CH_3NH_3PbI_3$ 降解为 $CH_3NH_2$，HI 和 $PbI_2$.

由于多孔 $TiO_2$ 对紫外光照较为敏感，有研究在多孔 $TiO_2$ 前加入一层紫外滤光材料 $YVO_4$:$Eu^{3+}$[48]. 这种滤光材料不仅能够吸收紫外光，而且可以透过可见光. 更重要的是，它能将紫外光转化为可见光，并被后面的钙钛矿层吸收. 通过实验对比发现，采用紫外滤光材料 $YVO_4$:$Eu^{3+}$ 修饰的钙钛矿电池的短路电流大于未经修饰的钙钛矿电池. 同时，在经过一定时间的光照后，未经修饰的电池效率下降至初始值的 35%，而经过修饰后的电池效率则保持为原有的 50%(见图 9.10). 除了添加紫外滤光材料，还可以用其他材料替代多孔 $TiO_2$、修饰多孔 $TiO_2$，或者直接不用多孔层而采用平面层状结构的太阳能

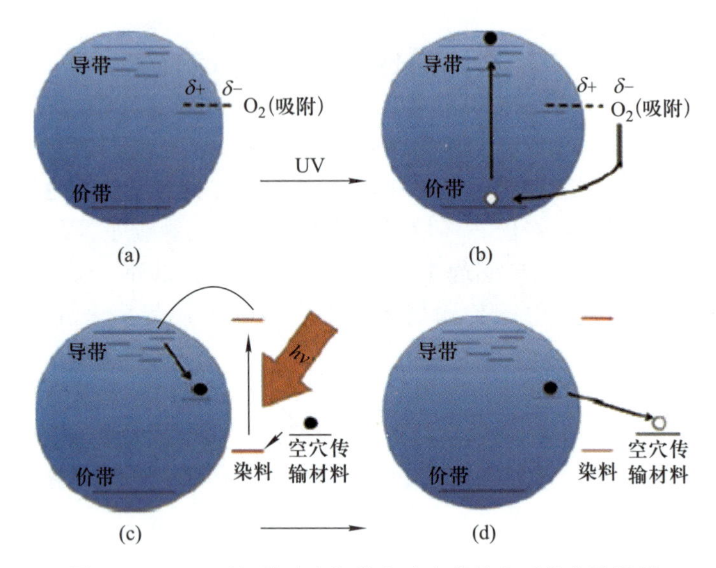


图 9.9 $TiO_2$ 型钙钛矿太阳能电池在紫外光下的衰退机制

电池.

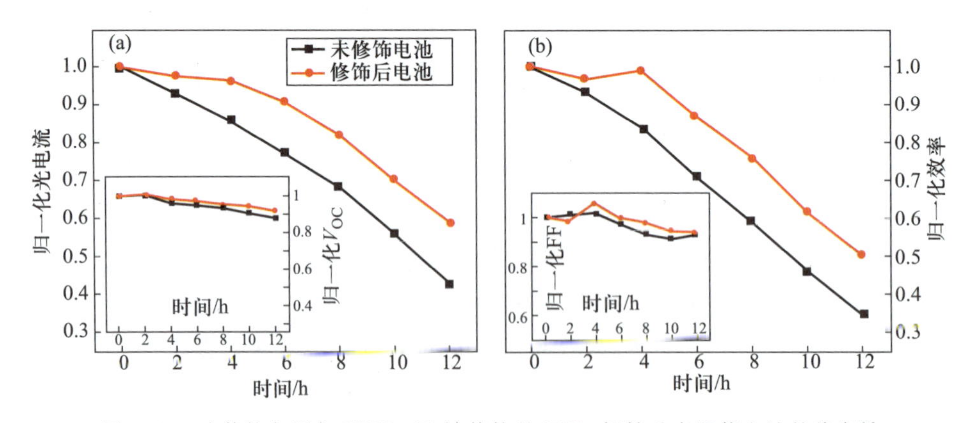


图 9.10 未修饰与添加 $YVO_4$:$Eu^{3+}$ 修饰的 $TiO_2$ 钙钛矿太阳能电池的稳定性

Snaith 等用多孔 $Al_2O_3$ 替代多孔 $TiO_2$，避免了后者的固有不稳定性，制备的器件在全太阳光谱照射超过 1000 h 下仍有稳定的光电流[47] (见图 9.11(a)). Hagfeldt 等用 ZnO 纳米棒替代多孔 $TiO_2$ 作为电子传输层，再在其上制备钙钛矿，得到的电池具有较好的稳定性，在没有封装，暴露在空气中 500 h 后，还能保持将近原来 90%的效率[49] (图 9.11(b)).

Ito 等在 $TiO_2$ 层上用化学沉积法生长了一层 $Sb_2S_3$ 作为界面阻挡层，并采用 CuSCN 作为空穴传输材料[50] (见图 9.12(a)). 利用 $Sb_2S_3$ 作为界面阻挡

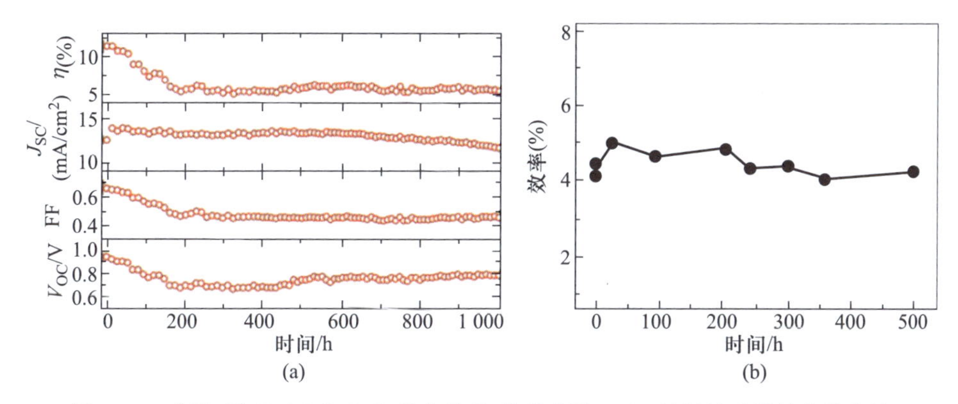


图 9.11　多孔 $Al_2O_3$(a)和 ZnO 纳米棒(b)替代多孔 $TiO_2$ 的钙钛矿器件的稳定性

层，不仅可以减少激子复合，提高电池的效率，还提升了电池稳定性. 没有 $Sb_2S_3$ 层结构的电池经过 700 h 的老化过程，器件效率基本降为 0，而有 $Sb_2S_3$ 作为界面阻挡层的电池相对稳定许多(见图 9.12(b)). 他们认为这与钙钛矿材料在多孔 $TiO_2$ 表面的降解过程有关. 多孔 $TiO_2$ 容易从碘离子获得电子，从而使得碘离子失去电子变成碘分子. 甲胺阳离子又存在与甲胺和氢离子的化学平衡. 最终反应结果就是 $CH_3NH_3PbI_3$ 降解成 $CH_3NH_2$，HI，$PbI_2$. 而 $Sb_2S_3$ 的存在可以阻断这种降解过程，使得 $CH_3NH_3PbI_3$ 能够长时间稳定存在.

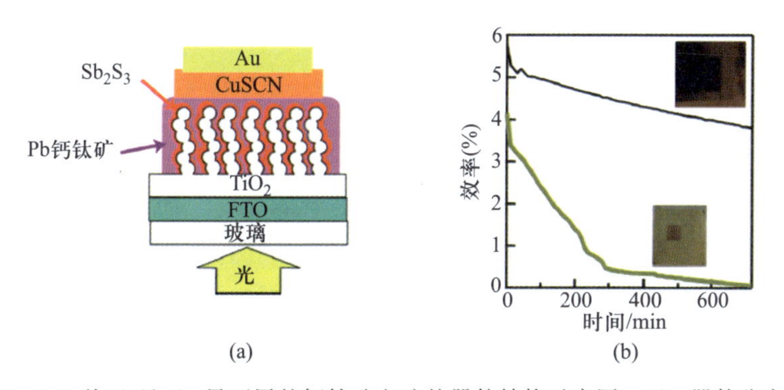


图 9.12　(a) 基于 $Sb_2S_3$ 界面层的钙钛矿电池的器件结构示意图；(b) 器件稳定性

王立铎等用 $Al_2O_3$ 对 $TiO_2/CH_3NH_3PbI_3$ 薄膜进行了后处理，比较了处理前后薄膜稳定性的区别[20]. 他们将薄膜暴露于湿度 60%，35℃光照环境下 18 h. 其吸收光谱显示，$TiO_2/CH_3NH_3PbI_3$ 薄膜在 530～800 nm 的吸收明显减弱了，剩下的吸收多来自 $PbI_2$，而 $TiO_2/CH_3NH_3PbI_3/Al_2O_3$ 薄膜还依然

保有 $CH_3NH_3PbI_3$ 的吸收(见图 9.13). 经过 $Al_2O_3$ 后处理的器件衰减也明显低于未处理的，这说明 $Al_2O_3$ 层一定程度上起到了物理隔绝水汽的作用.

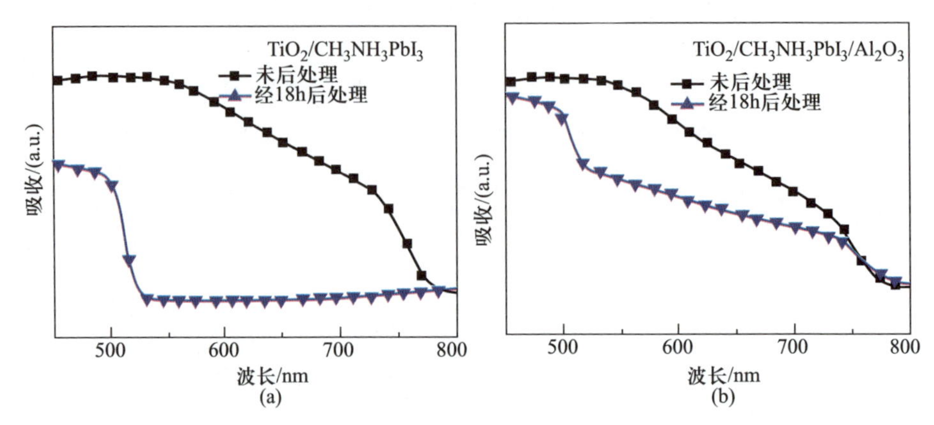


图 9.13 基于两种不同结构 $TiO_2/CH_3NH_3PbI_3$(a)和 $TiO_2/CH_3NH_3PbI_3/Al_2O_3$(b)薄膜的吸收光谱

## 9.3.2 空穴传输层及其界面对电池稳定性的影响

目前，钙钛矿太阳能电池的空穴传输材料一般采用 spiro-OMeTAD(2,2,7,7-四[*N*,*N*-二 (4-甲氧基苯基)氨基]-9,9-螺二芴)，但是实际上其原始空穴传输能力只有 $10^{-4}cm^2\cdot V^{-1}\cdot s^{-1}$，必须进行掺杂才能达到使用的要求，添加剂一般采用 Li-TFSI(双三氟甲烷磺酰亚胺锂). Li-TFSI 可以显著提升 spiro-OMeTAD 的空穴传输能力，且可以提升器件的开路电压. 这种材料组合需要氧化，而在氧化过程中 $Li^+$ 可能被消耗掉，且锂盐极易吸潮，从而影响电池的效率与稳定性[51-54]. 为了解决锂盐吸水的问题，马廷丽等使用了一种稳定的离子液体 BuPyIm-TFSI(N-丁基-N′-(4-吡啶基庚基)咪唑双(三氟甲磺酰)亚胺盐)作为一种新的添加剂代替 Li-TFSI 掺杂入 spiro-OMeTAD 中[55]. 实验结果表明，BuPyIm-TFSI 可以改善 spiro-OMeTAD 的导电性并减小暗电流，从而使得器件效率提升. 但是，溶解 BuPyIm-TFSI 的试剂中有乙腈，而乙腈对钙钛矿薄膜有一定的破坏作用. 因此，研究人员一直在努力寻找更为有效的空穴传输材料以替代 spiro-OMeTAD.

一般来说，有机材料不仅具有良好的成膜性，还具有优异的疏水性能，可有效阻隔水汽对钙钛矿材料的侵蚀，因此开发非锂盐添加剂的空穴传输体系将有助于改善器件的稳定性. 使用 PDPPDBTE 聚合物材料作为空穴传输层，制得的器件在没有封装、暴露在空气中 1000 h 后，仍几乎能维持最初的效率[56]. 类似的其他有机材料，如 P3HT，PTAA，PCBTDPP 等[57]，同样能有效隔绝水汽渗入，从而提高器件的稳定性. 韩礼元等设计合成了一种空穴传输材料 TTF-1(一种四硫富瓦烯的衍生物)，并将其直接应用于钙钛矿电池中[58]. 结果显示，基于未掺杂的 TTF-1 作为空穴传输层的钙钛矿电池取得了 11.03%的效率，与经过 p 型掺杂的 spiro-OMeTAD 空穴传输层电池的效率(11.4%)差别不大. 并且，在湿度为 40%的室温条件下对不同空穴传输层的钙钛矿电池稳定性进行测试，使用 TTF-1 的器件性能明显优于其他两种空穴传输材料 spiro-OMeTAD 和 P3HT. 使得器件稳定性提升的原因一方面在于 TTF-1 材料中并没有使用添加剂，另一方面则是因为 TTF-1 结构中有疏水的烷基链，能起到保护钙钛矿层不被水汽破坏的作用.

为了克服三苯胺和其他高分子空穴传输材料必须添加锂盐和 4-叔丁基吡啶(tBP)所带来的不利影响，肖立新课题组新近设计了具有高迁移率、高疏水性的寡聚噻吩衍生物 DR3TBDTT(见图 9.14(a)). 该分子的 HOMO 为 5.38 eV，与钙钛矿的 HOMO 能级非常匹配，将其用作钙钛矿电池的空穴传输层(器件结构能级图和器件截面图见图 9.14(b)，(c))，在未使用锂盐和 tBP 的情况下，器件效率能够达到与 spiro-OMeTAD 添加锂盐相当的水平[59]. 另一方面，DR3TBDTT 的疏水性使其对于水汽起到了很好的阻挡作用，在高湿度下对器件的稳定性测试显示出了比传统空穴传输体系器件更为优越的水汽稳定性(见图 9.14(d)).

同时，陈志坚等从材料能级匹配和空穴迁移率这两方面进行考虑，选取了 TPD/HAT-CN 作为一种新型空穴传输体系(见图 9.15(a)). 这种空穴体系不仅不依赖锂盐来提高空穴传输层的空穴传输能力，还通过在 TPD 与金属电极间引入 HAT-CN(利用 HAT-CN 改善器件的空穴传输特性)增加电极对空穴的抽提能力，并阻挡电子漂移，最终改善了器件内部的空穴传输(见图 9.15(b))[60]. 更为重要的是，器件寿命的测试表明(见图 9.15(c))，经过约 1000 h 后，器件的短路电流和开路电压基本保持不变，但是填充因子从 0.59 降低到 0.52，最终器件效率衰减约 10%. 通过与含锂盐的器件对比，说明这种方法确实可以减少锂盐对钙钛矿层的影响，避免水汽带来的材料分解，为改善器件寿命提供了一种有价值的参考方案. 此外，随着钙钛矿薄膜制备水平的提高，钙钛矿层上表面平整程度有极大改善. 因此相较于过去，空穴层相对薄一点即可很好覆盖钙钛矿，避免电极与其直接接触. 在这样的背景下，陈志坚组通过做薄 spiro-OMeTAD，在不掺 Li 盐的情况下就取得了 16%以上的效率，并且稳定性有极大的改善，不封装在空气中暴露 60 天，效率下降不到 5%[61].

无机 p 型半导体因具有价格低廉、带隙宽、空穴迁移率和电导率高等优点，已被作为一类重要的空穴传输材料应用于不同结构的钙钛矿电池中. 研究表明，使用无机化合物 CuI 作为空穴传输层制得的器件在没有封装，暴露在

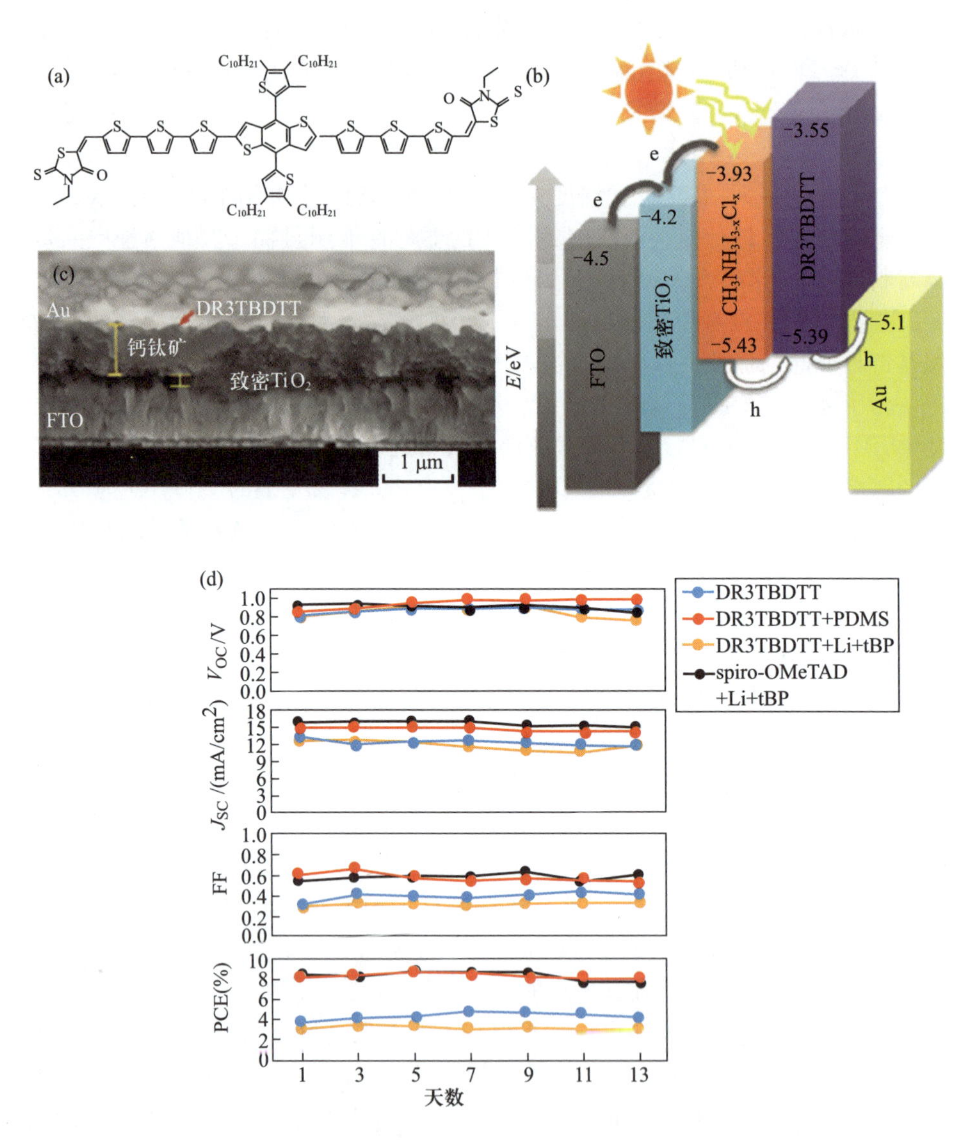


图 9.14 (a) 疏水性小分子空穴传输材料 DR3TBDTT 的分子结构式;(b) 器件中相应材料的能级示意图;(c) 器件截面图;(d) 基于不同空穴传输层的钙钛矿器件在低湿度下(20%)的稳定性[48]

空气中连续光照 2 h 后,电流基本保持不变,而相同条件下用 spiro-OMeTAD 的器件的电流则降低了大约 10%[62]. 且用 CuI 作空穴传输层,其效率降低具有可恢复性,在黑暗中放置一段时间之后,效率可以基本恢复到初值. Snaith 小组将 P3HT/单壁碳纳米管-PMMA 作为空穴传输层引入介孔结构的钙钛矿

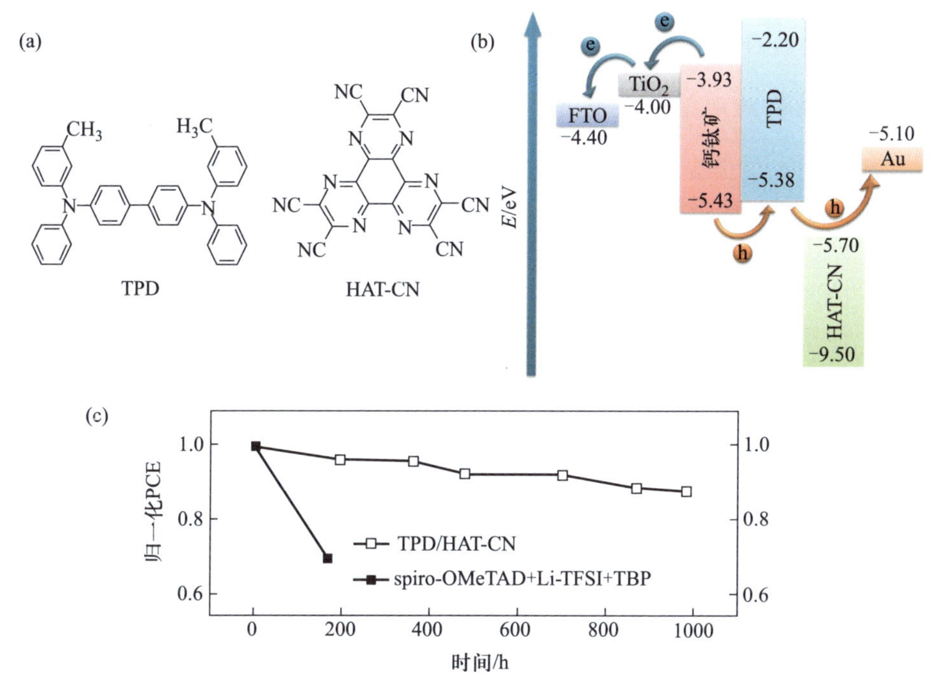


图 9.15 (a) TPD 和 HAT-CN 的分子结构式；(b) 器件中相应材料的能级示意图；(c) 基于不同空穴传输层 TPD/HAT-CN 和 spiro-OMeTAD＋Li-TFSI＋TBP 的钙钛矿器件稳定性的比较

器件中，获得了 15.3％的效率[63]. 更重要的是，在钙钛矿层上制备 P3HT/单壁碳纳米管-PMMA 层，能起到保护钙钛矿层的作用，即使暴露在水汽的氛围下，电池效率也不会受到大的影响. 与使用有机空穴传输层的器件相比，这种采用复合空穴传输层的电池表现出卓越的热稳定性和抗水汽侵蚀能力.

另外，解决空穴传输层不稳定的方法还可以是在钙钛矿电池中移除空穴传输层. 由于钙钛矿本身的电荷传输能力就很强，钙钛矿层既可以作为光吸收层，同时也能作为电子传输层或空穴传输层. 因此发展无空穴传输层的钙钛矿电池是简化电池结构、缩短电池制备工艺时间、降低电池生产成本以及提高电池稳定性的重要方式. 韩宏伟等报道了用混合阳离子钙钛矿材料(在 $CH_3NH_3PbI_3$ 中掺杂 5-氨基戊酸)作为光活性层和空穴传输层，并以多孔 $TiO_2$ 层和 $ZrO_2$ 为支架，同时采用全丝网印刷工艺制备碳电极的研究，获得了 12.84％的光电转换效率[64]. 制备的无空穴传输层的钙钛矿电池具有优越的稳定性，在空气中全阳光照射 1000 h 后，还能保持较高的效率[65,66].

虽然各种新型空穴传输材料层出不穷，但是真正能够在器件效率上媲美

spiro-OMeTAD的材料还没有出现，需要进一步开发传输效率更高，更有利于器件稳定性的空穴传输材料.

### 9.3.3 封装对电池稳定性的影响

程一兵等[67]研究对比了两种钙钛矿太阳能电池的封装方法：一种方法是用紫外固化环氧树脂将器件完全填充，然后再加一层玻璃隔水隔氧；另一种方法是用玻璃隔出一个空间，四周用紫外固化环氧树脂进行粘连密封，并且在中空的区域放置少量的干燥剂吸水. 研究结果显示，第一种方法的封装效果较差，而用第二种封装方法封装的器件能在高温高湿度条件下保持更久一些. 这主要是由于环氧树脂的隔水隔氧性能较差，而第一种方法树脂与空气的接触面积较大，因此效果较差.

另外，Yong研究组[68]采用了特氟龙对器件进行封装，其方法是在制备好的器件上再旋涂一层特氟龙，并在真空条件下70℃干燥30 min. 由于特氟龙与水的表面接触角为118°，能有效隔绝水汽对器件的侵蚀. 在相同条件下，如果没有封装，器件效率会在30天之后下降至原来的55%，而用特氟龙进行封装之后，器件效率在30天之后仍保持原来的95%左右. 另外，这种封装方法无须加盖一层玻璃，因此在柔性器件中有较大的应用空间.

田建军课题组利用市面上常见的高温胶带封装钙钛矿吸光层，取得了极佳的稳定性. 该研究组甚至将封装的钙钛矿薄膜浸泡在水里，经两层PI胶带封装，运行1800 s后器件效率为初始的96.3%[69].

### 9.3.4 添加剂对电池稳定性的影响

碱金属元素掺入钙钛矿中可以很好地改善其性能[70]. Grätzel课题组详细研究了铷(Rb)掺入钙钛矿的机理，同时优化掺杂比例，制成的器件在85℃条件下经过500 h效率保持原有的95%[71]. 如前文所述，较小的卤素离子可以改善钙钛矿材料的稳定性. 因此周欢萍课题组通过NaF掺杂引入$F^-$，由于$F^-$与$H^+$和$Pb^{2+}$有较强的相互作用，晶格更为稳定. 经过掺杂的CsFAMA体系钙钛矿光伏器件的稳定性有十分明显的提升[72]. 此外有报道称钙钛矿常用的$MA^+$不利于制备稳定的钙钛矿光伏器件，Saliba课题组制备了不含MA的$Rb_5Cs_{10}FAI$体系的钙钛矿，在室温下最大功率点工作1000 h衰减较小[73].

韩礼元等设计了一种基于高分子绝缘支架层的新型钙钛矿电池结构[74]. 他们将一种亲水性聚合物高分子聚乙二醇(PEG)掺入钙钛矿层，从而在钙钛矿电池中形成一层亲水聚合物支撑层. 值得注意的是，在湿度为70%的氛围里，添加PEG的钙钛矿电池在未封装保存的条件下展现出优异的稳定性能(见图9.16(a)). 更有趣的是，具有这种亲水结构的器件在受到水汽侵蚀后，能显现出强大的自我修复能力(见图 9.16(b)). 他们分析了在这种特殊结构的钙钛矿薄膜中发生自我修复的过程(见图 9.16(c)): (1) 水分子被钙钛矿吸收; (2) 钙钛矿水解成 $PbI_2$ 和 $MAI \cdot H_2O$; (3) 当水分子挥发后, 受到 PEG 长链分子限制的 MAI 与附近的 $PbI_2$ 重新形成钙钛矿.

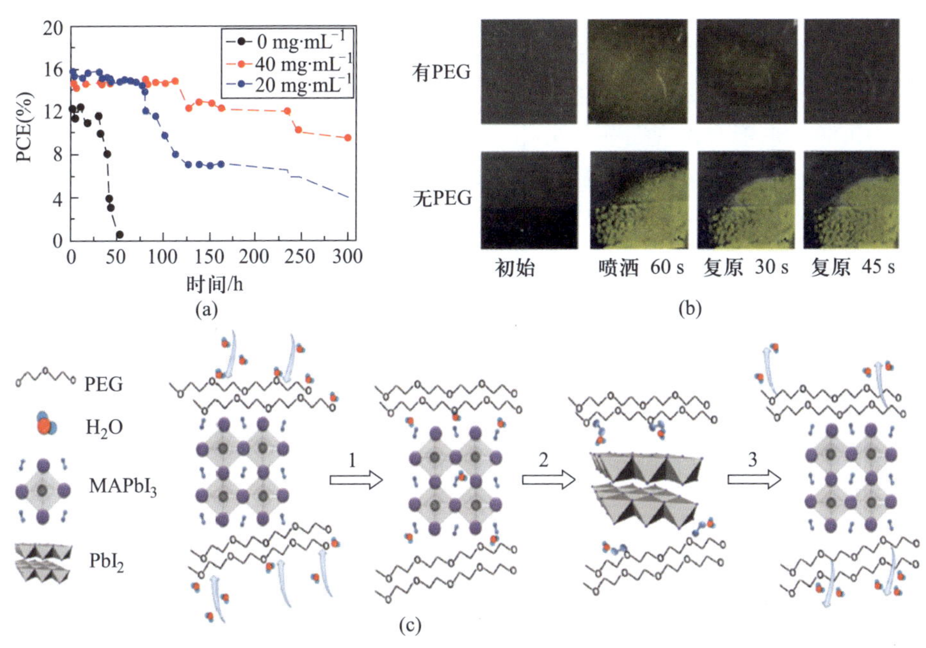


图 9.16 (a) 添加不同 PEG 浓度的钙钛矿器件的稳定性能(湿度为 70%); (b) 有无添加剂 PEG 的钙钛矿薄膜遇水汽后的颜色变化; (c) 自我修复过程

交联剂作为添加剂掺入钙钛矿可以提升稳定性. Park 团队发现, 在钙钛矿前驱液中掺入甲氧基硅烷交联剂在很好地修饰了晶界, 改善载流子在晶界处的传输的同时, 由交联剂形成的交联网络很好地保护了钙钛矿晶界, 从而极大提升了材料的稳定性[75]. 大量研究者推测离子迁移是钙钛矿材料劣化的潜在原因. 方俊锋组认为引入交联剂可以抑制离子扩散, 因此在钙钛矿中引入 TMTA(三羟甲基丙烷三丙烯酸酯)可以有效抑制离子沿晶界扩散, 而钙钛矿与 PCBM 界面处的交联剂可以有效抑制离子向电极的扩散[76]. Sargent 课题组利用光化学交联量子阱配体改善钙钛矿光伏器件的稳定性, 通过紫外活化配体的乙烯基, 在钙钛矿量子阱(即低维钙钛矿)之间形成新的共价键, 极大地改善了钙钛矿材料的稳定性, 在 2300 h 的暗老化后保持初始效率的 90%[77].

韩礼元课题组认为, 钙钛矿光伏器件稳定性不如传统硅光伏器件的主要原因是钙钛矿材料的异质结相对较为脆弱, 因此稳定异质结可以改善其稳定性.基于这样的考量，该团队在构建好钙钛矿层之后，通过有机铅溶液处理以获得表面富铅的钙钛矿层作为构建稳定异质结的基础，随后沉积氯化氧化石墨烯薄膜.通过形成氯-铅键、氧-铅键将两层薄膜结合在一起形成新的更为牢固异质结结构.基于此策略，该组将制备的器件在60℃条件下，由一个标准太阳光照射1000 h保有原有效率的90%[78].做法相似的还有黄劲松课题组.他们通过在钙钛矿上表面形成稳定的含氧酸盐($PbSO_4$，$Pb_3(PO_4)_2$)稳定器件的钙钛矿层，取得了极好的湿度稳定性，甚至将含氧酸处理过的钙钛矿单晶置于水中60 s也不会出现明显的劣化[79].

稀土金属离子掺杂可以很好地改善钙钛矿的稳定性.周欢萍课题组将Eu离子掺入钙钛矿层中，由于$Eu^{2+}$以及$Eu^{3+}$的存在，可以很好地保证钙钛矿材料中$Pb^{2+}$与$I^-$的稳定性[80].该组的思路与传统的通过稳定晶格或是抑制离子发生氧化还原反应不同，是通过引入类似“治愈因子”的成分，在离子发生氧化还原反应的同时通过逆向反应修正稳定钙钛矿材料.该组还很巧妙地找到了一种元素使其能同时“治愈”被还原的Pb以及被氧化的I(见图9.17).

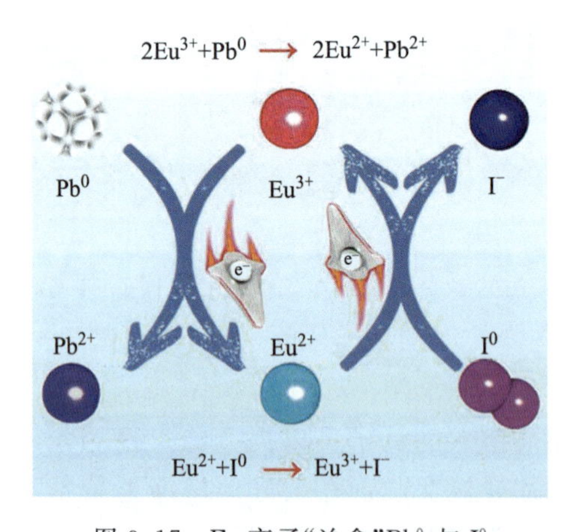


图9.17 Eu离子“治愈”$Pb^0$与$I^0$

## §9.4 电池耐久性测试条件

目前为止，有关钙钛矿电池的稳定性测试条件并没有统一，相关文献结果总结于表9.2中.但是对于商业化的电池来说，在投入生产之前必须对其进行耐久性测试.主要的有热循环测试、湿-冷冻测试、光浸泡测试和湿热测试等.具体的测试参数可见表9.3[85].

**表 9.2　钙钛矿电池稳定性比较**

| 器件结构 | 初始 PCE | 最终 PCE | 保存及测试条件 | 文献 |
|---|---|---|---|---|
| FTO/致密 $TiO_2$/介孔 $TiO_2$/$MAPbI_3$/spiro-OMeTAD/Au | ≈7% | ≈8% | 空气中封装保存 500 h | [81] |
| FTO/致密 $TiO_2$/介孔 $TiO_2$/$MAPbI_3$/spiro-OMeTAD/Au(两步连续沉积法) | 8%～9% | 初始值的 80% | 氩气氛围，45℃，光照下保存 500 h | [45] |
| FTO/致密 $TiO_2$/介孔 $TiO_2$/$MAPb(I_{1-x}Br_x)_3$/PTAA/Au | ≈9% | ≈9% | 室温，湿度为 35%的空气中未封装保存 20 天 | [42] |
| FTO/致密 $TiO_2$/介孔 $TiO_2$/$ZrO_2$/$C_{60}$/$(5\text{-}AVA)_x(MA)_{1-x}PbI_3$ | ≈10% | ≈10% | 在室外的空气氛围中未封装保存超过 1008 h | [64] |
| FTO/致密 $TiO_2$/介孔 $TiO_2$/$MAPb(SCN)_2I$/Au | 8.3% | 7.4% | 空气中未封装保存 14 天 | [44] |
| ITO/NiMgLiO/$MAPbI_3$/PCBM/$Ti(Nb)O_x$/Ag | 16.05% | 14.64% | 封装，模拟全日光照射 1000 h，电池面积 1.02 $cm^2$ | [74] |
| ITO/CuSCN/$MAPbI_3$/$C_{60}$/BCP/Ag | 15%～16% | 初始值的 80%以上 | 空气中未封装保存 40 h | [82] |
| ITO/$MAPbI_3$/$C_{60}$/BCP/Ag | ≈15% | 基本不变 | 在手套箱内保存超过 800 h | [83] |
| ITO/Cu：$NiO_x$/$MAPbI_3$/PCBM/$C_{60}$表面活性物质/Ag | ≈15% | 初始值的 90% | 在空气中未封装保存 240 h | [84] |
| ITO/$SnO_2$/$FAPbI_3$/ODAI/spiro- OMeTAD/Au | ≈20% | 初始值的 92% | 在空气中未封装保存 120 天 | [30] |
| ITO/PTAA/$MAPbI_3$/P-QD/$C_{60}$/BCP/Cu | ≈21% | 初始值的 80% | 封装，持续光照工作 500 h | [33] |
| FTO/致密 $TiO_2$/介孔 $TiO_2$/钙钛矿/spiro-OMeTAD/Ag | ≈18% | 初始值的 86% | PI 胶带封装温度 85℃，湿度 30%～70% | [69] |
| | | 初始值的 89.3% | 两层胶带封装，浸泡在水中 | |

表 9.3　目前主要的光伏模块耐久性测试条件

| 测试方式 | 测试条件 |
| --- | --- |
| 低光照下 | 器件温度 25℃，辐照强度 200 $W\cdot m^{-2}$ |
| 室外测试 | 60 $kW\cdot h\cdot m^{-2}$的全太阳光照 |
| 紫外预处理 | 器件温度(60±5)℃，15 $kW\cdot h\cdot m^{-2}$的全紫外光照射(波长范围 280～320 nm) |
| 热循环测试 | 测试盒温度－40～85℃，200 次循环，循环时间≤6 h，保温时间≥10 min |
| 湿热试验 | 测试盒温度 85℃，湿度 85%，测试时间 1000 h，恢复时间 2～4 h |
| 光浸泡测试 | 电池温度(50±10)℃，辐照强度 800～1000 $W\cdot m^{-2}$ |

## §9.5　结　　论

钙钛矿太阳能电池是一类新兴的太阳能电池，得益于其优良的光电特性，其效率不断攀升，有关于材料设计与制备、器件结构优化和机理分析的研究也在不断完善，但稳定性是关系到钙钛矿太阳能电池是否能够真正实现商业化应用的关键因素. 目前的初步研究结果表明，关系到稳定性的因素主要有以下两点：一是钙钛矿材料的稳定性，主要包括热稳定性及湿度稳定性；二是太阳能器件稳定性，主要涉及器件结构的设计与优化. 要提高钙钛矿材料的稳定性，最重要的还是从材料设计角度出发，根据容忍因子来选择更加合适的元素组合，使得最终形成的钙钛矿晶格结构更加稳固，从而提高钙钛矿材料自身的稳定性. 而在器件结构设计方面，也要尽量地选择疏水性材料，从而避免钙钛矿材料受到周围环境的影响而导致器件寿命降低. 目前的研究表明，通过元素工程设计晶体结构稳定的钙钛矿材料，并结合界面工程实现太阳能电池结构设计的优化，杂化钙钛矿太阳能电池的稳定性问题是完全有希望解决的. 这将决定杂化钙钛矿光伏材料的实用化进程.

## 参 考 文 献

[1] Ma Y Z, Wang S F, Zheng L L, Lu Z L, Zhang D F, Bian Z Q, Huang C H, and Xiao L. X, Recent research developments of perovskite solar cells. Chin. J. Chem., 2014, 32: 957.

[2] David B M. Templating and structural engineering in organic-inorganic perovskites. J. Chem. Soc., Dalton Trans., 2001, 1: 1.

[3] Stoumpos C C, Malliakas C D, and Kanatzidis M G. Semiconducting tin and lead iodide perovskites with organic cations: phase transitions, high mobilities, and near-infrared photoluminescent properties. Inorg. Chem., 2013, 52: 9019.

[4] Conings B, Drijkoningen J, Gauquelin N, Babayigit A, D'Haen J, D'Olieslaeger L, Ethirajan A, Verbeeck J, Manca J, Mosconi E, Angelis F D, and Boyen H G. Intrinsic thermal instability of methylammonium lead trihalide perovskite. Adv. Energy Mater., 2015, 15: 1500477.

[5] Trots D M and Myagkota S V. High-temperature structural evolution of caesium and rubidium triiodoplumbates. J. Phys. Chem. Solids., 2008, 69: 2520.

[6] Protesescu L, Yakunin S, Bodnarchuk M I, Krieg F, Caputo R, Hendon C H, Yang R X, Walsh A, and Kovalenko M V. Nanocrystals of cesium lead halide perovskites ($CsPbX_3$, X=Cl, Br, and I): novel optoelectronic materials showing bright emission with wide color gamut. Nano Lett., 2015, 15: 3692.

[7] Lee J W, Seol D J, Cho A N, and Park N G, High-Efficiency perovskite solar cells based on the black polymorph of $HC(NH_2)_2PbI_3$. Adv. Mater., 2014, 26: 4991.

[8] Eperon G E, Stranks S D, Menelaou C, Johnston M B, Herz L M, and Snaith H J, Formamidinium lead trihalide: a broadly tunable perovskite for efficient planar heterojunction solar cells. Energy Environ. Sci., 2014, 7: 982.

[9] Hanusch F C, Wiesenmayer E, Mankel E, Binek E, Angloher P, Fraunhofer C, Giesbrecht N, Feckl J M, Jaegermann W, Johrendt D, Bein T, and Docampo P. Efficient planar heterojunction perovskite solar cells based on formamidinium lead bromide. J. Phys. Chem. Lett., 2014, 5: 2791.

[10] Kumar M H, Dharani S, Leong W L, Boix P P, PrabhakarR, Baikie T, Shi C, Ding H, Ramesh R, AstaM, Grätzel M, Mhaisalkar S G, and Mathews N. Lead-free halide perovskite solar cells with high photocurrents realized through vacancy modulation. Adv. Mater., 2014, 26: 7122.

[11] Hao F, Stoumpos C C, Cao D H, Chang R P, and Kanatzidis M G. Lead-free solid-state organic-inorganic halide perovskite solar cells. Nature Photon, 2014, 8: 489.

[12] Noel N K, Stranks S D, Abate A, Wehrenfennig C, Guarnera S, Haghighirad A, Sadhanala A, Eperon G E, Pathak S K, Johnston M B, Petrozza A, Herz L M, and Snaith H J. Lead-free organic-inorganic tin halide perovskites for photovoltaic applications. Energy Environ. Sci., 2014, 7: 3061.

[13] Lei L Z, Shi Z F, Li Y, Ma Z Z, Zhang F, Xu T T, Tian Y T, Wu D, Li X J, and Du G T. High-efficiency and air-stable photodetectors based on lead-free double perovskite $Cs_2AgBiBr_6$ thin films. J. Mater. Chem. C, 2018, 6: 7982.

[14] Wu C, Zhang Q H, Liu Y, Luo W, Guo X, Huang Z R, Ting H, Sun W H, Zhong X R, Wei S R, Wang S F, Chen Z J, and Xiao L X. The dawn of lead-free perovskite solar cell: highly stable double perovskite $Cs_2AgBiBr_6$ film. Adv. Sci.,

2018, 5: 1700759.

[15] Ning W H, Wang F, Wu B, Lu J, Yan Z B, Liu X J, Tao, Y T, Liu J M, Huang W, Fahlman M, Hultman L, Sum T C, and Gao F. Long electron-hole diffusion length in high-quality lead-free double perovskite films. Adv. Mater., 2018, 30: 1706246.

[16] Qiu,X F, Cao B Q, Yuan S, Chen X F, Qiu Z W, Jiang Y A, Ye Q, Wang H Q, Zeng H B, Liu J, and Kanatzidis M G. From unstable $CsSnI_3$ to air-stable $Cs_2SnI_6$: a lead-free perovskite solar cell light absorber with bandgap of 1.48eV and high absorption coefficient. Sol. Energy Mater. Sol. Cells, 2017, 159: 227.

[17] Ju M G, Chen M, Zhou Y Y, Garces H F, Dai J, Ma L, Padture N P, and Zeng X C. Earth-abundant nontoxic titanium(IV)-based vacancy-ordered double perovskite halides with tunable 1.0 to 1.8 eV bandgaps for photovoltaic applications. ACS Energy Lett., 2018, 3: 297.

[18] Chen M, Ju M G, Carl A D, Zong Y X, Grimm R L, Gu J J, Zeng X C, Zhou Y Y, and Padture N P. Cesium titanium(IV) bromide thin films based stable lead-free perovskite solar cells. Joule, 2018, 2: 558.

[19] Li W Z, Li J L, Wang L D, Niu G D, Gao R, and Qiu Y. Post modification of perovskite sensitized solar cells by aluminum oxide for enhanced performance. J. Mater. Chem. A, 2013, 1: 11735.

[20] Niu G D, Li W Z, Meng F Q, Wang L D, Dong H P, and Qiu Y. Study on the stability of $CH_3NH_3PbI_3$ films and the effect of post-modification by aluminum oxide in all-solid-state hybrid solar cells. J. Mater. Chem. A, 2014, 2: 705.

[21] Frost J M, Butler K T, Brivio F, Hendon C H, Schilfgaarde M V, and Walsh A. Atomistic origins of high-performance in hybrid halide perovskite solar cells. Nano Lett., 2014, 14: 2584.

[22] Christians J A, Miranda Herrera P A, and Kamat P V. Transformation of the excited state and photovoltaic efficiency of $CH_3NH_3PbI_3$ perovskite upon controlled exposure to humidified air, J. Am. Chem. Soc., 2015, 137: 1530.

[23] Yang J L, Siempelkamp B D, Liu D Y, and Kelly T L. Invstigation of $CH_3NH_3PbI_3$ degradation rates and mechanisms in controlled humidity environments using in situ techniques. ACS Nano, 2015, 9: 1955.

[24] Smith I C, Hoke E T, Solislbarra D, McGehee M D, and Karunadasa H I. A layered hybrid perovskite solar-cell absorber with enhanced moisture stability. Angew. Chem. Int. Ed., 2014, 126: 11414.

[25] Quan L N, Yuan M J, Comin R, Voznyy O, Beauregard E M, Hoogland S, Buin A, Kirmani A R, Zhao K, Amassian A, Kim D H, and Sargent E H. Ligand-stabilized reduced-dimensionality perovskites. J. Am. Chem. Soc., 2016, 138: 2649.

[26] Cao D H, Stoumpos C C, Farha O K, Hupp J T, and Kanatzidis M G. 2D

homologous perovskites as light-absorbing materials for solar cell applications. J. Am. Chem. Soc., 2015, 137: 7843.

[27] Zhang X, Ren X D, Liu B, Munir R, Zhu X J, Yang D, Li J B, Liu Y C, Smilgies D M, Li R P, Yang Z, Niu T Q, Wang X L, Amassian A, Zhao K, and Liu S Z(F). Stable high efficiency two-dimensional perovskite solar cells via cesium doping. Energy Environ. Sci., 2017, 10: 2095.

[28] Shi J S, Gao Y R, Gao X, Zhang Y, Zhang J J, Jing X, and Shao M. Fluorinated low-dimensional Ruddlesden-Popper perovskite solar cells with over 17% power conversion efficiency and improved stability. Adv. Mater., 2019, 31: 1901673.

[29] Jiang Q, Zhao Y, Zhang X W, Yang X L, Chen Y, Chu Z M, Ye Q F, Li X X, Yin Z G, and You J B. Surface passivation of perovskite film for efficient solar cells. Nature Photonics, 2019, 13: 460.

[30] Luo W, Wu C C, Wang D, Zhang Y Q, Zhang Z H, Qi X, Zhu N, Guo X, Qu B, Xiao L X, and Chen Z J. Efficient and stable perovskite solar cell with high open-circuit voltage by dimensional interface modification. ACS Appl. Mater. Interfaces, 2019, 11: 9149.

[31] Swarnkar A, Marshall A R, Sanehira E M, Chernomordik B D, Moore D T, Christians J A, Chakrabarti T, and Luther J M. Quantum dot-induced phase stabilization of α-$CsPbI_3$ perovskite for high-efficiency photovoltaics. Science, 2016, 354: 92.

[32] Liu M X, Chen Y L, Tan C S, Quintero-Bermudez R, Proppe A H, Munir R, Tan H R, Voznyy O, Scheffel B, Walters G, Kam A P T, Sun B, Choi M J, Hoogland S, Amassian A, Kelley S O, de Arquer F P G, and Sargent E H. Lattice anchoring stabilizes solution-processed semiconductors. Nature, 2019, 570: 96.

[33] Zheng X P, Troughton J, Gasparini N, Lin Y B, Wei M Y, Hou Y, Liu J K, Song K P, Chen Z L, Yang C, Turedi B, Alsalloum A Y, Pan J, Chen J, Zhumekenov A A, Anthopoulos T D, Han Y, Baran D, Mohammed O F, Sargent E H, and Bakr O M. Quantum dots supply bulk- and surface-passivation agents for efficient and stable perovskite solar cells. Joule, 2019, 3: 1963.

[34] Koh T K, Fu K, Fang Y N, Chen S, Sum T C, MathewsN, Mhaisalkar S G, Boix P P, and BaikieT. Formamidinium-containing metal-halide: an alternative material for near-IR absorption perovskite solar cells. J. Phys. Chem. C, 2014, 118: 16458.

[35] Binek A, Hanusch F C, Docampo P, and Bein T. Stabilization of the trigonal high-temperature phase of formamidinium lead iodide. J. Phys. Chem. Lett, 2015, 6: 1249.

[36] Lee J W, Kim D H, Kim H S, Seo S W, Cho S M, and Park N G. Formamidinium and cesium hybridization for photo- and moisture-stable perovskite solar cell. Adv.

Energy Mater., 2015, 20: 1501310.

[37] Kitazawa N, Watanabe Y, and Nakamura Y. Optical properties of $CH_3NH_3PbX_3$ (X = halogen) and their mixed-halide crystals. J. Mater. Sci., 2002, 37: 3585.

[38] Huang L Y and Lambrecht W R L. Electronic band structure, phonons, and exciton binding energies of halide perovskites $CsSnCl_3$, $CsSnBr_3$, and $CsSnI_3$. Physical Review B, 2013, 88: 165203.

[39] Colella S, Mosconi E, Fedeli P, Listorti A, Gazza F, Orlandi F, Ferro P, Besagni T, Rizzo A, Calestani G, GigliG, De Angelis D, and Mosca R. $MAPbI_{3-x}Cl_x$ mixed halide perovskite for hybrid solar cells: the role of chloride as dopant on the transport and structural properties. Chem. Mater., 2013, 25: 4613.

[40] Xing G, Mathews N, Sun S, Lim S S, Lam Y M, Grätzel M, Mhaisalkar S, and Sum T C. Long-range balanced electron-and hole-transport lengths in organic-inorganic $CH_3NH_3PbI_3$. Science, 2013, 342: 344.

[41] Stranks S D, Eperon G E, Grancini G, Menelaou C, AlcocerM J, Leijtens T, Herz J M, Petrozza A, and Snaith H J, Electron-hole diffusion lengths exceeding 1 micrometer in an organometal trihalide perovskite absorber. Science, 2013, 342: 341.

[42] Noh J H, Im S H, Heo J H, Mandal T N, and Seok S I. Chemical management for colorful, efficient, and stable inorganic-organic hybrid nanostructured solar cells. Nano Lett., 2013, 13: 1764.

[43] Mosconi E, Ronca E, and Angelis F D, First-principles investigation of the $TiO_2$/organohalide perovskites interface: the role of interfacial chlorine. J. Phys. Chem. Lett., 2014, 5: 2619.

[44] Jiang Q, Rebollar D, Gong J, Piacentino E L, Zheng C, and Xu T, Pseudohalide-induced moisture tolerance in perovskite $CH_3NH_3Pb(SCN)_2I$ thin films. Angew. Chem. Int. Ed., 2015, 127: 7727.

[45] Burschka J, Pellet N, Moon S J, Humphry-Baker R, Gao P, Nazeeruddin M K, and Grätzel M. Sequential deposition as a route to high-performance perovskite sensitized solar cells. Nature, 2013, 499: 316.

[46] Liu M, Johnston M B, and Snaith H J. Efficient planar heterojunction perovskite solar cells by vapour deposition. Nature, 2013, 501: 395.

[47] Leijtens T, Eperon G E, Pathak S, Abate A, Lee M M, and Snaith H J, Overcoming ultraviolet light instability of sensitized $TiO_2$ with meso-superstructured organometal tri-halide perovskite solar cells. Nat. Commun., 2013, 4: 2885.

[48] Chander N, Khan A F, Chandrasekhar P S, Thouti E, Swami S K, Dutta V, and Komarala V K. Reduced ultraviolet light induced degradation and enhanced light harvesting using $YVO_4:Eu^{3+}$ down-shifting nano-phosphor layer in organometal halide perovskite solar cells. Appl. Phys. Lett., 2014, 105: 033904.

[49] Bi D Q, Boschloo G, Schwarzmuller S, Yang L, Johanssona E, and Hagfeldt A. Efficient and stable $CH_3NH_3PbI_3$-sensitized ZnO nanorod array solid-state solar cells. Nanoscale, 2013, 5: 11686.

[50] Ito S, Tanaka S, Manabe K, and Nishino H. Efficient and stable $CH_3NH_3PbI_3$-sensitized ZnO nanorod array solid-state solar cells. J. Phys. Chem. C, 2014, 118: 16995.

[51] Abate A, Leijtens T, Pathak S, Teuscher J, Avolio R, Errico E, Kirkpatrik J, Ball J M, Docampo P, McPhersonc I, and Snaith H J. Lithium salts as "redox active" p-type dopants for organic semiconductors and their impact in solid-state dye-sensitized solar cells. Phys. Chem. Chem. Phys., 2013, 15: 2572.

[52] Furube A, Katoh R, Hara K, Sato T, Murata S, Arakawa H, and Tachiya M. Ithium ion effect on electron injection from a photoexcited coumarin derivative into a $TiO_2$ nanocrystalline film investigated by visible-to-IR ultrafast spectroscopy. J. Phys. Chem. B, 2005, 109: 16406.

[53] Cappel U B and Daeneke T. Oxygen-induced doping of spiro-MeOTAD in solid state dye-sensitized solar cells and its impact on device performance. Nano Lett., 2012, 12: 4925.

[54] Snaith H J and Grätzel M. Enhanced charge mobility in a molecular hole transporter via addition of redox inactive ionic dopant: implication to dye sensitized solar cells. Appl. Phys. Lett., 2006, 89: 262114.

[55] Zhang H, Shi Y, Yan F, Wang L, Wang K, Xing Y, Dong Q, and Ma T. A dual functional additive for the HTM layer in perovskite solar cells. Chem. Commun., 2014, 50: 5020.

[56] Kwon Y S, Lim G C, Yun H J, Kim Y H, and Park T. A diketopyrrolopyrrole containing hole transporting conjugated polymer for use in efficient stable organic-inorganic hybrid solar cells based on a perovskite, Energy Environ. Sci., 2014, 7: 1454.

[57] Cai B, Xing Y D, Yang Z, Zhang W H, and Qiu J S. High performance hybrid solar cells sensitized by organolead halide perovskites. Energy Environ. Sci., 2013, 6: 1480.

[58] Liu J, Wu Y, Qin C, Yang X, Yasuda T, Islam A, Zhang K, Peng W, Chen W, and Han L. A dopant-free hole-transporting material for efficient and stable perovskite solar cells. Energy Environ. Sci., 2014, 7: 2963.

[59] Zheng L L, Chung Y H, Ma Y Z, Zhang L P, Xiao LX, Chen Z J, Wang S F, Qu B, and Gong Q H. A hydrophobic hole transporting oligothiophene for planar perovskite solar cells with improved stability. Chem. Commun., 2014, 50: 11196.

[60] Ma Y Z, Chung Y H, Zheng L L, Zhang D F, Yu X, Xiao L X, Chen Z J, Wang S F, Qu B, Gong Q H, and Zou D C. Improved hole-transporting property via

HAT-CN for perovskite solar cells without lithium salts. ACS Appl. Mater. Interfaces, 2015, 7: 6406.

[61] Luo W, Wu C C, Wang D, Zhang Z H, Qi X, Guo X, Qu B, Xiao L X, and Chen Z J. Dopant-free spiro-OMeTAD as hole transporting layer for stable and efficient perovskite solar cells. Organic Electronics, 2019, 74: 7.

[62] Christians J A, Fung R C M, and Kamat P V. An inorganic hole conductor for organo-lead halide perovskite solar cells. Improved hole conductivity with copper iodide. J. Am. Chem. Soc., 2014, 136: 758.

[63] Habisreutinger S N, Leijtens T, Eperon G E, Stranks S D, Nicholas R J, and Snaith H J. Carbon nanotube/polymer composites as a highly stable hole collection layer in perovskite solar cells. Nano Lett., 2014, 14: 5561.

[64] Mei A Y, Li X, Liu L F, Ku Z L, Liu T F, Rong Y G, Xu M, Hu M, Chen J Z, Yang Y, Grätzel M, and Han H W. A hole-conductor-free, fully printable mesoscopic perovskite solar cell with high stability. Science, 2014, 345: 295.

[65] Laban W A and Etgar L. Depleted hole conductor-free lead halide iodide heterojunction solar cells. Energy Environ. Sci., 2013, 6: 3249.

[66] Aharon S, Cohen B E, and Etgar L. Hybrid lead halide iodide and lead halide bromide in efficient hole conductor free perovskite solar cell. J. Phys. Chem. C, 2014, 118: 17160.

[67] Han Y, Meyer S, Dkhissi Y, Weber K, Pringle J M, Bach U, Spiccia L, and Cheng Y B. Degradation observations of encapsulated planar $CH_3NH_3PbI_3$ perovskite solar cells at high temperatures and humidity. J. Mater. Chem. A, 2015, 3: 8139.

[68] Hwang I, Jeong I, Lee J, Ko K, and Yong K. Enhancing stability of perovskite solar cells to moisture by the facile hydrophobic passivation. Appl. Mater. Interfaces, 2015, 7: 17330.

[69] Li B, Wang M, Subair R, Cao G, and Tian J. Significant stability enhancement of perovskite solar cells by facile adhesive encapsulation. J. Phys. Chem. C, 2018, 122: 25260.

[70] Tang Z G, Uchida S, Bessho T, Kinoshita T, Wang H B, Awai F, Jono R, Maitani M M, Nakazaki J, Kubo T, and Segawa H. Modulations of various alkali metal cations on organometal halide perovskites and their influence on photovoltaic performance. Nano Energy, 2018, 45: 184.

[71] Saliba M, Matsui T, Domanski K, Seo J Y, Ummadisingu A, Zakeeruddin S M, Correa-Baena J P, Tress W R, Abate A, Hagfeldt A, and Grätzel M. Incorporation of rubidium cations into perovskite solar cells improves photovoltaic performance. Science, 2016, 354: 206.

[72] Li N X, Tao S X, Chen Y H, Niu X X, Onwudinanti C K, Hu C, Qiu Z W, Xu Z Q, Zheng G H J, Wang L G, Zhang Y, Li L, Liu H F, Lun Y Z, Hong J W,

Wang X Y, Liu Y Q, Xie H P, Gao Y L, Bai Y, Yang S H, Brocks G, Chen Q, and Zhou H P. Cation and anion immobilization through chemical bonding enhancement with fluorides for stable halide perovskite solar cells. Nature Energy, 2019, 4: 408.

[73] Turren-Cruz S H, Hagfeldt A, and Saliba M. Methylammonium-free, high-performance, and stable perovskite solar cells on a planar architecture. Science, 2018, 362: 449.

[74] Chen W, Wu Y, Yue Y, Liu J, Zhang W, Yang X, Chen H, Bi E, Ashraful I, Grätzel M, and Han L. Efficient and stable large-area perovskite solar cells with inorganic charge extraction layers, Science, 2015, 350: 944.

[75] Xie L, Chen J, Vashishtha P, Zhao X, Shin G S, Mhaisalkar S G, and Park N G. Importance of functional groups in cross-linking methoxysilane additives for high-efficiency and stable perovskite solar cells. ACS Energy Letters, 2019, 4: 2192.

[76] Li X D, Fu S, Liu S Y, Wu Y L, Zhang W X, Song W J, and Fang J F. Suppressing the ions-induced degradation for operationally stable perovskite solar cells. Nano Energy, 2019, 64: 103962.

[77] Proppe A H, Wei M Y, Chen B, Quintero-Bermudez R, Kelley S O, and Sargent E H. Photochemically crosslinked quantum well ligands for 2D/3D perovskite photovoltaics with improved photovoltage and stability. J. Am. Chem. Soc., 2019, 141: 14180.

[78] Wang Y B, Wu T H, Barbaud J, Kong W Y, Cui D Y, Chen H, Yang X D, and Han L Y. Stabilizing heterostructures of soft perovskite semiconductors. Science, 2019, 365: 687.

[79] Yang S, Chen S S, Mosconi E, Fang Y J, Xiao X, Wang C C, Zhou Y, Yu Z H, Zhao J J, Gao Y L, De Angelis F, and Huang J S. Stabilizing halide perovskite surfaces for solar cell operation with wide-bandgap lead oxysalts. Science, 2019, 365: 473.

[80] Wang L G, Zhou H P, Hu J N, Huang B L, Sun M Z, Dong B W, Zheng G H J, Huang Y, Cheng Y H, Li L, Xu Z Q, Li N X, Liu Z, Chen Q, Sun L D, and Yan C H. A $Eu^{3+}$, $Eu^{2+}$, ion redox shuttle imparts operational durability to Pb-I perovskite solar cells. Science, 2019, 363: 265.

[81] Kim H S, Lee C R, Im J H, Lee K B, Yum J H, Moser J E, Grätzel M, and Park N G. Lead iodide perovskite sensitized all-solid-state submicron thin film mesoscopic solar cell with efficiency exceeding 9%. Sci. Rep., 2012, 2: 591.

[82] Ye S, Sun W, Li Y, Yan W, Peng H, Bian Z, Liu Z, and Huang C. Cuscn-based inverted planar perovskite with an average PCE of 15.6%. Nano Lett., 2015, 15: 3723.

[83] Li Y, Ye S, Sun W, Yan W, Li Y, Bian Z, Liu Z, Wang S, and Huang C. Hole-

conductor-free planar perovskite solar cells with 16.0% efficiency. J. Mater. Chem. A, 2015, 3: 18389.

[84] Kim J H, Liang P W, Williams S T, Cho N, Chueh C C, Glaz M S, Ginger D S, and Jen A K. High-performance and environmentally stable planar heterojunction perovskite solar cells based on a solution-processed copper-doped nickel oxide hole-transporting layer. Adv. Mater., 2015, 27: 695.

[85] Rong Y, Liu L, Mei A, Li X, and Han H. Beyond efficiency: the challenge of stability in mesoscopic perovskite solar cells. Adv. Energy Mater., 2015, 5: 1501066.

# 第十章 钙钛矿太阳能电池的大面积制备与产业化

顾飞丹、丁雄傑、卞祖强

钙钛矿太阳能电池得到了迅猛的发展，其光电转换效率已达到25.2%，但报道的高效率器件基本都制备于小面积基底(<1 cm$^2$)之上，要达到工业化生产的要求尚需努力. 因此，探索高质量的大面积钙钛矿薄膜沉积方法以及制备相应的高效率电池乃至组件是工业化过程中的必经之路.

目前用于钙钛矿薄膜制备的方法有旋涂、刮涂、狭缝式挤压涂布、喷涂、喷墨打印、印刷(包括丝网印刷、凹版印刷、滚筒印刷等)、软覆盖沉积和气相辅助沉积等. 这些方法各有优势，有适合于实验室研究的，也有为了大面积电池工业化生产而服务的. 本章将介绍这些方法在大面积钙钛矿太阳能电池制备中的应用、优化手段以及优缺点，同时介绍大面积电池研究的最新进展.

## §10.1 旋　　涂

旋涂法是目前实验室中广泛使用的钙钛矿薄膜制备方法. 旋涂过程中，滴加于基底上的前驱液在连续的离心力作用下形成平滑的湿膜，同时一部分溶剂挥发起到浓缩前驱液促使成核的作用. 但是旋涂法的材料利用率很低，90%以上的前驱液在旋涂过程中被甩走，无法得到直接利用. 而且随着基底面积的增大，中心及其辐射边缘的成膜不再均一，其相应器件的效率也显著降低. 就钙钛矿电池而言，其效率随面积增大而衰减的速率明显大于其他薄膜太阳能电池.

旋涂法可分为一步法和两步法. 简单的一步旋涂法所得的钙钛矿薄膜往往呈现枝状形貌，覆盖度较差，这会造成电子和空穴传输层的直接接触，因此产生漏电流而影响电池性能. 枝状形貌的产生是由于少量晶核的过度生长，若能快速将前驱膜中的溶剂赶走使其达到超饱和的状态，则会迅速均匀成核并在更短的时间内使结晶铺满整个基底，减少针孔的产生.

在小面积钙钛矿薄膜制备中，以上目的可通过反溶剂滴加[1]或浸渍[2]、真空闪蒸[3]、热旋涂[4]等物理方法实现，因此研究者们也试图将这些方法沿用至大面积薄膜的制备当中. 反溶剂滴加是指在旋涂过程中适当时间滴加反溶剂使其快速降低溶解度而析出钙钛矿的一种方法，由于反溶剂是快速滴加于基底中心并且随旋转铺展到整个基底的，而且其合适的滴加时间窗口很小，所以一旦基底面积变大，距离中心较远的部分与中心的结晶动力学会相差甚远. Troughton 等使用乙酸乙酯作为反溶剂，延长了中间相的稳定时间，在 75%的相对湿度中小面积反向电池效率达到 14.5%，而 5 cm×5 cm 的亚组件(有效面积 13.5 $cm^2$)效率降至 10.1%[5]. 因此反溶剂滴加法并不适合于大面积薄膜的制备. 反溶剂浸渍是指将旋涂好的前驱膜浸入反溶剂中，从而达到类似作用的一种方法. 最近，黄福志等用溶有少量 FAI 和 MABr 的正丁醇作为反溶剂对钙钛矿前驱膜进行浸泡，10 cm×10 cm 的组件(采光面积 53.85%)获得了 13.85%的效率[6]. 从原理上来说此法还可与其他大面积涂膜方法联用，有比较好的应用前景. 真空闪蒸[3](见图 10.1(a))和热旋涂法[7]分别通过真空和加热来快速驱除前驱膜中的溶剂，是对薄膜的进一步处理，因此也可与其他大面积涂膜方法联用.

除了物理方法，对钙钛矿前驱液进行化学调控也是改变结晶动力学的有效方法，主要包括组分调控、添加剂工程和溶剂工程. 组分调控一般是指改变钙钛矿原料的种类(卤化铅和卤化铵盐)及其当量比. Heremans 等以 $Pb(CH_3CO_2)_2 \cdot 3H_2O$($PbAc_2 \cdot 3H_2O$)，$PbCl_2$ 和 $CH_3NH_3I$(MAI)为原料，使用一步旋涂法沉积了 2 cm×2 cm 的薄膜并制备了小组件，4 $cm^2$ 采光面积效率达到 13.6%(几何填充因子 GFF=91%)[8]. $Pb(CH_3CO_2)_2 \cdot 3H_2O$ 和 $PbCl_2$ 的引入加快了结晶过程，同时有利于获得更大的晶粒. 黄福志等在经典三阳离子钙钛矿组成 $Cs_{0.05}(FA_{0.85}MA_{0.15})_{0.95}Pb(I_{0.85}Br_{0.15})_3$ 中掺入 $K^+$，用一步快速结晶法制备了晶粒约 1 μm 的致密薄膜，6 cm×6 cm(有效面积 20 $cm^2$)的组件效率达到了 15.76%(见图 10.1(b)～(f))[9]. 之后他们又探究了不同的碱金属离子对钙钛矿薄膜形貌的影响，并仍用类似的组分和制备方法将 7 cm×7 cm 组件的效率提升到了 17.27%，认证效率为 16.5%(采光面积 20.78 $cm^2$)[10]. 顾名思义，添加剂工程即向前驱液中加入其他物质，借助这些物质与前驱液中组分的相互作用改变结晶过程来调控薄膜光电性质. 韩礼元等在 $MAPbI_3$ 的 DMF 溶液中同时加入“离子液体”MAAc 和化学添加剂氨基硫脲，通过一步旋涂法制备了大晶粒高覆盖度的钙钛矿薄膜，采光面积 1.025 $cm^2$ 的电池认证效率达到了 19.19%[11]. 添加剂工程和溶剂工程[12]在小面积钙钛矿薄膜制备中有非常多的应用，在旋涂法制备大面积钙钛矿中应用较少，更多见于刮涂等其他制备方法中，因此在下面提及时再行详述.

旋涂过程中基底的浸润性是保证钙钛矿薄膜覆盖度的前提. 聚合物电荷传输层往往表面疏水，亲水的钙钛矿前驱液不能很好浸润，因此对电荷传输层表面进行修饰改性很有必要. Lee 等通过在聚合物空穴传输层上旋涂两亲的

[9,9-二辛基芴-9,9-双($N$,$N$-二甲基胺丙基)芴](PFN),成功地在 18.4 cm² 基底上用一步快速结晶法旋涂了钙钛矿薄膜,1 cm² 的有效面积上效率达到了 17%[13].

两步法是指先在基底上沉积卤化铅薄膜,然后再与卤化铵盐反应的方法.相比于钙钛矿复杂且不易控制的结晶过程,在大面积基底上沉积卤化铅薄膜相对容易,因此刮涂等大面积薄膜制备方法常用两步法,在下面提及时再行详述.

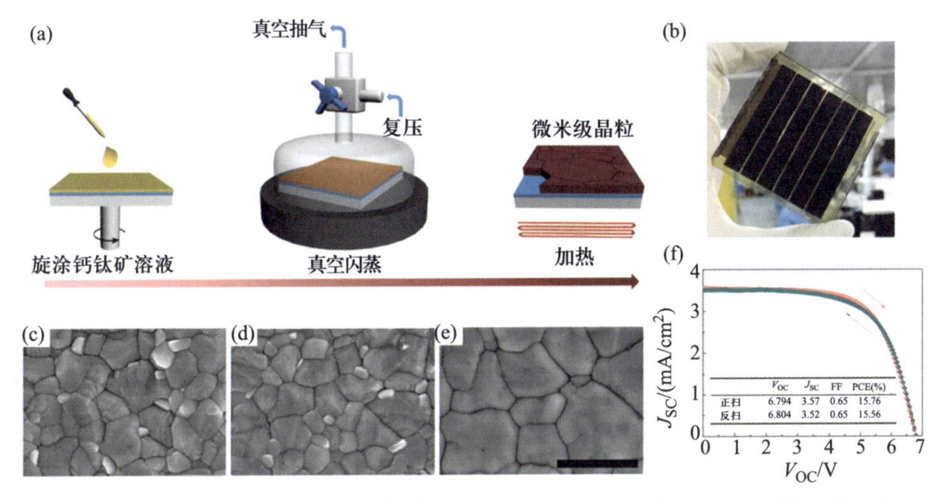


图 10.1　(a) 真空闪蒸法示意图[3];(b) 6 cm×6 cm 组件;(c) FAMA,(d) CsFAMA,(e) KCsFAMA 的 SEM 照片;(f) $J$-$V$ 曲线[9]

## §10.2　刮　　涂

刮涂法是一种设备结构简单、材料利用率高的大面积薄膜制备工艺,可以很好地兼容柔性基底的 R2R 生产线,被广泛地应用在工业印刷当中.刮涂法制备薄膜的操作相对简单,将溶液覆盖在基底上,然后用刮刀或线棒将多余的溶液刮走(见图 10.2),经过热处理或风干基底表面残留的溶剂后,形成一层薄膜.薄膜厚度和相貌可以通过改变刮刀的移动速度、刀锋与基底之间的距离、基底表面与溶剂的表面张力匹配、溶剂挥发速率等因素来调节.这种方法已被广泛用于染料敏化电池的 $TiO_2$ 介孔层制备中[14].

目前关于刮涂法制备钙钛矿薄膜的研究主要集中在溶剂工程、组分调控、基底加热和气流辅助控制溶剂挥发速率等方面.值得注意的是,目前大部分应用刮涂技术的钙钛矿电池都采用了以 PEDOT:PSS 或 PTAA 作为空穴传输层

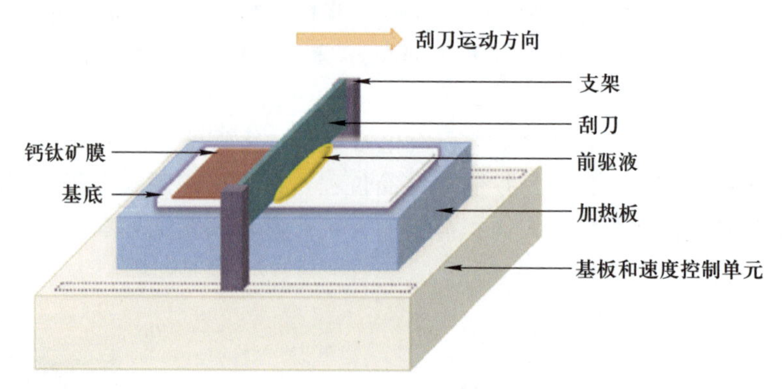


图 10.2 刮涂法制备钙钛矿薄膜过程示意图[15]

和富勒烯及其衍射物作为电子传输层的反式平面结构. 首次采用刮涂法制备钙钛矿薄膜的研究是 2014 年 Jen 课题组[16]报道的. 他们通过基底加热和 $N_2$ 气风干方式辅助，刮涂出高质量的 $MAPbI_{3-x}Cl_x$ 薄膜，PEDOT∶PSS/$MAPbI_3$/PCBM 结构器件效率达 12.21%，且性能稳定. 阳军亮课题组[17]在 40%～50%相对湿度的空气环境中，基于刮涂法制备了效率达到 11.29%的 $MAPbI_3$ 电池器件，重点研究了刮涂过程中基底温度(60 ～140℃)对钙钛矿薄膜厚度、形貌和晶体质量的影响，发现钙钛矿厚度随温度上升而减小，最后稳定在一个数值上. 其原因是温度较低时，MAI 没有完全与 $PbI_2$ 反应，生成了疏松的薄膜结构，而当温度上升至足够高时，MAI 和 $PbI_2$ 充分反应形成高质量的致密钙钛矿结构，薄膜厚度随之减小.

2015 年，Jen 课题组[18]在之前工作的基础上，进一步将刮涂技术扩展至柔性基底，并通过对环境湿度的控制，在大气氛围下，以 $PbCl_2$∶3MAI 的原料配比在 5 cm×5 cm 的基底上实现了全刮涂制备的钙钛矿电池器件(钙钛矿、PEDOT∶PSS 和 PCBM 层均采用刮涂法)，刚性器件和柔性器件的效率分别达 10.44%和 7.14%. 同年，黄劲松课题组[19]以 $N,N'$-二苯基联苯胺衍生物 c-OTPD 替代空穴传输材料 PEDOT∶PSS 来改善器件的 $V_{OC}$，并在 c-OTPD 中加入 0.2 wt%的($z$)-2-氰基-3-(4-二苯氨基)苯基丙烯酸)TPACA 来解决刮涂过程中钙钛矿前驱液在 c-OTPD 表面不能浸润的问题，并在 $MAPbI_3$ 涂布厚度 845 nm 时，获得最高器件效率 15.1%. 此外，该课题组[20]又利用了刮涂过程出现的咖啡环效应，在 PTAA 基底上涂布生长出具有周期性环状结构钙钛矿结晶，在宏观上展现出绚丽多彩的颜色，如图 10.3 所示，周期结构可以通过基底温度和溶液浓度很好地调控. 该彩色钙钛矿器件的光伏特性为 $V_{OC}$ = 0.732V，$J_{SC}$ = 16.7 mA/cm$^2$ 和 PCE = 12.2%，为钙钛矿电池在光伏建筑一体化(BIPV)的应用提供了一个新的思路.

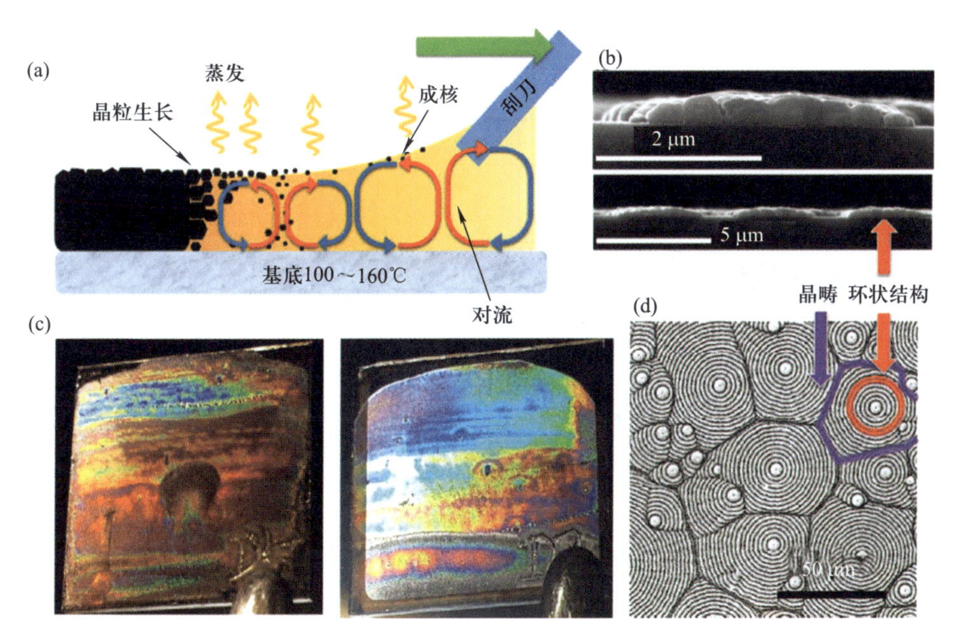


图 10.3　(a) 刮涂法制备彩色钙钛矿薄膜示意图；(b) 彩色钙钛矿薄膜中心环的 SEM 截面图；(c) 1 个标准太阳光照下，覆盖铝电极的彩色钙钛矿薄膜；(d) 平面 SEM 图上所看到的多边形钙钛矿晶畴和畴内周期性的环状结构[20]

在刮涂法制备大面积器件方面，2015 年，Razza 等[21]采用 DMF，DMSO 和 GBL 作为 $MAPbI_3$ 前驱液的混合溶剂，在致密 $TiO_2$ 基底上刮涂制备出面积为 10 $cm^2$ 和 100 $cm^2$ 的正式结构钙钛矿电池器件模组，效率分别达到 10.4%和 4.3%. 2016 年，Mallajosyula 等[1]通过刮涂法制备 $MAPbI_{3-x}Cl_x$ 薄膜，其 1 $cm^2$ 的反式结构器件效率为 7.32%. 同年，Back 等[22]利用 PSSH 修饰 PEDOT:PSS 后形成的 $SO_3^-$ 键来改善刮涂钙钛矿薄膜与 PEDOT:PSS 之间的连接，使钙钛矿膜的均一性与覆盖度都有所提升，器件效率由修饰前的 6.18%提升到 10.15%，大面积器件(15 mm×40 mm)平均效率达到 9.4%. 2017 年，朱凯课题组[23]通过调控前驱液中 MACl 的比例和采用反溶剂法缩短溶剂挥发和热处理过程，制得了效率分别高达 19.06%和 17.50%的小面积(0.12 $cm^2$)和大面积(1.2 $cm^2$)器件，并基于此制备了效率为 13.3%、有效面积为 11.09 $cm^2$ 的器件模组. 2018 年，黄劲松课题组[24]在钙钛矿前驱液中添加了 10 ppm 量级的表面活性剂(如 l-α-Phosphatidylcholine)以缓解表面张力梯度带来的不均匀对流并改善基底润湿性(见图 10.4)，显著改善了刮涂后的流体干燥动力学过程和与下层空穴传输层的附着效果，实现在涂布速度 180 m · $h^{-1}$ 下，能保证钙钛矿薄膜形貌的平整度(均方根粗糙度为 14.5 nm/cm)，小面积器件效率超过 20%，33.0 $cm^2$ 和 57.2 $cm^2$ 大面积器件模组效率分别高达 15.3% 和 14.6%.

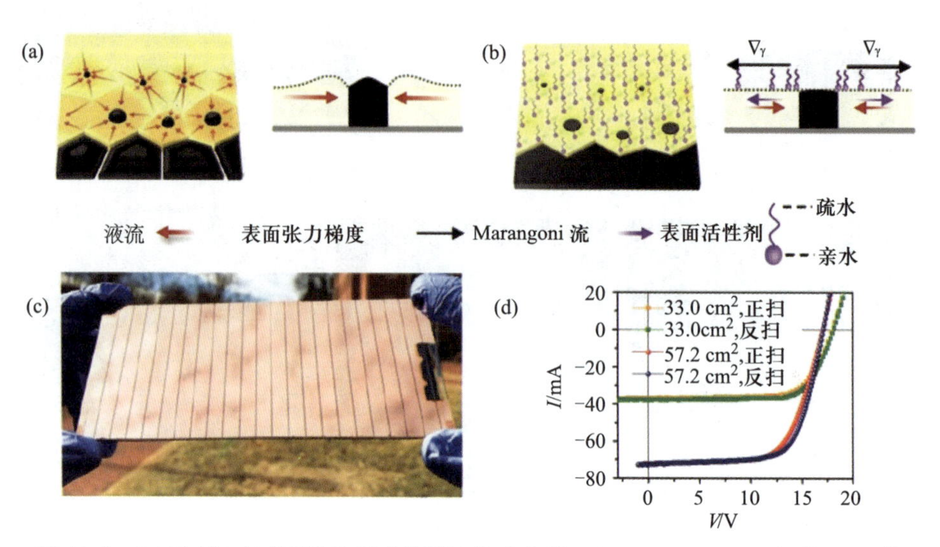


图 10.4 (a)无/(b)有表面活性剂时前驱液流动状况；(c)6 cm× 15 cm 组件；(d)其 *I-V* 曲线[24]

关于通过组分调节来改善刮涂法钙钛矿薄膜质量的工作也有很多. 2016 年，黄劲松课题组 Deng 等[25]在 MA 中混入不同比例 FA，通过刮涂制备出 $FA_{0.4}MA_{0.6}PbI_3$ 钙钛矿活性层，器件的 $J_{SC}$ 高达 23.0 mA/$cm^2$，效率为 18.3%. 2017 年该组[26]在 $FA_{0.4}MA_{0.6}PbI_3$ 中引入了适量的元素 $Cs^+$ 和 $Br^-$. $Cs^+$ 和 $Br^-$ 的掺入抑制了相分离，而 MACl 的掺入诱导形成了中间相，延迟了结晶过程，有利于致密薄膜和大晶粒的形成. 他们同样采用刮涂技术制备了基于 $FA_{0.38}MA_{0.4}Cs_{0.02}PbI_{2.975}Br_{0.025}$ 钙钛矿活性层的电池器件，效率提升到 19.3%，且刮涂时的基底温度为 120℃，低于 $FA_{0.4}MA_{0.6}PbI_3$ 的 140℃. 该课题组[27]直接在 ITO 上刮涂钙钛矿薄膜，制备无空穴传输层的电池器件. 他们在钙钛矿前驱液中加入 F4TCNQ(分子结构见图 10.5(a))使钙钛矿活性层的能级向上弯曲(见图 10.5(b))，改善 ITO 对光生空穴的提取和收集. $MAPbI_3$ : F4TCNQ 器件相比于 $MAPbI_3$ 器件的性能有大幅度的提升，尤其填充因子 FF 由 0.56 提高到 0.81，器件效率也由 11.0%提高到 20.2%.

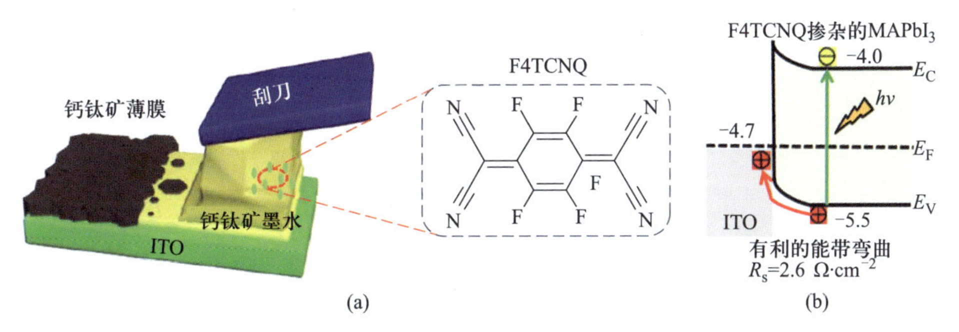


图 10.5 (a) 刮涂法制备无空穴传输层 $MAPbI_3$:F4TCNQ 电池器件；(b) 空穴在 ITO/$MAPbI_3$:F4TCNQ 界面的动力学过程[27]

## § 10.3 狭缝挤压式涂布

狭缝挤压式涂布(slot-die coating)是一种非接触式印刷技术，目前被广泛应用于锂电池隔膜、光学薄膜或液晶面板等需要精密涂布的产品中. 狭缝涂布技术具有印刷速度快、涂布线度宽、成膜均匀性好和适用油墨黏度范围广等优点. 与喷涂等涂布工艺相比，通过狭缝模头和定量泵的配合能最高效地利用原料，并且在涂布过程中油墨不会向空间飞溅，是公认的清洁印刷技术. 狭缝涂布也有不足之处，如实现图案化涂布功能时相对困难，通常以面状或条状为主. 尽管如此，这些不足丝毫不影响其与 R2R 工艺结合实现高通量和工业化生产.

狭缝涂布系统包括供料单元和涂布单元两个部分. 供料单元依靠柱塞泵或螺杆泵等定量泵将储料罐中的溶液经过滤装置和阀门结构输送到涂布单元. 涂布单元主要由涂布模头和控制其运动的压力系统和阀门组成. 涂布模头是狭缝涂布系统的核心部件，由上模(up die)、下模(down die)和安装在它们之间的垫片(shim)组成(见图 10.6)，通过安装不同厚度的垫片来调节不同狭缝的线宽，另外上、下模体一般会加工出半圆柱形的凹槽以储存一定量的油墨. 工业上对模头的精度要求极高，国外高精度的模头能保证模头唇口直线度和缝隙平面度≤1 μm/m，而国内的加工精度一般在≤2 μm/m 的水平.

狭缝涂布已经被成功应用在有机电致发光二极管(OLED)[28]和有机太阳能电池(OPV)[29]的器件制备中，但用来实现均匀无缺陷的高质量钙钛矿薄膜时遇到了较大的困难. 原因是钙钛矿材料具有聚合物没有的自主结晶特性，在涂布和退火步骤中的结晶机理和动力学过程远较有机聚合物或小分

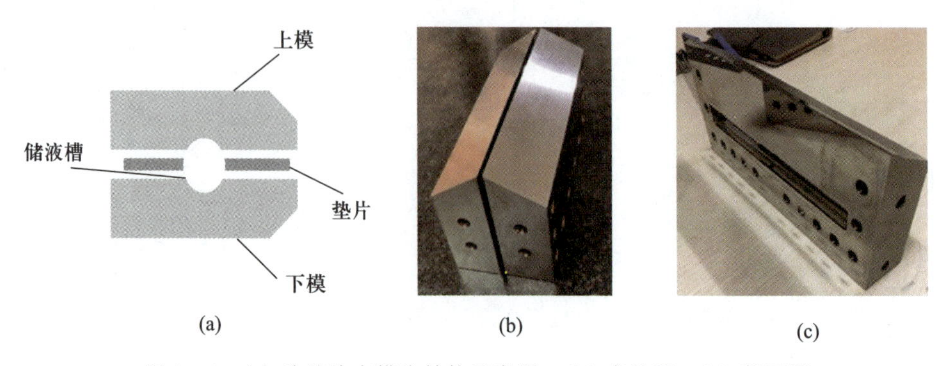


图 10.6 (a) 狭缝涂布模头结构示意图；(b) 实物图；(c) 断面图

子复杂，涂布技术不能简单套用之前经验，工艺上许多地方需要重新靠实践摸索来改进. 近几年，狭缝涂布制备钙钛矿太阳能电池的研究取得了很大进展.

2015 年，Vak 等将 3D 打印机的针孔喷嘴改装成狭缝涂头用于涂布一定面积的薄膜，同时又具有在 $x$，$y$ 和 $z$ 方向灵活移动的能力[30]. 利用这台狭缝挤压涂布机，器件结构为 ITO/ZnO/$MAPbI_3$/P3HT/Ag 的电池中除了 Ag 电极仍使用蒸镀法沉积. 其他层均可用涂布法沉积. 当器件的有效面积为 10 $mm^2$ 时，效率最高可达 11.96%[31]. 在此工作中，钙钛矿薄膜的制备采用的是两步法，通过狭缝式挤压涂布 $PbI_2$ 薄膜后涂布 MAI 异丙醇溶液进一步转化成钙钛矿. 为了制备平整无针孔的 $PbI_2$ 薄膜，他们使用了 $N_2$ 进行气流吹扫，并将 $PbI_2$ 薄膜置于密闭容器中辅助疏松形貌的形成，便于与涂布的 MAI 溶液充分接触反应(见图 10.7(a)～(e)). 另外，涂布 MAI 之前预热基底(70℃)能够加速反应，促使晶粒长大. 在此方法的基础上，他们开创性地将工作进一步推进，利用 R2R 工艺，在 PET/ITO/ZnO 柔性基底上涂布钙钛矿薄膜并制成 10 cm×10 cm(有效面积 5 cm× 8 cm)的电池组件，但效率低于 0.5%(见图 10.7(f)). 此两步法中 $PbI_2$ 薄膜需要较长的退火时间(1 h)，在 R2R 工艺中意味着要有更长的线上距离来进行退火，这是十分不利的. 因此他们预先在 $PbI_2$ 中掺入 40%的 MAI，经过线上的 $N_2$ 吹扫干燥后即可与后续涂布的 MAI 溶液快速反应，优化了两步法的 R2R 工艺，有效面积 10$mm^2$ 的柔性电池效率达到 11.0%[32]. Seo 等则通过涂布 $PbI_2$ 的 DMSO/DMF 混合溶液制备 $PbI_2$-DMSO 薄膜，经过异丙醇(IPA)浸渍处理除去 DMSO 后可得疏松 $PbI_2$ 薄膜，进一步浸入 MAI 溶液并退火后实现钙钛矿的完全快速转化. 该方法制得的 10 cm×10 cm 薄膜所分的 12 个区域效率均在 17%以上，最高达 18.3%，有望制备高效率组件[33]. 若要将浸渍这一方法整合到 R2R 工艺中，或许在工艺线上增加浸泡池使薄膜匀速通过池子可以达到这一目的. 由此可见，在两步法中，平整无针孔但疏松的 $PbI_2$ 薄膜对于后续转化为钙钛矿至关重要，有利于提高转化率以及加快反应时间.

两步法中 $PbI_2$ 的成膜相对一步法的钙钛矿一次成膜好控制一些，但是整个工艺比较繁复. 同样在 2015 年，Kerbs 等系统研究了一步法（反式结构）和两步法（正式结构）在狭缝式挤压涂布中的效果，一步法采用 $PbCl_2$∶3MAI 的原料组成，全印刷（除 Ag 电极）电池效率为 9.4%，进一步换用 PET 基底并印刷 Ag 电极，制成全印刷柔性电池，效率为 4.9%（5 cm× 2.5 cm，有效面积 0.2～0.5 $cm^2$）[36]. 朱凯等使用 NMP 和 DMF 为混合溶剂，延长湿膜可处理时间，并在 MAI∶$PbI_2$ 的前驱液中掺入 MACl，一步涂布后浸入反溶剂乙醚中促使钙钛矿结晶，大约 2 in×4.5 in 的薄膜得以制备，0.06 $cm^2$ 的有效面积上效率达到 18.0%[37]. 类似于 Hermans 等在旋涂法中使用的原料，Kim 等使用 $PbAc_2 \cdot 3H_2O$，$PbCl_2$ 和 MAI 作为前驱液组分，在 $N_2$ 吹扫以及后续的退火处理后，得到了平整无针孔的薄膜. 由此，8.0 cm× 3.3 cm 的小组件得以制备，效率达 8.3%（有效面积 2.5 cm×4 cm）[38]. Galagan 等也用此配方前驱液制作了 12.5 cm×13.5 cm 的电池组件，效率达 10%（GFF＝90%）（见图 10.7(g)～(h)）[34]. 另外，$NH_4Cl$ 的引入可以诱导中间相的生成[39,40]，由此得到的晶粒更大，结晶度更高，因此可能有类似的效果. Galagan 等选用无毒的 DMSO/2-丁氧基乙醇（2BE）的溶剂系统以及 $Cs_{0.15}FA_{0.85}PbI_{2.85}Br_{0.15}$ 的前驱液组分，使得快速升温高温退火成为可能，由此得到的薄膜呈现片状平整致密的形貌. 一步涂布加后续退火使得 R2R 工艺大大简化，因此他们也用 R2R 工艺在 30 cm 宽的柔性基底上依次涂布了 $SnO_2$ 和钙钛矿，用 0.09 $cm^2$ 的掩模对最终制得的器件各区域进行 $J$-$V$ 测试，平均效率为 12%，最高达 13.5%[41]. 因此，在一步法中，薄膜的结晶动力学与前驱液的组分以及溶剂的选取密切相关. 另外，一些物理方法，如真空抽吸也能使溶剂被动快速除去. 2016 年，厦门的惟华光能有限公司（现为苏州协鑫纳米）用此方法制备了 5 cm× 5 cm 至 45 cm× 65 cm 的钙钛矿组件，并搭建了发电站（见图 10.7(i)）[35].

总结以上工作，可以看到狭缝式挤压涂布能够与 R2R 工艺很好地兼容，在实验室水平上也有许多不错的结果. 接下来，如何简化工艺降低成本，在提高效率的同时保证结果重复性等需要投入更多精力进行研究.

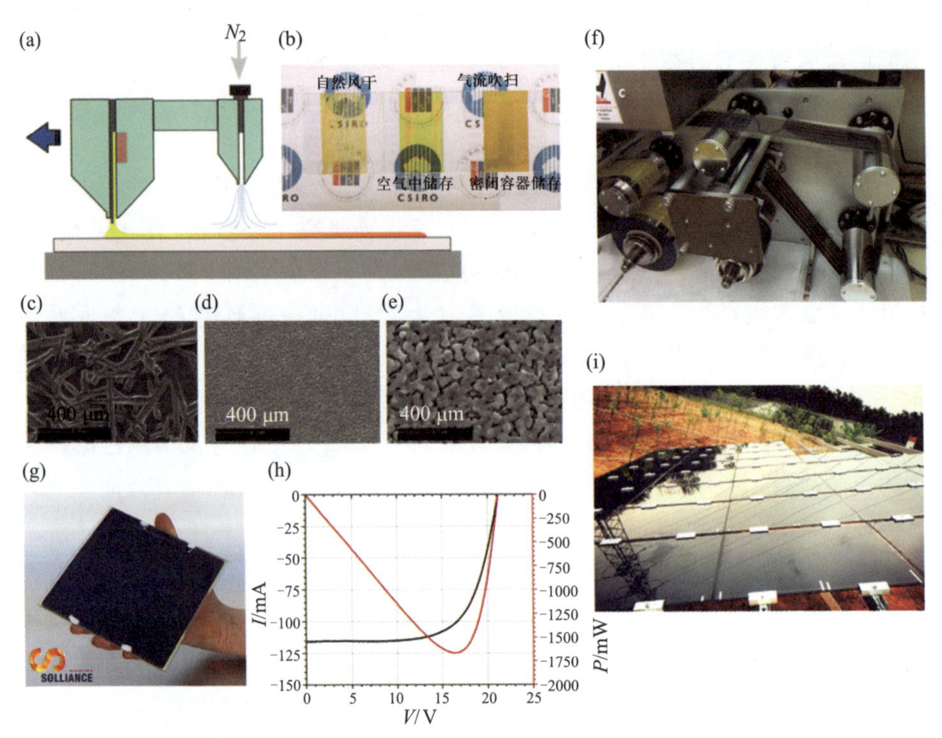


图 10.7 (a) 狭缝式挤压涂布气流吹扫；(b) 不同涂布条件下的 $PbI_2$ 薄膜及 SEM 照片；(c) 自然风干；(d) 气流吹扫；(e)；密闭容器储存；(f) R2R 流程[31]；(g) 6 in×6 in 组件；(h) *I*-*V* 曲线[34]；(i)发电站[35]

## § 10.4 喷 涂

喷涂技术与 R2R 工艺的兼容性好，生产效率高，可以通过掩模板技术实现毫米量级精度的图案化印刷. 喷涂过程对油墨溶液的黏稠度适用范围广，对基底的平整度要求低，并且允许适当大小的非可溶性颗粒分散在溶液中进行喷涂. 广泛的适用范围是喷涂相对于其他大面积涂布工艺的最大优势，是最有发展前景的薄膜制备技术之一. 喷涂法制备薄膜的原理是通过喷嘴喷射形成雾化，雾化液滴在载荷气的气流带动下，均匀地分散在基底表面上，再而凝聚成连续液膜，溶剂挥发后形成固化薄膜. 不同喷涂技术间的区别主要在于雾化方式不一样，从最简单的气压雾化到电辅助的超声雾化或静电雾化等，都可以通过各种类型的喷嘴来实现.

在钙钛矿太阳能电池的制备中，喷涂技术开始先被应用于气溶胶喷雾热解法(aerosol spray pyrolysis)制备致密 $TiO_2$ 层[42,43]，其后被逐渐用于制备钙钛矿活性层. 通过普通气压喷枪将钙钛矿前驱液直接喷洒到基底上成膜是比较简单的喷涂手段. 2015 年，于涛课题组[44]在采用旋涂法制备的 $PbI_2$ 薄膜上采用气压喷枪依次喷涂异丙醇溶剂和 $CH_3NH_3I$ 的异丙醇溶液，在喷涂的过程中基底低转速(500 rpm)旋转，再热退火形成 $CH_3NH_3PbI_3$，获得器件效率 12.5%. 与将 $PbI_2$ 薄膜浸泡于 $CH_3NH_3I$ 溶液的分步溶液法相比，使用在 $PbI_2$ 薄膜喷涂 $CH_3NH_3I$ 溶液的方法所制备的钙钛矿薄膜的表面更加平滑、晶粒尺寸更大、晶界更加致密(见图 10.8). 但上述方法过多地依赖于旋涂步骤，喷涂更多地作为辅助的手段，不利于扩展至大面积器件的制备.

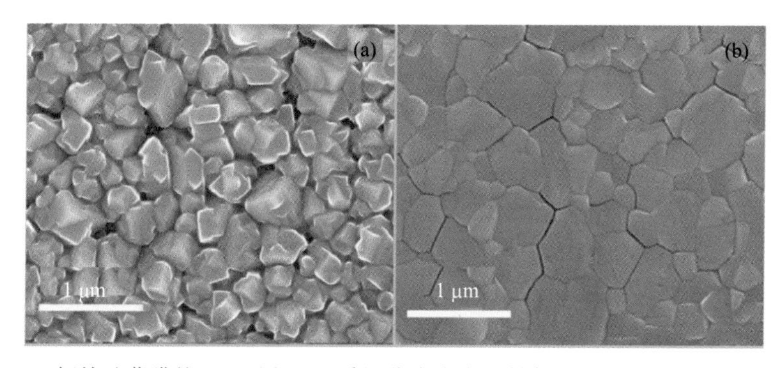


图 10.8　钙钛矿薄膜的 SEM 图. (a) 采用分步溶液法制备的钙钛矿薄膜；(b) 采用喷涂辅助法制备的钙钛矿薄膜[44]

大量的研究表明，采用普通气压喷枪也能独立完成钙钛矿层的制备，制备的方法可以是钙钛矿层的组分材料直接配制成钙钛矿前驱液一次性喷涂到电子或空穴传输层上[45—47]，也可以分两步依次喷涂卤化铅和有机卤化物，然后经过热处理形成钙钛矿层[48,49]. 无论是直接喷涂钙钛矿前驱液还是分步喷涂合成钙钛矿的化合物，钙钛矿的成膜质量很大程度上取决于干燥过程. 2016 年，Heo 等[46]通过控制喷涂溶液的溶剂组分，制备出高效的正式结构平面型 $MAPbI_{3-x}Cl_x$ 的大面积钙钛矿太阳能电池. 他们通过采用挥发性较快的二甲基甲酰胺(DMF)和挥发性较慢的 $\gamma$-丁内酯(GBL)作为喷涂溶液的混合溶剂使用($MAI:PbCl_2$ 以 3∶1 摩尔比溶解)，延长喷涂后钙钛矿湿润薄膜中晶粒溶解再结晶过程，实现更大尺寸的钙钛矿晶粒，在 $FTO/TiO_2/MAPbI_{3-x}Cl_x/PTAA/Au$ 结构上获得器件平均效率 16.08%(最高值达 18.3%)，并制备出尺寸 10 cm×10 cm(有效面积 40 $cm^2$)的器件模组(见图 10.9). 该模组在 1 个标准太阳光照下能实现 10.5 V 的开路电压和 84.15 mA 的短路电流输出(FF=70.16%，PCE=15.5%)，这是目前为止喷涂法制备钙钛矿电池的最高效率.

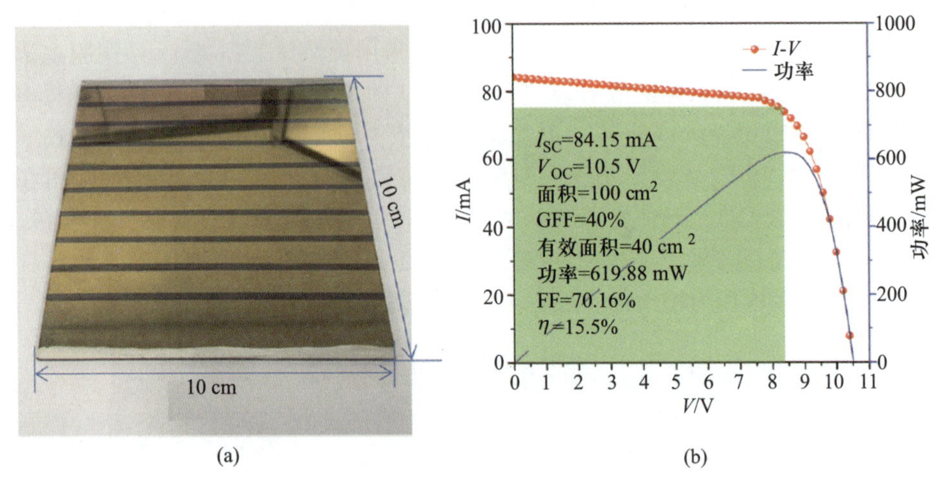


图 10.9 (a) FTO/$TiO_2$/$MAPbI_{3-x}Cl_x$/PTAA/Au 平面钙钛矿器件模组(10 cm×10 cm);(b) 其在 1 个标准太阳光照下的伏安特性图[46]

除了调控溶剂、材料组分、基底温度等传统优化手段外,Zabihi 等[48]别出心裁地在分步喷涂钙钛矿组分的过程中,在基底上加入了超声振动(见图 10.10)以促进基底上液滴的传播和聚集、增加表面润湿和加速溶剂的挥发,来改善钙钛矿晶体的规整度. 该研究表明,通过喷涂时间间隔、基底温度和基底超声功率的协同优化,能有效改善钙钛矿薄膜的成膜质量. 这种基底垂直振动的辅助方式相比于之前提到的基底旋转辅助,在生产线上更易于实现,更适用于大面积的基底.

传统的气压喷涂是利用流速很快的液体通过小尺寸孔径喷嘴进入空气中碎裂成小液滴的原理来实现雾化的. 这种方式必须保证足够高的流速,而喷嘴孔尺寸将决定雾化液滴的大小. 然而,在一些具有固体颗粒混合的溶液中,喷嘴孔径会被限制得不能太小,因为太小的孔径会容易堵塞,这样就不容易控制雾化液滴的尺寸,雾化效果不佳. 另一种超声模式的喷涂中液滴的粒径主要由超声频率来决定,对供给液体的流速要求更低,能在低流速下雾化出几微米量级的小液滴,因而具有液滴尺寸易于控制、雾化分布更加均匀、喷嘴不易堵塞等优点,应用前景更加广泛.

超声喷涂设备与普通气压型设备具有类似的供液系统、运动控制系统和机械系统等构成单元,区别在于超声喷涂设备增加了超声雾化系统,主要由超声波发生器、压电换能器和变幅杆等部分构成. 压电换能器利用压电陶瓷的压电效应将超声波发生器发出的电信号转化为机械振动(一般振动幅度只有几

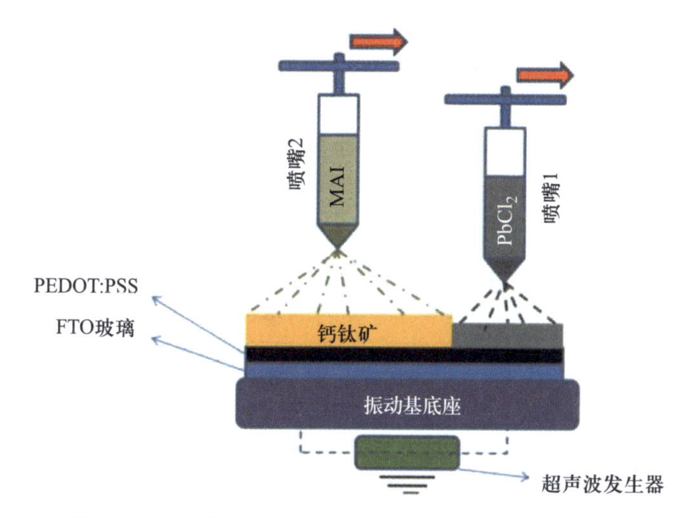


图 10.10 超声振动基底辅助喷涂法生长钙钛矿薄膜[48]

微米)，再借助变幅杆将此机械振动的幅度放大至几十微米. 文献[50]描述了一个简单的超声喷涂装置，如图 10.11 所示，液流喷向压电陶瓷驱动的振动片(变幅杆)，在超声波振动能量的作用下雾化成微米级尺寸的液滴，在载气(一般是 $N_2$)气流的带动下，雾化液滴均匀地分散到基底的表面. 目前制备钙钛矿电池的超声喷雾法多采用亚兆级频率的超声波振动将前驱液雾化[51]，雾滴的平均直径可用经验公式估算[52]：$D=0.34\ (8\pi\sigma/\rho f^2)^{1/3}$，其中 $D$ 是雾滴直径，$\sigma$ 是前驱液表面张力，$\rho$ 是前驱液密度，$f$ 是声波频率. 此方法中可控的参数有：喷头与基底的距离、油墨前驱液速度、超声强度、载气流速、基底温度、油墨性质(如黏度、表面张力等)等.

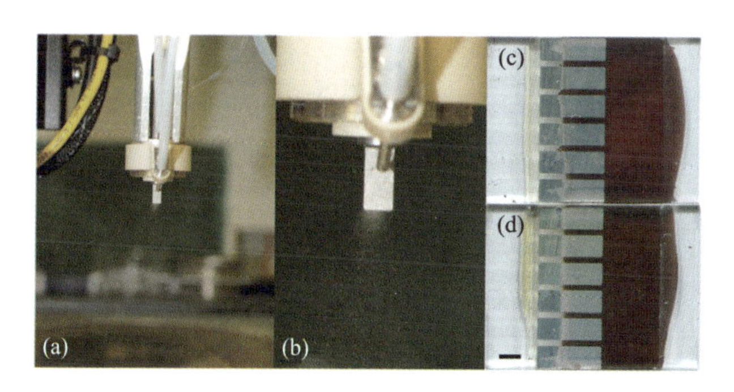


图 10.11 一个简单的超声喷涂装置[50]

早在 2014 年，Barrows 等[53]已经尝试使用 35 kHz 超声喷涂工艺制备将

$PbCl_2$:3MAI前驱液喷涂至ITO/PEDOT:PSS上制备钙钛矿器件.局限于当时钙钛矿材料光伏特性的认知水平，平均器件效率只有7.8%.后来，Remeika等[54]采用超声喷涂涂布$PbI_2$层，然后类似于分步溶液法将$PbI_2$浸泡在MAI异丙醇溶液中，反应形成钙钛矿，实现的结构为致密$TiO_2$/介孔$TiO_2$/$MAPbI_3$/spiro-OTAD的1 $cm^2$大面积器件效率达到13%.在相同的器件结构上，孟庆波课题组[55]采用两步超声喷涂法在FTO/致密$TiO_2$/介孔$TiO_2$上依次沉积$PbI_2$和MAI层，再经过热处理反应形成钙钛矿，制备的0.1 $cm^2$和1 $cm^2$器件效率分别为16.03%和13.09%. Das等[56]在柔性基底PET上溅射ITO，并采用超声喷涂工艺直接喷涂$CH_3NH_3PbI_{3-x}Cl_x$前驱液，实现了效率为8.1%的柔性正式结构钙钛矿器件.此器件经过500次的弯曲测试后，性能还能保持原始最高值的80%. Tait等[57]混合使用$PbCl_2$:MAI和$PbAc_2$:MAI作为超声喷涂的钙钛矿前驱液，在75 mol% $PbAc_2$的比例时制备的平面$TiO_2$正式结构的小面积(0.13 $cm^2$)器件效率为15.7%，并在此基础上制作了一个有效面积为3.8 $cm^2$的钙钛矿器件模组，该模组的效率也达到了11.7%. Bishop等[58]几乎采用全喷涂法来制备钙钛矿电池器件，依次超声喷涂介孔$TiO_2$层、钙钛矿层和spiro-OMeTAD层，制备的小面积器件效率为10.2%，1.5 $cm^2$的大面积器件效率达到6.6%.除了正式结构器件外，Mohamad[50]依次超声喷涂制备PEDOT:PSS，$MAPbI_{3-x}Cl_x$和PCBM层，实现了全喷涂法制备的反式结构钙钛矿电池器件，效率最高达到9.9%.此外，超声喷涂也被曾用于涂布CuSCN空穴传输层[59].

在所有形式的喷涂工艺中，连续成膜是实现薄膜沉积的必要条件，所以要求到达基底表面的液滴具有自发降低表面能的倾向，这样才会自发地聚集在一起形成连续的液膜.然而，不是所以溶剂都有足够低的表面张力来完全浸润于基底表面，以PEDOT:PPS的水溶液为例，由于水的表面张力较大，在ITO或FTO表面难以浸润，PEDOT:PPS水溶液液滴达到ITO基底后，呈半球状难以摊开，所以经验上一般会加入适量的低表面张力的甲醇作为辅助溶剂来改善其浸润性.因此，不同功能层溶剂和基底材料之间的浸润性优化，将是喷涂工艺制备高效钙钛矿光伏器件的研究重点.

## §10.5 喷墨打印

喷墨打印技术是一种有别于传统印刷技术的新型全数字化成膜方法，它相对刮刀涂布和狭缝涂布等工艺的最大优势是能通过电脑程序的控制，将油墨喷射到指定位置，最后形成预设好的图案.喷墨打印技术按照喷墨方式可分为连续喷墨和按需喷墨两大类，只有按需喷墨类打印技术才能实现薄膜的图案化印刷. 目前按需喷墨技术按照墨滴的生成原理可以分为压电喷墨、热气泡喷墨、静电喷墨和声波喷墨四类. 目前，印刷电子类器件绝大多数都采用压电喷墨技术，工作原理是通过脉冲电压使压电陶瓷元件 PZT 产生形变，从而挤压墨水腔内的墨水使其从喷嘴射出，当电压撤除时，压电陶瓷元件产生反向的作用力使墨滴发生回缩现象，从而使其脱离喷墨口[60,61]. 除了图案化印刷的优势外，喷墨打印技术很容易于与 R2R 生产工艺结合，并通过多喷头并联安装，实现大面积连续印刷.

喷墨打印技术很早就已经被大量报道用于制备有机太阳能电池[62,63]. 其在钙钛矿太阳能电池中的应用最早是在 2014 年，杨世和课题组[64]将喷墨打印技术应用在制备结构为 $TiO_2/CH_3NH_3PbI_3/C$ 的平面钙钛矿电池中. 他们将炭黑和 $CH_3NH_3I$ 的混合异丙醇溶液打印在 $PbI_2$ 薄膜上，然后热处理形成钙钛矿层 $CH_3NH_3PbI_3$ 和炭黑空穴抽取层(见图 10.12(a))，实现器件效率 11.6%. 由于该方法中 $PbI_2$ 仍采用旋涂法来制备，并非一种完全依靠喷墨打印技术来制备钙钛矿电池(层)的方法，同样存在面积受限和材料利用率低的问题，而且制备过程变得更加复杂. 2015 年，宋延林课题组[65]使用喷墨打印技术并以 $\gamma$-丁内酯作为墨水的溶剂，在介孔结构 $TiO_2$ 上一步沉积 $CH_3NH_3PbI_3$，并研究了涂布时基底温度对钙钛矿成膜质量和器件效率的影响. 他们发现基底加热至 50℃时，器件效率较常温时显著提升，在采用 $CH_3NH_3Cl$ 作为墨水添加剂后，打印钙钛矿电池器件效率最高达 12.3%.

除了基底温度外，钙钛矿喷墨打印工艺的主要研究集中在墨水配方上，研究内容大多为常用钙钛矿前驱液上的添加剂使用. 2016 年，Hashmi 等[66]为防止钙钛矿前驱液堵塞打印机的喷墨嘴，采用 5-戊酸碘化铵(5-AVAI)作为钙钛矿前驱液($PbI_2$+MAI)的稳定剂，大大减缓了在打印过程中钙钛矿的结晶速度，使打印设备有更充分的时间去精准调节墨滴的体积. 2018 年，Mathies 等[67]在 DMSO 中添加 25%体积比的 DMF 作为墨水的混合溶剂，制备了结构为 $TiO_2/PVK/Cs_{0.1}(FA_{0.83}MA_{0.17})_{0.9}Pb(Br_{0.17}I_{0.83})$的三阳离子钙钛矿电池，实现了 12.9%转换效率. 该工作同时研究了相邻打印像素的间距大小与钙钛矿薄膜厚度和晶粒大小的关系. 结果表明它们之间存在反比关系. 这说明当两个打印像素过于靠近时，会出现墨滴重叠或合并的现象，但间距过远时，也会因表面张力扩张作用而使“咖啡环”现象加重. 因此，根据墨水配方来选择合适分辨率，对钙钛矿的成膜质量和电池效率也是至关重要的.

值得一提的是，咖啡环是喷墨打印薄膜的主要缺陷，它是由于在承印物上的液滴挥发不均匀，边缘挥发速率大于中心，补充而至的毛细流动将中心溶质携带至边缘沉积而形成的[68]. 高沸点、低表面张力和低沸点、高表面张力的两种溶剂复合使用是抑制咖啡环的常用方法[69]，其原理是由表面张力梯度形成的 Marangoni 流的方向与形成咖啡环的毛细流动的方向相反.

由于喷墨打印涂布对墨水的调配要求很高，单独采用喷墨打印难以取得高效钙钛矿电池器件，因此有研究利用真空辅助的方式来改善喷墨打印钙钛矿的成膜质量. 张懿强课题组[70]在钙钛矿薄膜打印后和热退火处理前，利用真空环境加速溶剂的蒸发(见图 10.13)，实现了基于介孔 $TiO_2/C_{60}/CH_3NH_3PbI_3$/spiro-OMeTAD 结构的高性能钙钛矿太阳能电池，在电极面积 0.04 $cm^2$ 时 PCE 为 17.04%，4.0 $cm^2$ 时 PCE 为 13.27%. 通过类似的工艺，张懿强课题组和宋延林课题组[71]通过控制打印基底温度，使用 DMSO/DMF 混合溶剂调节前驱液的物理性质，以及调节喷墨参数等方法制备了均匀的 $PbI_2$ 薄膜，然后与 MAI 蒸气反应得到了平整致密的钙钛矿薄膜(晶粒尺寸>2 μm，见图 10.12(b))，将其应用于钙钛矿太阳能电池中取得了 18.64% (0.04 $cm^2$) 和 17.74% (2.02 $cm^2$)的效率. 除此之外，效率的区域均匀性优于旋涂法所制备的电池，对于制备大面积电池十分有利(见图 10.12(c)～(d)). 同时这也是目前喷墨打印电池的最高效率.

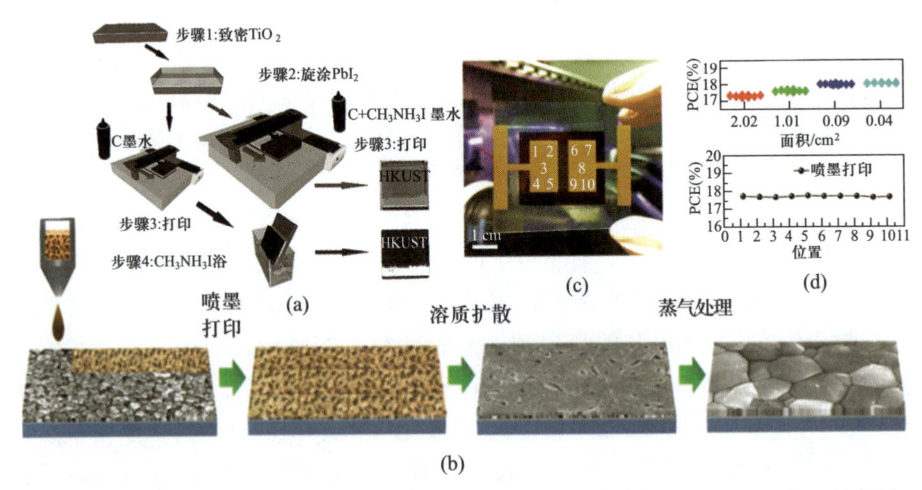


图 10.12 (a) 喷墨打印[64]；(b) 喷墨打印 $PbI_2$ 及 MAI 蒸气处理；(c) 大面积电池(有效面积 2.02 $cm^2$)；(d) 各区域 PCE[71]

整体来说，在如雨后春笋般的钙钛矿电池研究报道中，使用喷墨打印技术制备大面积钙钛矿电池的工作屈指可数，这其中的原因有两个：一是目前还没有专门针对钙钛矿设计的喷墨打印机，市面上的喷墨打印机对应的最佳油墨黏度为 20～30 cP，而钙钛矿前驱液采用的溶剂 DMSO，DMF 等黏度在 1 cP 量级. 由于离开喷墨头时墨点的大小和形状除了受墨水黏度等自身流变特性影响以外，还会受喷头结构、墨腔形状、压电晶体形变大小等影响，所以

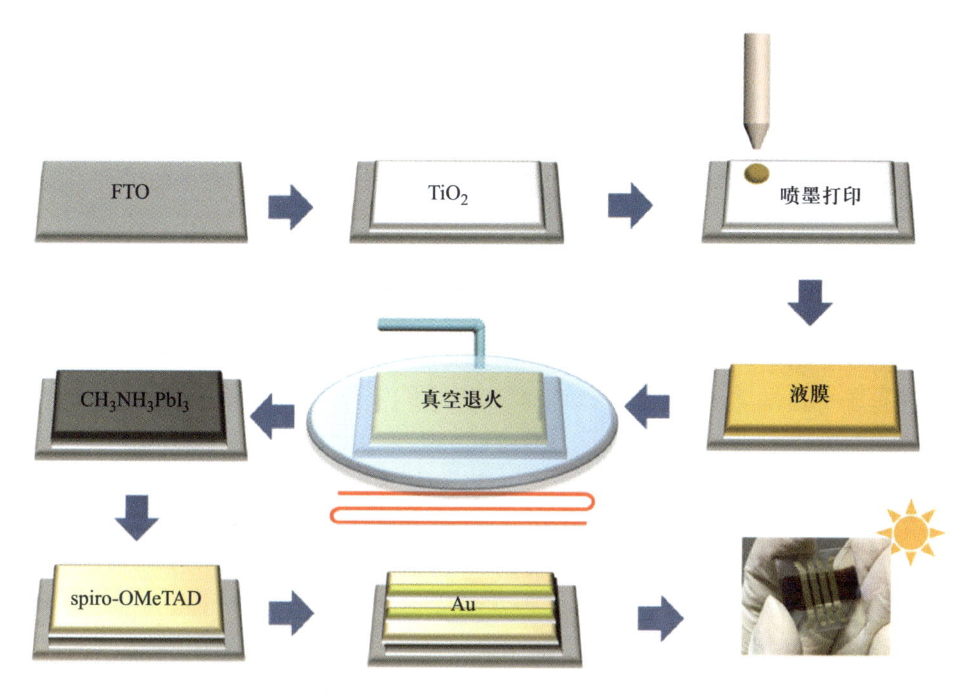


图 10.13 真空辅助喷墨打印制备钙钛矿电池示意图[70]

重新考察钙钛矿前驱液的墨点在移动承应物上的形状变化规律，是非常大的工作量. 二是在涂布连续均匀的钙钛矿薄膜的工作中，喷墨打印的按需喷墨、图像化印刷等优势并没有体现出来. 因此，喷墨打印技术在大面积钙钛矿电池产业化中的前景并不如狭缝涂布、刮刀涂布、喷涂等连续印刷工艺. 它更多地会在特殊定制产品中得到应用，比如在纳米光栅上打印图案化的 $CH_3NH_3PbI_3$ 作为分布式反馈激光器的增益介质[72]，或打印钙钛矿 $CH_3NH_3PbI_3$ 纳米线、微丝、网状和岛状等结构，应用于钙钛矿基光探测器阵列中[73]等.

## §10.6 印 刷 法

### 10.6.1 丝网印刷

丝网印刷利用丝网印版图文部分网孔可透过油墨，其他部分不能透过油墨的基本原理来进行印刷. 具体操作方法是在丝网印版的一端倾倒油墨，然后用刮板对此处施加一定压力，同时朝丝网印版另一端匀速移动，油墨在移动中被刮板从网孔中挤压到承印物上. 在钙钛矿太阳能电池的制备中，丝网印刷目前尚未用于钙钛矿前驱液本身的沉积，而是用来制备介孔结构，钙钛矿则一般用滴涂法或喷墨打印的方式进行沉积.

2014 年，韩宏伟等首先用这种方法制备了钙钛矿电池[74]. 他们利用丝网印刷将 $TiO_2$，$ZrO_2$ 和碳电极依次印刷至基底上，碳电极作为对电极，$ZrO_2$ 作为绝缘层阻止电子传输到对电极，不再需要空穴传输层(见图 10.14(a)～(b)). 这种三层介孔结构中孔洞的存在有利于钙钛矿的成膜，因此钙钛矿前驱液可以直接滴涂并借助毛细作用渗透进孔洞进行结晶. 此外，他们还在 $MAPbI_3$ 前驱液中添加了 5-氨基颉草酸碘酸盐(5-AVAI)，改善了钙钛矿的孔洞填充能力和与 $TiO_2$ 的界面接触. 最终他们在 0.07 $cm^2$ 的采光面积上获得了 12.8%的电池效率，而且电池能在大气全光照中稳定工作 1000 h 以上. Mhaisalkar 等成功用此方法制作了 10 cm× 10 cm 的大面积钙钛矿电池组件，效率达到 10.74%(有效面积 70 $cm^2$). 组件在大气环境中(相对湿度 65%～70%，25～30℃)2000 h 后效率降低不到 5%，连续光照 72 h 后效率基本没有变化，表现出了优越的稳定性[78]. 韩宏伟等也制作了 10 cm×10 cm 的组件，效率为 10.4%(有效面积 49 $cm^2$，见图 10.14(c)). 他们测试了三种工作环境下的稳定性：无封装大气环境连续光照 1000 h，封装后放置室外 1 个月，无封装暗处存放一年，均有不错的表现. 他们还制作了太阳能电池板(见图 10.6(d))，向实际应用迈了一大步[75]. Nazeeruddin 等认为，5-AVAI 的掺入能够在界面上形成梯度多维 3D/2D 结构，优化载流子传输的同时提升电池的稳定性. 10 cm×10 cm 的组件效率为 11.2%(有效面积 47.6 $cm^2$)，而且在大气环境中(55℃)连续光照(100 $mW\cdot cm^{-2}$)超过 10000 h 效率没有下降(短路条件下测试)[79].

丝网印刷工艺十分适合材料的大面积制备，而钙钛矿滴涂法更是降低了工艺对于钙钛矿结晶控制的要求. 碳电极的使用避免了传统有机空穴传输层造成的稳定性问题，加上碳材料优越的隔水能力，对电池的稳定性也是一大提升. 以上优点使得这种结构的钙钛矿太阳能电池在向我们展示实际应用可能性的路上走得最远，但是其中 $TiO_2/ZrO_2/C$ 介孔层需要 400～500℃ 的高温烧结，柔性基底如 PET 无法承受如此高的温度，因此目前只适用于片对片(S2S)的生产工艺，距离 R2R 工艺大规模生产还有比较大的距离.

### 10.6.2 其他印刷法

除了丝网印刷，其他的一些印刷工艺也在大面积钙钛矿薄膜制备上有所应用，如滚筒印刷和凹版印刷. 最近，张晓丹等用带有凹槽(微米级深度)的滚筒在基底上印刷钙钛矿薄膜，凹槽的存在可以限制晶体的生长，控制形貌和厚度. 印刷所得薄膜的最大面积为 100 $cm^2$，0.1 $cm^2$ 有效面积上最高效率达 15.3%. 他们后来又依次印刷了 $SnO_2$、钙钛矿层和 spiro-OMeTAD 制作成全印刷电池(见图 10.14(e))，效率也达到了 12.34%[76].

凹版印刷可以直接在基底上快速打印图案，与滚筒印刷结合有望应用于 R2R 工艺. Seo 等将钙钛矿前驱液储存在储液池中，刻有图案的滚筒浸泡其中，滚动的同时带出前驱液，多余的前驱液用刮刀除去，仅剩图案凹槽中的液体被印刷到基底上(见图 10.14(f)). 利用这种方法，他们用一步法沉积钙钛矿并制成全印刷柔性电池，效率高达 17.2%(有效面积 0.052 $cm^2$). 结合 R2R 工艺，他们在柔性基底上印刷了 $PbI_2$ 薄膜，然后将之切成片状浸入 MAI 溶液进一步转化成钙钛矿薄膜(如图 10.14(g)). 全印刷的正向电池效率达到了 9.7%[77].

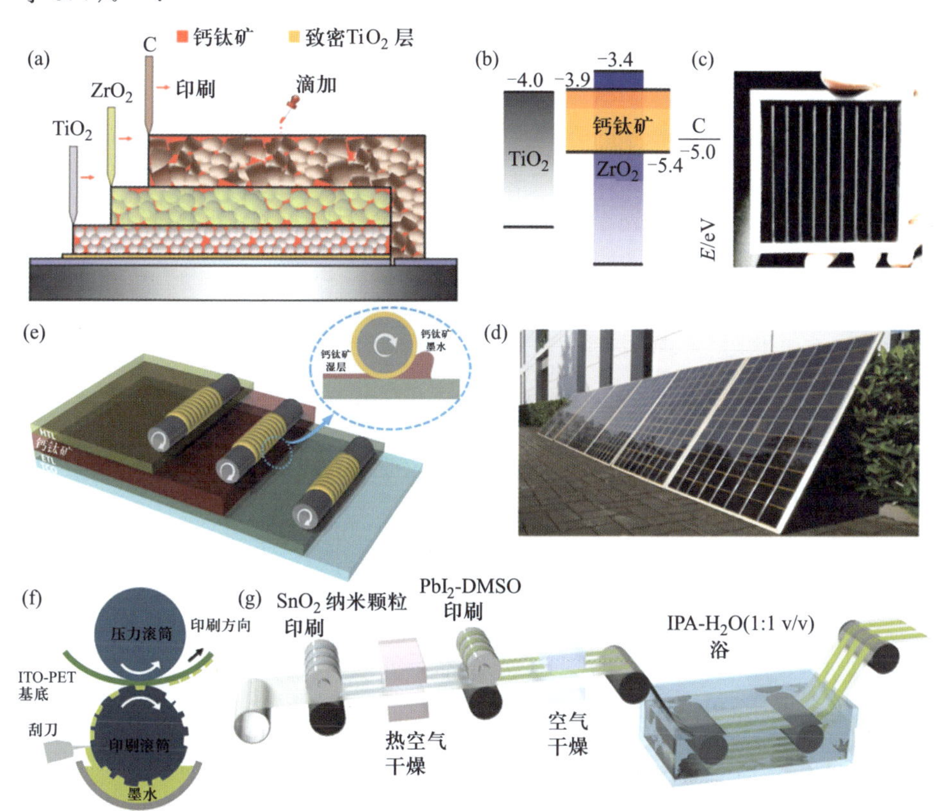


图 10.14　全印刷三层介孔太阳能电池. (a) 截面示意；(b) 能级[74]；(c) 10 cm×10 cm 组件；(d) 7 $m^2$ 太阳能电池板[75]；(e) 滚筒印刷[76]；(f) 凹版印刷；(g) $PbI_2$ 薄膜 R2R 凹版印刷[77]

# §10.7 软覆盖沉积

软覆盖沉积(soft-cover deposition)是在钙钛矿薄膜制备的研究中新出现的一种方法. 具体过程是：先将软膜如聚酰亚胺(PI)膜和聚四氟乙烯(PTFE)膜覆盖到滴有钙钛矿前驱液的基底上，借助毛细作用将前驱液润湿铺开，然后在揭膜的过程中溶剂快速挥发得到钙钛矿薄膜.

2016 年，杨旭东和韩礼元等首次提出了这种方法并将其应用于钙钛矿薄膜的制备中[80]. 他们将前驱液滴到预热好的基底上(150～270℃)，PI 膜覆盖铺展约 25 s 后用机械手以一均匀的速度揭开，随着 PI 膜的揭开，在高温基底上界面处的溶剂迅速蒸发从而快速结晶成膜(见图 10.15(a)). 由此，最大面积 51 $cm^2$ 的钙钛矿薄膜得以制备，在 1 $cm^2$ 的工作面积上效率为 17.6%. 利用这种方法，1 $cm^2$ 基底只需要 35 μL 前驱液，材料利用率达到了 82%，但是由于溶剂为沸点较高的 DMSO/GBL，仍需要较高的基底预热温度，不适合柔性电池制备. 因此他们又用低温两步法制备了 2 cm×6 cm 的钙钛矿薄膜，5 $cm^2$ 有效面积上效率为 15.5%，柔性电池效率达 15.3%[81]. 具体过程是先

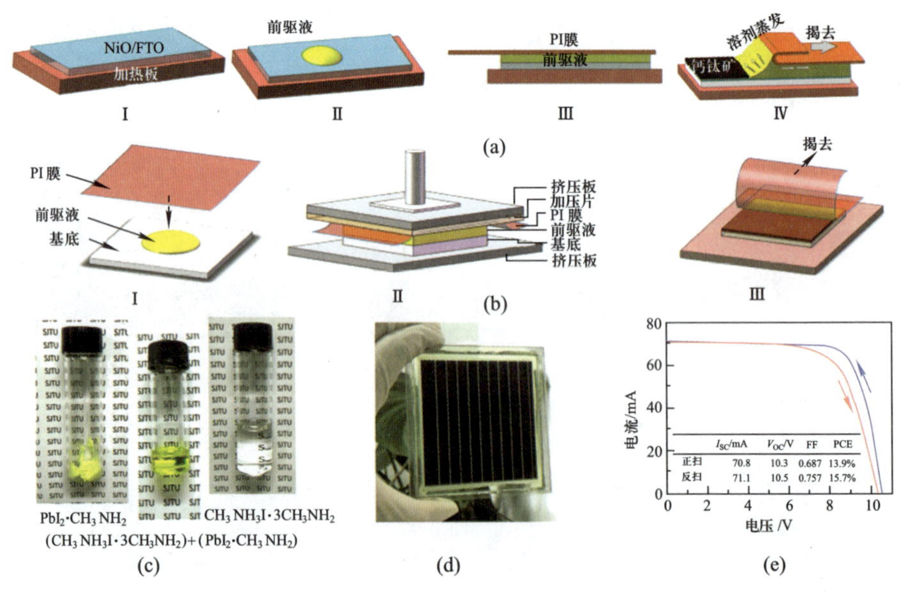


图 10.15 (a) 软覆盖沉积法的步骤[80]：(I) 预热基底，(II) 滴加前驱液，(III) 覆盖 PI 膜并铺展，(IV) 揭去 PI 膜；(b) 无溶剂低温软覆盖沉积法的步骤[83]：(I) 滴加前驱液并覆盖 PI 膜，(II) 施加压力，(III) 揭去 PI 膜；(c) $PbI_2$:MA，MAI:3MA 及其混合物；(d) 8×8 $cm^2$ 组件；(e) $I$-$V$ 曲线

将 PI 膜覆盖在基底(70℃)上，从缝隙一边注入 $PbI_2$ 溶液并铺展，随 PI 膜揭去，$PbI_2$ 薄膜得以制备，此时换用一张新 PI 膜覆盖 $PbI_2$ 薄膜并全部浸入 MAI 溶液中，MAI 溶液渗入缝隙与 $PbI_2$ 发生反应转化成钙钛矿.

他们还发现 $PbI_2$ 和 MAI 固体在 MA 气氛下会发生溶解，形成 $PbI_2$∶MA 和 MAI∶3MA 溶液($PbI_2$ 中的 $Pb^{2+}$ 与 MA 中的 N 配位溶解，MAI 中的-$NH_3^+$ 和 MA 中的 N 通过氢键作用溶解，见图 10.15(c)). 将这两种溶液混合得到的钙钛矿前驱液滴在介孔 $TiO_2$ 上，覆盖 PI 膜并施加一定压力辅助铺展，揭开 PI 膜即得到均匀致密的钙钛矿薄膜(见图 10.15(b)). 使用此方法他们得到了 8 cm×8 cm 的钙钛矿薄膜并制成了电池组件，效率达 12.1%(采光面积 36.1 $cm^2$，见图 10.15(d)，(e)). Park 等也利用这种溶解特性，将钙钛矿前驱液用乙腈(ACN)稀释后进行刮涂，制备了 100 $cm^2$ 的大面积钙钛矿薄膜，切成 2.5 cm×2.5 cm 的小片电池效率最高为 17.82%[82].

## §10.8　气相沉积

气相沉积是指利用气相中发生的物理、化学过程在基底上沉积材料的方法. 在钙钛矿薄膜制备中也可粗略地分为一步法和分步法. 一般来讲气相物种更易实现大面积基底上的均匀沉积.

2013 年，Snaith 等首次用蒸镀法在致密 $TiO_2$ 上共蒸 $PbCl_2$ 和 MAI，退火后得到了 $MAPbI_{1-x}Cl_x$ 钙钛矿薄膜，电池效率为 15.4%(有效面积 0.076 $cm^2$)[84]. 戚亚冰课题组用类似方法蒸镀得到了 5 cm×5 cm 的钙钛矿薄膜，电池效率为 9.9%[85]. Johnston 等用双源共蒸法同时在基底上蒸镀 $PbI_2$ 和 FAI 制备了 8 cm×8 cm 的钙钛矿薄膜，最高效率达 15.8%(未提及有效面积，见图 10.16(a)～(c)[86]. 蒸镀法是将材料在真空环境中加热，使之气化并沉积到基底上. 这样避免了外界环境的影响，而且沉积速度很慢，易得到均匀致密的薄膜. 单源蒸镀钙钛矿能够避免两种原材料共同蒸镀带来的成分偏析等问题，快速施加较大的电流能使钙钛矿粉末蒸镀到基底上[87,88]. 范平等用此方法沉积了 10 cm × 10 cm 的钙钛矿薄膜，0.12 $cm^2$ 的有效面积上最高效率为 7.73%[89](见图 10.16(d)～(f)).

分步法则一般先用溶液法或蒸镀法在基底上沉积卤化铅薄膜，再与卤化胺气体反应生成钙钛矿. 2014 年，杨阳课题组用气相辅助溶液法(VASP)制备了钙钛矿薄膜[90]. 旋涂所得的 $PbI_2$ 薄膜置于 MAI 蒸气中(将 MAI 粉末洒在基底周围并加热至 150℃)，2 h 后即可转化为钙钛矿，并由此获得了 12.1%的小面积效率. 戚亚冰课题组用化学气相沉积法在 $PbI_2$ 薄膜上沉积 MAI 制备钙钛矿薄膜[91]. MAI 粉末在腔室的高温区(185℃)升华并由载气运输至另一端温度较低(130℃)的 $PbCl_2$ 薄膜上进行沉积(见图 10.16(g)),器件效率为 11.8%. 蒸镀时有机卤化物的沉积速率很难用常用的晶振片来监测,易造成钙钛矿转化不完全. 林皓武课题组[92]发现基底附近 MAI 的分压可以反映蒸镀速率,利用这种监测方法他们用两步蒸镀法制备全蒸镀器件并获得了 17.6%的效率. 利用蒸镀法制作钙钛矿组件时,可以利用掩模图案进行图案选择性沉积,而不必利用机械划线或激光刻蚀,这一定程度上简化了组件制作工艺. 戚亚冰课题组利用两步化学气相沉积法制作了基于 $MAPbI_3$ 和 $FAPbI_3$ 的钙钛矿组件,效率分别为 8.5%(5 cm×5 cm,有效面积 15.4 $cm^2$)和 9.5%(5 cm×5 $cm^2$,有效面积 8.8 $cm^2$)[93].

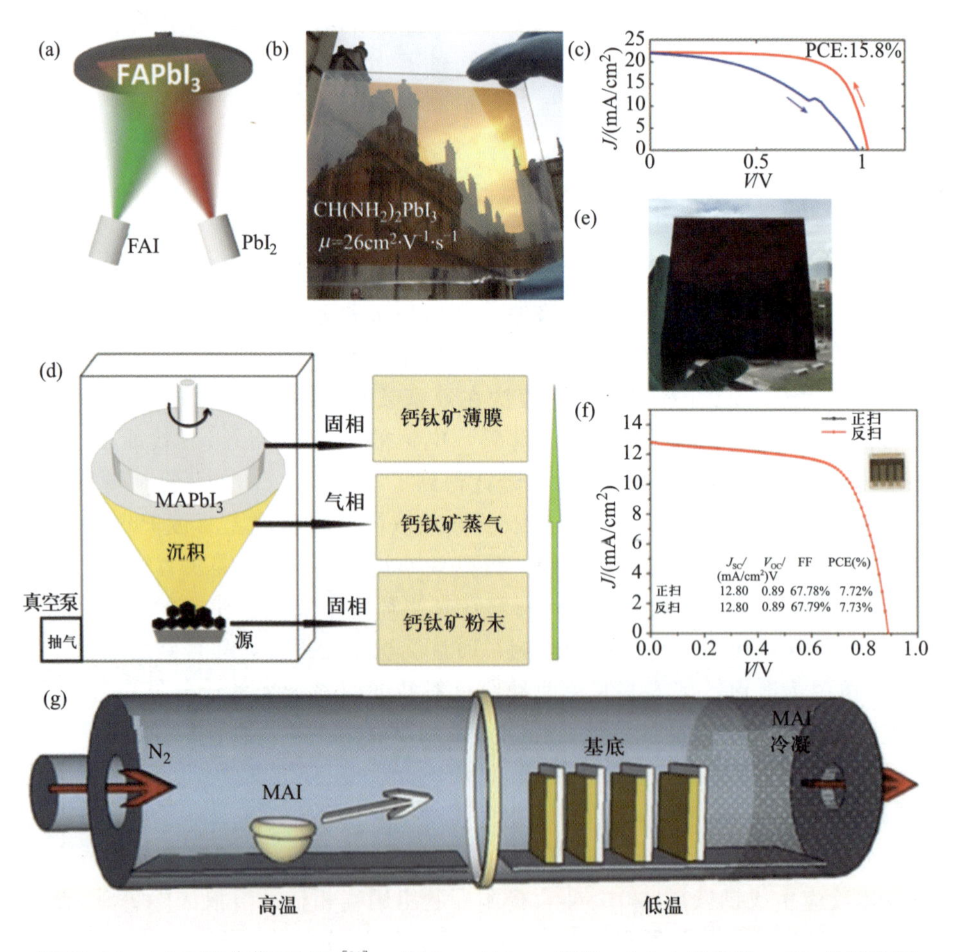


图 10.16 (a)双源共蒸 $FAPbI$[86];(b)8 cm×8 cm 薄膜;(c)$J$-$V$ 曲线;(d)单源蒸镀 $MAPbI_3$[89];(e)10 cm×10 cm 薄膜;(f)$J$-$V$ 曲线;(g)化学气相沉积法[91]

## §10.9　其他方法

Kim 等用刷涂法(brush-paitting)制备了钙钛矿薄膜[94]. 他们用毛笔浸润前驱液并在基底上刷涂(见图 10.17(a)), 获得了 9.08%的效率, 制作成的柔性电池效率达到了 7.73%. 这种方法设备简单、成本低廉, 可能在大面积钙钛矿薄膜制备上有所应用.

丁黎明等发现将二维钙钛矿$(BA)_2(MA)_3Pb_4I_{13}$前驱液滴在热基底上之后能够均匀铺展, 简单的热退火后即可获得平整致密且高取向性的钙钛矿薄膜(见图 10.17(b)~(j)), 最高效率达 14.9%(有效面积 0.1 $cm^2$). 有研究用狭缝式挤压涂布法分别在玻璃基底和柔性基底(R2R)上涂布钙钛矿薄膜, 效率分别为 12.5%和 8.0%, 略低于滴涂法[95]. 由此可见钙钛矿前驱液自身的成膜特性对于薄膜制备有很大的影响.

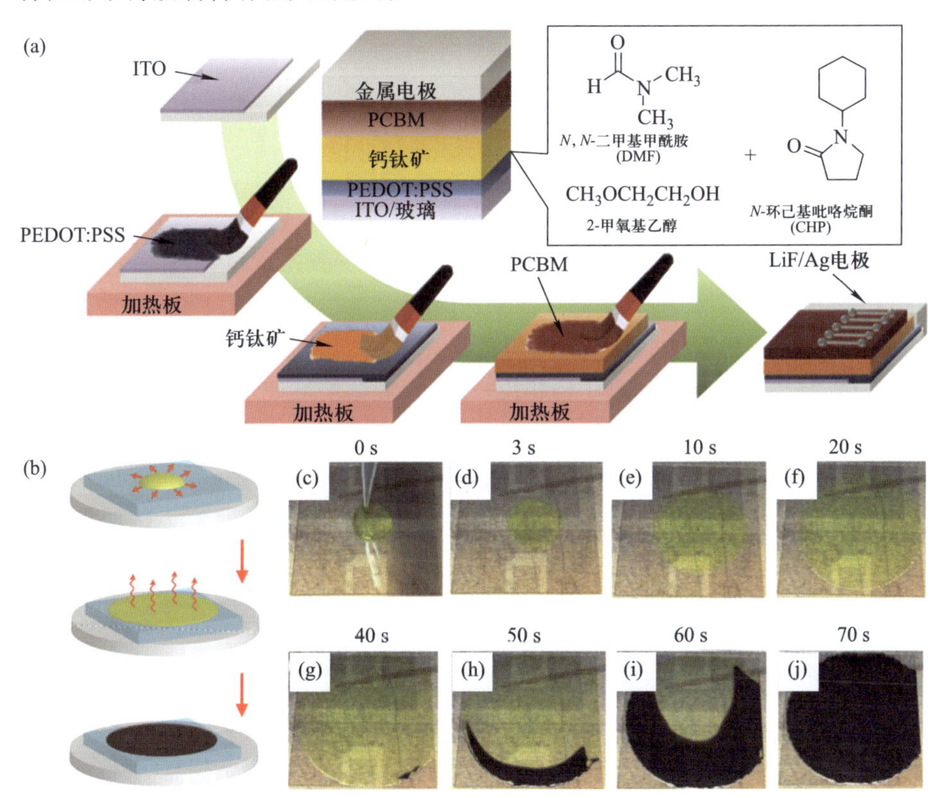


图 10.17　(a) 刷涂法步骤示意图[94]; (b) 2D 钙钛矿前驱液铺展、蒸发及结晶示意图; (c)~(j)5 cm× 5 cm 基底上钙钛矿结晶的时间分辨照片[95]

最近，Tarasov 等提出了一种新颖的大面积钙钛矿薄膜制备方法. 先用热蒸镀法在基底上依次沉积等当量的金属 Pb 和 MAI，然后置于充满碘蒸气的容器中，在 30℃下 1 min 内即可转化为钙钛矿. 此过程中发生的反应是(s 表示固态，l 表示液态，v 表示气态)：Pb(s)/MAI(s) + $I_2$(v)→ Pb(s)/$MAI_3$(l)→$MAPbI_3$(s). 利用这种方法，他们能够在 10 cm×10 cm 的玻璃基底乃至 20 cm×30 cm 的柔性基底上制备钙钛矿薄膜. 基于 $MAPbI_3$ 的平面和介孔正向电池效率分别达到了 16.12%和 17.18%(0.04 $cm^2$). 不过这种方法仍需要蒸镀两层材料，对设备要求较高，且不适合 R2R 工艺.

## §10.10 电荷传输层

在大面积钙钛矿电池的制备中，除了最为关键的钙钛矿层，电荷传输层的沉积也十分重要，因此在这里简单介绍已用于大面积钙钛矿电池电荷传输层的沉积方法.

### 10.10.1 电子传输层

正式电池中电子传输层先于钙钛矿层沉积，因此对前驱体性质及处理方式要求不高，常用的有 $TiO_2$，$SnO_2$ 和 ZnO 等. 致密 $TiO_2$ 层可通过在基底上旋涂或喷涂乙酰丙酮钛、异丙醇钛和二(乙酰丙酮基)钛酸二异丙酯等 Ti(IV)的醇盐前驱体后高温处理得到(350～500℃)[71,83,96]，也可用电子束蒸镀沉积[34]. 介孔 $TiO_2$ 层可通过旋涂、丝网印刷等方法制备[71,97]. $TiO_2$ 的光催化使得电池在光照下易发生降解，且高温的处理方式不适于柔性电池乃至 R2R 工艺. $SnO_2$ 是另一种良好的电子传输层，$SnO_2$ 胶体溶液使用方便，所需温度更低(150℃)，除了旋涂法沉积外[33]，也可印刷可涂布，因此在 R2R 工艺中已有应用[41,76,77]. ZnO 也是一种易于大面积沉积的电子传输层，常用的沉积方法有旋涂[30]、磁控溅射[35]和狭缝式挤压涂布[32,36]等，不过稳定性不甚理想.

反向电池中电子传输层沉积于钙钛矿层之上，因此一般选用富勒烯及其衍生物，如 PCBM 和 ICBA 等可用氯苯等非极性溶剂分散的材料，可用溶液法沉积(如刮涂)[18]也可用蒸镀法沉积[24,86].

### 10.10.2 空穴传输层

正式电池中常用的空穴传输层是 spiro-OMeTAD，PTAA 和 P3HT 等大分子或聚合物，由于这些材料的无定形性质，一般在大面积基底上也可用旋涂法制备[6,30,33]，当然也可使用印刷和涂布等可结合 R2R 工艺的方法[24,36,41,76,77]. 但这些材料价格昂贵，且一般需要添加 Li 盐如 Li-TFSI 来提升导电性，然而Li盐具有亲水性，且$Li^+$会发生离子迁移而对钙钛矿电池的稳定性造成一定的损害.因此研究者们还致力于开发无须添加剂的有机空穴传输层[98,99].无机空穴传输层因其低廉的成本也吸引了人们的关注，如CuSCN可用喷涂法沉积于钙钛矿层之上[100].

反向电池中常用的空穴传输层较多，常用的有PEDOT:PSS[7,18,36]，PTAA[25]和$NiO_x$[81]等.

## §10.11 背 电 极

钙钛矿电池中常用的电极是Ag，Au，还有Cu，Al等，但是这些金属电极均需蒸镀制备.为了实现电极的溶液法制备，Ag纳米线是一种可选的电极材料[101,102].另外，碳材料由于其低廉的价格和易于溶液法沉积的性质越来越受到研究者们的重视，如碳纳米管(CNT)[103]、石墨烯以及目前已成功应用于大面积电池制备的碳电极[75,78,79].Ag和Au易和钙钛矿中卤素离子发生反应，尤其制成组件后钙钛矿层与金属会发生接触，相比之下，碳材料的反应惰性及疏水性质对于电池的稳定性也很有帮助，是一种很有应用前景的电极材料.

## 参 考 文 献

[1] Xiao M, Huang F, Huang W, Dkhissi Y, Zhu Y, Etheridge J, Gray-Weale A, Bach U, Cheng Y B, and Spiccia L. A fast deposition-crystallization procedure for highly efficient lead iodide perovskite thin-film solar cells. Angew. Chem. Int. Ed., 2014, 53: 9898.

[2] Zhou Y, Yang M, Wu W, Vasiliev A L, Zhu K, and Padture N P. Room-temperature crystallization of hybrid-perovskite thin films via solvent-solvent extraction for high-performance solar cells. J. Mater. Chem. A, 2015, 3: 8178.

[3] Li X, Bi D, Yi C, Décoppet J D, Luo J, Zakeeruddin S M, Hagfeldt A, and Grätzel M. A vacuum flash-assisted solution process for high-efficiency large-area perovskite solar cells. Science, 2016, 353: 58.

[4] Nie W, Tsai H, Asadpour R, Blancon J C, Neukirch A J, Gupta G, Crochet J J, Chhowalla M, Tretiak S, Alam M A, Wang H L, and Mohite A D. High-efficiency solution-processed perovskite solar cells with millimeter-scale grains. Science, 2015, 347: 522.

[5] Troughton J, Hooper K, and Watson T M. Humidity resistant fabrication of $CH_3NH_3PbI_3$ perovskite solar cells and modules. Nano Energy, 2017, 39: 60.

[6] Tian S, Li J, Li S, Bu T, Mo Y, Wang S, Li W, and Huang F. A facile green

solvent engineering for up-scaling perovskite solar cell modules. Sol. Energy, 2019, 183: 386.

[ 7 ] Chiang C H, Lin J W, and Wu C G. One-step fabrication of a mixed-halideperovskite film for a high-efficiency inverted solar cell and module. J. Mater. Chem. A, 2016, 4: 13525.

[ 8 ] Qiu W, Merckx T, Jaysankar M, Masse de la Huerta C, Rakocevic L, Zhang W, Paetzold U W, Gehlhaar R, Froyen L, Poortmans J, Cheyns D, Snaith H J, and Heremans P. Pinhole-free perovskite films for efficient solar modules. Energy Environ. Sci., 2016, 9: 484.

[ 9 ] Bu T, Liu X, Zhou Y, Yi J, Huang X, Luo L, Xiao J, Ku Z, Peng Y, Huang F, Cheng Y B, and Zhong J. A novel quadruple-cation absorber for universal hysteresis elimination for high efficiency and stable perovskite solar cells. Energy Environ. Sci., 2017, 10: 2509.

[10] Bu T, Liu X, Li J, Li W, Huang W, Ku Z, Peng Y, Huang F, Cheng Y B, and Zhong J. Sub-sized monovalent alkaline cations enhanced electrical stability for over 17% hysteresis-free planar perovskite solar mini-module. Electrochim. Acta, 2019, 306: 635.

[11] Wu Y, Xie F, Chen H, Yang X, Su H, Cai M, Zhou Z, Noda T, and Han L. Thermally stable $MAPbI_3$ perovskite solar cells with efficiency of 19.19% and area over 1 $cm^2$ achieved by additive engineering. Adv. Mater., 2017, 29: 1701073.

[12] Cao X, Zhi L, Jia Y, Li Y, Zhao K, Cui X, Ci L, Zhuang D, and Wei J. A review of the role of solvents in formation of high-quality solution-processed perovskite films. ACS Appl. Mater. Interfaces, 2019, 11: 7639.

[13] Lee J, Kang H, Kim G, Back H, Kim J, Hong S, Park B, Lee E, and Lee K. Achieving large-area planar perovskite solar cells by introducing an interfacial compatibilizer. Adv. Mater., 2017, 29: 1606363.

[14] Chen D, Huang F, Cheng Y B, and Caruso R A. Mesoporous anatase $TiO_2$ beads with high surface areas and controllable pore sizes: a superior candidate for high-performance dye-sensitized solar cells. Adv. Mater., 2009, 21: 2206.

[15] Mallajosyula A T, Fernando K, Bhatt S, Singh A, Alphenaar B W, Blancon J C, Nie W, Gupta G, and Mohite A D. Large-area hysteresis-free perovskite solar cells via temperature controlled doctor blading under ambient environment. Appl. Mater. Today, 2016, 3: 96.

[16] Kim J H, Williams S T, Cho N, Chueh C C, and Jen A K Y. Enhanced environmental stability of planar heterojunction perovskite solar cells based on blade-coating. Adv. Energy Mater., 2015, 5: 1401229.

[17] Wu H, Zhang C, Ding K, Wang L, Gao Y, and Yang J. Efficient planar heterojunction perovskite solar cells fabricated by in-situ thermal-annealing doctor

blading in ambient condition. Org. Electron., 2017, 45: 302.

[18] Yang Z, Chueh C C, Zuo F, Kim J H, Liang P W, and Jen A K Y. High-performance fully printable perovskite solar cells via blade-coating technique under the ambient condition. Adv. Energy Mater., 2015, 5: 1500328.

[19] Deng Y, Peng E, Shao Y, Xiao Z, Dong Q, and Huang J. Scalable fabrication of efficient organolead trihalide perovskite solar cells with doctor-bladed active layers. Energy Environ. Sci., 2015, 8: 1544.

[20] Deng Y, Wang Q, Yuan Y, and Huang J. Vividly colorful hybrid perovskite solar cells by doctor-blade coating with perovskite photonic nanostructures. Mater. Horiz., 2015, 2: 578.

[21] Razza S, Di Giacomo F, Matteocci F, Cinà L, Palma A L, Casaluci S, Cameron P, D'Epifanio A, Licoccia S, Reale A, Brown T M, and Di Carlo A. Perovskite solar cells and large area modules (100 $cm^2$) based on an air flow-assisted $PbI_2$ blade coating deposition process. J. Power Sources, 2015, 277: 286.

[22] Back H, Kim J, Kim G, Kyun Kim T, Kang H, Kong J, Ho Lee S, and Lee K. Interfacial modification of hole transport layers for efficient large-area perovskite solar cells achieved via blade-coating. Sol. Energy Mater. Sol. Cells, 2016, 144: 309.

[23] Yang M, Li Z, Reese M O, Reid O G, Kim D H, Siol S, Klein T R, Yan Y, Berry J J, van Hest M F A M, and Zhu K. Perovskite ink with wide processing window for scalable high-efficiency solar cells. Nat. Energy, 2017, 2: 17038.

[24] Deng Y, Zheng X, Bai Y, Wang Q, Zhao J, and Huang J. Surfactant-controlled ink drying enables high-speed deposition of perovskite films for efficient photovoltaic modules. Nat. Energy, 2018, 3: 560.

[25] Deng Y, Dong Q, Bi C, Yuan Y, and Huang J. Air-stable, efficient mixed-cation perovskite solar cells with cu electrode by scalable fabrication of active layer. Adv. Energy Mater., 2016, 6: 1600372.

[26] Tang S, Deng Y, Zheng X, Bai Y, Fang Y, Dong Q, Wei H, and Huang J. Composition engineering in doctor-blading of perovskite solar cells. Adv. Energy Mater., 2017, 7: 1700302.

[27] Wu W Q, Wang Q, Fang Y, Shao Y, Tang S, Deng Y, Lu H, Liu Y, Li T, Yang Z, Gruverman A, and Huang J. Molecular doping enabled scalable blading of efficient hole-transport-layer-free perovskite solar cells. Nat. Comm., 2018, 9: 1625.

[28] Sandström A, Dam H F, Krebs F C, and Edman L. Ambient fabrication of flexible and large-area organic light-emitting devices using slot-die coating. Nat. Comm., 2012, 3: 1002.

[29] Krebs F C. Polymer solar cell modules prepared using roll-to-roll methods: knife-over-edge coating, slot-die coating and screen printing. Sol. Energy Mater. Sol.

Cells, 2009, 93: 465.

[30] Vak D, Hwang K, Faulks A, Jung Y S, Clark N, Kim D Y, Wilson G J, and Watkins S E. 3D printer based slot-die coater as a lab-to-fab translation tool for solution-processed solar cells. Adv. Energy Mater., 2015, 5: 1401539.

[31] Hwang K, Jung Y S, Heo Y J, Scholes F H, Watkins S E, Subbiah J, Jones D J, Kim D Y, and Vak D. Toward large scale roll-to-roll production of fully printed perovskite solar cells. Adv. Mater., 2015, 27: 1241.

[32] Heo Y J, Kim J E, Weerasinghe H, Angmo D, Qin T, Sears K, Hwang K, Jung Y S, Subbiah J, Jones D J, Gao M, Kim D Y, and Vak D. Printing-friendly sequential deposition via intra-additive approach for roll-to-roll process of perovskite solar cells. Nano Energy, 2017, 41: 443.

[33] Kim Y Y, Park E Y, Yang T Y, Noh J H, Shin T J, Jeon N J, and Seo J. Fast two-step deposition of perovskite via mediator extraction treatment for large-area, high-performance perovskite solar cells. J. Mater. Chem. A, 2018, 6: 12447.

[34] Di Giacomo F, Shanmugam S, Fledderus H, Bruijnaers B J, Verhees W J H, Dorenkamper M S, Veenstra S C, Qiu W, Gehlhaar R, Merckx T, Aernouts T, Andriessen R, and Galagan Y. Up-scalable sheet-to-sheet production of high efficiency perovskite module and solar cells on 6-in. substrate using slot die coating. Sol. Energy Mater. Sol. Cells, 2018, 181: 53.

[35] Cai L, Liang L, Wu J, Ding B, Gao L, and Fan B. Large area perovskite solar cell module. Journal of Semiconductors, 2017, 38: 014006.

[36] Schmidt T M, Larsen-Olsen T T, Carlé J E, Angmo D, and Krebs F C. Upscaling of perovskite solar cells: fully ambient roll processing of flexible perovskite solar cells with printed back electrodes. Adv. Energy Mater., 2015, 5: 1500569.

[37] Whitaker J B, Kim D H, Larson Bryon W, Zhang F, Berry J J, van Hest M F A M, and Zhu K. Scalable slot-die coating of high performance perovskite solar cells. Sustainable Energy & Fuels, 2018, 2: 2442.

[38] Lee D, Jung Y S, Heo Y J, Lee S, Hwang K, Jeon Y J, Kim J E, Park J, Jung G Y, and Kim D Y. Slot-die coated perovskite films using mixed lead precursors for highly reproducible and large-area solar cells. ACS Appl. Mater. Interfaces, 2018, 10: 16133.

[39] Chen Y, Zhao Y, and Liang Z. Non-thermal annealing fabrication of efficient planar perovskite solar cells with inclusion of $NH_4Cl$. Chem. Mater., 2015, 27: 1448.

[40] Si H, Liao Q, Kang Z, Ou Y, Meng J, Liu Y, Zhang Z, and Zhang Y. Deciphering the $NH_4PbI_3$ intermediate phase for simultaneous improvement on nucleation and crystal growth of perovskite. Adv. Funct. Mater., 2017, 27: 1701804.

[41] Galagan Y, Di Giacomo F, Gorter H, Kirchner G, de Vries I, Andriessen R, and

Groen P. Roll-to-roll slot die coated perovskite for efficient flexible solar cells. Adv. Energy Mater., 2018, 8: 1801935.

[42] Burschka J, Pellet N, Moon S J, Humphry-Baker R, Gao P, Nazeeruddin M K, and Grätzel M. Sequential deposition as a route to high-performance perovskite-sensitized solar cells. Nature, 2013, 499: 316.

[43] Nakamura I, Negishi N, Kutsuna S, Ihara T, Sugihara S, and Takeuchi K. Role of oxygen vacancy in the plasma-treated $TiO_2$ photocatalyst with visible light activity for NO removal. J. Mol. Catal. A: Chem., 2000, 161: 205.

[44] Li F, Bao C, Gao H, Zhu W, Yu T, Yang J, Fu G, Zhou X, and Zou Z. A facile spray-assisted fabrication of homogenous flat $CH_3NH_3PbI_3$ films for high performance mesostructure perovskite solar cells. Mater. Lett., 2015, 157: 38.

[45] Liang Z, Zhang S, Xu X, Wang N, Wang J, Wang X, Bi Z, Xu G, Yuan N, and Ding J. A large grain size perovskite thin film with a dense structure for planar heterojunction solar cells via spray deposition under ambient conditions. RSC Adv., 2015, 5: 60562.

[46] Heo J H, Lee M H, Jang M H, and Im S H. Highly efficient $CH_3NH_3PbI_{3-x}Cl_x$ mixed halide perovskite solar cells prepared by re-dissolution and crystal grain growth via spray coating. J. Mater. Chem. A, 2016, 4: 17636.

[47] Bi Z, Liang Z, Xu X, Chai Z, Jin H, Xu D, Li J, Li M, and Xu G. Fast preparation of uniform large grain size perovskite thin film in air condition via spray deposition method for high efficient planar solar cells. Sol. Energy Mater. Sol. Cells, 2017, 162: 13.

[48] Zabihi F, Ahmadian-Yazdi M R, and Eslamian M. Fundamental study on the fabrication of inverted planar perovskite solar cells using two-step sequential substrate vibration-assisted spray coating (2S-SVASC). Nanoscale Res. Lett., 2016, 11: 71.

[49] Xia X, Wu W Y, Li H C, Zheng B, Xue Y B, Xu J, Zhang D W, Gao C X, and Liu X Z. Spray reaction prepared $FA_{1-x}Cs_xPbI_3$ solid solution as a light harvester for perovskite solar cells with improved humidity stability. RSC Adv., 2016, 6: 14792.

[50] Mohamad D K, Griffin J, Bracher C, Barrows A T, and Lidzey D G. Spray-cast multilayer organometal perovskite solar cells fabricated in air. Adv. Energy Mater., 2016, 6: 1600994.

[51] Bishop J, Routledge T, and Lidzey D G. Advances in spray-cast perovskite solar cells. J. Phys. Chem. Lett., 2018, 9: 1977.

[52] Lang R J. Ultrasonic atomization of liquids. J. Acoust. Soc. Am., 1962, 34: 6.

[53] Barrows A T, Pearson A J, Kwak C K, Dunbar A D F, Buckley A R, and Lidzey D G. Efficient planar heterojunction mixed-halide perovskite solar cells deposited via spray-deposition. Energy Environ. Sci., 2014, 7: 2944.

[54] Remeika M, Raga S R, Zhang S, and Qi Y. Transferrable optimization of spray-coated $PbI_2$ films for perovskite solar cell fabrication. J. Mater. Chem. A, 2017, 5: 5709.

[55] Huang H, Shi J, Zhu L, Li D, Luo Y, and Meng Q. Two-step ultrasonic spray deposition of $CH_3NH_3PbI_3$ for efficient and large-area perovskite solar cell. Nano Energy, 2016, 27: 352.

[56] Das S, Yang B, Gu G, Joshi P C, Ivanov I N, Rouleau C M, Aytug T, Geohegan D B, and Xiao K. High-performance flexible perovskite solar cells by using a combination of ultrasonic spray-coating and low thermal budget photonic curing. ACS Photonics, 2015, 2: 680.

[57] Tait J G, Manghooli S, Qiu W, Rakocevic L, Kootstra L, Jaysankar M, Masse de la Huerta C A, Paetzold U W, Gehlhaar R, Cheyns D, Heremans P, and Poortmans J. Rapid composition screening for perovskite photovoltaics via concurrently pumped ultrasonic spray coating. J. Mater. Chem. A, 2016, 4: 3792.

[58] Bishop J E, Mohamad D K, Wong-Stringer M, Smith A, and Lidzey D G. Spray-cast multilayer perovskite solar cells with an active-area of 1.5 $cm^2$. Sci. Rep., 2017, 7, 7962.

[59] Yang I S, Sohn M R, Sung S D, Kim Y J, Yoo Y J, Kim J, and Lee W I. Formation of pristine CuSCN layer by spray deposition method for efficient perovskite solar cell with extended stability. Nano Energy, 2017, 32: 414.

[60] Bogy D B and Talke F E. Experimental and theoretical study of wave propagation phenomena in drop-on-demand ink jet devices. IBM J. Res. Dev., 1984, 28: 314.

[61] Shield T W, Bogy D B, and Talke F E. Drop formation by DOD ink-jet nozzles: a comparison of experiment and numerical simulation. IBM J. Res. Dev., 1987, 31: 96.

[62] Sondergaard R R, Hosel M, and Krebs F C. Roll-to-roll fabrication of large area functional organic materials. J. Polym. Sci., Part B: Polym. Phys., 2013, 51: 16.

[63] Burgues-Ceballos I, Stella M, Lacharmoise P, and Martinez-Ferrero E. Towards industrialization of polymer solar cells: material processing for upscaling. J. Mater. Chem. A, 2014, 2: 17711.

[64] Wei Z, Chen H, Yan K, and Yang S. Inkjet printing and instant chemical transformation of a $CH_3NH_3PbI_3$/nanocarbon electrode and interface for planar perovskite solar cells. Angew. Chem. Int. Ed., 2014, 53: 13239.

[65] Li S G, Jiang K J, Su M J, Cui X P, Huang J H, Zhang Q Q, Zhou X Q, Yang L M, and Song Y L. Inkjet printing of $CH_3NH_3PbI_3$ on a mesoscopic $TiO_2$ film for highly efficient perovskite solar cells. J. Mater. Chem. A, 2015, 3: 9092.

[66] Hashmi S G, Martineau D, Li X, Ozkan M, Tiihonen A, Dar M I, Sarikka T, Zakeeruddin S M, Paltakari J, Lund P D, and Grätzel M. Air processed inkjet

infiltrated carbon based printed perovskite solar cells with high stability and reproducibility. Adv. Mater. Technol., 2017, 2: 1600183.

[67] Mathies F, Eggers H, Richards B S, Hernandez-Sosa G, Lemmer U, and Paetzold U W. Inkjet-printed triple cation perovskite solar cells. ACS Appl. Energy Mater., 2018, 1: 1834.

[68] Deegan R D, Bakajin O, Dupont T F, Huber G, Nagel S R, and Witten T A. Capillary flow as the cause of ring stains from dried liquid drops. Nature, 1997, 389: 827.

[69] De Gans B J and Schubert U S. Inkjet printing of well-defined polymer dots and arrays. Langmuir, 2004, 20: 7789.

[70] Liang C, Li P, Gu H, Zhang Y, Li F, Song Y, Shao G, Mathews N, and Xing G. One-step inkjet printed perovskite in air for efficient light harvesting. Sol. RRL, 2018, 2: 1700217.

[71] Li P, Liang C, Bao B, Li Y, Hu X, Wang Y, Zhang Y, Li F, Shao G, and Song Y. Inkjet manipulated homogeneous large size perovskite grains for efficient and large-area perovskite solar cells. Nano Energy, 2018, 46: 203.

[72] Mathies F, Brenner P, Hernandez-Sosa G, Howard I A, Paetzold U W, and Lemmer U. Inkjet-printed perovskite distributed feedback lasers. Opt. Express, 2018, 26: A144.

[73] Liu Y, Li F, Veeramalai C P, Chen W, Guo T, Wu C, and Kim T W. Inkjet-printed photodetector arrays based on hybrid perovskite $CH_3NH_3PbI_3$ microwires. ACS Appl. Mater. Interfaces, 2017, 9: 11662.

[74] Mei A, Li X, Liu L, Ku Z, Liu T, Rong Y, Xu M, Hu M, Chen J, Yang Y, Grätzel M, and Han H. A hole-conductor-free, fully printable mesoscopic perovskite solar cell with high stability. Science, 2014, 345: 295.

[75] Hu Y, Si S, Mei A, Rong Y, Liu H, Li X, and Han H. Stable large-area (10×10 $cm^2$) printable mesoscopic perovskite module exceeding 10% efficiency. Sol. RRL, 2017, 1: 1600019.

[76] Xin C, Zhou X, Hou F, Du Y, Huang W, Shi B, Wei C, Ding Y, Wang G, Hou G, Zhao Y, Li Y, and Zhang X. Scalable and efficient perovskite solar cells prepared by grooved roller coating. J. Mater. Chem. A, 2019, 7: 1870.

[77] Kim Y Y, Yang T Y, Suhonen R, Välimäki M, Maaninen T, Kemppainen A, Jeon N J, and Seo J. Gravure-printed flexible perovskite solar cells: toward roll-to-roll manufacturing. Adv. Sci., 2019, 0: 1802094.

[78] Priyadarshi A, Haur L J, Murray P, Fu D, Kulkarni S, Xing G, Sum T C, Mathews N, and Mhaisalkar S G. A large area (70 $cm^2$) monolithic perovskite solar module with a high efficiency and stability. Energy Environ. Sci., 2016, 9: 3687.

[79] Grancini G, Roldán-Carmona C, Zimmermann I, Mosconi E, Lee X, Martineau

D, Narbey S, Oswald F, De Angelis F, Grätzel M, and Nazeeruddin M K. One-Year stable perovskite solar cells by 2D/3D interface engineering. Nat. Commun., 2017, 8: 15684.

[80] Ye F, Chen H, Xie F, Tang W, Yin M, He J, Bi E, Wang Y, Yang X, and Han L. Soft-cover deposition of scaling-up uniform perovskite thin films for high cost-performance solar cells. Energy Environ. Sci., 2016, 9: 2295.

[81] Ye F, Tang W, Xie F, Yin M, He J, Wang Y, Chen H, Qiang Y, Yang X, and Han L. Low-temperature soft-cover deposition of uniform large-scale perovskite films for high-performance solar cells. Adv. Mater., 2017, 29: 1701440.

[82] Jeong D N, Lee D K, Seo S, Lim S Y, Zhang Y, Shin H, Cheong H, and Park N G. Perovskite cluster-contained solution for scalable d-bar coating toward high throughput perovskite solar cells. ACS Energy Lett., 2019, 1189.

[83] Chen H, Ye F, Tang W, He J, Yin M, Wang Y, Xie F, Bi E, Yang X, Grätzel M, and Han L. A solvent- and vacuum-free route to large-area perovskite films for efficient solar modules. Nature, 2017, 550: 92.

[84] Liu M, Johnston M B, and Snaith H J. Efficient planar heterojunction perovskite solar cells by vapour deposition. Nature, 2013, 501: 395.

[85] Ono L K, Wang S, Kato Y, Raga S R, and Qi Y. Fabrication of semi-transparent perovskite films with centimeter-scale superior uniformity by the hybrid deposition method. Energy Environ. Sci., 2014, 7: 3989.

[86] Borchert J, Milot R L, Patel J B, Davies C L, Wright A D, Martínez Maestro L, Snaith H J, Herz L M, and Johnston M B. Large-area, highly uniform evaporated formamidinium lead triiodide thin films for solar cells. ACS Energy Lett., 2017, 2: 2799.

[87] Longo G, Gil-Escrig L, Degen M J, Sessolo M, and Bolink H J. Perovskite solar cells prepared by flash evaporation. Chem. Commun., 2015, 51: 7376.

[88] Liang G X, Fan P, Luo J T, Gu D, and Zheng Z H. A promising unisource thermal evaporation for in situ fabrication of organolead halide perovskite $CH_3NH_3PbI_3$ thin film. Prog. Photovolt. Res. Appl., 2015, 23: 1901.

[89] Liang G, Lan H, Fan P, Lan C, Zheng Z, Peng H, and Luo J. Highlyuniform large-area (100 $cm^2$) perovskite $CH_3NH_3PbI_3$ thin-films prepared by single-source thermal evaporation. Coatings, 2018, 8: 256.

[90] Chen Q, Zhou H, Hong Z, Luo S, Duan H S, Wang H H, Liu Y, Li G, and Yang Y. Planar heterojunction perovskite solar cells via vapor-assisted solution process. J. Am. Chem. Soc., 2014, 136: 622.

[91] Leyden M R, Ono L K, Raga S R, Kato Y, Wang S, and Qi Y. High performance perovskite solar cells by hybrid chemical vapor deposition. J. Mater. Chem. A, 2014, 2: 18742.

[92] Hsiao S Y, Lin H L, Lee W H, Tsai W L, Chiang K M, Liao W Y, Ren-Wu C Z, Chen C Y, and Lin H W. Efficient all-vacuum deposited perovskite solarcells by controlling reagent partial pressure in high vacuum. Adv. Mater., 2016, 28: 7013.

[93] Leyden M R, Jiang Y, and Qi Y. Chemical vapor deposition grown formamidinium perovskite solar modules with high steady state power and thermal stability. J. Mater. Chem. A, 2016, 4: 13125.

[94] Lee J W, Na S I, and Kim S S. Efficient spin-coating-free planar heterojunction perovskite solar cells fabricated with successive brush-painting. J. Power Sources, 2017, 339: 33.

[95] Zuo C, Scully A D, Vak D, Tan W, Jiao X, McNeill C R, Angmo D, Ding L, and Gao M. Self-assembled 2D perovskite layers for efficient printable solar cells. Adv. Energy Mater., 2018, 9: 1803258.

[96] Ju Y, Park S Y, Yeom K M, Noh J H, and Jung H S. Single-solution bar-coated halide perovskite films via mediating crystallization for scalable solar Cell fabrication. ACS Appl. Mater. Interfaces, 2019, 11: 11537.

[97] Razza S, Di Giacomo F, Matteocci F, Cinà L, Palma A L, Casaluci S, Cameron P, D'Epifanio A, Licoccia S, Reale A, Brown T M, and Di Carlo A. Perovskite solar cells and large area modules (100 $cm^2$) based on an air flow-assisted $PbI_2$ blade coating deposition process. J. Power Sources, 2015, 277: 286.

[98] Yin C, Lu J, Xu Y, Yun Y, Wang K, Li J, Jiang L, Sun J, Scully A D, Huang F, Zhong J, Wang J, Cheng Y B, Qin T, and Huang W. Low-cost *N*, *N′*-bicarbazole-based dopant-free hole-transporting materials for large-area perovskite solar cells. Adv. Energy Mater., 2018, 8: 1800538.

[99] Rezaee E, Liu X, Hu Q, Dong L, Chen Q, Pan J H, and Xu Z X. Dopant-free hole transporting materials for perovskite solar cells. Sol. RRL, 2018, 2: 1800200.

[100] Mali S S, Patil J V, and Hong C K. A 'smart-bottle' humidifier assisted air-processed CuSCN inorganic hole extraction layer towards highly-efficient, large-area and thermally-stable perovskite solar cells. J. Mater. Chem. A, 2019, 7: 10246.

[101] Xie M, Lu H, Zhang L, Wang J, Luo Q, Lin J, Ba L, Liu H, Shen W, Shi L, and Ma C Q. Fully solution-processed semi-transparent perovskite solar cells with ink-jet printed silver nanowires top electrode. Sol. RRL, 2018, 2: 1700184.

[102] Fang Y, Wu Z, Li J, Jiang F, Zhang K, Zhang Y, Zhou Y, Zhou J, and Hu B. High-performance hazy silver nanowire transparent electrodes through diameter tailoring for semitransparent photovoltaics. Adv. Funct. Mater., 2018, 28: 1705409.

[103] Jeon I, Xiang R, Shawky A, Matsuo Y, and Maruyama S. Single-walled carbon nanotubes in emerging solar cells: synthesis and electrode applications. Adv. Energy Mater., 2018, 9: 1801312.

# 第十一章　非铅钙钛矿太阳能电池

吴朝新

## §11.1　引　　言

近年来，基于有机-无机卤化铅钙钛矿（$APbX_3$）材料的太阳能电池器件研究取得了显著的进展. 电池的光电转换效率（PCE）的世界纪录从 2009 年的 3.8%上升到 2019 年的 25.2 %[1]，模组的 PCE 纪录也提高到 17.25 %[2]，接近商用薄型光伏器件模组的水平. 现阶段，卤化铅钙钛矿太阳能电池具有成为下一代光伏技术领导者的巨大潜力. 特别是光吸收层的超薄和可低温溶液处理的特性，使其具有能耗成本较低[3]，能源回收周期较短[4]和寿命周期对环境的影响较小等优势[5]. 这些优势使其成为与市场上其他更成熟的光伏技术相比更具竞争力的一种可行技术.

尽管这一新兴技术取得了令人兴奋的进展并展现出非凡的潜力，但由于其含有有毒的重金属铅，且潮湿、高温和辐射的耐受性差，使得这一技术的商业化仍然面临着严峻的挑战. 近年来，国内外在基于非铅卤化物钙钛矿及其衍生物的光吸收材料的开发方面进行了大量的研究. 然而，到目前为止，基于这些材料的太阳能电池器件性能明显低于铅基钙钛矿材料，还有许多技术性难题亟待解决.

本章综述了目前非铅金属卤化钙钛矿材料及其太阳能电池器件领域的发展历程和研究现状. 本章从钙钛矿材料结构维度的角度，分为以下三种类型进行综述：三维非铅钙钛矿、二维非铅钙钛矿和零维非铅类钙钛矿. 最后，本章对该领域目前遇到的挑战和未来的发展方向进行了总结和展望.

## §11.2　非铅钙钛矿材料及其太阳能电池器件研究进展

Pb 基钙钛矿材料优异的光电特性主要来源于 $Pb^{2+}$ 中占据 6s 外电子轨道的孤对电子. 研究表明，Pb 6s 轨道上的一对电子不直接参与离子键的形成，但在价带的电子结构中起关键作用，这是该材料表现出优异的光电特性的重要原因[6]. 因此，对于 $Pb^{2+}$ 离子的替代，主要是选择具有 s 轨道孤对电子的金属离子. 一般来说，Pb 的替换可以分为两种方式：一类是使用与 Pb 同主族的 Sn 和 Ge 等同价离子，另一类是使用相邻主族的 Bi 和 Sb 等异价离子. 为了维持材料整体结构的电荷中性平衡，上述不同替换方式会形成具有不同结构维度的非铅材料. 如图 11.1 所示，目前对非铅钙钛矿材料的研究，从晶体结构维度的角度可以分为三维非铅钙钛矿、二维非铅钙钛矿和零维非铅类钙钛矿. 我们将对这三种类型非铅钙钛矿材料的发展进行综述.

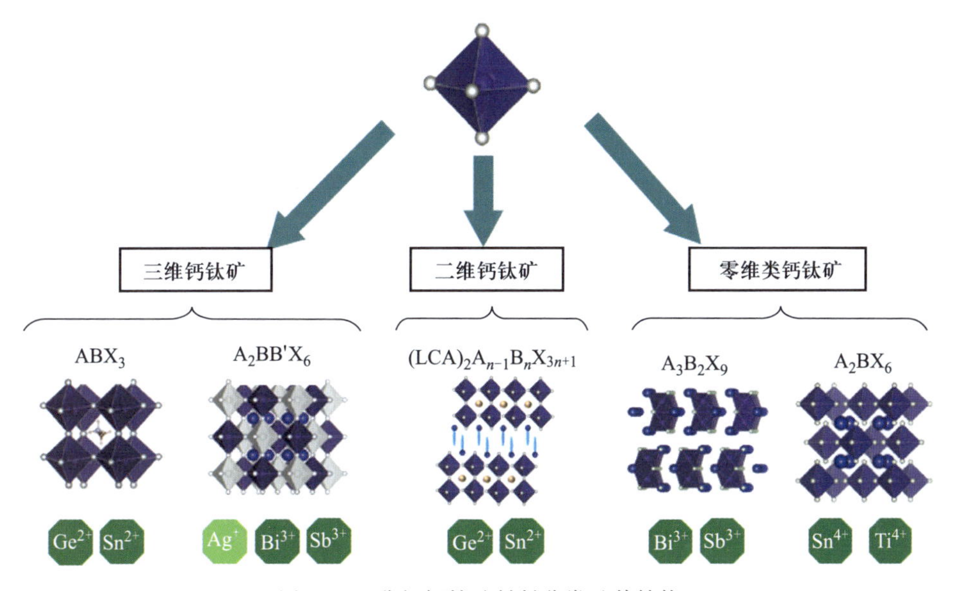


图 11.1 非铅钙钛矿材料分类及其结构

## 11.2.1 三维非铅钙钛矿

### 11.2.1.1 Sn 基钙钛矿

Sn 是元素周期表第 14 族的一种后过渡金属，其化学性质与周期表中相邻的 14 族元素 Ge 和 Pb 相似. Sn 有两种主要的氧化态，+2 价和稍稳定的+4 价. 与 Pb 基钙钛矿相比，Sn 基钙钛矿也是直接带隙半导体，具有较高的光吸收系数和较窄的带隙. 同时，Sn 基钙钛矿有更高的本征迁移率，而且，由于 $Sn^{2+}$ 容易被氧化为 $Sn^{4+}$，产生的 p 型掺杂行为导致了较高的暗态载流子密度，因此其具有显著的电导率. Sn 基钙钛矿的通式为 $ASnX_3$，不同的 A 位和 X 位组合使其具有不同的光学和电学性质，如 $MASn(I, Br)_3$，$FASn(I, Br)_3$，$CsSn(I, Br)_3$，以及它们的混合或者低维类似物. 接下来，我们将讨论 A 位取代不同的 Sn 基钙钛矿所具有的不同性质.

(1) $MASn(I, Br)_3$.

$MASnI_3$ 的结构和单胞分别如图 11.2(a)，(b)所示. $MASnI_3$ 的一种可能的晶胞结构属于立方 $Pm3m$ 空间点群，极性 $CH_3NH_3^+$ 阳离子空间基团在钙钛矿立方体腔内无序地沿着所有(111)的角、(110)的边缘和(100)的面排列[7]. 另一种更直观的化学描述是：在准立方体内，四方的 $P4mm$ 空间组中 $CH_3NH_3^+$ 阳离子沿(100)方向呈接近中心对称的反转孪晶排列. 这两种结构的描述都有着各自的特点，$Pm3m$ 体现了数学上的正确平均结构，准立方的 $P4mm$ 结构体现了化学上精确的局部结构，其中 $P4mm$ 描述在晶胞中插入一个极性分子，这对评估结构扭曲钙钛矿的电学性能具有很高的价值. 通过分布函数(PDF)对后一种模型进行理论模拟计算，表明钙钛矿结构确实是局部扭曲的，这是由于 Sn 的 $5s^2$ 孤对轨道中，Sn 沿着(111)向四角移动，局部形成极性的 $R3m$ 空间群，与 A 位离子无关，与 $MASnCl_3$ 的结构接近. 在 $FASnI_3$ 中观察到的 $P4mm$ 和 $R3m$ 以及 $Amm2$ 结构(见下文)，与理论上将理想立方钙钛矿作为原型对其可能存在的扭曲结构的预测一致. 在冷却时，$MASnI_3$ 表现出结构相变温度为约 110 K 和约 275 K，其相变温度与钙钛矿的自掺杂水平相关. $MASnI_3$ 室温下会发生 $\alpha$ 相到四方 $\beta$ 相($I4cm$ 或 $I4/mcm$)的转变，在更低温度下向 $\gamma$ 相($Pbn21$ 或 $Pbnm$)转变. $MASnI_3$ 的 $\alpha$ 相晶格参数 $a$ 的范围在 6.231 (1)～6.243 (1)Å，具体大小取决于制备方法. 由 HI 溶液或固态方法制备的 $MASnI_3$ 材料可以为 p 型，空穴浓度为 $10^{17}$～$10^{19}$ $cm^{-3}$，空穴迁移率为 50～200 $cm^2 \cdot V^{-1} \cdot s^{-1}$，呈金属状. 据报道，由 HI 溶液和还原剂($H_3PO_2$)制备的 $MASnI_3$，其载流子浓度为 $1\times10^{14}$ $cm^{-3}$，电导率约为 $5\times10^{-2}$ $S \cdot cm^{-1}$，电子迁移率高达 2000 $cm^2 \cdot V^{-1} \cdot s^{-1}$(见图 11.2(c))[8]，然而这数值并未被证实.

除了优异的电性能，$MASnX_3$ 钙钛矿材料还具有不同寻常的光学性能. $MASnI_3$ 是一种直接带隙半导体，其带隙约为 1.25 eV，比 $MAPbI_3$($\approx$1.5 eV)更有利于制备单节太阳能电池. 通过加入不同的卤化物，其带隙可以从 2.15 eV ($MASnBr_3$)调整到 1.30 eV ($MASnI_3$)，如图 11.2(d)所示. 所有卤化物 $MASnX_3$ 钙钛矿薄膜均可采用低成本溶液法制备，具有良好的结晶性(见图 11.2(e)). $MASnI_3$ 薄膜具有较长的电子((279±88) nm)和空穴((193±46) nm)扩散长度. 加入 $SnF_2$ 后，薄膜的荧光寿命能延长 10 倍，扩散长度也延长很多，可以达到 500 nm 以上. 因此，氟化物在锡基太阳能电池中起着类似氯离子的作用.

由于具有优良的光学和电学性能，$MASnX_3$ 材料可以应用于各类光电子器件中. 第一个 $MASnI_3$ 和 $MASnBrI_2$ 钙钛矿太阳能电池为介孔结构，作为光吸收材料，取得了良好的效果，光电转换效率分别为 6.4% 和 5.73%[9]. 此外，$MASnI_3$ 钙钛矿也可用于光电探测器. Waleed 等[10]最近报道，采用多孔氧化铝作为纳米模板，制备的 3D $MASnI_3$ 纳米线阵列的稳定性比薄膜样品提高了近三个数量级，因此，$MASnI_3$ 纳米线器件的光电流衰减速度是薄膜器件的 1/500.

除了光学和电学性质外，$MASnI_3$ 的电子性质也得到了研究. Umari 等[11]证明了 $MASnI_3$ 与 $MAPbI_3$ 具有类似的自旋轨道耦合(SOC)Green 函数与屏蔽 Coulomb 相互作用(GW)带结构(见图 11.2(f)，(g))，它们是直接带隙半导体. 与 Pb 6p 轨道相比，$MASnI_3$ 中的 Sn 5p 轨道较浅，色散较小. 因此，$MASnI_3$ 的导带最小值(CBM)色散较小，比 $MAPbI_3$ 高 0.2 eV. 与 Pb 6s 长对态相比，Sn 5s 孤对态较浅，活性较强，在价带最大值(VBM)附近形成了较强的 s-p 反键耦合，$MASnI_3$ 的 VBM 比 $MAPbI_3$ 的有更强的弥散性，因此，

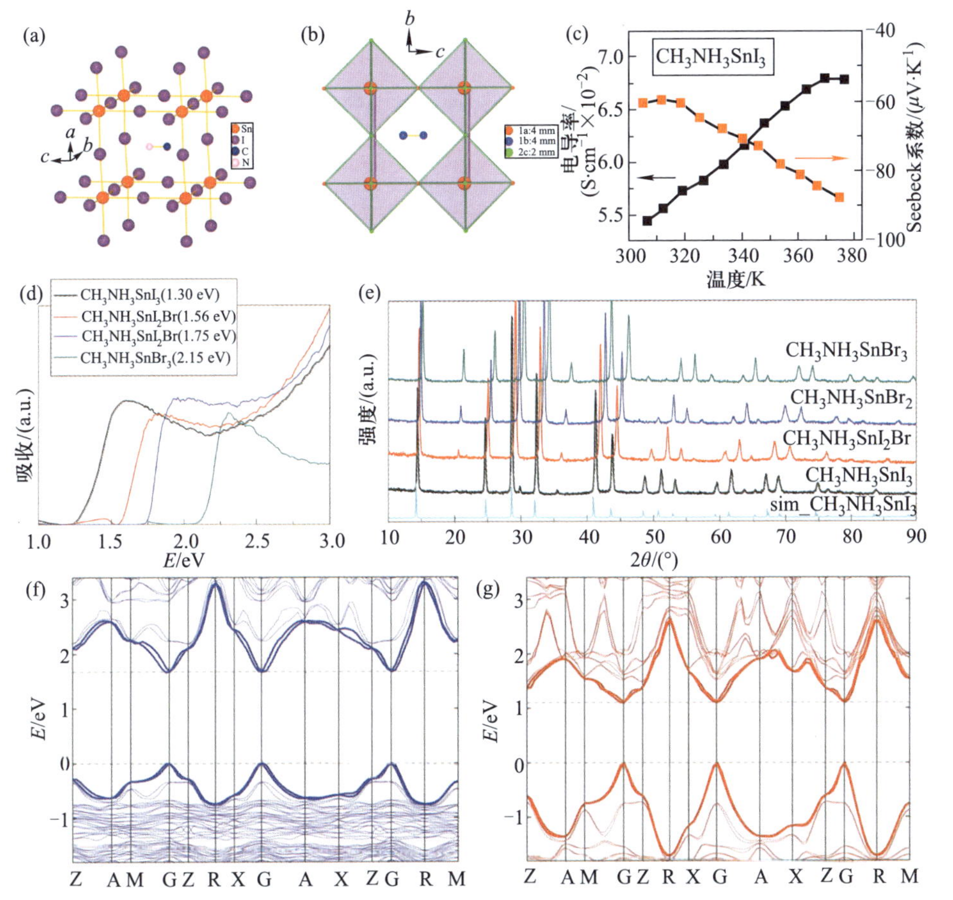


图 11.2 α-$MASnI_3$ 钙钛矿构成(a)和单位晶胞(b)，溶液法制备 $MASnI_3$ 样品的导电性(c)，$MASnI_{3-x}B_x$ 粉末的吸收光谱(d)和 XRD (e)，$MAPbI_3$(f)和 $MASnI_3$(g)的理论计算能带结构

$MASnI_3$ 的 VBM 比 $MAPbI_3$ 低 0.7 eV. 计算得到的 $MASnI_3$ 的电子平均有效质量为 $0.28m_0$，略大于 $MAPbI_3$($0.19m_0$). 与此相反，$MASnI_3$ 计算的空穴平均有效质量要小于 $MAPbI_3$(0.13 相比于 $0.25m_0$). 此外，SR-DFT 结果预测，$MASnI_3$ 具有较好的电子输运性能. 最近，Roknuzzaman 等[12]根据第一性原理密度泛函理论(DFT)计算研究了 $MAPbI_3$ 和 $MASnI_3$ 的结构、电子、光学和机械性能[12]. 结果表明，$MASnI_3$ 具有较高的介电常数(6.69)，这表明与 Pb 基钙钛矿相比 Sn 基具有较低的电荷载流子复合速率和较高的器件性能. 此外，$MASnI_3$ 与 $MAPbI_3$ 的光吸收系数、光学导电性和弹性常数相差不大. 基于上述特性，$MASnI_3$ 太阳能电池应该具有与 $MAPbI_3$ 太阳能电池相媲美的高 PCE.

(2) $FASn(I, Br)_3$.

FA 阳离子的离子半径略大于 MA，也可以构成 Sn 基钙钛矿中的 A 位点阳离子. $FASnI_3$ 可以为立方 $Pm3m$ 晶体结构，晶格参数为 $a=6.3290(9)$ Å，或者是在极性 $Amm2$ 空间群中的准立方、正交结构(见图 11.3(a)，(b))[7]. 不同于 $FAPbI_3$ 在室温下为热力学不稳定的黄色 $\delta$ 相，$FASnI_3$ 在室温下具有稳定的钙钛矿结构. $FASnI_3$ 薄膜的带隙约为 1.41 eV，比 $MASnI_3$ 薄膜的带隙宽，比 Pb 基钙钛矿的带隙窄(见图 11.3(c)). $FASnX_3$ 的带隙可以通过对 X 位采用不同卤化物进行调节. $FASnI_2Br$ 和 $FASnBr_3$ 的带隙分别为 1.68 eV 和 2.4 eV. Lee 等[13]发现，将 Br 引入 $FASnI_3$ 晶格后，钙钛矿活性层载流子密度显著降低，这是由于 Sn 空位减少引起的. 因此，它可以减少漏电流，增加载流子寿命，提高器件性能和器件重复性. 1997 年研究人员首次合成了立方 $FASnI_3$ 钙钛矿并对其电阻率和热性能进行了研究[14]. 与 $MASnI_3$ 相比，$FASnI_3$ 具有相似的热稳定性，但是电导率较低(图 11.3d，e).

Koh 等[15]首次报道加入 $SnF_2$ 的 $FASnI_3$ 太阳能电池的 PCE 达到 2.1%. 目前高性能的 Sn 基钙钛矿太阳能电池主要是基于 $FASnI_3$ 材料，因为它们比 $MASnI_3$ 有更好的空气稳定性. 陶绪堂等[16]比较了大块 $MASnI_3$ 和 $FASnI_3$ 单晶的性质，发现它们分别是 p 型和 n 型半导体，陷阱密度可达约 $10^{11}$ $cm^{-3}$. 结果表明，$FASnI_3$ 晶体的空气稳定性明显优于 $MASnI_3$ 晶体. 赵铌等[17]研究其降解机理，也证实了 $FASnI_3$ 对 $O_2$ 有较好的耐受性. 化学分析和理论计算表明，在 $MASnI_3$ 中，$Sn^{2+}$ 很容易被氧化成 $Sn^{4+}$，用 FA 取代 MA 可以降低锡的氧化程度. 这种相对稳定性的原因还不是很确定，但可能与相应氧化产物 $MA_2SnI_6$ 和 $FA_2SnI_6$ 的热力学稳定性有关. 后者比前者更稳定，可能是由于分离的$[SnI_6]^{2-}$八面体较大所致. 此外，$FASnI_3$ 薄膜的电导率低于 $MASnI_3$.

Shi 等[18]研究了 A 位点阳离子对卤化锡钙钛矿缺陷物理的影响，发现有机阳离子，即 FA 和 MA 离子扮演着至关重要的角色. DFT 计算表明，由于

FA 离子尺寸较大，$FASnI_3$ 中 Sn 5s 和 I 5p 轨道的反键重叠明显弱于 $MASnI_3$，导致 $FASnI_3$ 中 Sn 空位的形成能较高(见图 11.3(f)，(g))．通过改变生长条件，$FASnI_3$ 的电导可以由 p 型变为本征型，而 $MASnI_3$ 只能表现出单一极高的 p 型电导．吴朝新等[19]发现，采用半径较小的 Cs 对 $FASnI_3$ 结构进行掺杂，能够对晶体结构进行调节，在提高其光电转换性能的同时，使结构的几何结构对称性和热力学稳定性得到增强，PCE 达到 6％．Lee 等[13]通过 Br 掺杂，显著降低了 $FASnI_3$ 薄膜的载流子浓度，降低了太阳能电池器件的漏电流，提高了载流子复合寿命，最终实现了器件光电转换效率和稳定性的提升．陶绪堂等[20]设计了一种结合热对流和自发成核的新型 $FASnI_3$ 晶体生长方法，再溶解的晶体形成前驱体溶液可以减少杂质，消除 FAI 引入的水，且

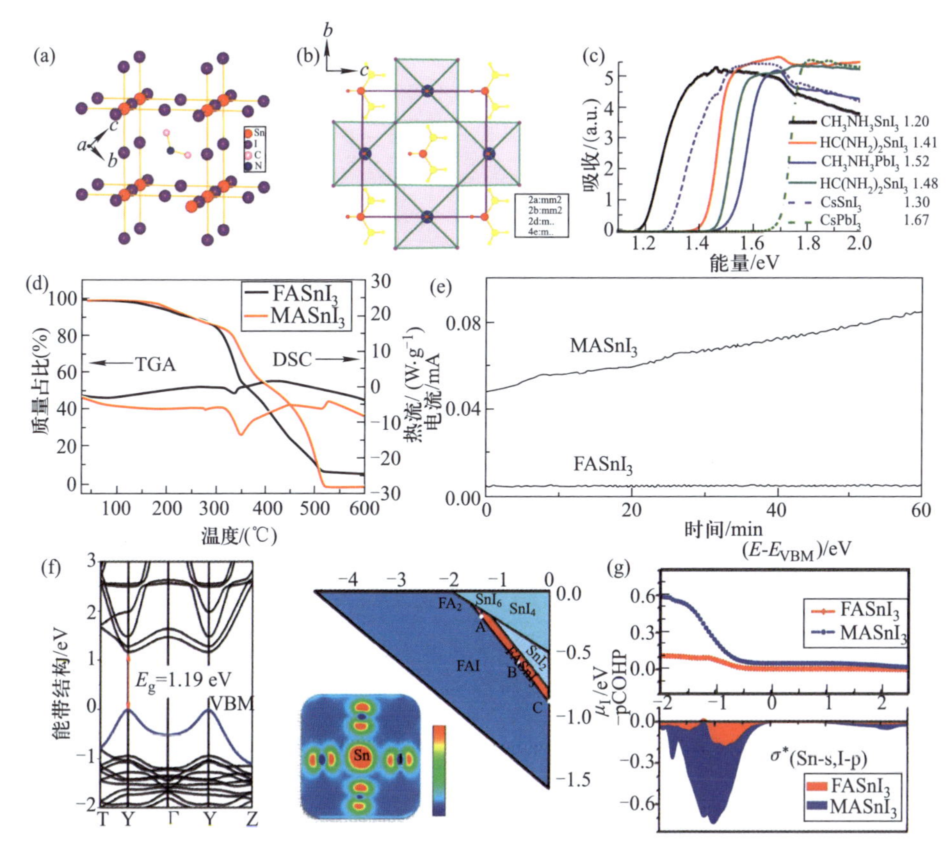


图 11.3　α-$FASnI_3$ 钙钛矿构成(a)和单位晶胞(b)，溶液法制备的 Sn 基钙钛矿的电子吸收光谱(c)，$MASnI_3$(红线)和 $FASnI_3$ 的 TGA 和 DSC 数据(黑线)(d)，黑暗中手套箱中 $MASnI_3$ 和 $FASnI_3$ 在 1V 偏置下的电流随时间的函数(e)，$FASnI_3$ 的带结构(f)，$FASnI_3$ 和 $MASnI_3$ 中 Sn5s，I5p 键合分析(g)

含$[SnI_6]^{4-}$笼的再溶解结晶溶液是制备高质量无氧化薄膜的优良前驱体，大晶粒可以阻止 $Sn^{2+}$ 的氧化，相应电池器件的效率达到 8.9%. 这些结果为 $FASnI_3$ 基太阳能电池相对于 $MASnI_3$ 电池具有更好的性能和稳定性提供了合理的解释. 因此，$FASnI_3$ 是非铅钙钛矿太阳能电池的理想活性材料.

(3) $CsSn(I, Br)_3$.

$CsSnX_3$(X 为 I, Br)为全无机 Sn 基钙钛矿，与 $FASnI_3$ 和 $MASnI_3$ 材料相比具有相似的光学和电学性能，且具有更好的热稳定性. 2012 年，$CsSnI_3$ 钙钛矿因其 p 型重掺杂、空穴迁移率高，被用作染料敏化太阳能电池的空穴传输材料[21]. $CsSnI_3$ 具有四个多晶型：黄色的一维双链结构(Y)，黑色的三维钙钛矿结构(B-$\gamma$)，当 Y 相加热到 425 K 以上转变为黑色立方钙钛矿(B-$\alpha$)，冷却至 351 K 时为黑色正方 (B-$\beta$)相[22]. 在室温下，$CsSnI_3$ 为扭曲的三维钙钛矿结构，属于正交 *Pnma* 空间群(见图 11.4(a)). 电导率、Hall 效应和热电势测量表明，$CsSnI_3$ 具有 p 型金属特性和低载流子密度(见图 11.4(b)). 黑色斜方晶系的钙钛矿相的 $CsSnI_3$ 为直接带隙半导体，在室温下其空穴迁移率 $\mu_h \approx 585\ cm^2 \cdot V^{-1} \cdot s^{-1}$，载流子浓度约为 $10^{17}\ cm^{-3}$. 热处理后，光致发光强度和电导率均有所提高. $CsSnI_3$ 的电导率和载流子浓度取决于 Sn, I 和 Cs 的空位浓度[23]. DFT 计算结果表明，材料的发光性能和电学性能来自晶体结构中的 Sn 缺陷[22].

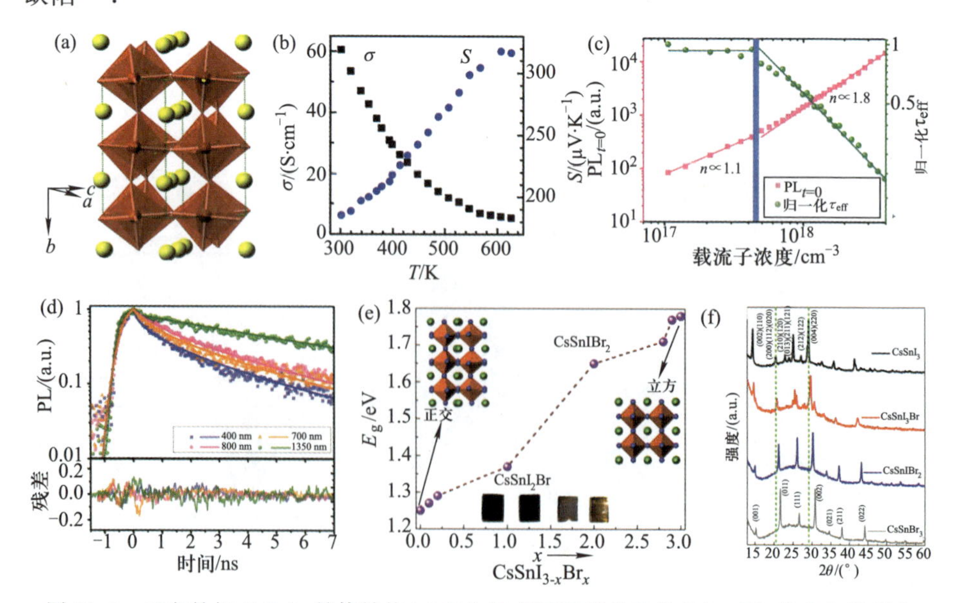


图 11.4 正交晶相 $CsSnI_3$ 晶体结构(a)和电导率随温度的变化(b)，PL 寿命和强度与载流子浓度的关系(c)，不同光激发能下的 PL 寿命和拟合残差(d)，$CsSnI_{3-x}Br_x$ 不同组分的带隙(e)和 XRD 图谱(f)

$CsSnI_3$ 的载流子扩散长度甚至可以与 Pb 基钙钛矿相媲美. Sum 等最近报道金属合成的 $CsSnI_3$ 含有高质量的大颗粒单晶，有很长的少数载流子的扩散长度，约 1μm，掺杂浓度为 $4.5\times10^{17}$ $cm^{-3}$(见图 11.4(c))，体载流子寿命为 6.6 ns(见图 11.4(d)). $CsSnX_3$ 的带隙可以从 $CsSnI_3$ 的 1.3 eV 调节到 $CsSnBr_3$ 的 1.7 eV(见图 11.4(e)). $CsSnI_3$ 晶体结构由正交转变为立方(见图 11.4(e)，(f)). $CsSnI_3$ 单晶表面复合速度也非常低，约为 $2\times10^3$ $cm\cdot s^{-1}$，与 Pb 类似. 令人振奋的是，$CsSnI_3$ 单晶太阳能电池的 PCE 预计约为 23%[24].

$CsSnI_3$ 材料的带隙约为 1.3 eV，非常适合单结太阳能电池. 2012 年，Shum 等[25]首次报道了基于 $CsSnI_3$ 光吸收层的太阳能电池，基于层状 ITO/$CsSnI_3$/Au/Ti 器件结构的 Schottky 太阳能电池实现了 0.9%的 PCE. 他们进一步采用 $SnF_2$ 降低 $CsSnI_3$ 材料的 Sn 空位缺陷和提高薄膜的电阻，有效提升了器件性能. 在 20% $SnF_2$ 的添加下，$CsSnI_3$ 器件实现了 2.02%的 PCE[26]. 此外，通过 Br 掺杂，可以将 $CsSnI_3$ 材料的能带从 1.3 eV 调到 1.7 eV，如图 11.4(e)所示[27]. 其晶体结构由 $CsSnI_3$ 的四方晶体变为 $CsSnBr_3$ 的立方晶体，如图 11.4(f)所示. 通过优化 Br 含量及成膜工艺，基于 $CsSnI_2Br$ 的太阳能电池的 PCE 可达 3.2%[28].

#### 11.2.1.2　Ge 基钙钛矿

Ge 和 Sn 属于同一主族，同样被用于代替 Pb 形成三维 $AGeX_3$ 钙钛矿，具有与 Pb 和 Sn 相似的特性. 由于含有 $ns^2$ 孤对电子的金属离子具有较低的电子电离能，它具有良好的光学和载流子运输特性. 理论研究和实验研究都表明，$AGeX_3$(A=Cs 和 MA)的带隙随卤化物离子尺寸的减小而增大. 例如，在 $CsGeX_3$ 中，当 X 从 I 到 Br 再到 Cl 时，材料带隙从 1.6 eV 到 2.3 eV 再到 3.2 eV. 另一方面，与 Pb 钙钛矿相反，Ge 基钙钛矿的带隙随着阳离子半径的增大而增大，如图 11.5(a)，(b)所示[29].

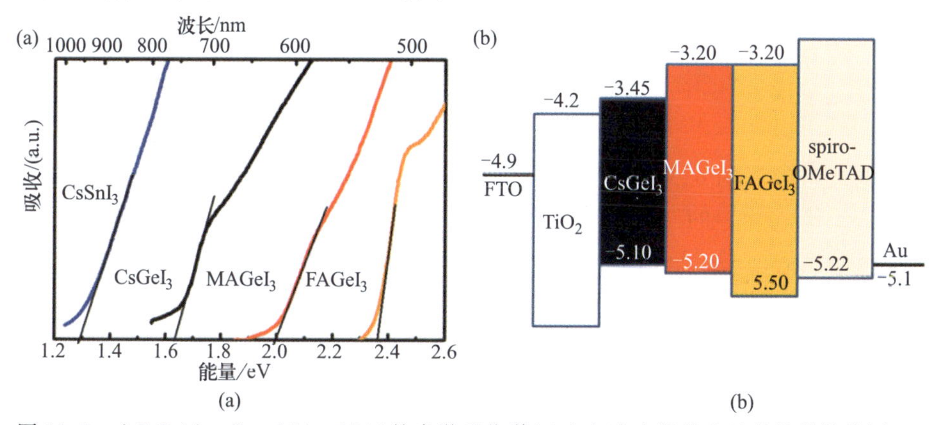


图 11.5　$AGeI_3$(A=Cs，MA，MA)的光学吸收谱(a)和相应太阳能电池的能带结构图(b)

Mhaisalkar 等[29]研究了基于 $CsGeI_3$ 和 $MAGeI_3$ 薄膜的太阳能电池器件，PCE 分别只有 0.2%和 0.11%. 一般认为，Ge 的 $4s^2$ 孤对电子的结合能较低，使 Ge 钙钛矿在接触空气时不稳定，从而限制了其光电性能. 然而，由于带隙较大，Ge 钙钛矿被认为更适合作为串联器件的顶吸收层. 然而到目前为止，只有少数基于 Ge 钙钛矿的电池器件的研究，且并没有研究基于 Ge 钙钛矿的串联电池.

#### 11.2.1.3 双金属钙钛矿

除了采用与 Pb 具有等价位的 $Sn^{2+}$，$Ge^{2+}$ 来替代 $Pb^{2+}$ 的位置，形成传统 $ABX_3$ 钙钛矿结构外，2016 年 Giustino 等[30]提出一类具有三维结构的 Bi 基非铅双金属钙钛矿材料，分子式为 $A_2BB'X_6$，如图 11.6 所示. 双金属钙钛矿结构采用了一种金属离子分裂法，将两个+2 价 Pb 离子用一个+1 价和一个+3 价离子代替. 这一结构的优点是最大程度保持了材料具有与 Pb 基三维钙钛矿相似的几何构型和电子结构. 双金属钙钛矿材料因其环境友好、稳定和可调光电性能的特点受到广泛关注.

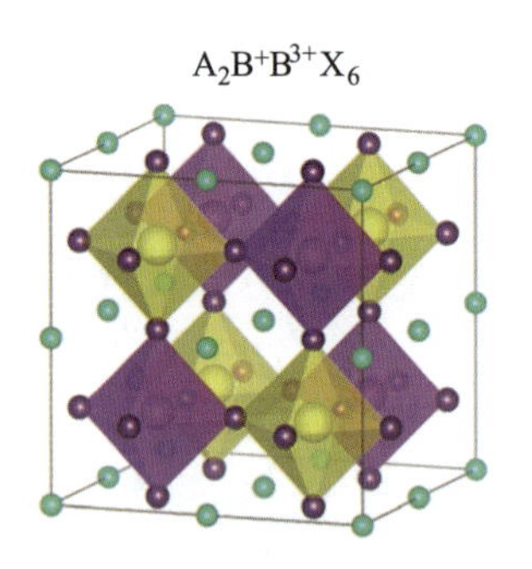


图 11.6 双钙钛矿晶体结构

Zunger 课题组[31]采用理论计算的方法预测了一类新的 CuIn 基卤素钙钛矿，它们具有可调节的直接带隙，为无铅钙钛矿材料设计提供了一条新的思路. 张立军课题组[33]选择 $B=Na^+$，$K^+$，$Rb^+$，$Cu^+$，$Ag^+$，$Au^+$，$In^+$，$Tl^+$，$B'=Bi^{3+}$，$Sb^{3+}$，及 $X=F^-$，$Cl^-$，$Br^-$，$I^-$ 对其进行系统的理论分析，接着对能够形成的 64 种双钙钛矿材料特性进行模拟，并优化出 11 种特性适用于光伏器件的双钙钛矿材料，包括 $Cs_2CuSbCl_6$，$Cs_2CuSbBr_6$，$Cs_2CuBiBr_6$，$Cs_2AgSbBr_6$，$Cs_2AgSbI_6$，$Cs_2AgBiI_6$，$Cs_2AuSbCl_6$，$Cs_2AuBiCl_6$，$Cs_2AuBiBr_6$，$Cs_2InSbCl_6$，$Cs_2InBiCl_6$[32]. 其中，只有基于 $In^+$ 离子的双钙钛矿结构 $Cs_2InBiX_6$ 和 $Cs_2InSbX_6$ 为直接带隙，其余结构均为间接带隙. 李兴鳌等[33]详细总结了大量双钙钛矿材料的合成方法以及相关应用，大多数实验上已经制备出的双钙钛矿材料都表现出极为优异的稳定性.

早在 1968 年，Laidler 等[34]就成功地利用盐酸合成了全无机双钙钛矿 $Cs_2AgAmCl_6$，当时主要研究这类材料的铁电性质. 随着有机一无机杂化钙钛矿材料的兴起，双金属钙钛矿材料成为铅基钙钛矿材料的有力替代者，目前在实验上仅有少数文章报道实现了双钙钛矿太阳能电池器件，且大多是基于间接带隙的 $Cs_2AgBiBr_6$ 材料. 2016 年三个小组几乎同时报道了 $Cs_2AgBiX_6$(X=Cl，Br，I)有作为光伏材料的潜在价值[35]. 这种双钙钛矿材料暴露在空气中时表现出了极好的稳定性. 随后另外三个研究组先后都报道了基于 $Cs_2AgBiBr_6$ 的光伏器件. Bein 等[36]制备的器件结构为 FTO/致密 $TiO_2$/介孔 $TiO_2$/$Cs_2AgBiBr_6$/spiro-oMeTAD/Au，$J_{SC}=3.93$ mA/cm$^2$，$V_{OC}=0.98$ V，PCE=2.43%，FF=0.63. 美中不足的是，在钙钛矿表面出现严重的团聚现象，导致器件的迟滞十分严重，该器件正扫效率仅有 1.66%，填充因子仅有 40%. 肖立新课题组[37]制备了器件结构为 FTO/$SnO_2$/$Cs_2AgBiBr_6$/P3HT/Au 的器件，取得了极高的填充因子，FF=0.78，$J_{SC}=1.78$ mA/cm$^2$，$V_{OC}$=1.04，PCE=1.44%. 同时该研究组也发现了 $Cs_2AgBiBr_6$ 薄膜十分严重的团聚现象，因此开创性地利用低压辅助成膜方法制备了高质量的薄膜，相对来说迟滞有极大程度的减弱. 此外该研究组还发现将空穴传输层去掉，结构为 ITO/$SnO_2$/$Cs_2AgBiBr_6$/Au 的器件也具有 0.8%以上的效率. 高峰等[38]制备了结构为 ITO/致密 $TiO_2$/$Cs_2AgBiBr_6$/spiro-oMeTAD/Au 的器件，$V_{OC}$=1.06 V，$J_{SC}$=1.55 mA/cm$^2$，FF=0.74，PCE=1.22%. 同时该研究组首次测得 $Cs_2AgBiBr_6$ 薄膜中自由载流子扩散长度约为 110 nm. 随后 Bein 课题组采用一步热旋涂法，通过优化材料的溶液法成膜工艺，制备了基于 $Cs_2AgBiBr_6$ 双钙钛矿材料的太阳能电池正式器件 FTO/致密 $TiO_2$/介孔 $TiO_2$/$Cs_2AgBiBr_6$/Spiro-oMeTAD/Au，能够实现 2.5%的光电转换效率，但是器件的正反扫迟滞现象较严重[36]. 吴朝新课题组[39]开发了一种一步反溶剂绿色成膜工艺(反溶剂为异丙醇)，成功实现了平整、致密、大晶粒尺寸的 $Cs_2AgBiBr_6$ 薄膜，并基于此制备了结构为 ITO/Cu-NiO/$Cs_2AgBiBr_6$/$C_{60}$/BCP/Ag 的反式器件，$V_{OC}$=1.01 V，$J_{SC}$=3.19 mA/cm$^2$，FF=0.692，PCE=2.23%，相较于正式器件迟滞现象不明显. Grancini 课题组[40]研究了在正式结构中，不同的空穴传输层(spiro-OMeTAD，PCPDTBT 和 PTAA)对器件性能的影响，其中 PTAA 得到最高的器件效率 1.26%且几乎没有迟滞现象. 基于气相沉积法制备 $Cs_2AgBiBr_6$ 薄膜的工作率先由刘明侦[41]等报道. 他们采用顺序层层蒸镀 AgBr，$BiBr_3$ 和 CsBr 的方法，通过调整原料的比例并使用空气中两步退火方法制备得到单相且平整的高质量 $Cs_2AgBiBr_6$ 薄膜，基于 FTO/致密 $TiO_2$/$Cs_2AgBiBr_6$/P3HT/Au 的正式器件结构，得到了 1.37%的器件效率. 器件在空气中表现出良好的稳定性. 这种蒸镀的方法提供了一个有效的可采用掺杂方式对双金属钙钛矿的电子特性进行调节的方案，为制备双金属钙钛矿器件提供了新的路径.

除 $Cs_2AgBiBr_6$ 双金属钙钛矿外，近期马廷丽课题组报道了另外一种间接带隙双金属钙钛矿材料 $Cs_2NaBiI_6$ 作为光吸收层的方案，采用正式结构得到了0.42%的器件效率，未封装的器件表现出优异的室温稳定性[42].

## 11.2.2 二维非铅钙钛矿

钙钛矿型化合物可由多种金属离子、有机阳离子与阴离子组成，通式为 $ABX_3$，其三维结构可视作角顶连接的 $BX_6$ 八面体形成框架，并由 A 阳离子填充空隙(见图 11.7). 这种结构中，A 被限制为几种较小的阳离子，如 Cs，Rb，K，Na，MA，FA，于是组分与结构的可能性均被限制.

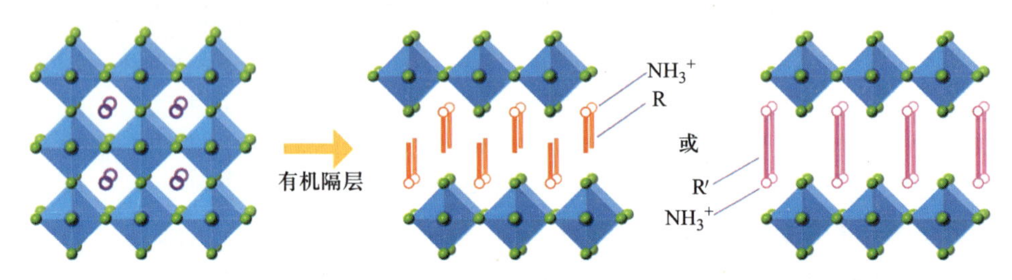


图 11.7 三维钙钛矿结构和二维混合钙钛矿与一价、二价胺阳离子[43]

而当组成有机阳离子的分子链长度增大，使得容忍因子远离 1 时，无机金属卤化物八面体 $BX_6$ 以共顶点的方式连接，并向二维方向延伸而形成层状，层间插入有机阳离子层，从而形成有机层与无机层互相交叠的杂化钙钛矿结构，其中，$BX_6$ 八面体组成的无机层也被称作钙钛矿无机片层，因此这一类材料又被称作二维钙钛矿结构的材料. 二维钙钛矿允许很多种类材料的应用并从中获得多种多样的组分与性能. 二维钙钛矿的通式为 $A'_2A_{n-1}M_nX_{3n+1}$，如图 11.8 所示，A′为插入二维 $A_{n-1}M_nX_{3n+1}$ 片层的二价或一价阳离子，$n$ 则表示二维片层的厚度[43]. 当 A′为单胺阳离子 $R—NH_3^+$ 时，两个单胺阳离子上的质子氢分别与上下无机层的卤素离子形成氢键，两层烷基链的尾部向外部空间扩展形成头尾排列，相邻的有机分子链之间通过 van der Waals 力结合形成有机层. 当 A′为双胺阳离子 $NH_3^+—R—NH_3^+$ 时，双胺阳离子横跨相邻的两个无机层的长度，与上下两个无机层形成氢键，实现无机-有机层间的连接，有机层不依赖 van der Waals 力形成. 有机-无机杂化钙钛矿材料是通过分子自组装形成的，在这个过程中，分子间的相互作用力包括 van der Waals 力、氢键作用、配位键作用，这些互相作用力使得有机分子和无机分子排列高度有序，形成钙钛矿晶体.

二维钙钛矿中，最常用的分类基于与典型的三维钙钛矿的结构关系. 因此，二维卤化物钙钛矿层是通过沿三维钙钛矿结构的晶体学平面<100>，<110>，<111>切割获得的，如图 11.8 所示. 其中<100>钙钛矿对无机和有机组分具有特别的耐受性，使其具有更高程度的组分多样性. <110>钙钛矿是目前种类最多并且在太阳能电池领域被研究的二维钙钛矿. 研究者们常将这类材料细分为 Ruddlesden-Popper 型和 Dion-Jacobson 型. 此外，近年许多研究者将目光集中在二-三维混合锡基钙钛矿上，并在器件性能和稳定性方面均获得了令人瞩目的提升.

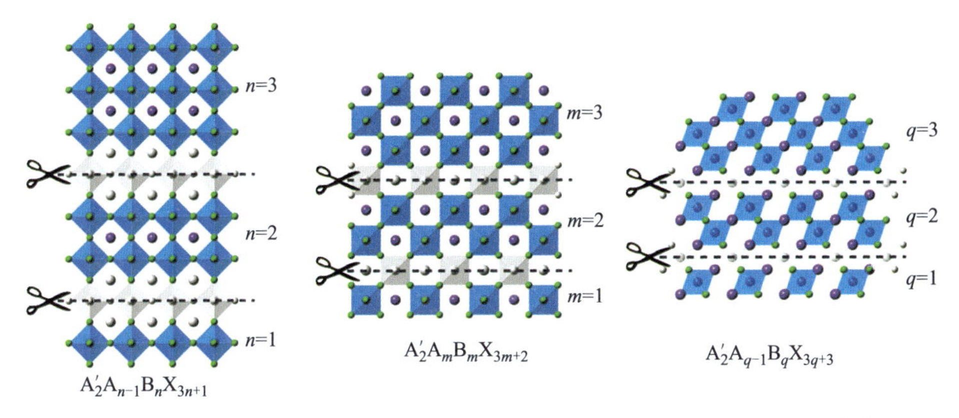


图 11.8 分别沿<100>，<110>，<111>方向切割得到的二维钙钛矿[43]

**11.2.2.1 Ruddlesden-Popper 型**

Ruddlesden-Popper(RP)钙钛矿得名于拥有相同结构的无机 Ruddlesden-Popper 钙钛矿，如 $Sr_3Ti_2O_7$ 与 $K_2NiF_4$. RP 钙钛矿中的金属-卤化物薄片是通过沿<110>方向切割不同厚度($n$ 值)的薄片，从三维钙钛矿结构中获得的. 之后，每个薄片或无机层被限制在大量的双层胺离子之间. 分离层的烷基链之间相对较弱的 van der Waals 力产生二维结构 $A'_2A_{n-1}M_nX_{3n+1}$，其中 A′是烷基或芳基胺阳离子(见图 11.9(a)). RP 钙钛矿显示出了显著的控制无机层厚度的能力，这是光伏应用的一个非常理想的性能，因此，在用于太阳能电池的二维钙钛矿中，RP 钙钛矿是迄今为止使用和研究最多的.

Kanatzidis 等[44]合成并研究了$(CH_3(CH_2)_3NH_3)_2(CH_3NH_3)_{n-1}Sn_nI_{3n+1}$ 非铅 RP 钙钛矿. 这种二维钙钛矿的带隙值从 $n=1$ 时的 1.83 eV 减小到 $n=\infty$时的 1.20 eV. 他们对 $n=3$ 与 $n=4$ 时带隙分别为 1.50 eV 与 1.42 eV 的材料进行了深入研究，发现只有使用预合成的单相大块钙钛矿材料的前驱体溶液才能生长出高纯度的单相薄膜. 他们还介绍了利用三乙基膦

(triethylphosphine)作为有效的抗氧化剂，抑制二维薄膜的掺杂水平，改善了薄膜的形貌. $n=4$ 时相应的钙钛矿电池得到了 2.53%的效率，且 $J_{SC}=24.1$ mA/cm$^2$，$V_{OC}=0.229$ V，FF= 0.457，相较于三维结构的 $MASnI_3$ 有明显提升，稳定性也有较大改善(见图 11.9(b)，(c)).

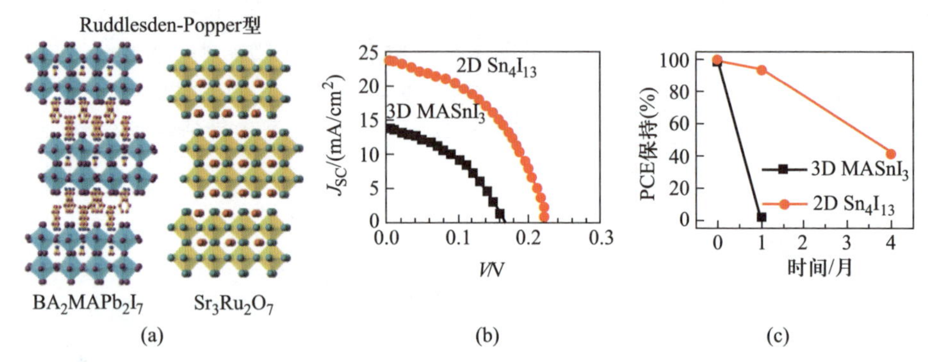


图 11.9 (a) RP 型氧化物与卤素钙钛矿晶体结构[43]；(b) $n=4$ RP 钙钛矿与 $MASnI_3$ 器件 $J$-$V$ 曲线对比；(c) 相应器件稳定性对比[44]

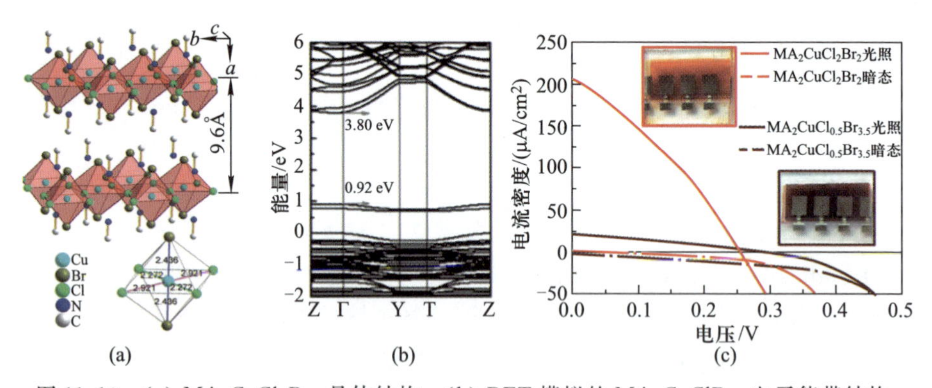


图 11.10 (a) $MA_2CuCl_2Br_2$ 晶体结构；(b) DFT 模拟的 $MA_2CuClBr_3$ 电子能带结构；(c) $MA_2CuCl_2Br_2$(红线)与 $MA_2CuCl_{0.5}Br_{3.5}$(棕线)在标准太阳光照下的 $J$-$V$ 曲线，虚线的红线与棕线代表暗态电流[45]

由于丰富的化学性质和含量，二价过渡金属(divalent transition metal，TM)阳离子同样被考虑作为非铅钙钛矿中铅离子的替代物，但过渡金属阳离子的多重氧化价态可导致其深陷阱态多且极易发生氧化还原反应. TM 阳离子的离子半径过小(例如 0.73 nm，0.78 nm，0.86 nm 分别对应 Cu(II)，Fe(II)，Pd(II))，很难形成三维 $ATMX_3$ 钙钛矿，于是得到的均是与 Ruddlesden-Popper 型钙钛矿同结构的二维钙钛矿.

在所有二价过渡金属阳离子中，只有 Cu(II)基钙钛矿在实验中被成功地应用于太阳能电池. Mathews 等研究了 $MA_2CuCl_xBr_{4-x}$ 的光电性能并将其应用为太阳能电池的光吸收层[45]. 图 11.10(a)显示了计算得到的 $MA_2CuClBr_3$ 能带结构. 从结果可以看出，平缓的能带结构使得空穴的有效质量过大. XPS 和 PL 测量表明，难以避免的 $Cu^{2+}$ 还原引入了高密度的陷阱态，成为载流子复合的附加途径. 大载流子有效质量、低吸收系数和高密度陷阱态限制了 Cu(II)基钙钛矿电池效率的提高. 如图 11.10(b)所示，研究中获得的最高效率为 $MA_2CuCl_2Br_2$ 所表现的 0.017%，同时 $J_{SC}$= 0.216 mA/cm$^2$，$V_{OC}$ = 0.256 V，FF = 0.32. 周雪琴等[46]研究了$(p\text{-}F\text{-}C_6H_5C_2H_4\text{-}NH_3)_2CuBr_4$ 与 $(CH_3(CH_2)_3NH_3)_2CuBr_4$ 作为光吸收层的钙钛矿太阳能电池，PCE 得到了一定提高但仍相对较低，分别为 0.51% 与 0.63%. 王金斌等[47]报道了 $(C_6H_5CH_2NH_3)_2CuBr_4$ 基钙钛矿电池的效率为 0.2%($J_{SC}$= 0.73 mA/cm$^2$，$V_{OC}$=0.68 V，FF= 0.41). Hassan 等[48]分别制备了 $(CH_3NH_3)_2CuX_4$ ($X_4$ = $Cl_4$，$Cl_2I_2$，$Cl_2Br_2$)并应用于太阳能电池，在 $X_4$ = $Cl_4$ 的情况下达到了最大的 PCE= 2.41%.

#### 11.2.2.2 Dion-Jacobson 型

与 Ruddlesden-Popper 型钙钛矿相似，Dion-Jacobson(DJ)型钙钛矿的通式同样为 $(A')_2A_{n-1}M_nX_{3n+1}$. DJ 钙钛矿与 RP 钙钛矿拥有相似的无机对应物，但不同点在于 DJ 钙钛矿形成的薄片准确地堆叠在彼此的上方(见图 11.11(a)). Kanatzidis 等[49]首先在铅基钙钛矿中合成和应用了 DJ 钙钛矿. Padture 等[50]探究了锡基 DJ 钙钛矿的光伏特性，合成了 $(4AMP)(FA)_{n-1}Sn_nI_{3n+1}$(见图 11.11(b))，其中 4AMP 为 4-(氨甲基)哌啶酮，FA 为甲脒. 他们制备了在

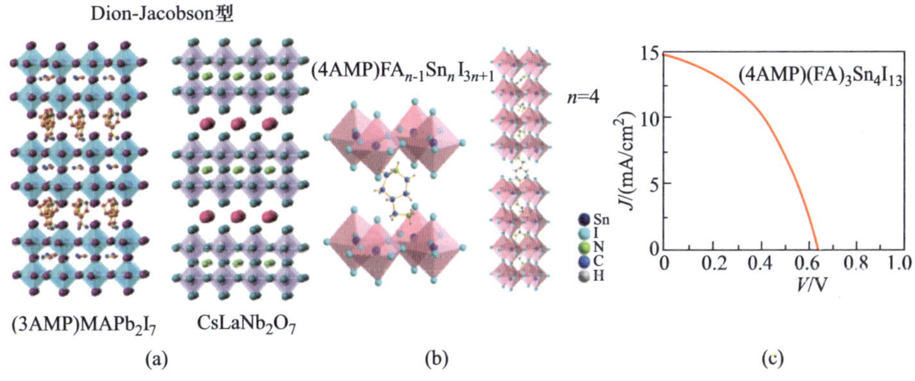


图 11.11　(a) DJ 钙钛矿晶体结构[43]；(b) $(4AMP)(FA)_{n-1}Sn_nI_{3n+1}$ ($n$=4)晶体结构；(c) $(4AMP)(FA)_{n-1}Sn_nI_{3n+1}$ ($n$=4)无空穴传输层电池 $J$-$V$ 曲线图[50]

$n=4$ 时的不含空穴传输层的电池器件，PCE 达到 4.22%，$J_{SC}=14.90\ mA/cm^2$，$V_{OC}=0.64\ V$，FF= 0.443，在 $N_2$ 氛围中连续光照超过 100 h 仍保持了 90% 以上的初始效率.

研究表明，DJ 型锡基二维钙钛矿具有如下潜在优势：(1) 降低了 Sn 空位的形成；(2) 与较弱的 van der Waals 键相比，二价有机间隔物(A′)的层间键合更强，增强了稳定性；(3) 由于二价有机间隔物(A′)降低了有机物的总含量，光载体传输可能得到改善.

**11.2.2.3 二-三维混合锡基钙钛矿**

在锡基非铅钙钛矿的研究中，$Sn^{2+}$ 易被氧化为 $Sn^{4+}$ 导致的材料不稳定性为目前的主要难点. 研究发现将 Sn 钙钛矿的结构维度由三维降低到二维或二-三维混合，可以改善其稳定性，为提高 PCE 提供了一种途径. 宁志军等[51]探索了高取向的低维钙钛矿薄膜，将苯乙基胺(PEA)插入 $FASnI_3$ 的结构中，形成的结构通式为$(PEA)_2(FA)_{n-1}Sn_nI_{3n+1}$，其中 $n$ 表示结构单元中锡-碘层的数量. 电极间钙钛矿结构的垂直生长使得电荷载流子传输更加有效，相应的电池器件 PCE 达 5.94%，且 $J_{SC}=14.44\ mA/cm^2$，$V_{OC}=0.59\ V$，FF= 0.69. 吴朝新课题组[52]使用双向界面修饰的方法制备了二维-三维混合体异质结 Sn 基钙钛矿. 如图 11.12 所示，大体积阳离子 PEAI 和 LiF 分别被分别蒸镀在 $FASnI_3$ 薄膜两侧. PEAI 的加入提高了薄膜的表面覆盖的同时形成了二-三维体异质结结构，提高了 $V_{OC}$ 与 FF. LiF 的作用则表现为：(1) 降低了 PEDOT∶PSS 的功函数；(2) 促进了 ITO/PEDOT∶PSS 界面的空穴提取. Loi 等[53]通过将少量(0.08 mol/L)二维 Sn 钙钛矿 $PEA_2SnI_4$ 与 0.92 mol/L 的三维钙钛矿 $FASnI_3$ 混合来沉积单晶薄膜，使背景载流子密度降低一个数量级以上，从而使得到的 pin 结构电池器件的 PCE 达到了 9.0%($J_{SC}=24.1\ mA/cm^2$，$V_{OC}=0.525\ V$，FF=0.71). 并且得益于其极低的陷阱辅助复合、低的分流损耗和更有效的电荷收集，这些器件的迟滞均可被忽略. 此外，二-三维结构相对于三维结构的稳定性也更加突出. 宁志军课题组[54]在 2018 年提出了拥有二维-准二维-三维层次结构的 Sn 基钙钛矿(见图 11.13)并具有 9.41% 的 PCE($J_{SC}=22.0\ mA/cm^2$，$V_{OC}=0.61\ V$，FF= 0.701)与超过 600 h 的稳定性. 研究中，他们在前驱体中使用了可移除的拟卤素 $NH_4SCN$ 调整结构，$SCN^-$ 的添加可分离成核和结晶成长过程，明显地提高了稳定性和光电性能. 韩礼元课题组[55]在 $FASnI_3$ 中引入聚乙烯醇(PVA). 结构中引入的氢键可以起到有效延缓钙钛矿的结晶速率、引入成核中心、减缓晶体生长、引导晶体取向、降低陷阱态、抑制碘离子迁移的作用，其 Sn 基电池获得了 8.9% 的 PCE($J_{SC}=20.371\ mA/cm^2$，$V_{OC}=0.632\ V$，FF= 0.693)且具有连续工作 400 h 的稳定性.

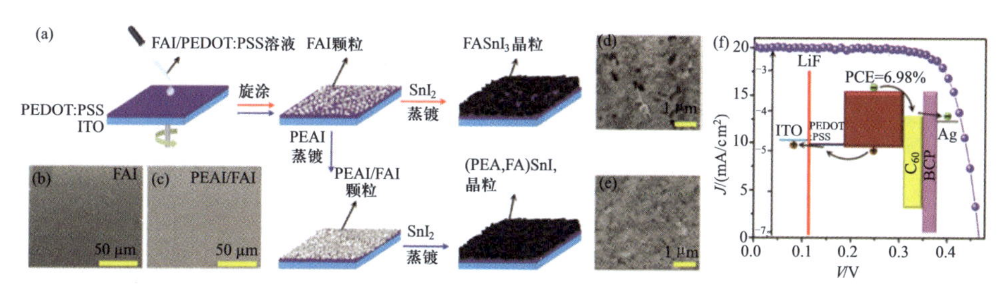


图 11.12 (a) 有无 PEAI 蒸镀的薄膜合成过程；(b) FAI，(c) PEAI，(d) $FASnI_3$，(e) (PEA，FA)$SnI_3$ 薄膜的 SEM 图像；(f) 器件的能带结构及 $J$-$V$ 曲线[52]

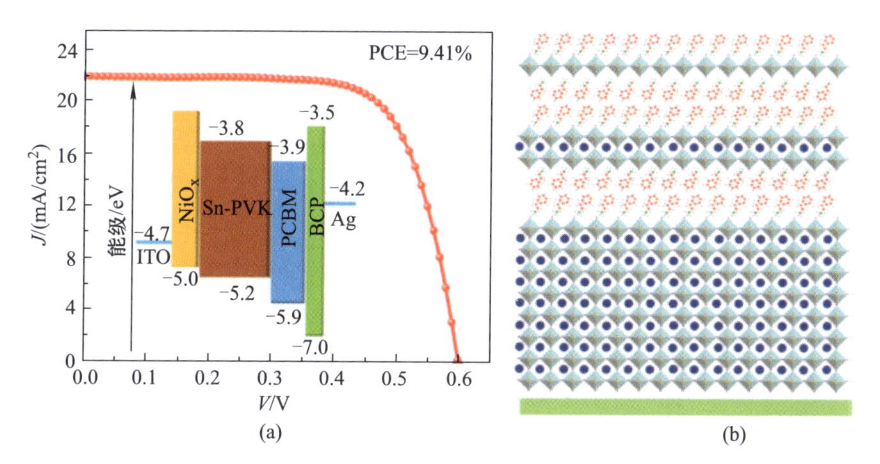


图 11.13 (a) 获得最高效率的二维-准二维-三维层次结构的 Sn 基钙钛矿 $J$-$V$ 曲线，插图为器件能级图；(b) 二维($PEA_2SnI_4$)、准二维($PEA_2FASn_2I_7$)、三维($FASnI_3$)晶体结构[54]

## 11.2.3 类钙钛矿

除上述具有三维晶体结构的非铅钙钛矿材料外，研究人员对基于异价金属离子 $Sb^{3+}$ 和 $Bi^{3+}$ 的一类非铅材料也进行了研究. 为了保持材料的价态平衡，基于 Sb 和 Bi 的材料结构会失去三维特性，因此被称为类钙钛矿材料. 本节主要介绍具有类钙钛矿结构的材料作为太阳能电池光吸收层的进展，包括 $A_3B_2X_9$，$A_2BX_6$ 和 $Ag_aBi_bX_{a+3b}$ 系列材料.

三元无毒的 Bi 基和 Sb 基钙钛矿也是目前研究的热点之一. 第五主族(VA)的 Bi 和 Sb 元素在元素周期表中位于 Pb 元素相邻位置，具有与 Pb 相似的电子构型和离子半径，因此可以形成稳定的钙钛矿晶格. 通常 Bi 和 Sb 都易

形成一种 $A_3M_2X_9$ ($A = Cs^+$, $MA^+$, $Rb^+$, $FA^+$; $M = Bi$, Sb; $X = I^-$, $Cl^-$)类钙钛矿结构，对其光学特性、晶体结构、介电和量子物理性质的研究都较为成熟[56]，但是基于这类材料的光伏特性研究还处在发展初期.

(1) Bi 基 $A_3Bi_2I_9$.

Eckhardt 课题组[57]系统研究了 $MA_3Bi_2I_9$ 晶体的单晶结构，发现三个等价对称的 $I^-$ 有助于结合两个 $Bi^{3+}$，并且这些 $I^-$ 位于镜面的另一边，如图 11.14 所示. 不同 Bi 基钙钛矿材料在 450 nm 处的吸收系数为 $1\times10^5\,cm^{-1}$，小于 $MAPbI_3$ 的 $2\times10^5\,cm^{-1}$ 在同一波数下的吸收. 另外 $MA_3Bi_2I_9$ 的 Wannier-Mott 激子结合能是 70 meV，略高于铅卤钙钛矿的($12\pm4$) meV[58]. Hoye 课题组采用常规两步法沉积 $MA_3Bi_2I_9$ 薄膜，并系统研究了其晶体结构、光电子性质和稳定性. 纯相 $MA_3Bi_2I_9$ 呈间接带隙，值为 2.04 eV，结果与 Park 课题组报道的结果非常接近. 他们还对比了 $MA_3Bi_2I_9$ 和 $MAPbI_3$ 在湿度为 61%条件下的长期稳定性. 经过 5 天后，$MAPbI_3$ 的颜色由棕褐色变为黄色，而 $MA_3Bi_2I_9$ 在经过 13 天后仍能保持其原有的颜色，26 天后呈现微亮的颜色，这主要是因为在其表面形成的 $Bi_2O_3$ 或 BiOI 层. 另外蒸气处理薄膜的 PL 寿命超过 0.76 ns，块体的寿命接近 0.56 ns，有应用于光伏器件的可能[59]. $MA_3Bi_2I_9$ 的宽带隙值(2.1 eV)是基于其作为光吸收层器件性能受限的主要因素之一. 为了解决带隙较宽的问题，Hayase 课题组[60]在 120℃条件下

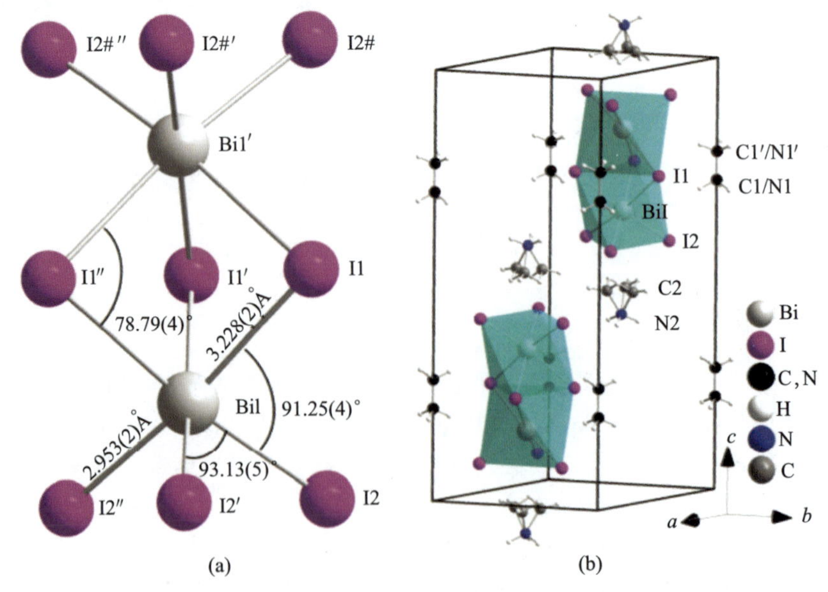


图 11.14 $MA_3Bi_2I_9$ 晶体的球棒结构(a)和晶胞结构(b)[57]

将硫元素引入体系中，材料的带隙值降至 1.45 eV，甚至低于 $MAPbI_3$. 进一步的 Hall 效应测试说明，这种硫元素掺杂的材料具有 p 型半导体特性，且载流子浓度和迁移率都高于未掺杂材料.

Park 课题组[61]系统研究了 $Cs_3Bi_2I_9$，$MA_3Bi_2I_9$ 和 $MA_3Bi_2I_{9-x}Cl_x$ 三个铋基类钙钛矿在太阳能电池中的应用，它们的带隙分别为 2.2 eV，2.1 eV 和 2.4 eV，分别获得了 1%，0.1%和 0.003%的器件效率. Miyasaka 课题组[62]首先系统研究了不同 $TiO_2$ 支架结构对 $MA_3Bi_2I_9$ 电池器件性能的影响. 研究发现基于锐钛矿型 $TiO_2$ 多孔层结构上得到了更加致密连续的薄膜，表现出更好的器件性能，$V_{OC}=0.56$ V，$J_{SC}=0.83$ mA · cm$^{-2}$，FF=0.33，PCE=0.259%，器件表现出优异的稳定性，10 周仍能保持 80%左右的器件效率. 由于 $MA_3Bi_2I_9$ 的快速结晶会直接导致较差的薄膜形貌和载流子传输特性，同一个课题组[63]在体系中引入添加剂 NMP 来降低 $MA_3Bi_2I_9$ 的结晶速度，制备得到了具有更少孔洞的薄膜，将器件效率提升到 0.31%. 器件效率提升并不是非常显著，说明薄膜形貌的调节并不是提升器件性能的最关键因素，更多的注意力应该集中在材料内部光电特性的调节上.

吴朝新课题组[64]首次采用了一种新颖的两步制备 $MA_3Bi_2I_9$ 薄膜的方法，即先采用真空沉积法得到 $BiI_3$，再旋涂一层 MAI 溶液，退火得到光滑、均一和致密的 $MA_3Bi_2I_9$ 薄膜，如图 11.15 所示. 他们采用反式器件结构得到 0.39%的器件效率，其中 $V_{OC}$ 提升到 0.83 V，为当时最高值. 研究表明，器件短路电流和填充因子较低的主要原因是材料载流子扩散距离和缺陷态密度大. 随后，高云课题组[65]同样采用二步法制备 $MA_3Bi_2I_9$ 薄膜，不同的是第二步提供低压 MAI 蒸气，将 $BiI_3$ 薄膜转变为无孔洞大粒径的致密 $MA_3Bi_2I_9$ 薄膜. 该薄膜在低能量区表现出较大的吸收系数，载流子扩散长度和缺陷态密度与铅基钙钛矿薄膜相当，最终的最佳器件效率约为 1.6%. 值得一提的是，Durrant 课题组[66]采用了蒸气辅助两步成膜法 VASP，即采用溶液法制备 $BiI_3$ 薄膜，再将其暴露在 MAI 蒸气中转换为 $MA_3Bi_2I_9$ 薄膜. 随着 MAI 蒸气处理时间的增加，$BiI_3$ 中金属 $Bi^0$ 的浓度明显降低，处理时间为 25 min 时得到形貌最佳的薄膜，在此基础上得到了 3.17%的器件效率，为目前基于 $MA_3Bi_2I_9$ 作为太阳能电池吸光层的最高的器件效率，其中 $V_{OC}=1.01$ V，$J_{SC}=4.02$ mA·cm$^{-2}$，FF=0.78.

张树芳课题组[67]采用溶解再结晶方法制备高质量 $Cs_3Bi_2I_9$ 纳米片薄膜，并研究基于三种不同空穴传输层材料的太阳能电池性能，以 CuI 作为空穴传输层获得了迄今为止 $Cs_3Bi_2I_9$ 作为光吸收层最高的器件效率 3.2%，其中 $V_{OC}=0.86$ V，$J_{SC}=5.78$ mA · cm$^{-2}$，FF=0.64. 器件在室温条件下表现出长期稳定性，38 天后仍能保持初始效率的 57%，如图 11.16 所示. 何祝兵课题

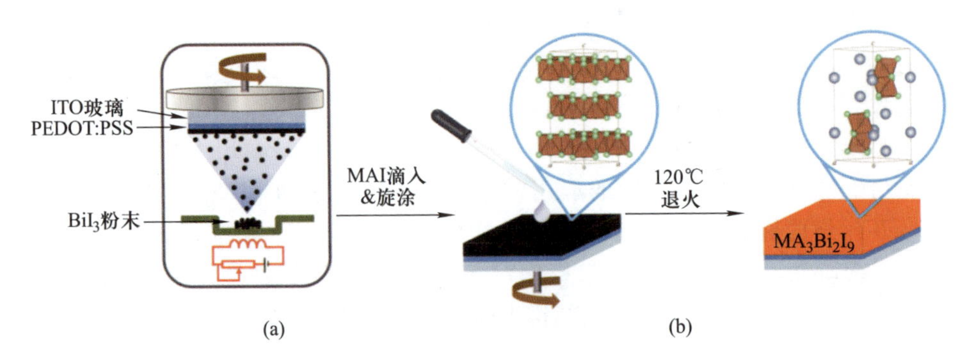


图 11.15 蒸镀/旋涂两步法制备高质量 $MA_3Bi_2I_9$ 薄膜[64]

组[68]将 Br 元素引入 $Cs_3Bi_2I_9$ 体系中改善材料的带隙和光学特性，其中 $Cs_3Bi_2I_6Br_3$ 的带隙值为 2.04 eV，主要因为 Br 的引入可以将材料由 $P6_3/mmc$ 相转变为 $P\bar{3}m$ 相. 最终基于此全无机三元 Bi 基反式器件获得了 1.15%的器件效率，并且在光照下表现出高稳定性. 近期范平课题组[69]首次提出一种新的带隙值为 2.19 eV 的 $FA_3Bi_2I_9$ 结构作为光吸收层，获得了 0.022%的器件效率，而 $V_{OC}=0.48V$，$J_{SC}=0.11\ mA\cdot cm^{-2}$，FF=0.37.

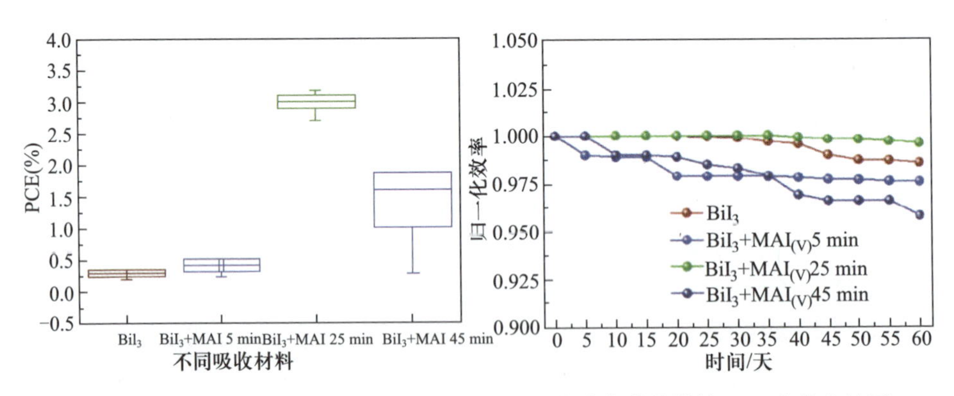


图 11.16 溶解再结晶法制备高质量 $Cs_3Bi_2I_9$ 纳米片薄膜的器件 PCE 和稳定性图

(2) Sb 基 $A_3Sb_2I_9$.

$A_3Sb_2I_9$ 表现出良好的光电性能，主要因为它有与 Bi 相似的电子构型、电负性. 与 Bi 基材料的零维结构不同，$A_3Sb_2I_9$ 基钙钛矿容易形成低维结构，最高为 2D 结构. $Cs_3Sb_2I_9$ 存在两种构型，第一种结构为具有有序空位 2D 层状结构，其带隙值为 2.05 eV. 其对称性为 $P\bar{3}m1$，这种构型可以理解为将传统的 $ABX_3$ 结构中沿着＜111＞方向的元素 B 元素去除掉，如图 11.17 所示. 另外一种构型为 0D 二聚体结构，对称性为 $P6_3/mmc$，其中 $A^+$ 和$[M_2X_9]$二聚体由共面[$MX_6$]正八面体单独构成[70]. 2D层状$Cs_3Sb_2I_9$由于其电子结构表现出高载流子迁移率和良好的缺陷容忍度，并且具有较高的吸收系数，与Pb基钙钛矿相当[71].

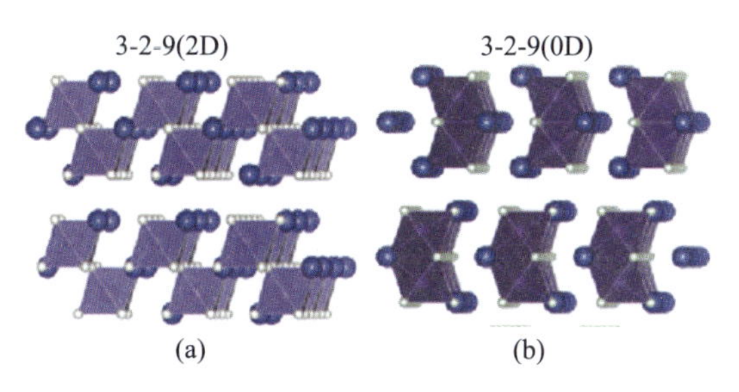


图 11.17　$A_3B_2X_9$类钙钛矿结构的两种构型：(a) 2D层状；(b) 0D二聚体[70]

然而，通常采用溶液法更倾向于形成零维二聚体相$Cs_3Sb_2I_9$. 研究人员发现，可以通过元素掺杂调控所制备$Cs_3Sb_2I_9$薄膜的结构. 例如，周印华课题组[72]通过在$MA_3Sb_2I_9$体系中引入Cl元素获得$MA_3Sb_2Cl_xI_{9-x}$类钙钛矿结构，能防止形成不期望的0维二聚体相，而得到2D层状结构，如图11.18所示. Cl掺杂同时能够获得高质量大晶粒尺寸的薄膜，基于此的太阳能电池器件效率达到2.19%，$V_{OC}=0.69$ V，$J_{SC}=5.04$ mA·cm$^{-2}$，FF=0.63. Harikesh等[73]采用Rb取代Cs，发现形成的$Rb_3Sb_2I_9$倾向于形成层状2D结构并且带隙会稍微发生蓝移(带隙值约为2.24 eV)，制备相应的正式器件得到0.66%的器件效率，其中$V_{OC}=0.55$ V，$J_{SC}=2.11$ mA·cm$^{-2}$，FF=0.57. 虽然科研人员不断努力，但基于Sb基的太阳能电池效率均小于1 %. 直到Chu课题组[74]在$A_3Sb_2I_9$(A=Cs, MA)体系中引入添加剂HI，有效提高了薄膜的成膜质量，其中以$MA_3Sb_2I_9$+HI作为光吸收层获得了2.04%的器件效率. 随后唐江组[75]采用一种HCl辅助法成功制备了具有2D结构的层状$Cs_3Sb_2I_9$钙钛矿材料，其中HCl的引入可将层状反应温度从300℃降到160℃，并且使用反溶剂异丙醇得到了均一无孔洞的高质量钙钛矿薄膜，最终正式结构得到了1.21%的器件效率.

(3) $A_2BX_6$结构.

四价B(IV)阳离子也被认为是一种Pb的潜在替代元素，由$ABX_3$钙钛矿结构中去除一半B位阳离子得到. B空位和B位阳离子遵从岩盐排列规则，其化学式表示为$A_2BX_6$(也可以写成$A_2B_{\square}X_6$). 由于[$BX_6$]八面体之间缺乏连通性，$A_2BX_6$钙钛矿变体被视为0D类钙钛矿. 在$A_2BX_6$结构中，[$BX_6$]八面体是孤立的，因此其光电特性与3D的$ABX_3$是不同的.

在众多的$A_2BX_6$类钙钛矿中，$A_2SnI_6$(A=Cs, MA)[76]，$Cs_2PdBr_6$(110,

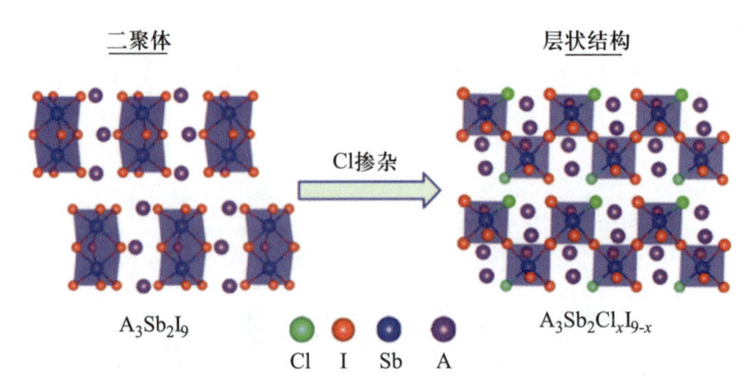


图 11.18 通过 Cl 掺杂，实现 $A_3Sb_2I_9$ 从 0D 二聚体结构转变为 2D 层状结构[72]

111)和 $Cs_2TiBr_6$（112, 113）目前被研究用于光伏器件吸收层. 2014 年，Kantzidis 课题组[77]合成了一种在空气和水汽氛围里能稳定存在的具有高对称性立方结构的 $Cs_2SnI_6$、在 $Cs_2SnI_6$ 晶体结构中，由于一半位于立方八面体中心的 Sn 原子缺失，因而产生了非连续的正八面体结构$[SnI_6]^{2-}$. Hall 效应测试表明，未掺杂的 $Cs_2SnI_6$ 表现出 n 型半导体的性质，其电子迁移率高达 310 $cm^2 \cdot V^{-1} \cdot s^{-1}$. 值得注意的是，当掺杂入一定量的 $Sn^{2+}$ 后，$Cs_2SnI_6$ 则呈现出 p 型半导体的性质，其空穴迁移率比未掺杂的电子迁移率低，为 42 $cm^2 \cdot V^{-1} \cdot s^{-1}$. 这与 $MAPbI_3$ 钙钛矿的空穴迁移率相差不大，同时也说明 $Cs_2SnI_6$ 具有双载流子传输性. 最后他们将 $Cs_2SnI_6$ 作为空穴传输材料通过溶液制备法引入染料敏化太阳能电池中，取得了接近 8%的光电转换效率. 2016 年，曹丙强课题组[78]采用改良溶液法制备 $Cs_2SnI_6$，将其作为光吸收层，研究不同纳米结构的 ZnO 纳米棒作为电子传输层和空穴阻挡层对器件性能的影响，最终得到 0.857%的器件效率，其 $J_{SC}=1.11$ mA/cm$^2$，$V_{OC}=0.52$ V，FF=0.515. Kanatzidis 课题组[79]发现，稳定性较差的 B-$\gamma$-$CsSnI_3$ 在空气中可以通过自发的氧化反应而转换成稳定的 $Cs_2SnI_6$，其带隙值为 1.48 eV，光吸收系数达到 $10^5$ $cm^{-1}$，将其作为光吸收层制备的正式结构的器件效率为 0.96%，$J_{SC}=$ 5.41 mA/cm$^2$，$V_{OC}=0.51$ V，FF=0.35. Chang 课题组[80]发现在 $Cs_2SnI_6$ 体系中引入 Br 元素并调节其含量可以达到调节材料带隙值的目的，其中以两步溶液法制备的 $Cs_2SnI_4Br_2$ 作为吸光层得到了 2.025%的器件效率，$J_{SC}=6.225$ mA/cm$^2$，$V_{OC}=0.563$ V，FF=0.577. Hosono 课题组[81]采用热蒸镀的方法成功制备了一种新的 $MA_2SnI_6$ 多晶薄膜，发现材料为立方相结构，表现出 n 型半导体的性质，带隙值为 1.81 eV，吸光系数为 $7\times10^4$ $cm^{-1}$，电子迁移率为 3 $cm^2 \cdot V^{-1} \cdot s^{-1}$. 此外在太阳光模拟器照射下(100 $mW \cdot cm^{-2}$，其导电性增强了 4 倍. 这些研究的结果表明 $MA_2SnI_6$ 有作为光吸收层的可能性，是一个值得期待的非铅类钙钛矿材料.

Sahariya 课题组[82]采用密度泛函理论对 $Cs_2PdX_6$(X=Cl, Br)材料进行理论分析. 计算结果表明, $Cs_2PdCl_6$ 的间接带隙为 2.29 eV, 当 Cl 被 Br 取代时, 间接带隙大大降低到 1.22 eV. 能量范围从 3 eV 到 5 eV 的光学吸收光谱研究证实, $Cs_2PdX_6$ 有在太阳能电池和其他光电器件中应用的可能. 另外, 利用半经典 Boltzmann 理论进行的材料电子传输性质计算显示, 在温度范围(200～500 K)附近热功率呈恒定模式, 这使得这些化合物有可能被用作低温热电材料. ZT 计算表明, $Cs_2PdX_6$(X=Cl, Br)的热电性能相当好, 因为在较宽的温度范围(100～800K)内, 数值的变化量小于 0.1. 此外, 研究发现 $Cs_2PdX_6$(X=Cl, Br)体系材料表现出 p 型半导体性质. Snaith 课题组[83]采用溶液法成功制备了一种非铅钙钛矿材料 $Cs_2PdBr_6$, 它具有较长的光致发光寿命, 其带隙值为 1.6 eV. 密度泛函理论计算表明, $Cs_2PdBr_6$ 具有离散的电子能带, 其电子和空穴的有效质量分别是 $0.53m_e$ 和 $0.85m_e$. 此外, $Cs_2PdBr_6$ 相较于 $MAPbI_3$ 具有良好的耐水性和长期稳定性. 这些研究表明, $Cs_2PdBr_6$ 是一种有潜力的光电材料.

Padture 课题组[84]报道了一种新的 B 位离子为 Ti 的类钙钛矿材料 $A_2TiX_6$, 通过改变 X 元素可以将材料的带隙控制在 1.38 eV 到 1.78 eV 之间, 具有良好的光吸收系数、缺陷属性, 以及高稳定性, 因此这一类材料有作为钙钛矿吸光层的可能. 在此基础上, 同一个课题组[85]选择带隙值为 1.82 eV 的 $Cs_2TiBr_6$ 作为太阳能电池吸光层, 采用两步气相沉积法得到了平整致密钙钛矿薄膜, 如图 11.19 所示. 薄膜表现出均匀的 PL, 电子和空穴的光生载流子扩散长度平衡, 分别为 121 nm 和 103 nm. 他们制备了首个基于 $Cs_2TiBr_6$ 材料的平面正式器件, 并得到 3.28%的器件效率, $J_{SC}=5.69\ mA/cm^2$, $V_{OC}=1.02\ V$, FF=0.564. 器件在热、湿度和光环境下表现出良好的稳定性.

(4) $Ag_aBi_bI_{a+3b}$系列.

通式为 $Ag_aBi_bI_{a+3b}$ 的一类基于铋基的类钙钛矿材料由于其本身的无毒性和廉价, 是目前研究较多的一种 Pb 基潜在替代材料, 其结构中 $AgX_6$ 和 $BiX_6$ 八面体边连接组成这种新的类钙钛矿结构, 根据 Walter Rüdorff 命名方法将其命名为 Rudorffites, 其中目前研究较多的分别为 $Ag_3BiI_6$, $Ag_2BiI_5$, $AgBiI_4$ 和 $AgBi_2I_7$, 其结构如图 11.20 所示.

2016 年, Sargent 课题组[86]首次采用一步旋涂法成功制备了致密且无孔洞的 $AgBi_2I_7$ 薄膜, 其晶粒尺寸分布在 200～800 nm 之间, 带隙值为 1.87 eV. 进一步的 XRD 分析显示材料为立方结构, 对称性为 $Fd3m$, 其晶格参数为 $a=b=c=12.223$ Å, 适合作为光吸收层. 他们采用正式介孔结构制备器件得到了 1.22%的器件效率, $J_{SC}=3.30\ mA/cm^2$, $V_{OC}=0.56\ V$, FF=0.674.

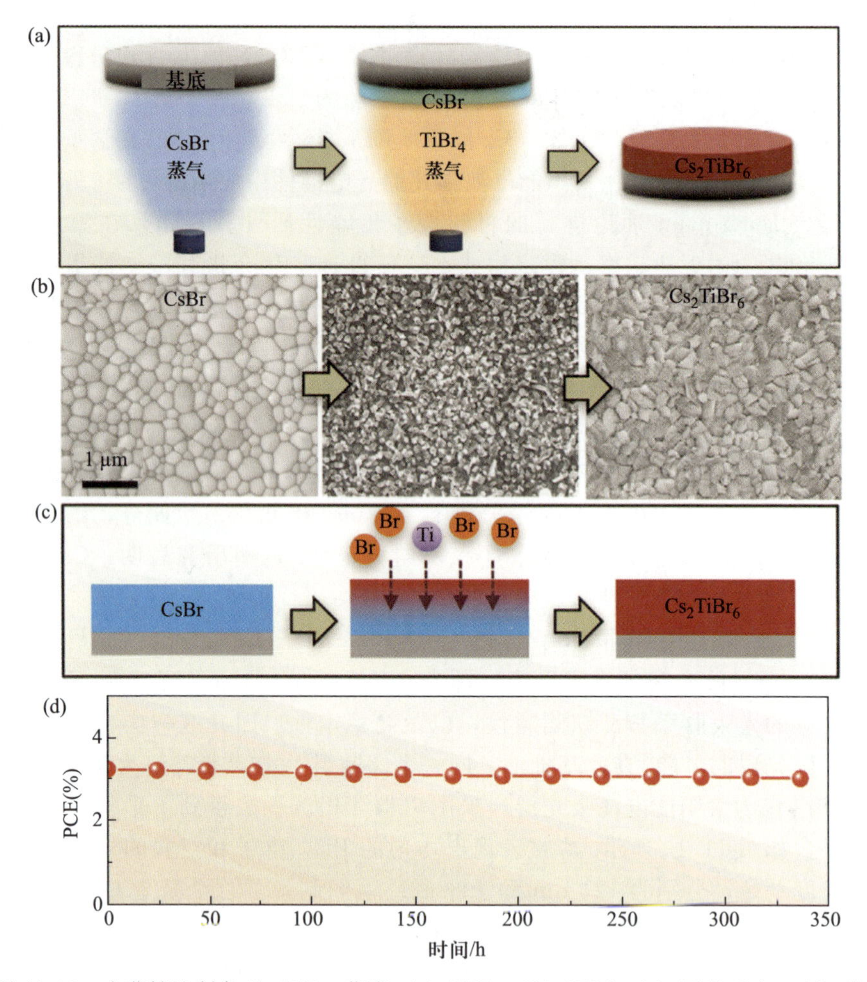


图 11.19 全蒸镀法制备 $Cs_2TiBr_6$ 薄膜. (a) 沉积; (b) SEM; (c) 固相反应; (d) 器件稳定性图

器件在室温条件下表现出良好的稳定性，10 天之内仍能保持 1.13%的器件效率，下降率小于 7%. 2017 年，Aramaki 课题组[87]系统研究了这种 Ag-Bi-I 类钙钛矿材料，发现其具有 3 维 $R3m$ 对称性且是直接带隙，带隙值介于 1.79～1.83 eV 之间. 他们使用 $Ag_3BiI_6$ 作为光吸收层，采用正式结构 FTO/致密 $SiO_2$/介孔 $TiO_2$/$Ag_3BiI_6$/PTAA/Au 取得了 4.3%的器件效率，$J_{SC}$=10.7 mA/cm$^2$，$V_{OC}$=0.63 V，FF=0.64. 2018 年韩礼元课题组[88]采用一步旋涂法制备了致密且高覆盖率的 $AgBiI_4$ 薄膜，薄膜表现出良好的热稳定性和光学稳定性. 选择能级合适的空穴传输层后采用正式结构 FTO/致密 $TiO_2$/介孔

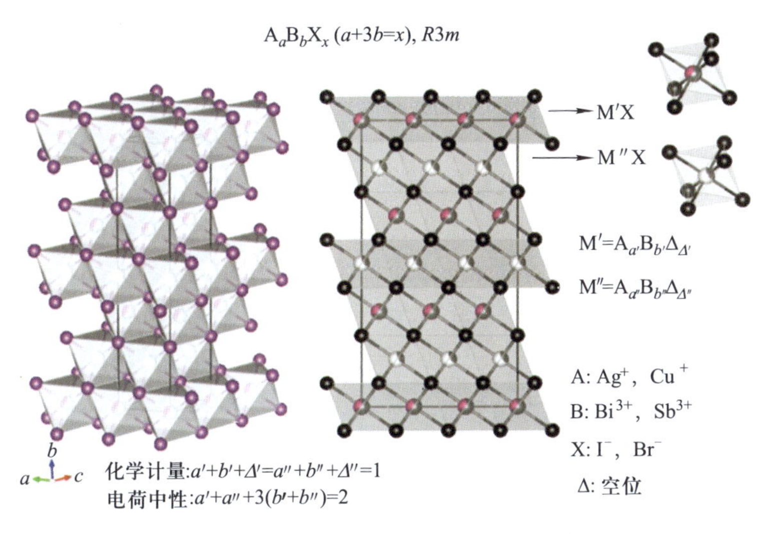


图 11.20　$Ag_aBi_bI_{a+3b}$类钙钛矿结构示意图

$TiO_2$/$AgBiI_4$/PTAA/Ag 获得了 2.1%的器件效率，$J_{SC}$ = 7.63 mA/cm$^2$，$V_{OC}$=0.53 V，FF=0.52，且器件在 26%的湿度条件下工作 1000 h 还能保持 96%的器件效率. 2019 年，Simonov 课题组[89]在 $Ag_aBi_bI_{a+3b}$体系中引入 $S^{2-}$，通过部分的阴离子替代提升材料的价带边来调节其带隙值，从而起到改善光电特性的目的. 使用 $Ag_3BiI_{5.92}S_{0.04}$ 作为光吸收层，器件效率从未掺杂的 4.33%增长到 5.44%，$J_{SC}$=14.6 mA/cm$^2$，$V_{OC}$=0.569 V，FF=0.657，且器件表现出长期稳定性，在室温条件下储存 45 天仍能保持初始效率的 90%. Mitzi 组[90]首次提出采用两步双源共蒸的方法，结合后退火制备了一系列平整致密的 $Ag_xBi_yI_z$($z=x+3y$)多晶薄膜，并系统研究了结构、组分和薄膜的光电特性之间的关系. 通过 XRD 分析和 SEM/EDS 元素分析相结合发现，通过共蒸的组分调节和后退火的环境处理可以实现斜方六面体到立方晶系的相转变. 以斜方六面体的 $AgBiI_4$ 作为光吸收层获得了 0.9%的器件效率，且正反扫出现严重的迟滞现象. 这仅是基于气相沉积法的初步尝试，后期可以通过调节吸光层组分、厚度以及优化器件结构来提升器件的效率.

## §11.3　展　　望

本章综述了非铅钙钛矿材料及其太阳能电池器件的研究进展，包括三维钙钛矿、二维钙钛矿和零维类钙钛矿及其光伏应用. 在上述多种非铅钙钛矿材料中，基于二维 Sn 基钙钛矿材料的太阳能电池器件展现出极大的发展前景.

其中，薄膜质量和器件结构优化对实现高性能Sn基钙钛矿太阳能电池起着至关重要的作用. 特别地，低成本的溶液成膜法能够实现超平整的Sn基钙钛矿薄膜，使反式平面结构器件的应用成为可能.

尽管基于Sn的钙钛矿太阳能电池已经实现了高达9%的PCE，但是Sn基钙钛矿太阳能电池的效率和稳定性仍然落后于铅基钙钛矿太阳能电池. 到目前为止，基于Sn的钙钛矿太阳能电池的$J_{SC}$已经实现了几乎全部的潜力. 在Sn基钙钛矿太阳能电池中，目前较低的开路电压$V_{OC}$是器件PCE突破10%的主要障碍. 此外，Sn基钙钛矿太阳能电池的FF值也不够高. 总地来说，如果$V_{OC}$大于1.0 V，FF大于75%，可以预期Sn基钙钛矿能够得到与Pb基钙钛矿太阳能电池一样高的PCE.

基于Sn的钙钛矿材料的另一个大的挑战是如何抑制$Sn^{2+}$的氧化，从而提高Sn基钙钛矿材料的空气稳定性. Sn基钙钛矿太阳能电池的稳定性远远不能满足商品化的要求. 今后的工作还应侧重于提高Sn基钙钛矿太阳能电池的稳定性. 这种不稳定性可以通过改变化学组分和器件结构来控制. 我们期待通过不断的材料发现、物理研究和器件结构优化，使这些独特的材料充分发挥其潜力，从而在基于Sn的非铅钙钛矿上取得重大突破.

## 参考文献

[1] Kojima A, Teshima K, Shirai Y, et al. Organometal halide perovskites as visible-light sensitizers for photovoltaic cells. J. Am. Chem. Soc. 2009, 131: 6050; https://www.nrel.gov/pv/cell-efficiency.html.

[2] Green M A, Hishikawa Y, Dunlop E D, et al. Solar cell efficiency tables (version 52). Prog. Photovoltaics, 2018, 26: 427.

[3] Song Z, McElvany C L, Phillips A B, et al. A technoeconomic analysis of perovskite solar module manufacturing with low-cost materials and techniques. Energy Environ. Sci., 2017, 10: 1297.

[4] Gong J, Darling S B, and You F. Perovskite photovoltaics: life-cycle assessment of energy and environmental impacts. Energy Environ. Sci., 2015, 8: 1953.

[5] Celik I, Phillips A B, Song Z, et al. Environmental analysis of perovskites and other relevant solar cell technologies in a tandem configuration. Energy Environ. Sci., 2017, 10: 1874.

[6] Yin W J, Shi T, and Yan Y. Unusual defect physics in $CH_3NH_3PbI_3$ perovskite solar cell absorber. Appl. Phys. Lett., 2014, 104: 063903;
Walsh A, Payne D J, Egdell R G, et al. Stereochemistry of post-transition metal oxides: revision ofthe classical lone pair model. Chem. Soc. Rev., 2011, 42: 4455.

[7] Stoumpos C C, Malliakas C D, and Kanatzidis M G. Semiconducting tin and lead iodide perovskites with organic cations: phase transitions, high mobilities, and near-infrared photoluminescent properties. Inorganic Chemistry, 2013, 52(15): 9019.

[8] Hao F, Stoumpos C C, Cao D H, et al. Lead-free solid-state organic-inorganic halide perovskite solar cells. Nature Photonics, 2014, 8(6): 489.

[9] Noel N K, Stranks S D, Abate A, et al. Lead-free organic-inorganic tin halide perovskites for photovoltaic applications. Energy & Environmental Science, 2014, 7(9): 3061.

[10] Waleed A, Tavakoli M M, Gu L, et al. Lead-free perovskite nanowire array photodetectors with drastically improved stability in nanoengineering templates. Nano Letters, 2017, 17(1): 523.

[11] Umari P, Mosconi E, and De Angelis F. Relativistic G W calculations on $CH_3NH_3PbI_3$ and $CH_3NH_3SnI_3$ perovskites for solar cell applications. Scientific Reports, 2014, 4: 4467.

[12] Roknuzzaman M, Ostrikov K K, Wasalathilake K C, et al. Insight into lead-free organic-inorganic hybrid perovskites for photovoltaics and optoelectronics: a first-principles study. Organic Electronics, 2018, 59: 99.

[13] Lee S J, Shin S S, Im J, et al. Reducing carrier density in formamidinium tin perovskites and its beneficial effects on stability and efficiency of perovskite solar cells. ACS Energy Letters, 2017, 3(1): 46.

[14] Mitzi D B and Liang K. Synthesis, resistivity, and thermal properties of the cubic perovskite $NH_2CH{=}NH_2SnI_3$ and related systems. Journal of Solid State Chemistry, 1997, 134(2): 376.

[15] Koh T M, Krishnamoorthy T, Yantara N, et al. Formamidinium tin-based perovskite with low $E_g$ for photovoltaic applications. Journal of Materials Chemistry A, 2015, 3(29): 14996.

[16] Dang Y, Zhou Y, Liu X, et al. Formation of hybrid perovskite tin iodide single crystals by top-seeded solution growth. Angew. Chem. Int. Edit., 2016, 55(10): 3447.

[17] Wang F, Ma J, Xie F, et al. Organic cation-dependent degradation mechanism of organotin halide perovskites. Advanced Functional Materials, 2016, 26(20): 3417.

[18] Shi T, Zhang H S, Meng W, et al. Effects of organic cations on the defect physics of tin halide perovskites. Journal of Materials Chemistry A, 2017, 5(29): 15124.

[19] Gao W, Ran C, Li J, et al. Robuststability of efficient lead-free formamidinium tin iodide perovskite solar cells realized by structural regulation. J. Phys. Chem. Lett., 2018, 9 (24): 6999.

[20] He L, Gu H, Liu X, et al. Efficient anti-solvent-free spin-coated and printed sn-perovskite solar cells with crystal-based precursor solutions. Matter, 2020, 2

(1): 167.

[21] Lee B, He J, Chang R P H, et al. All-solid-state dye-sensitized solar cells with high efficiency. Nature, 2012, 485(7399): 486.

[22] Chung I, Song J H, Im J, et al. $CsSnI_3$: semiconductor or metal? High electrical conductivity and strong near-infrared photoluminescence from a single material. High hole mobility and phase-transitions. Journal of the American Chemical Society, 2012, 134(20): 8579.

[23] Rajendra Kumar G, Kim H J, Karupannan S, et al. Interplay between iodide and tin vacancies in $CsSnI_3$ perovskite solar cells. The Journal of Physical Chemistry C, 2017, 121(30): 16447.

[24] Wu B, Zhou Y, Xing G, et al. Long minority-carrier diffusion length and low surface-recombination velocity in inorganic lead-free $CsSnI_3$ perovskite crystal for solar cells. Advanced Functional Materials, 2017, 27(7): 1604818.

[25] Chen Z, Wang J J, Ren Y, et al. Schottky solar cells based on $CsSnI_3$ thin-films. Applied Physics Letters, 2012, 101(9): 093901.

[26] Kumar M H, Dharani S, Leong W L, et al. Lead-free halide perovskite solar cells with high photocurrents realized through vacancy modulation. Advanced Materials, 2014, 26(41): 7122.

[27] Sabba D, Mulmudi H K, Prabhakar R R, et al. Impact of anionic Br-substitution on open circuit voltage in lead free perovskite ($CsSnI_{3-x}Br_x$) solar cells. The Journal of Physical Chemistry C, 2015, 119(4): 1763.

[28] Li W, Li J, Li J, et al. Addictive-assisted construction of all-inorganic $CsSnIBr_2$ mesoscopic perovskite solar cells with superior thermal stability up to 473 K. J. Mater. Chem. A, 2016, 4: 17104.

[29] Krishnamoorthy T, Ding H, Yan C, et al. Lead-free germanium iodide perovskite materials for photovoltaic applications. J. Mater. Chem. A, 2015, 3: 23829.

[30] Volonakis G, Filip M R, Haghighirad A A, et al. Lead-free halide double perovskites via heterovalent substitution of noble metals. The Journal of Physical Chemistry Letters, 2016, 7(7): 1254.

[31] Zhao X G, Yang D, Sun Y, et al. Cu-In halide perovskite solar absorbers. J. Am. Chem. Soc., 2017, 139: 6718.

[32] Zhao X G, Yang J H, Fu Y, et al. Design of lead-free inorganic halide perovskites for solar cells via cation-transmutation. J. Am. Chem. Soc., 2017, 139: 2630.

[33] Chu L, Ahmad W, Liu W, et al. Lead-free halide double perovskite materials: a new superstar toward green and stable optoelectronic applications. Nano-Micro Letters, 2019, 11(1): 16.

[34] Chemical society (GB), Royal Society of Chemistry (GB). Journal of the Chemical Society A: Inorganic, Physical, Theoretical, 1968, 0: 133.

[35] Volonakis G, Filip M R, Haghighirad A A, et al. Lead-free halide double perovskites via heterovalent substitution of noble metals. The Journal of Physical Chemistry Letters, 2016, 7 (7): 1254;
McClure E T, Ball M R, Windl W, et al. $Cs_2AgBiX_6$ (X= Br, Cl): new visible light absorbing, lead-free halide perovskite semiconductors. Chemistry of Materials, 2016, 28 (5): 1348;
Slavney A H, Hu T, Lindenberg A M, et al. A bismuth-halide double perovskite with long carrier recombination lifetimefor photovoltaic applications. Journal of the American Chemical Society, 2016, 138 (7): 2138.

[36] Greul E, Petrus M L, Binek A, et al. Highly stable, phase pure $Cs_2AgBiBr_6$ double perovskite thin films for optoelectronic applications. J. Mater. Chem. A, 2017, 5: 19972.

[37] Wu C, Zhang Q, Liu Y, et al. Thedawn of lead-free perovskite solar cell: highly stable double perovskite $Cs_2AgBiBr_6$ Film. Advanced Science, 2017, 5 (3): 1700759.

[38] Ning W, Wang F, Wu B, et al. Long electron-hole diffusion length in high-quality lead-free double perovskite films. Advanced Materials, 2018, 30 (20): 1706246.

[39] Gao W, Ran C, Xi J, et al. High-quality $Cs_2AgBiBr_6$ double perovskite film for lead-free inverted planar heterojunction solar cells with 2.2% efficiency. Chem. Phys. Chem., 2018, 19 (14): 1696.

[40] Pantaler M, Cho K T, Queloz V I E, et al. Hysteresis-free lead-free double-perovskite solar cells by interface engineering. ACS Energy Letters, 2018, 3(8): 1781.

[41] Wang M, Zeng P, Bai S, et al. High-quality sequential-vapor-deposited $Cs_2AgBiBr_6$ thin films for lead-free perovskite solar cells. Sol. RRL, 2018: 1800217.

[42] Zhang C, Gao L, Teo S, et al. Design of a novel and highly stable lead-free $Cs_2NaBiI_6$ double perovskite for photovoltaic application. Sustainable Energy & Fuels 2018, 2 (11): 2419.

[43] Bai J, Liu D, Yang J, et al. Nanocatalysts for electrocatalytic oxidation of ethanol. ChemSusChem, 2019, 12: 1.

[44] Cao D H, Stoumpos C C, Yokoyama T, et al. Thin films and solar cells based on semiconducting two-dimensional ruddlesden-popper $(CH_3(CH_2)_3NH_3)_2(CH_3NH_3)_{n-1}Sn_nI_{3n+1}$ perovskites. ACS Energy Lett., 2017, 2: 982.

[45] Cortecchia D, Dewi H A, Yin J, et al. Lead-free $MA_2CuCl_xBr_{4-x}$ hybrid perovskites. Inorg. Chem., 2016, 55: 1044.

[46] Cui X P, Jiang K J, Huang J H, et al. Cupric bromide hybrid perovskite heterojunction solar cells. Synthetic Metals, 209 (2015): 247.

[47] Li X, Li B, Chang J, et al. $(C_6H_5CH_2NH_3)_2CuBr_4$: a lead-free, highly stable

two-dimensional perovskite for solar cell applications. ACS Appl. Energy Mater., 2018, 1: 2709.

[48] Elseman A M, Shalan A E, Sajid S, et al. Copper-substituted lead perovskite materials constructed with different halides for working $(CH_3NH_3)_2CuX_4$-based perovskite solar cells from experimental and theoretical view. ACS Appl. Mater. Interfaces, 2018, 10: 11699.

[49] Mao L, Ke W, Pedesseau L, et al. Hybrid Dion—Jacobson 2D lead iodide perovskites. J. Am. Chem. Soc., 2018, 140: 3775.

[50] Chen M, Ju M G, Hu M, et al. Lead-free dion-jacobson tin halide perovskites for photovoltaics. ACS Energy Lett., 2019, 4: 276.

[51] Liao Y, Liu H, Zhou W, et al. Highly oriented low-dimensional tin halide perovskites with enhanced stability and photovoltaic performance. J. Am. Chem. Soc., 2017, 139: 6693.

[52] Ran C, Xi J, Gao W, et al. Bilateral interface engineering toward efficient 2D-3D bulk heterojunction tin halide lead-free perovskite solar cells. ACS Energy Lett., 2018, 3: 713.

[53] Shao S, Liu J, Portale G, et al. Highly reproducible Sn-based hybrid perovskite solar cells with 9% efficiency. Adv. Energy Mater., 2018, 8: 1702019.

[54] Wang F, Jiang X, Chen H, et al. 2D-quasi-2D-3D hierarchy structure for tin perovskite solar cells with enhanced efficiency and stability. Joule, 2018, 2(12): 2732.

[55] Meng X, Lin J, Liu X, et al. Highly stable and efficient $FASnI_3$-based perovskite solar cells by introducing hydrogen bonding. Advanced Materials, 2019, 31(42): 1903721.

[56] Kawai T, Ishii A, Kitamura T, et al. Optical absorption in band-edge region of $(CH_3NH_3)_3Bi_2I_9$ single crystals. J. Phys. Soc. Jpn., 1996, 65: 1464;
Kawai T and Shimanuki S. Optical studies of $(CH_3NH_3)_3Bi_2I_9$ single crystals. Phys. Status Solidi B, 1993, 177: K43-K45;

[57] Eckhardt K, Bon V, Getzschmann J, et al. Crystallographic insights into $(CH_3NH_3)_3(Bi_2I_9)$: a new lead-free hybrid organic-inorganic material as a potential absorber for photovoltaics. Chem. Commun., 2016, 52: 3058.

[58] Yang Z, Surrente A, Galkowski K, et al. Unraveling the exciton binding energy and the dielectric constant in single-crystal methylammonium lead triiodide perovskite. J. Phys. Chem. Lett., 2017, 8: 1851.

[59] Hoye R L Z, Brandt R E, Osherov A, et al. Methylammonium bismuth iodide as a lead-free, stable hybrid organic-inorganic solar absorber. Chem. Eur. J., 2016, 22: 2605.

[60] Vigneshwaran M, Ohta T, Iikubo S, et al. Facile synthesis and characterization of

sulfur doped low bandgap bismuth based perovskites by soluble precursor route. Chem. Mater., 2016, 28: 6436.

[61] Park B W, Philippe B, Zhang X, et al. Bismuth based hybrid perovskites $A_3Bi_2I_9$ (A: methylammonium or cesium) for solar cell application. Adv. Mater., 2015, 27: 6806.

[62] Singh T, Kulkarni A, Ikegami M, et al. Effect of electron transporting layer on bismuth-based lead-free perovskite $(CH_3NH_3)_3Bi_2I_9$ for photovoltaic applications. ACS Appl. Mater. Interfaces, 2016, 8: 14542.

[63] Kulkarni A, Singh T, Ikegami M, et al. Photovoltaic enhancement of bismuth halide hybrid perovskite by N-methyl pyrrolidone-assisted morphology conversion. RSC Adv., 2017, 7: 9456.

[64] Ran C, Wu Z, Xi J, et al. Construction of compact methylammonium bismuth iodide film promoting lead-free inverted planar heterojunction organohalide solar cells with open-circuit voltage over 0.8 V. J. Phys. Chem. Lett., 2017, 8: 394.

[65] Zhang Z, Li X, Xia X, et al. High-quality $(CH_3NH_3)_3Bi_2I_9$ film-based solar cells: pushing efficiency up to 1.64%. J. Phys. Chem. Lett., 2017, 8: 4300.

[66] Jain S M, Phuyal D, Davies M L, et al. An effective approach of vapour assisted morphological tailoring for reducing metal defect sites in lead-free, $(CH_3NH_3)_3Bi_2I_9$ bismuth-based perovskite solar cells for improved performance and long-term stability. Nano Energy, 2018, 49: 614.

[67] Bai F, Hu Y, Hu Y, et al. Lead-free, air-stable ultrathin $Cs_3Bi_2I_9$ perovskite nanosheets for solar cells. Solar Energy Materials and Solar Cells, 2018, 184: 15.

[68] Yu B B, Liao M, Yang J, et al. Alloy-induced phase transition and enhanced photovoltaicperformance: the case of $Cs_3Bi_2I_{9-x}Br_x$ perovskite solar cells. J. Mater. Chem. A, 2019, 7: 8818.

[69] Lan C, Liang G, Zhao S, et al. Lead-free formamidinium bismuth perovskites $(FA)_3Bi_2I_9$ with low bandgap for potential photovoltaic application. Solar Energy, 2019, 177: 501.

[70] Zhang Q, Ting H, Wei S, et al. Recent progress in lead-free perovskite(-like) solar cells. Materials Today Energy, 2018, 8: 157.

[71] Brandt R E, Stevanović V, Ginley D S, et al. Identifying defect-tolerant semiconductors with high minority-carrier lifetimes: beyond hybrid lead halide perovskites. MRS Commun., 2015, 5: 265.

[72] Jiang F, Yang D, Jiang Y, et al. Chlorine-incorporation-induced formation of the layered phase for antimony-based lead-free perovskite solar cells. J. Am. Chem. Soc., 2018, 140: 1019.

[73] Harikesh PC, Mulmudi H K, Ghosh B, et al. Rb as an alternative cation for templating inorganic lead-free perovskites for solution processed photovoltaics. Chem.

Mater., 2016, 28: 7496.

[74] Boopathi K M, Karuppuswamy P, Singh A, et al. Solution-processable antimony-based light-absorbing materials beyond lead halide perovskites. Journal of materials chemistry A, 2017, 5(39): 20843.

[75] Umar F, Zhang J, Jin Z, et al. Dimensionalitycontrolling of $Cs_3Sb_2I_9$ for efficient all-inorganic planar thin film solar cells by HCl-assisted solution method. Advanced Optical Materials, 2019, 7(5): 1801368.

[76] Xiao Z, Lei H, Zhang X, et al. Ligand-hole in [$SnI_6$] unit and origin of band gap in photovoltaic perovskite variant $Cs_2SnI_6$. Bull. Chem. Soc. Jpn, 2015, 88: 1250;
Xiao Z, Zhou Y, Hosono H, et al. Intrinsic defects in a photovoltaic perovskite variant $Cs_2SnI_6$. Phys. Chem. Chem. Phys., 2015, 17: 18900;
Maughan A E, Ganose A M, Bordelon M M, et al. Defect tolerance to intolerance in the vacancy-ordered double perovskite semiconductors $Cs_2SnI_6$ and $Cs_2TeI_6$. J. Am. Chem. Soc., 2016, 138: 8453;
Zhu W, Xin G, Wang Y, et al. Tunable optical properties and stability of lead free all inorganic perovskites ($Cs_2SnI_xCl_{6-x}$). J. Mater. Chem. A, 2018, 6: 2577.

[77] Lee B, Stoumpos C C, Zhou N, et al. Air-stable molecular semiconducting iodosalts for solar cell applications: $Cs_2SnI_6$ as a hole conductor. J. Am. Chem. Soc., 2014, 136: 15379.

[78] Qiu X, Jiang Y, Zhang H, et al. Lead-free mesoscopic$Cs_2SnI_6$ perovskite solar cells using different nanostructured ZnO nanorods as electron transport layers. Phys. Status Solidi RRL, 2016, 10: 587.

[79] Qiu X, Cao B, Yuan S, et al. From unstable $CsSnI_3$ to air-stable $Cs_2SnI_6$: a lead-free perovskite solar cell light absorber with bandgap of 1.48 eV and high absorption coefficient. Solar Energy Mater. Solar Cells, 2017, 159: 227.

[80] Lee B, Krenselewski A, Baik S I, et al. Solution processing of air-stable molecular semiconducting iodosalts, $Cs_2SnI_{6-x}Br_x$, for potential solar cell applications. Sustainable Energy Fuels, 2017, 1: 710.

[81] Funabiki F, Toda Y, and Hosono H. Optical and electrical properties of perovskite variant $(CH_3NH_3)_2SnI_6$. J. Phys. Chem. C, 2018, 122: 10749.

[82] Bhamu K C, Soni A, and Sahariya J. Revealing optoelectronic and transport properties of potential perovskites $Cs_2PdX_6$ (X = Cl, Br): A probe from density functional theory (DFT). Solar Energy, 2018, 162: 336.

[83] Sakai N, Haghighirad A A, Filip M R, et al. Solution-processed cesium hexabromopalladate (IV), $Cs_2PdBr_6$, for optoelectronic applications. J. Am. Chem. Soc., 2017, 139: 6030.

[84] Ju M G, Chen M, Zhou Y, et al. Earth-abundant nontoxic titanium (IV)-based vacancy-ordered double perovskite halides with tunable 1.0 to 1.8 eV bandgaps for

photovoltaic applications. ACS Energy Lett. 2018，3：297.

[85] Chen M，Ju M G，Carl A D，et al. Cesium titanium (IV) bromide thin films based stable lead-free perovskite solar cells. Joule，2018，2：558.

[86] Kim Y，Yang Z，Jain A，et al. Purecubic-phase hybrid iodobismuthates $AgBi_2I_7$ for thin-film photovoltaics. Angew. Chem. Int. Ed.，2016，55：1.

[87] Turkevych I，Kazaoui S，Ito E，et al. Photovoltaic rudorffites：lead free silver bismuth halides alternative to hybrid lead halide perovskites. ChemSusChem，2017，10：3754.

[88] Lu C，Zhang J，Sun H，et al. Inorganic and lead-free $AgBiI_4$ rudorffite for stable solar cell applications. ACS Appl. Energy Mater，2018，1：4485.

[89] Pai N，Lu J，Gengenbach T R，et al. Silver bismuth sulfoiodide solar cells：tuning optoelectronic properties by sulfide modification for enhanced photovoltaic performance. Adv. Energy Mater.，2019，9：1803396.

[90] Khazaee M，Sardashti K，Chung C C，et al. Dual-source evaporation of silver bismuth iodide films for planar junction solar cells. J. Mater. Chem. A，2019，7：2095.

# 第十二章　钙钛矿在其他光电器件中的应用

吴朝新、袁方、邹德春

杂化钙钛矿材料不但成为太阳能电池研究领域炙手可热的“明星材料”，而且其独特的光电特性也在其他领域显示出诱人的前景，如在发光二极管、激光发射、薄膜晶体管及光电探测器等领域吸引了越来越多的研究者．本章将对杂化钙钛矿材料在发光二极管、激光发射方面的研究进展进行较为详细的综述．

## §12.1　引　　言

近年来，在太阳能电池领域，一类新型有机-无机复合晶体材料——杂化钙钛矿材料，由于其光电转换能力优越及制备工艺简单而倍加引人注目．随着对这类杂化钙钛矿材料研究的深化及相应电池结构的优化，基于该复合材料的太阳能电池光电转换效率已超过 25%．研究发现，这类杂化钙钛矿材料不但具有高效的光电转换能力及可溶液法制备等优势，还具备高的荧光量子产率、低缺陷态密度及高的增益系数等特点，展现了应用于其他光电器件，如发光二极管、激光发射、薄膜晶体管中的潜力．

实际上，已经有很多研究人员投身于杂化钙钛矿材料在发光领域的研究．基于钙钛矿的其他光电器件，如发光二极管、激光发射、薄膜晶体管的研究也取得了初步的进展，相关光物理机制也在被不断深入挖掘．本章将对杂化钙钛矿材料在发光二极管以及激光发射方面的研究进展进行较为详细的综述．

## §12.2　基于层状钙钛矿材料的早期研究

邹德春教授在日本九州大学工作时，于 1999 年开始从事层状钙钛矿材料研究，主持了日本文部省研究项目(见图 12.1)，并首次分别采用湿法与干法制备了层状钙钛矿薄膜，其中湿法中又分为一步旋涂法及两步浸泡法，干法分为共蒸镀法及分步蒸镀法，如图 12.2 所示．

邹德春等对层状钙钛矿成膜的环境气氛影响进行了详细的研究．针对不

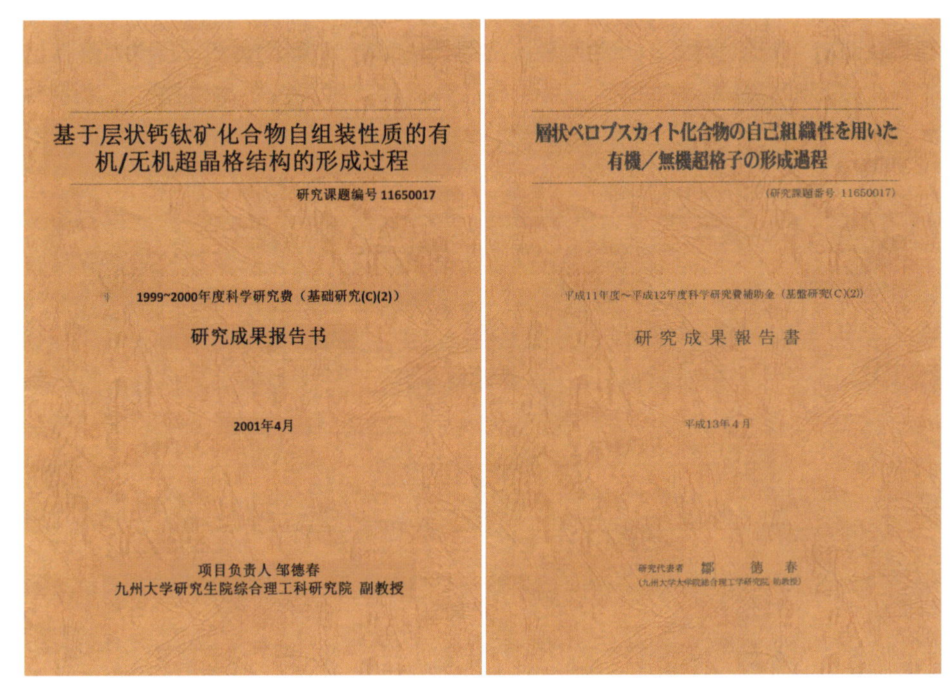
基于层状钙钛矿化合物自组装性质的有机/无机超晶格结构的形成过程

研究课题编号 11650017

1999~2000年度科学研究费（基础研究(C)(2)）

研究成果报告书

2001年4月

项目负责人 邹德春

九州大学研究生院综合理工科研究院 副教授

層状ペロブスカイト化合物の自己組織性を用いた有機／無機超格子の形成過程

（研究課題番号 11650017）

平成11年度～平成12年度科学研究費補助金（基盤研究(C)(2)）

研究成果報告書

平成13年4月

研究代表者 鄒　徳　春

（九州大学大学院総合理工学研究院 助教授）

图 12.1　日本九州大学早期的层状钙钛矿研究项目(左为中文翻译件，右为原件)

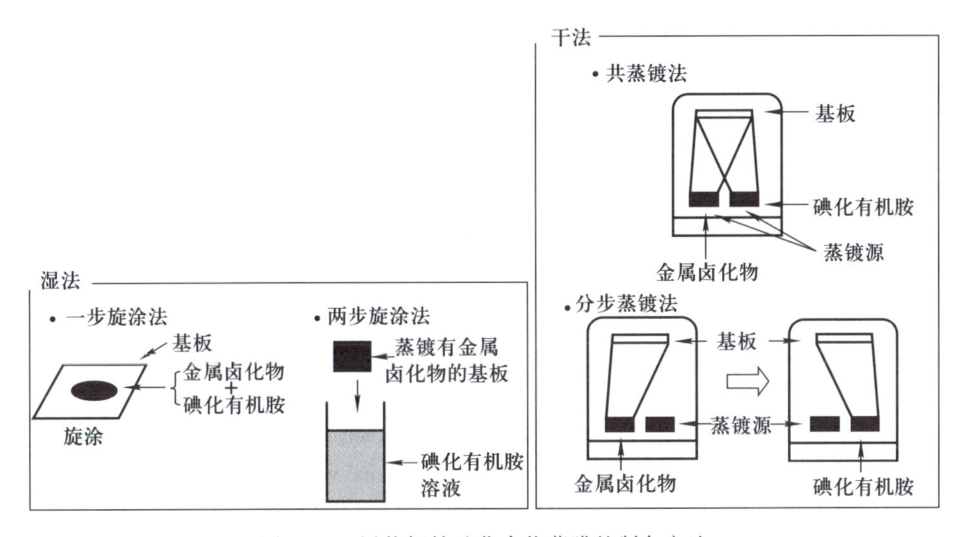


图 12.2　层状钙钛矿化合物薄膜的制备方法

同的成膜方法，研究了不同气氛、原料化合物以及在基板上沉积的顺序(见图12.3)对层状钙钛矿化合物生成过程的影响．实验发现，环境中的水分在共蒸过程中对钙钛矿生长没有明显的影响，但是对于分步蒸镀过程中的钙钛矿生长有促进作用(见图 12.3)．湿度较高时，$PbI_2$/PhEI 薄膜比 PhEI/$PbI_2$ 薄膜更容易生成层状钙钛矿．

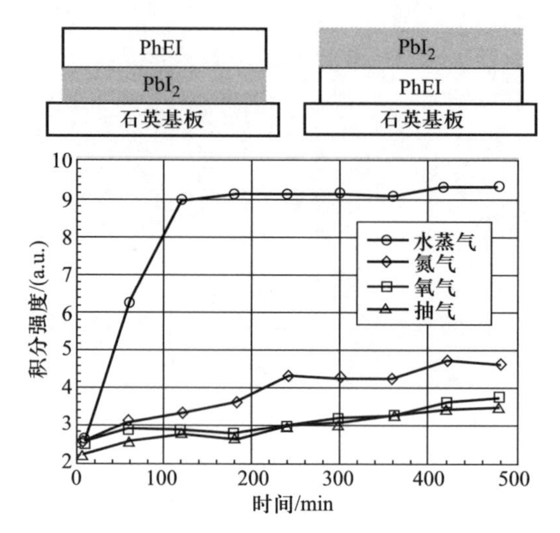


图 12.3　原料在基板上的沉积顺序及分步蒸镀法中气氛对层状钙钛矿化合物生长过程的影响

邹德春课题组研究了层状钙钛矿材料在不同湿度环境下的吸收变化，发现其在高湿度时表现出更高的吸收强度，同时随着温度的降低，其发光强度增加(见图 12.4)．这是由于卤化铅的完全反应降低了钙钛矿周围对其的猝灭作用，从而提高其量子效率，使得在蒸镀比例在 1∶2 时达到最高强度．蒸镀比例为 1∶3 和 1∶2 时的强度基本一致．这是由碘化铅的减少造成的，碘化铅在光谱上没有出峰．由于碘化铅减少，使外量子效率增加．残留过剩的碘化

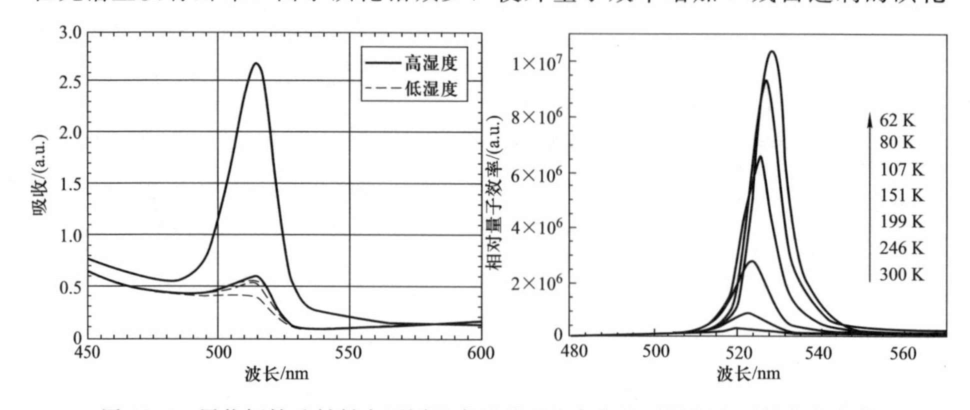


图 12.4　层状钙钛矿材料在不同湿度下的吸收变化及不同温度下的发光光谱

苯乙胺(PhEI)有利于卤化铅的聚集分区，从而降低了激子复合，提高了量子效率(见图 12.5).

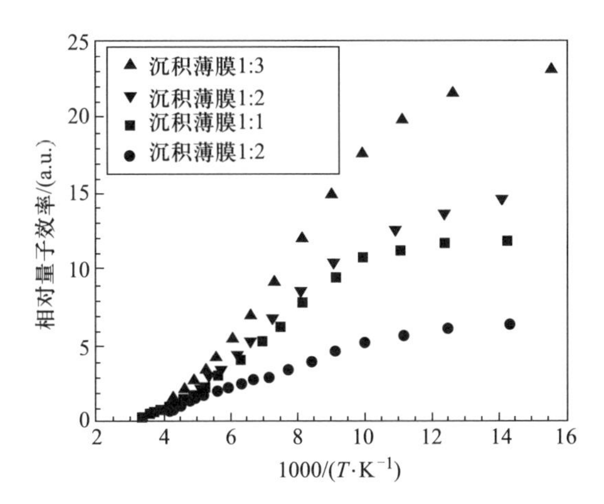


图 12.5　不同摩尔比的相对量子效率与温度的依赖关系

他们还研究了层状钙钛矿化合物在有机发光器件中的应用．以层状钙钛矿作为发光材料的有机电致发光器件在室温下表现出很强的发光特性．这说明使用层状钙钛矿作为活性材料制备有机发光器件有很大的应用前景．根据对分步蒸镀 $PbI_2$/PhEI 薄膜及基于 $PbI_2$/PhEI 薄膜制备层状钙钛矿化合物过程的研究，他们发现分步蒸镀制备 $PbI_2$/PhEI 薄膜过程中，环境中湿度升高有利于层状钙钛矿的生成．湿度较高时，$PbI_2$/PhEI 薄膜比 PhEI/$PbI_2$ 薄膜更容易生成层状钙钛矿，湿度为 0 时，层状钙钛矿化合物很稳定，并不发生分解．

## §12.3　基于杂化钙钛矿材料的发光二极管研究

在杂化钙钛矿材料被用于太阳光捕获之前，其电致发光(electroluminescence，EL)特性已经得到广泛研究．Saito 及其同事们在 1994 年的早期研究中展示了层状$(C_6H_5C_2H_4NH_3)_2PbI_4$ 钙钛矿的 EL 光谱，但是由于无法实现室温下的电致发光，一直未受到人们的重视[1]．得益于钙钛矿光伏领域的开创性工作，从吸收光谱与发射光谱的详细分析中可以知道，优异的光伏特性必然伴随着优异的发光特性[2]．钙钛矿光伏器件异常优秀的太阳能电池性能，特别是其与带隙相关的高开路电压特性，预示着作为发光二极管时的效率将比较高．杂化钙钛矿材料在光伏领域急速发展，其半导体特性得到更深入研究，成膜质量大幅提高．得益于此，该材料在发光二极管领域的研究再次掀起热潮.

### 12.3.1 钙钛矿发光二极管发光原理简介

一个典型的钙钛矿发光二极管(PeLED)包含一层固有的活性层组成的双异质结结构，如图 12.6 所示，其中包括 n 型电子传输层、p 型空穴传输层以及正负电极，PeLED 的发光层夹在电子传输层及空穴传输层之间，可以由 3D、层状(2D)或纳米晶等不同结构的钙钛矿构成. 在正向偏压下，电荷载流子被注入一个薄的发光层中，在这里它们发生辐射复合，向各个方向发射光子. PeLED 器件通过改变发光层中钙钛矿材料的卤素比例与种类很容易实现全光谱调谐. 高效的发光二极管一般使用能够将载流子快速注入活性层中的电极，阻止电荷通过器件并在接触面位置发生荧光猝灭[3,4].

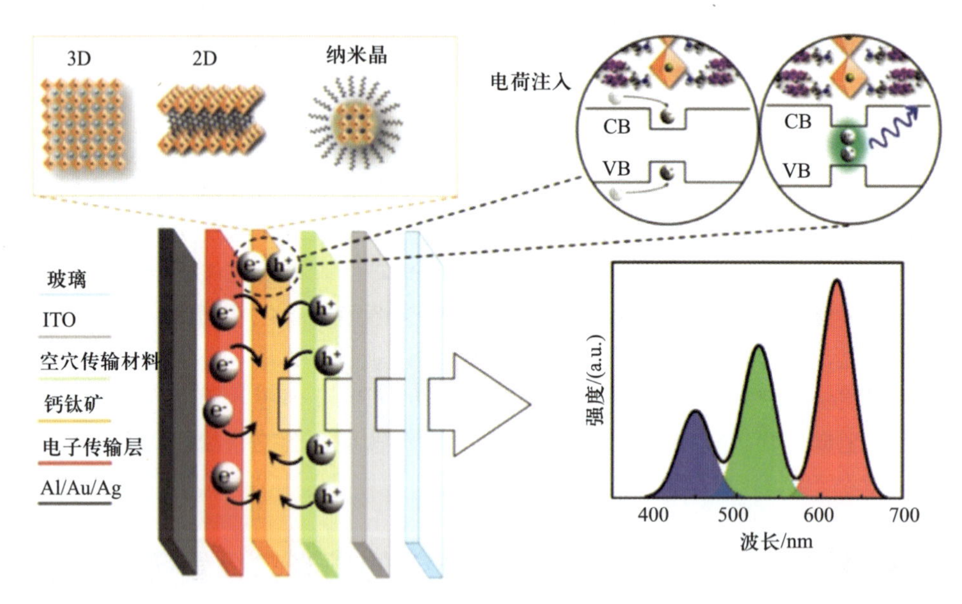


图 12.6 PeLED 器件结构与发光机制[3]

不同的辐射路径和非辐射路径之间存在着竞争，而钙钛矿材料的尺寸和结构都对器件的光物理过程有着至关重要的影响[5]. 例如，钙钛矿薄膜的表面形貌就是影响 PeLED 器件效率的重要因素之一，薄膜的孔洞和不均匀性会在钙钛矿层和电荷传输层之间形成分流通路，从而降低器件性能. 此外一些研究也指出，PeLED 器件的效率可以通过降低钙钛矿晶粒尺寸或引入准二维结构(即通过最大化钙钛矿晶粒内的辐射复合率)来提高，因此，获得均匀致密的钙钛矿薄膜就显得非常重要[3,6,7]. 图 12.7 为钙钛矿受到光激发后的光物理过程，Auger 复合和其他非辐射复合与光致发光过程形成竞争[5]. 在低电荷载流子密度($n=10^{16}\ cm^{-3}$)的情况下，如何增加器件工作区的辐射复合是提高器件效率所面临的主要挑战之一．由于扩散长度比较大，电荷载流子可以直接通过钙钛矿层而不需要进行辐射复合．此外，在较低的载流子密度下，与陷阱相关的非辐射复合要优于辐射复合．因此，为了实现有效的辐射复合，需要对电荷载流子进行管理并提高电荷载流子密度[3,5-9]．2014 年，Friend 等率先使用超薄 $CH_3NH_3PbI_{3-x}Cl_x$ 钙钛矿薄膜发光层(约 20 nm)解决了低激子束缚能问题[9]．

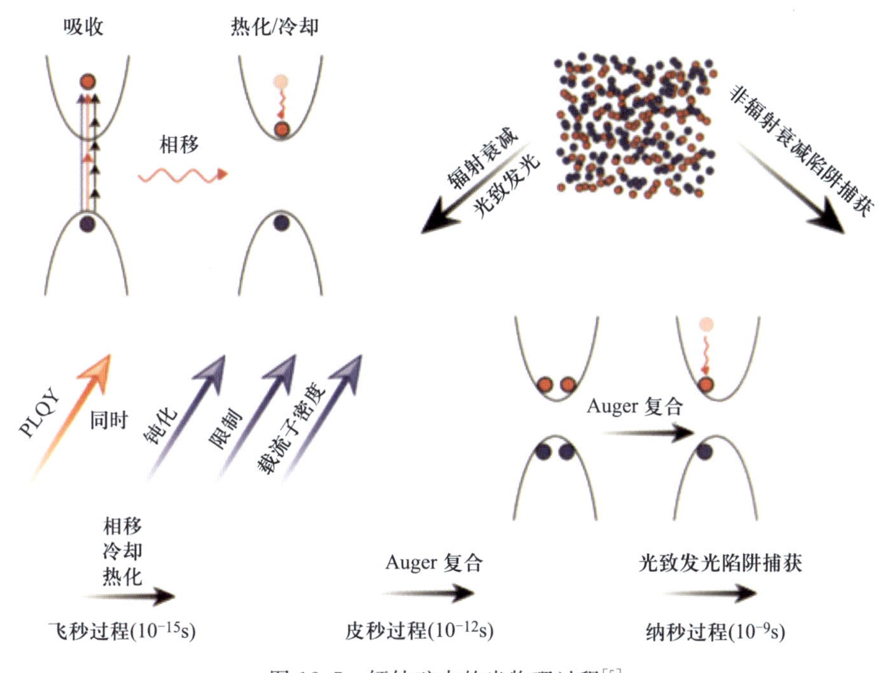


图 12.7　钙钛矿中的光物理过程[5]

有机-无机杂化钙钛矿材料具有近 100%的光致发光量子产率(PLQY)，高色纯度(其半高宽小于 20 nm)，并且带宽可调从而可实现全光谱发光，此外 PeLED 器件还可采用溶液法进行低成本制备．正是这些优点引起了研究者们的广泛关注，使其在光电应用中具有十分巨大的发展潜力，特别是在发光二极管应用方面[3,5]．

## 12.3.2　钙钛矿发光二极管的优势及发展概况

与传统发光材料相比，有机-无机杂化钙钛矿材料所具有的高载流子迁移率、溶液可加工性、高 PLQY 和带隙可调等优良的光电特性，使得越来越多的研究者聚焦于此，近几年发表的有关 PeLED 器件的文献数量呈指数增长[7]，如图 12.8(a)所示．有机-无机杂化钙钛矿材料首次被报道应用于 PeLED 中可以追溯到 20 世纪 90 年代，研究者将一种含有染料有机阳离子的层状钙钛矿应用到发光器件中去，得到了首个 PeLED[10]，但由于这种纯二维单层钙钛矿的光子-声子耦合作用十分强，这就导致其非辐射复合过程非常迅速，因此器件只能在液氮温度下工作．到了 2014 年，Friend 团队率先在 PeLED 器件中使用了 $CH_3NH_3PbX_3$，从而得到了外量子效率(EQE)达到 0.1%(绿光)和 0.76%(近红外)的 PeLED[9]. 这也是首个可以在室温下工作的 PeLED 器件．2015 年，Lee 等克服了 PeLED 器件电致发光效率低的限制，其电流效率达到 42.9 cd/A[11]. 2016 年，曾海波团队通过控制钙钛矿量子点表面配体浓度，得到了 EQE 为 6.27%的绿光 PeLED 器件[12]. 2018 年，游经碧等实现了电流效率达到 62.4 cd/A 的绿光 PeLED 器件[13]. 同年，魏展画团队利用钙钛矿的组分分布调控策略得到了平整致密且光电性能优异的钙钛矿薄膜，并通过加入阻挡层改善电子和空穴的注入平衡，得到了 EQE 超过 20%的绿光 PeLED 器件[14]. 同期，王建浦团队利用低温溶液法，通过在钙钛矿前驱体溶液中加入一种氨基酸添加剂，将近红外 PeLED 器件的外量子效率提高到 20.7%[15].

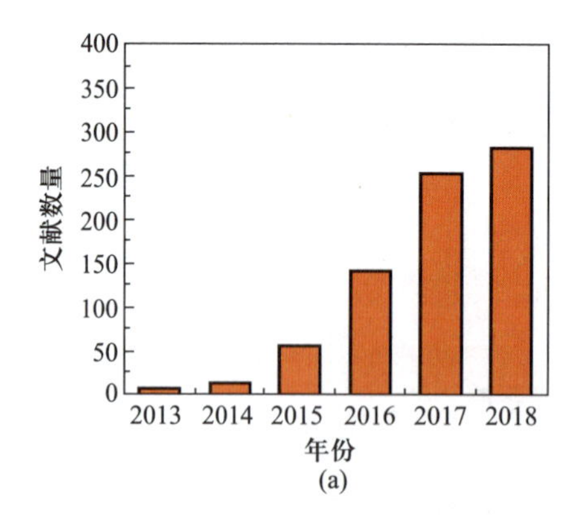


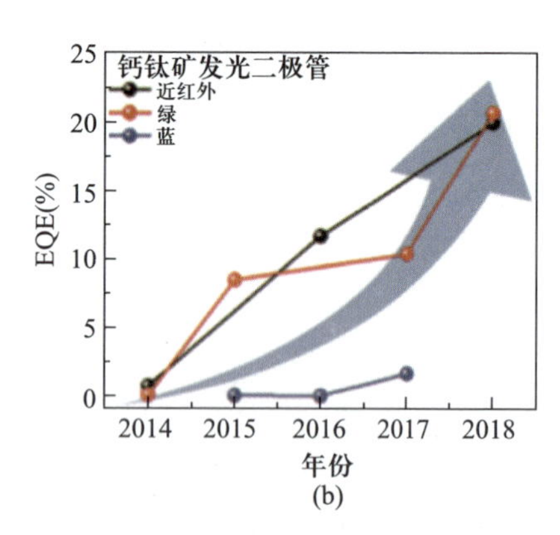


图 12.8 (a) 近几年发表的有关绿光 PeLED 器件的文献数量；(b) 近年来 PeLED 的 EQE 快速增加[7]

在过去的短短几年中，钙钛矿太阳能电池的光电转换效率从 3.8%急速增加到 25.2%. 钙钛矿除了成功应用在光伏领域之外，在 PeLED 发光应用方面也有着不俗发展，其 EQE 从 0.0125%提高到了超过 20%，几乎是直线跃升，如图 12.8(b)所示．虽然现在 PeLED 在电致发光效率上还没有达到传统有机发光二极管(OLED)的水平，但是按照其发展效率，在不久的将来很可能达到甚至超越 OLED 的水平[7]. 正是借助 OLED 在过去的十年里的发展成果，

PeLED 器件才得以在短短两年间实现突飞猛进的发展，并一步步接近工业应用．只有通过理性的材料设计、无缺陷体系应用并最大化外部光致发光效率，才能实现 PeLED 器件性能的进一步突破．

## 12.3.3 钙钛矿发光二极管研究进展

### 12.3.3.1 三维多晶薄膜 PeLED

近年来，有机金属卤化物钙钛矿材料由于其优异的光学和电学性能，如长自由载流子扩散长度、高载流子迁移率、可调谐带隙、高 PLQY 等，得到了国际研究人员的广泛研究，在光电领域获得了显著的发展．其中，PeLED 器件表现出前所未有的性能，在过去几年间，其 EQE 不断提高，从 2014 年最开始的 0.0125%到现在的大于 20%．更有趣的是，通过简单地将卤化物阴离子从 Cl 改为 Br 或 I，钙钛矿的发射颜色可以很容易地从蓝色调到绿色或红色，从而使这些材料在未来可用于白色发光二极管中．2014 年，Friend 等以 $CH_3NH_3PbI_{3-x}Cl_x$ 为发光层，将钙钛矿首次应用于 PeLED 器件当中，器件最高亮度达到 364 cd/m$^2$(见图 12.9)，器件的 EQE 最高为 0.4%[9]．

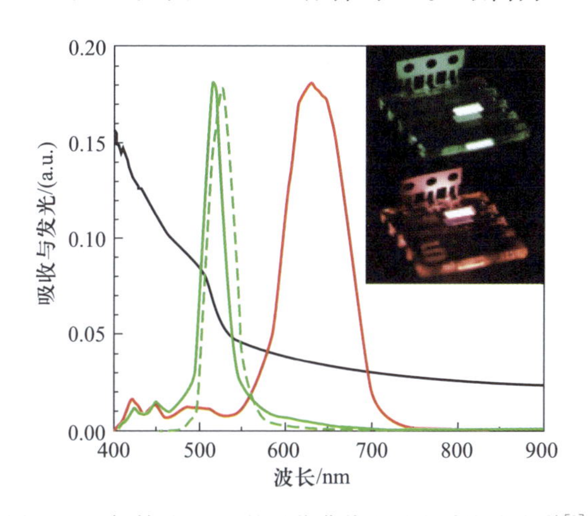


图 12.9　钙钛矿 LED 的吸收曲线以及电致发光光谱[9]

2015 年，于志斌等通过在有机-无机杂化钙钛矿中掺杂具有离子导电性的聚合物 PEO，使得薄膜形成 pin 异质结．聚合物的掺杂能够钝化钙钛矿的缺陷，改善钙钛矿薄膜的形貌，最终器件获得了超过 4000 cd/m$^2$ 的亮度[16]．2015 年 12 月，Lee 等通过一种添加剂及反溶剂滴加的方式制备了晶粒尺寸只有几十纳米的钙钛矿薄膜．晶粒尺寸的减小有利于发光效率的提升．最终，他们的器件效率高达 42.9 cd/A，外量子效率高达 8.53%，是当时世界最高的钙钛矿发光器件效率[11]．

2016 年，于志斌等又利用相似的方法，在纯无机钙钛矿中掺杂聚合物，制成致密薄膜，器件性能大幅提高(见图 12.10)，获得了惊人的近 $6\times10^5$ cd/m$^2$ 的亮度. 这是目前 PeLED 器件的最高亮度，极大地刺激了纯无机 PeLED 器件的发展[17]. 2017 年，游经碧等在电子传输层后添加聚合物 PVP，以及掺杂甲胺溴，使得无机钙钛矿的形貌与 PLQY 都得到极大的改善，器件亮度接近 $1\times10^5$ cd/m$^2$，器件 EQE 超过 10%[18].

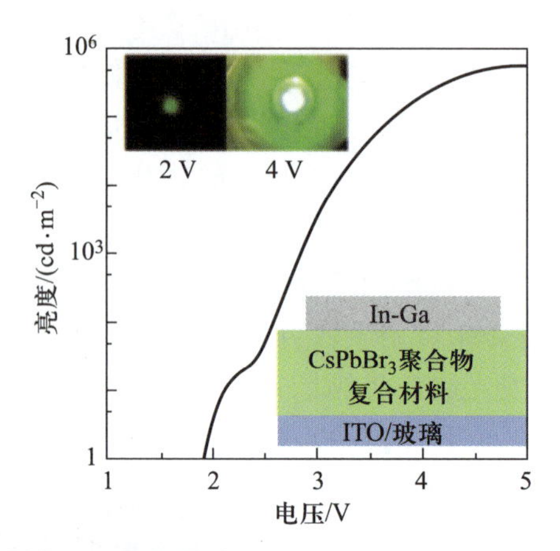


图 12.10 单层发光层 PeLED 器件在 2V 和 4V 电压下的亮度曲线及照片[17]

由于钙钛矿的成膜性较差，在不滴加反溶剂以及不添加其他掺杂剂的情况下，难以形成致密连续的薄膜. 针对这一问题，吴朝新团队在近期 PeLED 器件研究中发展了一种“绝缘层-钙钛矿-绝缘层”发光结构，如图 12.11 所示. 不同于传统 PEDOT∶PSS 结构器件，基于“绝缘层-钙钛矿-绝缘层”结构的 PeLED 器件，将钙钛矿薄膜置于两层超薄绝缘层(LiF)之间[19]. 这种结构可以实现高效的载流子辐射复合，如通过超薄绝缘层的载流子隧穿效应极大地提高了载流子的辐射复合，同时避免了钙钛矿与传输层界面的激子猝灭效应，

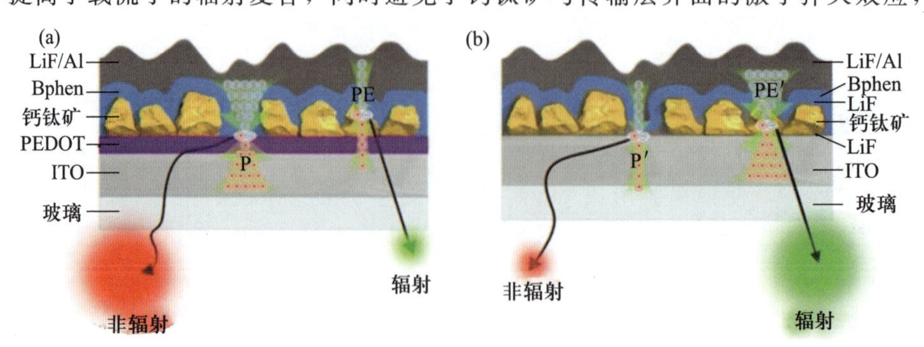


图 12.11 传统 PEDOT∶PSS 结构(a)以及“绝缘层-钙钛矿-绝缘层”结构(b)的 PeLED 器件[19]

因而可以实现最大效率复合发光．基于这种“绝缘层-钙钛矿-绝缘层”结构，绿光 PeLED 器件已经实现了电流效率达到 20.3 cd/A，EQE 为 5.53%，发光器件内量子效率近 30%[19].

2018 年，魏展画等在 $CsPbBr_3$ 中掺杂甲胺溴，如图 12.12 所示．由于有机物和无机物在溶液结晶过程中的析出速度不同，所以析出时间也不一样，这就使得薄膜在滴加反溶剂后形成核壳结构，极大地钝化了钙钛矿表面的缺陷态．通过对载流子传输平衡的进一步优化，绿光 PeLED 器件的 EQE 超过了 20%．这是目前世界上绿光 PeLED 器件的最高效率之一[14].

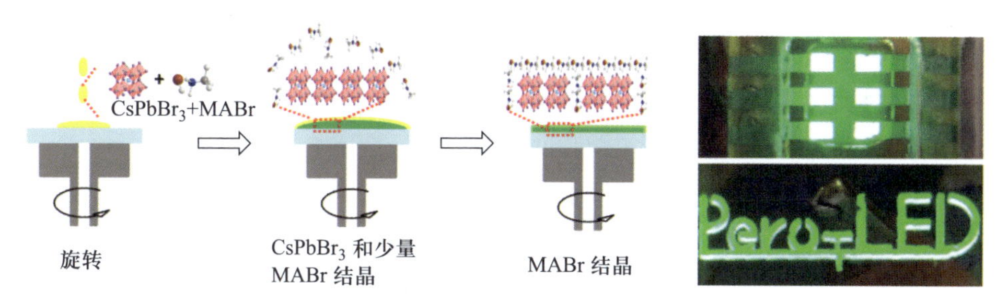


图 12.12 混合甲胺溴的 $CsPbBr_3$ 钙钛矿的成膜示意图及最高效率绿光 PeLED 的电致发光照片[14]

#### 12.3.3.2 二维-三维混合 PeLED

2016 年，Sargent 等首次报道了通过苯环烷胺掺杂钙钛矿的方式，形成一种准二维的钙钛矿相，如图 12.13 所示．通过调节苯乙胺碘和甲胺碘的组分比例，生成的薄膜形成了不同 $n$ 值的钙钛矿相($n$ 值代表相邻两个苯环烷胺之间无机铅离子形成的八面体的层数)．通过实现有效的能量传递，PeLED 器件的效率大为提高，EQE 达到 8.8%．这是首次构筑二维-三维混合的器件，达到当时器件效率的最高水平，拉开了准二维钙钛矿 LED 的序幕[20].

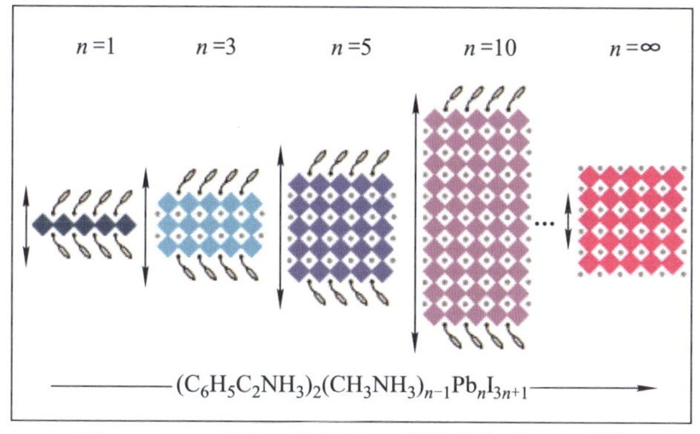


图 12.13 不同 $n$ 值的准二维结构钙钛矿相[20]

2016 年，叶轩立等通过掺杂 POEA 这样一种新型的苯基烷胺，构筑了准二维的钙钛矿相(见图 12.14). 掺杂苯氧乙胺，使得薄膜形貌得到了改善，荧光得到了增强，缺陷得到了钝化，光谱得到了调控，PeLED 器件最高电流效率可以达到 8 cd/A 左右，最高亮度达 64 cd/$m^2$. 这项研究表明，掺杂烷胺也可以实现钙钛矿的光谱调控[21].

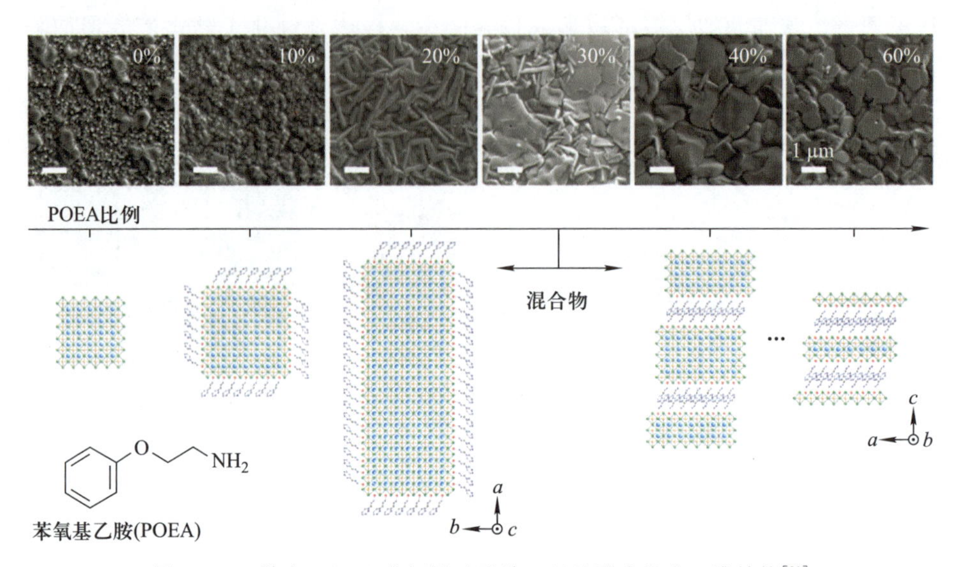


图 12.14 掺杂 POEA 的钙钛矿形貌，以及形成的准二维结构[21]

2016 年，王建浦等通过掺杂萘基甲胺碘，形成准二维结构的 PeLED 器件，而且形成了天然的量子阱结构. 这有利于能量传递，使得器件效率大幅增高，获得了当时世界上首个 EQE 超过 10%的红光 PeLED 器件，如图 12.15

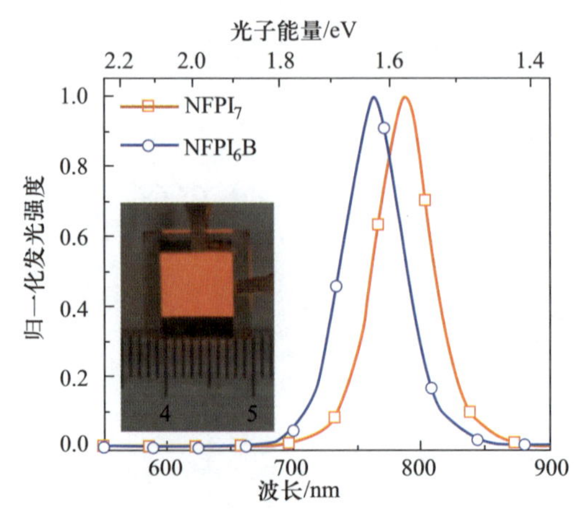


图 12.15 多量子阱 PeLED 器件的电致发光光谱[22]

所示．量子阱结构 PeLED 器件的寿命也比纯三维钙钛矿 LED 的寿命要长．这是因为准二维的钙钛矿有利于抑制器件内部的离子迁移，从而表现出比纯三维钙钛矿更为优异的稳定性[22].

2017 年，肖正国等通过在 $MAPbBr_3$ 中掺杂正丁胺溴(见图 12.16)，使得钙钛矿的形貌得到大幅改善，薄膜的表面粗糙度大为降低．由于长链烷胺的限制，钙钛矿的晶粒尺寸减小，薄膜的荧光得到了增强．相应地，PeLED 器件的迟滞也相对减弱，器件稳定性也得到了增强，绿光 PeLED 器件的 EQE 超过 10%，电流效率达到 17.6 cd/A[23].

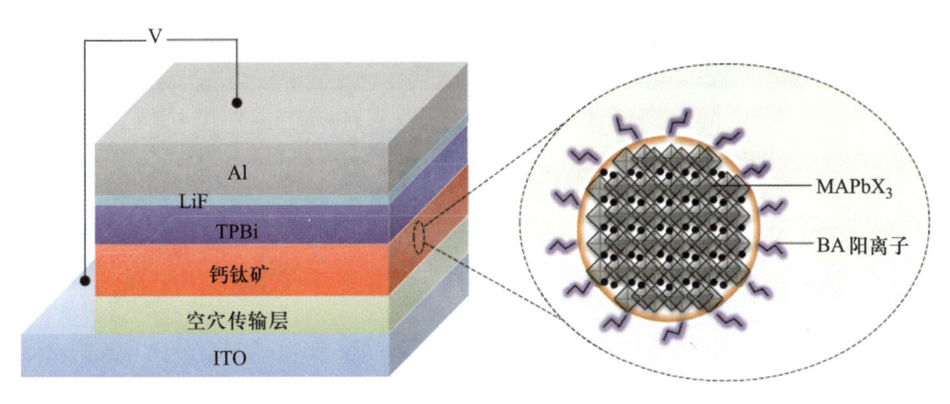


图 12.16　正丁胺离子包裹钙钛矿晶粒及其 PeLED 器件结构[23]

2018 年，游经碧等在 $FAPbBr_3$ 中掺杂 PEABr，构筑了准二维的钙钛矿相，如图 12.17 所示．通过器件结构的优化以及有机小分子的钝化，薄膜缺陷降低，荧光量子产率大大提高，使得绿光 PeLED 器件的 EQE 超过 14%，电流效率高达 62 cd/A[13].

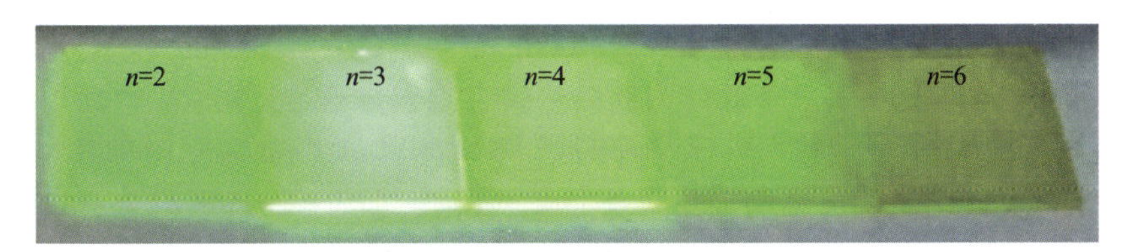


图 12.17　掺杂 PEABr 的不同 $n$ 值的钙钛矿薄膜的荧光照片[13]

#### 12.3.3.3　零维量子点 PeLED

2015 年，曾海波团队首次报道了基于全无机量子点的 PeLED 器件．如图 12.18 所示，通过调控量子点的尺寸，更换卤素离子的种类，可以实现全光谱范围的光谱调节，从而实现钙钛矿的全彩发光．由于钙钛矿量子点具有高荧光量子产率，这有利于实现高效率 PeLED 器件．虽然当时报道的 PeLED 器件的 EQE 只有 0.12%，但这也为基于钙钛矿量子点的 PeLED 器件的研究打开了大门[24].

图 12.18 钙钛矿量子点的光谱调控、尺寸调控以及卤素离子调控[24]

量子点的表面配体过多会影响载流子的注入，配体过少又会影响量子点的稳定性和量子产率. 2016 年，曾海波等通过量子点表面配体控制，实现了量子点稳定性、载流子注入、量子产率的折中平衡，最终得到的 PeLED 器件的 EQE 达到 6%[25]，如图 12.19 所示.

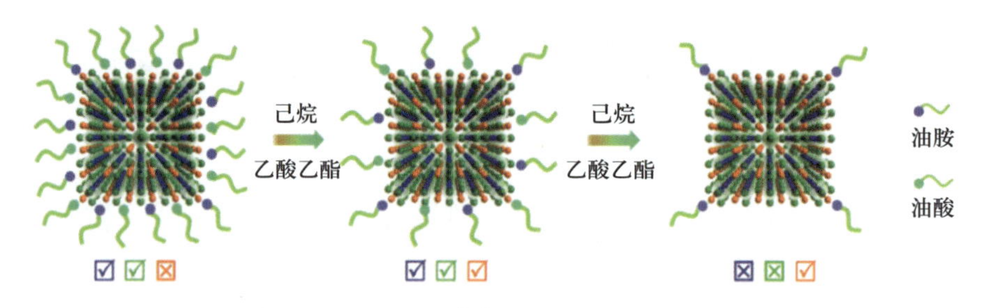


图 12.19 量子点的配体密度调控示意图[25]. 三个框依次表示墨水稳定性，PLQY 和载流子注入的好(√)坏(×)

2016 年，揭建胜等来回往复地将玻璃浸泡进量子点胶体溶液中(见图 12.20)，通过控制浸泡运动速度，实现量子点薄膜的平整致密覆盖，且量子产率也保持较高水平. 最终得到的 PeLED 器件效率达到 1.38%，器件在封装后可以持续点亮十天[26].

2018 年，吴朝新团队采用含有共轭结构的苯丙烯胺取代传统的油胺作为量子点制备的配体，如图 12.21 所示. 由于共轭结构的材料具有良好的电子传输能力，所以采用新配体苯丙烯胺提高了量子点薄膜的载流子传输能力，同时使得电子和空穴的注入平衡，最终制备的 PeLED 器件获得了 9.08 cd/A 的电流效率[27].

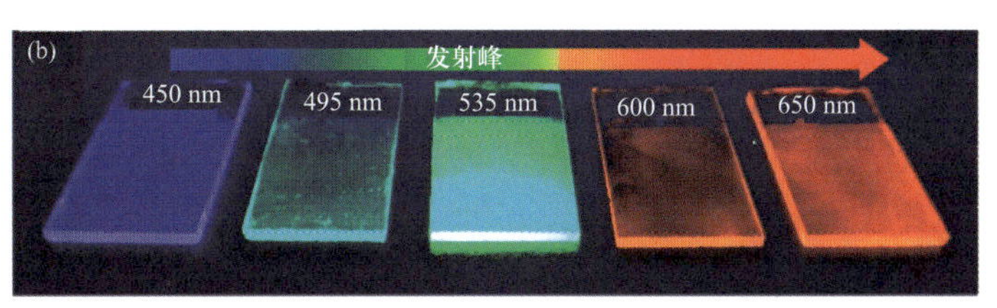


图 12.20　(a) 制备 OHP 量子点薄膜的浸涂方法；(b) OHP 量子点薄膜在 365 nm 紫外灯照射下的图像[26]

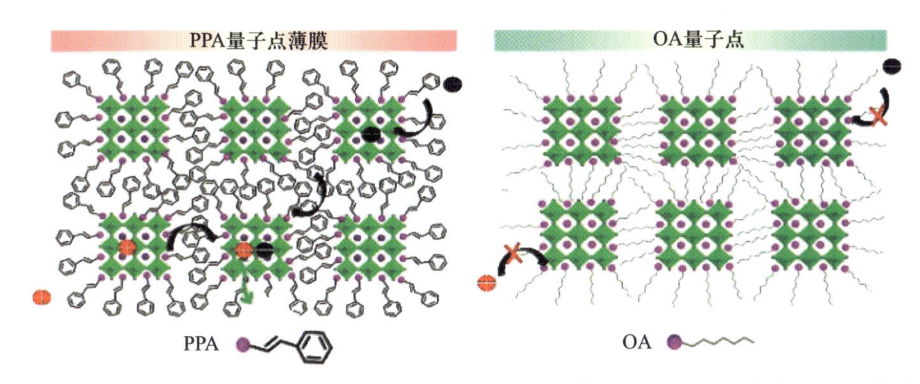


图 12.21　共轭材料苯丙烯胺作为钙钛矿量子点的配体，可以有效提高载流子的传输能力[27]

2018 年，曾海波等在钙钛矿量子点中添加金属卤化物，通过配体密度控制和金属离子的缺陷态钝化，如图 12.22 所示. 采用有机-无机配体协同钝化钙钛矿的缺陷态，大大提高了钙钛矿量子点的 PLQY. 最终，基于该钙钛矿量子点的 PeLED 器件的 EQE 高达 16.48%. 这是目前世界上基于钙钛矿量子点发光器件的最高效率[28].

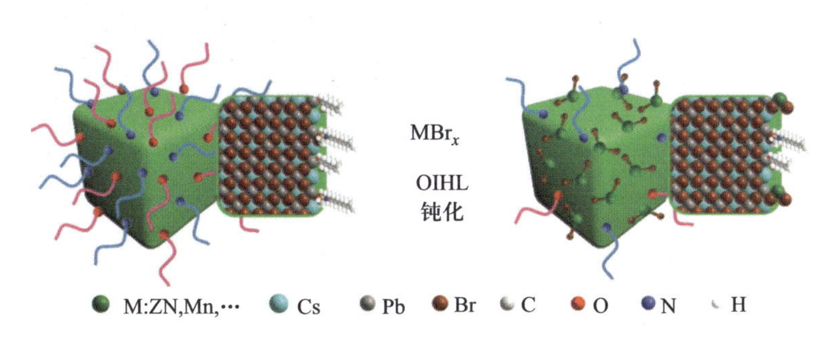


图 12.22　通过金属卤化物和长链烷胺对钙钛矿量子点的协同钝化[28]

#### 12.3.3.4 其他非铅类 PeLED 简介

2016 年，Chao 等提出了一种基于 $CsSnI_3$ 钙钛矿低温溶液处理的高性能无铅红外发光二极管，如图 12.23 所示. 他们采用一步法滴加反溶剂，制备了高质量的 $CsSnI_3$ 薄膜. 基于该薄膜的 PeLED 器件在 950 nm 处获得红外光发射，其最大 EQE 为 3.8%. 此类高性能无铅红外 PeLED 器件适用于红外线照明、光通信和无创生物医学成像[29].

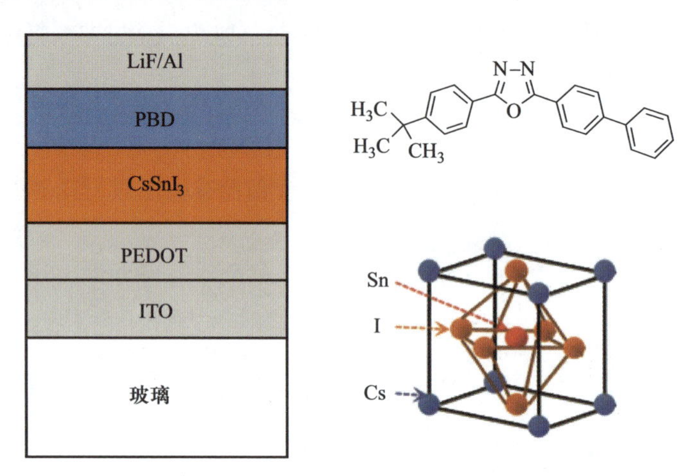


图 12.23 无机非铅钙钛矿应用于发光器件结构中，实现红外发射[29]

铅基钙钛矿材料在可见光区表现出较强的彩色发射，但在红外光区的发射难以实现. 此外，铅毒性可能会限制它们的广泛应用. 2016 年，Tan 等基于 $CsSnX_3$ 材料制备了器件结构为 ITO/PEDOT:PSS/$CH_3NH_3Sn(Br_{1-x}I_x)_3$/F8/Ca/Ag 的近红外发光器件，如图 12.24 所示. 该器件实现了 945 nm 的近红外发射，最大 EQE 为 0.72%. 此外，通过增加锡基钙钛矿材料中的溴化物

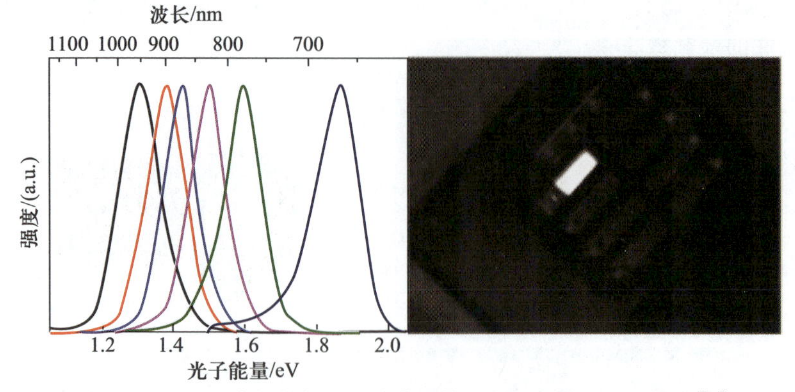


图 12.24 无机非铅材料通过光谱调控，实现红外和白光发射[30]

含量，可使半导体带隙变宽，导致波长发射变短，光谱可调节至 667 nm[30]．

2017 年，Lanzetta 等探索了低维无铅钙钛矿材料$(PEA)_2SnI_xBr_{4-x}$在光谱可见区域的可调光学性能．如图 12.25 所示，他们证明了二维$(PEA)_2SnI_4$钙钛矿具有比传统三维$CH_3NH_3SnI_3$更好的光致发光性能，并且$(PEA)_2SnI_4$可以作为介孔$TiO_2$的增敏剂．此外，他们制备了发射峰在 630 nm 的电致发光器件，该器件中，发光层$(PEA)_2SnI_4$夹在空穴(ITO/PEDOT:PSS)和电子(F8/LiF/Al)注入电极之间．这些器件在 4.7 $mA/cm^2$ 时达到 0.15 $cd/m^2$ 的亮度，在 3.6 V 时达到 0.029 cd/A 的效率[31]．该原理验证装置为低维无铅钙钛矿 LED 指明了一条可行的道路．

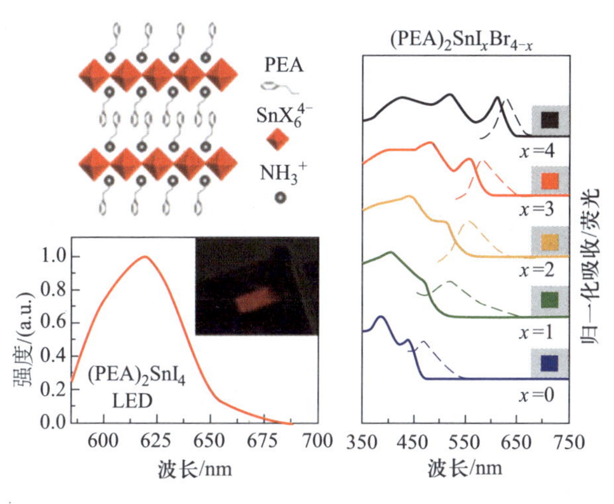


图 12.25　利用苯乙胺碘进行非铅钙钛矿的光谱调控[31]

2018 年，吴朝新团队采用全蒸镀法制备出基于$CsSnX_3$薄膜的全无机异质结 PeLED 器件．如图 12.26 所示，该 PeLED 器件发出均匀的红光，其 EQE 最大可到 0.34%．在此基础上，他们制备出基于$CsSnBr_3$薄膜的极小面积的全无机 PeLED 器件(ITO 有效区面积约为 0.01 $mm^2$)．该器件能够承载的最大电流密度达到 915 $A/cm^2$，显示出全无机钙钛矿薄膜优异的光电应用前景[32]．

### 12.3.4　进一步提升 PeLED 器件性能的方式

由于金属卤素钙钛矿具有十分杰出的光电性能，极有希望替代传统 OLED 器件，成为新一代发光二极管．在短短几年内，PeLED 器件的效率节节攀升，紧紧追随着传统 OLED 器件的效率．在 PeLED 器件中，导致器件效率较低的主要原因是耦合效率低、发光层的电荷注入不平衡、发光层即钙钛

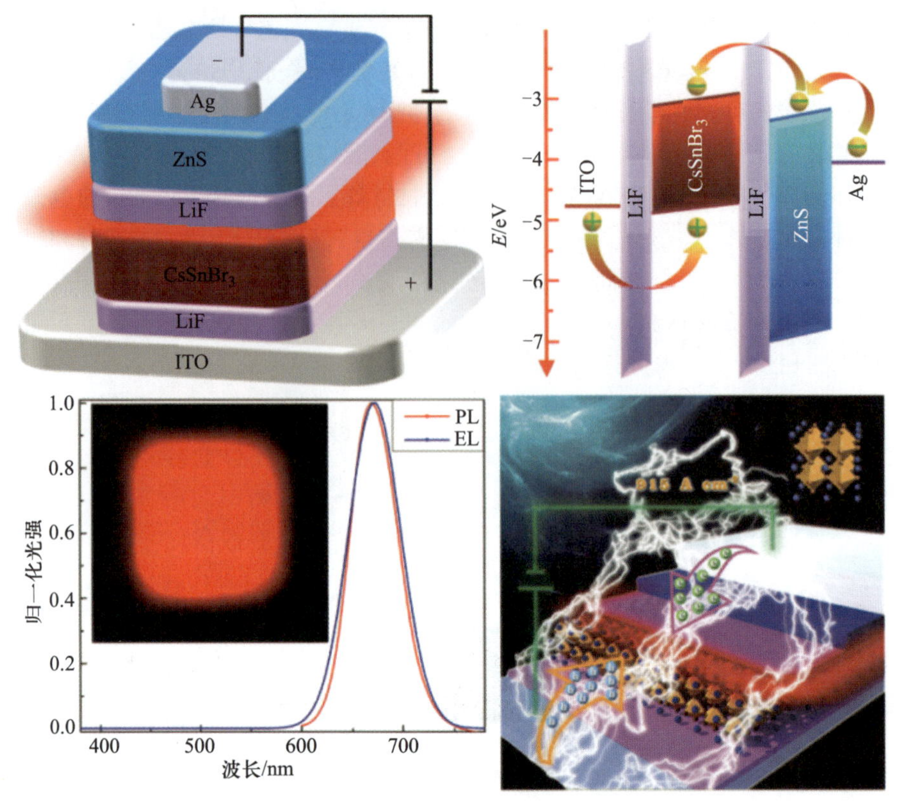


图 12.26 基于 $CsSnX_3$ 薄膜的全无机异质结 PeLED 器件[32]

矿层表面形貌不好掌控、缺陷较多导致非辐射复合严重等等．在本小节中，我们主要讨论常用的离子掺杂、缺陷钝化、界面工程等手段对 PeLED 器件性能的影响．

#### 12.3.4.1 离子掺杂

对钙钛矿发光层进行离子掺杂可以改善薄膜表面形貌，降低发光层界面间势垒，有效地提高器件的效率. 很多课题组都有关于通过离子掺杂提高二极管性能的报道．孙小卫等发现，将 $Cs^+$ 离子掺入 $FAPbBr_3$ 钙钛矿体系可以改变原来钙钛矿的晶格[33]，从而导致其荧光光谱和吸收光谱都发生改变：随着 $Cs^+$ 离子的增加，荧光光谱和吸收光谱都发生了蓝移(见图 12.27(a)，(b))，并且价带能量也随着 $Cs^+$ 离子的增加而减小．他们制备的纯 $FAPbBr_3$ 器件的亮度和最大 EQE 都比较低，分别为 8563 cd/m² 和 0.82%. 当掺杂了 20%的 $Cs^+$ 以后，器件的亮度和 EQE 分别提高至 55005 cd/m² 和 2.8%. 但是，掺杂过多的 $Cs^+$ 会导致其他相的产生，比如 $CsPbBr_3$ 和 $Cs_4PbBr_6$ 等，会直接导致器件效率的下降．同样，在 $MAPbBr_3$ 体系中掺杂一定量的 $Cs^+$ 可以将器件亮

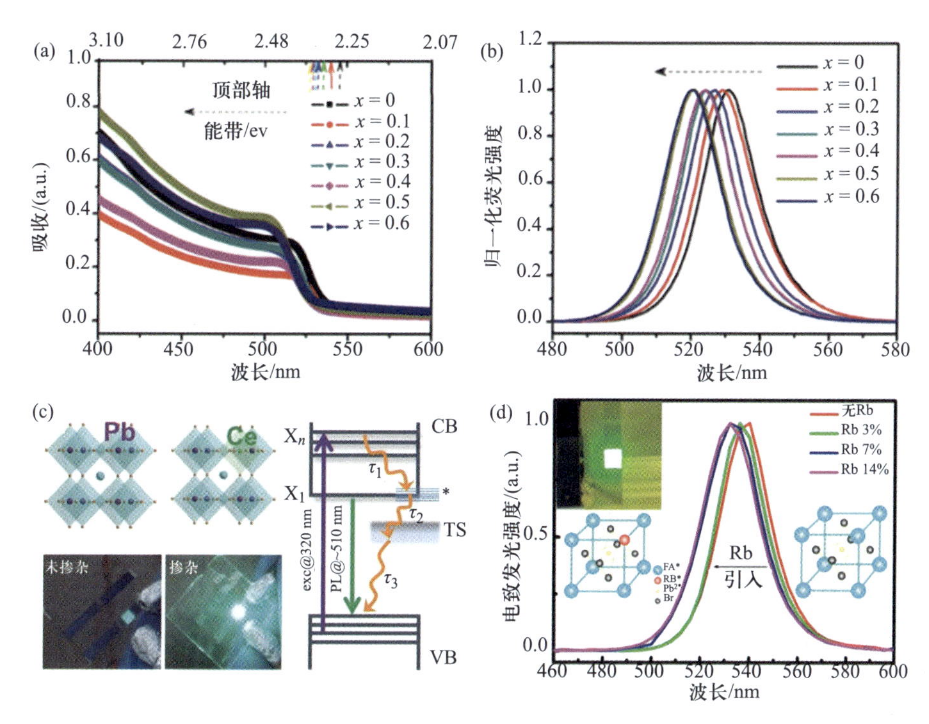


图 12.27 $FA_{1-x}Cs_xPbBr_3$ 在不同 $Cs^+$ 含量下的吸收光谱(a)、荧光光谱(b).(c) $CsPbBr_3$ 结构中未掺杂与掺杂 $Ce^+$ 器件的发光对比图.(d) 在 $FAPbBr_3$ 体系中掺入不同比例 $Rb^+$ 的器件的电致发光光谱和发光照片

度由 10570 cd/m$^2$ 提升至 23070 cd/m$^2$，EQE 也会从 0.79%提高到 1.8%[34].而在 $CsPbBr_3$ 体系中掺入一定量 $MA^+$ 则可以抑制发光层的非辐射复合[18]，从而提升器件的亮度，亮度最高能达到 90000 cd/m$^2$. 在最近的研究中，刘永升等发现在 $CsPbX_3$ 量子点中掺入 $Mn^{2+}$ 可以很明显地提升其荧光[35]，并且稳定性也大幅度提升，在大气中加热至 200 ℃依然有着很好的稳定性．基于此，绿光 PeLED 器件的亮度和 EQE 也得到很大的提升，分别从 7493 cd/m$^2$ 和 0.81%提升至 9971 cd/m$^2$ 和 1.49%. 而在最新的研究中，Gangishetty 等发现，在 $PEACsMAPbX_3$ 体系中掺入适量 $Mn^{2+}$，可使得钙钛矿薄膜形貌更加平整致密，基于此制备的红、绿、蓝三种颜色的器件，发光层形貌得到改善[36]，并且掺入 $Mn^{2+}$ 使其价带能级降低，且其薄膜荧光得到大幅度提升. 基于以上优化，制备的绿光器件的效率提高 2 倍左右，达到 3.2%，制备的 $PEA_{0.2}Cs_{0.4}MA_{0.6}Pb_{(1-y)}Mn_yX_3$ 天蓝光器件的亮度更是达到了 11800 cd/m$^2$，是目前报道的亮度最高的天蓝光器件. 除了器件效率的大幅度提升，在持续加电流的情况下，器件的稳定性也较好，寿命分别也达到 23 min(绿光)，24

min(蓝光)，5 h(红光). 姚宏斌等用热注入法制备掺杂 $Ce^+$ (≈2.88%)的 $CsPbBr_3$ 纳米晶[37]，PLQY 提升至 89%，大约是不掺杂时的两倍，如图 12.27(c)所示. 基于此制备的 PeLED 器件 EQE 也从 1.6%提高到 4.4%. 同样，如图 12.27(d)所示，吴朝新团队通过研究发现，在 $FAPbBr_3$ 体系中掺入 $Rb^+$ 可以有效减少缺陷态密度，提高薄膜结晶质量，从而使制备的电致发光 PeLED 器件的亮度由 6412 cd/m$^2$ 提高至 66353 cd/m$^2$，EQE 也从 1.47%提高至 7.17%[38].

#### 12.3.4.2 缺陷钝化

在钙钛矿光伏器件中，由于存在点缺陷而引起的非辐射复合会导致器件的能量发生损耗，从而降低器件的性能，例如晶格中的空位或间隙缺陷，以及表面和晶界处的缺陷态等. 由于在一步法或者两步法制备薄膜时不能保证薄膜完全高质量，所以会不可避免地出现这种缺陷态. 例如，在对 $CH_3NH_3PbI_3$ 退火时，会加速表面的 $CH_3NH_3PbI_3$ 晶体降解为甲胺碘和碘化铅，甲胺碘会挥发导致表面只残留下碘化铅，从而导致表面 $Pb^{2+}$ 不饱和，形成一种缺陷态. 并且，钙钛矿发光层与电子传输层的直接接触也会导致薄膜出现孔洞，器件中就会出现较大的漏电流，影响器件的性能. 因此，表面缺陷钝化对于抑制非辐射复合，提高钙钛矿光伏器件的效率是至关重要的.

上面我们提到的基于 $Mn^{2+}$ 掺杂的 $PEA_{0.2}Cs_{0.4}MA_{0.6}Pb_{(1-y)}Mn_yX_3$ 体系中，还添加了 20%的 PEABr 对钙钛矿薄膜进行了钝化. 不仅如此，在旋涂薄膜的过程中，研究人员还添加了反溶剂，使得薄膜在结晶时晶粒尺寸变大，薄膜更加平整. 用溶液法制备薄膜时在适当的时机添加合适的反溶剂是提高薄膜形貌和结晶质量的有效方法. 除了添加反溶剂以外，在前驱液里添加一定的有机分子，比如聚乙烯亚胺(PEI)或者 PEA 等，也会在薄膜结晶过程中起到一个钝化的作用. 如图 12.28 所示，Lee 等分别利用 PEI 和乙二胺(EDA)这两种胺基类钝化材料(APM)对 $CH_3NH_3PbBr_3$ 钙钛矿表面缺陷进行钝化[39]. 结果表明，在添加了 APM 材料以后 PL 强度得到提高，寿命也增强，这意味着薄膜的缺陷态减少，从而抑制了非辐射复合. 并且，由于添加了 APM，也进一步抑制了由于钙钛矿层的离子迁移而引起的电极腐蚀，从而保证了器件的稳定性. 基于此制备的 PeLED 器件亮度由原来的 7080 cd/m$^2$ 增强至 22800 cd/m$^2$，EQE 也从 0.12%增长至 6.19%. 游经碧团队通过组成和相位工程，制备了 $PEA_2(FAPbBr_3)_{n-1}PbBr_4$ 绿光薄膜. 他们通过选择最佳的准二维钙钛矿并在钙钛矿薄膜上添加了有机小分子三辛基氧化膦(TOPO)，并对其表面进行钝化. 钝化后薄膜 PL 寿命明显增强，基于此获得了电流效率为 62.4 cd/A 和 EQE 为 14.36%的 PeLED 器件. 另外，吴朝新团队在 $CH_3NH_3PbBr_3$ 前驱液中引入苯乙胺溶液，采用一步反溶剂法制备出平整致密

的 $CH_3NH_3PbBr_3$ 薄膜，有机长链在辅助成膜的同时，能够有效钝化钙钛矿表面缺陷. 基于“绝缘层-钙钛矿-绝缘层”结构，他们构建了高性能 PeLED 器件，最大效率约为 9.81 cd/A[40].

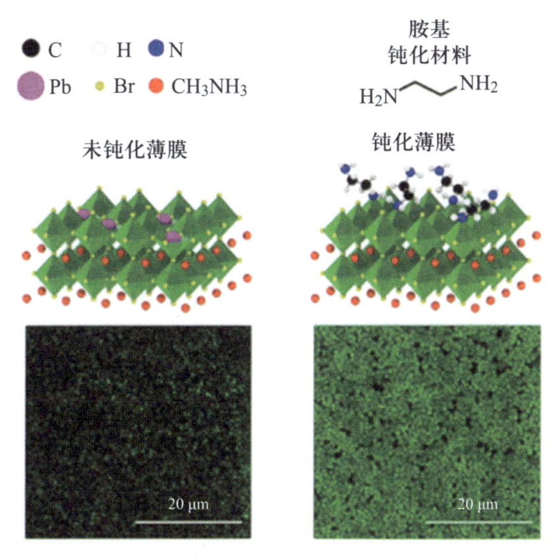


图 12.28　$CH_3NH_3PbBr_3$ 经过钝化前后的晶格结构示意图及共聚焦光致发光图谱对比[39]

#### 12.3.4.3　界面工程

常见的钙钛矿发光二极管为三层器件结构，即玻璃基底-ITO-空穴传输层-发光层-电子传输层-金属电极．从器件结构出发，如果没有电荷传输层，钙钛矿层与电极之间会存在一定的激子猝灭、注入势垒较高等弊端，直接导致器件的性能下降．因此，电荷传输层的选择十分重要，势垒的减小可以有效提高器件的效率．如图 12.29(a)所示，Kim 等首先提出了钙钛矿发光二极管中存在的界面工程的问题[41]，提出在空穴传输层 PEDOT:PSS 与钙钛矿层之间添加一层“空穴缓冲层”(Buf-HIL)，一种全氟聚合物酸(PFI). 加入 PFI 作为缓冲层以后可以有效防止电子传输层(EML)和钙钛矿层(HIL)界面发生的激子猝灭，并且可以防止电荷跑到电极．基于此，他们制备的 $MAPbBr_3$ 器件的效率得到了很大的提升，电流密度达到 0.577 cd/A，EQE 也达到了 0.125%. 与不加缓冲层的 PEDOT:PSS 器件相比，EQE 提升了 300 倍．缓冲层不仅使能级更加匹配，在诱导钙钛矿成膜上也起到了很大的作用．如图 12.29(b)所示，Cho 等用旋涂法在 PEDOT:PSS 上制备 $CsPbBr_3$ 薄膜时[42]，发现成膜较差，然而，在 PEDOT:PSS 上的缓冲层上旋涂时，薄膜则具有较高的连续性. 这归因于缓冲层 PFI 对钙钛矿层具有成核诱导作用. Mahesh 等通

过对比 $NiO_x$ 和 TFB/PFI 分别作为空穴传输层的蓝光器件[43]，发现 $NiO_x$ 作为空穴层虽然具有较低的启亮电压以及较高的亮度，但暗场电流较大，非辐射复合较多，导致器件的 EQE 只有 0.03%. 而 TFB/PFI 的启亮电压虽然较高一点，但是暗场电流较小，也就是说其成膜质量较高，并且孔洞较少，导致其器件的 EQE 提升至 0.50%. 如图 12.29(c)所示，吴朝新团队制备了基于 $FAPbBr_3$ 和 $MAPbBr_3$ 的 IPI，即"绝缘层-钙钛矿-绝缘层"结构[19]，发现相比 PEDOT:PSS 结构，电流效率由原来的 0.64 cd/A 提升至 20.3 cd/A，EQE 也从原来的 0.174%提升至 5.53%. 而基于 $CsPbBr_3$ 的 IPI 结构，电流效率不仅相比于 PEDOT:PSS 结构增加，稳定性也大幅度增强，由原来的 1.42 cd/A，4 h 增加至 9.86 cd/A，96 h. 这主要是因为绝缘层 LiF 可以有效地使电荷注入钙钛矿发光层中，并且能够阻止漏电流产生. 另外，在 LiF 层上进行旋涂时，比在 PEDOT:PSS 上旋涂的成膜质量高，这是导致器件效率增强的主要因素. 因此，选择合适的器件结构以及在器件界面上的优化对于提高器件的效率是很关键的.

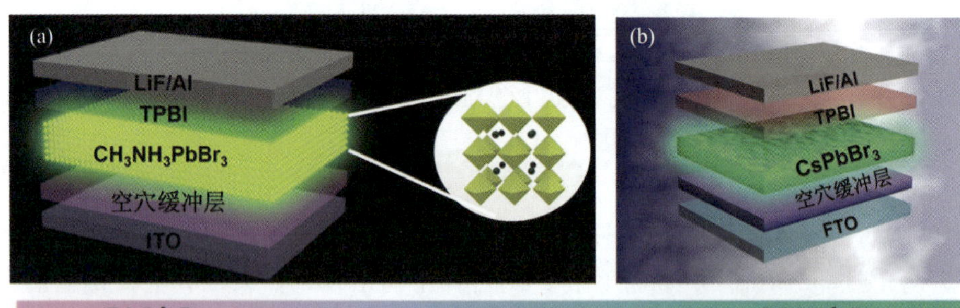


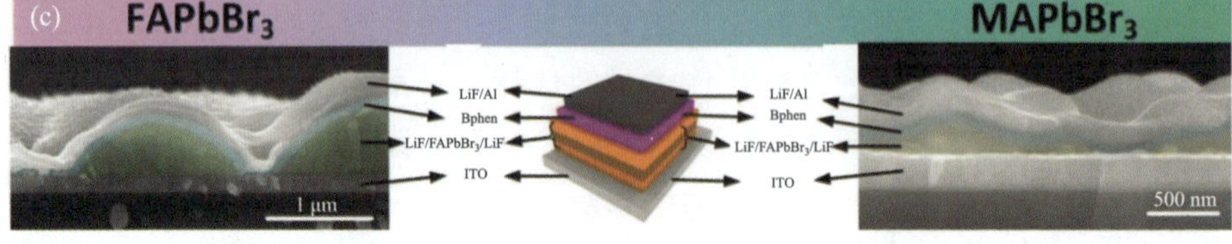


图 12.29 基于空穴缓冲层的 PeLED 器件结构. (a) 以 $CH_3NH_3PbBr_3$ 为发光层；(b) 以 $CsPbBr_3$ 为发光层；(c) 以 $FAPbBr_3$ 和 $MAPbBr_3$ 为发光层的基于"绝缘层-钙钛矿-绝缘层"结构的 PeLED 器件的结构

#### 12.3.4.4 结合金属纳米颗粒的表面等离子体共振效应

光照射到金属上时，金属表面的电荷与光相互作用，会形成沿着金属表面传播的电子疏密波，即表面等离激元. 在提高钙钛矿太阳能电池性能时，通常引入金属纳米颗粒，比如金或者银纳米颗粒，来增强局域电场，从而增强光吸收. 同样的方法也适用于 PeLED 中. 在 LED 中，金属纳米颗粒附近的激子的辐射衰减速率由于表面等离子体激元的耦合作用而增强，促进光发射，进而提高器件的性能．并且，由于金属颗粒引起的光散射可以增强基底捕获光子的能力，对器件效率的提升有很大的帮助．

2017 年，孙小卫等首次研究了金属纳米颗粒在 PeLED 性能提升的作用[45]．为了最大化提高器件效率，引入的金属纳米结构必须引起表面等离激元共振，也就是金属结构的吸收带边必须与 $CsPbBr_3$ 量子点的发射峰重合．他们引入了三种不同形状的金属纳米颗粒——银纳米球、银纳米棒，以及三角形银纳米结构．通过测量吸收光谱，他们发现，只有银纳米棒的吸收峰在 526 nm 时才正好与 $CsPbBr_3$ 量子点的发射峰(527 nm)相吻合，所以在器件结构中采用了银纳米棒的结构．如果银纳米棒直接放置在钙钛矿层下，则会引起荧光猝灭，导致效率下降，所以他们在器件结构设计中，在银纳米棒上放置了一层 NPB(见图 12.30(a))．基于此，器件的电流效率和 EQE 分别涨到了 1.42 cd/A 和 0.43%，相比没有放置纳米颗粒的器件(0.99 cd/A，0.30%)分别上涨了 43.4%和 43.3%．同样，如图 12.30(b)所示，高春红等通过将 20 nm 的金纳米颗粒与 PEDOT:PSS 混合放置在器件结构中[46]，发现相应的 PeLED 器件性能得到了较大的提升，除了表面等离激元共振带来的增强，还与金纳米颗粒对空穴传输层(PEDOT:PSS)的电学性质得到了提升有很大的关系．该器件的亮度和 EQE 分别由原来的 7673 $cd/m^2$，0.93%提升至 16050 $cd/m^2$，1.83%.

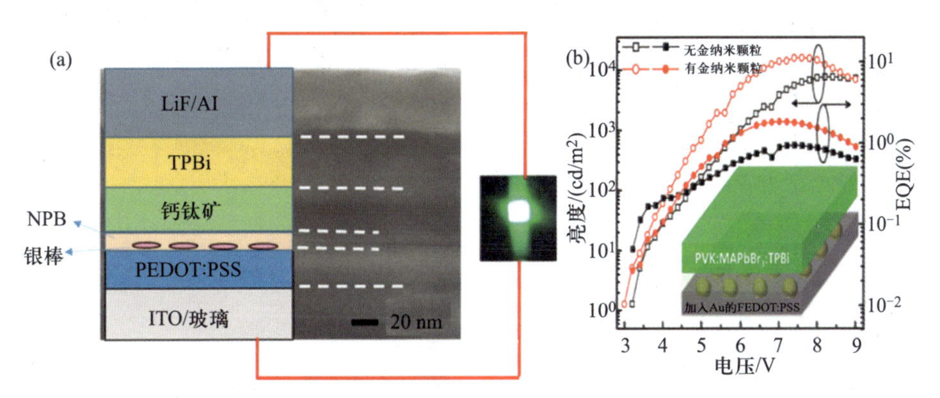


图 12.30 (a) 添加银纳米棒的绿光 PeLED 器件结构及电致发光照片；(b) 添加金纳米颗粒的 PeLED 器件结构以及有无金纳米颗粒的器件性能对比

## 12.3.5 PeLED 器件面临的挑战及展望

目前 PeLED 器件的发展也存在着一些挑战，主要体现在稳定性亟待提升以及商业化进程受限于蓝光器件效率两个方面．通过对钙钛矿的成分进行设计、界面工程及缺陷钝化等手段，可以使钙钛矿发光二极管的效率得到极大改善. 当前文献报道的高外量子效率器件还主要集中在近红外和绿光 PeLED 器件的，如何制备高效蓝光 PeLED 器件仍然是广大科研工作者不断探索的热点与难点．与传统 OLED 相比，目前报道的 PeLED 器件稳定性并不太理想，而低维钙钛矿因其具有高稳定性和可调谐性，为克服这一限制提供了一条很有探索价值的思路．

#### 12.3.5.1　器件稳定性问题

自 2014 年 Friend 等首次在室温下以低温溶液法成功制备了 PeLED 器件以来，PeLED 迅速成为全世界科学家的研究热点．借助 OLED 在过去的发展成果，PeLED 器件得以在短短几年间实现突飞猛进的发展，并一步步接近工业应用．然而，钙钛矿材料以及发光器件的不稳定性，严重阻碍了 PeLED 器件的商业化进程．如图 12.31 所示，目前的不稳定性因素主要分为两个方面，一是钙钛矿材料本身的不稳定性，包含热不稳定性(器件点亮过程中产生的焦耳热会造成钙钛矿发光层分解)、湿度不稳定性(钙钛矿遇水易分解)，以及钙钛矿材料遇光会分解[8]．二是钙钛矿器件的不稳定性，主要包括器件工作时焦耳热导致的各有机功能层损毁及严重的有机阳离子迁移. 器件各功能层的界面

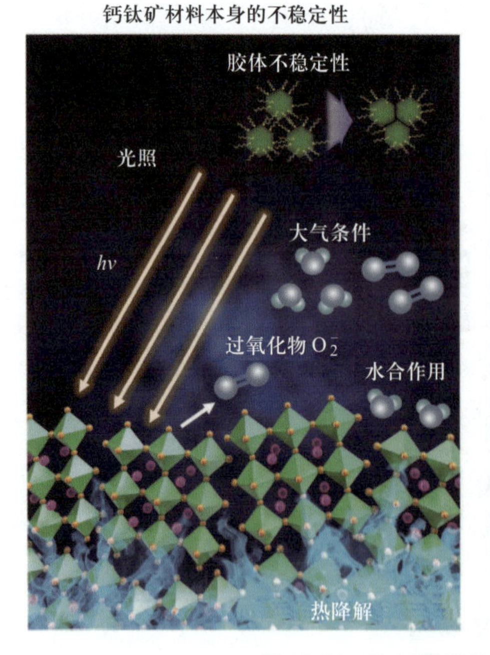


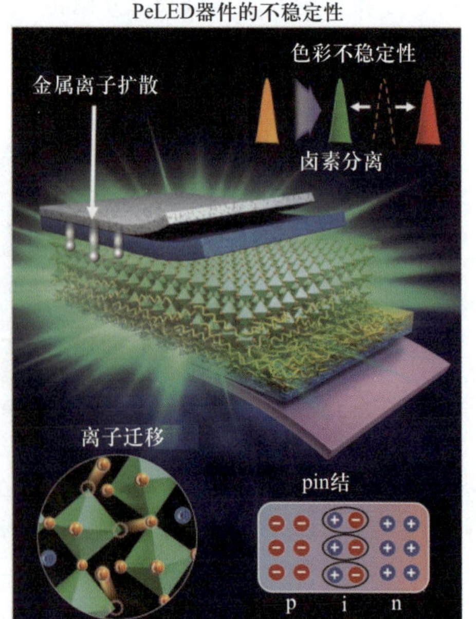


图 12.31　PeLED 器件中的不稳定性因素[8]

之间会发生反应，金属电极的金属离子会内扩散进入器件内部形成荧光猝灭中心[8].

#### 12.3.5.2 蓝光器件效率低

到目前为止，绿光、红光和红外光波段 PeLED 器件的 EQE 最高分别达到了 20.3%[14]、21.3%[46]和 20.7%[15]，已经十分接近基于三维钙钛矿材料的电致发光器件的理论极限(约 25%). 然而，相比来说，在照明和平板显示的应用中起着关键作用的蓝光 PeLED 发展却十分缓慢，成果寥寥. 对于钙钛矿半导体，蓝光 PeLED(发射波长 450～490 nm)的发光层一般选用氯/溴混合钙钛矿，即 $APb(Cl_xBr_{1-x})_3$. 2015 年，Kumawat 等首次报道了基于三维钙钛矿 $MAPbBr_{1.08}Cl_{1.92}$ 薄膜的蓝光 PeLED，亮度仅为 2 $cd/m^2$[47]. 目前已报道的蓝光 PeLED 器件的发光层一般为 $CsPb(Cl_xBr_{1-x})_3$ 钙钛矿量子点薄膜[24,43,48,49]、三维钙钛矿薄膜[47,50,51]，以及二维-三维混合钙钛矿薄膜[21,52—59].

2015 年，曾海波等报道了基于 $CsPb(Cl_xBr_{1-x})_3$ 量子点的蓝光 PeLED 器件，其 EQE 为 0.07%[24]. 2018 年，吕正红等采用双配体实现了准二维蓝光钙钛矿及其 LED，其器件 EQE 达到 1.5%[57]. 2019 年，袁明鉴等通过钙钛矿 A 位阳离子调控，实现了基于全溴钙钛矿 $PEA_2(Rb_{0.4}Cs_{0.6})Pb_3Br_{10}$ 薄膜的蓝光钙钛矿 LED 器件，其工作时的光谱相对稳定，且 EQE 最大为 1.35%，器件在初始亮度为 20 $cd/m^2$ 下的寿命达到 18.7 min[58]. 2019 年，叶轩立等通过组分及维度调控，基于二维-三维混合钙钛矿 $PEA_2Cs_{n-1}Pb_n(Cl_xBr_{1-x})_{3n+1}$ 薄膜实现了 EQE 达到 5.7%的蓝光 PeLED 器件，寿命达到 10 min[59]. 2019 年，金一政等通过薄膜形貌调控实现了基于超薄钙钛矿 $PBABr_y(Cs_{0.7}FA_{0.3}PbBr_3)$ 薄膜的蓝光钙钛矿 LED 器件，其最大 EQE 达到 9.5%，但器件寿命仅为 250 s[60]. 2019 年，黄劲松团队通过在钙钛矿材料中引入 $YCl_3$，大幅度改善了蓝光钙钛矿 LED 器件性能，其最大 EQE 达到 11%，是目前效率最高的蓝光 PeLED 器件，并且器件能够连续工作 120 min[61]. 最近，吴朝新教授团队采用调制"鸡尾酒"的方式，在无机钙钛矿 $CsPb(Cl_xBr_{1-x})_3$ 中引入多重阳离子 Rb/FA/K/PEA，解决了蓝光钙钛矿材料存在的诸多缺点，如缺陷态密度高、能级不匹配以及 PLQY 低等(见图 12.32)，制备的器件最高亮度达到 4000 $cd/m^2$ 以上，并且工作寿命超过 300 min[62]. 与同类最优化的绿光及红光 PeLED 等发光器件相比(内量子效率近乎 100%)，蓝光 PeLED 器件效率依然较低. 文献报道的蓝光钙钛矿材料的 PLQY 最高可以达到 80%以上[63]，但是目前报道的蓝光 PeLED 器件的 EQE 最高为 11%，仍有较大的提升空间.

总之，杂化钙钛矿材料基础物性及发光特性研究的迅速发展，极大地推动了钙钛矿材料在电致发光领域的研究进程，表明其在高效、颜色可调的廉

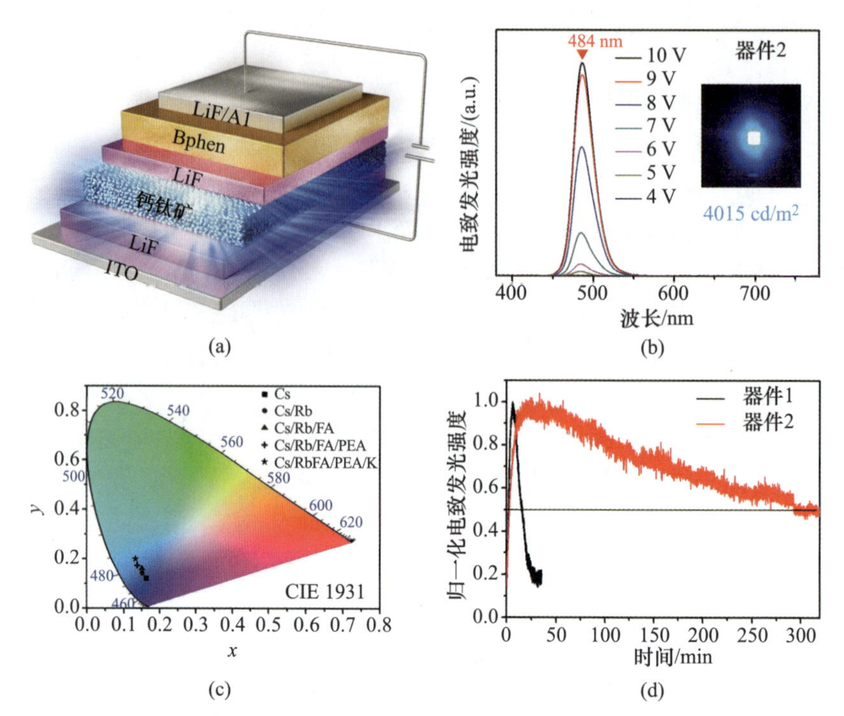


图 12.32 基于"绝缘层-钙钛矿-绝缘层"结构的多重阳离子蓝光钙钛矿 LED 器件. (a) 器件结构; (b) 蓝光器件的发光光谱及照片; (c) 不同器件的 CIE 坐标; (d) 器件稳定性曲线

价显示、发光和光通信等领域具备应用潜力. 但总体而言, PeLED 器件只有在高电流密度下才能发生有效的辐射复合, 进一步增强器件发光和量子效率仍有待研究. 参考钙钛矿太阳能电池所采取的策略, 如消除或抑制缺陷态、优化薄膜构成和形貌、界面能级调控等, 进行协同优化, 有望进一步提升 PeLED 器件的各方面性能. 与此同时, 深入揭示发光器件性能衰退的原因, 延长器件寿命也是今后重要的研究内容. 值得指出的是, 钙钛矿太阳能电池通过特殊结构设计或材料掺杂可以将器件寿命延长到几百至上千小时, 类似的策略对延长钙钛矿发光器件的工作寿命可能也有帮助, 能够进一步加快 PeLED 器件的商业化进程.

## § 12.4 基于杂化钙钛矿材料的受激发射现象

激光现象及激光器件是现代科学发展的基础. 发展波长可调谐的激光材料及激光器一直是我们追求的目标. 有机功能材料由于具有高荧光量子效率以及丰富的能级结构, 实现了紫外到红外波段的激光现象, 而且由此产生了液态染料激光器、固态有机半导体激光器等. 然而，有机材料的热稳定性以及低载流子迁移率限制了其进一步的发展和应用. 对于杂化钙钛矿材料而言，除了光致发光和电致发光二极管以外，其表现出的激光特性更引人关注.

### 12.4.1　自发辐射放大原理

杂化钙钛矿薄膜中能够形成自发辐射放大(ASE)现象的原因是自发辐射产生的光子经过钙钛矿增益介质时，由于受激辐射的原因被放大. 如图 12.33 所示(其中，$h$ 为普朗克常量，$\nu_1$ 为泵浦光频率，$\nu_2$ 为出射光频率，$E_g$ 为带隙能量，$k$ 为动量)，受激发射是光子诱导的激发态电子的相干辐射弛豫过程，当外界泵浦光子能量($h\nu_1$)大于钙钛矿的带隙($E_g$)时，钙钛矿材料价带中的电子将会吸收外界泵浦光子，跃迁到其导带中，电子在导带底进行富集，然后通过相干辐射弛豫过程一次性跃迁回价带，发射出多个光子($h\nu_2$)，最终实现自发辐射的放大. 研究人员在采用超快泵浦-探针光谱学研究高效钙钛矿太阳能电池中的电荷转移动力学时，发现了 $MAPbX_3$ 钙钛矿薄膜中的受激辐射现象的早期证据[64]. 光学放大以单位长度的增益来表示，可以通过光激发增益介质并及时测量它的吸收光谱的方式来获得. 据报道，杂化钙钛矿薄膜的光学增益系数可以高达$(3200\pm830)\,cm^{-1}$，与单晶 GaAs 的增益系数相当[65].

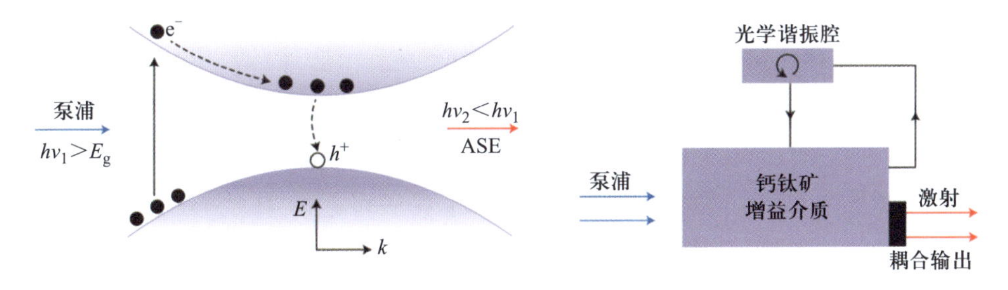


图 12.33　钙钛矿薄膜的光放大原理[4]

在证明杂化钙钛矿薄膜中能够形成净增益后，研究人员的注意力开始集中在光放大器件——光泵浦激光器的开发上. 钙钛矿激光器的结构如图 12.33 所示，激光的产生需要能够实现光子数反转的增益介质，并需要高效耦合器将激光光束输出. 2014 年，Deschler 等报道了 $MAPbI_{3-x}Cl_x$ 薄膜的光泵激射现象[66]. 如图 12.34 所示，他们采用垂直 Fabry-Perot(F-P)腔结构，将 $MAPbI_{3-x}Cl_x$ 薄膜旋涂在分布式 Bragg 反射镜(DBR)上，包覆较厚的缓冲层及高反射率金薄膜完成激光器制备，器件结构为 DBR/$MAPbI_{3-x}Cl_x$ (500 nm)/PMMA (1 μm)/Au (200 nm). 采用 532 nm 激光泵浦该器件，收集其发射光谱，如图 12.34 所示，可以看到出现了明显的窄化光谱，并具有明显的阈值 0.2 μJ·pusle. 另外，他们发现，$MAPbI_{3-x}Cl_x$ 可将 70%的吸收光转换为发射光，其三维结构使得它成为一个良好的半导体，非常有利于制作成发光元件．当材料吸收光子时，$MAPbI_{3-x}Cl_x$ 薄膜中产生了电子-空穴对. 由于晶体的缺陷很少，70%的电子-空穴对通过辐射复合产生光子，从而实现材料的高发光效率. 研究人员通过改变卤素种类，轻易地将得到的光从红外区调节到紫外区域．钙钛矿材料高荧光量子产量及高净增益特性的发现，掀起了基于此类材料的发光与激光器件的研究热潮．

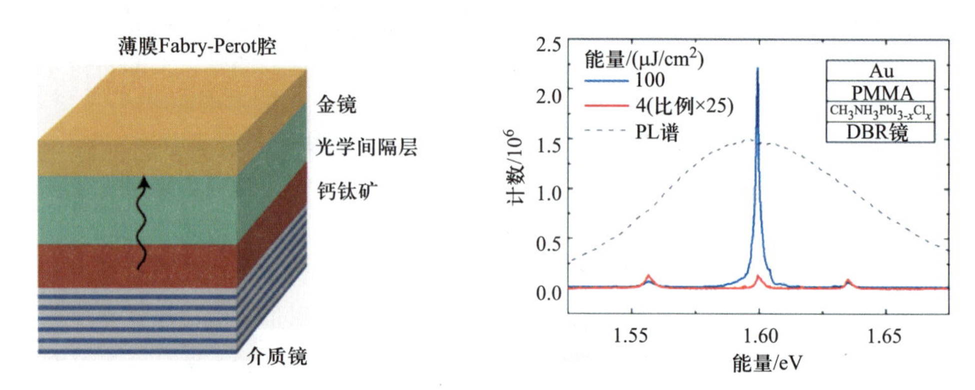


图 12.34 以 $MAPbI_{3-x}Cl_x$ 薄膜为增益介质的激光器结构及其发射光谱[4,66]

### 12.4.2 钙钛矿 ASE 及激射特性研究进展

1998 年，Kondo 等首次发现了层状$(C_6H_{13}NH_3)_2PbI_4$ 钙钛矿中的双激子激射现象[67]. 然而，他们仅在超低温环境下观察到了$(C_6H_{13}NH_3)_2PbI_4$ 多晶薄膜中的激射现象，如图 12.35 所示，其 16 K 下的激射阈值为 20 kW/cm$^2$.

钙钛矿材料常温下 ASE 的实现始于 2014 年，邢贵川等报道了波长可调谐的 $MAPbX_3$ 薄膜的激射现象，其中 $MAPbX_3$(X=Cl，Br，I)薄膜通过易于操作的一步法制备，并且通过调控卤素的掺杂比例实现了不同波长的 ASE 发射．如图 12.36 所示，$MAPbI_3$ 钙钛矿薄膜的阈值仅为(12±2)μJ/cm$^2$. 与无机量子点或者有机薄膜激光材料进行对比发现，钙钛矿的 ASE 光泵阈值很低，并且具有缺陷态密度低、增益系数大、可见光区可调谐、载流子注入平衡等优势，在光伏器件及相干光源应用方面具有诱人的前景[68].

相比于传统无机半导体材料，钙钛矿材料的一个巨大优势是其形成能较低，常温下通过前驱体盐的混合很容易得到高结晶度．其制备过程不需要特别精确的控制，有机离子能够轻易扩散进入无机框架内形成钙钛矿．如图

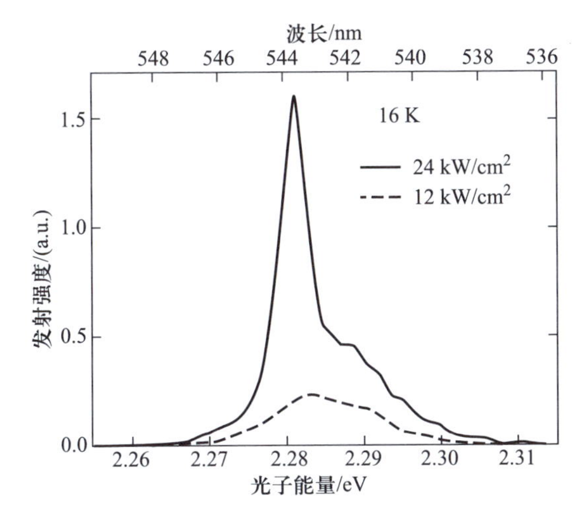


图 12.35　$(C_6H_{13}NH_3)_2PbI_4$ 多晶薄膜 16 K 下的发光光谱[67]

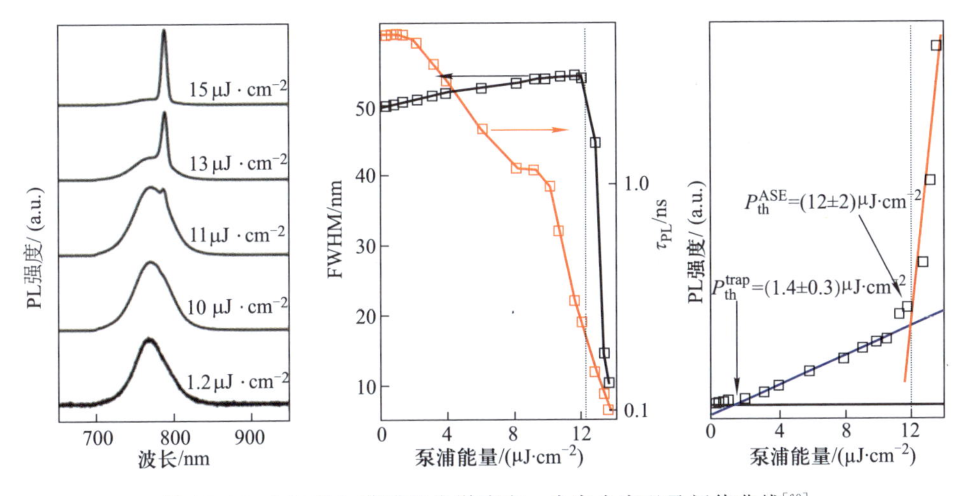


图 12.36　$MAPbI_3$ 薄膜的光谱演变、半高全宽以及阈值曲线[68]

12.37 所示，通过不同的制备工艺流程，调控反应条件(比如浓度、退火温度、溶剂、添加剂等)可以获得从零维到三维的不同形貌钙钛矿材料，比如纳米晶或量子点、纳米线、二维薄片以及三维单晶等.

到目前为止，钙钛矿材料的 ASE 以及激射现象已经在各种各样的样品形貌中得到证实，如图 12.38 所示，包括三维多晶薄膜[68,70,71]、准二维纳米薄片[72]、微腔[73,74]、准零维纳米晶[75]、准一维纳米线[76−78]和分布式反馈腔[79]等. 以下我们根据钙钛矿材料样品形貌以及空间维度的不同，对现有的基于钙钛矿材料的 ASE 以及激射现象的研究现状做简要的介绍.

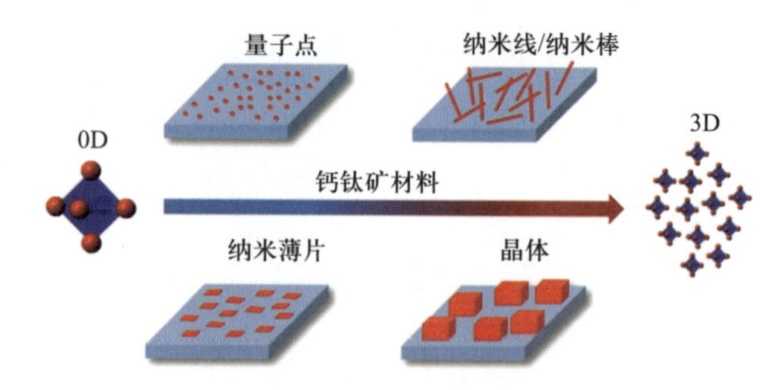


图 12.37 钙钛矿不同样品形貌[69]

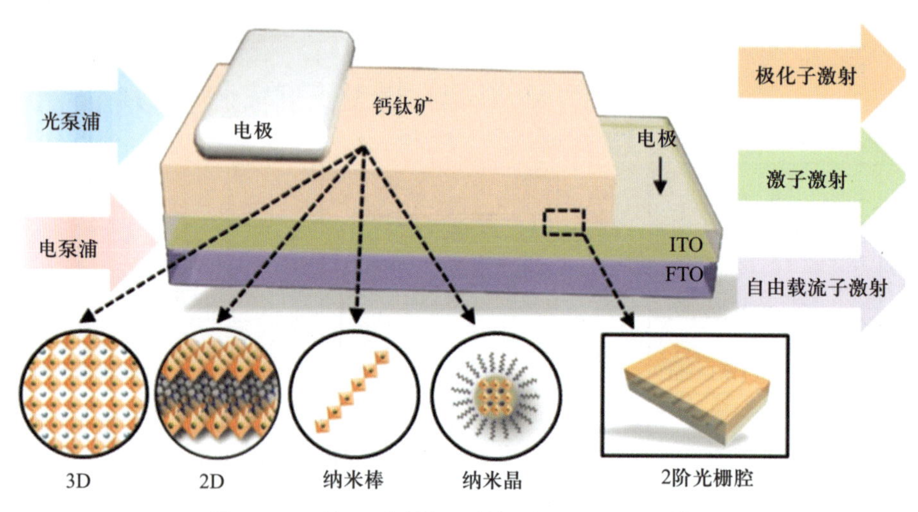


图 12.38 基于不同样品形貌的钙钛矿激光器[3]

#### 12.4.2.1 准零维量子点激光

钙钛矿量子点或者纳米晶是极具吸引力的激光增益介质，因为它们具有一系列独特的优势，比如可以通过改变尺寸实现光谱调谐、光学谐振强度大，以及胶体合成方法灵活等[80-86]．Yakunin 等用油酰胺作为表面配体，制备出分散于非极性溶剂甲苯中的 $CsPbX_3$ 纳米晶胶体溶液．如图 12.39 所示，$CsPbX_3$ 纳米晶尺寸约为 9～10 nm，且通过不同卤素替换的方式实现了可见光区域的光谱调谐，比如调节 Cl 与 Br 比例，光谱从 410 nm 调节到 530 nm，调节 Br 与 I 比例，光谱从 530 nm 调节到 700 nm[87]．由于纳米晶尺寸远低于紫外光到近红外区域的衍射极限，单一纳米晶不能形成独立的光学谐振腔以形成光波导，提供光学正反馈．直到现在，钙钛矿量子点或者纳米晶通常被用作增益介质，并与一个光学腔耦合形成激光出射．$CsPbBr_3$ 纳米晶薄膜在不同能量下的光谱演变及阈值曲线如图 12.39 所示，随着泵浦强度的提高，出现光谱窄化及明显阈值拐点，是明显的 ASE 现象. ASE 峰位约为 537 nm，阈值约为(5±1) μJ/cm$^2$.

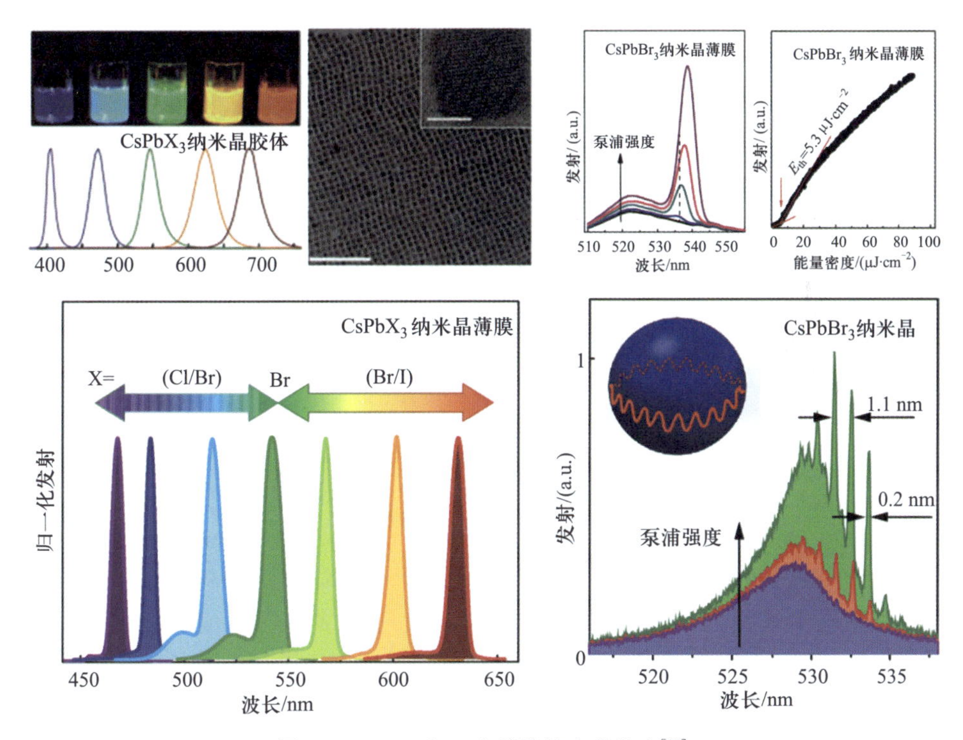


图 12.39　$CsPbX_3$ 准零维纳米晶激光[87]

在包含其他卤素的 $CsPbX_3$ 纳米晶薄膜中同样观察到了 ASE 现象，如图 12.39 所示，实现了 ASE 的全光谱调谐(470～620 nm). 要想获得高质量的激光，需要高质量的谐振腔提供光学反馈. 在这方面，商用二氧化硅微球可以作为环形腔，发射光子通过微球与空气界面的全反射形成回路，实现光放大，如图 12.39 的插图所示，最终形成的光腔模式被称作回音壁模式(whispering-gallery-mode，WGM). WGM 激光可以通过将激射材料黏附在微球表面来实现[88,89]. 将 $CsPbBr_3$ 纳米晶旋涂在直径为 15 μm 的二氧化硅小球上，采用激光泵浦时，光谱上出现等间距的尖峰，尖峰线宽仅为 0.2 nm，模式间隔约为 1.1 nm，是明显的 WGM 激光光谱. 研究人员采用微球作为谐振腔制备的 WGM 激光器往往具有较高的品质因子，因为微球的光限制效应极强，能够有效地减少发射光泄漏.

此外，樊婷等采用热注入法制备了铯铅溴钙钛矿胶体量子点，如图 12.40

所示，所得样品为单晶纳米晶，平均边长为 9～10 nm. 在 400nm 飞秒激光泵浦下，量子点薄膜激光阈值约为 471 μJ/cm²，FWHM≈4 nm. $CsPbBr_3$ 量子点薄膜的激光行为可以归因于在弱散射条件下实现的随机激光模式[90].

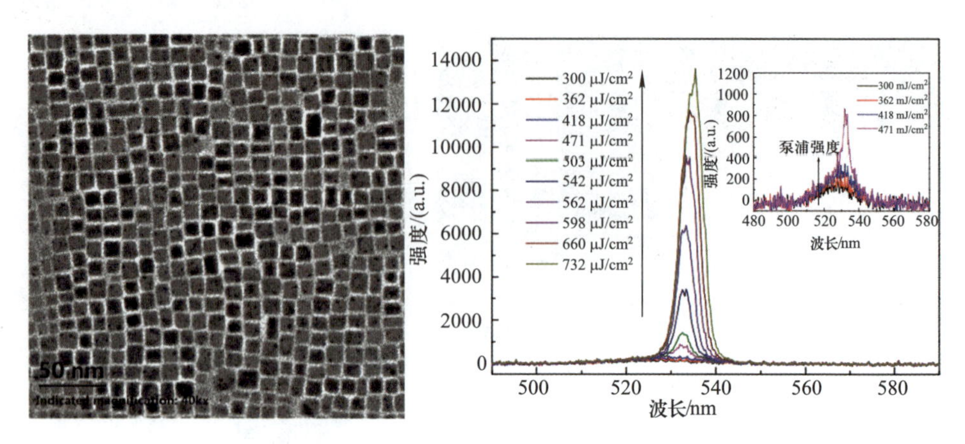


图 12.40　热注入法 $CsPbBr_3$ 准零维纳米晶 ASE 发射[90]

#### 12.4.2.2　准一维纳米线激光

由于具有超紧密的物理尺寸、高度局域化相干输出，以及适当的波导模式，半导体纳米线激光器成为能够与纳米光电子设备完全集成的理想组成部件[77,91-93]. 限制半导体纳米线激光器潜在应用的一个主要障碍是激光出射所需的阈值载流子密度较高[94]. 2015 年，朱海明等报道了超低阈值的 $MAPbX_3$ 纳米线激光器. 他们先制备出 $PbAc_2$ 薄膜，然后将其长时间浸入浓度较高的 MAX 溶液中，制备出具有光滑端面的单晶钙钛矿纳米线(见图 12.41)，纳米线长度一般约为几十 μm. 将单个纳米线转移至基片上，以飞秒激光作为泵浦光源，他们观察到单个纳米线的激射光谱，阈值仅为 0.22 μJ/cm². 钙钛矿纳米线自成 F-P 谐振腔，激射光谱线宽仅为 0.22 nm，因此获得了极高的品质因数(约为 3600). 该方法生成的单晶纳米线的缺陷态密度极低，因而其 PLQY 较高(接近 100%)，并且通过调节卤素的种类及比例实现了室温下激光波长的调谐(范围约为 490～780 nm)[76].

傅永平等采用低温溶液法制备出 $FAPbX_3$ 钙钛矿单晶纳米线，长度约为几十 μm，如图 12.42 所示，光泵浦下有激光出射. 相比于图 14.41 中的 $MAPbX_3$ 钙钛矿，$FAPbX_3$ 的热稳定性更高. 加入部分 MABr 的 $FAPbI_3$ 纳米线发射峰位于 797 nm，阈值仅为 2.6 μJ/cm². 另外，相比于 $MAPbX_3$ 钙钛矿，$FAPbX_3$ 钙钛矿纳米线激光器的光谱调谐范围更宽(490～824 nm)，更适合作为激光器的增益介质[78].

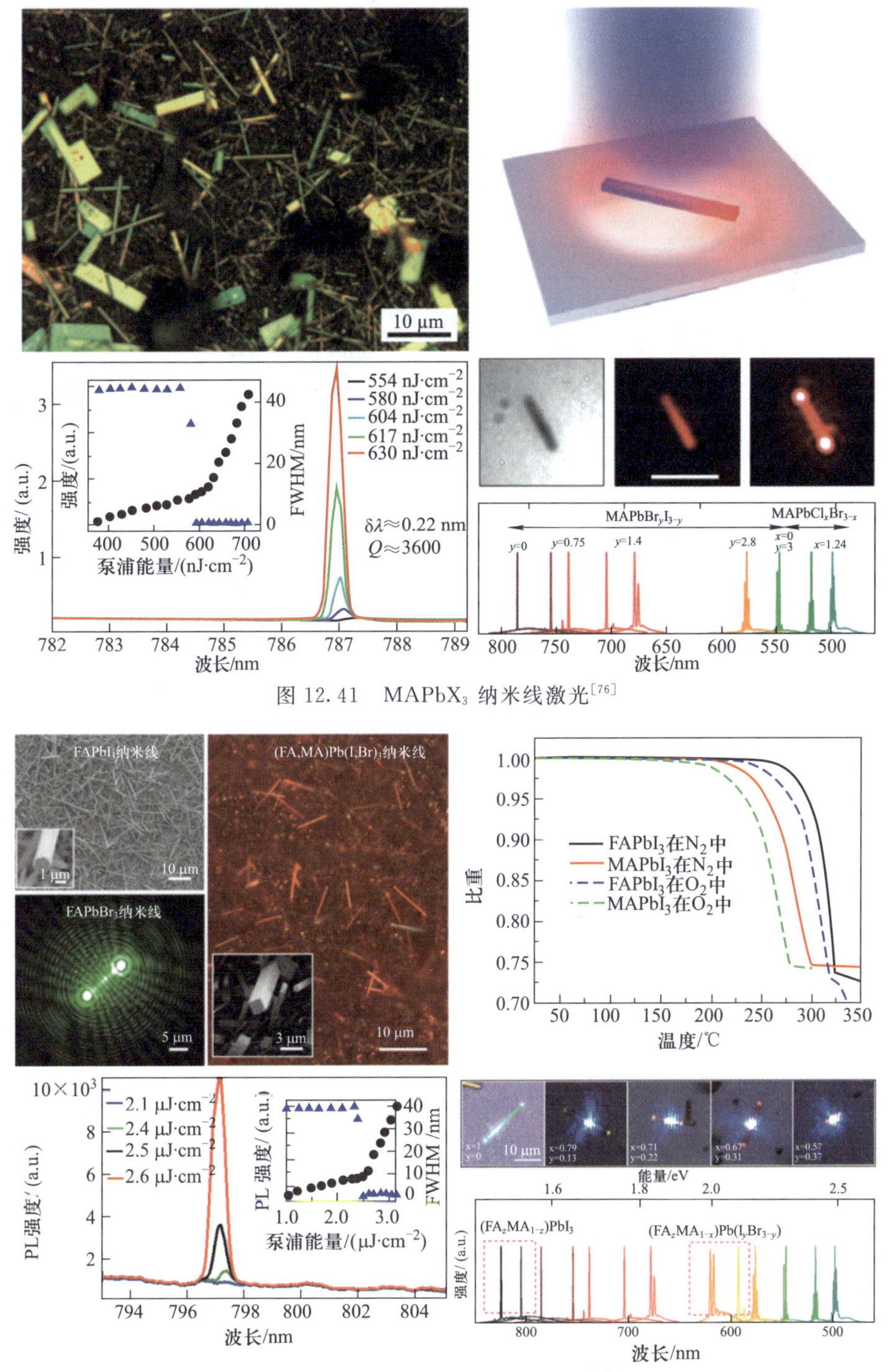


图 12.41 $MAPbX_3$ 纳米线激光[76]

图 12.42 $FAPbX_3$ 纳米线激光[78]

$CsPbX_3$ 单晶纳米线同样具有优异的激射特性. 如图 12.43 所示，Eaton 等采用将 $PbI_2$ 薄膜长时间浸入 CsX 甲醇溶液中的方法制备出长度为 2～40 μm 的 $CsPbX_3$ 钙钛矿单晶纳米线，阈值最低为 5 μJ/cm²，并同样实现了全光谱调谐. 全无机 $CsPbX_3$ 钙钛矿比上述 $MAPbX_3$ 或 $FAPbX_3$ 钙钛矿材料具有更高的热稳定性、化学稳定性以及光泵浦稳定性，是极佳的激射材料[95].

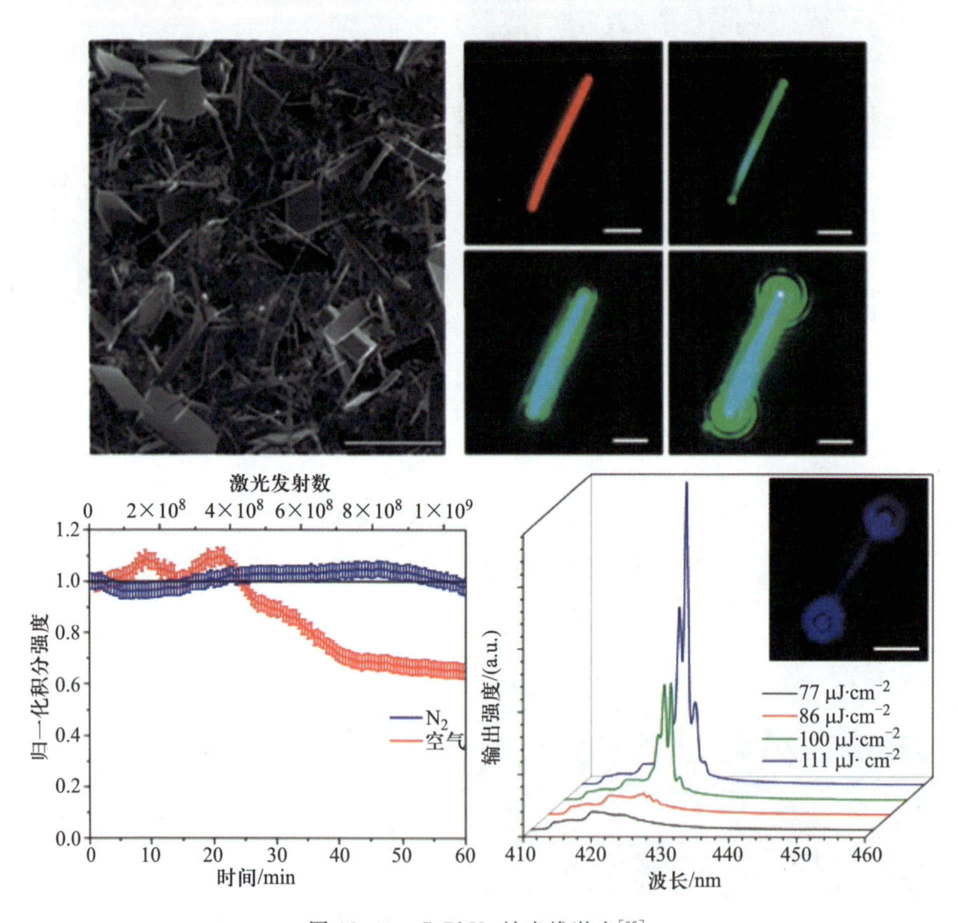


图 12.43 $CsPbX_3$ 纳米线激光[95]

此外，$CsPbBr_3$ 纳米线的自发辐射(SE)和激射与温度相关，如图 12.44 所示. 温度为 295 K 时，$CsPbBr_3$ 纳米线的激射阈值为 18.31 μJ/cm². 由于 F-P 腔所选择的谐振光模态作用，在 530 nm 附近出现几个窄峰，半峰宽为 0.75 nm. 研究发现，自发辐射(SE)和激射能量主要由两个因素决定：电子-声子相互作用(EP)和晶格热膨胀(TE). 在温度 78～170 K 范围内，晶格热膨胀(TE)影响占主导，此时的激射和 SE 峰值都随温度的增加而呈现近似线性的蓝移. 当温度大于 195 K 时，电子-声子相互作用(EP)占主导地位，降低了 SE 峰的蓝移速率，导致了激射峰的红移[96].

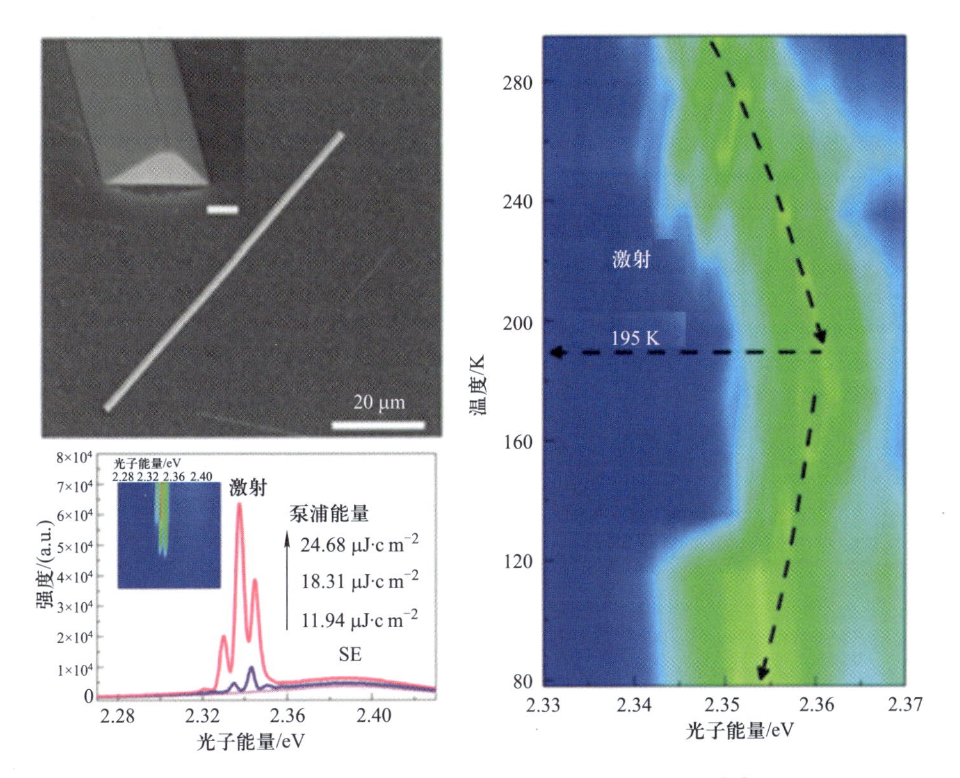


图 12.44 $CsPbBr_3$ 纳米线激射特性的温度依赖关系[96]

#### 12.4.2.3 准二维纳米薄片激光

杂化钙钛矿材料形成的纳米薄片能够形成高品质因子的 WGM 光腔，进而实现激光出射[72-74,97-99]. 2014 年，张青等报道了高品质因数的钙钛矿纳米盘近红外激光器[73]. 如图 12.45 所示，他们将 $PbX_2$ 薄膜置于高温高压 MAX 蒸汽中，制备出钙钛矿 $MAPbI_{3-x}(Br/Cl)_x$ 纳米盘，厚度约为 10～300 nm. 该结构中能够自然形成回音壁模式腔，提供足够的光学正反馈，实现了低阈值(37 μJ/cm²)、高品质因数(约 900)的近红外激光出射. 此外，该结构与各种导电基底接触时，激射阈值几乎保持不变，展示了其在光电子芯片集成中的应用前景.

相比于上述 $MAPbI_3$ 纳米盘(激射波长约为 780 nm)，$MAPbBr_3$ 纳米盘发射绿光，并且具有更高的量子产率、稳定性及增益系数，因此具有更低的激射阈值. 例如，如图 12.46 所示，付红兵等采用一步溶液自组装法诱导快

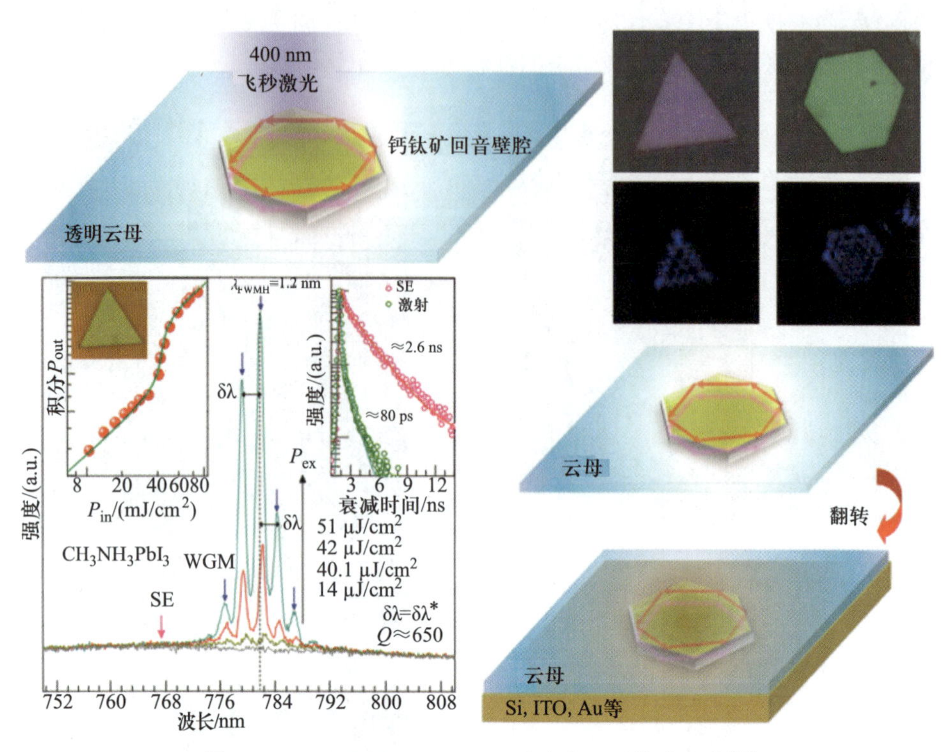


图 12.45　$MAPbI_{3-x}(Br/Cl)_x$ 纳米盘近红外激光器[73]

速成核生成 $MAPbBr_3$ 正方形纳米盘，边长约为 1～10 μm，厚度约为边长的 1/10～1/4，其激射阈值约为 3.6 μJ/cm$^2$，激射波长约为 557 nm[74]. 然而，上述方法生成的有机-无机钙钛矿纳米盘在空气中的稳定性较差，相比来说，全无机钙钛矿 $CsPbX_3$ 不但具有更高的量子产率，而且其稳定性大大提高. 如图 12.46 所示，张青等采用化学气相沉积法制备出表面平滑的正方形纳米盘，激射阈值低至 2.0 μJ/cm$^2$，比上述 $MAPbBr_3$ 正方形纳米盘的阈值更低，并且很容易实现全光谱调谐，其卓越的激射特性在集成激光光源领域具有光明的应用前景[72].

此外，如图 12.47 所示，Makarov 等实现了一种利用环形飞秒激光直接烧蚀玻璃薄膜制备微激光器的方法. 他们使用飞秒激光多脉冲印迹技术在 760 nm 厚钙钛矿薄膜上覆盖二氧化硅玻璃基底，并使用一种特殊设计的激光束. 该激光束具有一个环形的横向强度剖面，称为光涡(OV)光束. $MAPbBr_xI_y$ 纳米盘微型激光器的厚度为 760 nm，直径范围为 2～9 μm，尺寸由涡旋光束的拓扑电荷控制，品质因数为 5500. 他们测试了制备的钙钛矿微盘的基本激光发射特性，方法是在 532 nm 波长下，以 0.56 ns 激光脉冲聚焦照射它们，

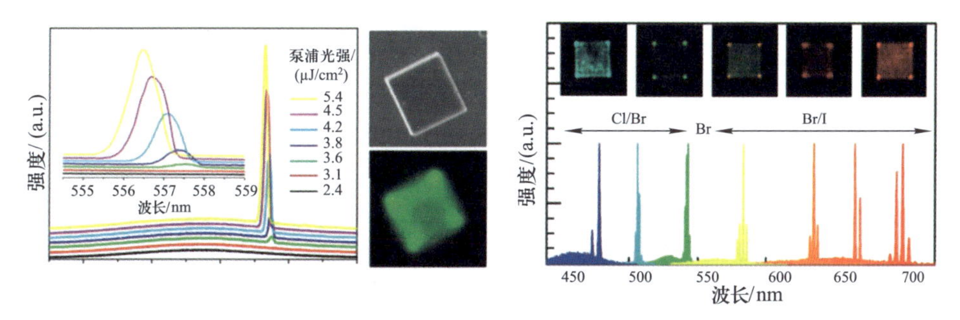


图 12.46　$MAPbBr_3$ 及 $CsPbX_3$ 纳米盘激光器[72,74]

比激光诱导的钙钛矿薄膜表面修饰的测量阈值光强低 2 个数量级[100].

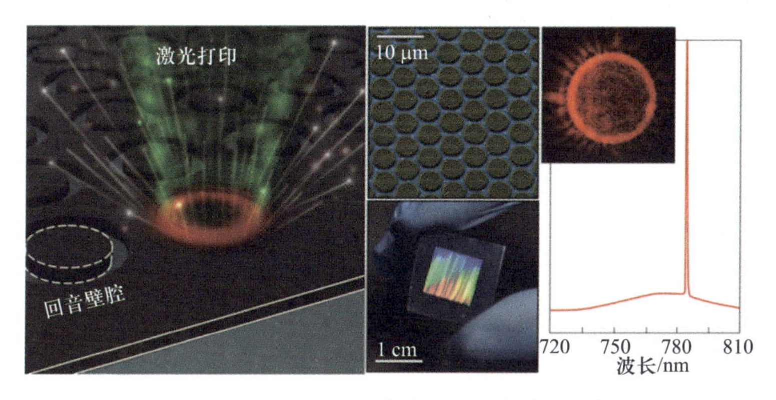


图 12.47　$MAPbX_3$ 微米盘的单模激光[100]

如图 12.48 所示，孙汉东等报道了一种基于 $CsPbBr_3$ 微米盘与高能离子相互作用实现可控光发射器和微激光器的实验设计[101]. 低剂量镓离子($10^{15}$ ions/cm$^2$)辐照下，$CsPbBr_3$ 微米盘的光致发光强度可以被调节超过 1 个数量级，这可能是由于空位/间隙缺陷、金属铅和晶体-非晶化跃迁造成的. 除了实现光拓扑结构外，低剂量 FIB 处理还可以用来调整 $CsPbBr_3$ 的激光发射. 初始微盘的激光阈值约为 16.0 μJ/cm$^2$，当泵浦光强超过阈值时，可以观察到微板的明亮外围，说明在钙钛矿微板中发生了回音壁模式(WGM)激光. 为了通过 FIB 调节激光发射，用 $Ga^+$ 离子束辐射处理钙钛矿微盘，低剂量约为 $3\times10^{15}$ ions/cm$^2$. 图像显示处理区有明显的 PL 猝灭现象. 泵浦能量低于 24 μJ/cm$^2$，PL 光谱是由自发发射主导. FIB 处理后的微盘转变为 Fabry-Perot 模式激光.

#### 12.4.2.4　三维多晶薄膜激光

除了上述所有的具有谐振腔的钙钛矿纳米结构激光器以外，无腔的三维

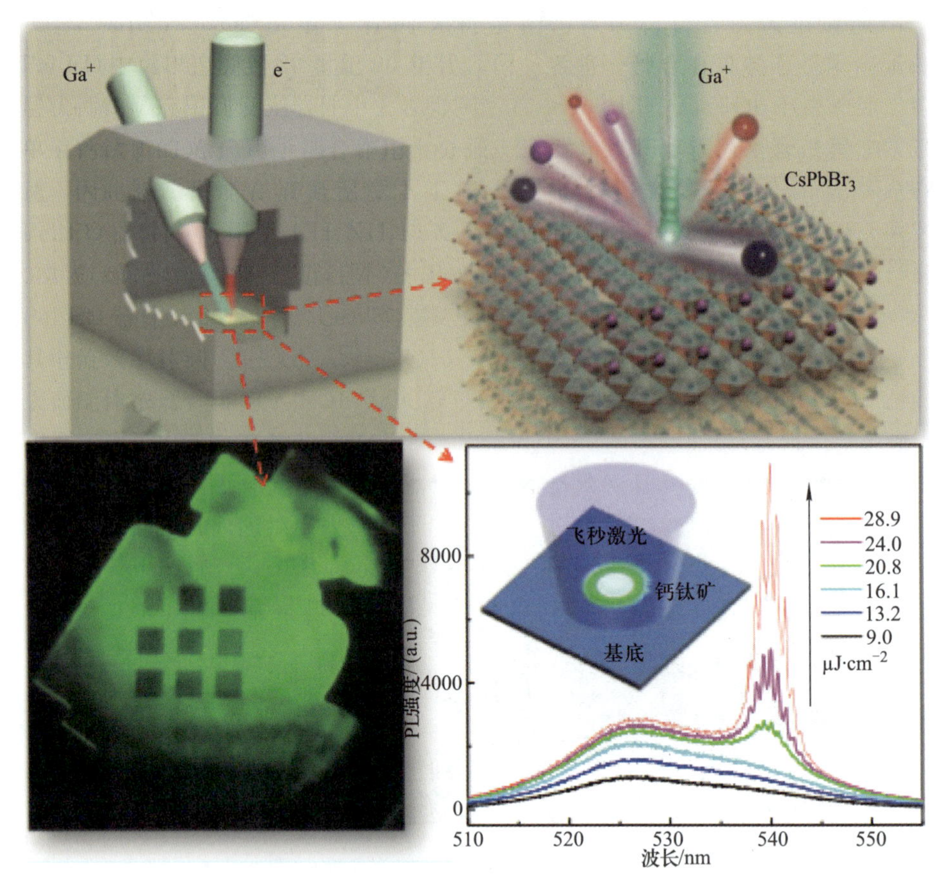


图 12.48 与高能离子相互作用的 $CsPbBr_3$ 微米盘实现可控激光发射器[101]

多晶薄膜同样具有较大的增益系数以及较低的阈值，可以直接集成到各种光学谐振腔中，为实现芯片相干光源提供了良好的前景[71,102-108]. 同时，制造的简易性大大降低了实现激光器的要求，它们的低温溶液法制备特性能够与多种基底高度兼容，比如硅基底和柔性聚合物基底. 如图 12.49 所示，邢贵川等用溶液法制备的 $MAPbX_3$ 薄膜除了具有较低的阈值外，还可以沉积在柔性聚合物基底上实现柔性激光出射，并且具有超高的光泵稳定性以及全光谱调谐的优势[68]. 钙钛矿薄膜极易与各类谐振腔集成，例如，如图 12.49 所示，Sutherland 等利用原子层沉积法在 $SiO_2$ 微球上生长出平整的 $MAPbI_3$ 薄膜，证明了基于球形谐振腔的激射现象. 该球形结构中能够自然形成 WGM 腔，在光泵条件下表现出优秀的激射特性(阈值约为$(65\pm8)\mu J/cm^2$)及高品质因数，并且净增益系数很高($(125\pm22)cm^{-1}$)，在低成本芯片光源方面具有应用潜力[88].

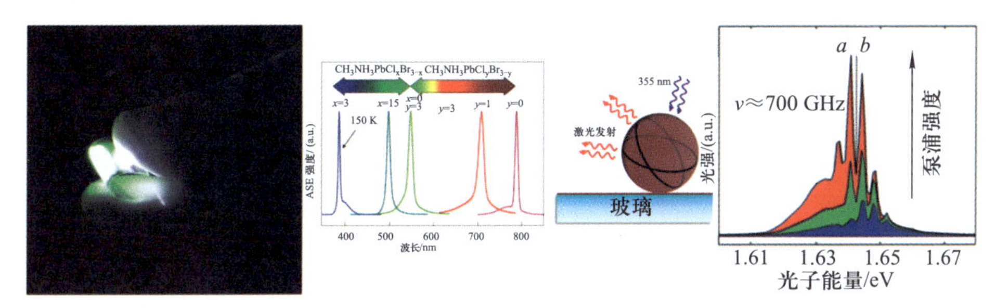


图 12.49　$MAPbX_3$ 三维多晶薄膜及微球上 $MAPbI_3$ 薄膜的激射现象[68,88]

对于最早得到研究的 $CH_3NH_3PbI_3$ 钙钛矿材料，吴朝新团队使用两步法制备出平整致密的 $CH_3NH_3PbI_3$ 薄膜并观察到其 ASE 发射，纳秒激光泵浦下 ASE 阈值约为(41±5) μJ/cm²，如图 12.50(a)所示. 他们还深入探讨了钙钛矿薄膜在电场下的荧光与 ASE 猝灭行为[70]. 他们深入研究了热稳定较高的甲脒铅碘($HC(NH_2)_2PbI_3$)钙钛矿材料. 研究表明，如图 12.50(b)所示，$HC(NH_2)_2PbI_3$ 钙钛矿的稳定性确有明显提高，且光泵阈值更低，飞秒激光泵浦下 ASE 阈值低至 1.6 μJ/cm²，更适合作为激光器的增益介质[109].

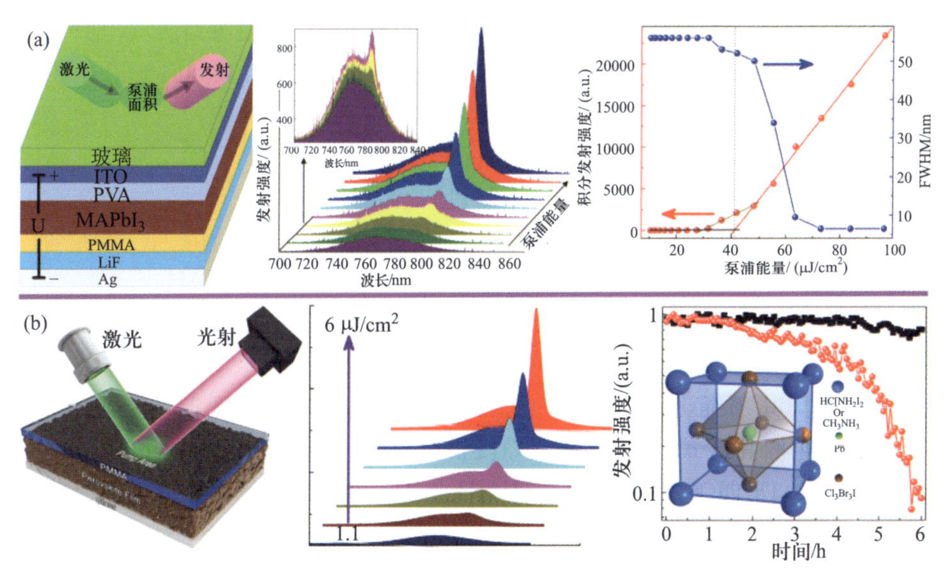


图 12.50　(a) $CH_3NH_3PbI_3$ 钙钛矿薄膜的光泵结构、光谱演变及阈值曲线；(b) $HC(NH_2)_2PbI_3$ 与 $CH_3NH_3PbI_3$ 钙钛矿薄膜光泵阈值对比

### 12.4.2.5　其他非铅或纳米阵列激光

在解决铅元素毒性问题方面[110]，邢贵川等还报道了无铅化的 $CsSnX_3$ 钙钛矿薄膜激射现象．如图 12.51 所示，他们采用一步溶液法在蝴蝶翅膀上旋涂生成 $CsSnX_3$ 薄膜. 蝴蝶翅膀类似于光栅结构，充当光学谐振腔提供正反馈. 在光泵条件下其激射阈值约为 6 $\mu J/cm^2$，并且具有高品质因数(约 500)及高净增益系数(200 $cm^{-1}$)．此外，无铅化的 $CsSnX_3$ 薄膜同样具有极高的光泵稳定性及激射光谱可调谐性(700～950 nm)，证明该材料具有在集成光电子领域的应用潜力[111].

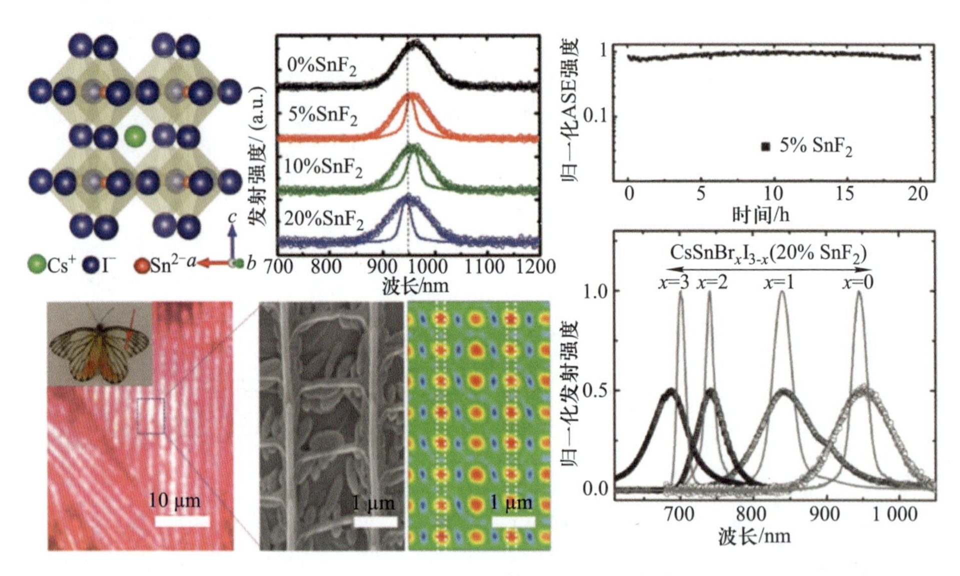


图 12.51　$CsSnX_3$ 薄膜的激射现象[111]

此外，吴朝新团队采用连续真空沉积法制备出一系列致密平整的 $CsSnX_3$ 薄膜，如图 12.52 所示，薄膜晶粒尺寸约为 60 nm，且 RMS 最低为 2.5 nm. 他们观察到其光泵 ASE 发射现象，$CsSnBr_{0.5}I_{2.5}$ 薄膜的光泵 ASE 阈值为(12±2) $\mu J/cm^2$，并且通过卤素替换实现了较宽的 ASE 光谱调谐(697～923 nm). 结合图 12.26 所示，基于 $CsSnBr_3$ 薄膜的极小面积的全无机 PeLED 器件能够承载极大的电流密度，显示出将该 $CsSnBr_3$ 膜作为电泵浦激光器增益层的光明前景．此类采用连续真空沉积法制备的 $CsSnX_3$ 薄膜具有高薄膜质量、高光学增益和高电流密度承载能力等优势，使它们成为最具潜力的电泵浦激光器增益层的候选[32].

除了上述单个钙钛矿激光器，钙钛矿纳米结构阵列激光器对于实现低成本、低阈值以及大面积光电子集成器件具有更实际的意义[112−116]. 结合微米或

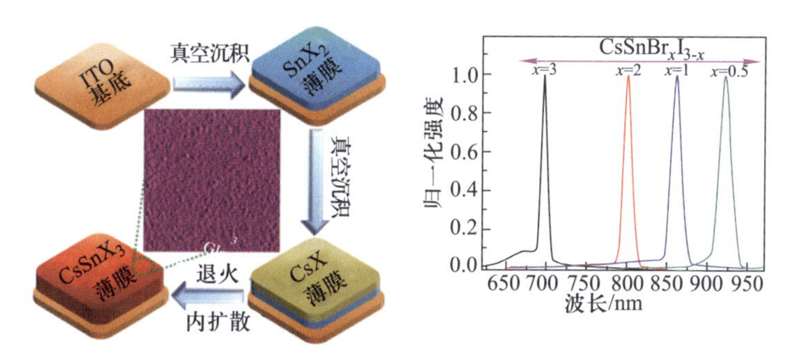


图 12.52　连续真空沉积法制备的 $CsSnX_3$ 薄膜 ASE 出射[32]

纳米制备及模板化技术，刘新风等采用外延生长在基底上制备出 $MAPbI_3$ 纳米盘阵列激光器[117]. 六边形的 $MAPbI_3$ 纳米薄片采用两步气相法制备. 这些纳米薄片充当 WGM 光腔，在光泵条件下其激射阈值约为 11 $\mu J/cm^2$，并且具有较高的品质因数(约 1210)，证明钙钛矿纳米阵列激光器具有在大面积发光器件及相干光源应用方面的巨大潜力.

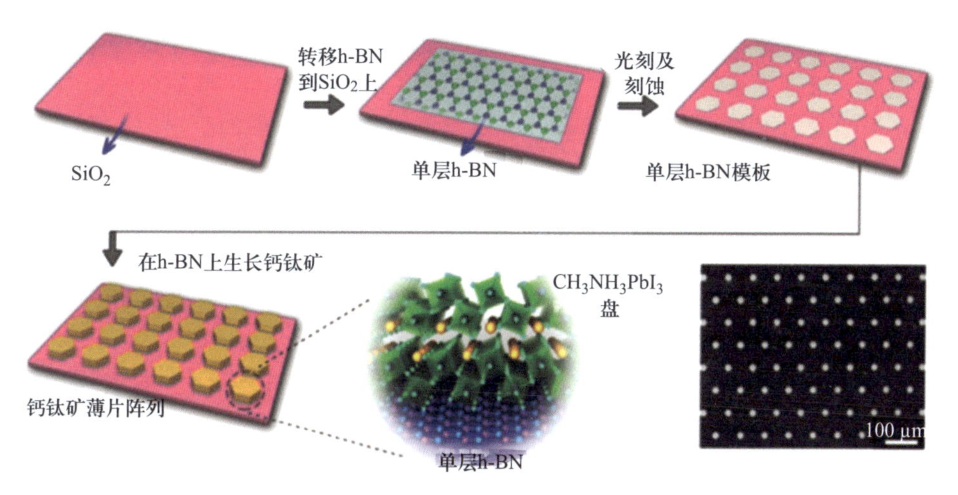


图 12.53　$MAPbI_3$ 纳米盘阵列激光器[117]

我们概括性地讨论了钙钛矿材料在激光光源领域的近期进展，详细介绍了各类基于钙钛矿材料的高性能光泵浦激光器. 总之，钙钛矿材料具有加工成本低、增益系数高及光谱可调谐等优点，是一种极具实用价值的激射材料. 近期在钙钛矿结构工程、光学特性和应用开发等方面的研究进一步促进了钙钛矿材料在相干及非相干光源领域的发展[69,73].

### 12.4.3 钙钛矿电泵浦激光器的可能性

钙钛矿在发光及激光应用中具有光明的前景．然而，为了最终实现基于钙钛矿材料的电泵浦激光器，仍有诸多问题需要解决．现阶段，最重要的是对实现电泵浦激光器的可能性进行全面评估．考虑一个理想的边发射激光二极管(laser diode，LD)，采用两层金属氧化物 ITO 薄膜包覆钙钛矿薄膜形成理想波导结构．仅仅考虑材料本身及谐振腔造成的光学损耗，可以估算出激光出射所需的最小电流密度，即阈值电流密度．对于该器件来说，光腔损耗 $\alpha_T$ 与增益介质的吸收系数 $\alpha_0$ 及光腔中物质与空气界面的反射率 $R$ 有关：

$$\alpha_T = \alpha_0 - \frac{1}{L}\ln(R), \tag{12.1}$$

其中 $L$ 为波导长度．阈值密度 $N_{th}$ 在激射波长为 $\lambda$ 时为

$$N_{th} = 8\pi c n_{cav}^2 \frac{\tau \Delta\lambda}{\lambda^4}\left(\frac{\alpha_T}{T}\right), \tag{12.2}$$

其中 $c$ 为光速，$n_{cav}$ 为光腔有效反射系数，$\tau$ 为荧光寿命，$\Delta\lambda$ 为光谱线宽，$\Gamma$ 为增益层的光限制因子．从(12.2)式可以明显看出，提高光耦合输出或者降低寿命或谱线宽度均可以降低激射阈值．图 12.54(a)为一个简单的理想钙钛矿激光二极管示意图，ITO 层与钙钛矿层厚度分别为 20 nm 与 240 nm. 该器件单模激光出射对应的 $\Gamma$ 约为 85%，这是因为钙钛矿材料的折射率一般大于 2，导致其光限制效应极强[118].

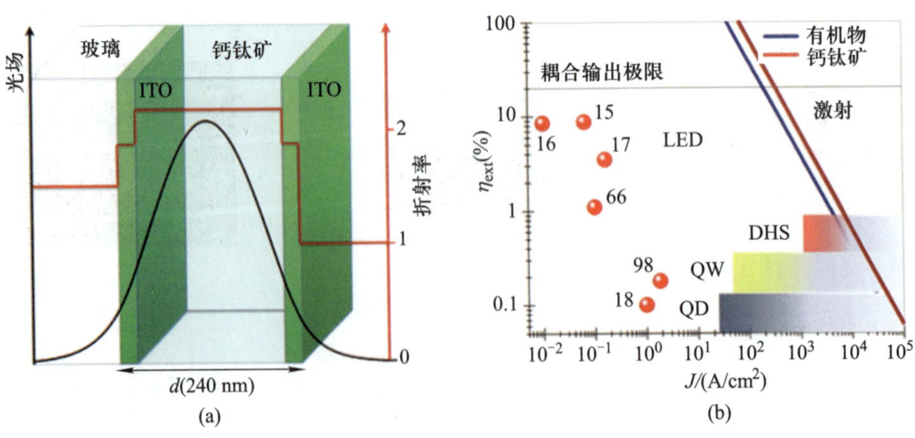


图 12.54 简单的理想钙钛矿激光二极管示意图及电流密度与外量子效率的关系[124].
(a) 简单的理想钙钛矿激光二极管；(b) 器件注入电流密度与外量子效率的关系

经典的 $MAPbI_3$ 薄膜对应的激射波长一般为 780 nm，相应谱线宽度约为

2 nm，荧光寿命约为 10 ns[68]，代入(12.2)式，得到其阈值载流子密度 $N_{th}$约为 $1.78\times10^{14}(\alpha_T/\Gamma)$ cm$^{-3}$. 对于上述设计的理想结构，与 $MAPbI_3$ 薄膜在 780 nm 处的吸收系数相比(约 5000 cm$^{-1}$)，界面处的光腔损耗(约 50 cm$^{-1}$)可以忽略不计[119]，因此得到其阈值载流子密度 $N_{th}$约为 $10^{18}$ cm$^{-3}$. 整个模拟过程全部是在理想状态下得到的，如不考虑界面失配并且假设电能完全转化为光能. 粗糙的界面、钙钛矿晶粒导致的高的表面粗糙度、弱的界面能和机械不匹配，以及金属电极的使用，均会导致阈值电流密度进一步显著增加，这主要源自高载流子密度下 Auger 复合速率的增加. 然而，$MAPbI_3$ 的 ASE 寿命远远高于 Auger 复合寿命[76]. 钙钛矿材料的这种特异表现与有机半导体材料完全不同. 有机材料在高载流子密度下会产生多种激子猝灭过程，如三线态猝灭以及极化子吸收等[120-123].

我们知道，电泵浦激光发射所需的最小电流密度可以由光泵 ASE 阈值估算得出，且两者成正比关系. 可见，具有低光泵 ASE 阈值的体系更容易实现电致激光出射. 光泵浦 ASE 阈值平常被用来估算电泵浦情况下所需的最小电流密度，即阈值电流密度. 同等密度的激子可以在注入电流密度为 $J_{th}$的情况下形成[121,124,125]：

$$I_{th}=\frac{qdN_{th}}{\chi\tau},\tag{12.3}$$

其中 $q$ 为电子电荷，$d$ 为复合区域长度，$\chi$ 为电注入过程中形成的总激子数中单线态激子的比例，$\tau$ 为增益层材料的辐射复合寿命. 假设电注入过程中全部形成单线态激子(即 $\chi$ 为 1)，计算得到基于 $MAPbI_3$ 薄膜的垂直 F-P 腔激光器的 $J_{th}$约为 320 A/cm$^2$. 如果采用目前最低的钙钛矿纳米线的激射阈值[76]，计算得到的阈值电流密度 $J_{th}$能够再降低一个数量级，但仍比现有的 PeLED 器件中最高的电流密度(一般小于 2 A/cm$^2$)高一个数量级. 当前最好的 PeLED 器件的注入电流密度与外量子效率的关系如图 12.54(b)所示，红色线条为钙钛矿电泵浦激光出射所需的阈值电流密度理论计算值[124]. 可以看出，在最大的量子产率下，目前最好的 PeLED 离激光出射所需的电流密度仍很遥远.

直接电泵浦激光器的实现仍需研究人员的不懈努力，而间接电泵浦激光器则利用发光二极管作为泵浦光源实现激光出射. 这种泵浦光源必须便宜、紧凑且高效，以取代被广泛使用的昂贵的 Nd:YAG 纳秒激光器以及 Ti:Sapphire 飞秒激光器[126-129]. Giebink 等制备出以铟镓氮(InGaN)激光二极管作为泵浦光源的间接电泵浦激光器[130]，其器件结构示意图如图 12.55 所示. 他们在分布式光栅结构的 Si 基底上沉积 50 nm 的 Au 薄膜及 15 nm 的 $Al_2O_3$ 薄膜，再旋涂 160 nm 的致密 $MAPbI_3$ 薄膜完成器件制备. 以纳秒激光器作为泵浦源(波长

532 nm，脉宽超过 0.5 ns，重复率 10 Hz)时，器件的阈值约为 40 μJ/cm². 以 InGaN 激光二极管作为泵浦光源(脉宽超过 25 ns，重复率 2 MHz)时，器件的阈值为 5 kW/cm². 虽然激光的产生与消失机制仍需进一步的研究细化，但实现基于钙钛矿的电泵浦相干光源的前景一片光明．

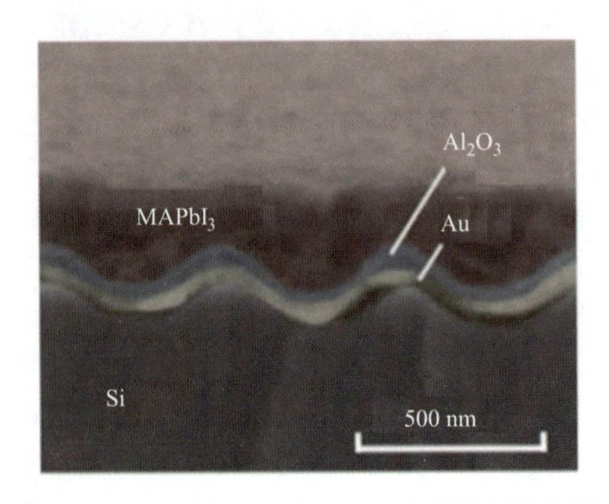


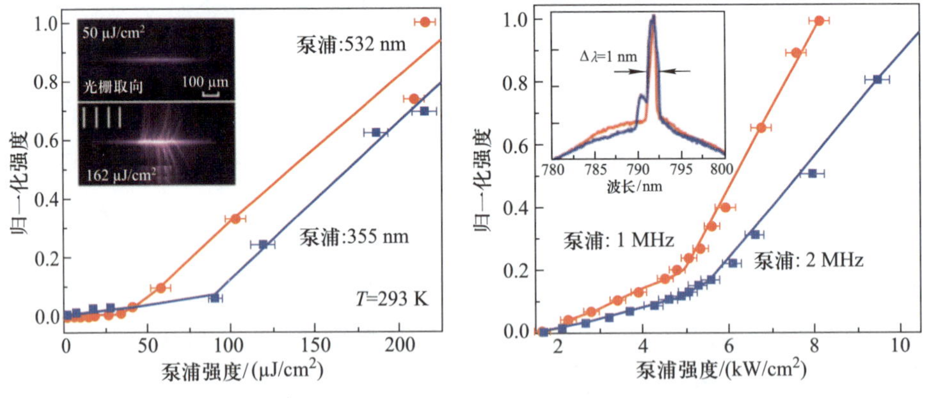


图 12.55 基于 $MAPbI_3$ 薄膜的间接电泵浦激光器[130]

未来，钙钛矿材料将会在发光器件领域占据重要地位，带来大功率器件应用，如环境照明和激光器件方面的巨大进步. 钙钛矿的相关特性仍待进一步精确掌握，以获得器件性能方面的飞速突破．钙钛矿材料特性的不可控性将直接影响后期的制备加工过程，仍然是对材料整体潜力进行详尽评估的主要限制因素．另一个重要的限制因素是钙钛矿材料在工作条件下固有的不稳定性，主要源自有机基团的离子本质．钙钛矿材料暴露在温度、湿度和机械条件下的降解过程需要全面深入探讨，以提高材料的稳定性．在光伏领域已经探索出几种方法，尽管它们在发光器件上的有效性还没有经过测试．到目前为止，使用替代的阳离子，如 $FA^+$ 或无机 $Cs^+$，可以实现优良的 PLQY 特性与具有耐热性和耐化学腐蚀特性的完美结合．尽管存在上述局限性，基于钙钛矿材料的发光及激光器件的研究仍以指数趋势发展，LED 和激光器的诸多限制可能会很快被突破．这种迅猛上升势头源自材料优越的光学和电学特性，这与其电池领域的急速发展过程极其类似．得益于光伏领域低维层状钙钛矿或纳米结构的应用，此类材料在发光二极管和激光器研究领域也得到了众多关注．此类材料允许激子特性管理及固有共振结构设计，此外，它们在稳定性方面也远远超过现有的三维杂化钙钛矿材料．由于激子限制效应，杂化钙钛矿材料可以允许激光所需的高电流密度注入．以实现钙钛矿电泵浦激光器为最终目标，需要特别注意掺杂对于材料光学和电学性能的影响．事实上，这些都非常依赖于电子缺陷的数量，因此，高浓度自由载流子的获得、高荧光量子产率以及平衡的高的载流子迁移率材料的开发研制，是实现电泵浦激光器最具挑战性的目标．

## 参考文献

[1] Era M, Morimoto S, Tsutsui T, and Saito S. Organic-inorganic heterostructure electroluminescent device using a layered perovskite semiconductor $(C_6H_5C_2H_4NH_3)_2PBL_4$. Appl. Phys. Lett., 1994, 65: 676.

[2] Miller O D, Yablonovitch E, anf Kurtz S R. Strong internal and external luminescence as solar cells approach the shockley-queisser limit. IEEE J. Photovolt., 2012, 2: 303.

[3] Veldhuis S A, Boix P P, Yantara N, Li M, Sum T C, Mathews N, and Mhaisalkar S G. Perovskite materials for light-emitting diodes and lasers. Adv. Mater., 2016, 28: 6804.

[4] Sutherland B R and Sargent E H. Perovskite photonic sources. Nature Photonics, 2016, 10: 295.

[5] Quan L N, de Arquer F P G, Sabatini R P, and Sargent E H. Perovskites for light emission. Adv. Mater., 2018, 30: 1801996.

[6] Stranks S D, Hoye R L Z, Di D, Friend R H, and Deschler F. The physics of light emission in halide perovskite devices. Adv. Mater., 2018, 31: 1803336.

[7] Yu J C, Park J H, Lee S Y, and Song M H. Effect of perovskite film morphology on device performance of perovskite light-emitting diodes. Nanoscale, 2019, 11: 1505.

[8] Cho H, Kim Y H, Wolf C, Lee H D, and Lee T W. Improving the stability of metal halide perovskite materials and light-emitting diodes. Adv. Mater., 2018, 30: 1704587.

[9] Tan Z K, Moghaddam R S, Lai M L, Docampo P, Higler R, Deschler F, Price

M, Sadhanala A, Pazos L M, Credgington D, Hanusch F, Bein T, Snaith H J, and Friend R H. Bright light-emitting diodes based on organometal halide perovskite. Nat. Nanotech., 2014, 9: 687.

[10] Kagan C R, Mitzi D B, and Dimitrakopoulos C D. Organic-inorganic hybrid materials as semiconducting channels in thin-film field-effect transistors. Science, 1999, 286: 945.

[11] Cho H C, Jeong S H, Park M H, Kim Y H, Wolf C, Lee C L, Heo J H, Sadhanala A, Myoung N, Yoo S, Im S H, Friend R H, and Lee T W. Overcoming the electroluminescence efficiency limitations of perovskite light-emitting diodes. Science, 2015, 350: 1222.

[12] Li X M, Yu D J, Cao F, Gu Y, Wei Y, Wu Y, Song J Z, and Zeng H B. Healing all-inorganic perovskite films via recyclable dissolution-recyrstallization for compact and smooth carrier channels of optoelectronic devices with high stability. Adv. Funct. Mater., 2016, 26: 5903.

[13] Yang X L, Zhang X W, Deng J X, Chu Z M, Jiang Q, Meng J H, Wang P Y, Zhang L Q, Yin Z G, and You J B. Efficient green light-emitting diodes based on quasi-two-dimensional composition and phase engineered perovskite with surface passivation. Nat. Commun., 2018, 9: 570.

[14] Lin K, Xing J, Quan L N, de Arquer F P G, Gong X, Lu J, Xie L, Zhao W, Zhang D, Yan C, Li W, Liu X, Lu Y, Kirman J, Sargent E H, Xiong Q, and Wei Z. Perovskite light-emitting diodes with external quantum efficiency exceeding 20 percent. Nature, 2018, 562: 245.

[15] Cao Y, Wang N, Tian H, Guo J, Wei Y, Chen H, Miao Y, Zou W, Pan K, He Y, Cao H, Ke Y, Xu M, Wang Y, Yang M, Du K, Fu Z, Kong D, Dai D, Jin Y, Li G, Li H, Peng Q, Wang J, and Huang W. Perovskite light-emitting diodes based on spontaneously formed submicrometre-scale structures. Nature, 2018, 562: 249.

[16] Li J, Bade S G, Shan X, and Yu Z. Single-layer light-emitting diodes using organometal halide perovskite/poly (ethylene oxide) composite thin films. Adv. Mater., 2015, 27: 5196.

[17] Li J, Shan X, Bade S G R, Geske T, Jiang Q, Yang X, and Yu Z. Single-layer halide perovskite light-emitting diodes with sub-band gap turn-on voltage and high brightness. J. Phys. Chem. Lett., 2016, 7: 4059.

[18] Zhang L, Yang X, Jiang Q, Wang P, Yin Z, Zhang X, Tan H, Yang Y M, Wei M, Sutherland B R, Sargent E H, and You J. Ultra-bright and highly efficient inorganic based perovskite light-emitting diodes. Nat. Commun., 2017, 8: 15640.

[19] Shi Y F, Wu W, Dong H, Li G R, Xi K, Divitini G, Ran C X, Yuan F, Zhang M, Jiao B, Hou X, and Wu Z X. A strategy for architecture design of crystalline

perovskite light-emitting diodes with high performance. Adv. Mater., 2018, 30: 1800251.

[20] Yuan M, Quan L N, Comin R, Walters G, Sabatini R, Voznyy O, Hoogland S, Zhao Y, Beauregard E M, Kanjanaboos P, Lu Z, Kim D H, and Sargent E H. Perovskite energy funnels for efficient light-emitting diodes. Nat. Nanotech., 2016, 11: 872.

[21] Chen Z, Zhang C, Jiang X F, Liu M, Xia R, Shi T, Chen D, Xue Q, Zhao Y J, Su S, Yip H L, and Cao Y. High-performance color-tunable perovskite light emitting devices through structural modulation from bulk to layered film. Adv. Mater., 2017, 29: 1603157.

[22] Wang N N, Cheng L, Ge R, Zhang S T, Miao Y F, Zou W, Yi C, Sun Y, Cao Y, Yang R, Wei Y Q, Guo Q, Ke Y, Yu M T, Jin Y Z, Liu Y, Ding Q Q, Di DW, Yang L, Xing G C, Tian H, Jin C H, Gao F, Friend R H, Wang J P, and Huang W. Perovskite light-emitting diodes based on solution-processed self-organized multiple quantum wells. Nature Photonics, 2016, 10: 699.

[23] Xiao Z, Kerner R A, Zhao L, Tran N L, Lee K M, Koh T W, Scholes G D, and Rand B P. Efficient perovskite light-emitting diodes featuring nanometre-sized crystallites. Nature Photonics, 2017, 11: 108.

[24] Song J, Li J, Li X, Xu L, Dong Y, and Zeng H. Quantum dot light-emitting diodes based on inorganic perovskite cesium lead halides ($CsPbX_3$). Adv. Mater., 2015, 27: 7162.

[25] Li J, Xu L, Wang T, Song J, Chen J, Xue J, Dong Y, Cai B, Shan Q, Han B, and Zeng H. 50-fold EQE improvement up to 6.27% of solution-processed all-inorganic perovskite $CsPbBr_3$ QLEDs via surface ligand density control. Adv. Mater., 2017, 29: 1603885.

[26] Deng W, Xu X, Zhang X, Zhang Y, Jin X, Wang L, Lee S T, and Jie J. Organometal halide perovskite quantum dot light-emitting diodes. Adv. Funct. Mater., 2016, 26: 4797.

[27] Dai J F, Xi J, Li L, Zhao J F, Shi Y F, Zhang W W, Ran C X, Jiao B, Hou X, Duan X H, and Wu Z X. Charge transport between coupling colloidal perovskite quantum dots assisted by functional conjugated ligands. Angew. Chem. Int. Edit., 2018, 57: 5754.

[28] Song J, Fang T, Li J, Xu L, Zhang F, Han B, Shan Q, and Zeng H. Organic-inorganic hybrid passivation enables perovskite QLEDs with an EQE of 16.48. Adv. Mater., 2018, 30: 1805409.

[29] Hong W L, Huang Y C, Chang C Y, Zhang Z C, Tsai H R, Chang N Y, and Chao Y C. Efficient low-temperature solution-processed lead-free perovskite infrared light-emitting diodes. Adv. Mater., 2016, 28: 8029.

[30] Lai M L, Tay T Y, Sadhanala A, Dutton S E, Li G, Friend R H, and Tan Z K. Tunable near-infrared luminescence in tin halide perovskite devices. J. Phys. Chem. Lett., 2016, 7: 2653.

[31] Lanzetta L, Marin-Beloqui J M, Sanchez-Molina I, Ding D, and Haque S A. two-dimensional organic tin halide perovskites with tunable visible emission and their use in light-emitting devices. ACS Energy Lett., 2017, 2: 1662.

[32] Yuan F, Xi J, Dong H, Xi K, Zhang W W, Ran C X, Jiao B, Hou X, Jen A K Y, and Wu Z X. All-inorganic hetero-structured cesium tin halide perovskite light-emitting diodes with current density over $900 Acm^{-2}$ and its amplified spontaneous emission behaviors. Phys. Status Solidi-Rapid Res. Lett., 2018, 12: 1800090.

[33] Zhang X, Liu H, Wang W, Zhang J, Xu B, Karen K L, Zheng Y, Liu S, Chen S, Wang K, and Sun X W. Hybrid perovskite light-emitting diodes based on perovskite nanocrystals with organic-inorganic mixed cations. Adv. Mater., 2017, 29: 1606405.

[34] Xu B, Wang W, Zhang X, Cao W, Wu D, Liu S, Dai H, Chen S, Wang K, and Sun X. Bright and efficient light-emitting diodes based on MA/Cs double cation perovskite nanocrystals. J. Mater. Chem. C, 2017, 5: 6123.

[35] Zou S, Liu Y, Li J, Liu C, Feng R, Jiang F, Li Y, Song J, Zeng H, Hong M, and Chen X. Stabilizing cesium lead halide perovskite lattice through Mn(II) substitution for air-stable light-emitting diodes. J. Am. Chem. Soc., 2017, 139: 11443.

[36] Gangishetty M K, Sanders S N, Congreve D N. $Mn^{2+}$ doping enhances the brightness, efficiency, and stability of bulk perovskite light-emitting diodes. ACS Photonics, 2019, 6: 1111.

[37] Yao J S, Ge J, Han B N, Wang K H, Yao H B, Yu H L, Li J H, Zhu B S, Song J Z, Chen C, Zhang Q, Zeng H B, Luo Y, and Yu S H. $Ce^{3+}$-Doping to modulate photoluminescence kinetics for efficient $CsPbBr_3$ nanocrystals based light-emitting diodes. J. Am. Chem. Soc., 2018, 140: 3626.

[38] Shi Y, Xi J, Lei T, Yuan F, Dai J, Ran C, Dong H, Jiao B, Hou X, and Wu Z. Rubidium doping for enhanced performance of highly efficient formamidinium-based perovskite light-emitting diodes. ACS Appl. Mater. Inter., 2018, 10: 9849.

[39] Lee S, Park J H, Lee B R, Jung E D, Yu J C, Di Nuzzo D, Friend R H, and Song M H. Amine-based passivating materials for enhanced optical properties and performance of organic-inorganic perovskites in light-emitting diodes. J. Phys. Chem. Lett., 2017, 8: 1784.

[40] Zhang M, Yuan F, Zhao W, Jiao B O, Ran C X, Zhang W W, Wu Z X. High performance organo-lead halide perovskite light-emitting diodes via surface passivation of phenethylamine. Org. Electron., 2018, 60: 57.

[41] Kim Y H, Cho H, Heo J H, Kim T S, Myoung N, Lee C L, Im S H, and Lee T W. Multicolored organic/inorganic hybrid perovskite light-emitting diodes. Adv. Mater., 2015, 27: 1248.

[42] Cho H, Wolf C, Kim J S, Yun H J, Bae J S, Kim H, Heo J M, Ahn S, and Lee T W. High-efficiency solution-processed inorganic metal halide perovskite light-emitting diodes. Adv. Mater., 2017, 29: 1700579.

[43] Gangishetty M K, Hou S, Quan Q, and Congreve D N. Reducing architecture limitations for efficient blue perovskite light-emitting diodes. Adv. Mater., 2018, 30: 1706226.

[44] Zhang X, Xu B, Wang W, Liu S, Zheng Y, Chen S, Wang K, and Sun X W. Plasmonic perovskite light-emitting diodes based on the Ag-$CsPbBr_3$ system. ACS Appl. Mater. Inter., 2017, 9: 4926.

[45] Chen P, Xiong Z, Wu X, Shao M, Meng Y, Xiong Z H, Gao C. Nearly 100% efficiency enhancement of $CH_3NH_3PbBr_3$ perovskite light-emitting diodes by utilizing plasmonic Au nanoparticles. J. Phys. Chem. Lett., 2017, 8: 3961.

[46] Chiba T, Hayashi Y, Ebe H, Hoshi K, Sato J, Sato S, Pu Y J, Ohisa S, and Kido J. Anion-exchange red perovskite quantum dots with ammonium iodine salts for highly efficient light-emitting devices. Nature Photonics, 2018, 12: 681.

[47] Kumawat N K, Dey A, Kumar A, Gopinathan S P, Narasimhan K L, Kabra D. Band gap tuning of $CH_3NH_3Pb(Br_{1-x}Cl_x)_3$ hybrid perovskite for blue electroluminescence. ACS Appl. Mater. Inter., 2015, 7: 13119.

[48] Pan J, Quan L N, Zhao Y, Peng W, Murali B, Sarmah S P, Yuan M, Sinatra L, Alyami N M, Liu J, Yassitepe E, Yang Z, Voznyy O, Comin R, Hedhili M N, Mohammed O F, Lu Z H, Kim D H, Sargent E H, and Bakr O M. Highly efficient perovskite-quantum-dot light-emitting diodes by surface engineering. Adv. Mater., 2016, 28: 8718.

[49] Yao E P, Yang Z, Meng L, Sun P, Dong S, Yang Y, and Yang Y. High-brightness blue and white LEDs based on inorganic perovskite nanocrystals and their composites. Adv. Mater., 2017, 29: 1606859.

[50] Sadhanala A, Ahmad S, Zhao B, Giesbrecht N, Pearce P M, Deschler F, Hoye R L, Godel K C, Bein T, Docampo P, Dutton S E, De Volder M F, and Friend R H. Blue-green color tunable solution processable organolead chloride-bromide mixed halide perovskites for optoelectronic applications. Nano Lett., 2015, 15: 6095.

[51] Kim H P, Kim J, Kim B S, Kim H M, Kim J, Yusoff A R B M, Jang J, and Nazeeruddin M K. High-efficiency, blue, green, and near-infrared light-emitting diodes based on triple cation perovskite. Adv. Opt. Mater., 2017, 5: 1600920.

[52] Wang Q, Ren J, Peng X F, Ji X X, and Yang X H. Efficient sky-blue perovskite light-emitting devices based on ethylammonium bromide induced layered perovskites.

ACS Appl. Mater. Inter., 2017, 9: 29901.

[53] Vashishtha P, Ng M, Shivarudraiah S B, and Halpert J E. High efficiency blue and green light-emitting diodes using Ruddlesden-Popper inorganic mixed halide perovskites with butylammonium interlayers. Chem. Mater., 2018, 31: 83.

[54] Congreve D N, Weidman M C, Seitz M, Paritmongkol W, Dahod N S, and Tisdale W A. Tunable light-emitting diodes utilizing quantum-confined layered perovskite emitters. ACS Photonics, 2017, 4: 476.

[55] Kumar S, Jagielski J, Yakunin S, Rice P, Chiu Y C, Wang M, Nedelcu G, Kim Y, Lin S, Santos E J, Kovalenko M V, and Shih C J. Efficient blue electroluminescence using quantum-confined two-dimensional perovskites. ACS Nano, 2016, 10: 9720.

[56] Cheng L, Cao Y, Ge R, Wei Y Q, Wang N N, Wang J P, and Huang W. Sky-blue perovskite light-emitting diodes based on quasi-two-dimensional layered perovskites. Chin. Chem. Lett., 2017, 28: 29.

[57] Xing J, Zhao Y, Askerka M, Quan L N, Gong X, Zhao W, Zhao J, Tan H, Long G, Gao L, Yang Z, Voznyy O, Tang J, Lu Z H, Xiong Q, and Sargent E H. Color-stable highly luminescent sky-blue perovskite light-emitting diodes. Nat. Commun., 2018, 9: 3541.

[58] Jiang Y, Qin C, Cui M, He T, Liu K, Huang Y, Luo M, Zhang L, Xu H, Li S, Wei J, Liu Z, Wang H, Kim G H, Yuan M, and Chen J. Spectra stable blue perovskite light-emitting diodes. Nat. Commun., 2019, 10: 1868.

[59] Li Z, Chen Z, Yang Y, Xue Q, Yip H L, and Cao Y. Modulation of recombination zone position for quasi-two-dimensional blue perovskite light-emitting diodes with efficiency exceeding 5. Nat. Commun., 2019, 10: 1027.

[60] Liu Y, Cui J, Du K, Tian H, He Z, Zhou Q, Yang Z, Deng Y, Chen D, Zuo X, Ren Y, Wang L, Zhu H, Zhao B, Di D, Wang J, Friend R H, and Jin Y. Efficient blue light-emitting diodes based on quantum-confined bromide perovskite nanostructures. Nature Photonics, 2019, 13: 760.

[61] Wang Q, Wang X, Yang Z, Zhou N, Deng Y, Zhao J, Xiao X, Rudd P, Moran A, Yan Y, and Huang J. Efficient sky-blue perovskite light-emitting diodes via photoluminescence enhancement. Nat. Commun., 2019, 10: 5633.

[62] Yuan F, Ran C, Zhang L, Dong H, Jiao B, Hou X, Li J, and Wu Z. A cocktail of multiple cations in inorganic halide perovskite towards efficient and highly stable blue light-emitting diodes. ACS Energy Lett., 2020, 5: 1062.

[63] Gong X, Voznyy O, Jain A, Liu W, Sabatini R, Piontkowski Z, Walters G, Bappi G, Nokhrin S, Bushuyev O, Yuan M, Comin R, McCamant D, Kelley S O, and Sargent E H. Electron-phonon interaction in efficient perovskite blue emitters. Nat. Mater., 2018, 17: 550.

[64] Kim H S, Lee C R, Im J H, Lee K B, Moehl T, Marchioro A, Moon S J, Humphry-Baker R, Yum J H, Moser J E, Grätzel M, and Park N G. Lead iodide perovskite sensitized all-solid-state submicron thin film mesoscopic solar cell with efficiency exceeding 9%. Sci. Rep., 2012, 2: 591.

[65] Sutherland B R, Hoogland S, Adachi M M, Kanjanaboos P, Wong C T O, McDowell J J, Xu J X, Voznyy O, Ning Z J, Houtepen A J, and Sargent E H. Perovskite thin films via atomic layer deposition. Adv. Mater., 2015, 27: 53.

[66] Deschler F, Price M, Pathak S, Klintberg L E, Jarausch D D, Higler R, Huttner S, Leijtens T, Stranks S D, Snaith H J, Atature M, Phillips R T, and Friend R H. High photoluminescence efficiency and optically pumped lasing in solution-processed mixed halide perovskite semiconductors. J. Phys. Chem. Lett., 2014, 5: 1421.

[67] Kondo T, Azuma T, Yuasa T, and Ito R. Biexciton lasing in the layered perovskite-type material $(C_6H_13NH_3)_2PbI_4$. Solid State Commun., 1998, 105: 253.

[68] Xing G C, Mathews N, Lim S S, Yantara N, Liu X F, Sabba D, Grätzel M, Mhaisalkar S, and Sum T C. Low-temperature solution-processed wavelength-tunable perovskites for lasing. Nat. Mater., 2014, 13: 476.

[69] Zhang Q, Su R, Du W, Liu X, Zhao L, Ha S T, and Xiong Q. Advances in small perovskite-based lasers. Small Methods, 2017, 1: 1700163.

[70] Yuan F, Wu Z, Dong H, Xia B, Xi J, Ning S, Ma L, Hou X. Electric field-modulated amplified spontaneous emission in organo-lead halide perovskite $CH_3NH_3PbI_3$. Appl. Phys. Lett., 2015, 107: 261106.

[71] Suarez I, Juarez-Perez E J, Bisquert J, Mora-Sero I, Martinez-Pastor J P. Polymer/perovskite amplifying waveguides for active hybrid silicon photonics. Adv. Mater., 2015, 27: 6157.

[72] Zhang Q, Su R, Liu X F, Xing J, Sum T C, Xiong Q H. High-quality whispering-gallery-mode lasing from cesium lead halide perovskite nanoplatelets. Adv. Funct. Mater., 2016, 26: 6238.

[73] Zhang Q, Ha S T, Liu X F, Sum T C, and Xiong Q H. Room-temperature near-infrared high-q perovskite whispering-gallery planar nano lasers. Nano Lett., 2014, 14: 5995.

[74] Liao Q, Hu K, Zhang H, Wang X, Yao J, and Fu H. Perovskite microdisk microlasers self-assembled from solution. Adv. Mater., 2015, 27: 3405.

[75] Protesescu L, Yakunin S, Kumar S, Bar J, Bertolotti F, Masciocchi N, Guagliardi A, Grotevent M, Shorubalko I, Bodnarchuk M I, Shih C J, and Kovalenko M V. Dismantling the "red wall" of colloidal perovskites: highly luminescent formamidinium and formamidinium-cesium lead iodide nanocrystals.

ACS Nano, 2017, 11: 3119.

[76] Zhu H, Fu Y, Meng F, Wu X, Gong Z, Ding Q, Gustafsson M V, Trinh M T, Jin S, and Zhu X Y. Lead halide perovskite nanowire lasers with low lasing thresholds and high quality factors. Nat. Mater., 2015, 14: 636.

[77] Xing J, Liu X F, Zhang Q, Ha S T, Yuan Y W, Shen C, Sum T C, and Xiong Q. Vapor phase synthesis of organometal halide perovskite nanowires for tunable room-temperature nanolasers. Nano Lett., 2015, 15: 4571.

[78] Fu Y, Zhu H, Schrader A W, Liang D, Ding Q, Joshi P, Hwang L, Zhu X Y, and Jin S. Nanowire Lasers of formamidinium lead halide perovskites and their stabilized alloys with improved stability. Nano Lett., 2016, 16: 1000.

[79] Saliba M, Wood S M, Patel J B, Nayak P K, Huang J, Alexander-Webber J A, Wenger B, Stranks S D, Horantner M T, Wang J T, Nicholas R J, Herz L M, Johnston M B, Morris S M, Snaith H J, and Riede M K. Structured organic-inorganic perovskite toward a distributed feedback laser. Adv. Mater., 2016, 28: 923.

[80] Huang H, Zhao F, Liu L, Zhang F, Wu X G, Shi L, Zou B, Pei Q, and Zhong H. Emulsion synthesis of size-tunable $CH_3NH_3PbBr_3$ quantum dots: an alternative route toward efficient light-emitting diodes. ACS Appl. Mater. Inter., 2015, 7: 28128.

[81] Zhang F, Zhong H Z, Chen C, Wu X G, Hu X M, Huang H L, Han J B, Zou B S, and Dong Y P. Brightly luminescent and color-tunable colloidal $CH_3NH_3PbX_3$ (X = Br, I, Cl) quantum dots: potential alternatives for display technology. ACS Nano, 2015, 9: 4533.

[82] Pan J, Sarmah S P, Murali B, Dursun I, Peng W, Parida M R, Liu J, Sinatra L, Alyami N, Zhao C, Alarousu E, Ng T K, Ooi B S, Bakr O M, and Mohammed O F. Air-stable surface-passivated perovskite quantum dots for ultra-robust, single- and two-photon-induced amplified spontaneous emission. J. Phys. Chem. Lett., 2015, 6: 5027.

[83] Wang D, Wu D, Dong D, Chen W, Hao J, Qin J, Xu B, Wang K, and Sun X. Polarized emission from $CsPbX_3$ perovskite quantum dots. Nanoscale, 2016, 8: 11565.

[84] Wei S, Yang Y, Kang X, Wang L, Huang L, and Pan D. Room-temperature and gram-scale synthesis of $CsPbX_3$ (X = Cl, Br, I) perovskite nanocrystals with 50-85% photoluminescence quantum yields. Chem. Commun., 2016, 52: 7265.

[85] Xu Y, Chen Q, Zhang C, Wang R, Wu H, Zhang X, Xing G, Yu W W, Wang X, Zhang Y, and Xiao M. Two-photon-pumped perovskite semiconductor nanocrystal lasers. J. Am. Chem. Soc., 2016, 138: 3761.

[86] Wang Y, Li X, Zhao X, Xiao L, Zeng H, and Sun H. Nonlinear absorption and

low-threshold multiphoton pumped stimulated emission from all-inorganic perovskite Nanocrystals. Nano Lett., 2016, 16: 448.

[87] Yakunin S, Protesescu L, Krieg F, Bodnarchuk M I, Nedelcu G, Humer M, De Luca G, Fiebig M, Heiss W, and Kovalenko M V. Low-threshold amplified spontaneous emission and lasing from colloidal nanocrystals of caesium lead halide perovskites. Nat. Commun., 2015, 6: 8056.

[88] Sutherland B R, Hoogland S, Adachi M M, Wong C T O, and Sargent E H. Conformal organohalide perovskites enable lasing on spherical resonators. ACS Nano, 2014, 8: 10947.

[89] Grivas C, Li C Y, Andreakou P, Wang P F, Ding M, Brambilla G, Manna L, and Lagoudakis P. Single-mode tunable laser emission in the single-exciton regime from colloidal nanocrystals. Nat. Commun., 2013, 4: 2376.

[90] Fan T, Lü J, Chen Y, Yuan W, and Huang Y. Random lasing in cesium lead bromine perovskite quantum dots film. J. Mater. Sci.: Mater. Electron., 2019, 30: 1084.

[91] Perovskite nanowires promise better lasers. Nano Today, 2015, 10: 270.

[92] Fu A and Yang P. Organic-inorganic perovskites: lower threshold for nanowire lasers. Nat. Mater., 2015, 14: 557.

[93] Fu Y P, Zhu H M, Stoumpos C C, Ding Q, Wang J, Kanatzidis M G, Zhu XY, and Jin S. Broad wavelength tunable robust lasing from single-crystal nanowires of cesium lead halide perovskites ($CsPbX_3$, X = Cl, Br, I). ACS Nano, 2016, 10: 7963.

[94] Duan X F, Huang Y, Agarwal R, and Lieber C M. Single-nanowire electrically driven lasers. Nature, 2003, 421: 241.

[95] Eaton S W, Lai M L, Gibson N A, Wong A B, Dou L T, Ma J, Wang L W, Leone S R, and Yang P D. Lasing in robust cesium lead halide perovskite nanowires. Proc. Natl. Acad. Sci., 2016, 113: 1993.

[96] Liu Z, Shang Q, Li C, Zhao L, Gao Y, Li Q, Chen J, Zhang S, Liu X, and Fu Y. Temperature-dependent photoluminescence and lasing properties of $CsPbBr_3$ nanowires. Appl. Phys. Lett., 2019, 114: 101902.

[97] Sun W, Wang K, Gu Z, Xiao S, and Song Q. Tunable perovskite microdisk lasers. Nanoscale, 2016, 8: 8717.

[98] Zhang W, Peng L, Liu J, Tang A, Hu J S, Yao J, and Zhao Y S. Controlling the cavity structures of two-photon-pumped perovskite microlasers. Adv. Mater., 2016, 28: 4040.

[99] Li YJ, Lv Y, Zou C L, Zhang W, Yao J, and Zhao Y S. Output coupling of perovskite lasers from embedded nanoscale plasmonic waveguides. J. Am. Chem. Soc., 2016, 138: 2122.

[100] Zhizhchenko A, Syubaev S, Berestennikov A, Yulin A V, Porfirev A, Pushkarev A, Shishkin I, Golokhvast K, Bogdanov A A, and Zakhidov A A. Single-mode lasing from imprinted halide-perovskite microdisks. ACS Nano, 2019, 13: 4140.

[101] Wang Y, Gu Z, Ren Y, Wang Z, Yao B, Dong Z, Adamo G, Zeng H, and Sun H. Perovskite-ion beam interactions: toward controllable light-emission and lasing. ACS Appl. Mater. Inter., 2019, 11: 15756.

[102] Laquai F. Materials for lasers: All-round perovskites. Nat. Mater., 2014, 13: 429.

[103] Dhanker R, Brigeman A N, Larsen A V, Stewart R J, Asbury J B, and Giebink N C. Random lasing in organo-lead halide perovskite microcrystal networks. Appl. Phys. Lett., 2014, 105: 151112.

[104] Kao T S, Chou YH, Chou C H, Chen F C, and Lu T C. Lasing behaviors upon phase transition in solution-processed perovskite thin films. Appl. Phys. Lett., 2014, 105: 231108.

[105] Priante D, Dursun I, Alias M S, Shi D, Melnikov V A, Ng T K, Mohammed O F, Bakr O M, and Ooi BS. The recombination mechanisms leading to amplified spontaneous emission at the true-green wavelength in $CH_3NH_3PbBr_3$ perovskites. Appl. Phys. Lett., 2015, 106: 081902.

[106] Li J, Si J, Gan L, Liu Y, Ye Z, and He H. Simple approach to improving the amplified spontaneous emission properties of perovskite films. ACS Appl. Mater. Inter., 2016, 8: 32978.

[107] Neutzner S, Srimath Kandada A R, Lanzani G, Petrozza A. A dual-phase architecture for efficient amplified spontaneous emission in lead iodide perovskites. J. Mater. Chem. C, 2016, 4: 4630.

[108] Stranks S D, Wood S M, Wojciechowski K, Deschler F, Saliba M, Khandelwal H, Patel J B, Elston S J, Herz L M, Johnston M B, Schenning A P, Debije M G, Riede M K, Morris S M, and Snaith H J. Enhanced amplified spontaneous emission in perovskites using a flexible cholesteric liquid crystal reflector. Nano Lett., 2015, 15: 4935.

[109] Yuan F, Wu Z, Dong H, Xi J, Xi K, Divitini G, Jiao B, Hou X, Wang S, and Gong Q. High stability and ultralow threshold amplified spontaneous emission from formamidinium lead halide perovskite films. J. Phys. Chem. C, 2017, 121: 15318.

[110] Milot R L, Eperon G E, Green T, Snaith H J, Johnston M B, and Herz L M. Radiative monomolecular recombination boosts amplified spontaneous emission in $HC(NH_2)_2SnI_3$ perovskite films. J. Phys. Chem. Lett., 2016, 7: 4178.

[111] Xing G, Kumar M H, Chong W K, Liu X, Cai Y, Ding H, Asta M, Grätzel M, Mhaisalkar S, Mathews N, and Sum T C. Solution-processed tin-based perovskite for near-infrared lasing. Adv. Mater., 2016, 28: 8191.

[112] Feng J G, Yan X X, Zhang Y F, Wang X D, Wu Y C, Su B, Fu H B, and Jiang

L. "Liquid knife" to fabricate patterning single-crystalline perovskite microplates toward high-performance laser arrays. Adv. Mater., 2016, 28: 3732.

[113] Zhang N, Sun W Z, Rodrigues S P, Wang K Y, Gu Z Y, Wang S, Cai W S, Xiao S M, and Song Q H. Highly reproducible organometallic halide perovskite microdevices based on top-down lithography. Adv. Mater., 2017, 29: 1606205.

[114] Wang Y P, Sun X, Shivanna R, Yang Y B, Chen Z Z, Guo Y W, Wang G C, Wertz E, Deschler F, Cai Z H, Zhou H, Lu T M, and Shi J. Photon transport in one-dimensional incommensurately epitaxial $CsPbX_3$ arrays. Nano Lett., 2016, 16: 7974.

[115] Wang K Y, Gu Z Y, Liu S, Sun W Z, Zhang N, Xiao S M, and Song Q H. High-density and uniform lead halide perovskite nanolaser array on silicon. J. Phys. Chem. Lett., 2016, 7: 2549.

[116] Chen S, Roh K, Lee J, Chong W K, Lu Y, Mathews N, Sum T C, and Nurmikko A. A photonic crystal laser from solution based organo-lead iodide perovskite thin films. ACS Nano, 2016, 10: 3959.

[117] Liu X F, Niu L, Wu C Y, Cong C X, Wang H, Zeng Q S, He H Y, Fu Q D, Fu W, Yu T, Jin CH, Liu Z, and Sum T C. Periodic organic-inorganic halide perovskite microplatelet arrays on silicon substrates for room-temperature lasing. Adv. Sci., 2016, 3: 1600137.

[118] Loper P, Stuckelberger M, Niesen B, Werner J, Filipic M, Moon S J, Yum J H, Topic M, De Wolf S, and Ballif C. Complex refractive index spectra of $CH_3NH_3PbI_3$ Perovskite thin films determined by spectroscopic ellipsometry and spectrophotometry. J. Phys. Chem. Lett., 2015, 6: 66.

[119] Barugkin C, Cong J, Duong T, Rahman S, Nguyen H T, Macdonald D, White T P, and Catchpole K R. Ultralow absorption coefficient and temperature dependence of radiative recombination of $CH_3NH_3PbI_3$ perovskite from photoluminescence. J. Phys. Chem. Lett., 2015, 6: 767.

[120] Tessler N, Pinner D J, Cleave V, Thomas D S, Yahioglu G, Le Barny P, and Friend R H. Pulsed excitation of low-mobility light-emitting diodes: implication for organic lasers. Appl. Phys. Lett., 1999, 74: 2764.

[121] Baldo M A, Holmes R J, and Forrest S R. Prospects for electrically pumped organic lasers. Phys. Rev. B, 2002, 66: 035321.

[122] Kalinowski J, Stampor W, Mezyk J, Cocchi M, Virgili D, Fattori V, and Di Marco P. Quenching effects in organic electrophosphorescence. Phys. Rev. B, 2002, 66: 235321.

[123] Samuel I D W and Turnbull G A. Organic semiconductor lasers. Chem. Rev., 2007, 107: 1272.

[124] Colella S, Mazzeo M, Rizzo A, Gigli G, and Listorti A. The bright side of

perovskites. J. Phys. Chem. Lett., 2016, 7: 4322.

[125] Kozlov V G, Bulovic V, Burrows P E, and Forrest S R. Laser action in organic semiconductor waveguide and double-heterostructure devices. Nature, 1997, 389: 362.

[126] Sakata H and Takeuchi H. Diode-pumped polymeric dye lasers operating at a pump power level of 10 mW. Appl. Phys. Lett., 2008, 92: 113310.

[127] Turnbull G A, Andrew P, Barnes W L, and Samuel I D W. Operating characteristics of a semiconducting polymer laser pumped by a microchip laser. Appl. Phys. Lett., 2003, 82: 313.

[128] Yang Y, Turnbull G A, and Samuel I D W. Hybrid optoelectronics: a polymer laser pumped by a nitride light-emitting diode. Appl. Phys. Lett., 2008, 92: 163306.

[129] Riedl T, Rabe T, Johannes H H, Kowalsky W, Wang J, Weimann T, Hinze P, Nehls B, Farrell T, and Scherf U. Tunable organic thin-film laser pumped by an inorganic violet diode laser. Appl. Phys. Lett., 2006, 88: 241116.

[130] Jia Y, Kerner R A, Grede A J, Brigeman A N, Rand B P, and Giebink N C. Diode-pumped organo-lead halide perovskite lasing in a metal-clad distributed feedback resonator. Nano Lett., 2016, 16: 4624.

# 第十三章　钙钛矿量子点的制备

杨开宇、刘洋、李福山

## §13.1　钙钛矿量子点概述

量子点是指颗粒尺寸等于或小于其对应材料的激子 Bohr 半径的零维半导体材料. 独特的量子限域效应使得量子点表现出与三维体块材料很不一样的光电特性，如能级的分立、载流子的激子特性等等. 这些特性使得量子点往往表现出色纯度高以及载流子辐射复合发光效率高等特点，因此在发光领域具有重要的应用价值[1,2].

载流子的辐射复合发光效率主要取决于载流子辐射复合和非辐射复合过程竞争的结果，这一过程可以用载流子复合的速率方程加以解释：

$$\frac{\mathrm{d}n(t)}{\mathrm{d}t}=-k_1n-k_2n^2-k_3n^3, \tag{13.1}$$

其中 $n$ 表示光生载流子密度，$k_1$ 表示单分子的缺陷复合或激子复合速率，$k_2$ 表示双分子的自由电子-空穴对复合速率，$k_3$ 表示三分子的 Auger 复合速率. 其中，激子复合和自由电子-空穴对复合属于辐射复合，而缺陷复合和 Auger 复合属于非辐射复合[3-6]. 由于自由电子-空穴对发生的辐射复合与 $n^2$ 成正比，它必须超过中间缺陷态的非辐射复合(与 $n$ 成正比)才能获得高的辐射复合效率. 因此自由载流子对应的器件要想获得高辐射复合效率就必须具有高载流子密度，例如在 $MAPbI_3$ 中通常需要达 $10^{17}\sim10^{18}\,\mathrm{cm}^{-3}$，这大大超出了 LED 正常工作状态下的载流子密度范围($<10^{15}\,\mathrm{cm}^{-3}$)[7,8]. 而束缚激子产生的辐射复合正比于 $n$，使得其可能在更低的载流子密度下获得高辐射复合效率，因此可以使发光变得更有效率[6].

图 13.1 展示了许多三维和低维钙钛矿材料以及一些经典半导体材料的禁带宽度($E_g$)和激子束缚能($E_b$)之间的 Hayne 型经验关系. 从图中可以明显看出，随着维度的降低，激子束缚能($E_b$)获得显著的提高[6]. 由此我们可以得出结论：三维的钙钛矿材料中以自由电子-空穴对为主导，由于它们的扩散距离较长因而容易被收集，适合于太阳能电池的应用，而低维，特别是零维(即量

子点)的钙钛矿材料具有较大的激子束缚能，相应地就具有更高的发光效率，因此更适合于发光二极管的应用，如图 13.2 所示[9].

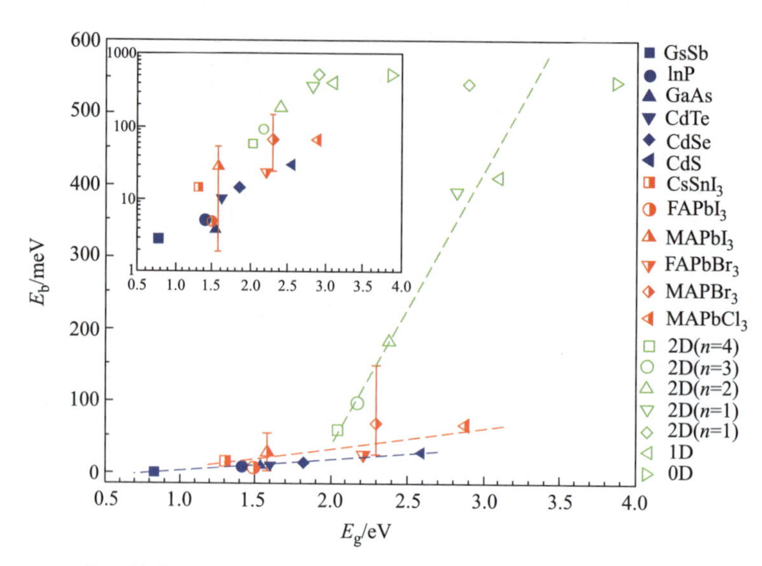


图 13.1 三维和低维钙钛矿以及一些典型材料的禁带宽度($E_g$)和激子束缚能($E_b$)之间的经验关系(插图是相应的半对数坐标下的关系图)[6]

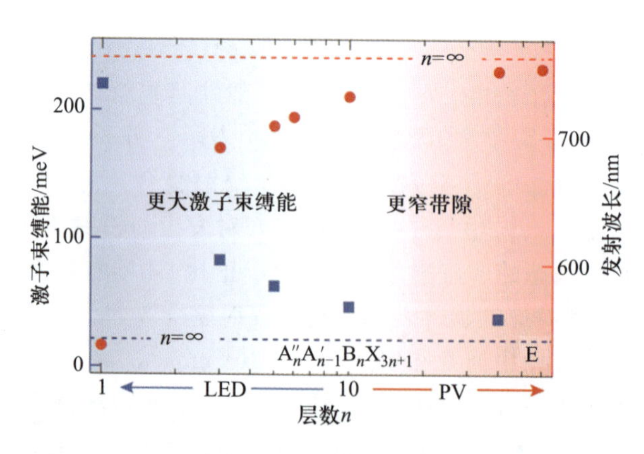


图 13.2 钙钛矿中激子束缚能和 PL 发射波长随钙钛矿层数的变化关系[9]

除了具有量子点高效发光和发光光谱随尺寸可调的特点之外，钙钛矿量子点还可以通过简单调节卤族元素 X(X=Cl, Br, I)的比例实现发光光谱在可见光区的连续可调，而其宽色域的表现也大大超出了显示行业的原有标准，展示了其在显示领域的巨大应用潜力，如图 13.3 所示.

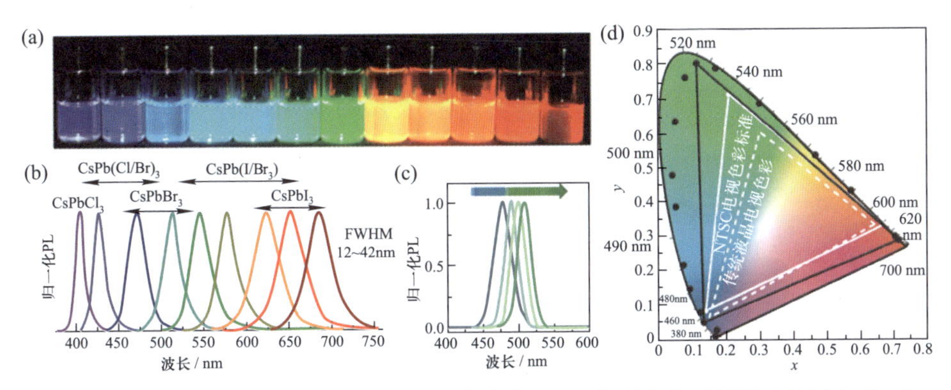


图 13.3　(a) 发光颜色可调的钙钛矿量子点溶液；(b) 卤素成分对钙钛矿量子点 PL 的影响；(c) 颗粒大小对钙钛矿量子点 PL 的影响；(d) 钙钛矿量子点的 CIE 图[10]

同时，与传统的量子点相比，钙钛矿材料的缺陷容忍度很高，使其具有优异的荧光量子效率、载流子迁移率以及载流子寿命.

钙钛矿纳米晶体的高缺陷容忍度可以归结于如下几个因素：

(1) 对于可能出现在材料中的几种点缺陷，只有空位(主要是 A 位和 X 位处的空位)因为形成能较小可被观察到. 间隙原子以及错位原子可以在能级结构中形成深缺陷能级，但是由于其在钙钛矿晶格中的形成能很高，因此出现的概率很小[11,12].

(2) 对于传统的半导体，如镉硫属元素化物，带隙是在键合($\sigma$)和反键合($\sigma^*$)轨道之间形成的，因此点缺陷以弱键合或非键合的形式出现在带隙内，形成非辐射复合通道. 在钙钛矿晶体中，带隙在两个反键轨道之间形成，缺陷仅能形成浅缺陷能级且被包裹在导带或价带中，因此基本不会影响辐射复合和其他光学性质，如图 13.4 所示[13].

(3) 钙钛矿晶格具有柔软和动态特性，因此被定义为晶态液体. 这种特性可以保护钙钛矿中的载流子免受陷阱捕获和晶格散射. 加上钙钛矿本身的离子特性，在室温条件下，PbX 晶格的强烈结构动态特性使得具有离子位移的电子和空穴形成极化子. 这些极化子可以屏蔽 Coulomb 势，并减少缺陷捕获和载流子散射[14,15].

由于其高缺陷容忍度特性，基于高温合成、不良溶剂、超声合成以及原位包覆等方法，均可以合成出量子产率接近 100%的钙钛矿纳米颗粒，且在没有配体包覆的条件下，纳米材料量子产率仍然可以保持高位[17-20]. 其独特的缺陷容忍特性使得钙钛矿量子点仅需简单的合成工艺便能实现极其高效的发光性能，因此在照明和显示领域具有广阔的应用前景[21-25].

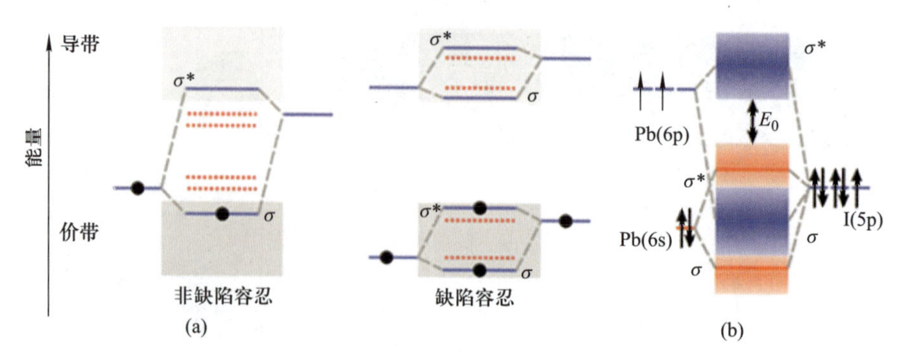


图 13.4 (a) 传统半导体材料(左)和钙钛矿材料(右)的能带结构示意图；(b) $MAPbI_3$ 的带隙和键合示意图[16]

## §13.2 钙钛矿量子点的溶液法合成

钙钛矿材料可以先通过溶液方法合成量子点，然后再应用到发光二极管的器件制备中去. 这种方法的好处是可以将量子点合成和器件制备的过程分开，实现两个过程独立的优化.

钙钛矿量子点的溶液法合成可以追溯到 2014 年，Pérez-Prieto 等首次采用含有中等链长的烷基胺离子(辛胺溴和十八烷基胺溴)作为表面配体，成功制备出了粒径为 6 nm 的 $MAPbBr_3$ 纳米颗粒，并获得了 20%的 PLQY[26]. 在这里，配体的主要作用是中止钙钛矿的结晶，从而在溶液中获得单分散的纳米颗粒. 2015 年，钟海政等在此基础上进一步发展了一种配体辅助再沉淀(LARP)方法，并成功合成了 $MAPbX_3$($X=Cl$, Br, I)钙钛矿量子点[27]，如图 13.5 所示. 与 Pérez-Prieto 等不同，他们采用了一种相反的溶剂混合顺序. 通过将包含有机配体(正辛胺和油酸)的钙钛矿前驱液加入甲苯等不良溶剂，他们成功获得了平均粒径为 3.3 nm，PLQY 高达 70%的 $MAPbBr_3$ 钙钛矿量子点. 在这里，正辛胺的作用主要是通过影响钙钛矿的结晶控制其所形成的颗粒大小，而油酸则主要通过抑制颗粒的团聚保证了胶体溶液的稳定性. 他们认为，高 PLQY 的获得主要源于钙钛矿量子点在尺寸达到其 Bohr 半径(13.30 Å)时所具有的高达 400 meV 的激子束缚能. 通过将 Br 替换成 I 或 Cl 乃至其混合物，他们还实现了所合成钙钛矿量子点在可见光范围的发光光谱连续可调.

与有机-无机杂化型钙钛矿相比，基于铯铅卤素的全无机钙钛矿($CsPbX_3$，$X=Cl$, Br, I)因其良好的热稳定性而展现出更好的发展前景. 2015 年，Kovalenko 等[17]首次报道了利用高温注入法合成的全无机钙钛矿纳米晶体. 通

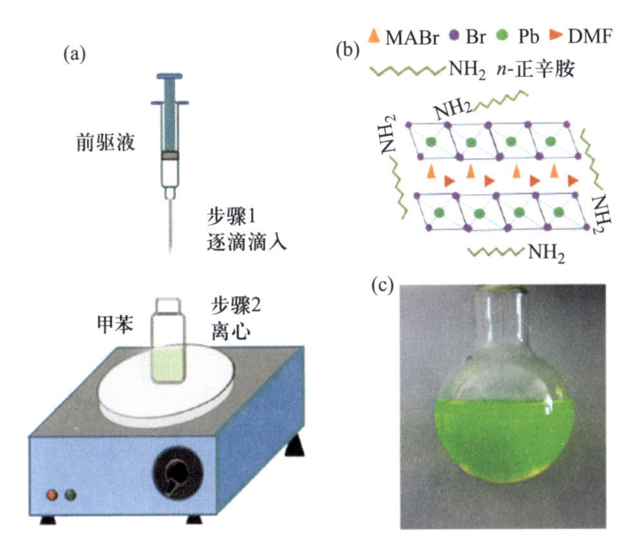


图 13.5 (a) 配体辅助再沉淀法(LARP)合成过程；(b) 前驱液中的不同材料成分；(c) 典型的 $MAPbBr_3$ 胶体溶液照片

过在十八烯中使油酸铯盐与铅卤素化合物发生反应，他们合成出了单分散的边长尺寸为 4～15 nm 的全无机铯铅卤素纳米晶体. 同时他们发现，降低反应的温度可以使得纳米晶体的尺寸减小. 在较高的反应温度下，$CsPbX_3$ 纳米晶体更倾向于形成立方相结构而不是正交相或四方相结构. 通过改变卤族元素的组成和纳米晶体的尺寸，这些纳米晶体的带隙能量和发射光谱还可以在 410～700 nm 的整个可见光谱区域上调节. $CsPbX_3$ 纳米晶体的光致发光光谱具有 12～42 nm 的极窄发射线宽，其较宽的色域可以覆盖 NTSC 色彩标准的 140%，同时其 PLQY 高达 90%，荧光衰减寿命在 1～29 ns 范围内，如图 13.6 所示. 值得说明的是，这一结果是在没有做任何特殊表面钝化处理的情况下得到的. 钙钛矿量子点这种相对简单的制备特点是其与传统的 CdSe 等量子点相比而言的一个巨大优势. 这主要是由于钙钛矿材料具有很好的缺陷容忍特性，使得其载流子的非辐射复合得到了极大的抑制. 因此，自其诞生之日起，钙钛矿量子点就迅速吸引了全球的目光.

此后，钙钛矿量子点的溶液合成法在上述三个先驱工作的基础上又得到了继续的补充和完善. 例如，Rogach 等在 LARP 方法的基础上，通过改变不良溶剂的温度(0～60 ℃)，实现了对所合成钙钛矿量子点大小的调节，并获得 PL 发光范围 475～520 nm 且 PLQY 达 74%～93%的 $MAPbBr_3$ 钙钛矿量子点[28]. 钟海政等则在 LARP 方法的基础上，通过引入与钙钛矿的良溶剂(DMF)不混溶的己烷溶剂，使包含有钙钛矿前驱体和配体的上述两种溶液混合形成浑浊的

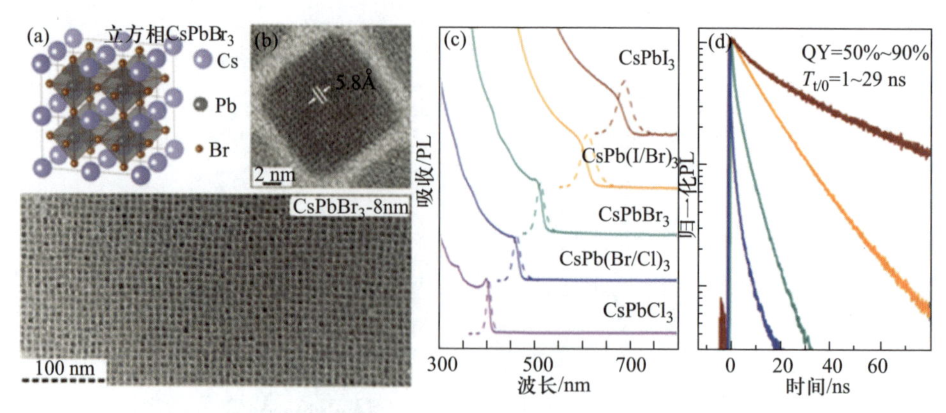


图 13.6 高温注入法合成的 $CsPbX_3$ 纳米晶体. (a) 晶体结构; (b) 透射电子显微镜(TEM)图像; (c) 吸收谱和 PL 谱; (d) TRPL 谱[17]

乳剂，然后通过滴加丙酮等破乳剂使在混合液中的钙钛矿前驱体和配体瞬间反应并沉淀下来，最终获得了 PLQY 达 80%～92%的 $MAPbBr_3$ 钙钛矿量子点[29]. 随后，曾海波等将 $MAPbX_3$ 体系中发展出来的 LARP 方法成功应用于 $CsPbX_3$ 纳米晶体的合成，并将其命名为室温反溶剂法，相应红、绿、蓝光量子点的 PL 半峰宽分别为 35 nm，20 nm 和 18 nm，PLQY 则分别为 80%，95%和 70%[18].

后来，Koolyk 等[30,31]通过基于液滴的微流体平台，实现了对 $CsPbX_3$ 纳米晶体吸收/PL 的原位测量，探索了这些全无机钙钛矿纳米晶体的形成机制，并研究了铯铅卤化物 $CsPbX_3$ 钙钛矿纳米晶体的生长过程. 他们发现 $CsPbBr_3$ 纳米晶体和 $CsPbI_3$ 纳米晶体的生长动力学不同，并为它们各自的生长过程提供了一个模型. 从 PL 光谱的半峰宽(FWHM)的变化，可以观察到 $CsPbI_3$ 纳米晶体在生长的前 20 s 内尺寸都较小，但在随后的生长过程中尺寸则开始变大. 这也可以说明 PL 光谱的半峰宽较宽是尺寸分布变宽导致的. 相反，$CsPbBr_3$ 纳米晶体在反应开始时便表现出尺寸分布中等的趋势，并且在 40 s 的完整生长时间内一直维持这个尺寸，没有发生尺寸变大或变小的趋势，因此 $CsPbBr_3$ 纳米晶体的 PL 光谱的半峰宽较窄.

刘毅等[32]则对有机酸、碱配体的链长以及铯前驱体的注入温度等在控制钙钛矿纳米晶形貌的过程中所起的作用进行了系统的研究，如图 13.7 所示. 研究表明，低反应温度时倾向于形成二维的结构，而短链胺则容易导致薄片的形成. 然而，在低温状态下，酸的链长似乎对厚度不产生影响. 在高反应温度下，长链酸会导致小立方体的形成. 在这里，控制机理包含了结合的优先级和温度决定的表面与配体间的动态相互作用. 一方面，短链胺与长链相比具有更快的扩散速度和交换速度，从而导致了形状的各向异性以及更薄的片层厚度. 另一方面，更高的反应温度会严重削弱胺配体和表面之间的结合力，从而使得片层或纳米立方体的厚度增加.

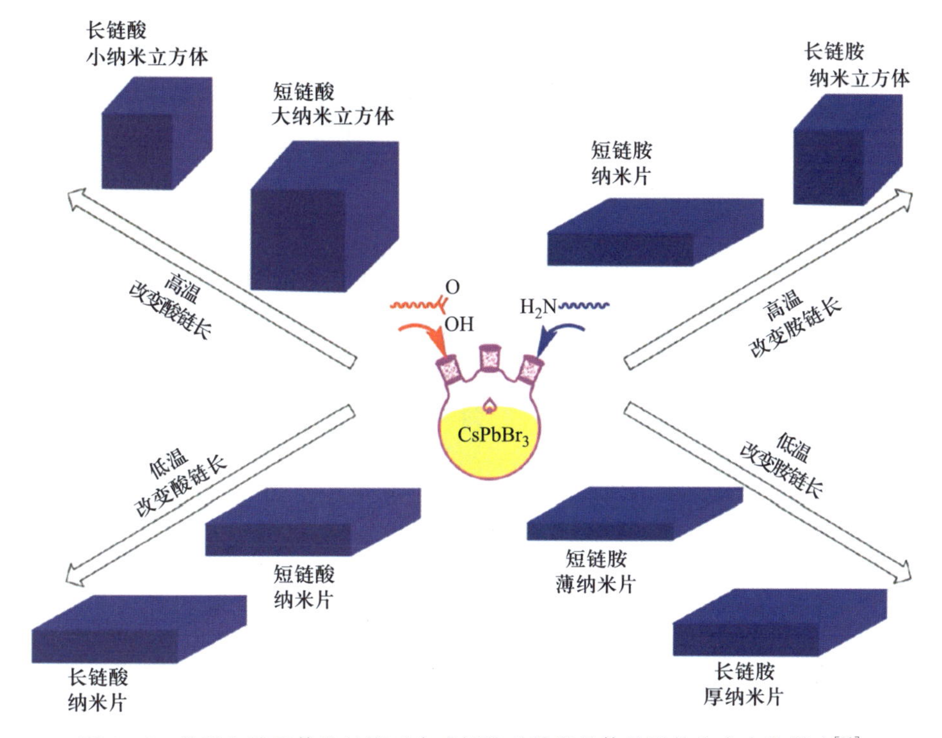


图 13.7 羧酸和胺配体的长度对合成钙钛矿纳米晶体的形状和大小的影响[32]

图 13.8 展示了目前常用的两种钙钛矿量子点合成方法，分别是高温注入法和室温反溶剂法(LARP 法). 其中高温注入法主要用于合成全无机的 $CsPbX_3$ 钙钛矿量子点，合成的量子点质量较好，但是高温注入的条件限制了其产量及实用性. 室温反溶剂法则对纯无机和有机-无机杂化的钙钛矿量子点都适用，合成条件也相对简单，且更易于大规模制备，但是其极性溶剂的引入影响了钙钛矿量子点的稳定性.

为了克服上述问题，Park 等通过超声诱导的方法合成了平均粒径为 10 nm 的 $APbX_3$(A=MA, FA, Cs, X=Cl, Br, I) 钙钛矿量子点[20]. 这种方法全部在钙钛矿前驱体的反溶剂(如甲苯)中完成，从而避免了极性溶剂对钙钛矿量子点的影响. 研究发现，通过调节超声功率可以改变钙钛矿前驱体在甲苯中的溶解速率，从而影响钙钛矿量子点的生长速率. 通过改变 A 位和 X 位的组成成分，他们还实现了所合成量子点在很宽范围内的带隙可调(1.54～

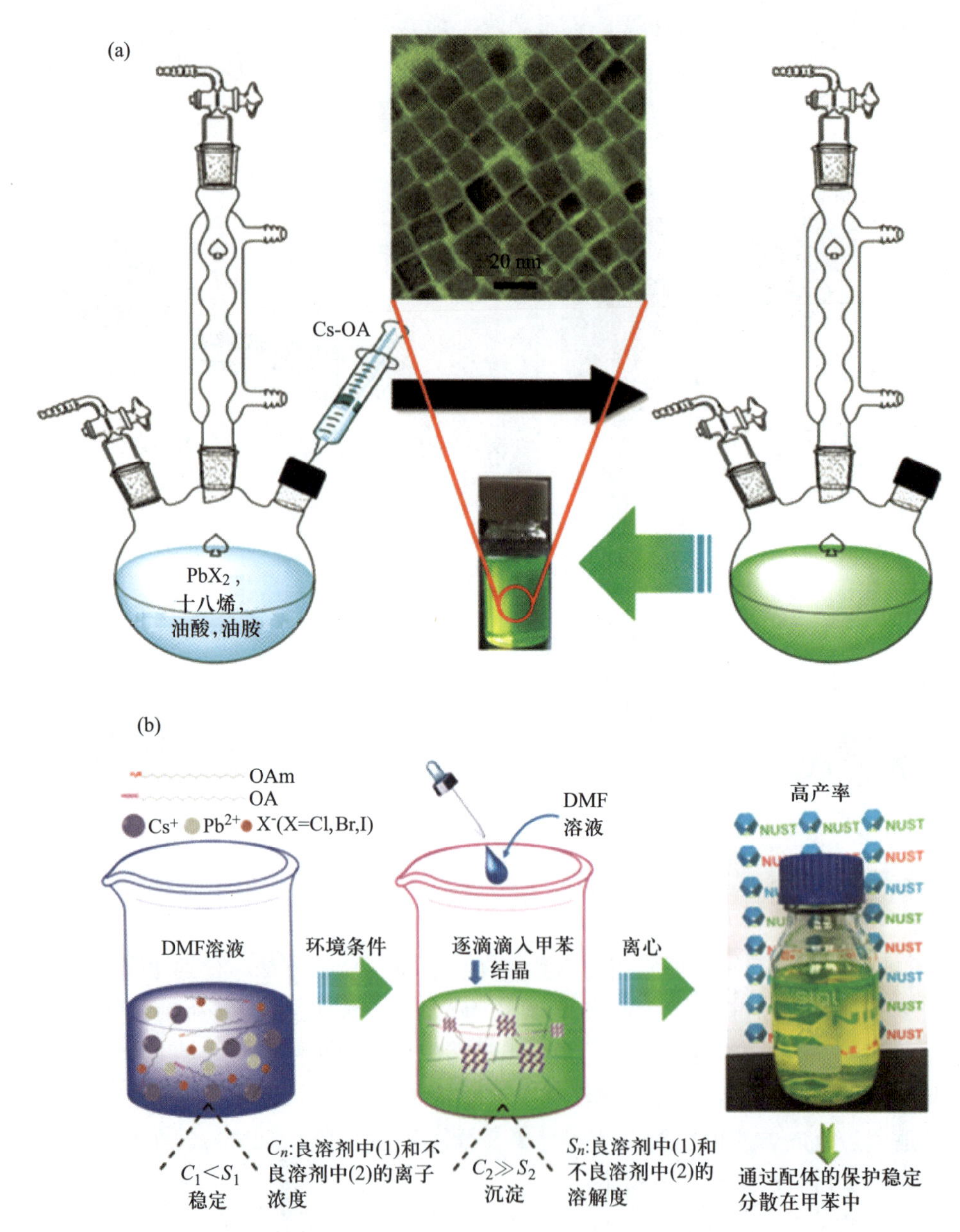


图 13.8 钙钛矿量子点的合成方法.(a) 高温注入法；(b) 室温再沉淀法[24]

3.18 eV). 此后，李福山等进一步将这种方法发展为“超声浴”法，即在常用的超声清洗机中就能完成钙钛矿量子点的室温大容量制备，大大简化了其合成工艺[33,34]，如图 13.9 所示. 他们用这种方法成功合成了 PL 半峰宽为 18 nm

且 PLQY 高达 88.5%的 $MAPbBr_3$ 钙钛矿量子点. 此外，孙宝金等还用微波辅助的方法合成了 $CsPbX_3$ 钙钛矿量子点[35]. 其所合成钙钛矿量子点的 PL 半峰宽为 9～34 nm，PLQY 达 75%. 通过改变合成条件，他们还合成了 $CsPbBr_3$ 的纳米片和纳米棒等不同的形貌.

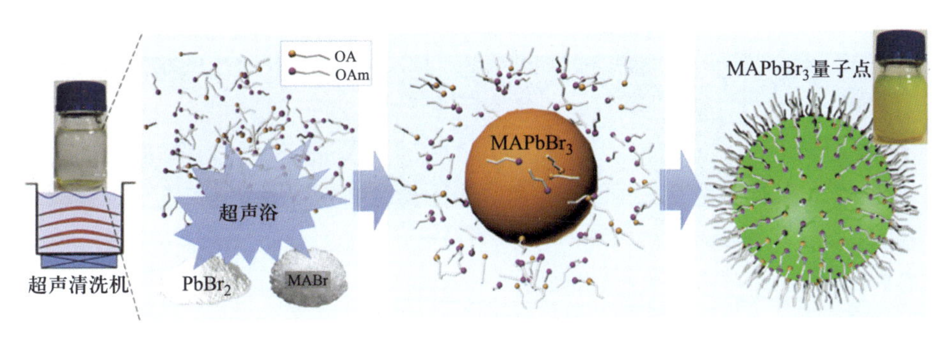


图 13.9 钙钛矿量子点的“超声浴”合成[33]

## §13.3 钙钛矿纳米晶体的原位合成

钙钛矿量子点的溶液法合成成本较高、工艺较复杂，同时其量子点分散液的稳定性较差，不利于大规模商业化. 基于以上问题，本节介绍原位结晶制备钙钛矿纳米晶体方法及其器件优异的发光特性. 钙钛矿独特的缺陷容忍特性赋予其在普通的工艺条件下容易原位制备出高性能纳米晶体的天然优势[36]. 同时，该技术工艺简单、墨水温度低、成本低，利于大规模印刷，有应用于发光领域的巨大潜力.

Kovalenko 以及 Yamauchi 课题组将钙钛矿前体溶液渗透到介孔二氧化硅的孔隙中，然后干燥并在模板辅助下形成钙钛矿纳米晶体(见图 13.10(a))，其荧光量子效率超过 50%[16,37]. 这种简便的策略可以应用于各种各样的具有通式 $APbX_3$ 的金属钙钛矿化合物中，所得到的纳米晶体的发光波长可以通过量子尺寸(即孔径尺寸)以及组分来调节(见图 13.10(b)).

尽管模板辅助法工艺简单，但是对基板要求较高，限制了其广泛的应用. 相比之下，无模板辅助原位钙钛矿纳米颗粒的制备更有利于其产业化应用.

例如，陈大钦等采用了直接在无机 $TeO_2$ 基的玻璃中原位合成钙钛矿纳米晶体的策略(见图 13.11(a))[38]. 由于无机玻璃的保护，钙钛矿纳米晶体的光热稳定性和水稳定性大大提高，将掺有量子点的玻璃浸入水中 120 h 后，仍然会有高达 90%的荧光强度.

除了传统防水无机材料的保护外，钙钛矿本身的多晶型特性也可以用于

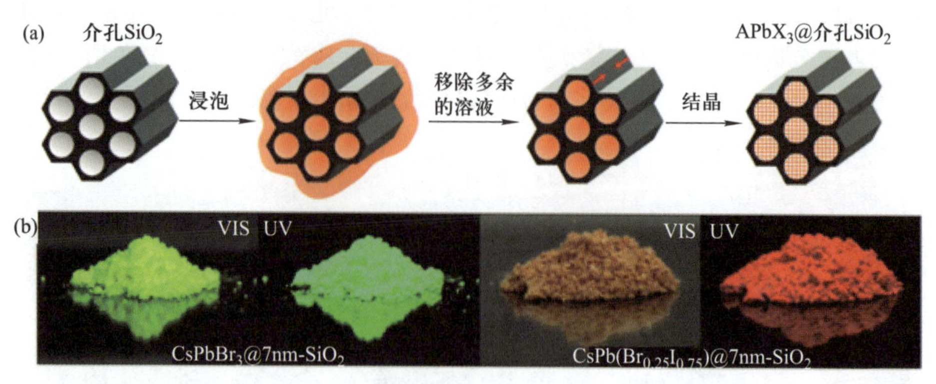


图 13.10 (a) 模板辅助法在介孔二氧化硅孔隙中原位合成 $APbX_3$ 纳米晶体；(b) 介孔二氧化硅辅助形成钙钛矿纳米晶体的照片[16]

原位钙钛矿纳米颗粒的形成. Sargent 课题组把高效绿色 $CsPbBr_3$ 纳米颗粒嵌入空气稳定的六溴化钙钛矿微晶($Cs_4PbBr_6$)中，其荧光量子产率达 92%（图 13.11(b))[39]. 理论模拟和实验表征证明，这两种晶型的晶格匹配度高，有助于钝化钙钛矿晶体的表面，并且 $CsPbBr_3$ 纳米颗粒分散在 $Cs_4PbBr_6$ 矩阵中，可以避免团聚，从而导致了其高荧光量子产率.

进一步，钟海政课题组开发了一种 HBr 辅助慢冷却的方法，在 $Cs_4PbBr_6$ 单晶中形成了 $CsPbBr_3$ 纳米晶体(13.11(c)) [40]. 他们得到的厘米级 $Cs_4PbBr_6$ 单晶发射出明亮的绿色荧光，荧光量子产率高达 97%，同时在 220℃ 下热稳定性得到很好的保持. 更重要的是其演化过程和结构特征证明 $Cs_4PbBr_6$ 矩阵中形成了 $CsPbBr_3$ 纳米晶，解释了纳米级 $Cs_4PbBr_6$ 晶体不发光，但是微米级及以上晶体发光的现象[41].

这些工作实现了发光效率高且稳定性好的钙钛矿纳米晶体的原位合成，但是不利于溶液法印刷制备光电薄膜. 比如玻璃中制备钙钛矿纳米晶体需要高温工艺，六溴化钙钛矿微晶($Cs_4PbBr_6$)包覆纳米颗粒需要微米级或更大的晶体.

利用聚合物作为空间限域的基体，是一种无模板辅助，且兼容溶液成膜性的钙钛矿原位纳米晶体的制备策略. 聚合物与钙钛矿前驱体所用的溶剂一致，以确保可以有效混合. 而聚合物与钙钛矿存在相互作用，可以有效限域钙钛矿晶体的形核生长. 该过程通常包括三个步骤：

(1) 配制钙钛矿/聚合物混合溶液；

(2) 利用印刷工艺在基板上形成前驱体液膜；

(3) 溶剂挥发，液膜固化，同步形成钙钛矿纳米颗粒.

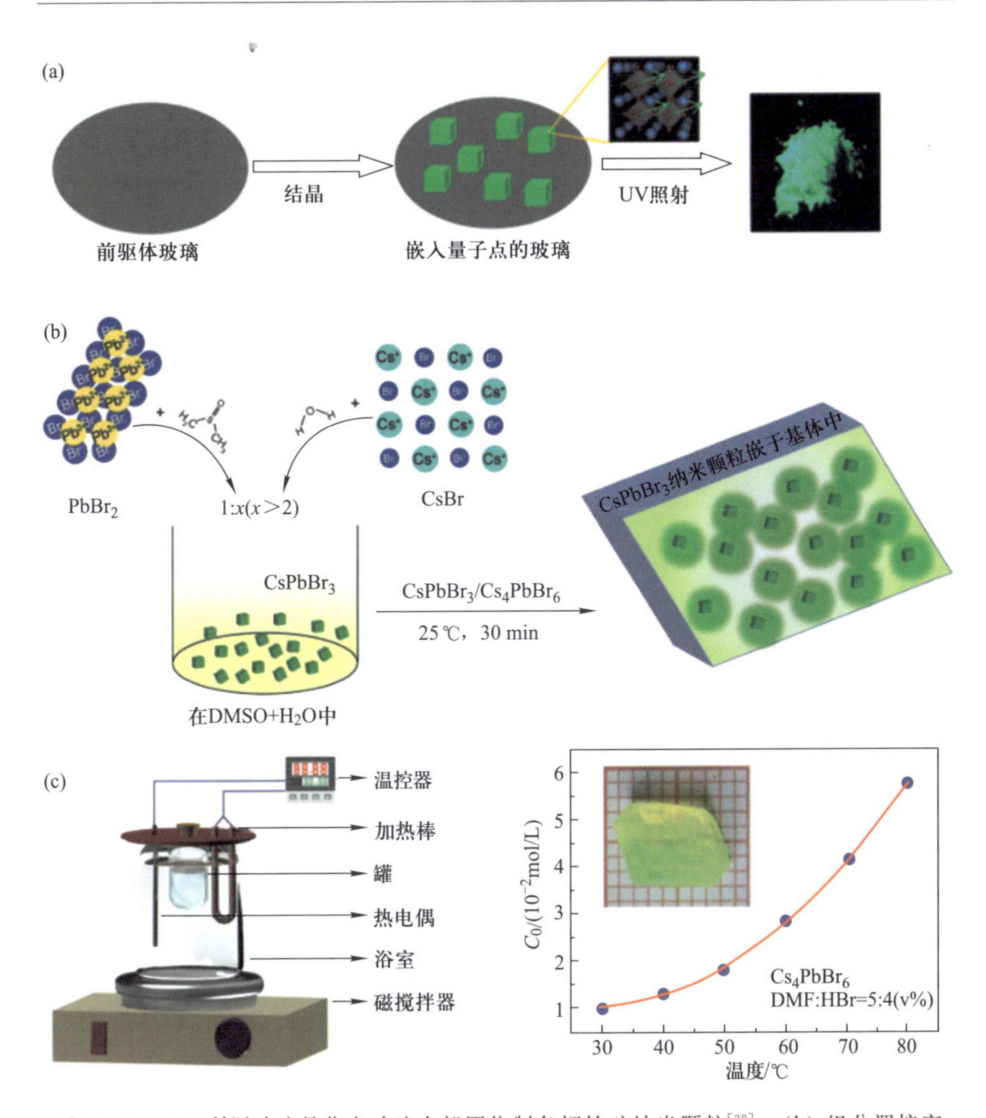


图 13.11 (a) 利用玻璃晶化在玻璃内部原位制备钙钛矿纳米颗粒[38]；(b) 组分调控室温合成立方相 $CsPbBr_3$ 纳米颗粒，并镶嵌于六方相 $Cs_4PbBr_6$ 基体中[39]，(c) HBr 辅助慢冷却的方法制备包含 $CsPbBr_3$ 纳米晶体的 $Cs_4PbBr_6$ 单晶[40]

为了保证钙钛矿纳米晶均匀分散在聚合物基体内部，钟海政等通过溶剂可控蒸发将 PVDF 基质的结晶过程分解成几个步骤，原位合成出粒径约为 5 nm 的钙钛矿纳米晶体，其荧光量子产率达 95%[19]. 由于其粒径较小，复合膜的透明度好，透过率约为 90%. 此外，PVDF 本身的强疏水性使得包覆钙钛矿纳米晶体的稳定性大大提高. 该技术通过刮涂实现(见图 13.12(a))，在大面积溶液法印刷领域具有明显的优势.

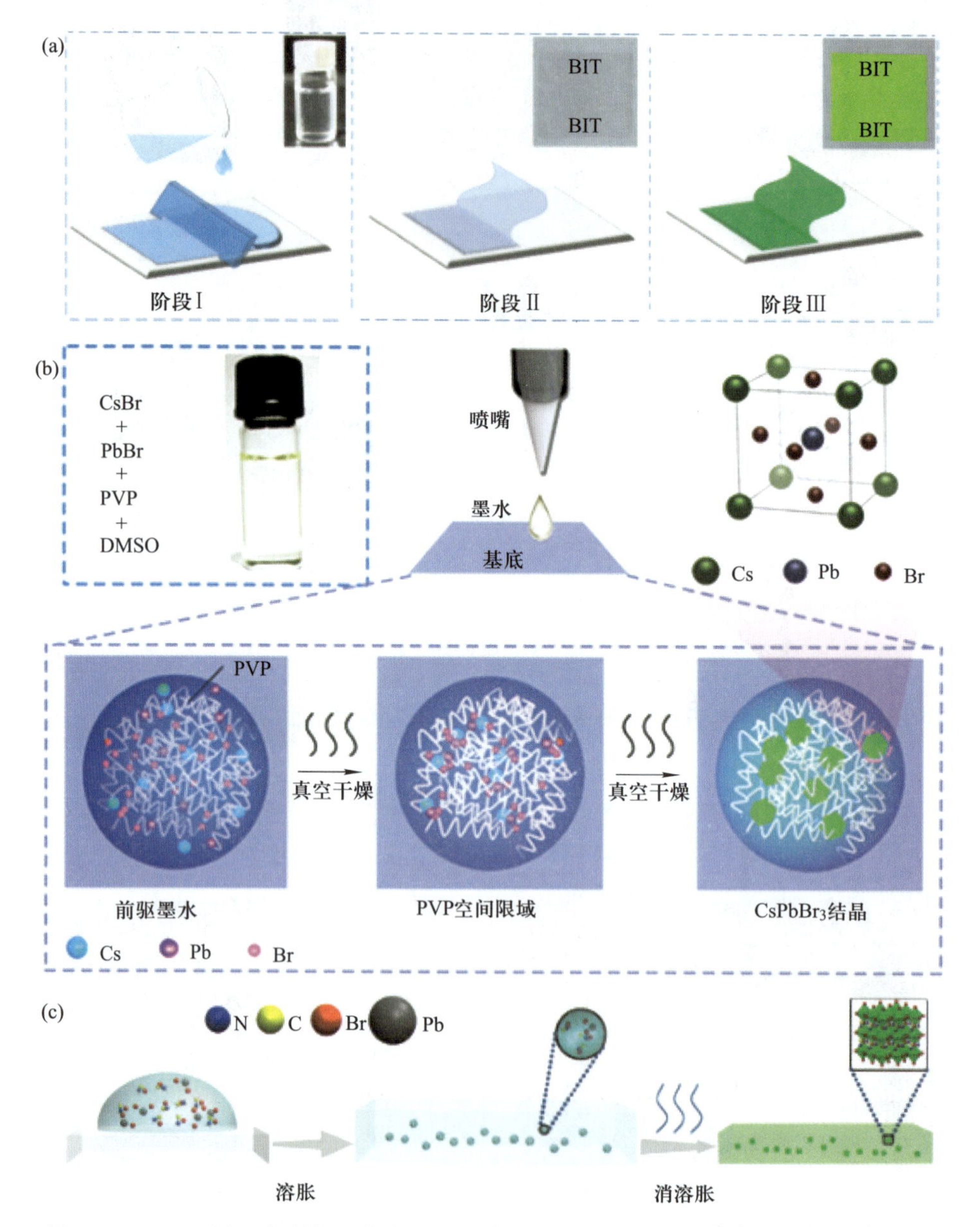


图 13.12 (a) 刮涂工艺制备原位合成钙钛矿/PVDF 纳米复合薄膜[19]；(b) 利用喷墨打印实现钙钛矿/PVP 纳米复合体系荧光微阵列[42]；(c) 利用溶胀效应实现钙钛矿/聚合物纳米复合薄膜[43]

由于 PVDF 成膜性差，难以形成微纳米尺度的均匀薄膜，因此难以应用于像素化微阵列领域. 基于此，李福山课题组开发了一种钙钛矿/PVP 纳米复合体系，可以兼容微米级墨滴的成膜性和钙钛矿纳米颗粒的结晶性. 如图 13.12(b)所示，一旦喷射出的墨滴到达基板，就会在几微秒内形成球冠形墨滴，前驱体和 PVP 长链分子随机分布在其中. 随着溶剂的蒸发，PVP 基体收缩，这种长链有机分子通过构建许多空间障壁将前驱液分裂成一个个小部分，然后前驱体在这种分裂的空间中组装. 当前驱体浓度达到其成核临界值时，钙钛矿形核结晶并生长形成 $CsPbBr_3$ 纳米颗粒，粒径约为 30 nm. 引入 PVP 添加剂，可以实现对钙钛矿前驱体墨水输运过程的调控，能够制备具有完美形态的局部微型化的钙钛矿微阵列. PVP 中 C=O 基团可以与钙钛矿晶体的金属键形成配位键，辅以聚合物结晶形成的空间位阻，协助形成具有均匀尺寸分布的 $CsPbBr_3$ 纳米晶体.

董亚杰课题组进一步提出了一种无须在前驱体中添加聚合物，利用基板聚合物材料的溶胀效应实现钙钛矿原位结晶的策略[43](见图 13.12(c)). 当钙钛矿前驱体滴加在聚合物基板上后，基板吸附溶剂体积膨胀，前驱体在其中被长链聚合物空间分隔开. 随着溶剂的挥发，基板收缩，钙钛矿纳米晶体形成. 该策略可以拓展至一系列聚合物基板，包括聚苯乙烯(PS)、聚碳酸酯(PC)、丙烯腈丁二烯苯乙烯(ABS)、醋酸纤维素(CA)、聚氯乙烯(PVC)，和聚甲基丙烯酸甲酯(PMMA).

钙钛矿纳米颗粒复合体系优异的稳定性、易加工性，以及高效荧光特性使之在背光显示、荧光图案、X 射线探测等多个光致发光领域具有应用的潜力.

例如，利用蓝光 LED 激发绿色钙钛矿荧光纳米颗粒和传统红色荧光材料可以出射白光(见图 13.13(a))[43]. 由于钙钛矿量子点的半峰宽较窄(约 18 nm)，其显示色域高达 NTSC 标准的 121%，同时器件产生白光的发光效率高达 109 lm/W[19]. 事实上，基于钙钛矿原位合成纳米晶体背光膜的电视样机已经取得突破，并在 CES2018 上展出.

像素化微阵列也是印刷发光领域的重要发展方向，在荧光图案、防伪标签、显示领域的色彩转换片等方面有着重要的应用. 钙钛矿/聚合物复合材料原位结晶策略在大规模、图案化和柔性应用领域有巨大优势. 李福山等喷墨打印的宏观字母“FZU”的荧光图像由间距为 200 μm 的绿色钙钛矿荧光点组成，并且在宏观尺度上显示出均匀和明亮的荧光(见图 13.13(b))[42]. 其放大的荧光图像和三维激光共聚焦显微镜照片证明了每个单点的优异的均匀性和再现性. 此外，这种技术适用于任何预设的图案，如复杂的福州大学校徽和蜜蜂的荧光图像. 聚合物辅助原位合成策略与柔性基板具有良好兼容性，柔性样品经过数百次弯折后无脱落现象.

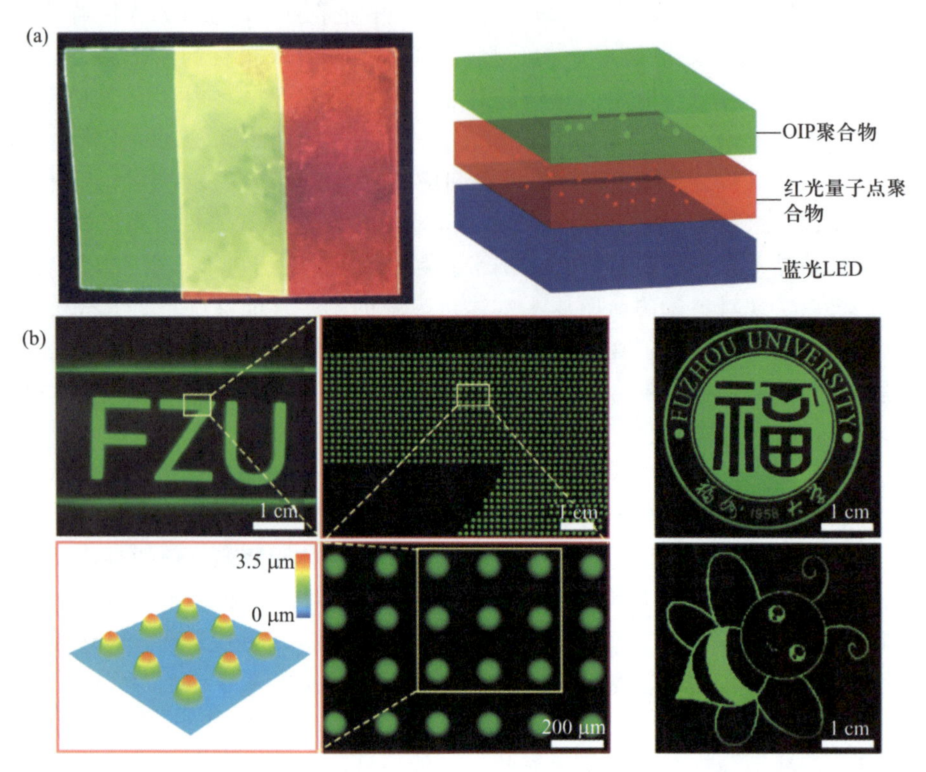


图 13.13 (a) 钙钛矿聚合物复合体系用于显示背光膜[43]；(b) 喷墨打印 $CsPbBr_3$/PVP 纳米复合材料微阵列荧光图案[42]

# 参考文献

[1] Shirasaki Y, Supran G J, Bawendi M G, et al. Emergence of colloidal quantum-dot light-emitting technologies. Nature Photonics, 2012, 7: 13.

[2] Wood V and Bulovic V. Colloidal quantum dot light-emitting devices. Nano Reviews, 2010, 1: 5202.

[3] Yamada Y, Nakamura T, Endo M, et al. Photocarrier Recombination Dynamics in Perovskite $CH_3NH_3PbI_3$ for Solar Cell Applications. J Am. Chem. Soc., 2014, 136: 11610.

[4] Kim Y H, Kim J S, and Lee T W. Strategies to improve luminescence efficiency of metal-halide perovskites and light-emitting diodes. Adv. Mater., 2018, 31 (47): e1804595.

[5] Zou W, Li R, Zhang S, et al. Minimising efficiency roll-off in high-brightness perovskite light-emitting diodes. Nat. Commun., 2018, 9: 608.

[6] Manser J S, Christians J A, and Kamat P V. Intriguing optoelectronic properties of metal halide perovskites. Chem. Rev., 2016, 116: 12956.

[7] Draguta S I, Thakur S, Morozov Y, et al. Spatially non-uniform trap state densities in solution-processed hybrid perovskite thin films. J. Phys. Chem. Lett., 2016, 7: 715.

[8] Johnston M B and Herz L M. Hybrid perovskites for photovoltaics: charge-carrier recombination, diffusion, and radiative efficiencies. Accounts Chem. Res., 2016, 49: 146.

[9] Quan L N, Garcia De Arquer F P, Sabatini R P, et al. Perovskites for light emission. Adv. Mater., 2018, 30(45): e1801996.

[10] Zhang F J, Song J Z, Han B N, et al. High-efficiency pure-color inorganic halide perovskite emitters for ultrahigh-definition displays: progress for backlighting displays and electrically driven devices. Small Methods, 2018, 2: 1700382.

[11] Brandt R E, Stevanovic V, Ginley D S, et al. Identifying defect-tolerant semiconductors with high minority-carrier lifetimes: beyond hybrid lead halide perovskites. MRS communications, 2015, 5: 265.

[12] Kang J and Wang L W. High defect tolerance in lead halide perovskite $CsPbBr_3$. Journal of Physical Chemistry Letters, 2017, 8: 489.

[13] Akkerman Q A, Gabriele R, Kovalenko M V, et al. Genesis, challenges and opportunities for colloidal lead halide perovskite nanocrystals. Nature Materials, 2018, 17: 394.

[14] Zhu H, Miyata K, Fu Y, et al. Screening in crystalline liquids protects energetic carriers in hybrid perovskite. Science, 2016, 353: 1409.

[15] Bakulin A A, Selig O, Bakker H J, et al. Real-time observation of organic cation reorientation in methylammonium lead iodide perovskites. Journal of Physical Chemistry Letters, 2015, 6: 3663.

[16] Dirin D N, Protesescu L, Trummer D, et al. Harnessing defect-tolerance at the nanoscale: highly luminescent lead halide perovskite nanocrystals in mesoporous silica matrixes. Nano Letters, 2016, 16: 5866.

[17] Protesescu L, Yakunin S, Bodnarchuk M I, et al. Nanocrystals of cesium lead halide perovskites ($CsPbX_3$, X = Cl, Br, and I): novel optoelectronic materials showing bright emission with wide color gamut. Nano Letters, 2015, 15: 3692.

[18] Li X M, Wu Y, Zhang S L, et al. $CsPbX_3$ quantum dots for lighting and displays: room-temperature synthesis, photoluminescence superiorities, underlying origins and white light-emitting diodes. Adv. Funct. Mater., 2016, 26: 2435.

[19] Zhou Q C, Bai Z L, Lu W G, et al. In situ fabrication of halide perovskite

nanocrystal-embedded polymer composite films with enhanced photoluminescence for display backlights. Adv. Mater., 2016, 28: 9163.

[20] Jang D M, Kim D H, Park K, et al. Ultrasound synthesis of lead halide perovskite nanocrystals. Journal of Materials Chemistry C, 2016, 4: 10625.

[21] Huang H, Bodnarchuk M I, Kershaw S V, et al. Lead halide perovskite nanocrystals in the research spotlight: stability and defect tolerance. ACS Energy Letters, 2017, 2(9): 2071.

[22] Kovalenko M V, Protesescu L, and Bodnarchuk M I. Properties and potential optoelectronic applications of lead halide perovskite nanocrystals. Science, 2017, 358: 745.

[23] Wang Y and Sun H. All-inorganic metal halide perovskite nanostructures: from photophysics to light-emitting applications. Small Methods, 2018, 2: 1700252.

[24] Li X, Cao F, Yu D, et al. All inorganic halide perovskites nanosystem: synthesis, structural features, optical properties and optoelectronic applications. Small, 2017, 13: 1603996.

[25] Wang N, Liu W, and Zhang Q. Perovskite-based nanocrystals: synthesis and applications beyond solar cells. Small Methods, 2018, 2: 1700380.

[26] Schmidt L C, Pertegas A, Gonzalez-Carrero S, et al. Nontemplate synthesis of $CH_3NH_3PbBr_3$ perovskite nanoparticles. J. Am. Chem. Soc., 2014, 136: 850.

[27] Zhang F, Zhong H, Chen C, et al. Brightly luminescent and color-tunable colloidal $CH_3NH_3PbX_3$ (X = Br, I, Cl) quantum dots: potential alternatives for display technology. ACS Nano, 2015, 9(4): 4533.

[28] Huang H, Susha A S, Kershaw S V, et al. Control of emission color of high quantum yield $CH_3NH_3PbBr_3$ perovskite quantum dots by precipitation temperature. Adv. Sci., 2015, 2: 1500194.

[29] Huang H, Zhao F, Liu L, et al. Emulsion synthesis of size-tunable $CH_3NH_3PbBr_3$ quantum dots: an alternative route toward efficient light-emitting diodes. ACS Appl. Mater. Interfaces, 2015, 7: 28128.

[30] Lignos I, Stavrakis S, Nedelcu G, et al. Synthesis of cesium lead halide perovskite nanocrystals in a droplet-based microfluidic platform: fast parametric space mapping. Nano Letters, 2016, 16: 1869.

[31] Koolyk M, Amgar D, Aharon S, et al. Kinetics of cesium lead halide perovskite nanoparticle growth; focusing and de-focusing of size distribution. Nanoscale, 2016, 8: 6403.

[32] Pan A, He B, Fan X, et al. Insight into the ligand-mediated synthesis of colloidal $CsPbBr_3$ perovskite nanocrystals: the role of organic acid, base, and cesium precursors. ACS Nano, 2016, 10: 7943.

[33] Yang K, Li F, Liu Y, et al. All-solution-processed perovskite quantum dots light-

emitting diodes based on the solvent engineering strategy. ACS Appl. Mater. Interfaces, 2018, 10: 27374.

[34] Yang K, Li F, Veeramalai C P, et al. A facile synthesis of $CH_3NH_3PbBr_3$ perovskite quantum dots and their application in flexible nonvolatile memory. Appl. Phys. Lett., 2017, 110: 083102

[35] Pan Q, Hu H C, Zou Y T, et al. Microwave-assisted synthesis of high-quality "all-inorganic" $CsPbX_3$ (X = Cl, Br, I) perovskite nanocrystals and their application in light emitting diodes. Journal of Materials Chemistry C, 2017, 5: 10947.

[36] Brittman S and Luo J S. A promising beginning for perovskite nanocrystals: a nano letters virtual issue. Nano Letters, 2018, 18: 2747.

[37] Malgras V, Tominaka S, Ryan J W, et al. Observation of quantum confinement in monodisperse methylammonium lead halide perovskite nanocrystals embedded in mesoporous silica. J. Am. Chem. Soc., 2016, 138: 13874.

[38] Yuan S, Chen D Q, Li X Y, et al. In situ crystallization synthesis of $CsPbBr_3$ perovskite quantum dot-embedded glasses with improved stability for solid-state lighting and random upconverted lasing. ACS Appl. Mater. Interfaces, 2018, 10: 18918.

[39] Quan L N, Quintero-Bermudez R, Voznyy O, et al. Highly emissive green perovskite nanocrystals in a solid state crystalline matrix. Adv. Mater., 2017, 29 (21): 1605945.

[40] Chen X, Zhang F, Ge Y, et al. Centimeter-sized $Cs_4PbBr_6$ crystals with embedded $CsPbBr_3$ nanocrystals showing superior photoluminescence: nonstoichiometry induced transformation and light-emitting applications. Adv. Funct. Mater., 2018, 28: 1706567.

[41] Chang S, Bai Z, and Zhong H. In situ fabricated perovskite nanocrystals: a revolution in optical materials. Advanced Optical Materials, 2018, 6: 1800380.

[42] Liu Y, Li F, Qiu L, et al. Fluorescent microarrays of in situ crystallized perovskite nanocomposites fabricated for patterned applications by using inkjet printing. ACS Nano, 2019, 13: 2042.

[43] Wang Y N, He J, Chen H, et al. Ultrastable, highly luminescent organic-inorganic perovskite-polymer composite films. Adv. Mater., 2016, 28: 10710.

# 第十四章　钙钛矿探测器

吴存存、肖立新

光电探测器是一种将输入的光信号转化成电信号输出的器件，目前，基于半导体的光电探测器研究较为广泛. 英国物理学家 Faraday 在电磁学方面具有许多贡献，这是被人们熟知的. 1833 年，他对于硫化银电阻率随着温度的上升而下降现象的研究，开启了人们探索半导体的道路. 半导体的导电性介于导体和绝缘体之间，因其具有掺杂性、热敏性、光敏性、负电阻率温度特性、整流特性等优点，已被广泛应用于光电探测器件.

以硅为代表的单晶半导体材料是第一代半导体材料. 硅基探测器的体积较小、重量较轻、电路比较简单，在探测器中的应用比较广泛. 但是硅是一种间接带隙半导体，在高频率、高功率器件中的使用受到很大的限制. 另外硅的禁带宽度为 1.1 eV，是一种窄禁带的半导体材料. 这种材料在吸收光时不仅会吸收紫外光，也会将红外光和可见光一起吸收，而对于探测器来说，波长选择在实际应用中比较重要.

钙钛矿材料因其带隙可调、高吸收系数、较长的电子和空穴扩散长度等光学、电学特性而在光电探测领域表现出非常光明的应用前景，目前人们已经研究应用于可见光、近红外、紫外以及 X 射线、$\gamma$ 射线等领域的探测器件.

光电探测器按照工作原理可以分为光电导型、光伏型、晶体管型等. 下面将首先对光电探测器的性能参数及物理含义做一简单介绍，并对各种类型的探测器的研究现状进行总结.

## § 14.1　光电探测器的性能参数

光电探测器的性能参数主要包括：响应度、光敏性、响应时间、外量子效率、探测率、光电导增益以及光敏线性度.

响应度 $R$ 与器件的外量子效率相关，在实验中由下面的公式计算：

$$R = I_{\mathrm{p}}/P_{\mathrm{in}},$$

其中 $I_{\mathrm{p}}$ 是探测器输出的光电流，$P_{\mathrm{in}}$ 是入射光功率.

外量子效率 EQE 表示光子-电子转换效率，计算如下：

$$\mathrm{EQE}=\frac{Rhc}{e}.$$

探测率 $D^*$ 由以下公式给出：

$$D^*=(Af)^{1/2}/\mathrm{NEP},$$

其中 $A$ 是有效面积，$f$ 是电子带宽，NEP 是噪声等效能. 如果考虑到噪声电流主要来自电极射入的暗电流，那么上式可以简化为

$$D^*=\frac{R}{(2eI_\mathrm{d})^{1/2}}.$$

其中 $I_\mathrm{d}$ 是暗电流.

响应时间体现了对于入射光的响应速度，分为上升时间和衰减时间，与载流子在缺陷中被束缚和脱离，以及复合的复杂过程相关. 总地来说，瞬态响应越快，越适用于变化光和高时间精度的探测.

线性动态范围 LDR 也称光敏线性度，表明在一定光谱范围内，光电流与入射光强呈线性关系，取对数表示：

$$\mathrm{LDR}=20\lg(\mathrm{P}_\mathrm{max}/P_\mathrm{min}).$$

其中 $P_\mathrm{max}$ 和 $P_\mathrm{min}$ 分别为探测器响应在线性范围内的最大和最小入射光功率.

## §14.2　各种类型的光电探测器的原理以及发展现状介绍

### 14.2.1　光电导型钙钛矿光电探测器

光电导型探测器的工作原理基于光电导效应，其结构较为简单，是一种在实际应用中有较好前景的器件. 这种探测器在半导体材料两端加上叉指或条状电极构成光敏电阻，通常具有共面结构. 半导体材料吸收入射光子的能量会产生本征吸收或杂质吸收，形成非平衡载流子，而载流子浓度增大会使材料电导率增大. 当光敏电阻的两端加上适当的偏置电压时，便有电流流过回路. 光电导型器件中光电流大小正比于器件有效光照面积，从而正比于电极间距. 但是为了高效地收集载流子，电极间距应小于载流子传输距离，即应使光生载流子渡越时间小于光生载流子寿命. 光生载流子寿命与渡越时间之比被定义为光电导增益因子. 对于载流子迁移率大的半导体材料，当电极间距很小时，增益可以远远超过 100%. 光电导型钙钛矿光电探测器与其他常见的探测器相比，制作步骤较简单. 基于钙钛矿的多晶薄膜和单晶的光电导型探测器均有报道.

下面首先介绍基于钙钛矿多晶薄膜的光电导探测器. 2014 年谢毅等[1]在氧化铟锡(ITO)图案电极的聚对苯二甲酸乙二醇酯(PET)柔性基底上用旋涂

法制作了 $MAPbI_3$ 钙钛矿薄膜，整体的器件结构为 ITO/$MAPbI_3$/ITO，可以实现 310～780 nm 的宽谱光电探测. 在 3 V 偏压和 365 nm 的光照射下，器件的外量子效率可以达到 $1.19\times10^3$，同时响应度可以达到 3.49 A/W. 在钙钛矿薄膜的吸收带边 780 nm 的光照下，同样在 3 V 偏压下，器件的响应度仅为 0.036 A/W. 该器件的上升沿和下降沿时间约为 0.1 s，响应速度较慢，主要原因是钙钛矿直接与 ITO 接触，复合比较严重，同时钙钛矿的成膜质量较差，缺陷较多，非辐射复合较多.

考虑到钙钛矿多晶薄膜的缺陷较多，人们开始尝试使用钙钛矿单晶来制备探测器. 2015 年，孙家林等[2]在 $MAPbI_3$ 单晶的(100)面上制备了高效的平面型光电探测器. 由于单晶表面具有低陷阱密度和长载流子扩散长度，探测器的性能有了显著的提升. 这种探测器可以探测 2.12 $nW/cm^2$ 的光，在该光强下，器件的响应度可以达到 953 A/W，EQE 为 $2.2\times10^5\%$，响应速度为 132 μs. 相比基于 $MAPbI_3$ 多晶薄膜的光电探测器，基于单晶的器件的响应度和 EQE 均提高了大约两个数量级，同时响应时间还提高了约 3 倍. 除此之外，由于单晶比薄膜的稳定性更好，该探测器同样具有良好的稳定性，未封装的器件在空气中放置 40 天之后，性能只有较小的衰减. 2016 年，杨阳等[3]制备了基于 $FAPbI_3$ 单晶的高性能光电导光电探测器. 相比于单晶 $MAPbI_3$，$FAPbI_3$ 单晶的载流子浓度更高，导致其电导率更高，噪声电流在 1 Hz 时仅为 0.13 $pA/Hz^{1/2}$，相应的噪声等效功率为 $2.6\times10^{-14}$ W. 这种小的噪声电流以及低的噪声等效功率说明 $FAPbI_3$ 非常有潜力制备高灵敏的钙钛矿探测器.

通过调节钙钛矿的卤素原子碘、溴、氯，可以实现钙钛矿材料的带隙的调节. 通过调节卤素原子，单晶钙钛矿探测器也可以实现不同波段的探测[4,5]. 2015 年，Maculan 等[6]制备了基于 $MAPbCl_3$ 单晶的光电探测器，实现了紫外光探测. 2016 年，Meredith 等[7]分别利用具有表面缺陷的 $MAPbI_3$ 和 $MAPbBr_3$ 单晶钙钛矿的亚带隙效应，实现了在近红外波段有明显响应的光电探测器. 除此之外，块状单晶钙钛矿也被用于制备窄带光电探测器[8,9]. 例如，黄劲松团队[8]提出了一种基于载流子收集窄化效应的窄带光电探测机制，所选用的材料是较厚的单晶钙钛矿，通过在器件两端施加不同大小的偏压便可以调节载流子的收集效率，从而实现了半峰全宽小于 20 nm 的窄带光电探测性能.

虽然基于块状单晶钙钛矿的光电导型钙钛矿探测器的性能相比于多晶薄膜有明显提升，但是不能在集成的光电器件中实际应用. 为了走向实际应用，钙钛矿单晶需要生长得更薄. 2015 年，Saidaminov 等[10]在 ITO 基底上直接生长 $MAPbBr_3$ 单晶薄膜. 和基于块状单晶钙钛矿的探测器相比，单晶薄膜光电导探测器的性能明显得到了提升，增益可以达到 $10^4$. 该结果为当时光电导型钙钛矿探测器的最高值. 随着钙钛矿单晶生长技术的成熟，2016 年，刘生忠等[11]成功生长了 150 μm 厚的较大的 $MAPbI_3$ 单晶片，并且成功制备了大约 100 个探测器. 该工作表明，钙钛矿单晶片非常有潜力用于集成电路. 该探测器的性能也明显优于传统的多晶薄膜的探测器，在 2 V 偏压下，光电流可以达到 700 μA，是基于薄膜钙钛矿探测器的 350 倍. 单晶的厚度对探测器的性能影响比较显著. 2018 年，马仁敏等[12]通过空间限域法成功地制备出了厚度为 380 nm 的 $MAPbBr_3$ 单晶薄片. 随着单晶片厚度的降低，探测器的性能也显著提升. 器件的增益可以达到 $10^7$，为光电导探测器的最高值，最低可以探测 100 个光子在 180 Hz 的调制带宽，同样为所报道的钙钛矿探测器的最高值. 这一结果说明，钙钛矿单晶薄片是制备钙钛矿探测器的关键.

钙钛矿多晶薄膜以及单晶在光电导探测器中已经表现出很大的潜力. 为了使器件小型化，钙钛矿纳米线、纳米片等也被广泛地用于制备光电探测器. 2014 年，$MAPbI_3$ 单晶纳米线被用于制备光电导探测器，但是器件的外量子效率以及暗电流都比较大[13]. 2016 年，刘新风等[14]成功制备了厚度为 30nm 的钙钛矿纳米片，但是由于纳米片的质量欠佳，器件的响应度仅有 25 mA/W. 随着钙钛矿纳米片制备技术的发展，钙钛矿纳米结构探测器的性能也显著提升. 2016 年，唐江等[15]通过钝化 $MAPbI_3$ 单晶纳米线，制备的探测器的响应度和探测率分别可以达到 4.95 A/W 和 $2\times10^{13}$ Jones($1\ \text{Jones}=1\ \text{cm}\cdot\text{H}^{\frac{1}{2}}/\text{W}$). 2017 年，研究者[16]通过流体导向反溶剂蒸气辅助结晶法制备出了高质量的基于 $MAPbI_{1-x}Br_x$ 的单晶纳米线阵列，基于该阵列的光电测器的响应度可以高达 $1.25\times10^4$ A/W.

由以上的实验结果可以看出，对于光电导型的钙钛矿探测器，不论是基于多晶薄膜、单晶或是纳米结构，器件的性能主要还是取决于所制备的材料的质量. 因此光电导型的探测器的进一步发展还是应该重点关注高质量钙钛矿材料的生长. 表 14.1 给出了光电导型探测器的性能总结.

**表 14.1　光电导型探测器的性能总结**

| 器件结构 | EQE(%) | $R$/(A/W) | $D^*$/Jones | 响应时间 | 参考文献 |
|---|---|---|---|---|---|
| ITO/$MAPbI_3$/ITO | $1.19\times10^3$ | 3.49 | — | < 0.2 s | [1] |
| Au/$MAPbI_3$/Au | $2.2\times10^5$ | 953 | — | 130 μs | [2] |
| Au/Ti/$MAPbCl_3$/Pt | | 0.0496 | $1.2\times10^{10}$ | 62 ms | [6] |
| ITO/$MAPbBr_3$/ITO | — | 4000 | $\approx10^{13}$ | 25 μs | [10] |
| ITO/$MAPbBr_3$/Au | — | $1.6\times10^7$ | — | 892 μs | [12] |
| Au/$MAPbI_3$ 纳米线/Au | — | 4.95 | $2\times10^{13}$ | < 0.1 ms | [15] |

### 14.2.2 光电二极管型探测器

光电二极管型探测器又名光伏型探测器. 它基于半导体与半导体形成的pn结或者金属与半导体形成的Schottky结，因此可以在无外加偏压的情况下把光信号转化成电信号输出. 其工作原理是：当光照射到半导体时，会形成内建电场，在内建电场的作用下产生光生电动势，如果用导线连接起来就会形成光生电流. 这一类探测器的光敏性较高，同时具有比较快的响应时间(小于100 μs)，但是光谱响应度较低. 为了改善探测器的性能，通常还会在钙钛矿与传输层或者金属电极之间引入修饰层以减小漏电流.

光电二极管型探测器的结构与钙钛矿太阳能电池的结构类似，大体可以分为正式器件(nip)和反式器件(pin)两种. 在发展的初期，钙钛矿电池大多是以正式结构为主，因此这种类型的探测器刚开始研究也以正式结构为主. 这种探测器一般都基于钙钛矿多晶薄膜. 研究初期，由于钙钛矿的成膜质量较差，因此探测器的性能也较差，大部分工作都是通过界面修饰来提升探测器的性能. 在正式结构中，通过用PCBM对电子传输层$TiO_2$进行修饰，可使探测器的漏电流显著减少[17]. 2015年，研究者[18]通过用原子沉积法制备$Al_2O_3$对电子传输层进行修饰，使得探测器的漏电流进一步降低，器件的响应度可以达到0.395 A/W，探测率可以达到$10^{12}$ Jones，同时稳定性也有了显著的提升. 除了使用绝缘的氧化物对传输层进行钝化以外，研究发现[19]，使用聚合物修饰电子传输层，也可以使器件的暗电流显著降低. 其主要原因是聚合物可以钝化钙钛矿的表面缺陷，这样会减少钙钛矿和电子传输层之间的非辐射复合，从而降低暗电流. 经过聚合修饰的正向结构探测器的探测率可以达到$10^{13}$，同时响应时间也可以达到微妙量级. 但是对于正向器件来说，从目前的结果来看，效果最好的空穴传输层还是锂盐和4-TBP掺杂的spiro-OMeTAD. 添加剂容易吸潮，对器件的长期稳定性有不良影响.

相比于正式结构的器件，反式器件有一些固有的优势. 首先器件的空穴传输层选择性比较大，从常用的有机物PEDOT∶PSS，PTAA等到无机的氧化镍等都可以用于制备高效的器件. 其次反式器件中所使用的电子传输层PCBM，$C_{60}$对钙钛矿薄膜表面的离子迁移有抑制作用，可以使器件的性能显著提升. 2014年，杨阳等[20]在电子传输层和金属电极Al之间插入一层空穴阻挡层PFN，可以使器件的暗电流显著降低. 在0.1 V偏压下，器件的探测率高达$10^{14}$ Jones，该性能明显优于同样探测波段的商用的硅基探测器. 2015年，Meredith等[21]研究了PCBM，$C_{60}$用作电子传输层时对器件性能的影响，发现二者的厚度对器件的漏电流影响显著. 经过优化，他们发现用50 nm的PCBM加130 nm厚的$C_{60}$薄膜一起作电子传输层，器件的性能最佳，在−1 V的偏压下，器件的暗电流密度可以达到 $1\times10^{-9}$ A/cm$^2$，同时该器件可以探测的弱光功率低至 1.8 nW/cm$^2$，线性动态范围可以达到 170 dB. 随后，蔡植豪等[22]使用氧化镍与碘化铅纳米复合结构作为空穴传输层. 碘化铅有助于高质量钙钛矿薄膜的生长，从而降低器件的暗电流. 该器件的暗电流密度可以达到 $2\times10^{-10}$ A/cm$^2$. 这一结果远远高于基于 PEDOT:PSS 的器件. 随着基于 PTAA 空穴传输层的钙钛矿电池的发展，基于 PTAA 的空穴传输层在探测器中也取得了很好的结果. 黄劲松等[23]使用 ITO/PTAA/$MAPbI_3$/$C_{60}$/BCP/Cu 结构制备的探测器不仅获得了很低的暗电流，同时响应时间也可以达到亚纳秒量级.

虽然大部分光电二极管型的探测器都基于钙钛矿多晶薄膜，但是考虑到其本征缺陷较多且稳定性较差，钙钛矿单晶也同样用于制备钙钛矿探测器. 在研究初期，生长的钙钛矿单晶大都为块状的，比较厚，影响载流子的传输. 虽然研究发现，用较厚的块状单晶也可以成功制备光电二极管型的探测器，但器件的性能较差，响应度仅有 60 mA/W，低于基于多晶薄膜的器件[24]. 随着单晶生长技术的发展，黄劲松等[25]通过空间限域法成功地在 ITO/PTAA 基底上制备了厚度大约 20 μm 的 $MAPbI_3$ 和 $MAPbBr_3$ 单晶，器件的噪声电流密度可以达到 $10^{-13}$ A/cm$^2$，探测率可以达到 $10^{13}$ Jones，响应时间可以达到百纳秒量级，同时器件可以实现 256 dB 的线性动态范围. 表 14.2 给出了典型光优探测器的性能总结.

**表 14.2　典型光伏型探测器的性能总结**

| 器件结构 | EQE(%) | $R$/(A/W) | $D^*$/Jones | 响应时间 | 参考文献 |
|---|---|---|---|---|---|
| ITO/$TiO_2$/$MAPbI_3$/P3HT/$MoO_3$/Ag | 84 | 0.339 | $4.8\times10^{12}$ | — | [17] |
| ITO/$SnO_2$/PVP/$MAPbI_3$/spiro-OMeTAD/Au | 85 | 0.45 | $1.2\times10^{12}$ | 5 μs | [19] |
| ITO/PEDOT:PSS/$MAPbI_{3-x}Cl_x$/PCBM/PFN/Al | 80 | — | $4\times10^{14}$ | ≈600 ns | [20] |
| ITO/PEDOT:PSS/$MAPbI_3$/PCBM/$C_{60}$/LiF/Al | 70 | — | $3\times10^{12}$ | 1.7 μs | [21] |
| ITO/$NiO_x$/$PbI_2$/$MAPbI_3$/$C_{60}$/BCP/Al | 90 | ≈0.5 | ≈$10^{13}$ | 58 ns | [22] |
| ITO/PTAA/$MAPbI_3$/$C_{60}$/BCP/Cu | 80 | 0.47 | $7.8\times10^{12}$ | 0.95 ns | [23] |

## 14.2.3　晶体管型钙钛矿光电探测器

光电导型探测器由于存在增益，量子效率可远超过 100%，响应率也非常大，但是暗电流偏大，在一定程度上限制了它们的应用. 至于光伏型探测器，则可以通过引入载流子阻挡机制将暗电流降得很低. 大部分光伏型探测器具有垂直型结构，载流子传输距离由半导体的膜厚决定，最小可以达到纳米尺度，相应地，载流子渡越时间非常短，器件响应速度被大幅度加快. 只是，它们依赖于光伏效应，量子效率一般低于 100%，因而器件的响应度较低.

晶体管型光电探测器结合了光电导型探测器与光伏型探测器的优势，既能够实现较低的暗电流，也可以在不牺牲响应速度的前提下获得非常高的量子效率及响应度. 简言之，和两端器件相比，晶体管型三端器件可以通过减少噪声和放大信号两个方面来保证光电探测器的优良性能.

2015 年，Sheikh 等[26]首次报道了基于 $MAPbX_3$ 的晶体管型光电探测器，器件结构如图 14.3(a)所示，半导体层所采用的是旋涂法制得的钙钛矿多晶薄膜. 他们在器件的上方引入聚甲基丙烯酸甲酯(PMMA)薄膜，能有效地隔绝水氧，提高钙钛矿器件的稳定性. 图 14.3(b)给出了该器件在暗态与 10 $mW/cm^2$ 白光照射下的漏电流与栅源极电压之间的转移特性曲线对比. 从图中看出，在栅源极电压为−40V、漏源极电压为−30 V 时，器件的暗电流为 0.1 nA，光电流达到 0.1 mA，亮暗电流比达到 $10^6$ 量级. 该器件的响应率达到了 320 A/W，响应速度约为 10 μs，与文献[27]中基于光电导原理的测试相比，晶体管型器件在响应速度没有明显牺牲的前提下，响应率得到了大幅度改善. 在三维钙钛矿中，离子迁移显著，使得其迁移率较低，而在二维钙钛矿中，其离子迁移现象相对较弱，因此有研究者[28]使用二维钙钛矿材料来制备晶体管型光电探测器，器件的响应度可以达到 $1.9\times10^4$ A/W. 钙钛矿单晶同样也被用于制备晶体管型探测器，从目前的研究结果来看，其性能较薄膜的结果差，可能是由于钙钛矿单晶的块体较厚.

## §14.3 基于钙钛矿的紫外以及近红外探测器

上面对钙钛矿探测器的类型以及工作原理做了介绍，所举的例子大都是基于可见光的探测器，但是在实际应用中，紫外探测器和红外探测器更重要.

### 14.3.1 钙钛矿紫外探测器

$MAPbCl_3$ 的带隙为 3.11 eV，适用于紫外光的探测. 研究者首先使用多晶薄膜制备探测器，但是器件的性能较差. 后来，Sargent[29] 等使用单晶 $MAPbCl_3$ 制备探测器. 相比于基于薄膜的紫外探测器，基于单晶的器件性能显著提升，在 4 nW 的光照下，器件的响应度可以达到 18 A/W. 2018 年，肖立新课题组首次使用双钙钛矿 $Cs_2AgBiBr_6$ 薄膜制备了光伏型的探测器[30]. 在不加偏压时器件的响应度可以达到 0.11 A/W. 这一结果明显高于传统的基于氧化物半导体的紫外探测器.

### 14.3.2 钙钛矿红外探测器

和紫外探测器一样，红外探测器的应用也非常广泛，但是一般的杂化钙钛矿的吸收边只到 800 nm 左右，不能用于红外探测器. 研究发现[31]，通过 50% Sn 掺杂可以将 $MA_{0.5}FA_{0.5}PbI_3$ 的吸收边拓宽至 1000 nm，可以实现红外光的探测. 但是二价 Sn 容易氧化，使器件无法长期工作. 随后研究人员将硫化铅量子和 $MAPbI_3$ 结合[32]，实现了红外光的探测，器件的响应度高达 $2\times 10^5$ A/W. 有些聚合物，如 PDPP3T 等也可以和钙钛矿结合，将其吸收范围拓宽至 950 nm 左右[33]，从而实现红外光的探测. 2017 年，一些上转换材料也和钙钛矿结合，实现了红外光的探测，其中掺铒纳米硅酸盐[34]和 $MAPbI_3$ 结合可以实现 1540 nm 红外光的探测，同时其响应时间也可以达到 900 $\mu$s，已经远高于传统的硅基探测器. 研究发现，双光子吸收也是一种用于红外光探测的可行方法. 这一原理不需要材料的吸收边位于红外区. 曾海波和 Sargent[35]等使用 $MAPbBr_3$ 单晶均实现了 800 nm 光的探测.

## § 14.4 基于钙钛矿的 X 射线探测器

1895 年 11 月 8 日，Roentgen 发现了 X 射线. X 射线是指波长范围介于紫外光和 γ 射线之间的电磁波. 其中，具有高光子能量的(能量高于 5～10 keV)被称为硬 X 射线，相对而言具有低光子能量的 X 射线被称为软 X 射线. X 射线具有强穿透性，因此可以用于了解被探测物体的内部结构信息，在医疗、安全等社会各方面都有着广泛的应用.

### 14.4.1 辐射成像简介

X 射线的发现带动了辐射学和医学成像的发展. 如今，辐射成像已经是最普及的医学诊疗成像方法之一. 在医学上，辐射成像依赖不同生命体的组织器官对离子辐射的吸收系数的差异来产生辐射图像. 近来随着从模拟向数字化转变的发展趋势，也让辐射成像具有了更高的对比度、分辨率，并且可以用更小的辐射剂量便获得更高质量的图像. 不但如此，图像的存储和传递也可以通过计算机系统方便地获得. 传统的 X 射线探测器需要在磷光发光屏后面安置一个有感光胶片的暗房空间，再通过化学处理进行成像，而现在基于大面积的 TFT 或者开关二极管和自扫描有源矩阵列的数字平板型 X 射线成像仪 AMFPI(active matrix flat panel imager)代替了传统 X 射线探测成像暗盒. 与传统的成像仪相比，AMFPI不但可以很好地与现有的医疗X射线计算机成像系统兼容，而且图像的传递更加及时和同步，带来更广的动态范围，读取速度也更快，足以用于X射线透视检查.

## 14.4.2 辐射成像的工作原理

(1) 基本工作原理.

一般来说，一个完整辐射成像过程的实现步骤分为光源入射、穿透被探测物体、被转化为电信号、电信号读取几个步骤，其中探测器负责接收X射线，并将X射线转化成电信号.

(2) 光电转换原理.

探测器将X射线转化成电信号的探测方法分为直接探测和间接探测两种. 由于不同的人体组织(比如肌肉、骨骼、大脑的不同区域)对于X射线的吸收能力不同，当X射线穿过被探测的物体之后，其强度分布就会包含被探测物体的组成信息.

如图14.1所示，X射线穿过测试物体后(图中的手掌)，入射到一个大面积的平板传感器上，成像仪上包含了数以百万计的像素点，每一个以独立的探测器形式工作. 每一个像素点将接收到的X射线转化成为一定的电荷，其电荷数与接收到的辐射强度成正比. 对于探测器部分，其作用是将包含所测物体信息的X射线由光信号转化为电信号，以便计算机进行数字处理. 对于直接探测法，探测器可以直接将X射线转化成电信号，对于间接探测法，需要先用磷光体将X射线转化为可见光，然后再用光电二极管在像素点处探测. 以图

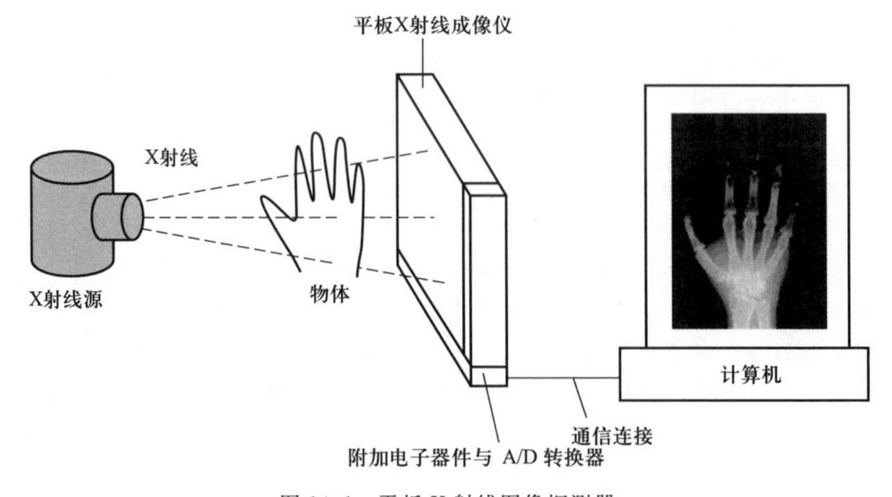


图14.1 平板X射线图像探测器

14.2 为例，X 射线被磷光体转换成可见光之后，入射的可见光抵达 pn 结界面(准确来说是空间电荷区). 如果光子能量大于 pn 结半导体材料的禁带宽度($E_g$)，那么它就会被半导体材料吸收，并且将一个价带中的电子激发到导带上，产生一个电子-空穴对(激子). 在 pn 结结界面附近，激子由于内建电场的存在发生漂移运动. 并且，在空间电荷区外，电子和空穴由于浓度梯度的存在发生扩散运动. 当电子和空穴扩散到电极处的时候，就会被电极收集. 值得一提的是，在这个过程中，除了有电子和空穴弛豫的非辐射复合之外，被激发到导带上的电子仍然可能回到价带中，并且发射一个光子(即导带中的电子会与价带中的空穴发生辐射复合)，并且由于表面和内部晶界处缺陷态的存在，上述复合过程会被加剧. 这些效应会减少载流子在电极处的积累，降低器件的性能.

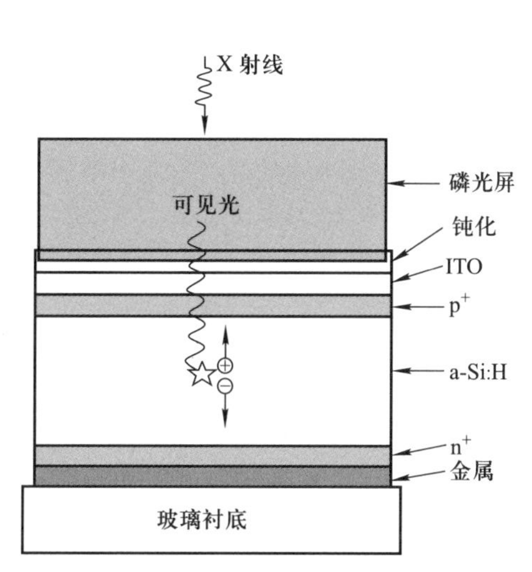


图 14.2 一个基于间接探测法独立工作的，具有 pin 结构，以 a-Si∶H 作为光导层的光电二极管的剖面图. 磷光体将 X 射线转化成可见光，可见光再入射到 a-Si∶H 层激发出电子-空穴对并逐渐被电极收集产生电流，ITO 是透明电极

将两种方法进行比较得到，直接探测法结构简单容易制备，也可以获得更加优越的成像质量，现在已经成为了数字化辐射成像中的主流技术. 我们接下来的讨论，都是以基于直接探测法的 X 射线探测器为对象.

取适当的偏压方向，电子会被收集到正向偏压的一端，并且积累在存储电容上，因此累计电荷信号 $Q_{ij}$ 可以通过自扫描读取出来. 为了读取电荷数据，TFT 每隔一小段时间就会打开，通过信号放大器将电荷信息传到数据线上(见图 14.3)，这一系列的数据被计算机系统读取用于成像.

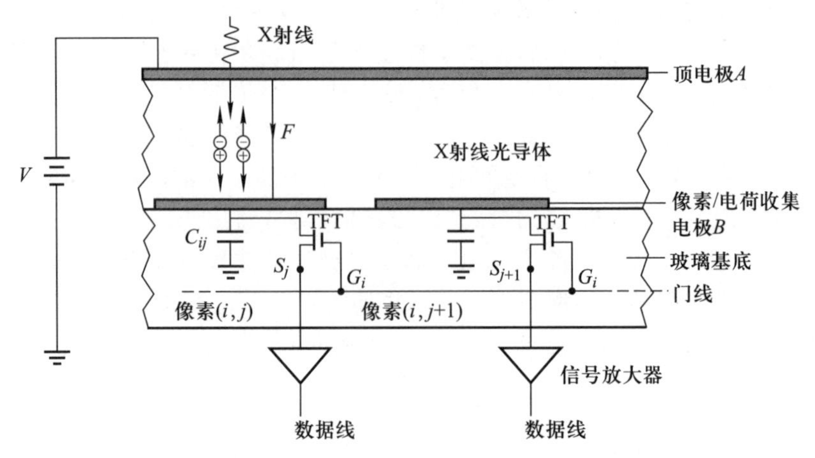


图 14.3 一个两像素装置的侧向剖面图，其中门线(gate)是用来控制 TFT 的开关的，D端(漏极)连接到一个像素电极和一个像素存储电容器上，之后再和门线或者地线连接起来. S端(源极)连接到一个共同的数据线上. 一般光导体层的带宽>2 eV，且需要有一个电极加在光导体的两端产生外加电场. 注意，因为光导层的电容要比像素存储电容小很多，大部分的压降都集中在光导体层上. X射线被光导体吸收之后产生电子-空穴对并被电极两端接收产生电流

(3) 信号读取原理.

有源矩阵阵列是基于 a-Si:H TFT 的像素处理系统(见图 14.4)，可以用来构建大面积的成像系统. 对于传统的集成电路，其构建需要通过对掺杂光刻掩模的金属、绝缘体、半导体的平面沉积处理来完成. 数以百万计的独立像素电极彼此连接，每一个像素点都有一个 TFT 开关和存储电容来存储电荷信息. TFT 关闭的时候电荷进行累积，随后电荷信息被外部的电子器件和控制软件读取.

## 14.4.3 X 射线探测器的要求

X 射线探测器需要满足以下要求：

(1) 大探测面积. 以上的探测面积是医用 X 射线探测器所应该具有的，以便能够实现只对人体器官进行一次 X 射线曝光就可以成完整图像，检查出相应的问题.

(2) 对 X 射线的灵敏度高. 灵敏度可以衡量单位质量的入射辐射产生的可被接收的自由电子-空穴对的数目. 高灵敏度对应电子-空穴产生能要越低越好、通常来说，它会随着带宽增加而增加. 对于医疗领域的应用，X 射线图像探测器需要考虑的就是对特殊成像方式的临床需要，比如乳腺扫描、CT 和透射检

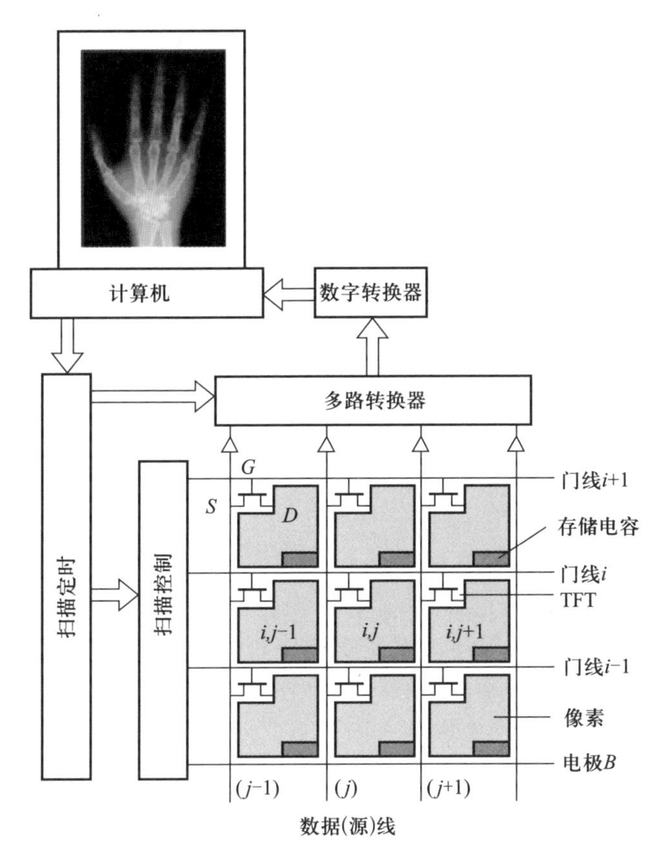


图 14.4　自扫描 X 射线图像探测器的有源矩阵阵列的多个像素

查等等，高敏感性可以提高探测器的动态范围并尽可能减少病人接受的辐射照射.

(3) 对 X 射线的吸收系数高，最好保证吸收宽度低于吸收层厚度以达到完全吸收，也避免辐射泄漏.

(4) 在漂移过程中没有电子-空穴对的块状复合(bulk recombination). 块状复合正比于电子-空穴的密度乘积，对于一般的临床辐射剂量来说可以忽略.

(5) 电子-空穴对的平均自由程大于光导层厚度. 一些瞬时的反应，比如滞后和重影都和载流子的俘获率有关.

(6) 载流子的横向散射速度和漂移速率相比可以忽略，保证更好的空间分辨率，才能将被探测对象的细节信息显现得更加明显. 探测器的空间分辨率一般要求不低于 20 lp/mm.

(7) 为了减小噪声，暗电流应该尽可能小. 通常带宽越大暗电流越小，这与高灵敏度的要求相反. 一般来说，暗电流密度最好不要超过 10～1000 pA/cm$^2$.

(8) 最长的载流子漂移时间最好比读取时间要小.

(9) 光导体的特性不随着照射变化太快，能够在多次曝光后保持稳定工作状态.

(10) 光导体要能够通过简易的工艺涂在 AMA(active matrix array)平板上，同时要不破坏 AMA 板(对于硅 300 ℃)单晶的制备，这样才能方便数字化的图像采集和处理，提供较强的可操作性和控制性.

(11) 光导体层要均匀、各向同性.

(12) 重影和滞后现象尽可能小.

就目前的情况而言，由于大面积的限制，排除了对 X 射线敏感的晶体半导体的使用. 而 α-Se 是目前高度发展的用于商业电子成像的大面积光导体器件. 事实上，基于直接转换的平板成像技术，目前主要使用以下两种基本的半导体材料来实现：α-Si 作为薄膜晶体管(TFT) 的制备材料，α-Se 作为光导层的材料. α-Se 可以很容易地被涂成 100～1000 μm 厚度，通过传统的真空技术，制备温度也可以很好地控制在 60～70 ℃，而且在大面积器件上也有很好的均匀性. 而且它具有很好的 X 射线吸收系数、载流子传输特性，还有暗电流也比其他的多晶光导层要小. 尽管这样，现在替换平板探测器材料的呼声还是很高，因为它的电子-空穴产生能 $W_{\pm}$ 太高，在 10 V/μm 的外加电场中的 $W_{\pm}$ 可以达到 45 eV，而一般的多晶往往只有 5～6 eV. 多晶的主要缺陷是晶界边缘的负效应对于电荷传输和均一性质的限制性太强，而且暗电流太高. 现有的 X 射线探测器在活性转化材料、探测单元构造以及信号采集处理等方面存在着某些缺陷，难以完全达到上述要求，因此需要对新的探测机理和光电转换材料进行深入研究.

### 14.4.4 基于钙钛矿材料的 X 射线探测器的发展历史和研究现状

如前所述，X 射线探测最初通过胶片和化学试剂达到成像效果，之后逐渐发展成通过成像板、影像增强器等实现计算机射线成像，再到商用的非晶硒数字式的 X 射线成像. 随着技术的进步，X 射线成像在其成像质量、保存方法、成本控制等方面都得到了很大程度的改善，并在朝着更快速、更精确的数字化方向发展. 钙钛矿材料作为新一代光电材料，具有推进 X 射线探测器的潜力. 以下我们主要对基于钙钛矿材料的 X 射线探测器的发展历史和研究现状进行概括和总结.

在电信号读取方面，王凯课题组[36]将非晶硅薄膜晶体管用于平板 X 射线探测器，制备了高信噪比有源传感单元(APS). 他们在 APS 中将双栅极光电 TFT、传感器、开关和存储集成在一起，以实现低剂量和高灵敏度的探测，其探测器外量子效率(EQE)超过 $10^5$. 2013 年 Gelinck 等报道利用有机晶体管阵列和体材料异质结二极管实现大面积有源 X 射线光电探测[37]，得到了很好的探测效果，但是探测器的性能无法在重复曝光下保持稳定. 为了解决这个问题，Boucher 等提出利用碳纳米管场效应晶体管解决这个问题[38]的方案，因为碳纳米管晶体管在经过 X 射线辐照后，还可以恢复到初始工作状态.

在探测材料方面，目前为止，人们已经发现并利用了诸多具有很好的光电性质的半导体作为光探测材料，比如硅、碳纳米管、主族化合物、共轭聚合物等等，然而这些材料的合成通常来说成本非常高. 而钙钛矿材料具有光电特性优异、能带宽度合适、吸收因子高、支持长距离的载流子漂移等优点，而且可以通过简单廉价的方法，比如溶液法、蒸气诱导法、自生长法等方法制备出多晶、单晶、纳米结构等不同的结构形态. 由于钙钛矿材料优异的吸光性能，可见光波段的吸收可以通过几百纳米的钙钛矿层实现. 厚度小也对应着更快的响应速度. X 射线照射在物质表面上会发生 Rayleigh 散射和透射，造成 X 射线的损失. X 射线被吸收得越多越好，吸收系数 $\alpha$ 代表射线束穿过材料被吸收的程度，且有 $\alpha \propto Z^4/E^3$，$Z$ 代表原子序数，$E$ 代表 X 射线光子能，所以要求原子序数越大越好. 一部分钙钛矿材料的平均原子质量很大，对 X 射线吸收很好，因此很适合用作 X 射线探测器材料.

Gelinck 等采用有机光电探测层(OPD)以及氧化物薄膜晶体管背板在厚度为 25$\mu$m 的塑料基底上制备了平板 X 射线探测器[39]. 器件的暗电流密度为 1 pA/mm$^2$，灵敏度为 0.2 A/W，探测的动态图像为 10 帧/秒，200 像素/英寸，X 射线剂量为 3 Gy/帧. 2015 年，Cazalas 等报道了利用石墨烯场效应管来探测 X 射线的工作[40].

随着钙钛矿材料展现出来作为光电材料在制作成本、载流子迁移率-寿命乘积($\mu\tau$)、能带宽度等方面的优异性，其研究热度不断上升，人们也开始研究将其作为 X 射线探测器材料的可能性. 2015 年，Saidaminov 等报道了钙钛矿多晶薄膜制备出来的高性能光探测器，其转换增益达到了 $10^4$ 数量级，增益带宽大于 $10^8$ Hz[10]. 2016 年，黄劲松等[41]报道了利用钙钛矿单晶作为转换材料的 X 射线探测器. 该材料的载流子迁移率-寿命乘积的值达到了 $1.2\times10^{-2}$ $cm^2 \cdot V^{-1}$，表面电荷复合速度为 64 cm/s. 在最高达到 50 keV 连续能谱 X 射线辐射下，当单晶厚度为 2~3 mm 时，零偏压下的探测效率为 16.4%，最低探测剂量为 0.5 $\mu Gy_{air}$，此时的灵敏度为 80 $\mu C \cdot Gy_{air}^{-1} \cdot cm^{-2}$. 这些值是非晶硒 X 射线探测器指标的 4 倍，意味着在很多医疗检查中可以有效降低 X 射线的剂量. 之后，Yakunin 等[42]报道了一种低成本直接光子-电流转换的 X 射线探测. 他们利用钙钛矿快速光电响应以及 X 射线吸收系数较大的特点，采用溶液法制备光电二极管，获得了很高的 X 射线灵敏度(25 $\mu C \cdot Gy_{air}^{-1} \cdot cm^{-2}$)和外量子效率(1.9×10$^4$). 2017 年，黄劲松课题组[43]在溴化 APTES 分子的辅助下，采用低温溶液处理分子键合的方法制备了集成在硅基上的 $MAPbBr_3$ 单晶 X 射线探测器. 在 8 keV 的 X 射线照射下，其灵敏度可达 2.1×10$^4$ $\mu C \cdot Gy_{air}^{-1} \cdot cm^{-2}$，远超过商业普及的非晶硅 X 射线探测器的灵敏度. 而这样做出来的探测器器件大小只有 5.8×5.8 mm，Kim 等[44]随后提出了一种在 TFT 背板上印刷多晶光导体层的方法，制备出了 10 cm×10 cm 的探测器器件，让载流子迁移率-寿命乘积达到了 1.0×10$^{-1}$ $cm^2 \cdot V^{-1}$，并在全医用波段吸收率都很高，X 射线灵敏度达到了 11 $\mu C \cdot Gy_{air}^{-1} \cdot cm^{-2}$.

上面使用到的钙钛矿材料都含有铅元素，而铅是一种对人体伤害很大的有毒元素，如果在人体内积累达一定量会造成大脑损伤和智力障碍，而且一旦泄漏，由于其水溶性也会对周围的生态环境造成严重破坏. 唐江课题组[45]报道了一种基于非铅双钙钛矿单晶的具有低探测限度的 X 射线探测器，其厚度在 1～2mm，优化后的最高 X 射线灵敏度达到 105 $\mu C \cdot Gy_{air}^{-1} \cdot cm^{-2}$，在 5 V 的外置偏压下最低的探测限度仅为 59.7 $nGy_{air} \cdot s^{-1}$，而且这种非铅的钙钛矿材料做成的器件稳定性更高，具有很大的潜力. 2018 年，黄维课题组[46]证明无机钙钛矿的纳米晶体是一种新型闪烁体，能够将小剂量的 X 射线光子转换成多色可见光. 其 X 射线灵敏度在 10 kV 外置偏压下可以与商业化的 CsI:Tl 相比拟，且达到了最低探测限度. 考虑到材料的溶解性、可加工性和实际的可扩展性，这些闪烁体可用于大规模生产超灵敏 X 射线间接探测器和大面积、柔性 X 射线成像仪. 与传统的 CsI:Tl 闪烁体相比，钙钛矿纳米晶体具有一些突出的特性，包括相对低毒、低温溶液合成、快速闪烁响应和高发射量子产量等. 综上可见，这些钙钛矿材料对 X 射线传感和成像工业的发展具有重要的前景，但在实现大面积制备、减少暗电流噪声、纳米晶闪烁体原理等方面还有待进一步研究. 典型钙钛矿 X 射线探测器的性能见表 14.3.

**表 14.3 典型钙钛矿 X 射线探测器的性能**

| 样品 | 外加电场/(V/μm) | $\mu\tau/(cm^2/V)$ | 灵敏度/($\mu C \cdot Gy_{air}^{-1} \cdot cm^{-2}$) | 探测极限/($\mu Gy_{air} \cdot s^{-1}$) | 参考文献 |
|---|---|---|---|---|---|
| $MAPbBr_3$ | 0.05 | 0.012 | 2.1×10$^4$ | 0.039 | [41] |
| $MAPbI_3$ | 0.24 | 0.010 | 1.1×10$^4$ | < 5000 | [44] |
| $Cs_2AgBiBr_6$ | 0.025 | 0.006 | 10$^5$ | 0.060 | [45] |

# 参考文献

[1] Hu X, Zhang X, Liang L, Bao J, Li S, Yang W, and Xie Y. High-performance flexible broadband photodetector based on organolead halide perovskite. Adv. Funct. Mater., 2014, 24: 46.

[2] Lian Z, Yan Q, Lv Q, Wang Y, Liu L , Zhang L, Pan S, Li Q, Wang L, and Sun J. High-performance planar-type photodetector on (100) facet of $MAPbI_3$ single crystal. Scientific Reports, 2015, 5: 16563.

[3] Han Q F, Bae S H, Sun P Y, Hsieh Y T, Yang Y, Rim Y S, Zhao H X, Chen Q, Shi W Z, Li G, and Yang Y. Single crystal formamidinium lead iodide ($FAPbI_3$): insight into the structural optical and electrical properties. Adv. Mater., 2016, 28: 11.

[4] Zhang Y X, Liu Y C, Li Y J, Yang Z, and Liu S Z. Perovskite $CH_3NH_3Pb(Br_xI_{1-x})_3$ single crystals with controlled composition for fine-tuned bandgap towards optimized optoelectronic applications. J. Mater. Chem. C, 2016, 4: 39.

[5] Wang L, Yuan G D, Duan R F, Huang F, Wei T B, Liu Z Q, Wang J X, and Li J M. Tunable bandgap in hybrid perovskite $CH_3NH_3Pb(Br_{3-y}X_y)$ single crystals and photodetector applications. AIP Adv., 2016, 6: 4.

[6] Maculan G, Sheikh A D, Abdelhady A L, Saidaminov M I, Hague M A, Murali B, Alarousu E, Mohammed O F, Wu T, and Bakr O M. $CH_3NH_3PbCl_3$ single crystals: Inverse temperature crystallization and visible-blind UV-photodetector. J. Phys. Chem. Lett., 2015, 6: 19.

[7] Lin Q Q, Armin A, Burn P L, and Meredith P. Near infrared photodetectors based on sub-gap absorption in organohalide perovskite single crystals. Laser Photonics Rev., 2016, 10: 6.

[8] Fang Y J, Dong Q F, Shao Y C, Yuan Y B, and Huang J S. Highly narrowband perovskite single-crystal photodetectors enabled by surface-charge recombination. Nat. Photonics, 2015, 9: 10.

[9] Rao H S, Li W G, Chen B X, Kuang D B, and Su C Y. In situ growth of 120 $cm^2$ $CH_3NH_3PbBr_3$ perovskite crystal film on FTO glass for narrowband-photodetectors. Adv. Mater., 2017, 29: 16.

[10] Saidaminov M I, Adinolfi V, Comin R, Abdelhady A L, Peng W, Dursun I, Yuan M, Hoogland S, Sargent E H, and Bakr O M. Planar-integrated single-crystalline perovskite photodetectors. Nat. Commun., 2015, 6: 8724.

[11] Liu Y C, Zhang Y X, Yang Z, Yang D, Ren X D, Pang L Q, and Liu S Z. Thinness- and shape-controlled growth for ultrathin single-crystalline perovskite wafers for mass production of superior photoelectronic devices. Adv. Mater., 2016,

28: 41.

[12] Yang Z Q, Deng Y H, Zhang X W, Wang S, Chen H Z, Yang S, Khurgin J, Fang N X, Zhang X, and Ma R M. High-performance single-crystalline perovskite thin-film photodetector. Adv. Mater., 2018, 30: 8.

[13] Horvath E, Spina M, Szekrenyes Z, Kamaras K, Gaal R, Gachet D, and Forro L. Nanowires of methylammonium lead iodide ($CH_3NH_3PbI_3$) prepared by low temperature solution-mediated crystallization. Nano Lett, 2014, 14: 12.

[14] Niu L, Zeng Q S, Shi J, Cong C X, Wu C Y, Liu F C, Zhou J D, Fu W, Fu Q D, Jin C H, Yu T, Liu X F, and Liu Z. Controlled growth and reliable thickness-dependent properties of organic-inorganic perovskite platelet crystal. Adv. Funct. Mater., 2016, 26: 29.

[15] Gao L, Zeng K, Guo J S, Ge C, Du J, Zhao Y, Chen C, Deng H, He Y S, Song H S, Niu G D, and Tang J. Passivated single-crystalline $CH_3NH_3PbI_3$ nanowire photodetector with high detectivity and polarization sensitivity. Nano Lett, 2016, 16: 12.

[16] Deng W, Huang L M, Xu X Z, Zhang X J, Jin X C, Lee S T, and Jie J S. Ultrahigh-responsivity photodetectors from perovskite nanowire arrays for sequentially tunable spectral measurement. Nano Lett., 2017, 17: 4.

[17] Liu C, Wang K, Yi C, Shi X, Du P, Smith A W, Karim A, and Gong X. Ultrasensitive solution-processed perovskite hybrid photodetectors. J. Mater. Chem. C, 2015, 3: 26.

[18] Sutherland B R, Johnston A K, Ip A H, Xu J, Adinolfi V, Kanjanaboos P, and Sargent E H. Sensitive, fast, and stable perovskite photodetectors exploiting interface engineering. ACS Photonics, 2015, 2: 8.

[19] Dou L T, Yang Y, You J B, Hong Z R, Chang W H, Li G, and Yang Y. Solution-processed hybrid perovskite photodetectors with high detectivity. Nat. Commun., 2014, 5: 1866.

[20] Wang Y, Zhang X W, Jiang Q, Liu H, Wang D G, Meng J H, You J B, and Yin Z G. Interface engineering of high-performance perovskite photodetectors based on PVP/$SnO_2$ electron transport layer. ACS Appl. Mater. Interfaces, 2018, 10: 7.

[21] Lin Q Q, Armin A, Lyons D M, Burn P L, and Meredith P. Low noise IR-blind organohalide perovskite photodiodes for visible light detection and imaging. Adv. Mater., 2015, 27: 12.

[22] Zhu H L, Cheng J Q, Zhang D, Liang C J, Reckmeier C J, Huang H, Rogach A L, and Choy W C H. Room-temperature solution-processed $NiO_x$:$PbI_2$ nanocomposite structures for realizing high-performance perovskite photodetectors. ACS Nano, 2016, 10: 7.

[23] Shen L, Fang Y J, Wang D, Bai Y, Deng Y H, Wang M M, Lu Y F, and Huang

J S. A self-powered sub-nanosecond-response solution-processed hybrid perovskite photodetector for time-resolved photoluminescence-lifetime detection. Adv. Mater., 2016, 28: 48.

[24] Dong Q F, Fang Y J, Shao Y C, Mulligan P, Qiu J, Cao L, and Huang J S. Electron-hole diffusion lengths > 175 mu m in solution-grown $CH_3NH_3PbI_3$ single crystals. Science, 2015, 347: 6225.

[25] Bao C, Chen Z, Fang Y, Wei H, Deng Y, Xiao X, Li L, and Huang J. Low-noise and large-linear-dynamic-range photodetectors based on hybrid-perovskite thin-single-crystals. Adv. Mater., 2017, 29: 39.

[26] Li F, Ma C, Wang H, Hu W J, Yu W L, Sheikh A D, and Wu T. Ambipolar solution-processed hybrid perovskite phototransistors. Nat. Commun., 2015, 6: 8238.

[27] Guo Y L, Liu C, Tanaka H, and Nakamura E. Air-stable and solution-processable perovskite photodetectors for solar-blind UV and visible light. J. Phys. Chem. Lett., 2015, 6: 3.

[28] Chen C, Zhang X Q, Wu G, Li H Y, and Chen H Z. Visible-light ultrasensitive solution-prepared layered organic-inorganic hybrid perovskite field-effect transistor. Adv. Opt. Mater., 2017, 5: 2.

[29] Adinolfi V, Ouellette O, Saidaminov M I, Walters G, Abdelhady A L, Bakr O M, and Sargent E H. Fast and sensitive solution-processed visible-blind perovskite UV photodetectors. Adv. Mater., 2016, 28: 33.

[30] Wu C, Du B, Luo W, Liu Y, Li T, Wang D, Guo X, Ting H, Fang Z, Wang S, Chen Z, Chen Y, and Xiao L. Highly efficient and stable self-powered ultraviolet and deep-blue photodetector based on $Cs_2AgBiBr_6/SnO_2$ heterojunction. Adv. Opt. Mater., 2018, 6: 22.

[31] Xu X, Chueh C C, Jing P, Yang Z, Shi X, Zhao T, Lin L Y, and Jen A K Y. High-performance near-IR photodetector using low-bandgap $MA_{0.5}FA_{0.5}Pb_{0.5}Sn_{0.5}I_3$ perovskite. Adv. Funct. Mater., 2017, 27: 28.

[32] Bessonov A A, Allen M, Liu Y, Malik S, Bottomley J, Rushton A, Medina-Salazar I, Voutilainen M, Kallioinen S, Colli A, Bower C, Andrew P, and Ryhanen T. Compound quantum dot-perovskite optical absorbers on graphene enhancing short-wave infrared photodetection. ACS Nano, 2017, 11: 6.

[33] Wang Y, Yang D, Zhou X, Ma D, Vadim A, Ahamad T, and Alshehri S M. Perovskite/polymer hybrid thin films for high external quantum efficiency photodetectors with wide spectral response from visible to near-infrared wavelengths. Adv. Opt. Mater., 2017, 5: 12.

[34] Zhang X, Yang S, Zhou H, Liang J, Liu H, Xia H, Zhu X, Jiang Y, Zhang Q, Hu W, Zhuang X, Liu H, Hu W, Wang X, and Pan A. Perovskite-erbium silicate

nanosheet hybrid waveguide photodetectors at the near-infrared telecommunication band. Adv. Mater., 2017, 29: 21.

[35] Walters G, Sutherland B R, Hoogland S, Shi D, Comin R, Sellan D P, Bake O M, and Sargent E H. Two-photon absorption in organometallic bromide perovskites. ACS Nano, 2015, 9: 9.

[36] Liu X H, Ou H, Chen J, Deng S Z, Xu N S, and Wang K. Highly photosensitive dual-gate a-Si: H TFT and array for low-dose flat-panel X-ray imaging. IEEE Photonic Tech. L., 2016, 28: 18.

[37] Gelinck G H, Kumar A, Moet D, van der Steen J L, Shafique U, Malinowski P E, Myny K, Rand B P, Simon M, Rutten W, Douglas A, Jorritsma J, Heremans P, and Andriessen R. X-ray imager using solution processed organic transistor arrays and bulk heterojunction photodiodes on thin flexible plastic substrate. Org. Electron., 2013, 14: 10.

[38] Boucher R A, Bauch J, Wunsche D, Lackner G, and Majumder A A. Carbon nanotube based X-ray detector. Nanotechnology, 2016, 27: 47.

[39] Gelinck G H, Kumar A, Moet D, van der Steen J L P J, van Breemen A J J M, Shanmugam S, Langen A, Gilot J, Groen P, Andriessen R, Simon M, Ruetten W, Douglas A U, Raaijmakers R, Malinowski P E, and Myny K. X-ray detector-on-plastic with high sensitivity using low cost solution-processed organic photodiodes. IEEE T. Electron. Dev., 2016, 63: 1.

[40] Cazalas E, Sarker B K, Moore M E, Childres I, Chen Y P, and Jovanovic I. Position sensitivity of graphene field effect transistors to X-rays. Appl. Phys. Lett., 2015, 106: 22.

[41] Wei H T, Fang Y J, Mulligan P, Chuirazzi W, Fang H H, Wang C C, Ecker B R, Gao Y L, Loi M A, Cao L, and Huang J S. Sensitive X-ray detectors made of methylammonium lead tribromide perovskite single crystals. Nat. Photonics, 2016, 10: 5.

[42] Yakunin S, Sytnyk M, Kriegner D, Shrestha S, Richter M, Matt G J, Azimi H, Brabec C J, Stangl J, Kovalenko M V, and Heiss W. Detection of X-ray photons by solution-processed lead halide perovskites. Nat. Photonics, 2015, 9: 7.

[43] Wei W, Zhang Y, Xu Q, Wei H T, Fang Y J, Wang Q, Deng Y H, Li T, Gruverman A, Cao L, and Huang J S. Monolithic integration of hybrid perovskite single crystals with heterogenous substrate for highly sensitive X-ray imaging. Nat. Photonics, 2017, 11: 5.

[44] Kim Y C, Kim K H, Son D Y, Jeong D N, Seo J Y, Choi Y S, Han I T, Lee S Y, and Park N G. Printable organometallic perovskite enables large-area low-dose X-ray imaging. Nature, 2017, 550: 7674.

[45] Pan W C, Wu H D, Luo J J, Deng Z Z, Ge C, Chen C, Jiang X W, Yin W J,

Niu G D, Zhu L J, Yin L X, Zhou Y, Xie Q G, Ke X X, Sui M L, and Tang J. $Cs_2AgBiBr_6$ single-crystal X-ray detectors with a low detection limit. Nat. Photonics, 2017, 11: 11.

[46] Chen Q S, Wu J, Ou X Y, Huang B L, Almutlaq J, Zhumekenov A A, Guan X W, Han S Y, Liang L L, Yi Z G, Li J, Xie X J, Wang Y, Li Y, Fan D Y, Teh D B L, All A H, Mohammed O F, Bakr O M, Wu T, Bettinelli M, Yang H H, Huang W, and Liu X G. All-inorganic perovskite nanocrystal scintillators. Nature, 2018, 561: 7721.

# 第十五章　钙钛矿忆阻器

肖新宇、邹德春

## §15.1　忆阻器概述

“忆阻器”这个概念，是由美国加州大学伯克利分校的蔡少棠于 1971 年首次提出的[1]. 在此之前，人们一直将电阻器、电容器、电感器并称为电学的“三大基本元件”. 蔡少棠分析了这三者的物理意义，发现它们分别对应着电压与电流、电荷量与电压、磁通量与电流这几个基本物理量之间的关系. 如图 15.1 所示，电阻 $R$ 是电压 $V$ 对电流 $I$ 的导数，电容 $C$ 是电荷量 $q$ 对电压 $V$ 的导数，电感 $L$ 是磁通量 $\Phi$ 对电流 $I$ 的导数. 而电荷量 $q$ 是电流 $I$ 对时间 $t$ 的积分，磁通量 $\Phi$ 是电压 $V$ 对时间 $t$ 的积分. 在电流 $I$、电压 $V$、电荷量 $q$ 和磁通量 $\Phi$ 这 4 个基本物理量中，唯独磁通量 $\Phi$ 与电荷量 $q$ 之间没有直接对应的关系. 于是蔡少棠提出了大胆的推测：一定存在着第四种基本元件，它的量值 $M$

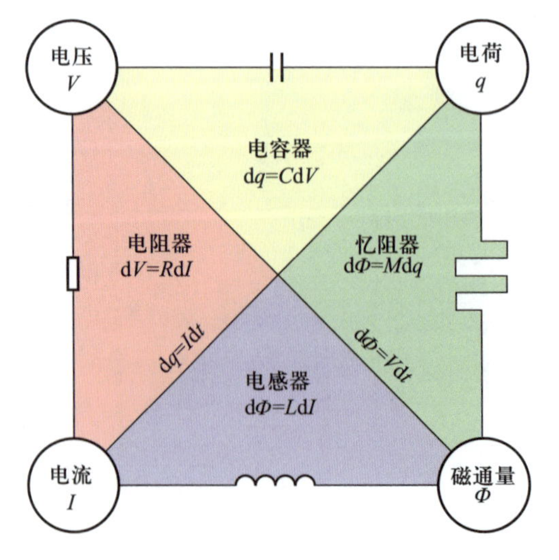


图 15.1　电学中 4 个基本元件及 4 个基本物理量的关系[1]

将表示磁通量$\Phi$对电荷量$q$的导数，只有这样，图 15.1 中 4 个物理量之间的关系才能显得对称. 他将这第四种基本元件$M$命名为“忆阻器”(memristor). 但人们只要稍加推导便可发现，“忆阻器”$M$的物理单位，与电阻器$R$的物理单位一模一样，都是欧姆(Ω). 一个物理单位，怎么会同时对应着两个基本元件呢？这个问题，在“忆阻器”概念提出之后的三十多年里，人们一直没找到答案.

不过，在此之前人们已经发现，对于一些半导体材料，当加载在其两端的电压发生改变时，其电阻值也会发生较为显著的变化. 1962 年，Hickmott 首次报道了该现象[2]. 他发现，若将 $SiO_2$，$Al_2O_3$，$Ta_2O_5$，$ZrO_2$，$TiO_2$ 这五种金属氧化物的两端接上 Au，Al，Ta，Zr，Ti 等金属电极，并在两个金属电极之间加载电压，当电压增大到一定值时，通过电路的电流会突然增大，说明此时电路的电阻值突然变小. 他将这种现象称为“电阻切换”现象，并将具有这种现象的器件称为“电阻切换器件”(resistive switching devices，简称 RS devices). 值得一提的是，这种现象与绝缘体在高电压下被击穿的现象有着本质的区别，前者不会对器件本身造成任何损害，且高低电阻之间的切换通常是可逆的，而后者则是在极高的电压下使得器件不可逆地切换到低电阻状态，且在这种极高的电压下器件本身会产生不可恢复的损坏. 在此之后，人们通过不断的研究，发现多种半导体材料均能表现出“电阻切换”的性质，如含硅化合物[3,4]、金属氧化物[5]、金属氮化物[6]、金属硫化物[7]、有机物[8,9]、聚合物[10]、石墨烯及其衍生物[11]等.

直到 2008 年，Williams 等才首次证实了“电阻切换器件”与忆阻器之间的关联性[12]. 他们通过理论推导发现，如果设计出一种既包含高掺杂(低电阻)区域，又包含低掺杂(高电阻)区域的半导体材料，且使其高低电阻区域的边界可随着外加电场的改变而发生移动时，在外加正弦波电压下该材料的电阻值会随着电压的变化而发生改变，呈现出类似“8”字形的$I$-$V$曲线，且曲线的形状与外加电压的频率和对称性等有着密切的关系. 但如果分析其电荷量$q$与磁通量$\Phi$之间的关系，会发现其电荷量$q$是磁通量$\Phi$的单值函数，这正好符合忆阻器的基本特征(见图 15.2). 而这种“8”字形的$I$-$V$曲线与之前人们报道的双极(bipolar)“电阻切换器件”的$I$-$V$曲线非常相似. 因此他们大胆推测，双极“电阻切换器件”就是一种忆阻器. 就这样，在“忆阻器”这个概念被提出整整 37 年之后，人们才首次找到了忆阻器的实际物理模型. 2011 年，蔡少棠通过理论推导证明，除了双极“电阻切换器件”属于忆阻器之外，单极“电阻切换器件”也同样属于忆阻器[13]. 因此，在实际研究中，我们并不需要去测试器件电荷量与磁通量之间的关系，而只需测试器件电流与电压之间的关系($I$-$V$曲线)，就能判断某个器件是不是忆阻器.

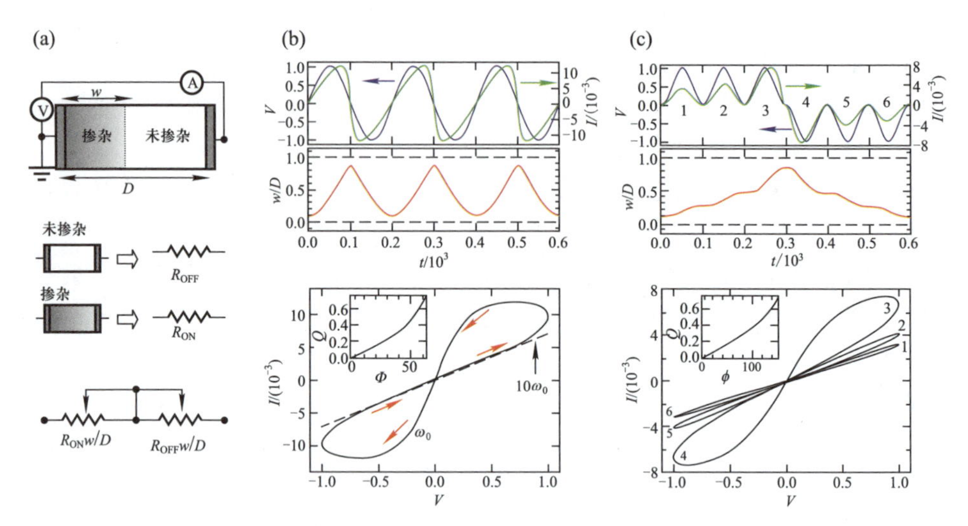


图 15.2 (a)忆阻器的物理模型;(b)忆阻器在对称正弦波电压下的 $V$-$t$,$I$-$t$,$w$-$t$,$I$-$V$ 和 $q$-$\Phi$ 曲线;(c)忆阻器在非对称正弦波电压下的 $V$-$t$,$I$-$t$,$w$-$t$,$I$-$V$ 和 $q$-$\Phi$ 曲线[12]

忆阻器的基本结构是平面叠层结构. 如图 15.3 所示,其两端是导电性较好的电极材料,中间是半导体材料[14].

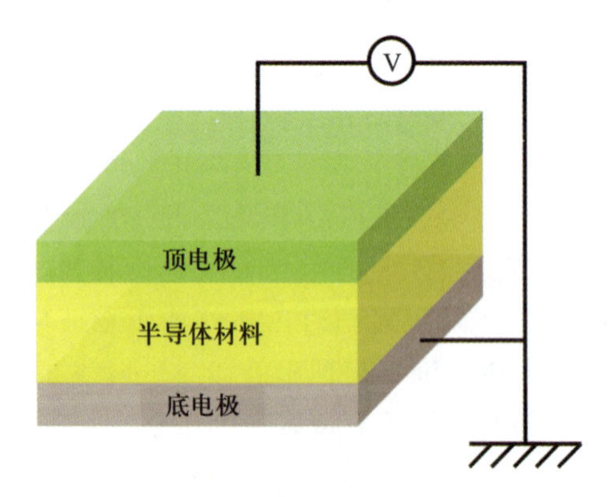


图 15.3 忆阻器的基本结构

忆阻器最重要的特性是可在高低电阻状态之间进行切换. 当忆阻器处于高电阻状态时,通过器件的电流很小,可以认为其处于“关”的状态,或“0”的状态;而当忆阻器切换到低电阻状态时,通过器件的电流迅速增大,可以认为其处于“开”的状态,或“1”的状态. 0 和 1,是二进制中信息存储的基本单元. 不过,要使得忆阻器满足二进制信息存储的要求,首先必须确保其高电阻状态与低电阻状态之间具有明显的区别. 因此,评价忆阻器性能最重要的参数是开关电流比，即在任一读取电压($V_{read}$)下，器件在低电阻状态下的电流与在高电阻状态下的电流之间的比值(见图 15.4(a)). 通常情况下，忆阻器的最高开关电流比能达到 10 的若干次方数量级，因此忆阻器 $I$-$V$ 曲线的电流通常会用对数坐标来表示(见图 15.4(b)). 评价忆阻器性能的另一个重要参数是阈值电压，即忆阻器在高低电阻状态切换时的外加电压(见图 15.4(a)). 一般情况下，我们将其从高电阻状态切换到低电阻状态时的电压称为导通电压($V_{set}$)，将其从低电阻状态重新切换到高电阻状态时的电压称为复位电压($V_{reset}$). 除了开关电流比与阈值电压这两个参数之外，忆阻器的稳定性、毒性及制备成本也是人们常常会关注的.

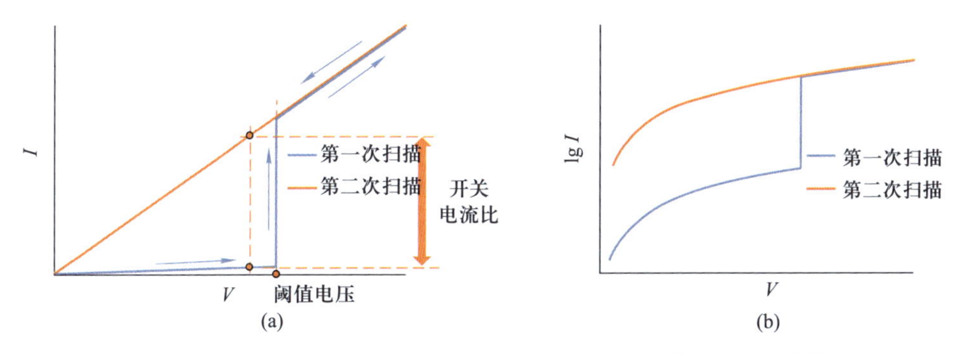


图 15.4 (a) 忆阻器的典型 $I$-$V$ 曲线；(b) 忆阻器的典型 $\lg I$-$V$ 曲线

忆阻器最重要的应用领域就是作为信息存储器件. 近年来人们发现，随着单元器件的尺寸逐渐接近其物理极限，基于硅基材料的集成电路的发展速度开始偏离 Moore 定律[15]. 因此，人们亟待发展出一种新的信息存储器件. 与晶体管完全不同，忆阻器同时具有信息存储和运算的功能，可将高速缓存、内存和磁盘三者整合在同一个元件内，从而彻底改变传统 von Neumann 结构计算机的设计逻辑，避免信息在高速缓存、内存和磁盘之间来回传递，大大提高计算速度[16]. 同时，忆阻器的单元器件尺寸可以达到纳米级别，通过设计具有叠层结构的交错型忆阻器，人们还能进一步提高信息的存储密度[17].

除了作为信息存储器件之外，人们还发现，忆阻器在外加电场下发生离子迁移的过程，与神经突触在生物电信号刺激下 $Ca^{2+}$ 离子迁移的过程非常相似，是目前已知的功能最接近神经突触的器件[18]. 利用这种相似性，人们有望构建基于忆阻器的神经网络计算机，从而实现更加先进的人工智能[19].

# §15.2 各种卤化钙钛矿材料在忆阻器中的应用

## 15.2.1 3D有机-无机杂化钙钛矿

以$MAPbX_3$(X=Cl, Br, I)为代表的3D有机-无机杂化钙钛矿材料，不仅是钙钛矿太阳能电池研究中最常用的材料，也是卤化钙钛矿忆阻器研究中首先被应用的材料. 2015年，王连洲等发表了第一篇卤化钙钛矿忆阻器的报道[20]，器件结构为FTO/$MAPbI_{3-x}Cl_x$/Au，*I-V*曲线如图15.5(a)所示. 可以看出，器件表现出了良好的双极忆阻特性，当电压上升到$V_{set}=+0.8$ V时，器件将从高电阻状态切换到低电阻状态；而当电压下降到$V_{reset}=-0.6$ V时，器件将从低电阻状态切换回高电阻状态. 器件在100次循环伏安测试后能够保持稳定的忆阻特性，同时在$V_{read}=+0.25$ V的重复读取下，高电阻状态和低电阻状态都能保持$10^4$ s的稳定性. 不过，该器件的最高开关电流比只有4左右，难以满足实际使用需求.

2016年，邹德春等发现[21]，与FTO/$MAPbCl_xI_{3-x}$/Au器件相比，以活性金属为顶电极的FTO/$MAPbCl_xI_{3-x}$/活性金属器件的忆阻特性将会明显提升. 器件的*I-V*曲线如图15.5(b)所示. 在以Ag, Cu, Ti, Zn, Al等多种活性金属材料作顶电极时，器件均能表现出良好的忆阻特性，特别是在以Zn和Al作顶电极时，器件还在首次导通(set)过程中表现出了电阻瞬间切换的性质. 器件的开关电流比达到了$10^4$数量级，而当一层旋涂的$TiO_2$致密层被加入FTO与$MAPbCl_xI_{3-x}$层之间时，FTO/致密$TiO_2$/$MAPbCl_xI_{3-x}$/Al器件的最高开关电流比达到了$1.9\times10^9$，是整个卤化钙钛矿忆阻器领域目前的最高纪录.

2017年，Lee等研究了$Br^-$含量对$MAPbI_{3-x}Br_x$忆阻器性能的影响[22]，器件结构为ITO/$MAPbI_{3-x}Br_x$/Au. 他们分别制备了$MAPbI_3$ ($x=0$), $MAPbI_2Br$($x=1$), $MAPbIBr_2$($x=2$), $MAPbBr_3$($x=3$)四种不同组成的钙钛矿，发现当钙钛矿的Br含量$x$增加时，材料的带隙宽度将会随之增加，而驱动器件由高电阻状态切换为低电阻状态的电场强度$E_{set}$将会随之降低. 他们通过密度泛函理论(DFT)方法计算了$MAPbI_{3-x}Br_x$钙钛矿中Br空位($V_{Br}^{\cdot}$)和I空位($V_I^{\cdot}$)的活化能，发现前者约为0.23 eV，而后者约为0.29～0.30 eV. 这说明在更低的电场强度下，$V_{Br}^{\cdot}$即可实现大量迁移，使得器件从高电阻状态切换为低电阻状态.

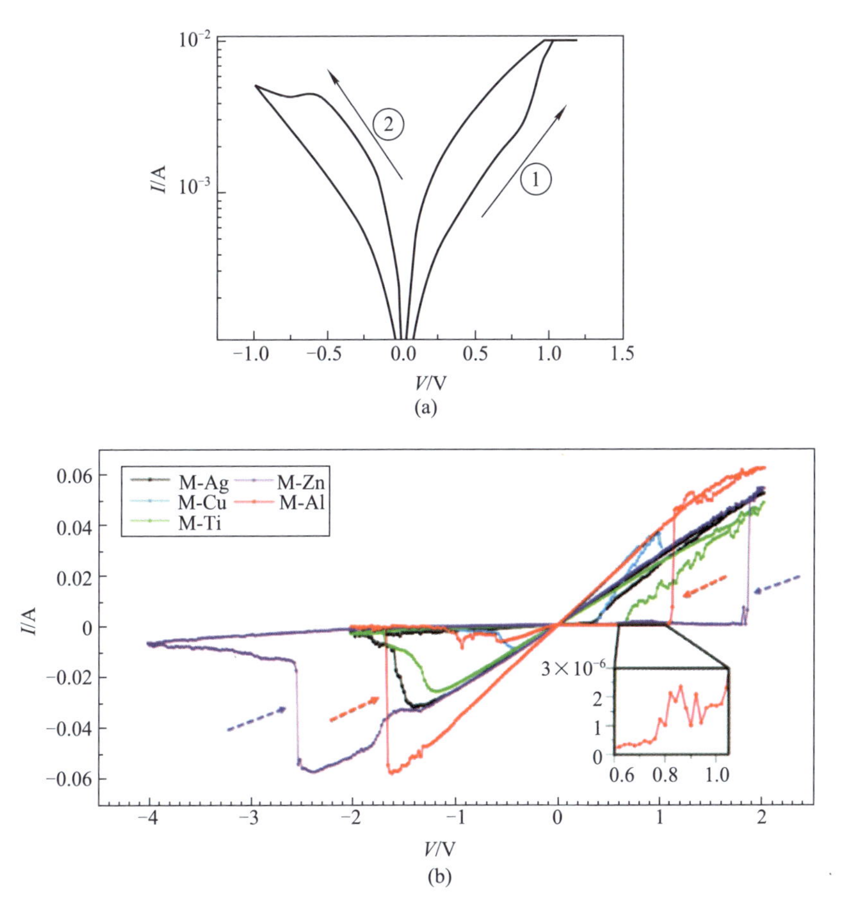


图 15.5　(a) FTO/$MAPbI_{3-x}Cl_x$/Au 忆阻器的 *I-V* 曲线[20]；(b) 分别以 Ag，Cu，Ti，Zn，Al 等金属作为顶电极时 FTO/$MAPbCl_xI_{3-x}$/活性金属忆阻器的 *I-V* 曲线. 箭头表示以 Zn 和 Al 作为顶电极时，器件在首次导通过程中表现出了电阻瞬间切换的性质. 嵌入图表示以 Al 作为顶电极时，器件在高电阻状态下的电流为 $10^{-6}$ A 数量级[21]

## 15.2.2　2D 有机-无机杂化钙钛矿

2017 年，Park 等首次报道了 2D 有机-无机杂化钙钛矿忆阻器，并将其与 3D 有机-无机杂化钙钛矿忆阻器进行了对比[23]. 器件结构为 Si/$SiO_2$/Ti/Pt/$BA_2MA_{n-1}Pb_nI_{3n+1}$/Ag($BA=C_4H_9NH_3$)，其中 $BA_2PbI_4$ ($n=1$)为 2D 钙钛矿，$BA_2MAPb_2I_7$ ($n=2$) 和 $BA_2MA_2Pb_3I_{10}$ ($n=3$) 为准 2D 钙钛矿，而 $MAPbI_3$ ($n=\infty$)则为 3D 钙钛矿. 器件的 *I-V* 曲线如图 15.6 所示. 可以看出，与 3D 和准 2D 钙钛矿相比，2D 钙钛矿忆阻器的 $V_{set}$ 有明显降低，而随着钙钛

矿的维度从 3D 减小到 2D，器件在高电阻状态下的电流从 $10^{-6}$ A 水平逐渐降低到 $10^{-11}$ A 水平，使得其开关电流比从 $10^2$ 数量级逐渐增加到 $10^7$ 数量级.他们认为，这主要是由于 2D 钙钛矿具有较高的 Schottky 势垒高度和活化能 $E_a$. 与此同时，2D 钙钛矿忆阻器表现出了更好的稳定性. 他们还制备了直径为 4 in 的大尺寸 2D 忆阻器，并在不同的位置进行了测试，器件的各项忆阻特性都非常接近. 最后，他们在 87 ℃下测试了器件的 *I-V* 曲线，器件同样表现出了很好的忆阻特性. 这说明该器件在高密度电子线路产生的高温环境下也能很好地工作.

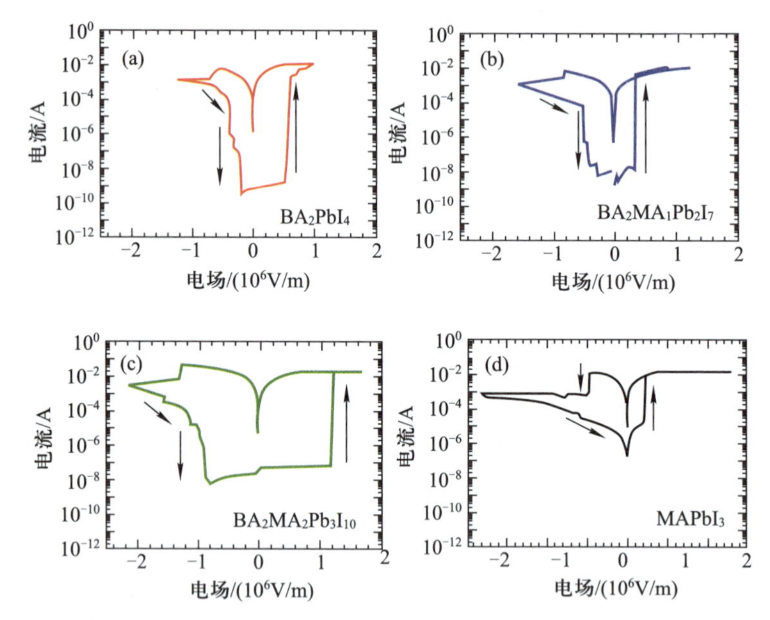


图 15.6 $BA_2PbI_4$(a)，$BA_2MAPb_2I_7$(b)，$BA_2MA_2Pb_3I_{10}$(c)，$MAPbI_3$ 忆阻器(d)的电流-电场曲线，其中电场为加载电压除以钙钛矿材料的膜层厚度所得[23]

2017 年，任天令等使用改进的反溶剂蒸气辅助结晶法，合成了达到毫米尺寸的 $PEA_2PbBr_4$(PEA 为苯乙基胺的缩写)2D 钙钛矿单晶，并制备了石墨烯/$PEA_2PbBr_4$/Au 结构的忆阻器[24]. 与 3D 钙钛矿忆阻器相比，该器件在高电阻状态下的电流非常低，只有 0.1 pA 左右，所以当顺从电流(compliance current)被设置为 10 pA 时，该器件就能获得 $10^2$ 数量级的开关电流比，说明其在极低的能耗下即可正常工作. 通过改变顺从电流的大小，器件还能够实现多级存储(multilevel storage).

### 15.2.3　全无机卤化铯铅钙钛矿

2016 年，曾海波等首次报道了基于全无机 $CsPbBr_3$ 的忆阻器[25]，器件的结构为 FTO/$CsPbBr_3$/ZnO/Ni，其 *I-V* 曲线如图 15.7(a)所示. 可以看出，器件在导通与复位的过程中均表现出了瞬间切换的性质，且最高开关电流比达到了 $10^5$. 值得一提的是，在经过 100 次循环 *I-V* 测试之后，器件仍能表现出瞬间切换的性质，且 *I-V* 曲线与第 1 次循环 *I-V* 测试时基本一致. 同样，在经过 $10^4$ s 连续脉冲电压重复读取测试后，器件的开关电流比也基本保持一致. 将器件在没有封装的条件下放置 20 天后，由于受到空气中水汽的影响，器件的开关电流比将略有降低，但此时只要将其再次在 100℃ 下退火 30 min，器件又会恢复到原来的性能，充分体现出了全无机卤化钙钛矿器件更高的稳定性.

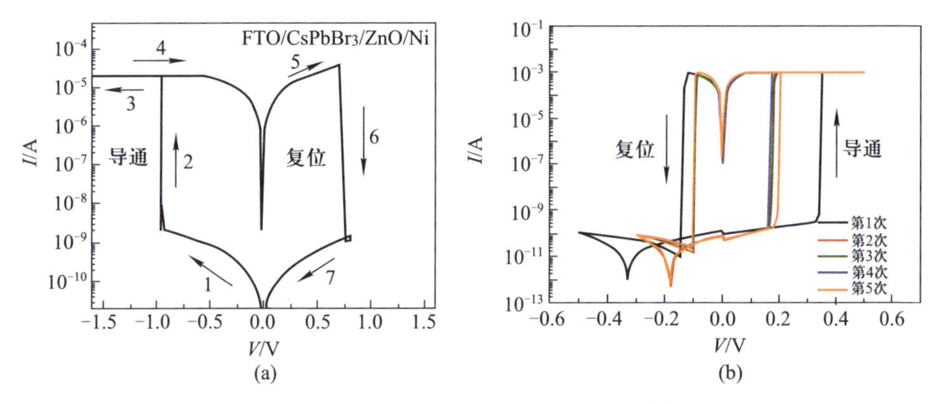


图 15.7　(a) FTO/$CsPbBr_3$/ZnO/Ni 忆阻器的 *I-V* 曲线[25]；(b) Si/$SiO_2$/Ti/Pt/$CsPbI_3$/PMMA/Ag 忆阻器在连续 5 次测试时的 *I-V* 曲线[26]

2017 年，Jang 等报道了基于全无机 $CsPbI_3$ 的忆阻器[26]. 在所有卤化铯铅的结构中，$CsPbI_3$ 是最不稳定的，但也正因为如此，在 $CsPbI_3$ 忆阻器中，钙钛矿的相转变过程可能会对器件的忆阻效应产生一些影响. 器件的结构为 Si/$SiO_2$/Ti/Pt/$CsPbI_3$/PMMA/Ag，*I-V* 曲线如图 15.7(b)所示. 可以看出，在首次 *I-V* 测试中，器件需要经历电形成(electroforming)的过程，对应的形成电压($V_{forming}$)为 +0.35 V. 而在之后的测试中，$V_{set}$ 则降低到了 +0.18 V. 器件的 $V_{reset}$ 仅为 −0.1 V，这说明器件可以在极低的电压下实现导通与复位的过程. 值得一提的是，该器件在导通与复位过程中也表现出了瞬间切换的性质，初始时最高开关电流比达到了 $1.26\times10^7$. 通过改变顺从电流的大小，器件还能够实现多级存储. 从 XRD 结果中可以看出，在空气环境中放置 4 天之后，

$CsPbI_3$ 从立方晶型转变成了正交晶型，而在此时，器件的 $V_{reset}$ 也从 −0.1 V 变为了 −0.16 V. 他们认为，$CsPbI_3$ 由立方晶型向正交晶型的转变，使得离子在其内部的迁移变得更加困难，从而需要加载更高的反向电压才能使器件切换到“关”的状态. 这个结果表明，钙钛矿的相转变过程影响了 $CsPbI_3$ 忆阻器的忆阻效应.

### 15.2.4 非铅卤化钙钛矿

2017 年，张树芳等报道了基于 $A_3Bi_2I_9$ (A=MA, Cs) 非铅卤化钙钛矿的柔性忆阻器[27]. 他们发现，$MA_3Bi_2I_9$ 的稳定性较差，而全无机的 $Cs_3Bi_2I_9$ 稳定性更好. 器件结构为 PET/ITO/$Cs_3Bi_2I_9$/Au. 器件的开关电流比与 $Cs_3Bi_2I_9$ 薄膜的厚度有关，当 $Cs_3Bi_2I_9$ 薄膜厚度为 1 μm 时器件的最高开关电流比为 $10^3$.

2018 年，Lee 等报道了基于 $MA_3Bi_2I_9$ 非铅卤化钙钛矿的忆阻器[28]，器件结构为 ITO/$MA_3Bi_2I_9$/Au. 器件的最高开关电流比为 $10^2$，能够在 100 ns 内实现快速切换，且还能通过改变顺从电流的大小实现多级存储.

2019 年，Kim 等报道了基于全无机 $CsSnI_3$ 非铅卤化钙钛矿的忆阻器[29]，器件结构为 Si/$SiO_2$/Ti/Pt/$CsSnI_3$/PMMA/Metal，其中顶电极材料分别为 Ag 和 Au 两种金属. 顶电极为 Ag 的器件表现出了非易失(non-volatile)的忆阻特性，且需要先经历电形成的过程，$V_{forming}$ 为 +0.36 V，之后的 $V_{set}$ 为 +0.13 V，$V_{reset}$ 为 −0.08 V. 而顶电极为 Au 的器件表现出的是易失(volatile)的忆阻特性，且不会经历电形成的过程，不过其 $V_{set}$ 为 +0.5 V，$V_{reset}$ 为 −1.5 V，均高于顶电极为 Ag 的器件.

### 15.2.5 卤化钙钛矿量子点

2017 年，李福山等首次报道了基于 $MAPbBr_3$ 量子点的忆阻器[30]，器件结构为 PET/ITO/PMMA/$MAPbBr_3$ 量子点:PMMA/PMMA/Ag，其中钙钛矿量子点的尺寸分布在 5～10 nm 之间. 器件的透射光谱和实物图如图 15.8(a)所示. 可以看出，$MAPbBr_3$ 量子点:PMMA 薄膜具有很好的透光性. 该器件也是首次报道的透明卤化钙钛矿忆阻器. 器件的 $I$-$V$ 曲线如图 15.8(b)所示，最高开关电流比为 $10^3$.

2018 年，韩素婷等报道了基于全无机 $CsPbBr_3$ 量子点的忆阻器[31]. 器件结构为 PET/ITO/PMMA/$CsPbBr_3$ 量子点/PMMA/Ag，其中钙钛矿量子点的尺寸约为 10 nm，厚度约为 30 nm. 器件的 $V_{set}$ 和 $V_{reset}$ 与电压扫描范围、$CsPbBr_3$ 量子点前体溶液浓度和顺从电流的大小均有关系，最高开关电流比达到了 $6\times10^5$.

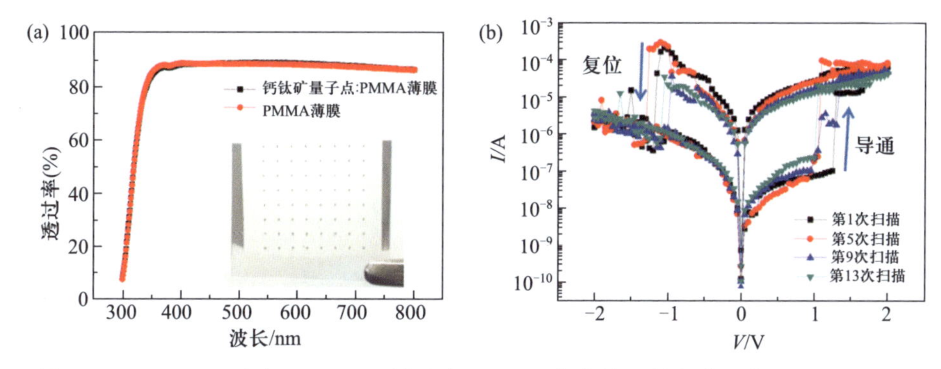


图 15.8 (a) PMMA 与 $MAPbBr_3$ 量子点:PMMA 薄膜的透射光谱，嵌入图为透明忆阻器的实物照片；(b) PET/ITO/PMMA/$MAPbBr_3$ 量子点:PMMA/PMMA/Ag 忆阻器在连续多次测试时的 $I$-$V$ 曲线[30]

## §15.3 柔性与纤维卤化钙钛矿忆阻器

### 15.3.1 柔性卤化钙钛矿忆阻器

2016 年，Lee 等首次报道了以 PET 为基底的柔性 $MAPbI_3$ 忆阻器[32]，器件结构为 PET/ITO/$MAPbI_3$/Au. 在没有弯曲的状态下，器件表现出了典型的双极忆阻特性，最高开关电流比约为 50. 而在弯曲半径为 1.5 cm 的拉伸弯曲和压缩弯曲的状态下，器件的 $I$-$V$ 曲线与没有弯曲时几乎保持一致，且在连续 100 次的弯曲-复原循环之后仍然保持着较为稳定的开关电流比，说明该器件具有良好的耐弯曲能力.

2017 年，唐孝生等首次报道了柔性全无机 $CsPbBr_3$ 忆阻器[33]. 器件结构为 PET/ITO/PEDOT:PSS/$CsPbBr_3$/Al，$I$-$V$ 曲线如图 15.9 所示. 可以看出，在没有弯曲的状态下，器件需要先经历电形成的过程，$V_{forming}$ 为 +3.0 V. 之后，器件将表现出典型的双极忆阻特性，$V_{set}$ 和 $V_{reset}$ 分别为 −0.6 V 和 +1.7 V，最高开关电流比约为 $10^2$. 他们将器件依次弯曲至三个不同的曲率，发现器件的 $I$-$V$ 曲线与没有弯曲时几乎保持一致，且在连续 100 次的弯曲-复原循环之后，器件的 $I$-$V$ 曲线仍然几乎保持不变，说明该器件也具有良好的耐弯曲能力.

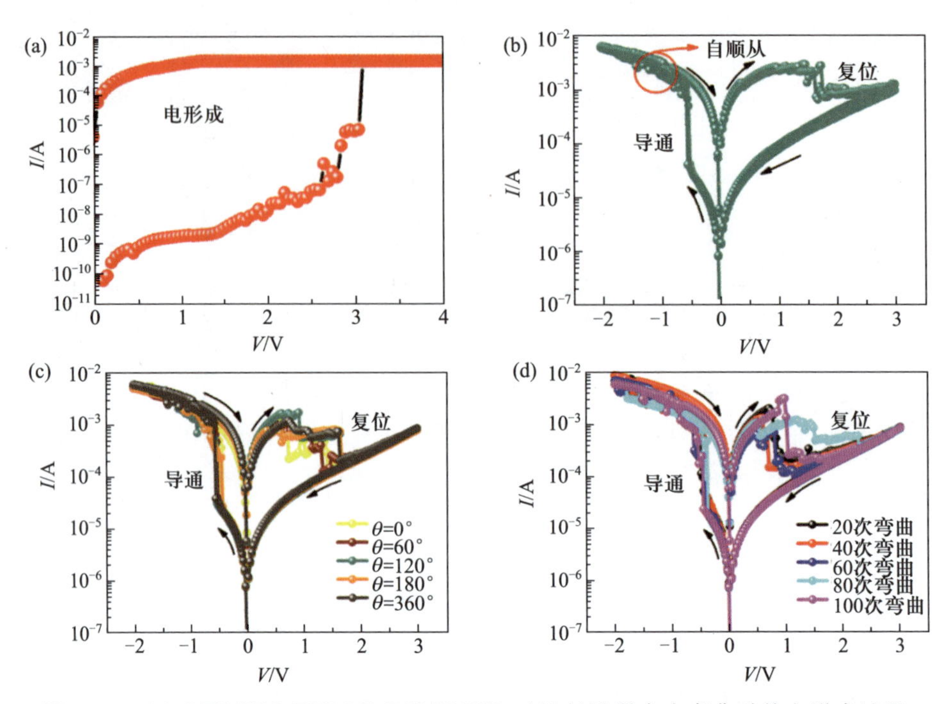


图 15.9 (a) PET/ITO/PEDOT:PSS/$CsPbBr_3$/Al 忆阻器在未弯曲时的电形成过程；PET/ITO/PEDOT:PSS/$CsPbBr_3$/Al 忆阻器在未弯曲(b)、弯曲到不同角度(c)、弯曲了不同次数(d)时的 $I$-$V$ 曲线[33]

## 15.3.2 纤维卤化钙钛矿忆阻器

本书第七章已详细介绍了邹德春等在纤维钙钛矿太阳能电池领域取得的一系列进展. 而在 2016 年，他们也报道了世界首例，同时也是目前唯一一例纤维卤化钙钛矿忆阻器[34]，器件结构为 Ti 丝/介孔 $TiO_2$ 层/$MAPbCl_xI_{3-x}$/Au 丝，如图 15.10(a)所示. 器件的制备方法与纤维钙钛矿太阳能电池类似，$I$-$V$ 曲线如图 15.10(b)所示. 可以看出，器件在导通与复位过程中均表现出了瞬间切换的性质，$V_{set}$和 $V_{reset}$分别为＋1.00 V 和－1.58 V，最高开关电流比为 20，且在 $V_{read}$＝＋10 mV 的重复读取下，高电阻状态和低电阻状态都能保持 $2.5\times10^4$ s 的稳定性. 不过，与他们之前报道的相同材料的平板忆阻器[21]相比，纤维忆阻器的开关电流比还是低了很多，说明其制备工艺还有待进一步优化.

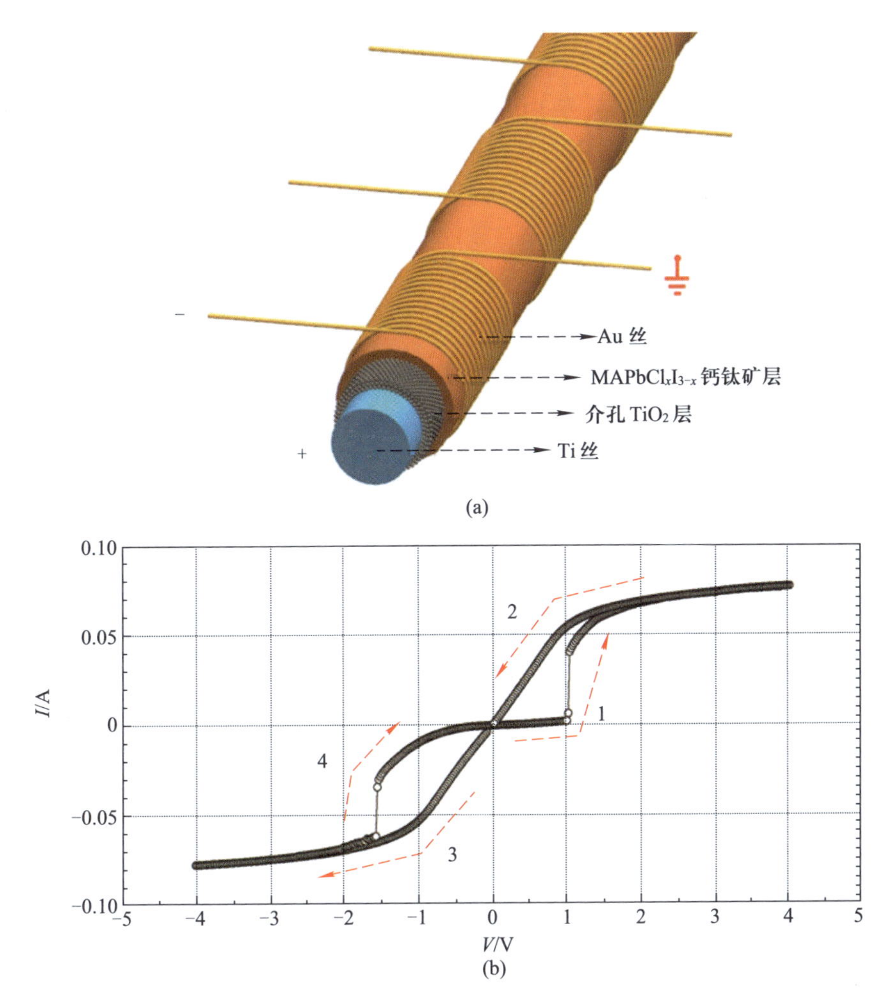


图 15.10　(a) 纤维卤化钙钛矿忆阻器的结构；(b) 纤维卤化钙钛矿忆阻器的 $I$-$V$ 曲线[34]

## §15.4　卤化钙钛矿忆阻器的机理

对于任何一种忆阻器，人们都很关心其电阻切换的机理. 而对于卤化钙钛矿忆阻器的机理，目前人们也提出了许多种推测，并提供了相应的证据. 在这些推测中，活性金属离子迁移形成导电通道机理和卤素离子迁移形成导电通道机理是大家目前最为认同的. 下面将分别进行介绍.

### 15.4.1 活性金属离子迁移形成导电通道

该机理最早于 2016 年由邹德春等提出[21]. 他们发现，在 FTO/$MAPbCl_xI_{3-x}$/金属忆阻器中，只有以 Ag，Cu，Ti，Zn，Al 等活性金属作为顶电极时，器件才具有忆阻特性，而若使用 Au，Pt 等非活性金属作为顶电极，器件则不具有忆阻特性(见图 15.11(a)). 另外，在 *I-V* 测试时，必须首先在活性金属电极上加载正向电压，器件才会从高电阻状态切换到低电阻状态，而若首先在活性金属电极上加载负向电压，器件将始终保持在高电阻状态(见图 15.11(b)). 于是，他们提出了活性金属离子迁移形成导电通道的机理推测：若在活性金属电极上首先加载正向电压，与钙钛矿相接触的活性金属表面会被部分氧化，生成的金属阳离子顺着电场方向迁移到钙钛矿层，与从 FTO 底电极一端注入的电子发生反应后被还原成金属原子，进而形成金属细丝导电通道(见图 15.11(c)). 而若在活性金属电极上首先加载负向电压，活性金属阳离子并不能逆着电场方向迁移到钙钛矿层，故器件将一直保持在高电阻状态. 为了进一步证实金属细丝导电通道的形成，他们测试了器件在低电阻

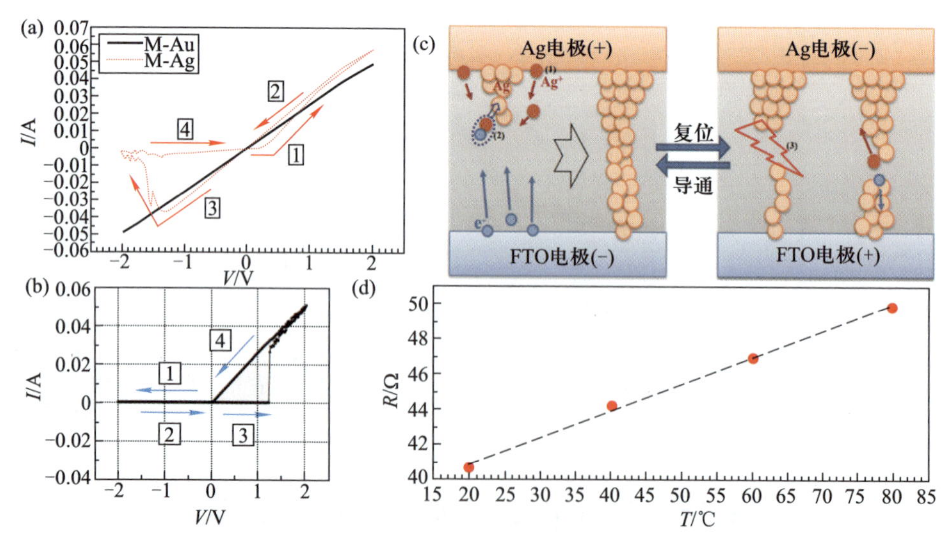


图 15.11 (a) 在黑暗条件下，以 0.1 $V\cdot s^{-1}$ 的扫速测试时，FTO/$MAPbCl_xI_{3-x}$/Au(M-Au)与 FTO/$MAPbCl_xI_{3-x}$/Ag(M-Ag)忆阻器的 *I-V* 曲线[21]；(b) 反方向扫描时 FTO/$MAPbCl_xI_{3-x}$/Al 忆阻器的 *I-V* 曲线[21]；(c) 活性金属离子迁移形成导电通道机理的示意图：(1) 银电极表面的氧化与银离子在外加电场下的迁移，(2) 银离子在钙钛矿层中被还原成银原子，进而形成金属细丝导电通道，(3) 在电阻加热下银导电通道的断裂[35]；(d) FTO/致密 $TiO_2$/$MAPbCl_xI_{3-x}$/Al 忆阻器在低电阻状态下电阻随温度的变化规律[21]

状态下电阻与温度的关系(见图 15.11(d)), 发现随着温度的增加, 器件在低电阻状态下电阻也将线性增加, 且实际测得的电阻温度系数与理论值非常接近.

### 15.4.2 卤素离子迁移形成导电通道

该机理最早于 2016 年由 Lee 等提出[32]. 前文已经提到过, 他们在首例柔性 $MAPbI_3$ 忆阻器中, 选用了惰性金属 Au 作为顶电极, 但器件同样表现出了良好的忆阻特性, 这与活性金属离子迁移形成导电通道机理相矛盾. 他们认为, 在卤化钙钛矿材料的内部, 存在着许多缺陷, 包括空位、填隙、阳离子取代、反位取代等. 而空位又包括受体 $V'_{MA}$, $V''_{Pb}$ 和给体 $V_I^{\cdot}$, 其中 $V_I^{\cdot}$ 的活化能最低, 为 0.58 eV, 可以很容易地沿着钙钛矿八面体的边缘这条最短的路径进行移动. 因此, 若在忆阻器的顶电极首先加载正向电压, 带有正电荷的 $V_I^{\cdot}$ 将沿着电场方向迁移到底电极附近, 而随着电压的增加, $V_I^{\cdot}$ 将从底电极逐渐堆叠至顶电极, 使得电荷能够通过在 $V_I^{\cdot}$ 之间跳跃的方式, 从底电极流向顶电极, 导致器件从高电阻状态切换至低电阻状态, 如图 15.12 所示. 在此之后, 若改变电压的方向, 之前形成的 $V_I^{\cdot}$ 导电通道将会断裂, 器件也将重新切换到高电阻状态.

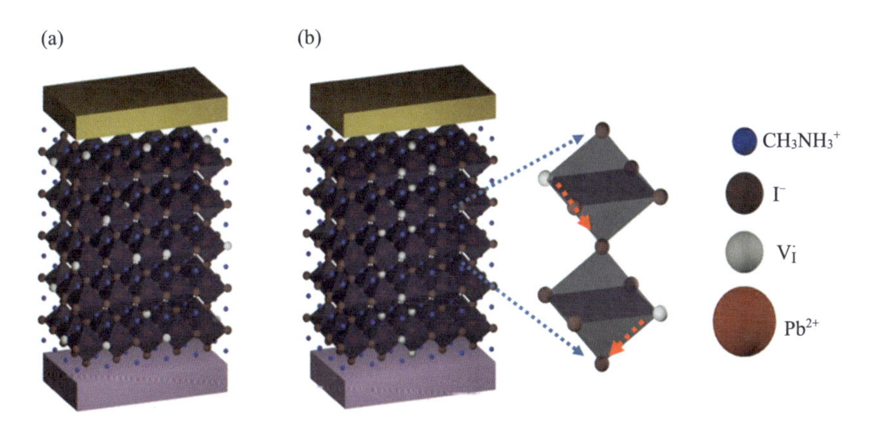


图 15.12 (a) 初始时自由分布的 $V_I^{\cdot}$; (b) 在电场下 $V_I^{\cdot}$ 发生迁移并堆叠形成导电通道, 嵌入图表示 $V_I^{\cdot}$ 沿着钙钛矿八面体边缘移动的过程[32]

### 15.4.3 卤化钙钛矿忆阻器与钙钛矿太阳能电池之间的关系

我们知道, 在钙钛矿太阳能电池的研究中, 器件在 *I-V* 测试时表现出的迟滞现象一直是人们努力想解决的问题. 很多人在研究卤化钙钛矿忆阻器的时候都曾提到，在 $I$-$V$ 测试时，忆阻器所表现出的正、反扫输出电流曲线不重合的现象，与钙钛矿太阳能电池表现出的迟滞现象非常相似，但很少有人提及二者之间具体存在着什么关联. 2017 年，邹德春等曾对这一问题进行过深入探究[36]. 他们首先将钙钛矿太阳能电池的物理模型与忆阻器的物理模型结合了起来，其中，钙钛矿太阳能电池采用的是光伏研究领域最为常见的一种物理模型(见图 15.13(a))，包含一个恒流源、一个非理想的二极管元件，以及一个串联电阻 $R_S$ 和一个并联电阻 $R_{SH}$. 这种电路设置与器件实际的特性非常接近，因此拟合结果具有较高的参考价值. 而忆阻器采用的则是 Williams 等[12]提出的物理模型(见图 15.13(b)). 这种模型假设忆阻元件中包含高电阻区域和低电阻区域两个部分，二者的边界在电场作用下发生迁移，最终导致器件整体电阻的变化. 经过一系列的公式推导，他们发现，如果将钙钛矿太阳能电池的串联电阻 $R_S$ 和并联电阻 $R_{SH}$ 视为普通电阻，器件将不会表现出 $I$-$V$ 迟滞现象. 但只要 $R_S$ 与 $R_{SH}$ 中的任何一个被视为忆阻器，即 $R_{S/ON} \neq R_{S/OFF}$ 或 $R_{SH/ON} \neq R_{SH/OFF}$，器件将表现出显著的 $I$-$V$ 迟滞现象，且迟滞现象的具体表现形式具有显著的参数依赖性. 最后，他们还利用推得的公式拟合和分析了钙

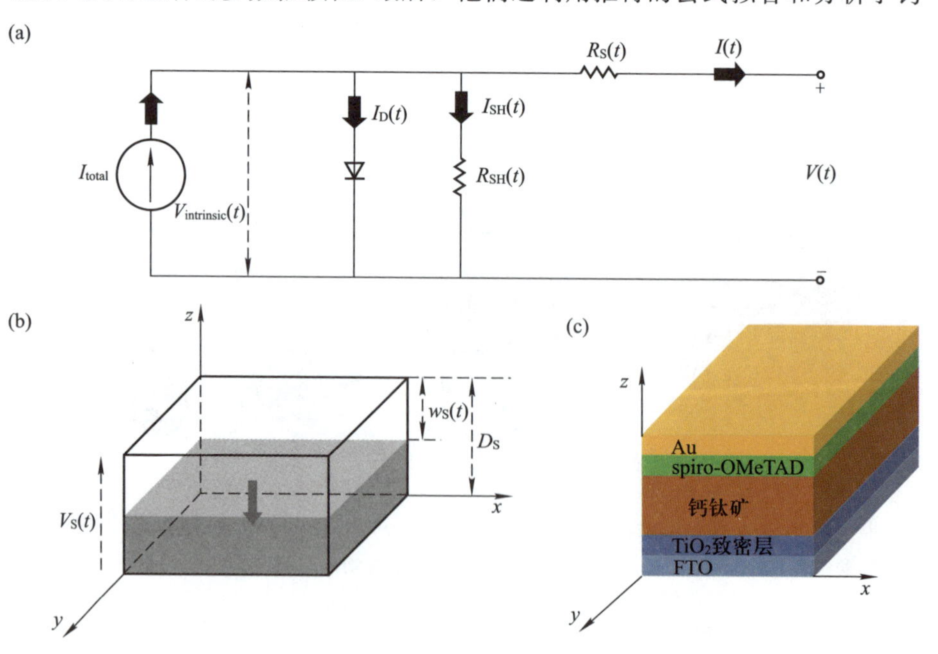


图 15.13 (a) 钙钛矿太阳能电池的等效电路图；(b) 作为忆阻器的串联电阻的物理模型；(c) 钙钛矿太阳能电池的基本结构. 由于串联电阻和并联电阻的模型一致，因此此处仅列出了串联电阻作为忆阻器的物理模型[36]

钛矿太阳能电池实际研究中常见的扫速依赖现象、反扫鼓包现象和正扫凹陷现象，进一步说明了钙钛矿材料的忆阻特性是钙钛矿太阳能电池多种 $I$-$V$ 特性产生的物理根源. 这项研究工作，为我们提供了从卤化钙钛矿材料忆阻特性的角度出发优化钙钛矿太阳能电池性能，和从钙钛矿太阳能电池光电特性的角度出发研究卤化钙钛矿忆阻器机理的新思路.

## §15.5　卤化钙钛矿忆阻器的应用

### 15.5.1　光驱动电阻切换与逻辑门电路

卤化钙钛矿材料最重要的特性，就是对光有着良好的吸收和响应. 因此，人们很自然就会想到，对于卤化钙钛矿忆阻器，可以在电压驱动电阻切换之外，尝试实现光驱动电阻切换.

2015 年，孙宝云等首次报道了可实现光驱动电阻切换的 $MAPbI_3$ 忆阻器[37]，器件结构为 ITO/PEDOT:PSS/$MAPbI_3$/Cu，$I$-$V$ 曲线如图 15.14(a) 所示. 可以看出，器件表现出了良好的双极忆阻特性，$V_{forming}$ 为 $-1$ V，$V_{set}$ 为 $-0.6$ V，$V_{reset}$ 为 $+2$ V，最高开关电流比达到了 $10^4$. 之后，他们尝试通过光驱动该忆阻器的电阻切换. 可以看出，当处于高电阻状态，且 $V_{read}=+10$ mV 时，器件在黑暗条件下的电流密度 $J_{dark}$ 约为 $10^{-6}$ mA·cm$^{-2}$，而在模拟太阳光源照射下的电流密度 $J_{light}$ 超过了 $10^{-3}$ mA·cm$^{-2}$，二者相差 $10^3$ 数量级，说明此时在光的驱动下器件的电阻发生了显著的变化. 他们将光源进行开启 8 秒-关闭 18 秒的循环开关，发现当光源每次开启/关闭时，器件的电阻都呈现出瞬间切换，且在经过多次光源开启/关闭循环之后，器件的 $J_{dark}$ 和 $J_{light}$ 都保持不变(见图 15.14(b)). 而当处于低电阻状态时，无论 $V_{read}=+0.1$ mV，$+1$ mV 还是 $+10$ mV，器件的 $J_{dark}$ 和 $J_{light}$ 都没有明显的区别，说明此时器件没有表现出明显的光响应(见图 15.14(c)). 根据上述现象，他们利用该器件设计出了“或”门电路，如图 15.14(d)，(e)所示，其中输入 $A$ 和 $B$ 分别是电压和光照，输出 $C$ 则是电流水平. 对于输入 $A$，将正电压定义为信号“0”，而将负电压定义为信号“1”；对于输入 $B$，将光源的关闭定义为信号“0”，而将光源的开启定义为信号“1”；对于输出 $C$，将低电流密度定义为信号“0”，而将高电流密度定义为信号“1”. 于是，当输入 $A$ 或输入 $B$ 中的任意一个为“1”时，输出 $C$ 都将为“1”，而只有当输入 $A$ 与输入 $B$ 都为“0”时，输出 $C$ 才为“0”. 这样就构建了一个典型的“或”门电路. 2016 年，在前文已经提到过的曾海波等的全无机 $CsPbBr_3$ 忆阻器的研究中[25]，他们也利用电压驱动与光驱动设计出了一个“或”门电路.

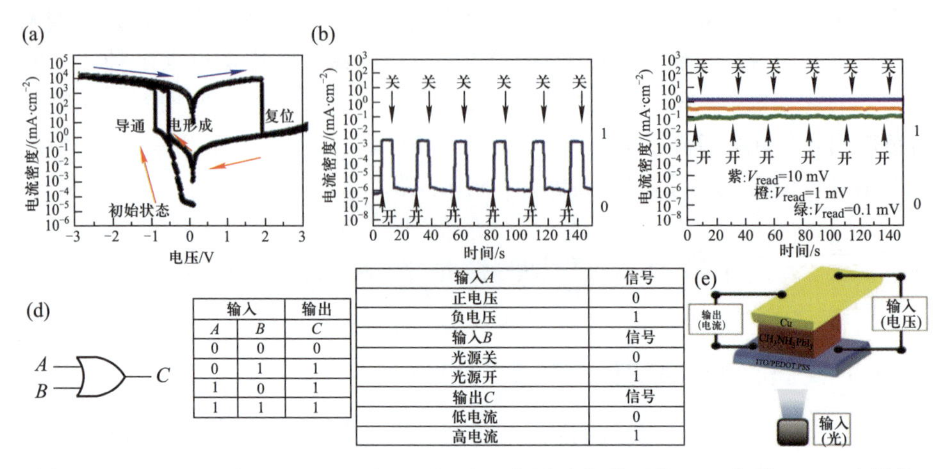


| 输入 | | 输出 |
|---|---|---|
| $A$ | $B$ | $C$ |
| 0 | 0 | 0 |
| 0 | 1 | 1 |
| 1 | 0 | 1 |
| 1 | 1 | 1 |

图 15.14 (a) ITO/PEDOT:PSS/$MAPbI_3$/Cu 在黑暗条件下的 $I$-$V$ 曲线；(b) 当器件处于高电阻状态，且 $V_{read}=+10$ mV 时，在光源不断打开/关闭的过程中器件的 $I$-$t$ 曲线；(c) 当器件处于低电阻状态，且 $V_{read}=+0.1$ mV，$+1$ mV 或 $+10$ mV 时，在光源不断打开/关闭的过程中器件的 $I$-$t$ 曲线；(d)"或"门电路的真值表；(e) 光驱动的"或"门电路的示意图[37]

### 15.5.2 人工神经突触

在生物体中，突触由前神经元、囊泡和后神经元三部分组成，用于在两个神经元之间传导电信号或化学信号，如图 15.15(a)所示. 而在人工神经突触中，人们用电极材料模仿前、后神经元，用半导体材料模仿囊泡，这正是忆阻器"电极/半导体/电极"的三明治结构. 因此忆阻器是人们目前已知的功能最接近神经突触的器件. 目前，已经有许多团队成功制备了基于卤化钙钛矿忆阻器的人工神经突触.

2016 年，黄劲松等首次报道了基于 $MAPbI_3$ 钙钛矿忆阻器的人工神经突触[38]，器件结构为 ITO/PEDOT:PSS/$MAPbI_3$/Au. 突触的一个基本功能是尖峰时间相关的可塑性(spike-timing-dependent plasticity，简称 STDP)，又称 Hebbian 学习规则，指的是神经元之间的连接强度(突触重量)的变化量 $\Delta w$ 的大小和方向与前后神经元上信号尖峰之间的时间间隔 $\Delta t$ 的大小和方向密切相关. 在生物体的神经突触中，人们发现了 4 种形式的 STDP 行为，它们在信息处理和存储方面具有不同的功能，这在神经电路设计中是必不可少的. 而在人工神经突触中，通常用器件的电导率来表示突触重量. 4 种 STDP 行为信号电压 $V$ 和时间 $t$ 的关系分别如图 15.15(b)～(e)所示，而施加在器件上的总电压定义为前神经元上的电压与后神经元上的电压的差值 $V_{pre}-V_{post}$. 以后神经

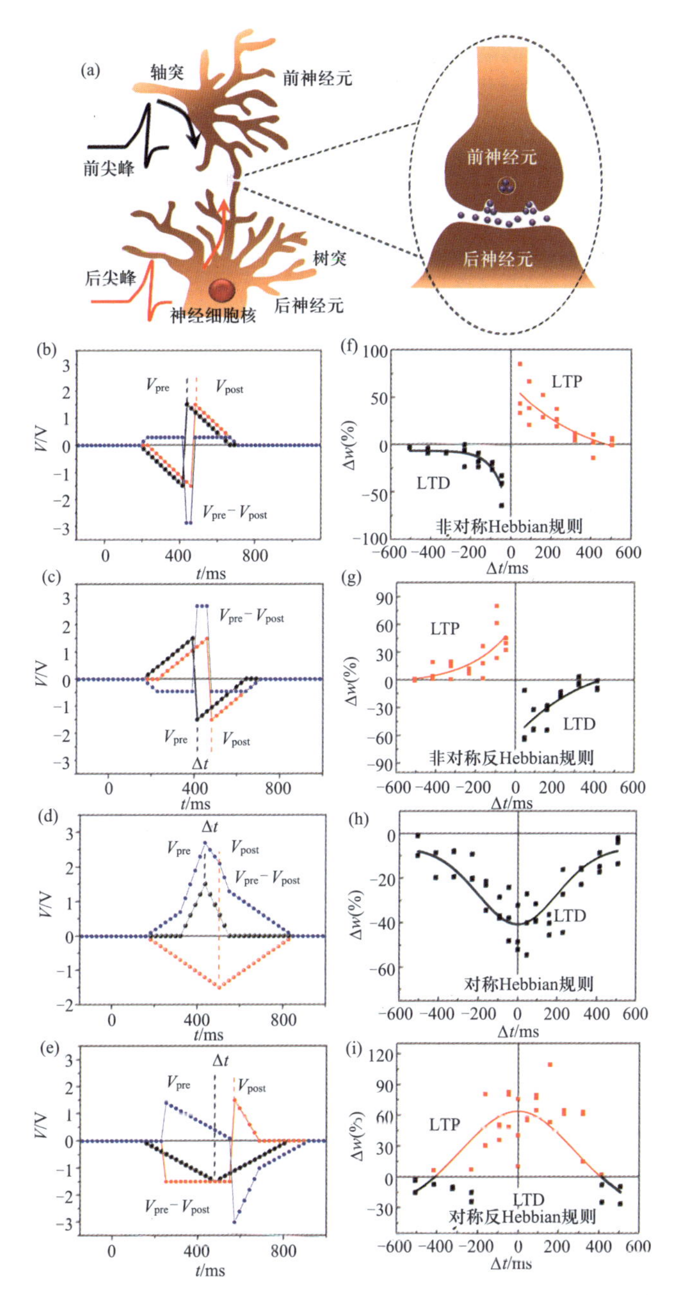


图 15.15　(a) 生物突触的原理图；(b) 非对称 Hebbian 规则，(c) 非对称反 Hebbian 规则，(d) 对称 Hebbian 规则，(e) 对称反 Hebbian 规则中前后神经元电压信号与时间的关系；(f) 非对称 Hebbian 规则，(g) 非对称反 Hebbian 规则，(h) 对称 Hebbian 规则，(i) 对称反 Hebbian 规则中器件电导率的变化率与前后神经元上信号尖峰之间的时间间隔的关系[38]

元上出现信号尖峰的时间 $t_{post}$ 与前神经元上出现信号尖峰的时间 $t_{pre}$ 的差值 $\Delta t$ 为横轴，以读取电压 $V_{read}=-0.75$ V 下器件电导率相较于初始值的变化率 $\Delta w$ 为纵轴作图，结果分别如图 15.15(f)～(i)所示. 可以看出，通过改变前神经元和后神经元信号峰的形状，$MAPbI_3$ 人工神经突触可以分别实现非对称的 Hebbian 规则、非对称的反 Hebbian 规则、对称的 Hebbian 规则、对称的反 Hebbian 规则这 4 种不同形式的 STDP. 每种类型的 STDP 均可用相应的方程进行拟合，拟合得到的突触功能时间常数 $\tau$ 在 80～300 ms 之间，与生物体中的突触接近.

突触的另一个基本功能是尖峰速率相关的可塑性(spike-rate-dependent plasticity，简称 SRDP)，指的是在低速率(频率)信号的刺激下，它将表现出短时增强(short-term potentiation，简称 STP)的状态，而在高速率(频率)信号的刺激下，它将表现出长时增强(long-term potentiation，简称 LTP)的状态. 他们在 $MAPbI_3$ 人工神经突触上连续加载了 10 个 −2.5 V 的尖峰电压信号，每个信号之间的时间间隔分别为 20.1 s 和 1.5 s，并在这 10 个尖峰电压信号的前后分别以较小的读取电压 $V_{read}=-0.75$ V 读取器件的电流，如图 15.16(a)，(b)所示. 可以看出，在间隔为 20.1 s 的低频信号的刺激下，器件在尖峰电压下的极化电流(poling current，见图 15.16(c)III)、在尖峰电压消失之后的回流电流(backflow current，见图 15.16(c)I)和在读取电压下的读取电流(readout current，见图 15.16(c)II)均保持不变，表现出了 STP 的状态. 而在间隔为 1.5 s 的高频信号的刺激下，器件的极化电流(见图 15.16(d)III)和回流电流(见图 15.16(d)I)持续增加，在 10 个高频信号的刺激后器件的读取电流(见图 15.16(d)II)相较于刺激前有了明显提高，表现出了 LTP 的状态，但在刺激结束之后，器件的读取电流又将随着时间的推移而降低. 可以看出，SRDP 的行为与 Atkinson 和 Shiffrin 提出的人脑记忆的多储存模型(multi-store model of memory，见图 15.16(e))[39]十分相似. SRDP 过程的微观机理是，在尖峰电压下，$MAPbI_3$ 钙钛矿层中的离子/空位将发生迁移，产生极化电流. 而当尖峰电压消失之后，迁移的离子/空位将会回流，产生回流电流. 当外加电压尖峰的间隔为 20.1 s 时，回流电流会在下一个电压尖峰到来之前减小到 0，即在尖峰电压下迁移的离子/空位将全部回流到原位，所以在下一个尖峰电压的刺激下器件的极化电流和回流电流均保持不变，表现出 STP 的状态. 而当外加电压尖峰的间隔缩小为 1.5 s 时，在回流电流还未减小到 0，即迁移的离子/空位还没有完全回流到原位的时候，下一个尖峰电压就到来了. 换言之，高频率的尖峰电压的连续施加诱导了离子/空位的净扩散，而在经过连续 10 个尖峰电压的刺激下，器件将从初始时的 pin 极性转变为 nip 极性，极化电流和回流电流持续增加，表现出 LTP 的状态. 器件的响应时间为 100 μs，比人脑的平均响应时间 100 ms 低了 3 个数量级. 器件在每次的极化过程中消耗的能量约为 0.3 J，这个数字将来还有望随着单元器件面积的降低而进一步降低.

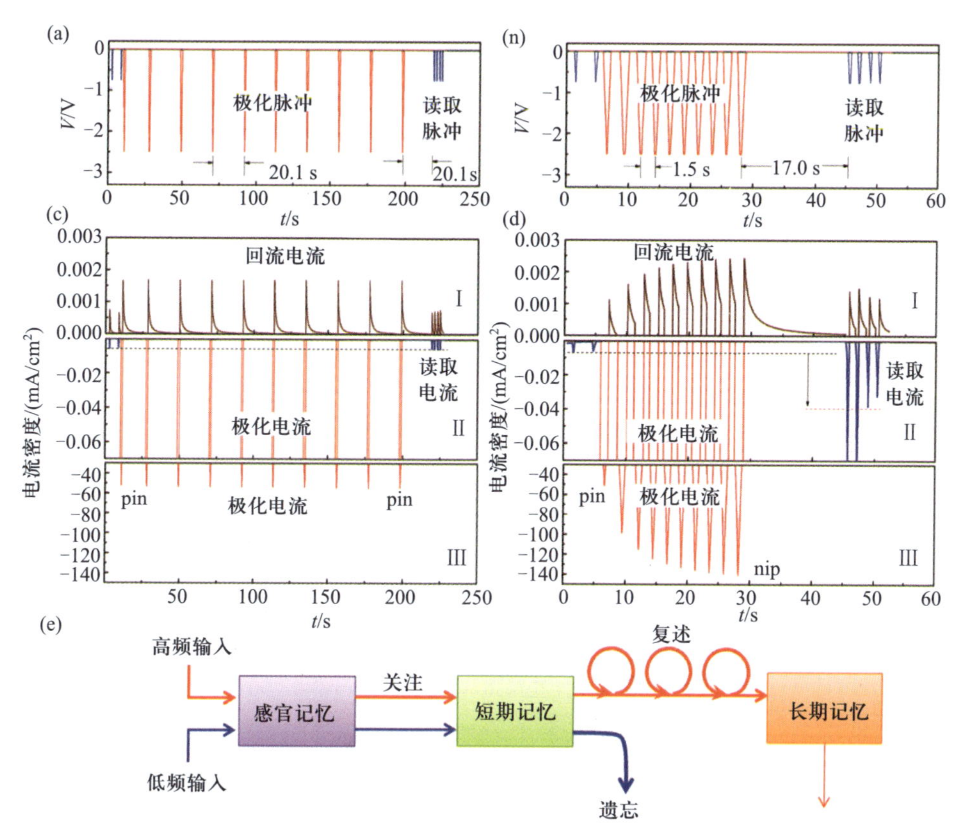


图 15.16 间隔分别为(a) 20.1 s 和(b) 1.5 s 的 10 个尖峰电压信号；在间隔分别为(c) 20.1 s 和(d) 1.5 s 的 10 个尖峰电压脉冲下器件的回流电流(I)和极化电流(III)随时间的变化，以及在随后的读取电压脉冲下器件的读取电流(II)随时间的变化；(e) Atkinson 和 Shiffrin 提出的人脑记忆的多储存模型[38]

几乎与之同时，Lee 等报道了基于 $MAPbBr_3$ 钙钛矿的人工神经突触[40]，器件结构为 ITO/PEDOT:PSS:PFI/$MAPbBr_3$/Al，分别表现出了兴奋性突触后电流(excitatory post-synaptic current，简称 EPSC)、成对脉冲易化(paired-pulse facilitation，简称 PPF)、STDP、SRDP 等特性，其机理与前文类似，即在电压下离子迁移/回流的过程. 之后，任天令等报道了基于 $PEA_2PbBr_4$ 二维钙钛矿忆阻器的人工神经突触[24]，分别表现出了尖峰电压相关的可塑性(spike-voltage-dependent plasticity，简称 SVDP)、STP、短时抑制(short-term depression，简称 STD)、PPF、LTP 等特性. Jeong 等报道了基于 $(C_4H_9NH_3)_2PbBr_4$ 二维钙钛矿忆阻器的人工神经突触[41]，在连续脉冲电压的作用下，器件的电流将不断增加，若提高脉冲电压的频率，器件的电流将增加得更快. Mathews 等研究了阳离子对于人工神经突触的影响[42]. 他们分别制备了基于 $MAPbBr_3$，$FAPbBr_3$，$CsPbBr_3$ 三种卤化钙钛矿忆阻器的人工神经突触，器件结构均为钙钛矿 ITO/PEDOT:PSS/钙钛矿/4,7-二苯基-1,10-菲咯啉(Bphen)/Ca/Al. 器件不仅表现出了 EPSC，PPF，SRDP，尖峰数量相关的可塑性(spike-number-dependent plasticity，简称 SNDP)、SVDP 和四种形式的 STDP 等特性，还可以通过排列成一个 4×4 的阵列，实现对于特定图案的记忆、遗忘、唤醒、擦除等过程，且图案记忆的过程在噪声信号下表现出了较强的抗干扰能力. 器件还实现了在无监督学习下对 MNIST 数据库中的手写数字图像的网络级模拟，在经过 6000 张图像的学习后识别准确率达到了 80.8%，充分展现了在生物模式识别和图像分类算法中的强大功能. 第一性原理的计算结果表明，不同一价阳离子的迁移活化能存在显著差异，导致三种器件的各项性能也存在一定差异. Wang 等则发现，光照会促进基于 ITO/$MAPbI_3$/Ag 忆阻器的人工神经突触对信号的响应[43]，这与生物体中光照通过促进多巴胺的分泌来提高突触活性的过程[44]相似. 他们还实现了器件对 MNIST 数据库中的手写数字图像的学习与识别. 在黑暗条件下，经过 4500 张图像的学习后，其识别准确率只有 10.29%. 而在光照条件下，经过 2000 张图像的学习后，其识别准确率即可达到 81.8%，学习和记忆能力得到了很大的提高. 前不久，Park 等还发现，基于类钙钛矿 $MA_3Sb_2Br_9$ 的忆阻器同样可以实现许多人工神经突触的功能，如 EPSC、抑制性突触后电流(inhibitory post-synaptic current，简称 IPSC)、LTP、长时抑制(long-term depression，简称 LTD)、STDP 等[45]. 由于篇幅所限，这些研究成果就不在此详细介绍了，感兴趣的读者们可以阅读相关的参考文献.

## §15.6 小　结

从总体上来说，在短短的 5 年时间内，卤化钙钛矿忆阻器的各项性能都取得了明显的进步. 如今，卤化钙钛矿忆阻器的最高开关电流比达到了 $10^9$ 数量级，大部分也都达到了 $10^3$ 数量级以上，能够有效防止误读的发生. 器件的阈值电压最低在 $10^{-1}$ V 数量级，而工作电流最低在 $10^{-11}$ A 数量级，如此之低的电压和电流能够减小器件在工作时的能量消耗. 通过改变顺从电流的大小，许多器件都能实现多级存储，进一步提高了器件的存储密度. 虽然有机-无机杂化钙钛矿材料的稳定性仍然有待提高，但通过将短链有机胺离子替换为长链有机胺离子或无机阳离子，器件的稳定性得到了提高. 我们相信，随着封装技术的改进，卤化钙钛矿器件的稳定性将来也会越来越好. 通过 Bi 元素或 Sn 元素的替换，Pb 元素所带来的毒性问题也能很好地被解决. 柔性和纤维卤化钙钛矿忆阻器的成功制备，为今后可穿戴、可编织电子器件的设计提供了一个新的思路. 利用卤化钙钛矿材料良好的光响应性，人们成功实现了光驱动的电阻切换，并构建了电信号与光信号的逻辑门电路. 基于卤化钙钛矿材料的忆阻特性，人们也已经报道了多篇卤化钙钛矿人工神经突触的工作. 不过，目前卤化钙钛矿忆阻器的单元器件尺寸大多只能做到毫米级，与无机物忆阻器微米，甚至纳米级的单元器件尺寸相比仍有较大差距. 我们期待，卤化钙钛矿忆阻器的材料体系和制备工艺将来能得到进一步的优化，使其单元器件尺寸也能做到微米或纳米级，实现更高密度的信息存储.

## 参 考 文 献

[1] Chua L O. Memristor-The missing circuit element. IEEE Trans. Circuit Theory, 1971, 18: 507.

[2] Hickmott T W. Low-frequency negative resistance in thin anodic oxide films. J. Appl. Phys., 1962, 33: 2669.

[3] Yao J, Sun Z, Zhong L, Natelson D, and Tour J M. Resistive switches and memories from silicon oxide. Nano Lett., 2010, 10: 4105.

[4] Kim S, Chang Y F, Kim M H, Kim T H, Kim Y, and Park B G. Self-compliant bipolar resistive switching in SiN-based resistive switching memory. Materials, 2017, 10: 459.

[5] Lee J S, Lee S, and Noh T W. Resistive switching phenomena: a review of statistical physics approaches. Appl. Phys. Rev., 2015, 2: 031303.

[6] Zhang Z, Gao B, Fang Z, Wang X, Tang Y, Sohn J, Wong H S P, Wong S S, and Lo G Q. All-metal-nitride RRAM devices. IEEE Electr. Device L., 2015, 36: 29.

[7] Liao Z M, Hou C, Zhao Q, Wang D S, Li Y D, and Yu D P. Resistive switching and metallic-filament formation in $Ag_2S$ nanowire transistors. Small, 2009, 5: 2377.

[8] Scott J C and Bozano L D. Nonvolatile memory elements based on organic materials. Adv. Mater., 2007, 19: 1452.

[9] Cho B, Song S, Ji Y, Kim T W, and Lee T. Organic resistive memory devices: performance enhancement, integration, and advanced architectures. Adv. Funct. Mater., 2011, 21: 2806.

[10] Lin W P, Liu S J, Gong T, Zhao Q, and Huang W. Polymer-based resistive memory materials and devices. Adv. Mater., 2014, 26: 570.

[11] Chen Y, Zhang B, Liu G, Zhuang X, and Kang E T. Graphene and its derivatives: Switching ON and OFF. Chem. Soc. Rev., 2012, 41: 4688.

[12] Strukov D B, Snider G S, Stewart D R, and Williams R S. The missing memristor found. Nature, 2008, 453: 80.

[13] Chua L. Resistance switching memories are memristors. Appl. Phys. A-Mater., 2011, 102: 765.

[14] Pershin Y V and Di Ventra M. Memory effects in complex materials and nanoscale systems. Adv. Phys., 2011, 60: 145.

[15] Waldrop M M. The chips are down for Moore's law. Nature, 2016, 530: 144.

[16] Jeong D S, Kim K M, Kim S, Choi B J, and Hwang C S. Memristors for energy-efficient new computing paradigms. Adv. Electron. Mater., 2016, 2: 1600090.

[17] Yang J J, Strukov D B, and Stewart D R. Memristive devices for computing. Nat. Nanotechnol., 2013, 8: 13.

[18] Wang Z, Joshi S, Savel′ev S E, Jiang H, Midya R, Lin P, Hu M, Ge N, Strachan J P, Li Z, Wu Q, Barnell M, Li G L, Xin H L, Williams R S, Xia Q, and Yang J J. Memristors with diffusive dynamics as synaptic emulators for neuromorphic computing. Nat. Mater., 2017, 16: 101.

[19] Pickett M D, Medeiros-Ribeiro G, and Williams R S. A scalable neuristor built with Mott memristors. Nat. Mater., 2013, 12: 114.

[20] Yoo E J, Lyu M, Yun J H, Kang C J, Choi Y J, and Wang L. Resistive switching behavior in organic-inorganic hybrid $CH_3NH_3PbI_{3-x}Cl_x$ perovskite for resistive random access memory devices. Adv. Mater., 2015, 27: 6170.

[21] Yan K, Peng M, Yu X, Cai X, Chen S, Hu H, Chen B, Gao X, Dong B, and Zou D. High-performance perovskite memristor based on methyl ammonium lead halides. J. Mater. Chem. C, 2016, 4: 1375.

[22] Hwang B, Gu C, Lee D, and Lee J S. Effect of halide-mixing on the switching behaviors of organic-inorganic hybrid perovskite memory. Sci. Rep., 2017, 7: 43794.

[23] Seo J Y, Choi J, Kim H S, Kim J, Yang J M, Cuhadar C, Han J S, Kim S J, Lee D, Jang H W, and Park N G. Wafer-scale reliable switching memory based on 2-dimensional layered organic-inorganic halide perovskite. Nanoscale, 2017, 9: 15278.

[24] Tian H, Zhao L, Wang X, Yeh Y W, Yao N, Rand B P, and Ren T L. Extremely low operating current resistive memory based on exfoliated 2D perovskite single crystals for neuromorphic computing. ACS Nano, 2017, 11: 12247.

[25] Wu Y, Wei Y, Huang Y, Cao F, Yu D, Li X, and Zeng H. Capping $CsPbBr_3$ with ZnO to improve performance and stability of perovskite memristors. Nano Res., 2017, 10: 1584.

[26] Han J S, Le Q V, Choi J, Hong K, Moon C W, Kim T L, Kim H, Kim S Y, and Jang H W. Air-stable cesium lead iodide perovskite for ultra-low operating voltage

resistive switching. Adv. Funct. Mater., 2018, 28: 1705783.

[27] Hu Y, Zhang S, Miao X, Su L, Bai F, Qiu T, Liu J, and Yuan G. Ultrathin $Cs_3Bi_2I_9$ nanosheets as an electronic memory material for flexible memristors. Adv. Mater. Interfaces, 2017, 4: 1700131.

[28] Hwang B and Lee J S. Lead-free, air-stable hybrid organic-inorganic perovskite resistive switching memory with ultrafast switching and multilevel data storage. Nanoscale, 2018, 10: 8578.

[29] Han J S, Le Q V, Choi J, Kim H, Kim S G, Hong K, Moon C W, Kim T L, Kim S Y, and Jang H W. Lead-free all-inorganic cesium tin iodide perovskite for filamentary and interface-type resistive switching toward environment-friendly and temperature-tolerant nonvolatile memories. ACS Appl. Mater. Interfaces, 2019, 11: 8155.

[30] Yang K, Li F, Veeramalai C P, and Guo T. A facile synthesis of $CH_3NH_3PbBr_3$ perovskite quantum dots and their application in flexible nonvolatile memory. Appl. Phys. Lett., 2017, 110: 083102.

[31] Wang Y, Lv Z, Liao Q, Shan H, Chen J, Zhou Y, Zhou L, Chen X, Roy V A L, Wang Z, Xu Z, Zeng Y J, and Han S T. Synergies of electrochemical metallization and valance change in all-inorganic perovskite quantum dots for resistive switching. Adv. Mater., 2018, 30: 1800327.

[32] Gu C and Lee J S. Flexible hybrid organic-inorganic perovskite memory. ACS Nano, 2016, 10: 5413.

[33] Liu D, Lin Q, Zang Z, Wang M, Wangyang P, Tang X, Zhou M, and Hu W. Flexible all-inorganic perovskite $CsPbBr_3$ nonvolatile memory device. ACS Appl. Mater. Interfaces, 2017, 9: 6171.

[34] Yan K, Chen B, Hu H, Chen S, Dong B, Gao X, Xiao X, Zhou J, and Zou D. First fiber-shaped non-volatile memory device based on hybrid organic-inorganic perovskite. Adv. Electron. Mater., 2016, 2: 1600160.

[35] Yoo E, Lyu M, Yun J-H, Kang C, Choi Y, and Wang L. Bifunctional resistive switching behavior in an organolead halide perovskite based Ag/$CH_3NH_3PbI_{3-x}Cl_x$/FTO structure. J. Mater. Chem. C, 2016, 4: 7824.

[36] Yan K, Dong B, Xiao X, Chen S, Chen B, Gao X, Hu H, Wen W, Zhou J, and Zou D. Memristive property's effects on the *I-V* characteristics of perovskite solar cells. Sci. Rep., 2017, 7: 6025.

[37] Lin G, Lin Y, Cui R, Huang H, Guo X, Li C, Dong J, Guo X, and Sun B. An organic-inorganic hybrid perovskite logic gate for better computing. J. Mater. Chem. C, 2015, 3: 10793.

[38] Xiao Z and Huang J. Energy-efficient hybrid perovskite memristors and synaptic devices. Adv. Electron. Mater., 2016, 2: 1600100.

[39] Atkinson R C and Shiffrin R M. Human memory: A proposed system and its control processes. Psychol. Learn. Motiv., 1968, 2: 89.

[40] Xu W, Cho H, Kim Y H, Kim Y T, Wolf C, Park C G, and Lee T W. Organometal halide perovskite artificial synapses. Adv. Mater., 2016, 28: 5916.

[41] Kumar M, Kim H S, Park D Y, Jeong M S, and Kim J. Compliance-free multileveled resistive switching in a transparent 2D perovskite for neuromorphic computing. ACS Appl. Mater. Interfaces, 2018, 10: 12768.

[42] John R A, Yantara N, Ng Y F, Narasimman G, Mosconi E, Meggiolaro D, Kulkarni M R, Gopalakrishnan P K, Nguyen C A, De Angelis F, Mhaisalkar S G, Basu A, and Mathews N. Ionotronic halide perovskite drift-diffusive synapses for low-power neuromorphic computation. Adv. Mater., 2018, 30: 1805454.

[43] Ham S, Choi S, Cho H, Na S I, and Wang G. Photonic organolead halide perovskite artificial synapse capable of accelerated learning at low power inspired by dopamine-facilitated synaptic activity. Adv. Funct. Mater., 2018, 29: 1806646.

[44] Dulcis D and Spitzer N C. Illumination controls differentiation of dopamine neurons regulating behaviour. Nature, 2008, 456: 195.

[45] Yang J M, Choi E S, Kim S Y, Kim J H, Park J H, and Park N G. Perovskite-related $(CH_3NH_3)_3Sb_2Br_9$ for forming-free memristor and low-energy-consuming neuromorphic computing. Nanoscale, 2019, 11: 6453.

# 展　望

能源是人类社会的基础.新能源的开发极大促进了人类社会的可持续发展.由于石油等传统矿物能源行将枯竭，寻找替代性的解决方案已经成为大家的共识.在人们不断探索的各种替代方式中，太阳能无论从来源还是从环境友好性来说都无疑是最有吸引力的一种.人们通过各种方式将太阳能转换为电能，其中利用光伏器件是最直接、最有效的方式之一.太阳能电池主要包括无机、有机及有机-无机杂化器件.首先进入工业化生产的太阳能电池是硅太阳能电池.目前单晶硅电池可以达到25%的光电转换效率，但生产成本很高.化合物半导体太阳能电池以无机化合物砷化镓、铜铟镓硒、碲化镉等为主，但所用材料有一定毒性或者储量有限.第三代太阳能电池中含有有机物，并简化了制备工艺，比如有机太阳能电池、染料敏化电池等.染料敏化电池最高可以达到13%的光电转换效率，纯有机光伏器件的转换效率最高也已经超过10%.但这些电池的效率较低，还有待进一步发展.

新型的基于有机-无机杂化钙钛矿的光伏器件近年中异军突起，在实验室中的光电转换效率迅速超过20%，达到多晶硅电池的水平，在未来的发展中极有可能达到单晶硅的效率，从而成为新一代光伏器件.2013年，钙钛矿材料被《科学》杂志评为“年度十大科学突破”之一.这种新型材料与有机或无机材料相比，具有一些极为特殊的性质，不仅有很高的光吸收能力，而且具有优异的载流子输运特性.其中无机卤化金属紧密堆叠形成连续的八面体骨架，并拥有较窄的带隙，有利于充分吸收太阳能.其激子结合能很低，室温下光产物以自由载流子为主，有利于电荷输运.有机基团的存在能让材料溶于常见的有机溶剂，方便制备.其性质亦可通过改变有机离子的尺寸轻易调节，具有灵活度.这些特性有利于器件的设计和制备，也为开展材料的光物理研究提供了新的研究领域.

针对这一新型高效的光伏材料，相关科研工作者投入了极高的热情，大量的研究结果和高水平学术论文犹如井喷，而且也引起了产业界的广泛关注和投入.钙钛矿光伏器件要真正走向产业化应用，还存在一些亟待突破的关键性问题，如大面积器件的制备、器件的稳定性(温度和湿度等稳定性)、非铅材料体系的开发等.目前这些问题也正在被重点研究.此外，这些问题的解决还需要更加深入的光物理研究，如离子迁移、电荷产生与分离机制，以及效率回滞等问题的研究将有助于推进器件的发展.

从注意到全固态钙钛矿光伏器件获得高效率开始，这一新型材料和器件就引发了我国科研工作者极大的关注与热情.我国化学、材料、物理等学科领域近些年在国家的大力支持下取得了显著的成长，在染料敏化电池、有机光伏器件、光物理机理研究方面都取得了很好的成绩.这使得我们在新型钙钛矿光伏器件领域得以迅速地进入前沿阵地.目前仅北京大学就已经有多个研究组从事相关研究，成绩斐然.本书由国内相关科研一线的部分研究小组共同组稿，将他们对该领域的思考和研究结果融入其中.该书涉及了钙钛矿领域的各个方面，如材料发展历史、基本结构、形貌控制、器件组成及优化、光物理研究以及扩展应用等方面的内容.目前，该领域集中了大量优秀的人才和单位，发展极为迅猛.结合我国在能源领域的大量投入与需求，可以预期我们在科学和生产领域都会取得举世瞩目的成绩，大大促进我国社会和经济的发展.本就是在这样一种社会需求条件下产生的.

在本书付印之际，受邀为国内出版的第一本钙钛矿光伏器件专著撰写展望，有机会与读者共享这几年来此领域的突飞猛进，备感荣幸.可以预期，本书会推动中国在太阳能领域的发展，促进材料与器件高科技的进步，并对推进国内各个科研单位在这一领域的进一步合作起到积极的作用.

中国科学院院士　龚旗煌
北京大学物理系
2016年6月18日